中国近海底栖动物多样性丛书

中国近海底栖动物常见种名录

李新正　甘志彬　主编

科学出版社

北　京

内 容 简 介

本书依据世界海洋生物目录（World Register of Marine Species，WoRMS）网站所提供的分类系统。当 WoRMS 数据库关于某个门类的分类系统不明确时，本书参考最新发表的该类群权威分类系统学文献，以及《中国海洋生物名录》和《中国海洋物种和图集》两部专著所采用的分类系统。本书共记述中国近海底栖动物常见种 18 门 4585 种，每种均有中名、学名及分布信息，同时还列举了一些物种的同物异名。本书涵盖了我国常见的底栖动物种类，将成为我国海洋底栖生物和生态学研究的实用工具书，进一步服务于我国海洋生物多样性保护和可持续开发。

本书适合动物学、海洋生物学专业师生参考使用。

图书在版编目（CIP）数据

中国近海底栖动物常见种名录 / 李新正，甘志彬主编. —北京：科学出版社，2022.8

（中国近海底栖动物多样性丛书）

ISBN 978-7-03-072614-8

Ⅰ．①中… Ⅱ．①李… ②甘… Ⅲ．①近海—底栖动物—中国—名录

Ⅳ．①Q958.8-62

中国版本图书馆 CIP 数据核字（2022）第 103934 号

责任编辑：李 悦 孙 青 / 责任校对：郝甜甜
责任印制：吴兆东 / 封面设计：北京图阅盛世文化传媒公司

科 学 出 版 社 出版
北京东黄城根北街 16 号
邮政编码：100717
http://www.sciencep.com

北京中科印刷有限公司印刷
科学出版社发行 各地新华书店经销

*

2022 年 8 月第 一 版 开本：787×1092 1/16
2025 年 1 月第二次印刷 印张：32 1/2
字数：770 000
定价：348.00 元
（如有印装质量问题，我社负责调换）

丛 书 序

海洋底栖动物是海洋生物中种类最多、生态学关系最复杂的生态类群，包括大多数的海洋动物门类，在已有记录的海洋动物种类中，60%以上是底栖动物。它们大多生活在有氧和有机质丰富的沉积物表层，是组成海洋食物网的重要环节。底栖动物对海底的生物扰动作用在沉积物－水界面生物地球化学过程研究中具有十分重要的科学意义。

海洋底栖动物区域性强，迁移能力弱，且可通过生物富集或生物降解等作用调节体内的污染物浓度，有些种类对污染物反应极为敏感，而有些种类则对污染物具有很强的耐受能力。因此，海洋底栖动物在海洋污染监测等方面具有良好的指示作用，是海洋环境监测和生态系统健康评估体系的重要指标。

海洋底栖动物与人类的关系也十分密切，一些底栖动物是重要的水产资源，经济价值高；有些种类又是医药和多种工业原料的宝贵资源；有些种类能促进污染物降解与转化，发挥环境修复作用；还有一些污损生物破坏水下设施，严重危害港务建设、交通航运等。因此，海洋底栖动物在海洋科学研究、环境监测与保护、保障海洋经济和社会发展中具有重要的地位与作用。

但目前对我国海洋底栖动物的研究步伐远跟不上我国社会经济的发展速度。尤其是近些年来，从事分类研究的老专家陆续退休或离世，生物分类研究队伍不断萎缩，人才青黄不接，严重影响了海洋底栖动物物种的准确鉴定。另外，缺乏规范的分类体系，无系统的底栖动物形态鉴定图谱和检索表等分类工具书，也造成种类鉴定不准确，甚至混乱。

在海洋公益性行业科研专项"我国近海常见底栖动物分类鉴定与信息提取及应用研究"的资助下，结合形态分类和分子生物学最新研究成果，我们组织专家开展了我国近海常见底栖动物分类体系研究，并采用新鲜样品进行图像等信息的采集，编制完成了"中国近海底栖动物多样性丛书"，共10册，其中《中国近海底栖动物分类体系》1册包含18个动物门771个科；《中国近海底栖动物常见种名录》1册共收录了18个动物门4585个种；渤海、黄海（上、下册）、东海（上、下册）和南海（上、中、下册）形态分类图谱分别包含了12门152科258种、13门221科485种、12门230科523种和13门282科680种。

在本丛书编写过程中，得到了项目咨询专家中国海洋大学张志南教授、浙江大学蔡如星教授和自然资源部第三海洋研究所林茂研究员的指导。中国科学院海洋研究所徐奎栋研究员、肖宁博士和张均龙博士，自然资源部第二海洋研究所刘镇盛研究员，自然资源部第三海洋研究所江锦祥研究员、郑凤武研究员和李荣冠研究员，自然资源部南海局张敬怀研究员，海南南海热带海洋研究所陈宏研究员审阅了书稿，并提出了宝贵意见，在此一并表示感谢。

同时本丛书得以出版与原国家海洋局科技司雷波司长和辛红梅副司长的支持分不

开。在实施方案论证过程中，原国家海洋局相关业务司领导及评审专家提出了很多有益的意见和建议，笔者深表谢意！

在丛书编写过程中我们尽可能采用了 WoRMS 等最新资料，但由于有些门类的分类系统在不断更新，有些成果还未被吸纳进来，为了弥补不足，项目组注册并开通了"中国近海底栖动物数据库"，将不定期对相关研究成果进行在线更新。

虽然我们采取了十分严谨的态度，但限于业务水平和现有技术，书中仍不免会出现一些疏漏和不妥之处，诚恳希望得到国内外同行的批评指正，并请将相关意见与建议上传至"中国近海底栖动物数据库"，便于编写组及时更正。

"中国近海底栖动物多样性丛书"编辑委员会

2021 年 8 月 15 日于杭州

前　言

　　海洋底栖生物包括生活在海洋基底表面或沉积物内部的各种生物。海洋底栖生物种类极为丰富，预计超过 100 万种，大大超过大型浮游动物的约 5000 种、游泳动物的约 2 万多种。根据统计，在已知的 26 万多种海洋真核生物中，有超过 98%的物种生活在海底，营底栖生活或者生活史中有底栖生活阶段。随着新物种不断被发现，这一数字还在持续增加。底栖生物种类繁多、栖息环境复杂、生活方式多种多样，对维持海洋生物多样性、维护海洋生态系统的稳定具有极为重要的生态学意义。许多底栖生物还有着很高的经济价值和观赏价值，与人类的生产生活关系十分密切。此外，底栖生物在揭示地球历史环境、生命的起源与演化方面同样具有重要的科学研究价值。

　　海洋底栖生物对人类至关重要，但是底栖生物的生存环境正受到日益加剧的人类活动的影响。我国政府倡导可持续发展的战略，重视海洋生物多样性的保护，积极开展调查研究，加强保护与管理。但是，作为一门基础性学科，我国海洋底栖生物分类学的研究依然比较落后，从事海洋底栖生物分类学研究的专业人才严重不足，尤其是对底栖生物种类的准确鉴定已经成为限制我国海洋生物学、生态学研究的一个瓶颈。基于以上背景，本书在总结国内历次大规模海洋底栖生物调查研究成果的基础上，列出了共 18 个动物门的 4583 种常见海洋底栖生物，基本涵盖了我国常见的底栖动物种类，配合本丛书中各海区卷册使用，可以满足我国海洋底栖生态学相关研究对物种鉴定的需求。此外，本书广泛参考国内外相关分类学文献，对各种生物的分类学地位和分布等信息进行了汇总，便于开展相关工作的研究人员对物种进行快速准确的鉴定，将使本书成为我国海洋底栖生物和生态学研究的实用工具书，进一步服务于我国海洋生物多样性保护和可持续利用。

　　本书主要依据世界海洋物种目录（World Register of Marine Species，WoRMS）网站所提供的分类系统，并参考最新发表的类群权威分类系统学文献，以及《中国海洋生物名录》（刘瑞玉，2008）和《中国海洋物种和图集》（黄宗国和林茂，2012）两部专著所采用的分类系统。本名录中出现的动物学名均以 WoRMS 数据库公布的名称为依据；当某物种的种名在WoRMS 数据库中存在疑问时，参考我国已经出版的相关动物志及国际相关权威文献；当存在较大争议时，本丛书编写人员组织相关专家讨论确定名称。关于物种的中文名称，本书主要依据我国已经出版的相关动物志中给出的名称；当动物志没有该种的中文名称时，参考《中国海洋生物名录》、《中国海洋物种和图集》，以及国内相关分类学文献；当存在较大争议时，本丛书编写人员组织相关专家根据以下原则顺序讨论确定其中文名称：①参照《国际动物学命名法规》（第四版，中文版）；②参考历史文献出现过的中文名称；③根据拉丁名称中种名词汇的中文意义重新命名中文名称。

关于各种的分布顺序原则上，中国分布，海区按渤海、黄海、东海、南海的顺序，海区内的具体地点也按照从北到南的顺序；国外分布，按照先印度-太平洋，后大西洋的顺序；印度-太平洋内的海域或具体地点则按照由西到东的顺序，同一经度或者大致同一经度上的地点则按照由北到南的顺序；大西洋内的海域按照由北到南的顺序，同一纬度或者大致同一纬度上的地点则按照由西到东的顺序。

参与编写本书的单位有：中国科学院海洋研究所（节肢动物门、海绵动物门，李新正团队；刺胞动物门珊瑚虫纲海葵目，李阳博士）、自然资源部第一海洋研究所（环节动物门，张学雷团队）、自然资源部第二海洋研究所（软体动物门，寿鹿团队）、自然资源部第三海洋研究所（棘皮动物门，王建军团队）、厦门大学（环节动物门、线虫动物门，蔡立哲团队；刺胞动物门水螅虫纲，宋希坤博士）、中国海洋大学（线虫动物门、其他动物门，周红、孙世春、曾晓起团队）。本书的出版得到了海洋公益性行业科研专项"我国近海常见底栖动物分类鉴定与信息提取及应用研究"（201505004）项目的资助。感谢博士研究生王雁、硕士研究生张悦、吴怡宏对本卷书稿的文字校对工作。本书还参考了国内众多分类学前辈编写的资料，以及当面请教了多位国内外的同行专家，在此一并致谢。

值得注意的是，随着对分类学和系统学研究的不断深入，各个类群的分类系统一直处于变化之中，本书中涉及的物种名和分类地位可能在本卷出版过程中即已经发生相应的变动，由于编者水平所限，疏漏和不完善之处在所难免，敬请广大读者批评指正。

李新正、甘志彬

2019 年 10 月

目　　录

绪　　论

一、背景与意义

底栖生物（benthos）包括生活在海洋基底表面或沉积物内部的各种生物，种类繁多、生活方式多样，具有极为重要的生态学意义。底栖生物群落组成复杂，包括生产者（底栖植物）、消费者（底栖动物）和分解者（底栖微生物），通过营养关系，能够使水层沉积的有机物得以充分利用，对于维持海洋生态系统的物质循环与能量流动顺畅至关重要。此外，河口湿地、海草场、红树林的底栖生物群落对抵御风暴、海浪对海岸的侵蚀冲击起到重要的作用；珊瑚礁作为物种最丰富的海洋底栖环境，是生物多样性的天然宝库，为许多生物提供了良好的庇护所。

底栖生物与人类的生产生活关系也十分密切。例如，许多底栖鱼类、虾蟹类、贝类、海参类、大型藻类营养丰富，生物量巨大，是重要的渔业捕捞和养殖对象，具有巨大的经济价值；从某些藻类和无脊椎动物中提取获得的天然活性物质，是许多药物的重要成分，有些底栖生物还是工业原料的重要来源；珍珠、贝壳可以被制成装饰品，珊瑚、海葵和许多鱼虾类是常见的水族观赏种类；珊瑚礁因为其美丽而丰富的各种共生海洋生物，吸引着大量的游客，是重要的旅游娱乐景点。但是，某些藤壶、贝类、藻类等海洋污损生物和钻孔生物附着于船舶、码头、取排水口等人工设施，会对海上航运、港口、发电站、海上钻探平台等工程造成破坏和危害，影响人们的生产生活。

底栖生物在揭示地球生命的起源与演化方面同样具有重要的科学研究意义。20 世纪后，特别是近 50 年来，对深海的深入探索使得人类对深海底栖生物有了一个全新的认识。深海底栖生物的多样性超出了之前人们的预期，促使人类开展生物对深海极端环境（如黑暗、高压、低温、食物稀少等）适应机制的科学研究。另外，1977 年"阿尔文号"深潜器首次发现了深海热液口和生活于此的底栖生物群落，这一发现堪称近代海洋探索史中最重要的发现之一。深海热液口和冷泉等特殊生态系统的发现改变了人们关于生物利用能量方式的认识，通过对深海热液口和冷泉底栖生物的适应机制的研究，可以为地球生命的起源和地外生命可能存在于何处的问题提供新的见解。

底栖生物对人类如此重要，我们对底栖生物应当坚持保护和可持续开发利用的原则。然而，日益加剧的人类活动伴随着全球气候变化，正在加速胁迫着海洋底栖生物的生存环境。虽然我国海域辽阔，海洋生物资源丰富，但是仍然面临着严峻的挑战。随着社会经济的快速发展，人类对渔业资源的过渡捕捞已造成许多高价值海洋底栖生物资源濒临枯竭，导致海洋生物食物链和群落结构的改变；底层拖网对海底表层环境造成了严重的扰动，破坏了底栖生物的生存环境；人类砍伐红树林、采挖珊瑚礁，导致海岸失去保护被不断侵蚀，沿岸工程、填海造田导致底栖生物环境被破坏，并可能阻断底栖生物的种群交流；大量生产生活污染排放进入海洋，导致近岸湾内海水富营养化，藻类暴发，进而导致大量海洋底栖生物缺氧死亡；气候变暖导致的水温升高，将导致珊瑚"白化"死亡，CO_2 浓度升高所导致的海水酸化也将对软体动物、珊瑚、棘皮动物等的钙质骨骼的生长造成不利影响。面临当前一系列的资源与环境危机，我国政府倡导可持续发展的战略，重视海洋生物多样性的保护，积极开展调查研究，加强保护与管理。

近年来，伴随着我国综合国力的提升，对海洋科学研究投入不断增加，新的技术手段、装备设施和分析方法的引入，使得对我国海洋底栖生物调查研究的范围逐渐由近海、浅水走向远洋、深海，调查研究的内容由粗放、局部走向细致、全面，收集了大量宝贵资料并取得了较高水平的研究成果。但是，作为一门基础性学科，海洋底栖生物学目前的研究现状还难以满足国家需求，相关的研究还落后于我国社会经济的发展速度，尤其是从事海洋底栖生物分类学研究的专业人才十分缺乏，如何对底栖生物进行准确的鉴定已经成为限制我国海洋底栖生态学研究的一个瓶颈。

为了改变这一现状，在国家的鼓励和资助下，我国海洋生物分类学工作者全面展开了海洋生物多样性的研究，取得了丰硕成果。近期陆续出版的《中国动物志》《中国海藻志》《中国海洋生物种类与分布（增订版）》《中国海洋生物名录》《中国海洋物种和图集》《胶州湾大型底栖生物鉴定图谱》等分类学著作，反映了我国海洋生物多样性的现状及分布特点，为海洋底栖生物生态学研究的开展提供了基础资料。然而，以上专著或是仅针对某些门类的分类学研究，或是仅针对某一特定海域进行的讨论，抑或是对全部海洋生物的种类和分布情况进行的介绍，目前国内尚缺少一本全面系统介绍我国近海底栖生物种类与分布的专著。基于以上背景，本书在总结国内历次大规模海洋底栖生物调查研究成果的基础上，选取我国近海常见底栖生物，参考国内外相关分类学文献，对其分类学地位和分布特点等信息进行汇总，便于开展相关工作的研究人员快速准确地对物种进行鉴定，从而使本书成为我国海洋底栖生物和生态学研究的实用工具书，进一步服务于我国海洋生物多样性保护和可持续开发。

二、中国近海底栖动物类群

目前已记录的海洋生物约有 250 000 种，占全球已知生物的 14%。由于底栖生境十分多样（岩石、沙质、泥质、平原、陆坡、海山、海沟等），底栖生物的多样性要远高于浮游生物和游泳生物。已知的约 250 000 种海洋生物中，超过 98% 的物种生活在海底。随着新物种不断被发现，这一数字也在不断增加。专家认为仍存在大量的海洋生物未被发现，这在很大程度上是由于对深海的探索不充分。2008 年出版的《中国海洋生物名录》共记录了我国海洋生物 46 门 22 629 种，其中海洋动物 21 门 16 718 种，而底栖动物在除了栉水母动物门 Ctenophora、毛颚动物门 Chaetognatha 和轮虫动物门 Rotifera 外的所有动物门均有存在。

此外，底栖动物还可以根据其体型大小划分为三大类：微型底栖动物、小型底栖动物、大型底栖动物。微型底栖动物（microbenthos）是指能通过 42μm 孔径筛网的底栖动物，主要是原生动物等。小型底栖动物（meiobenthos）是指能通过 0.5mm 孔径筛网而被 42μm 孔径筛网阻截的底栖动物，包括线虫、底栖桡足类、介形类、涡虫、腹毛类和某些大型底栖动物的幼体。大型底栖动物（macrobenthos）是指不能通过 0.5mm 孔径筛网而被阻截的底栖动物，包括常见的海绵、环节动物、软体动物、甲壳动物、棘皮动物、鱼类等。本书包括 18 个动物门，共收集我国常见底栖动物 4583 种，涵盖了常见的底栖动物种类，基本可以满足底栖生态学相关研究进行物种鉴定的需求（表 1）。

表 1　常见的底栖动物类群

门类	常见代表种类
多孔动物门 Porifera	海绵
刺胞动物门 Cnidaria	水螅、海葵、珊瑚
扁形动物门 Platyhelminthes	涡虫
腹毛动物门 Gastrotricha	鼬虫
棘头动物门 Acanthocephala	棘头虫
内肛动物门 Entoprocta	曲体虫
线虫动物门 Nematoda	线虫
纽形动物门 Nemertea	纽虫
帚形动物门 Phoronida	帚虫
苔藓动物门 Bryozoa	苔藓虫
腕足动物门 Brachiopoda	海豆芽
星虫动物门 Sipuncula	星虫
环节动物门 Annelida	蛰虫、小头虫、盘管虫、沙蚕、不倒翁虫、线蚓、拟仙女虫
软体动物门 Mollusca	石鳖、贻贝、角贝、章鱼
节肢动物门 Arthropoda	猛水蚤、水虱、钩虾、藤壶、虾、蟹
棘皮动物门 Echinodermata	海参、海星、蛇尾、海百合
半索动物门 Hemichordata	柱头虫
脊索动物门 Chordata	
头索动物亚门 Cephalochordata	文昌鱼
被囊动物亚门 Tunicata	海鞘、海樽
脊椎动物亚门 Vertebrata	底栖鱼类

三、中国近海底栖动物名录分类系统

本书依据世界海洋物种名录（World Register of Marine Species，WoRMS）网站所提供的分类系统。WoRMS 数据库由国际上最活跃的分类学家对每个生物类群的分类学信息进行维护，定期添加新的分类单元并对分类系统进行更新，是目前最具时效性和最权威的海洋生物多样性专业数据库。当 WoRMS 数据库关于某个门类的分类系统不明确时，本书参考最新发表的该类群权威分类系统学文献，以及《中国海洋生物名录》（刘瑞玉，2008）和《中国海洋物种和图集》（黄宗国和林茂，2012）两部专著所采用的分类系统。

需要指出的是，关于动物界 Animalia 的高级分类系统，Ruggiero 等（2015）已将《中国海洋生物名录》中的黏体动物门 Myxozoa 并入刺胞动物门 Cnidaria，作为一个亚门——黏体动物亚门 Myxozoa；WoRMS 所采用的分类系统又将黏体动物亚门降为刺胞动物门下的一个纲，即黏体纲 Myxozoa。另外，WoRMS 将尾索动物门 Urochordata 并入脊索动物门 Chordata，与头索动物亚门 Cephalochordata 和脊椎动物亚门 Vertebrata 并列，同时 Urochordata 作为 Tunicata 的次异名被取消。

WoRMS 数据库（2019）将 Ruggiero 等（2015）和《中国海洋物种和图集》中的动吻动物门 Kinorhyncha 和曳鳃动物门 Priapulida 降为纲，即动吻纲 Kinorhyncha 和曳鳃纲 Priapulida，与铠甲纲 Loricifera 一同组成头吻动物门 Cephalorhyncha。此外，基于最新的分子系统学研究结果，螠虫动物门 Echiura 目前已作为环节动物门 Annelida 多毛纲 Polychaeta 下的一个亚纲，这一研究结果已得到国际分类学专业人员的普遍认可，因此本书中也采用了这一分类学安排；最新的基因组学研究显示腕足动物门 Brachiopoda 与软体动物门 Mollusca 的系统发育关系十分接近，其分类学地位仍有待进一步确定，但是考虑到目前尚无定论，腕足动物门这一分类阶元仍在本书中被保留（表 2）。

表 2　动物界的高级分类系统对比

Kingdom Animalia 动物界[①]	Kingdom Animalia 动物界[②]
Phylum Acanthocephala 棘头动物门	Phylum Acanthocephala 棘头动物门
Phylum Annelida 环节动物门	Phylum Annelida 环节动物门
Phylum Arthropoda 节肢动物门	Phylum Arthropoda 节肢动物门
Phylum Brachiopoda 腕足动物门	Phylum Brachiopoda 腕足动物门？
Phylum Bryozoa 苔藓动物门	Phylum Bryozoa 苔藓动物门
	Phylum Cephalorhyncha 头吻动物门
Phylum Chaetognatha 毛颚动物门	Phylum Chaetognatha 毛颚动物门
Phylum Chordata 脊索动物门	Phylum Chordata 脊索动物门
Phylum Cnidaria 刺胞动物门	Phylum Cnidaria 刺胞动物门
Phylum Ctenophora 栉板动物门	Phylum Ctenophora 栉板动物门
Phylum Cycliophora 环口动物门	Phylum Cycliophora 环口动物门
	Phylum Dicyemida 两胚动物门
Phylum Echinodermata 棘皮动物门	Phylum Echinodermata 棘皮动物门
Phylum Entoprocta 内肛动物门	Phylum Entoprocta 内肛动物门
Phylum Gastrotricha 腹毛动物门	Phylum Gastrotricha 腹毛动物门
Phylum Gnathostomulida 颚咽动物门	Phylum Gnathostomulida 颚咽动物门
Phylum Hemichordata 半索动物门	Phylum Hemichordata 半索动物门
Phylum Kinorhyncha 动吻动物门	
Phylum Loricifera 铠甲动物门	
Phylum Micrognathozoa 微颚动物门	
Phylum Mollusca 软体动物门	Phylum Mollusca 软体动物门
Phylum Nematoda 线虫动物门	Phylum Nematoda 线虫动物门
Phylum Nematomorpha 线形动物门	Phylum Nematomorpha 线形动物门？

续表

Kingdom Animalia 动物界①	Kingdom Animalia 动物界②
Phylum Nemertea 纽形动物门	**Phylum** Nemertea 纽形动物门
Phylum Onychophora 有爪动物门	
Phylum Orthonectida 直泳动物门	**Phylum** Orthonectida 直泳动物门　？
Phylum Phoronida 帚形动物门	**Phylum** Phoronida 帚形动物门　？
Phylum Placozoa 扁盘动物门	**Phylum** Placozoa 扁盘动物门
Phylum Platyhelminthes 扁形动物门	**Phylum** Platyhelminthes 扁形动物门
Phylum Porifera 多孔动物门	**Phylum** Porifera 多孔动物门
Phylum Priapulida 曳鳃动物门	
Phylum Rhombozoa 菱形虫动物门	
Phylum Rotifera 轮形动物门	**Phylum** Rotifera 轮形动物门
Phylum Sipuncula 星虫动物门	**Phylum** Sipuncula 星虫动物门
Phylum Tardigrada 缓步动物门	**Phylum** Tardigrada 缓步动物门
Phylum Xenacoelomorpha 异无腔动物门	**Phylum** Xenacoelomorpha 异无腔动物门

①Ruggiero 等（2015）的高级分类系统，包括陆生和海洋动物。
②WoRMS 数据库提供的高级分类系统，仅包括海洋动物，"？"表示分类地位不确定。

四、中国近海底栖动物名录修订原则

一、学名命名

本书中出现的动物学名均以 WoRMS 数据库公布的名称为依据。当该物种名在 WoRMS 数据库中存在疑问时，参考我国已经出版的相关动物志及《中国海洋生物名录》、《中国海洋物种和图集》，以及国际相关权威文献。当存在较大争议时，本丛书编写人员组织相关专家讨论确定名称。

例如，*Allorchestes angustus* J. L. Barnard, 1954 出现在《中国动物志 无脊椎动物 第四十三卷 甲壳动物亚门 端足目 钩虾亚目（二）》（任先秋，2012）、《中国海洋生物名录》和《中国海洋物种和图集》中，分类地位如下：

（Kingdom）　Animalia Linnaeus, 1758
（Phylum）　Arthropoda von Siebold, 1848
（Subphylum）　Crustacea Brünnich, 1772
（Class）　Malacostraca Latreille, 1802
（Subclass）　Eumalacostraca Grobben, 1892
（Order）　Amphipoda Latreille, 1816
（Suborder）　Gammaridea Latreille, 1802
（Family）　Hyalidae Bulyčeva, 1957
（Genus）　*Allorchestes* Dana, 1849

（Species）　*Allorchestes angustus* J. L. Barnard, 1954

根据 WoRMS 数据库提供的最新数据，*Allorchestes angustus* J. L. Barnard, 1954 并不被接受，目前接受的种名为 *Allorchestes bellabella* J. L. Barnard, 1974，且其所在的科和亚目均发生了转移。目前其分类学地位如下：

（Kingdom）　Animalia Linnaeus, 1758

　（Phylum）　Arthropoda von Siebold, 1848

　　（Subphylum）　Crustacea Brünnich, 1772

　　　（Class）　Malacostraca Latreille, 1802

　　　　（Subclass）　Eumalacostraca Grobben, 1892

　　　　　（Order）　Amphipoda Latreille, 1816

　　　　　　（Suborder）　Senticaudata Lowry & Myers, 2013

　　　　　　　（Family）　Dogielinotidae Gurjanova, 1953

　　　　　　　　（Genus）　*Allorchestes* Dana, 1849

　　　　　　　　　（Species）　*Allorchestes angustus* J. L. Barnard, 1954

　　　　　　　　　　accepted as *Allorchestes bellabella* J. L. Barnard, 1974

故此前文献中的 *Allorchestes angustus* J. L. Barnard, 1954 在本书中均以 *Allorchestes bellabella* J. L. Barnard, 1974 一名出现，并且对其分类学地位做出了相应的调整。

二、中名命名

关于物种的中文名称，本书主要依据我国已经出版的相关动物志中给出的名称；当动物志没有该种的中文名称时，参考《中国海洋生物名录》和《中国海洋物种和图集》，以及国内相关分类学文献。当存在较大争议时，本丛书编写人员组织相关专家根据以下原则顺序讨论确定其中文名称：①参照《国际动物学命名法规》（第四版，中文版）；②参考历史文献出现过的中文名称；③根据拉丁名称中种名词汇的中文意义命名。

例如，根据 WoRMS 数据库提供的最新数据，明对虾属 *Fenneropenaeus* Pérez Farfante, 1969、滨对虾属 *Litopenaeus* Pérez Farfante, 1969、囊对虾属 *Marsupenaeus* Tirmizi, 1971 和沟对虾属 *Melicertus* Rafinesque, 1814 已作为对虾属 *Penaeus* Fabricius, 1798 的同物异名，被并入对虾属，因此某些种的中文名相应发生了改变。

又如，Castro（2007）将隆背蟹属 *Carcinoplax* H. Milne Edwards, 1852 进行了划分，把泥脚隆背蟹 *Carcinoplax vestita*(De Haan, 1835)从中分出，单独建立了一新属 *Entricoplax* Castro, 2007。这一变更在《中国海洋生物名录》和《中国海洋物种和图集》中未被修订。在本书中，经过与国内分类学专家商讨，*Entricoplax* 根据其形态特征翻译为毛隆背蟹属，故泥脚隆背蟹 *Carcinoplax vestita*(De Haan, 1835)更名为泥脚毛隆背蟹 *Entricoplax vestita*(De Haan, 1835)。与之类似的还有骏河隆背蟹 *Carcinoplax surugensis* Rathbun, 1932 更名为骏河粗肢隆背蟹 *Pycnoplax surugensis*(Rathbun, 1932)等（表 3）。

需要指出的是，随着对分类学和系统学研究的不断深入，各个类群的分类系统一直处于变化之中，本书中涉及的物种名和分类地位可能会发生相应的变动，加之编者水平和掌握的资料有限，疏漏和不完善之处在所难免，请广大读者批评指正。

表3　本书中某些种类拉丁名和中文名称的变更

旧拉丁名/中文名	现拉丁名/中文名
Fenneropenaeus chinensis (Osbeck, 1765)	*Penaeus chinensis* (Osbeck, 1765)
中国明对虾	中国对虾
Fenneropenaeus indicus (H. Milne Edwards, 1837)	*Penaeus indicus* H. Milne Edwards, 1837
印度明对虾	印度对虾
Fenneropenaeus merguiensis (de Man, 1888)	*Penaeus merguiensis* de Man, 1888
墨吉明对虾	墨吉对虾
Fenneropenaeus penicillatus (Alcock, 1905)	*Penaeus penicillatus* Alcock, 1905
长毛明对虾	长毛对虾
Litopenaeus vannamei (Boone, 1931)	*Penaeus vannamei* Boone, 1931
凡纳滨对虾	凡纳对虾
Marsupenaeus japonicus (Spence Bate, 1888)	*Penaeus japonicus* Spence Bate, 1888
日本囊对虾	日本对虾
Melicertus latisulcatus (Kishinouye, 1896)	*Penaeus latisulcatus* Kishinouye, 1896
宽沟对虾	宽沟对虾
Carcinoplax vestita (De Haan, 1835)	*Entricoplax vestita* (De Haan, 1835)
泥脚隆背蟹	泥脚毛隆背蟹
Carcinoplax surugensis Rathbun, 1932	*Pycnoplax surugensis* (Rathbun, 1932)
骏河隆背蟹	骏河粗肢隆背蟹
Exopalaemon annandalei (Kemp, 1917)	*Palaemon annandalei* (Kemp, 1917)
安氏白虾	安氏长臂虾
Exopalaemon carinicauda (Holthuis, 1950)	*Palaemon carinicauda* Holthuis, 1950
脊尾白虾	脊尾长臂虾
Exopalaemon hainanensis (Liang, 2000)	*Palaemon hainanensis* (Liang, 2000)
海南白虾	海南长臂虾
Exopalaemon orientis (Holthuis, 1950)	*Palaemon orientis* Holthuis, 1950
东方白虾	东方长臂虾

参 考 文 献

黄宗国. 2008. 中国海洋生物种类与分布(增订版). 北京: 海洋出版社.

黄宗国, 林茂. 2012. 中国海洋物种和图集(上卷): 中国海洋物种多样性. 北京: 海洋出版社.

刘瑞玉. 2008. 中国海洋生物名录. 北京: 科学出版社.

任先秋. 2012. 中国动物志无脊椎动物 第四十三卷 甲壳动物亚门 端足目 钩虾亚目(二). 北京: 科学出版社.

Castro P. 2007. A reappraisal of the family Goneplacidae MacLeay, 1838 (Crustacea, Decapoda, Brachyura) and revision of the subfamily Goneplacinae, with the description of 10 new genera and 18 new species. Zoosystema, 29(4): 609-774.

Ruggiero M A, Gordon D P, Orrell T M, et al. 2015. Correction: A higher level classification of all living organisms. PLoS One, 10(6): e0130114.

中国近海常见底栖动物

多孔动物门 Porifera

钙质海绵纲 Calcarea

白枝海绵目 Leucosolenida

毛壶科 Grantiidae Dendy, 1892

1. 毛壶属 *Grantia* Fleming, 1828

(1) 日本毛壶 *Grantia nipponica* Hôzawa, 1918

分布：黄海，东海；日本。

六放海绵纲 Hexactinellida

双盘海绵亚纲 Amphidiscophora

双盘海绵目 Amphidiscosida

围线海绵科 Pheronematidae Gray, 1870

1. 棍棒海绵属 *Semperella* Gray, 1868

(1) 蛟龙棍棒海绵 *Semperella jiaolongae* Gong, Li & Qiu, 2015

分布：南海。

六星海绵亚纲 Hexasterophora

松骨海绵目 Lyssacinosida

偕老同穴科 Euplectellidae Gray, 1867

1. 囊萼海绵属 *Saccocalyx* Schulze, 1896

(1) 小六轴囊萼海绵 *Saccocalyx microhexactin* Gong, Li & Qiu, 2015

分布：南海。

寻常海绵纲 Demospongiae

角质海绵亚纲 Keratosa

网角海绵目 Dictyoceratida

角骨海绵科 Spongiidae Gray, 1867

1. 角骨海绵属 *Spongia* Linnaeus, 1759

(1) 松软角骨海绵 *Spongia (Spongia) hispida* Lamarck, 1814

同物异名：*Cacospongia mollior* sensu Ridley, 1884; *Euspongia irregularis* var. *areolata* Whitelegge, 1901; *Euspongia irregularis* Lendenfeld, 1886; *Euspongia irregularis* var. *jacksoniana* Lendenfeld, 1886; *Euspongia irregularis* var. *mollior* (sensu Ridley, 1884)

分布：南海；日本，印度尼西亚班达海，大堡礁，夏威夷群岛，马达加斯加南部。

异骨海绵亚纲 Heteroscleromorpha

繁骨海绵目 Poecilosclerida

山海绵科 Mycalidae Lundbeck, 1905

1. 山海绵属 *Mycale* Gray, 1867

(1) 叶片山海绵 *Mycale (Carmia) phyllophila* Hentschel, 1911

同物异名：*Mycale phyllophila* Hentschel, 1911
分布：香港，南海；印度洋，印度尼西亚，澳大利亚。

(2) 巴里轭山海绵 *Mycale (Zygomycale) parishii* (Bowerbank, 1875)

同物异名：*Esperella plumosa* (Carter, 1882); *Raphiodesma parishii* Bowerbank, 1875; *Zygomycale parishii* (Bowerbank, 1875); *Zygomycale plumosa* (Carter,

1882); *Esperia plumosa* Carter, 1882

分布：东海，南海；印度，新加坡，泰国，越南，印度尼西亚，澳大利亚。

苔海绵科 Tedaniidae Ridley & Dendy, 1886

1. 苔海绵属 *Tedania* Gray, 1867

(1) 喷喘苔海绵 *Tedania (Tedania) anhelans* (Vio in Olivi, 1792)

同物异名：*Spongia anhelans* Vio in Olivi, 1792; *Halichondria anhelans* (Vio in Olivi, 1792); *Myxilla anhelans* (Vio in Olivi, 1792); *Reniera ambigua* Schmidt, 1864; *Tedania anhelans* (Vio in Olivi, 1792); *Tedania digitata* (Schmidt, 1862)

分布：南海；红海，北大西洋，地中海。

皮海绵目 Suberitida

皮海绵科 Suberitidae Schmidt, 1870

1. 皮海绵属 *Suberites* Nardo, 1833

(1) 宽皮海绵 *Suberites latus* Lambe, 1893

同物异名：*Ficulina suberea* var. *lata* (Lambe, 1893)

分布：黄海；北太平洋，加拿大，美国加利福尼亚。

四放海绵目 Tetractinellida

星骨海绵亚目 Astrophorina

滑棒海绵科 Vulcanellidae Cárdenas, Xavier, Reveillaud, Schander & Rapp, 2011

1. 杂星海绵属 *Poecillastra* Sollas, 1888

(1) 薄杂星海绵 *Poecillastra compressa* (Bowerbank, 1866)

同物异名：*Ecionemia compressa* Bowerbank, 1866; *Hymeniacidon placentula* Bowerbank, 1874; *Normania crassa* Bowerbank, 1874; *Pachastrella compressa* (Bowerbank, 1866); *Pachastrella stylifera* Lendenfeld, 1897; *Pachastrella tenuipilosa* Lendenfeld, 1907; *Stelletta scabra* Schmidt, 1868

分布：东海；肯尼亚，北大西洋，挪威，爱琴海。

荔枝海绵目 Tethyida

荔枝海绵科 Tethyidae Gray, 1848

1. 荔枝海绵属 *Tethya* Lamarck, 1815

(1) 柑桔荔枝海绵 *Tethya aurantium* (Pallas, 1766)

同物异名：*Alcyonium aurantium* Pallas, 1766; *Alcyonium lyncurium* Linnaeus, 1767; *Amniscos morum* (Schmidt, 1862); *Tethya aurantia* (Pallas, 1766); *Spongia verrucosa* sensu Montagu, 1814; *Tethya lyncurium* (Linnaeus, 1767); *Tethya morum* Schmidt, 1862

分布：东海，南海；地中海，新西兰，加勒比海。

穿孔海绵目 Clionaida

穿孔海绵科 Clionaidae d'Orbigny, 1851

1. 穿孔海绵属 *Cliona* Grant, 1826

(1) 隐居穿孔海绵 *Cliona celata* Grant, 1826

同物异名：*Cliona alderi* Hancock, 1849; *Cliona angulata* Hancock, 1849; *Cliona globulifera* Hancock, 1867; *Halichondria hystrix* Johnston, 1842; *Hymeniacidon tenebrosus* Bowerbank, 1882; *Raphyrus griffithsii* Bowerbank, 1866; *Spongia peziza* Bosc, 1802; *Vioa clio* Nardo, 1839; *Vioa typica* Nardo, 1833

分布：南海；红海，印度洋，莫桑比克海峡，新西兰，北大西洋，地中海，巴西，刚果（布），纳米比亚，南非。

简骨海绵目 Haplosclerida

石海绵科 Petrosiidae van Soest, 1980

1. 锉海绵属 *Xestospongia* de Laubenfels, 1932

(1) 龟壳锉海绵 *Xestospongia testudinaria* (Lamarck, 1815)

同物异名：*Alcyonium testudinarium* Lamarck, 1815; *Petrosia testudinaria* (Lamarck, 1815); *Reniera crateriformis* Carter, 1882; *Reniera testudinaria* (Lamarck, 1815)

分布：东海，南海；肯尼亚，印度，新加坡，巴西。

指海绵科 Chalinidae Gray, 1867

1. 蜂海绵属 *Haliclona* Grant, 1841

(1) 波形蜂海绵 *Haliclona* (*Gellius*) *cymaeformis* (Esper, 1806)

同物异名：*Spongia cymaeformis* Esper, 1806; *Sigma-docia symbiotica* Bergquist & Tizard, 1967; *Isodictya cymaeformis* (Esper, 1806); *Haliclona* (*Gellius*) *cymiformis* (Esper, 1806); *Gellius microsigma* Dendy, 1916; *Chalina cymaeformis* (Esper, 1806)

分布：东海，南海；新加坡，澳大利亚，印度洋。

参 考 文 献

初雁凌. 2020. 中国海钙质海绵纲(多孔动物门)的系统分类学研究. 北京: 中国科学院大学硕士学位论文: 94.

龚琳, 李新正. 2015. 黄海一种寄居蟹海绵宽皮海绵的记述. 广西科学, (5): 564-567.

刘瑞玉. 2008. 中国海洋生物名录. 北京: 科学出版社: 1267.

Austin W C, Ott B S, Reiswig H M, et al. 2014. Taxonomic review of Hadromerida (Porifera, Demospongiae) from British Columbia, Canada, and adjacent waters, with the description of nine new species. Zootaxa, 3823(1): 1-84.

Burton M. 1930. Norwegian sponges from the Norman collection. Proceedings of the Zoological Society of London, (2): 487-546.

Burton M. 1956. The sponges of West Africa. Atlantide Report (Scientific Results of the Danish Expedition to the Coasts of Tropical West Africa, 1945-1946), 4: 111-147.

Gong L, Li X Z, Qiu J W. 2015. Two new species of Hexactinellida (Porifera) from the South China Sea. Zootaxa, 4034(1): 182-192.

Hooper J N A, Soest R W M V. 2002. Systema Porifera: A Guide to the Classification of Sponges. New York: Kluwer Academic/Plenum Publishers.

Hôzawa S. 1918. Reports on the calcareous sponges collected during 1906 by the United States Fisheries Steamer Albatross in the Northwestern Pacific. Proceedings of the United States National Museum, 54: 525-556.

Marra M V, Bertolino M, Pansini M, et al. 2016. Longterm turnover of the sponge fauna in Faro Lake (North-East Sicily, Mediterranean Sea). Italian Journal of Zoology, 83(4): 579-588.

Rosell D, Uriz M J. 2002. Excavating and endolithic sponge species (Porifera) from the Mediterranean: species descriptions and identification key. Organisms, Diversity & Evolution, 2: 55-86.

Wiedenmayer F. 1989. Demospongiae (Porifera) from northern Bass Strait, southern Australia. Memoirs Museum Victoria, 50(1): 1-242.

Van Soest R W M. 2001. Porifera. *In*: Costello M J, Emblow C, White R J. European Register of Marine Species: A Check-list of the Marine Species in Europe and a Bibliography of Guides to their Identification. Paris: Muséum National d'Histoire Naturelle: 85-103.

刺胞动物门 Cnidaria

水螅纲 Hydrozoa

被鞘螅目 Leptothecata

钟螅科 Campanulariidae Johnston, 1836

1. 薮枝螅属 *Obelia* Péron & Lesueur, 1810

(1) 双齿薮枝螅 *Obelia bidentata* Clark, 1875

同物异名：*Campanularia spinulosa* Bale, 1888; *Clytia longitheca* Hargitt, 1924; *Gonothyraea longicyatha* Thornely, 1900; *Laomedea bicuspidata* var. *picteti* Leloup, 1932; *Laomedea spinulosa* var. *minor* Leloup, 1932; *Obelia andersoni* Hincks, 1887; *Obelia attenuata* Hargitt, 1924; *Obelia bicuspidata* Clark, 1875; *Obelia bifurcata* Hincks, 1887; *Obelia biscuspidata* Clark, 1875; *Obelia corona* Torrey, 1904; *Obelia longa* Stechow, 1921; *Obelia multidentata* Fraser, 1914

分布：黄海，东海，南海；泛温带。

(2) 双叉薮枝螅 *Obelia dichotoma* (Linnaeus, 1758)

同物异名：*Sertularia dichotoma* Linnaeus, 1758; *Obelia gracilis* Calkins, 1899; *Obelia everta* Hargitt, 1927; *Schizocladium ramosum* Allman, 1871; *Laomedea dichotoma* (Linnaeus, 1758)

分布：黄海，东海，南海；世界广布。

(3) 膝状薮枝螅 *Obelia geniculata* (Linnaeus, 1758)

同物异名：*Sertularia geniculata* Linnaeus, 1758; *Campanularia coruscans* Schneider, 1898; *Campanularia geniculate* (Linnaeus, 1758); *Eucope alternata* A. Agassiz, 1865; *Eucope diaphana* L. Agassiz, 1862; *Laomedea geniculate* (Linnaeus, 1758); *Obelia diaphana* (L. Agassiz, 1862)

分布：渤海，黄海，东海，南海；世界广布种。

2. 美螅水母属 *Clytia* Lamouroux, 1812

(1) 艾氏美螅 *Clytia edwardsi* (Nutting, 1901)

同物异名：*Campanularia edwardsi* Nutting, 1901

分布：黄海，东海；日本，北美洲东西海岸，加拉帕戈斯群岛。

3. 根茎螅属 *Rhizocaulus* Stechow, 1919

(1) 中国根茎螅 *Rhizocaulus chinensis* (Marktanner-Turneretscher, 1890)

同物异名：*Campanularia chinensis* Marktanner-Turneretscher, 1890

分布：渤海，黄海，东海，南海；西北太平洋，北大西洋，北冰洋。

羽螅科 Plumulariidae McCrady, 1859

1. 羽螅属 *Plumularia* Lamarck, 1816

(1) 毛状羽螅 *Plumularia setacea* (Linnaeus, 1758)

同物异名：*Plumularia corrugata* Nutting, 1900; *Plumularia diploptera* Totton, 1930; *Plumularia milleri* Nutting, 1906; *Plumularia palmeri* Nutting, 1900; *Polyplumularia setacea* (Linnaeus, 1758); *Sertularia setacea* Linnaeus, 1758

分布：渤海，黄海，东海，南海；印度洋，太平洋，大西洋。

(2) 拟毛状羽螅 *Plumularia setaceoides* Bale, 1882

同物异名：*Plumularia delicatula* Bale, 1882; *Plumularia wilsoni* Bale, 1926

分布：山东，浙江，福建；太平洋，大西洋。

小桧叶螅科 Sertularellidae Maronna et al., 2016

1. 小桧叶螅属 *Sertularella* Gray, 1848

(1) 尖齿小桧叶螅 *Sertularella acutidentata* Billard, 1919

同物异名：*Sertularella philippensis* Hargitt, 1924; *Sertularella acutidentata acutidentata* Billard, 1919; *Sertularella acutidentata profunda* Vervoort, 1993

分布：东海；日本，印度尼西亚，菲律宾。

(2) 阿氏小桧叶螅 *Sertularella areyi* Nutting, 1904

同物异名：*Sertularella annulaventricosa* Mulder & Trebilcock, 1915

分布：黄海，东海；日本，韩国，加勒比海。

(3) 模糊小桧叶螅 *Sertularella decipiens* Billard, 1919

分布：北部湾；印度尼西亚，澳大利亚北部。

(4) 清晰小桧叶螅 *Sertularella diaphana* (Allman, 1885)

同物异名：*Hincksella brevitheca* Galea, 2009; *Sertularella delicata* Billard, 1919; *Sertularella diaphana madagascarensis* Billard, 1921; *Sertularella diaphana* var. *delicata* Billard, 1919; *Sertularella diaphana* var. *gigantea* Billard, 1925; *Sertularella diaphana* var. *orthogona* Billard, 1925; *Sertularella pinnigera* Hartlaub, 1901; *Sertularella sargassi* Stechow, 1920;

Sertularella speciosa Congdon, 1907; *Sertularella torreyi* Nutting, 1906; *Thuiaria diaphana* Allman, 1885; *Thuiaria distans* Allman, 1877; *Thuiaria hyalina* Allman, 1888; *Thuiaria pinnata* Allman, 1877; *Thuiaria quadrilateralis* Hargitt, 1924

分布：东海，台湾岛；澳大利亚，日本，韩国，环热带亚热带分布。

(5) 巨芽小桧叶螅 *Sertularella gigantea* Hincks, 1874

同物异名：*Sertularella polyzonias* var. *gigantean* Hincks, 1874

分布：黄海；格陵兰岛，冰岛，白令海，加拿大北部，美国阿拉斯加，鄂霍次克海，堪察加半岛，日本海、北海道、相模湾。

(6) 桃果小桧叶螅 *Sertularella inabai* Stechow, 1913

分布：渤海，黄海；韩国，日本。

(7) 奇异小桧叶螅 *Sertularella mirabilis* Jäderholm, 1896

分布：黄海，东海，南海；日本，韩国。

(8) 广口小桧叶螅 *Sertularella miurensis* Stechow, 1921

同物异名：*Sertularella obtusa* Stechow, 1931
分布：渤海，黄海；韩国，日本，北大西洋。

(9) 四齿小桧叶螅 *Sertularella quadridens* (Bale, 1884)

同物异名：*Sertularella cornuta* Ritchie, 1909; *Sertularella polyzonias* var. *cornuta* Ritchie, 1909; *Sertularella quadridens cornuta* Ritchie, 1909; *Thuiaria quadridens* Bale, 1884; *Thuiaria vincta* Allman, 1888
分布：南海；印度，马来西亚，印度尼西亚，澳大利亚，新西兰。

(10) 螺旋小桧叶螅 *Sertularella spirifera* Stechow, 1931

分布：黄海；日本陆奥湾。

2. 星雨螅属 *Xingyurella* Song et al., 2018

(1) 星雨螅 *Xingyurella xingyuarum* Song et al., 2018

分布：渤海，黄海，东海。

桧叶螅科 Sertulariidae Lamouroux, 1812

1. 强叶螅属 *Dynamena* Lamouroux, 1812

(1) 南沙强叶螅 *Dynamena nanshaensis* Tang, 1991

分布：南海。

2. 特异螅属 *Idiellana* Cotton & Godfrey, 1942

(1) 锯形特异螅 *Idiellana pristis* (Lamouroux, 1816)

同物异名：*Idia pristis* Lamouroux, 1816; *Idiella pristis* (Lamouroux, 1816)
分布：东海，台湾岛，北部湾，南海；日本，新西兰，澳大利亚，印度尼西亚，南非，西大西洋。

3. 海女螅属 *Salacia* Lamouroux, 1816

(1) 束状海女螅 *Salacia desmoides* (Torrey, 1902)

同物异名：*Dynamena dubia* Billard, 1922; *Salacia cantabrica* Garcia-Corrales, Aguirre-Inchaurbe & Gonzalez-Mora, 1981; *Salacia dubia* (Billard, 1922); *Sertularia desmoides* Torrey, 1902; *Sertularia desmoidis* Torrey, 1902; *Thuiaria dubia* (Billard, 1922)
分布：黄海；南非，美国加利福尼亚，东太平洋，南印度洋。

(2) 六齿海女螅 *Salacia hexodon* (Busk, 1852)

同物异名：*Dynamena hexodon* (Busk, 1852); *Pasya hexodon* Busk, 1852
分布：山东青岛，南海；澳大利亚，印度尼西亚，斯里兰卡。

(3) 四花海女螅 *Salacia tetracythara* Lamouroux, 1816

同物异名：*Thuiaria fenestrata* Bale, 1884

分布：南海；日本，印度-西太平洋，印度尼西亚，澳大利亚。

(4) 斑荚海女螅 *Salacia punctagonangia* (Hargitt, 1924)

同物异名：*Sertularella punctagonangia* Hargitt, 1924
分布：东海；日本，菲律宾。

(5) 多变海女螅 *Salacia variabilis* (Marktanner-Turneretscher, 1890)

同物异名：*Monopoma variabilis* Marktanner-Turneretscher, 1890; *Thuiaria marktanneri* Stechow, 1913
分布：渤海，黄海；日本。

4. 桧叶螅属 *Sertularia* Linnaeus, 1758

(1) 同形桧叶螅 *Sertularia similis* Clark, 1877

同物异名：*Thuiaria similis* (Clark, 1877)
分布：黄海；北极，北太平洋。

辫螅科 Symplectoscyphidae Maronna et al., 2016

1. 弗氏辫螅属 *Fraseroscyphus* Boero & Bouillon, 1993

(1) 朴泽弗氏辫螅 *Fraseroscyphus hozawai* (Stechow, 1931)

同物异名：*Symplectoscyphus hozawai* Stechow, 1931; *Sertularella sinuosa* Fraser, 1948; *Fraseroscyphus sinuosus* (Fraser, 1948); *Symplectoscyphus sinuosus* (Fraser, 1948); *Symplectoscyphus huanghaiensis* Tang & Huang, 1986
分布：山东，江苏，浙江；韩国，日本陆奥湾、相模湾，美国加利福尼亚。

2. 辫螅属 *Symplectoscyphus* Marktanner-Turneretscher, 1890

(1) 三齿辫螅 *Symplectoscyphus tricuspidatus* (Alder, 1856)

同物异名：*Sertularella tricuspidata* (Alder, 1856); *Sertularia tricuspidata* Alder, 1856

分布：黄海，东海；北太平洋，北大西洋，北冰洋。

花裸螅目 Anthoathecata

筒螅水母科 Tubulariidae Goldfuss, 1818

1. 外肋水母属 *Ectopleura* L. Agassiz, 1862

(1) 黄外肋水母 *Ectopleura crocea* (L. Agassiz, 1862)

同物异名：*Ectopleura ralphi* (Bale, 1884); *Parypha crocea* L. Agassiz, 1862; *Tubularia australis* Stechow, 1924; *Tubularia mesembryanthemum* Allman, 1871; *Tubularia polycarpa* Allman, 1971; *Tubularia ralphi* Bale, 1884; *Tubularia warreni* Ewer, 1953
分布：黄海，东海；日本，朝鲜半岛。

(2) 海外肋水母 *Ectopleura marina* (Torrey, 1902)

同物异名：*Tubularia marina* Torrey, 1902
分布：渤海，黄海；北太平洋。

珊瑚虫纲 Anthozoa

海鳃目 Pennatulacea

棒海鳃科 Veretillidae Herklots, 1858

1. 仙人掌海鳃属 *Cavernularia* Valenciennes in Milne Edwards & Haime, 1850

(1) 强壮仙人掌海鳃 *Cavernularia obesa* Valenciennes in Milne Edwards & Haime, 1850

同物异名：*Cavernularia marquesarum* Balss, 1910; *Veretillum cantoriae* Gray, 1862; *Veretillum obesum* (Valenciennes in MilneEdwards & Haime, 1850)
分布：黄海，南海；日本，印度尼西亚，澳大利亚。

沙箸海鳃科 Virgulariidae Verrill, 1868

1. 沙箸海鳃属 *Virgularia* Lamarck, 1816

(1) 古斯塔沙箸海鳃 *Virgularia gustaviana* (Herklots, 1863)

同物异名：*Halisceptrum gustavianum* Herklots, 1863;

Halisceptrum gustavianum var. *magnifolia* Kölliker, 1870; *Halisceptrum gustavianum* var. *parvifolia* Kölliker, 1870; *Halisceptrum magnifolium* Kölliker, 1870; *Halisceptrum parvifolium* Kölliker, 1870; *Halisceptrum periyense* Thomson & Henderson, 1905; *Sceptonidium mosambicanum* Richiardi, 1869

分布：中国海域；日本，印度尼西亚，澳大利亚。

海葵目 Actiniaria

海葵科 Actiniidae Rafinesque, 1815

1. 海葵属 *Actinia* Linnaeus, 1767

(1) 等指海葵 *Actinia equina* (Linnaeus, 1758)

同物异名：*Priapus equinus* Linnaeus, 1758; *Actinia* (*Entacmaea*) *mesembryanthemum* Ellis & Solander, 1786; *Actinia hemisphaerica* Pennant, 1777

分布：中国海域；世界广布种。

2. 侧花海葵属 *Anthopleura* Duchassaing de Fonbressin & Michelotti, 1860

(1) 亚洲侧花海葵 *Anthopleura asiatica* Uchida & Muramatsu, 1958

分布：渤海，黄海，东海，南海；日本，印度洋。

(2) 太平洋侧花海葵 *Anthopleura nigrescens* (Verrill, 1928)

同物异名：*Anthopleura pacifica* Uchida, 1938; *Bunodactis nigrescens* (Verrill, 1928); *Tealiopsis nigrescens* Verrill, 1928

分布：渤海，黄海，东海，南海；朝鲜半岛，日本，北美洲。

(3) 绿侧花海葵 *Anthopleura fuscoviridis* Carlgren, 1949

同物异名：*Anthopleura fuscoviridis* Carlgren, 1949

分布：渤海，黄海，东海，南海；日本，北美洲。

(4) 朴素侧花海葵 *Anthopleura inornata* (Stimpson, 1855)

分布：渤海，黄海，东海，南海；日本。

(5) 日本侧花海葵 *Anthopleura japonica* Verrill, 1899

同物异名：*Gyractis japonica* (Verrill, 1899); *Anthopleura mcmurrichi* Wassilieff, 1908

分布：渤海，黄海，东海，南海；韩国，日本。

(6) 青岛侧花海葵 *Anthopleura qingdaoensis* Pei, 1995

分布：山东青岛。

(7) 黄侧花海葵 *Anthopleura xanthogrammica* (Brandt, 1835)

同物异名：*Bunodes californica* Fewkes, 1889; *Actinia* (*Taractostephanus*) *xanthogrammica* Brandt, 1835; *Actinia xanthogrammica* Brandt, 1835; *Bunodactis xanthogrammica* (Brandt, 1835)

分布：渤海，黄海，东海，南海；日本，北美洲。

3. 管海葵属 *Aulactinia* Agassiz in Verrill, 1864

(1) 中华管海葵 *Aulactinia sinensis* Li & Liu, 2012

分布：黄海。

4. 近瘤海葵属 *Paracondylactis* Carlgren, 1934

(1) 中华近瘤海葵 *Paracondylactis sinensis* Carlgren, 1934

同物异名：*Paracondylactis davydoffi* Carlgren, 1943; *Paracondylactis indicus* Dave in Parulekar, 1968; *Paracondylactis sagarensis* Bhattacharya, 1979

分布：中国沿海；西北太平洋，印度洋。

(2) 亨氏近瘤海葵 *Paracondylactis hertwigi* (Wassilieff, 1908)

同物异名：*Condylactis hertwigi* Wassilieff, 1908; *Paracondylactis hertwigi* (Wassilieff, 1908)

分布：中国沿海；日本，韩国。

5. 丽花海葵属 *Urticina* Ehrenberg, 1834

(1) 格氏丽花海葵 *Urticina grebelnyi* Sanamyan & Sanamyan, 2006

分布：黄海；西北太平洋。

6. 洞球海葵属 *Spheractis* England, 1992

(1) 洞球海葵 *Spheractis cheungae* England, 1992

分布：东海，南海。

滨海葵科 Halcampactinidae Carlgren, 1921

1. 植形海葵属 *Phytocoetes* Annandale, 1915

(1) 中华植形海葵 *Phytocoetes sinensis* Li, Liu & Xu, 2013

分布：东海。

矶海葵科 Diadumenidae Stephenson, 1920

1. 矶海葵属 *Diadumene* Stephenson, 1920

(1) 纵条矶海葵 *Diadumene lineata* (Verrill, 1869)

同物异名：*Sagartia davisi* Torrey, 1904; *Sagartia lineata* Verrill, 1869; *Sagartia luciae* Verrill, 1898; *Aiptasiomorpha* (*Diadumene*) *luciae* (Verrill, 1899); *Diadumene luciae* (Verrill, 1869); *Haliplanella luciae* (Verrill, 1898)
分布：渤海，黄海，东海，南海；北太平洋，北大西洋。

蠕形海葵科 Halcampoididae Appellöf, 1896

1. 蠕形海葵属 *Halcampella* Andres, 1883

(1) 大蠕形海葵 *Halcampella maxima* Hertwig, 1888

分布：中国近海；韩国，日本，菲律宾。

链索海葵科 Hormathiidae Carlgren, 1932

1. 美丽海葵属 *Calliactis* Verrill, 1869

(1) 日本美丽海葵 *Calliactis japonica* Carlgren, 1928

同物异名：*Paracalliactis japonica* (Carlgren, 1928)
分布：南黄海，东海；日本，韩国。

(2) 中华美丽海葵 *Calliactis sinensis* (Verrill, 1869)

同物异名：*Cereus sinensis* Verrill, 1869
分布：渤海，黄海，东海，南海。

(3) 螅形美丽海葵 *Calliactis polypus* (Forsskål, 1775)

同物异名：*Priapus polypus* Forsskål, 1775; *Actinia decorata* Couthouy in Dana, 1846; *Adamsia miriam* Haddon & Shackleton, 1893; *Calliactis decorata* (Drayton in Dana, 1849)
分布：南海；南非，红海，埃及，坦桑尼亚，日本等。

2. 近丽海葵属 *Paracalliactis* Carlgren, 1928

(1) 中华近丽海葵 *Paracalliactis sinica* Pei, 1982

分布：黄海，东海。

列指海葵科 Stichodactylidae Andres, 1883

1. 列指海葵属 *Stichodactyla* Brandt, 1835

(1) 汉氏列指海葵 *Stichodactyla haddoni* (Saville-Kent, 1893)

同物异名：*Discosoma haddoni* Saville-Kent, 1893; *Stoichactis haddoni* Saville-Kent, 1893
分布：南海；热带西太平洋。

细指海葵科 Metridiidae Carlgren, 1893

1. 细指海葵属 *Metridium* de Blainville, 1824

(1) 高龄细指海葵 *Metridium senile* (Linnaeus, 1761)

同物异名：*Priapus senilis* Linnaeus, 1761; *Actinia candida* Müller, 1776; *Actinia cereus* Müller, 1776; *Actinia pallida* Holdsworth, 1855; *Actinia pellucida* Alder, 1858; *Actinia rufa* Müller, 1776; *Actinia senilis* Linnaeus, 1767; *Actinoloba dianthus* de Blainville, 1830; *Metridium fimbriatum* Verrill, 1865; *Thoe pura* Wright, 1859

分布：渤海，黄海；北冰洋，太平洋，大西洋。

山醒海葵科 Andvakiidae Danielssen, 1890

1. 潮池海葵属 *Telmatactis* Gravier, 1916

(1) 棍棒潮池海葵 *Telmatactis clavata* (Stimpson, 1856)

同物异名：*Edwardsia clavata* Stimpson, 1856; *Actinia* (*Isacmaea*) *clavata* Ilmoni, 1830; *Paractis clavata* (Stimpson, 1856)

分布：南海；日本。

石珊瑚目 Scleractinia

鹿角珊瑚科 Acroporidae Verrill, 1901

1. 鹿角珊瑚属 *Acropora* Oken, 1815

(1) 丘突鹿角珊瑚 *Acropora abrotanoides* (Lamarck, 1816)

同物异名：*Acropora danai* (Milne Edwards, 1860); *Acropora erythraea* (Klunzinger, 1879); *Acropora irregularis* (Brook, 1892); *Acropora mangarevensis* Vaughan, 1906; *Acropora rotumana* (Gardiner, 1898); *Acropora tutuilensis* Hoffmeister, 1925; *Heteropora abrotanoides* (Lamarck, 1816); *Madrepora* (*Eumadrepora*) *abrotanoides* Lamarck, 1816; *Madrepora* (*Eumadrepora*) *crassa* Milne Edwards, 1860; *Madrepora* (*Eumadrepora*) *danae* Verrill, 1864; *Madrepora* (*Eumadrepora*) *irregularis* Brook, 1892; *Madrepora* (*Tylopora*) *erythraea* Klunzinger, 1879; *Madrepora abrotanoides* Lamarck, 1816; *Madrepora crassa* Milne Edwards, 1860; *Madrepora danae* Verrill, 1864; *Madrepora danai* Milne Edwards, 1860; *Madrepora deformis* Dana, 1846; *Madrepora erythraea* Klunzinger, 1879; *Madrepora irregularis* Brook, 1892; *Madrepora rotumana* Gardiner, 1898

分布：西沙群岛；印度-西太平洋。

(2) 花柄鹿角珊瑚 *Acropora anthocercis* (Brook, 1893)

同物异名：*Madrepora* (*Polystachys*) *anthocercis* Brook, 1893; *Madrepora anthocercis* Brook, 1893; *Madrepora coronata* Brook, 1892; *Acropora* (*Acropora*) *anthocercis* (Brook, 1893)

分布：台湾岛；印度-西太平洋。

(3) 矛枝鹿角珊瑚 *Acropora aspera* (Dana, 1846)

同物异名：*Acropora hebes* (Dana, 1846); *Acropora yaeyamaensis* Eguchi & Shirai, 1977; *Madrepora* (*Eumadrepora*) *aspera* Dana, 1846; *Madrepora* (*Eumadrepora*) *manni* Quelch, 1886; *Madrepora* (*Lepidocyathus*) *cribripora* Dana, 1846; *Madrepora* (*Lepidocyathus*) *hebes* Dana, 1846; *Madrepora* (*Lepidocyathus*) *hebes* var. *labiosa* Brook, 1893; *Madrepora aspera* Dana, 1846; *Madrepora cribripora* Dana, 1846; *Madrepora hebes* Dana, 1846; *Madrepora hebes* var. *labiosa* Brook, 1893; *Madrepora manni* Quelch, 1886

分布：台湾岛，东沙群岛，南沙群岛；印度-西太平洋。

(4) 刺鹿角珊瑚 *Acropora carduus* (Dana, 1846)

同物异名：*Acropora prolixa* (Verrill, 1866); *Madrepora* (*Rhabdocyathus*) *carduus* Dana, 1846; *Madrepora carduus* Dana, 1846; *Madrepora prolixa* Verrill, 1866

分布：南海；澳大利亚，西太平洋。

(5) 谷鹿角珊瑚 *Acropora cerealis* (Dana, 1846)

同物异名：*Acropora cymbicyathus* (Brook, 1893); *Acropora tizardi* (Brook, 1892); *Madrepora* (*Polystachys*) *cerealis* Dana, 1846; *Madrepora* (*Polystachys*) *cymbicyathus* Brook, 1893; *Madrepora* (*Polystachys*) *tizardi* Brook, 1892; *Madrepora* (*Polystachys*) *tizardi* var. *baeocyathus* Brook, 1893; *Madrepora* (*Rhabdocyathus*) *hystrix* Dana, 1846; *Madrepora cerealis* Dana, 1846; *Madrepora cymbicyathus* Brook, 1893; *Madrepora hystrix* Dana, 1846; *Madrepora tizardi* Brook, 1892; *Madrepora tizardi* var. *baeocyathus* Brook, 1893

分布：南海；印度-西太平洋。

(6) 浪花鹿角珊瑚 *Acropora cytherea* (Dana, 1846)

同物异名：*Acropora armata* (Brook, 1892); *Acropora* (*Polystachus*) *corymbosa* (Lamarck, 1816); *Madrepora cytherea* Dana, 1846; *Madrepora* (*Odonthocyathus*) *reticulata* var. *cuspidata* Brook, 1893; *Acropora symmetrica* (Brook, 1891)

分布：南海；印度-西太平洋。

(7) 指形鹿角珊瑚 *Acropora digitifera* (Dana, 1846)

同物异名：*Acropora baeodactyla* (Brook, 1892); *Acropora brevicollis* (Brook, 1892); *Acropora leptocyathus* (Brook, 1891); *Acropora pyramidalis* (Klunzinger, 1879); *Acropora schmitti* Wells, 1950; *Acropora wardii* Verrill, 1902; *Madrepora baeodactyla* Brook, 1892; *Madrepora brevicollis* Brook, 1892; *Madrepora digitifera* Dana, 1846; *Madrepora leptocyathus* Brook, 1891; *Madrepora pyramidalis* Klunzinger, 1879

分布：台湾岛，东沙群岛，南沙群岛；印度-西太平洋。

(8) 两叉鹿角珊瑚 *Acropora divaricata* (Dana, 1846)

同物异名：*Acropora tenuispicata* (Studer, 1880); *Madrepora divaricata* Dana, 1846; *Madrepora scabrosa* Quelch, 1886; *Madrepora tenuispicata* Studer, 1880

分布：台湾岛，澎湖列岛，南沙群岛；印度-西太平洋。

(9) 棘鹿角珊瑚 *Acropora echinata* (Dana, 1846)

同物异名：*Acropora* (*Trachylopora*) *procumbens* (Brook, 1891); *Acropora procumbens* (Brook, 1892); *Madrepora durvillei* Milne Edwards, 1860; *Madrepora echinata* Dana, 1846; *Madrepora procumbens* Brook, 1891

分布：西沙群岛；印度-西太平洋。

(10) 旁枝鹿角珊瑚 *Acropora elseyi* (Brook, 1892)

同物异名：*Acropora exilis* (Brook, 1892); *Acropora profusa* Nemenzo, 1967; *Madrepora elseyi* Brook, 1892; *Madrepora exilis* Brook, 1892; *Madrepora* (*Conocyathus*) *elseyi* Brook, 1892; *Acropora* (*Acropora*) *elseyi* (Brook, 1892)

分布：台湾岛，澎湖列岛；马尔代夫群岛，澳大利亚。

(11) 花鹿角珊瑚 *Acropora florida* (Dana, 1846)

同物异名：*Acropora affinis* (Brook, 1893); *Acropora gravida* (Dana, 1846); *Acropora multiramosa* Nemenzo, 1967; *Acropora polymorpha* (Brook, 1891); *Madrepora affinis* Brook, 1893; *Madrepora brachyclados* Ortmann, 1888; *Madrepora compressa* Bassett-Smith, 1890; *Madrepora florida* Dana, 1846; *Madrepora gravida* Dana, 1846; *Madrepora ornata* Brook, 1891; *Madrepora polymorpha* Brook, 1891

分布：台湾岛，海南岛，东沙群岛，西沙群岛，南沙群岛；新加坡，印度尼西亚，菲律宾，泰国普吉岛，尼科巴群岛，澳大利亚，斐济群岛，马绍尔群岛。

(12) 芽枝鹿角珊瑚 *Acropora gemmifera* (Brook, 1892)

同物异名：*Acropora scherzeriana* (Brüggemann, 1877); *Madrepora australis* Brook, 1892; *Madrepora gemmifera* Brook, 1892; *Madrepora scherzeriana*

Brüggemann, 1877; *Madrepora scherzeriana* var. *spongiosa* Brook, 1893; *Madrepora vagabunda* Klunzinger, 1879

分布：台湾岛，东沙群岛，西沙群岛，南沙群岛；印度-西太平洋。

(13) 巨枝鹿角珊瑚 *Acropora grandis* (Brook, 1892)

同物异名：*Acropora dispar* Nemenzo, 1967; *Madrepora grandis* Brook, 1892; *Acropora (Acropora) grandis* (Brook, 1892); *Madrepora (Eumadrepora) grandis* Brook, 1892

分布：台湾岛，东沙群岛，西沙群岛，南沙群岛；菲律宾，澳大利亚，萨摩亚群岛。

(14) 颗粒鹿角珊瑚 *Acropora granulosa* (Milne Edwards, 1860)

同物异名：*Acropora (Acropora) granulosa* (Milne Edwards, 1860); *Madrepora (Rhabdocyathus) clavigera* Brook, 1892; *Madrepora (Trachylopora) granulosa* Milne Edwards, 1860; *Madrepora clavigera* Brook, 1892; *Madrepora granulosa* Milne Edwards, 1860

分布：台湾岛，南海；印度-西太平洋。

(15) 丑鹿角珊瑚 *Acropora horrida* (Dana, 1846)

同物异名：*Acropora sekiseiensis* Veron, 1990; *Acropora tylostoma* (Ehrenberg, 1834); *Heteropora tylostoma* Ehrenberg, 1834; *Madrepora angulata* Quelch, 1886; *Madrepora horrida* Dana, 1846; *Madrepora inermis* Brook, 1891; *Madrepora tylostoma* (Ehrenberg, 1834)

分布：南海；印度-西太平洋。

(16) 粗野鹿角珊瑚 *Acropora humilis* (Dana, 1846)

同物异名：*Acropora ocellata* (Klunzinger, 1879); *Acropora spectabilis* (Brook, 1892); *Madrepora fruticosa* Brook, 1892; *Madrepora guppyi* Brook, 1892; *Madrepora humilis* Dana, 1846; *Madrepora obscura* Brook, 1893; *Madrepora ocellata* Klunzinger, 1879; *Madrepora spectabilis* Brook, 1892

分布：台湾岛，澎湖列岛，南海；印度-西太平洋。

(17) 风信子鹿角珊瑚 *Acropora hyacinthus* (Dana, 1846)

同物异名：*Acropora bifurcata* Nemenzo, 1971; *Acropora conferta* (Quelch, 1886); *Acropora pectinata* (Brook, 1892); *Acropora recumbens* (Brook, 1892); *Acropora surculosa* (Dana, 1846); *Acropora turbinata* (Dana, 1846); *Madrepora conferta* Quelch, 1886; *Madrepora hyacinthus* Dana, 1846; *Madrepora patella* Studer, 1879; *Madrepora pectinata* Brook, 1892; *Madrepora recumbens* Brook, 1892; *Madrepora sinensis* Brook, 1893; *Madrepora surculosa* Dana, 1846; *Madrepora turbinata* Dana, 1846

分布：台湾岛，海南岛，广西涠洲岛，东沙群岛，西沙群岛；印度-西太平洋，马尔代夫群岛，马纳尔湾，斯里兰卡，安达曼群岛，墨吉群岛，印度尼西亚，菲律宾，泰国普吉岛，澳大利亚，马绍尔群岛，斐济，塔希提岛，日本。

(18) 中间鹿角珊瑚 *Acropora intermedia* (Brook, 1891)

同物异名：*Acropora eminens* von Marenzeller, 1907; *Acropora vanderhorsti* Hoffmeister, 1925; *Madrepora intermedia* Brook, 1891; *Madrepora repens* Rehberg, 1892

分布：台湾岛；印度-西太平洋。

(19) 日本鹿角珊瑚 *Acropora japonica* Veron, 2000

分布：台湾岛。

(20) 盘枝鹿角珊瑚 *Acropora latistella* (Brook, 1892)

同物异名：*Acropora imperfecta* Nemenzo, 1971; *Acropora loricata* Nemenzo, 1967; *Acropora patula* (Brook, 1892); *Madrepora latistella* Brook, 1892; *Madrepora patula* Brook, 1892

分布：台湾岛，南海；菲律宾，澳大利亚，萨摩亚群岛。

(21) 列枝鹿角珊瑚 *Acropora listeri* (Brook, 1893)

同物异名：*Acropora (Acropora) listeri* (Brook, 1893);

Acropora (*Eumadrepora*) *listeri* (Brook, 1893); *Madrepora* (*Eumadrepora*) *listeri* Brook, 1893; *Madrepora* (*Eumadrepora*) *listeri* var. *conica* Brook, 1893; *Madrepora listeri* Brook, 1893; *Madrepora listeri* var. *conica* Brook, 1893

分布：台湾岛；印度尼西亚，东澳大利亚，萨摩亚群岛。

(22) 长巢鹿角珊瑚 *Acropora longicyathus* (Milne Edwards, 1860)

同物异名：*Acropora navini* Veron, 2000; *Acropora syringodes* (Brook, 1892); *Madrepora longicyathus* Milne Edwards, 1860; *Madrepora syringodes* Brook, 1892

分布：南海。

(23) 奇枝鹿角珊瑚 *Acropora loripes* (Brook, 1892)

同物异名：*Acropora lianae* Nemenzo, 1967; *Acropora murrayensis* (Vaughan, 1918); *Acropora rosaria* (Dana, 1846); *Madrepora loripes* Brook, 1892

分布：台湾岛。

(24) 宽片鹿角珊瑚 *Acropora lutkeni* Crossland, 1952

同物异名：*Acropora* (*Acropora*) *lutkeni* Crossland, 1952

分布：台湾岛，澎湖列岛，海南岛；澳大利亚。

(25) 灌丛鹿角珊瑚 *Acropora microclados* (Ehrenberg, 1834)

同物异名：*Acropora microcladose* (Ehrenberg, 1834); *Heteropora corymbosa* (Lamarck, 1816); *Heteropora microclados* Ehrenberg, 1834; *Madrepora assimilis* Brook, 1892; *Madrepora microclados* (Ehrenberg, 1834)

分布：台湾岛，南海；印度尼西亚，澳大利亚。

(26) 小叶鹿角珊瑚 *Acropora microphthalma* (Verrill, 1869)

同物异名：*Acropora inermis* (Brook, 1891); *Madrepora microphthalma* Verrill, 1869

分布：台湾岛，澎湖列岛，南海；印度-西太平洋。

(27) 多孔鹿角珊瑚 *Acropora millepora* (Ehrenberg, 1834)

同物异名：*Acropora convexa* (Dana, 1846); *Acropora librata* Nemenzo, 1967; *Acropora prostrata* (Dana, 1846); *Acropora singularis* Nemenzo, 1967; *Heteropora millepora* Ehrenberg, 1834; *Madrepora convexa* Dana, 1846; *Madrepora millepora* (Ehrenberg, 1834); *Madrepora prostrata* Dana, 1846; *Madrepora rubra* Studer, 1879; *Madrepora squamosa* Brook, 1892

分布：台湾岛，东沙群岛，西沙群岛，南沙群岛，海南岛，广西涠洲岛；印度洋-太平洋，东非沿岸向东到库克群岛。

(28) 美丽鹿角珊瑚 *Acropora muricata* (Linnaeus, 1758)

同物异名：*Acropora arbuscula* (Dana, 1846); *Acropora copiosa* Nemenzo, 1967; *Acropora formosa* (Dana, 1846); *Acropora gracilis* (Dana, 1846); *Acropora laevis* Crossland, 1952; *Acropora varia* Nemenzo, 1967; *Heteropora appressa* Ehrenberg, 1834; *Isopora muricata* (Linnaeus, 1758); *Madrepora brachiata* Dana, 1846; *Madrepora formosa* Dana, 1846; *Madrepora gracilis* Dana, 1846; *Madrepora muricata* (Linnaeus, 1758); *Madrepora stellulata* Verrill, 1902; *Madrepora virgata* Dana, 1846; *Millepora muricata* Linnaeus, 1758

分布：南海。

(29) 细枝鹿角珊瑚 *Acropora nana* (Studer, 1879)

同物异名：*Acropora azurea* Veron & Wallace, 1984; *Madrepora nana* Studer, 1879

分布：台湾岛，南海；印度-西太平洋。

(30) 鼻形鹿角珊瑚 *Acropora nasuta* (Dana, 1846)

同物异名：*Acropora canaliculata* (Klunzinger, 1879); *Acropora diomedeae* Vaughan, 1906; *Madrepora canaliculata* Klunzinger, 1879; *Madrepora nasuta* Dana, 1846

分布：台湾岛，南海；印度-西太平洋。

(31) 霜鹿角珊瑚 *Acropora pruinosa* (Brook, 1893)

分布：香港，广西涠洲岛；西太平洋。

(32) 佳丽鹿角珊瑚 *Acropora pulchra* (Brook, 1891)

同物异名：*Acropora (Acropora) pulchra* (Brook, 1891); *Madrepora pulchra* Brook, 1891; *Madrepora pulchra* var. *alveolata* Brook, 1893

分布：台湾岛，广西，南海；印度-西太平洋。

(33) 壮实鹿角珊瑚 *Acropora robusta* (Dana, 1846)

同物异名：*Acropora conigera* (Dana, 1846); *Acropora cuspidata* (Dana, 1846); *Acropora decipiens* (Brook, 1892); *Acropora nobilis* (Dana, 1846); *Acropora pacifica* (Brook, 1891); *Acropora paxilligera* (Dana, 1846); *Acropora pinguis* Wells, 1950; *Acropora ponderosa* Nemenzo, 1967; *Acropora smithi* (Brook, 1893); *Acropora virilis* Nemenzo, 1967; *Heteropora regalis* Ehrenberg, 1834; *Madrepora brooki* Bernard, 1900; *Madrepora canalis* Quelch, 1886; *Madrepora conigera* Dana, 1846; *Madrepora cyclopea* Dana, 1846; *Madrepora decipiens* Brook, 1892; *Madrepora nobilis* Dana, 1846; *Madrepora pacifica* Brook, 1891; *Madrepora paxilligera* Dana, 1846; *Madrepora robusta* Dana, 1846; *Madrepora smithi* Brook, 1893

分布：台湾岛，南海；印度-西太平洋。

(34) 穗枝鹿角珊瑚 *Acropora secale* (Studer, 1878)

同物异名：*Acropora concinna* (Brook, 1891); *Acropora diversa* (Brook, 1891); *Acropora otteri* Crossland, 1952; *Acropora quelchi* (Brook, 1893); *Madrepora concinna* Brook, 1891; *Madrepora diversa* Brook, 1891; *Madrepora quelchi* Brook, 1893; *Madrepora secale* Studer, 1878; *Madrepora violacea* Brook, 1892

分布：台湾岛，澎湖列岛；印度-西太平洋。

(35) 石松鹿角珊瑚 *Acropora selago* (Studer, 1879)

同物异名：*Acropora deliculata* (Brook, 1891); *Acropora insignis* Nemenzo, 1967; *Madrepora delicatula* Brook, 1891; *Madrepora selago* Studer, 1879

分布：台湾岛，南海；印度-西太平洋。

(36) 刺枝鹿角珊瑚 *Acropora spicifera* (Dana, 1846)

同物异名：*Madrepora spicifera* Dana, 1846

分布：台湾岛，南海；印度-西太平洋。

(37) 小鹿角珊瑚 *Acropora tenella* (Brook, 1892)

同物异名：*Madrepora tenella* Brook, 1892

分布：南海；西中太平洋。

(38) 柔枝鹿角珊瑚 *Acropora tenuis* (Dana, 1846)

同物异名：*Acropora africana* (Brook, 1893); *Acropora kenti* (Brook, 1892); *Acropora macrostoma* (Brook, 1891); *Acropora plana* Nemenzo, 1967; *Madrepora africana* Brook, 1893; *Madrepora bifaria* Brook, 1892; *Madrepora kenti* Brook, 1892; *Madrepora macrostoma* Brook, 1891; *Madrepora tenuis* Dana, 1846

分布：台湾岛，南海；印度-西太平洋。

(39) 隆起鹿角珊瑚 *Acropora tumida* (Verrill, 1866)

分布：香港，南海。

(40) 强壮鹿角珊瑚 *Acropora valida* (Dana, 1846)

同物异名：*Acropora calamaria* (Brook, 1892); *Acropora dissimilis* Verril, 1902; *Acropora excelsa* Nemenzo, 1971; *Acropora parapharaonis* Veron, 2000; *Acropora variabilis* (Klunzinger, 1879); *Madrepora calamaria* Brook, 1892; *Madrepora coalescens* Ortmann, 1889; *Madrepora valida* Dana, 1846; *Madrepora variabilis* Klunzinger, 1879; *Madrepora verrucosa* Milne Edwards, 1849

分布：台湾岛，澎湖列岛，南海；印度-太平洋。

2. 星孔珊瑚属 *Astreopora* Blainville, 1830

(1) 多星孔珊瑚 *Astreopora myriophthalma* (Lamarck, 1816)

同物异名：*Astraeopora ehrenbergii* Bernard, 1896; *Astraeopora pulvinaria* Lamarck, 1816; *Astraeopora stellae* Nemenzo, 1964; *Astrea myriophthalma* Lamarck, 1816; *Astrea pulvinaria* Lamarck, 1816; *Astreopora arenaria* Bernard, 1896; *Astreopora ehrenbergi* Bernard, 1896; *Astreopora eliptica* Yabe & Sugiyama, 1941; *Astreopora kenti* Bernard, 1896; *Astreopora ovalis* Bernard, 1896; *Astreopora profunda* Verrill, 1872; *Astreopora pulvinaria* Lamarck, 1816; *Astreopora stellae* Nemenzo, 1964

分布：台湾岛，南海；印度-西太平洋。

3. 蔷薇珊瑚属 *Montipora* Blainville, 1830

(1) 疑惑蔷薇珊瑚 *Montipora aenigmatica* Bernard, 1897

分布：南海。

(2) 直枝蔷薇珊瑚 *Montipora altasepta* Nemenzo, 1967

同物异名：*Montipora coalita* Nemenzo, 1967; *Montipora inconstans* Nemenzo, 1967

分布：台湾岛。

(3) 仙掌蔷薇珊瑚 *Montipora cactus* Bernard, 1897

同物异名：*Montipora prava* Nemenzo, 1967

分布：台湾岛，澎湖列岛；西中太平洋。

(4) 壁垒蔷薇珊瑚 *Montipora circumvallata* (Ehrenberg, 1834)

同物异名：*Manopora cicrcumvallata* (Ehrenberg, 1834); *Porites circumvallata* (Ehrenberg, 1834)

分布：海南岛；印度-西太平洋。

(5) 圆突蔷薇珊瑚 *Montipora danae* Milne Edwards & Haime, 1851

同物异名：*Montipora brueggemanni* Bernard, 1897

分布：台湾岛，南海；印度-西太平洋。

(6) 指状蔷薇珊瑚 *Montipora digitata* (Dana, 1846)

同物异名：*Manopora digitata* Dana, 1846; *Manopora tortuosa* Dana, 1846; *Montipora alcicornis* Bernard, 1897; *Montipora bolsii* Bernard, 1897; *Montipora divaricata* Brüggemann, 1879; *Montipora fruticosa* Bernard, 1897; *Montipora indentata* Bernard, 1897; *Montipora irregularis* Quelch, 1886; *Montipora levis* Quelch, 1886; *Montipora marenzelleri* Bernard, 1897; *Montipora nana* Bernard, 1897; *Montipora palmata* (Dana, 1846); *Montipora poritiformis* Verrill, 1866; *Montipora spatula* Bernard, 1897; *Montipora spicata* Bernard, 1897; *Montipora spongila* Bernard, 1900; *Montipora tortuosa* (Dana, 1846)

分布：台湾岛，澎湖列岛，南海；印度-西太平洋。

(7) 繁锦蔷薇珊瑚 *Montipora efflorescens* Bernard, 1897

同物异名：*Montipora trabeculata* Bernard, 1897

分布：台湾岛，南海；印度-西太平洋。

(8) 叶状蔷薇珊瑚 *Montipora foliosa* (Pallas, 1766)

同物异名：*Agaricia lima* Lamarck, 1816; *Madrepora foliosa* Pallas, 1766; *Madrepora lima* Pallas, 1766; *Madrepora patiniformis* Esper, 1797; *Manopora lima* (Lamarck, 1816); *Montipora bifrontalis* Bernard, 1897; *Montipora circinata* Bernard, 1897; *Montipora exesa* Verrill, 1869; *Montipora lichenoides* Verrill, 1869; *Montipora lima* (Pallas, 1766); *Montipora minuta* Bernard, 1897; *Montipora prolifera* Brüggemann, 1879; *Montipora pulcherrima* Bernard, 1897; *Montipora scutata* Bernard, 1897; *Montipora sulcata* Crossland, 1952; *Montipora tubifera* Bernard, 1897; *Montipora undans* Crossland, 1952; *Montipora variabilis* Bernard, 1897

分布：台湾岛，南海；印度-西太平洋。

(9) 浅窝蔷薇珊瑚 *Montipora foveolata* (Dana, 1846)

同物异名：*Manopora foveolata* Dana, 1846; *Montipora*

socialis Bernard, 1897

分布：台湾岛，广西，南海；澳大利亚，西中太平洋。

(10) 脆蔷薇珊瑚 *Montipora fragilis* **Quelch, 1886**

分布：南海。

(11) 脆弱蔷薇珊瑚 *Montipora friabilis* **Bernard, 1897**

同物异名：*Montipora angusta* Nemenzo, 1967
分布：南海。

(12) 横错蔷薇珊瑚 *Montipora gaimardi* **Bernard, 1897**

分布：南海；西中太平洋。

(13) 青灰蔷薇珊瑚 *Montipora grisea* Bernard, **1897**

分布：台湾岛，南海；澳大利亚，西中太平洋。

(14) 鬃刺蔷薇珊瑚 *Montipora hispida* (Dana, **1846)**

同物异名：*Manopora expansa* Dana, 1846; *Manopora hispida* Dana, 1846; *Montipora expansa* (Dana, 1846); *Montipora hirsuta* Bernard, 1897; *Montipora plateformis* Nemenzo, 1967; *Montipora punctata* Bernard, 1897; *Montipora stratiformis* Bernard, 1897
分布：台湾岛，广东，南海；印度-西太平洋。

(15) 变形蔷薇珊瑚 *Montipora informis* **Bernard, 1897**

同物异名：*Montipora granulata* Bernard, 1897; *Montipora mammilata* Bernard, 1897
分布：台湾岛，香港，南海；印度-西太平洋。

(16) 单星蔷薇珊瑚 *Montipora monasteriata* **(Forskål, 1775)**

同物异名：*Madrepora monasteriata* Forskål, 1775; *Montipora conferta* Nemenzo, 1967; *Montipora fungiformis* Bernard, 1897; *Montipora incrustans* Brüggemann, 1877; *Montipora lanuginosa* Bernard, 1897; *Montipora pilosa* Bernard, 1897; *Montipora sinensis* Bernard, 1897

分布：台湾岛，广西，南海；印度-西太平洋。

(17) 柱节蔷薇珊瑚 *Montipora nodosa* (Dana, **1846)**

同物异名：*Manopora nodosa* Dana, 1846; *Montipora annularis* Bernard, 1897; *Montipora willeyi* Bernard, 1897
分布：台湾岛，南海；澳大利亚。

(18) 翼形蔷薇珊瑚 *Montipora peltiformis* **Bernard, 1897**

同物异名：*Montipora reniformis* Nemenzo, 1967
分布：台湾岛；印度-西太平洋。

(19) 海绵蔷薇珊瑚 *Montipora spongodes* **Bernard, 1897**

分布：台湾岛。

(20) 截顶蔷薇珊瑚 *Montipora truncata* Zou, **1975**

分布：台湾岛。

(21) 膨胀蔷薇珊瑚 *Montipora turgescens* **Bernard, 1897**

分布：台湾岛，南海；印度-西太平洋。

(22) 波形蔷薇珊瑚 *Montipora undata* Bernard, **1897**

同物异名：*Montipora colei* Wells, 1954; *Montipora denticulata* Bernard, 1897
分布：台湾岛，南海；马来西亚，印度尼西亚，澳大利亚。

(23) 脉状蔷薇珊瑚 *Montipora venosa* **(Ehrenberg, 1834)**

同物异名：*Madrepora* (*Porites*) *venosa* Ehrenberg, 1834; *Manopora venosa* (Ehrenberg, 1834); *Porites venosa* (Ehrenberg, 1834)

分布：台湾岛，澎湖列岛，广东，香港，南海；印度-西太平洋。

(24) 疣突蔷薇珊瑚 *Montipora verrucosa* (Lamarck, 1816)

同物异名：*Agaricia papillosa* Lamarck, 1816; *Manopora papillosa* (Lamarck, 1816); *Manopora planiuscula* Dana, 1846; *Manopora verrucosa* (Lamarck, 1816); *Montipora ambigua* Bernard, 1897; *Montipora papillosa* (Lamarck, 1816); *Montipora planiuscula* (Dana, 1846); *Porites verrucosa* Lamarck, 1816

分布：台湾岛，澎湖列岛，南海；印度-西太平洋。

4. 同孔珊瑚属 *Isopora* Studer, 1879

(1) 松枝同孔珊瑚 *Isopora brueggemanni* (Brook, 1893)

同物异名：*Acropora brueggemanni* (Brook, 1893); *Acropora meridiana* Nemenzo, 1971; *Madrepora brueggemanii* Brook, 1893

分布：台湾岛，南海；马来西亚，印度尼西亚，澳大利亚。

菌珊瑚科 Agariciidae Gray, 1847

1. 薄层珊瑚属 *Leptoseris* Milne Edwards & Haime, 1849

(1) 环薄层珊瑚 *Leptoseris explanata* Yabe & Sugiyama, 1941

分布：台湾岛，南海；印度-西太平洋。

(2) 片薄层珊瑚 *Leptoseris gardineri* (van der Horst, 1922)

同物异名：*Pavona gardineri* van der Horst, 1922
分布：南海；印度-西太平洋。

(3) 夏威夷薄层珊瑚 *Leptoseris hawaiiensis* Vaughan, 1907

同物异名：*Leptoseris gravieri* van der Horst, 1922; *Leptoseris incrustans* Gardiner, 1905; *Leptoseris striatus* Saville Kent, 1871; *Leptoseris tenuis* van der Horst, 1921

分布：台湾岛；印度-西太平洋。

(4) 壳状薄层珊瑚 *Leptoseris incrustans* (Quelch, 1886)

同物异名：*Cylloseris incrustans* Quelch, 1886
分布：台湾岛；印度-西太平洋。

(5) 类菌薄层珊瑚 *Leptoseris mycetoseroides* Wells, 1954

同物异名：*Agaricia minikoiensis* (Gardiner, 1905); *Pavona minikoiensis* (Gardiner, 1905)
分布：台湾岛，香港，南沙群岛；印度-西太平洋。

(6) 凹凸薄层珊瑚 *Leptoseris scabra* Vaughan, 1907

同物异名：*Domoseris regularis* Quelch, 1886; *Leptoseris regularis* (Quelch, 1886); *Leptoseris colamna* Yabe & Sugiyama, 1941; *Leptoseris columna* Yabe & Sugiyama, 1941

分布：台湾岛，香港，南沙群岛；印度-西太平洋。

2. 牡丹珊瑚属 *Pavona* Lamarck, 1801

(1) 球牡丹珊瑚 *Pavona cactus* (Forskål, 1775)

同物异名：*Agaricia boletiformis* (Esper, 1791); *Lophoseris boletiformis* (Esper, 1791); *Lophoseris cactus* (Forskål, 1775); *Lophoseris cristata* (Ellis & Solander, 1786); *Lophoseris knorri* Milne Edwards & Haime, 1851; *Lophoseris laxa* (Klunzinger, 1879); *Lophoseris venusta* (Dana, 1846); *Madrepora boletiformis* Esper, 1791; *Madrepora cactus* Forskål, 1775; *Madrepora cristata* Ellis & Solander, 1786; *Pavona cristata* (Ellis & Solander, 1786); *Pavona formosa* Dana, 1846; *Pavona laxa* Klunzinger, 1879; *Pavona praetorta* (Dana, 1846); *Pavona venusta* Dana, 1846; *Pavonia boletiformis* (Esper, 1791); *Pavonia cactus* (Forskål, 1775); *Pavonia cristata* (Ellis & Solander, 1786); *Pavonia formosa* Dana, 1846; *Pavonia praetorta* Dana, 1846; *Pavonia venusta* Dana, 1846

分布：台湾岛，澎湖列岛，海南岛，东沙群岛，西沙群岛；印度-西太平洋。

(2) 十字牡丹珊瑚 *Pavona decussata* **(Dana, 1846)**

同物异名：*Lophoseris crassa* (Dana, 1846); *Lophoseris lata* (Dana, 1846); *Pavona crassa* (Dana, 1846); *Pavona lata* (Dana, 1846); *Pavona seriata* Brüggemann, 1879; *Pavonia crassa* Dana, 1846; *Pavonia lata* Dana, 1846

分布：台湾岛，香港，海南岛，东沙群岛，西沙群岛；印度-太平洋。

(3) 叉状牡丹珊瑚 *Pavona divaricata* **Lamarck, 1816**

同物异名：*Lophoseris divaricata* (Lamarck, 1816); *Pavonia divaricata* Lamarck, 1816

分布：台湾岛。

(4) 变形牡丹珊瑚 *Pavona explanulata* **(Lamarck, 1816)**

同物异名：*Agaricia explanata* Lamouroux, 1824; *Agaricia explanulata* Lamarck, 1816; *Lophoseris explanulata* (Lamarck, 1816); *Pavonia explanulata* (Lamarck, 1816)

分布：台湾岛，东沙群岛，南沙群岛；印度-太平洋。

(5) 叶形牡丹珊瑚 *Pavona frondifera* **(Lamarck, 1816)**

同物异名：*Lophoseris frondifera* (Lamarck, 1816); *Pavonia frondifera* Lamarck, 1816

分布：台湾岛，澎湖列岛，南海，广东，广西；印度-太平洋。

(6) 小牡丹珊瑚 *Pavona minuta* **Wells, 1954**

分布：台湾岛，南海；印度-太平洋。

(7) 易变牡丹珊瑚 *Pavona varians* **(Verrill, 1864)**

同物异名：*Lophoseris repens* Brüggemann, 1877; *Pavona percarinata* Ridley, 1883; *Pavona repens* (Brüggemann, 1877); *Pavonia intermedia* Gardiner, 1898; *Pavonia percarinata* Ridley, 1883; *Pavonia repens* (Brüggemann, 1877)

分布：台湾岛，澎湖列岛，南海；印度-太平洋。

(8) 板叶牡丹珊瑚 *Pavona venosa* **(Ehrenberg, 1834)**

同物异名：*Pavona obtusata* (Quelch, 1884); *Pavonia calcifera* Gardiner, 1898; *Polyastra obtusata* (Quelch, 1884); *Polyastra venosa* Ehrenberg, 1834; *Tichoseris obtusata* Quelch, 1884

分布：台湾岛，南海；印度-西太平洋。

木珊瑚科　Dendrophylliidae Gray, 1847

1. 陀螺珊瑚属　*Turbinaria* Oken, 1815

(1) 菌状陀螺珊瑚 *Turbinaria agaricia* **Bernard, 1896**

分布：南海。

(2) 漏斗陀螺珊瑚 *Turbinaria crater* **(Pallas, 1766)**

同物异名：*Madrepora crater* Pallas, 1766

分布：澎湖列岛，广东，南海；印度-西太平洋。

(3) 复叶陀螺珊瑚 *Turbinaria frondens* **(Dana, 1846)**

同物异名：*Gemmipora frondens* Dana, 1846; *Turbinaria abnormalis* Bernard, 1896; *Turbinaria aurantiaca* Bernard, 1896; *Turbinaria carcarensis* Nemenzo, 1971; *Turbinaria edwardsi* Bernard, 1896; *Turbinaria foliosa* Bernard, 1896; *Turbinaria frondescens* Milne Edwards, 1860; *Turbinaria magna* Bernard, 1896; *Turbinaria pustulosa* Bernard, 1896

分布：台湾岛，澎湖列岛，广东，广西，南海；印度-西太平洋。

(4) 凹孔陀螺珊瑚 *Turbinaria immersa* **Yabe & Sugiyama, 1941**

分布：台湾岛。

(5) 不规则陀螺珊瑚 *Turbinaria irregularis* **Bernard, 1896**

同物异名：*Turbinaria diversa* Nemenzo, 1960; *Turbinaria eminens* Nemenzo, 1971

分布：澎湖列岛，广西，南海；印度-西太平洋。

（6）皱折陀螺珊瑚 *Turbinaria mesenterina*（Lamarck, 1816)

同物异名：*Explanaria mesenterina* Lamarck, 1816; *Gemmipora mesenterina* (Lamarck, 1816); *Turbinaria speciosa* Bernard, 1896; *Turbinaria tubifera* Bernard, 1896; *Turbinaria venusta* Bernard, 1896
分布：台湾岛，广东，香港，广西，南海；印度-西太平洋。

（7）肾形陀螺珊瑚 *Turbinaria reniformis* Bernard, 1896

同物异名：*Turbinaria disparata* Nemenzo, 1979; *Turbinaria lichenoides* Bernard, 1896; *Turbinaria reptans* Bernard, 1896; *Turbinaria veluta* Bernard, 1896
分布：台湾岛，澎湖列岛，东沙群岛，南沙群岛；印度-西太平洋。

（8）波形陀螺珊瑚 *Turbinaria undata* Bernard, 1896

分布：南海。

真叶珊瑚科 Euphylliidae Milne Edwards & Haime, 1857

1. 真叶珊瑚属 *Euphyllia* Dana, 1846

（1）缨真叶珊瑚 *Euphyllia fimbriata* (Spengler, 1799)

同物异名：*Madrepora fimbriata* Spengler, 1799
分布：台湾岛，澎湖列岛，南海；印度-西太平洋。

（2）拟滑真叶珊瑚 *Euphyllia paraglabrescens* Veron, 1990

分布：台湾岛。

2. 盔形珊瑚属 *Galaxea* Oken, 1815

（1）丛生盔形珊瑚 *Galaxea fascicularis* (Linnaeus, 1767)

同物异名：*Anthophyllum cuspidatum* (Esper, 1789); *Anthophyllum esperi* Schweigger, 1820; *Anthophyllum fasciculare* Ehrenberg, 1834; *Anthophyllum hystrix* Dana, 1846; *Caryophyllia fasciculata* (Linnaeus, 1767); *Galaxea anthophyllites* Faurot, 1894; *Galaxea aspera* Quelch, 1886; *Madrepora cuspidata* Esper, 1789; *Sarcinula divergens* (Forskål, 1775)
分布：台湾岛，澎湖列岛，广东，广西，海南，东沙群岛，西沙群岛，南沙群岛；印度-太平洋。

裸肋珊瑚科 Merulinidae Verrill, 1865

1. 刺星珊瑚属 *Cyphastrea* Milne Edwards & Haime, 1848

（1）碓突刺星珊瑚 *Cyphastrea chalcidicum* (Forskål, 1775)

同物异名：*Cyphastraea chalcidicum* (Forskål, 1775); *Cyphastrea chalcidicum tanabensis* Yabe & Sugiyama, 1936; *Madrepora chalcidicum* Forskål, 1775
分布：台湾岛，澎湖列岛，南海；印度-西太平洋。

（2）小叶刺星珊瑚 *Cyphastrea microphthalma* (Lamarck, 1816)

同物异名：*Astraea microphthalma* Lamarck, 1816; *Astrea microphthalma* Lamarck, 1816; *Cyphastrea aspera* Quelch, 1886; *Cyphastrea gardineri* Matthai, 1914; *Cyphastrea minuta* Nemenzo & Ferraris, 1982; *Cyphastrea muelleri* Milne Edwards & Haime, 1851; *Cyphastrea savignyi* Milne Edwards & Haime, 1849; *Favia microphthalma* (Lamarck, 1816)
分布：台湾岛，香港，南海；印度-西太平洋。

（3）板状刺星珊瑚 *Cyphastrea ocellina* (Dana, 1846)

同物异名：*Astraea (Orbicella) ocellina* Dana, 1846
分布：南海。

（4）锯齿刺星珊瑚 *Cyphastrea serailia* (Forskål, 1775)

同物异名：*Cyphastrea brueggemanni* Quelch, 1886; *Cyphastrea conferta* Nemenzo, 1959; *Cyphastrea danai* Milne Edwards & Haime, 1857; *Cyphastrea incrustans* (Forskål, 1775); *Cyphastrea laticostata*

Nemenzo, 1971; *Cyphastraea maldivensis* Gardiner, 1904; *Cyphastraea suvadivae* Gardiner, 1904; *Madrepora serailia* Forskål, 1775

分布：台湾岛，澎湖列岛，广东沿岸及北部湾，香港，东沙群岛，西沙群岛，南沙群岛；印度-太平洋，红海，日本。

(5) 中建刺星珊瑚 *Cyphastrea zhongjianensis* Zou, 1980

分布：南海。

2. 盘星珊瑚属 *Dipsastraea* Blainville, 1830

(1) 黄癣盘星珊瑚 *Dipsastraea favus* (Forskål, 1775)

同物异名：*Favia favus* (Forskål, 1775); *Astraea denticulata* (Ellis & Solander, 1786); *Astraea affinis* Milne Edwards & Haime, 1849; *Favia aspera* Milne Edwards & Haime, 1857; *Favia deformata* (Milne Edwards & Haime, 1849); *Favia ehrenbergi* Klunzinger, 1879; *Favia geoffroyi* Milne Edwards & Haime, 1857

分布：台湾岛，广东，香港，东沙群岛，南沙群岛；印度-西太平洋。

(2) 疏盘星珊瑚 *Dipsastraea laxa* (Klunzinger, 1879)

同物异名：*Favia laxa* (Klunzinger, 1879); *Orbicella laxa* Klunzinger, 1879; *Goniastrea laxa* (Klunzinger, 1879)

分布：台湾岛，东沙群岛，南沙群岛；印度-西太平洋。

(3) 蜥岛盘星珊瑚 *Dipsastraea lizardensis* (Veron, Pichon & Wijsman-Best, 1977)

同物异名：*Favia lizardensis* Veron, Pichon & Wijsman-Best, 1977

分布：香港；西太平洋。

(4) 海洋盘星珊瑚 *Dipsastraea maritima* (Nemenzo, 1971)

同物异名：*Favia maritima* (Nemenzo, 1971); *Bikiniastrea maritima* Nemenzo, 1971

分布：台湾岛；菲律宾，澳大利亚。

(5) 翘齿盘星珊瑚 *Dipsastraea matthaii* (Vaughan, 1918)

同物异名：*Favia matthaii* Vaughan, 1918; *Favia rugosa* Chevalier, 1971

分布：广西，海南岛，西沙群岛；印度-西太平洋。

(6) 圆纹盘星珊瑚 *Dipsastraea pallida* (Dana, 1846)

同物异名：*Favia pallida* (Dana, 1846); *Astraea denticulata* Dana, 1846; *Astraea doreyensis* (Milne Edwards & Haime, 1857); *Astraea ordinata* Verrill, 1866; *Astraea cellulosa* Verrill, 1872; *Favia amplior* (Milne Edwards & Haime, 1849); *Favia laccadivica* Gardiner, 1904; *Favia okeni* Milne Edwards & Haime, 1857

分布：台湾岛，香港，东沙群岛，南沙群岛；印度-西太平洋。

(7) 罗图马盘星珊瑚 *Dipsastraea rotumana* (Gardiner, 1899)

同物异名：*Favia rotumana* (Gardiner, 1899); *Astraea rotumana* Gardiner, 1899

分布：台湾岛，广东，香港，海南岛，东沙群岛，西沙群岛，南沙群岛；澳大利亚，西中太平洋。

(8) 标准盘星珊瑚 *Dipsastraea speciosa* (Dana, 1846)

同物异名：*Favia speciosa* (Dana, 1846); *Favia puteolina* (Dana, 1846); *Favia pandanus* (Dana, 1846); *Astraea speciosa* Dana, 1846

分布：台湾岛，澎湖列岛，香港，海南岛，东沙群岛，西沙群岛，南沙群岛；印度-西太平洋。

3. 刺孔珊瑚属 *Echinopora* Lamarck, 1816

(1) 宝石刺孔珊瑚 *Echinopora gemmacea* (Lamarck, 1816)

同物异名：*Echinastrea gemmacea* (Lamarck, 1816); *Echinopora carduus* Klunzinger, 1879; *Echinopora ehrenbergi* Milne Edwards & Haime, 1849; *Echinopora rousseaui* Milne Edwards & Haime, 1849;

Echinopora solidior Milne Edwards & Haime, 1849; *Explanaria gemmacea* Lamarck, 1816; *Explanaria hemprichii* Ehrenberg, 1834; *Orbicella mammilosa* Klunzinger, 1879; *Stephanocora hemprichii* Ehrenberg, 1834

分布：南海；印度-西太平洋。

(2) 太平洋刺孔珊瑚 *Echinopora pacifica* Veron, 1990

同物异名：*Echinopora pacificus* Veron, 1990
分布：南海。

4. 角蜂巢珊瑚属 *Favites* Link, 1807

(1) 秘密角蜂巢珊瑚 *Favites abdita* (Ellis & Solander, 1786)

同物异名：*Favites virens* (Dana, 1846); *Favites robusta* (Dana, 1846); *Favites astrinus* Link, 1807; *Favia hemprichii* (Ehrenberg, 1834); *Favia crassior* (Milne Edwards & Haime, 1849); *Favia abdita* (Ellis & Solander, 1786)
分布：台湾岛，澎湖列岛，广东，香港，海南岛，广西涠洲岛，东沙群岛，南沙群岛；印度-西太平洋。

(2) 中华角蜂巢珊瑚 *Favites chinensis* (Verrill, 1866)

同物异名：*Favites yamanarii* Yabe & Sugiyama, 1935; *Favites yamanarii* var. *profunda* Umbgrove, 1940; *Prionastraea chinensis* Verrill, 1866
分布：台湾岛，海南岛，广西涠洲岛，东沙群岛，西沙群岛，南沙群岛；印度-西太平洋。

(3) 板叶角蜂巢珊瑚 *Favites complanata* (Ehrenberg, 1834)

同物异名：*Favia complanata* Ehrenberg, 1834; *Prionastraea tesserifera* (Ehrenberg, 1834); *Astraea tesserifera* Ehrenberg, 1834
分布：台湾岛，澎湖列岛，广西涠洲岛，南沙群岛；印度-西太平洋。

(4) 多弯角蜂巢珊瑚 *Favites flexuosa* (Dana, 1846)

同物异名：*Prionastraea flexuosa* (Dana, 1846); *Astraea flexuosa* Dana, 1846; *Favites ellisiana* Verrill, 1901
分布：台湾岛，澎湖列岛，广东，香港，广西涠洲岛，东沙群岛，西沙群岛，南沙群岛；印度-西太平洋。

(5) 海孔角蜂巢珊瑚 *Favites halicora* (Ehrenberg, 1834)

同物异名：*Favia halicora* (Ehrenberg, 1834); *Prionastraea halicora* (Ehrenberg, 1834); *Goniastrea halicora* (Ehrenberg, 1834); *Astraea halicora* Ehrenberg, 1834
分布：台湾岛，广西涠洲岛，东沙群岛，西沙群岛，南沙群岛；印度-西太平洋。

(6) 五边角蜂巢珊瑚 *Favites pentagona* (Esper, 1790)

同物异名：*Favia adduensis* Gardiner, 1904; *Favites gailei* Chevalier, 1971; *Favites parvicella* Nemenzo, 1959; *Astraea pentagona* (Esper, 1790); *Astraea deformis* Lamarck, 1816
分布：台湾岛，澎湖列岛，广东，香港，海南岛，广西涠洲岛，东沙群岛，西沙群岛，南沙群岛；印度-西太平洋。

(7) 圆形角蜂巢珊瑚 *Favites rotundata* Veron, Pichon & Wijsman-Best, 1977

同物异名：*Favia rotundata* (Veron, Pichon & Wijsman-Best, 1977); *Dipsastraea rotundata* (Veron, Pichon & Wijsman-Best, 1977)
分布：台湾岛；澳大利亚。

杯形珊瑚科 Pocilloporidae Gray, 1840

1. 杯形珊瑚属 *Pocillopora* Lamarck, 1816

(1) 鹿角杯形珊瑚 *Pocillopora damicornis* (Linnaeus, 1758)

同物异名：*Madrepora damicornis* (Linnaeus, 1758); *Millepora damicornis* Linnaeus, 1758; *Pocillopora cespitosa* Dana, 1846; *Pocillopora diomedeae* Vaughan, 1906; *Pocillopora favosa* Ehrenberg, 1834; *Pocillopora lacera* Verrill, 1869

分布：台湾岛，澎湖列岛，海南岛，东沙群岛，西沙群岛，南沙群岛；印度-太平洋。

(2) 埃氏杯形珊瑚 *Pocillopora grandis* Dana, 1846

同物异名：*Pocillopora coronata* Gardiner, 1897; *Pocillopora elongata* Dana, 1846; *Pocillopora eydouxi* Milne Edwards, 1860; *Pocillopora rugosa* Gardiner, 1897; *Pocillopora symmetrica* Thiel, 1932

分布：台湾岛，南海；印度-太平洋。

(3) 多曲杯形珊瑚 *Pocillopora meandrina* Dana, 1846

同物异名：*Pocillopora nobilis* Verill, 1864

分布：台湾岛，南海；印度-太平洋。

(4) 疣状杯形珊瑚 *Pocillopora verrucosa* (Ellis & Solander, 1786)

同物异名：*Madrepora verrucosa* Ellis & Solander, 1786; *Pocillopora danae* Verrill, 1864; *Pocillopora hemprichii* Ehrenberg, 1834

分布：台湾岛，南海；印度-太平洋。

(5) 伍氏杯形珊瑚 *Pocillopora woodjonesi* Vaughan, 1918

分布：台湾岛，南海；印度-太平洋。

2. 排孔珊瑚属 *Seriatopora* Lamarck, 1816

(1) 浅杯排孔珊瑚 *Seriatopora caliendrum* Ehrenberg, 1834

同物异名：*Seriatopora prescillae* Nemenzo, 1971
分布：台湾岛，南海；印度-西太平洋。

(2) 箭排孔珊瑚 *Seriatopora hystrix* Dana, 1846

同物异名：*Seriatopora angulata* Klunzinger, 1879
分布：台湾岛，南海；印度-西太平洋。

(3) 星排孔珊瑚 *Seriatopora stellata* Quelch, 1886

分布：南海。

3. 柱状珊瑚属 *Stylophora* Schweigger, 1820

(1) 板柱状珊瑚 *Stylophora danae* Milne Edwards & Haime, 1850

同物异名：*Stylophora danai* Milne Edwards & Haime, 1850
分布：南海。

(2) 柱状珊瑚 *Stylophora pistillata* (Esper, 1792)

同物异名：*Anthopora cucullata* Gray, 1835; *Madrepora digitata* Pallas, 1766; *Madrepora pistillaris* Esper, 1797; *Millepora cellulata* Forsskål, 1775; *Pocillopora andreossyi* Audouin, 1826; *Porites digitata* (Pallas, 1766); *Porites elongata* Lamarck, 1816; *Porites pistillata* (Esper, 1792); *Porites scabra* Lamarck, 1816; *Porites subdigitata* Lamarck, 1816; *Sideropora digitata* (Pallas, 1766); *Sideropora digitata* de Blainville, 1830; *Sideropora mordax* Dana, 1846; *Sideropora palmata* Blainville, 1830; *Sideropora pistillata* (Esper, 1792); *Sideropora subdigitata* (Lamarck, 1816); *Stylophora cellulosa* Quelch, 1886; *Stylophora dendritica* Nemenzo, 1964; *Stylophora digitata* de Blainville, 1830; *Stylophora digitata* (Pallas, 1766); *Stylophora expanda* Nemenzo, 1964; *Stylophora mordax* (Dana, 1846); *Stylophora nana* Nemenzo, 1964; *Stylophora palmata* (de Blainville, 1830); *Stylophora pistillaris* (Esper, 1797); *Stylophora prostrata* Klunzinger, 1879; *Stylophora septata* Gardiner, 1898; *Stylophora sinaitica* Brüggemann, 1877; *Stylophora stellata* Verrill, 1864

分布：台湾岛，南海；印度-西太平洋。

(3) 亚列柱状珊瑚 *Stylophora subseriata* (Ehrenberg, 1834)

同物异名：*Anthopora elegans* Gray, 1835; *Porites subseriata* Ehrenberg, 1834

分布：南海。

滨珊瑚科 Poritidae Gray, 1840

1. 角孔珊瑚属 *Goniopora* de Blainville, 1830

(1) 细角孔珊瑚 *Goniopora gracilis* (Milne Edwards & Haime, 1849)

同物异名：*Rhodaraea gracilis* Milne Edwards & Haime, 1849

分布：西沙群岛，南沙群岛。

(2) 扁平角孔珊瑚 *Goniopora planulata* (Ehrenberg, 1834)

同物异名：*Astraea planulata* Ehrenberg, 1834; *Goniopora duofaciata* Thiel, 1932

分布：广东，广西，南海；印度-西太平洋。

2. 滨珊瑚属 *Porites* Link, 1807

(1) 扁缩滨珊瑚 *Porites compressa* Dana, 1846

分布：广东，广西；印度-西太平洋。

(2) 细柱滨珊瑚 *Porites cylindrica* Dana, 1846

同物异名：*Porites andrewsi* Vaughan, 1918; *Porites capricornis* Rehberg, 1892; *Porites levis* Dana, 1846; *Porites planocella* Nemenzo, 1955

分布：台湾岛，澎湖列岛，香港，南海；印度-西太平洋。

(3) 地衣滨珊瑚 *Porites lichen* (Dana, 1846)

同物异名：*Goniopora klunzingeri* von Marenzeller, 1907; *Goniopora lichen* (Dana, 1846); *Manopora lichen* Dana, 1846; *Montipora lichen* (Dana, 1846); *Porites purpurea* Gardiner, 1898; *Porites reticulata* Dana, 1846; *Porites viridis* Gardiner, 1898

分布：台湾岛，南海；印度-太平洋。

(4) 澄黄滨珊瑚 *Porites lutea* Milne Edwards & Haime, 1851

同物异名：*Madrepora arenosa* Esper, 1797; *Porites arenosa* (Esper, 1797); *Porites haddoni* Vaughan, 1918; *Porites lutea haddoni* Vaughan, 1918

分布：广东，海南岛，北部湾，西沙群岛，南沙群岛；红海，马尔代夫群岛，新加坡，澳大利亚，所罗门群岛，比基尼环礁，菲律宾。

(5) 融板滨珊瑚 *Porites matthaii* Wells, 1954

分布：南海。

(6) 灰黑滨珊瑚 *Porites nigrescens* Dana, 1846

同物异名：*Porites saccharata* Brüggemann, 1878; *Porites suppressa* Crossland, 1952

分布：台湾岛，澎湖列岛，海南岛，西沙群岛，南沙群岛；印度-西太平洋。

(7) 普哥滨珊瑚 *Porites pukoensis* Vaughan, 1907

分布：南海。

(8) 火焰滨珊瑚 *Porites rus* (Forskål, 1775)

同物异名：*Madrepora rus* Forskål, 1775; *Porites convexa* (Verrill, 1864); *Porites danae* Studer, 1901; *Porites danai* Studer, 1901; *Porites faustinoi* Hoffmeister, 1925; *Porites iwayamaensis* Eguchi, 1935; *Porites undulata* (Verrill, 1864); *Synaraea convexa* Verrill, 1864; *Synaraea danae* Verrill, 1864; *Synaraea irregularis* Verrill, 1864; *Synaraea undulata* Klunzinger, 1879

分布：台湾岛，南海；印度-西太平洋。

(9) 坚实滨珊瑚 *Porites solida* (Forskål, 1775)

同物异名：*Madrepora conglomerata* Esper, 1792; *Madrepora solida* Forskål, 1775; *Porites conglome-rata* (Esper, 1792)

分布：台湾岛，南海；印度-西太平洋。

(10) 史提芬滨珊瑚 *Porites stephensoni* Crossland, 1952

同物异名：*Porites* (*Porites*) *stephensoni* Crossland, 1952

分布：南海。

参 考 文 献

黄林韬, 黄晖, 江雷. 2020. 中国造礁石珊瑚分类厘定. 生物多样性, 28(4): 515-523.

黄宗国, 陈小银. 2012a. 群体海葵目 Zoanthidea, 海葵目 Actiniaria, 角海葵目 Ceriantharia. 见: 黄宗国, 林茂. 中国海洋物种和图集(上卷): 中国海洋物种多样性. 北京: 海洋出版社: 324-328.

黄宗国, 陈小银. 2012b. 海鳃目 Pennatulacea. 见: 黄宗国, 林茂. 中国海洋物种和图集(上卷): 中国海洋物种多样性. 北京: 海洋出版社: 354-355.

李新正, 王洪法, 等. 2016. 胶州湾大型底栖生物鉴定图谱. 北京: 科学出版社.

李阳. 2013. 中国海海葵目(刺胞动物门: 珊瑚虫纲)种类组成与区系特点研究. 北京: 中国科学院大学博士学位论文: 166.

裴祖南. 1998. 中国动物志无脊椎动物　第十六卷　腔肠动物门　海葵目　角海葵目　群体海葵目. 北京: 科学出版社.

宋希坤. 2019. 中国与两极海域桧叶螅科刺胞动物多样性. 北京: 科学出版社.

唐质灿. 2008. 角黑珊瑚纲 Ceriantipatharia 八放珊瑚纲 Octocorallia. 见: 刘瑞玉. 中国海洋生物名录. 北京: 科学出版社: 332-346.

唐质灿, 高尚武. 2008. 水母亚门 Medusozoa. 见: 刘瑞玉. 中国海洋生物名录. 北京: 科学出版社: 301-332.

杨德渐, 王永良, 等. 1996. 中国北部海洋无脊椎动物. 北京: 高等教育出版社: 538.

Hartog J C, Vennam J. 1993. Some Actiniaria (Cnidaria: Anthozoa) from the west coast of India. Zoologische Mededelingen, 67(42): 601-637.

Li Y, Liu R Y. 2012. *Aulactinia sinensis*, a new species of sea anemone (Cnidaria: Anthozoa: Actiniaria) from Yellow Sea. Zootaxa, 3476: 62-68.

Li Y, Liu R Y, Xu K D. 2012. *Phytocoetes sinensis* n. sp. and *Telmatactis clavata* (Stimpson, 1855), two poorly known species of Metridioidea (Cnidaria: Anthozoa: Actiniaria) from Chinese waters. Zootaxa, 3637(2): 113-122.

Song X, Gravili C, Ruthensteiner B, et al. 2018. Incongruent cladistics reveal a new hydrozoan genus (Cnidaria: Sertularellidae) endemic to the eastern and western coasts of the North Pacific Ocean. Invertebrate Systematics, 32(5): 1083-1101.

Song X, Xiao Z, Gravili C, et al. 2016. Worldwide revision of the genus *Fraseroscyphus* Boero and Bouillon, 1993 (Cnidaria: Hydrozoa): an integrative approach to establish new generic diagnoses. Zootaxa, 4168 (1): 1-37.

扁形动物门 Platyhelminthes

有杆亚门 Rhabditophora

多肠目 Polycladida

柄涡科 Stylochidae Stimpson, 1857

1. 伊涡属 *Imogine* Marcus & Marcus, 1968

(1) 东方伊涡虫 *Imogine orientalis* Bock, 1913

同物异名: *Stylochus orientalis* Bock, 1913

分布: 台湾海峡, 台湾岛。

背涡科 Notocomplanidae Litvaitis, Bolaños & Quiroga, 2019

1. 背涡属 *Notocomplana* Faubel, 1983

(1) 薄背涡虫 *Notocomplana humilis* (Stimpson, 1857)

同物异名: *Leptoplana humilis* Stimpson, 1857

分布: 渤海, 黄海; 日本。

(2) 北方背涡虫 *Notocomplana septentrionalis* (Kato, 1937)

同物异名：*Notoplana septentrionalis* Kato, 1937
分布：黄海；日本。

平角科 Planoceridae Lang, 1884

1. 平角属 *Planocera* Blainville, 1828

(1) 网纹平角涡虫 *Planocera reticulata* (Stimpson, 1855)

同物异名：*Stylochus reticulatus* Stimpson, 1855
分布：渤海，黄海；日本。

泥平科 Ilyplanidae Faubel, 1983

1. 泥涡属 *Ilyella* Faubel, 1983

(1) 大盘泥涡虫 *Ilyella gigas* (Schmarda, 1859)

同物异名：*Leptoplana subviridis* Plehn, 1896; *Susakia badiomaculata* Kato, 1934
分布：台湾岛；日本，斐济，印度尼西亚，密克罗尼西亚。

伪角科 Pseudocerotidae Lang, 1884

1. 伪角属 *Pseudoceros* Lang, 1884

(1) 蓝纹伪角涡虫 *Pseudoceros indicus* Newman & Schupp, 2002

分布：台湾岛，海南岛（新记录）；印度尼西亚，密克罗尼西亚，马尔代夫群岛，澳大利亚，南非。

(2) 蓝带伪角涡虫 *Pseudoceros concinnus* (Collingwood, 1876)

同物异名：*Proceros concinnus* Collingwood, 1876
分布：台湾岛，海南岛（新记录）；印度尼西亚，新几内亚岛，越南，菲律宾。

(3) 外伪角涡虫 *Pseudoceros exoptatus* Kato, 1938

分布：黄海，东海，南海；日本。

伪柄科 Pseudostylochidae Faubel, 1983

1. 伪柄属 *Pseudostylochus* Yeri & Kaburaki, 1918

(1) 厚伪柄涡虫 *Pseudostylochus obscurus* (Stimpson, 1857)

同物异名：*Stylochus obscurus* Stimpson, 1857
分布：辽宁大连；日本。

原卵黄目 Prolecithophora

伪口科 Pseudostomidae Graff, 1904-1908

1. 肠口涡虫属 *Enterostomula* Reisinger, 1926

(1) 格氏肠口涡虫 *Enterostomula graffi* (de Beauchamp, 1913)

同物异名：*Monoophorum graffi* de Beauchamp, 1913
分布：南海（深圳湾潮间带）；法国，土耳其，乌克兰，美国弗吉尼亚，黑海，地中海，北大西洋。

三肠目 Tricladida

宫孔科 Geoplanidae Stimpson, 1857

1. 米罗涡虫属 *Microplana* Vejdovsky, 1889

(1) 深圳米罗涡虫 *Microplana shenzhensis* Wang & Yu, 2013

分布：广东（深圳，珠海）。

参 考 文 献

黄宗国，陈小银. 2012. 扁形动物门 Platyhelminthes 涡虫纲 Turbellaria. 见：黄宗国，林茂. 中国海洋物种和图集(上卷)：中国海洋物种多样性. 北京：海洋出版社：358-359.

揭维邦, 郭世杰. 2015. 海洋舞者: 台湾的多歧肠海扁虫. 屏东: 海洋生物博物馆.

李新正, 王洪法, 等. 2016. 胶州湾大型底栖生物鉴定图谱. 北京: 科学出版社.

马柳安, 容粗徨, 汪安泰. 2014. 中国涡虫一新纪录科肠口涡虫属一新纪录种格氏肠口涡虫(原卵黄目, 柱口科). 动物学杂志, 49(2): 244-252.

杨德渐, 王永良, 等. 1996. 中国北部海洋无脊椎动物. 北京: 高等教育出版社.

俞安祺, 汪安泰, 赖晓婷. 2013. 中国涡虫一新纪录科宫孔科米罗涡虫属一新种(扁形动物门, 三肠目). 动物分类学报, 38(2): 257-266.

赵汝翼, 李东波, 暴学祥, 等. 1982. 辽宁兴城沿海无脊椎动物名录. 东北师大学报(自然科学版), (3): 97-107.

Oya Y, Kajihara H. 2017. Description of a new *Notocomplana* species (Platyhelminthes: Acotylea), new combination and new records of Polycladida from the northeastern Sea of Japan, with a comparison of two different barcoding markers. Zootaxa, 4282(3): 526-542.

纽形动物门 Nemertea

古纽纲 Palaeonemertea

细首科 Cephalotrichidae McIntosh, 1874

1. 细首属 *Cephalothrix* Örsted, 1843

(1) 香港细首纽虫 *Cephalothrix hongkongiensis* Sundberg, Gibson & Olsson, 2003

同物异名: *Procephalothrix arenarius* Gibson, 1990
分布: 黄海, 东海, 南海; 韩国, 澳大利亚。

管栖科 Tubulanidae Bürger, 1904 (1874)

1. 管栖属 *Tubulanus* Renier, 1804

(1) 斑管栖纽虫 *Tubulanus punctatus* (Takakura, 1898)

同物异名: *Carinella unctate* Takakura, 1898
分布: 黄海; 日本, 俄罗斯。

帽幼纲 Pilidiophora

异纽目 Heteronemertea

壮体科 Valenciniidae Hubrecht, 1879

1. 无沟属 *Baseodiscus* Diesing, 1850

(1) 亨氏无沟纽虫 *Baseodiscus hemprichii* (Ehrenberg, 1831)

同物异名: *Eupolia brockii* Bürger, 1890; *Eupolia*

mediolineata Bürger, 1893
分布: 台湾岛; 印度-太平洋。

纵沟科 Lineidae McIntosh, 1874

1. 岩田属 *Iwatanemertes* Gibson, 1990

(1) 椒斑岩田纽虫 *Iwatanemertes piperata* (Stimpson, 1855)

同物异名: *Meckelia piperata* Stimpson, 1855
分布: 东海, 南海; 日本。

2. 库氏属 *Kulikovia* Chernyshev, Polyakova, Turanov & Kajihara, 2017

(1) 白额库氏纽虫 *Kulikovia alborostrata* (Takakura, 1898)

同物异名: *Lineus alborostratus* Takakura, 1898
分布: 山东烟台、青岛; 日本, 俄罗斯。

3. 纵沟属 *Lineus* Sowerby, 1806

(1) 血色纵沟纽虫 *Lineus sanguineus* (Rathke, 1799)

同物异名: *Planaria sanguinea* Rathke, 1799; *Lineus communis* Verrill, 1879; *Lineus nigricans* Bürger, 1893; *Lineus nigricans* var. *striatus* Oxner, 1907; *Lineus vegetus* Coe, 1931; *Nemertes socialis* Leidy, 1855
分布: 渤海, 黄海, 东海, 南海; 日本, 欧洲海域, 北美洲东、西沿海, 维尔京群岛, 智利, 阿根廷,新西兰等。

4. 拟脑纽属 *Cerebratulina* Gibson, 1990

(1) 浮游拟脑纽虫 *Cerebratulina natans* (Punnett, 1900)

同物异名：*Cerebratulus natans* Punnett, 1900
分布：福建，广东，香港；新加坡。

5. 尹氏属 *Yininemertes* Sun & Lu, 2008

(1) 喜草尹氏纽虫 *Yininemertes pratensis* (Sun & Lu, 1998)

同物异名：*Yinia pratensis* Sun & Lu, 1998; *Novoyinia pratensis* Özdikmen, 2009
分布：上海（长江口）；韩国。

枝吻科 Polybrachiorhynchidae Gibson, 1985

1. 多枝吻属 *Polydendrorhynchus* Yin & Zeng, 1986

(1) 湛江多枝吻纽虫 *Polydendrorhynchus zhanjiangensis* (Yin & Zeng, 1984)

同物异名：*Dendrorhynchus zhanjiangensis* Yin & Zeng, 1984; *Dendrorhynchus sinensis* Yin & Zeng, 1985; *Polydendrorhynchus papillaris* Yin & Zeng, 1986
分布：广东，香港，广西。

针纽纲 Hoplonemertea

单针目 Monostilifera

强纽科 Cratenemertidae Friedrich, 1968

1. 日本纽虫属 *Nipponnemertes* Friedrich, 1968

(1) 斑日本纽虫 *Nipponnemertes punctatula* (Coe, 1905)

同物异名：*Amphiporus punctatulus* Coe, 1905
分布：辽宁，山东；日本，俄罗斯，美国加利福尼亚。

卷曲科 Emplectonematidae Bürger, 1904

1. 卷曲属 *Emplectonema* Stimpson, 1857

(1) 细卷曲纽虫 *Emplectonema gracile* (Johnston, 1837)

同物异名：*Meckelia gracilis* Johnston, 1837; *Nemertes glaucus* Kölliker, 1845; *Nemertes balmea* Quatrefages, 1846; *Omatoplea balmea* Diesing, 1850
分布：黄海；北半球广布。

2. 拟纽属 *Paranemertes* Coe, 1901

(1) 奇异拟纽虫 *Paranemertes peregrina* Coe, 1901

同物异名：*Paranemertes peregrina* var. *alaskensis* Coe, 1940; *Paranemertes peregrina* var. *californiensis* Coe, 1940
分布：渤海，黄海；北太平洋各地，如日本，俄罗斯，科曼多尔群岛（白令海），阿留申群岛，北美洲太平洋沿海。

笑纽科 Prosorhochmidae Bürger, 1895

1. 额孔属 *Prosadenoporus* Bürger, 1890

(1) 莫顿额孔纽虫 *Prosadenoporus mortoni* (Gibson, 1990)

同物异名：*Pantinonemertes mortoni* Gibson, 1990
分布：东海，南海。

四眼科 Tetrastemmatidae Hubrecht, 1879

1. 近四眼属 *Quasitetrastemma* Chernyshev, 2004

(1) 黑额近四眼纽虫 *Quasitetrastemma nigrifrons* (Coe, 1904)

同物异名：*Tetrastemma nigrifrons* var. *albino* Manchenko & Kulikova, 1996; *Tetrastemma nigrifrons* var. *aequiolor* Chernyshev, 1998; *Tetrastemma nigrifrons* var. *bimaculatum* Chernyshev, 1998; *Tetrastemma nigrifrons* var. *bicolor* Coe, 1904; *Tetrastemma nigrifrons* var. *bilineatum* Iwata, 1954; *Tetrastemma nigrifrons* var. *pallidum* Coe, 1904; *Tetrastemma nigrifrons* var. *punctata* Iwata, 1954; *Tetrastemma nigrifrons* var. *purpureum* Coe, 1904; *Tetrastemma nigrifrons* var. *spadix* Iwata, 1954; *Tetrastemma nigrifrons* var. *trimaculatum* Chernyshev, 1998; *Tetrastemma nigrifrons* var. *zonatum* Coe, 1940

分布：黄海；日本，俄罗斯，北美洲，中美洲太平洋沿海。

耳盲科 Ototyphlonemertidae Coe, 1940

1. 耳盲属 *Ototyphlonemertes* Diesing, 1863

(1) 长座耳盲纽虫 *Ototyphlonemertes dolichobasis* Kajihara, 2007

分布：黄海；日本，俄罗斯。

(2) 马氏耳盲纽虫 *Ototyphlonemertes martynovi* Chernyshev, 1993

分布：黄海；日本，俄罗斯。

(3) 长耳盲纽虫 *Ototyphlonemertes longissima* Liu & Sun, 2018

分布：南海。

参 考 文 献

曹善茂, 印明昊, 姜玉声, 等. 2017. 大连近海无脊椎动物. 沈阳: 辽宁科学技术出版社.

孙世春. 2008. 纽形动物门 Nemertea. 见: 刘瑞玉. 中国海洋生物名录. 北京: 科学出版社: 388-392.

孙世春, 许苹. 2018. 中国沿海首次发现耳盲属(有针纲: 单针目: 耳盲科)间隙纽虫. 动物学杂志, 53(2): 249-254.

Ament-Velásquez S L, Figuet E, Ballenghien M, et al. 2016. Population genomics of sexual and asexual lineages in fissiparous ribbon worms (*Lineus*, Nemertea): hybridization, polyploidy and the Meselson effect. Molecular Ecology, 25: 3356-3369.

Chen H X, Strand M, Norenburg J L, et al. 2010. Statistical parsimony networks and species assemblages in cephalotrichid nemerteans (Nemertea). PLoS One, 5(9): e12885.

Chernyshev A V, Polyakova N E, Turanov S V, et al. 2018. Taxonomy and phylogeny of *Lineus torquatus* and allies (Nemertea, Lineidae) with descriptions of a new genus and a new cryptic species. Systematics and Biodiversity, 16(1): 55-68.

Gibson R. 1990. The macrobenthic nemertean fauna of Hong Kong. *In*: Morton B. Proceedings of the Second International Marine Biological Workshop: the Marine Flora and Fauna of Hong Kong and Southern China. I. Hong Kong: Hong Kong University Press: 33-212.

Hao Y, Kajihara H, Chernyshev A V, et al. 2015. DNA taxonomy of *Paranemertes* (Nemertea: Hoplonemertea) with spirally fluted stylets. Zoological Science, 32(6): 571-578.

Kajihara H. 2014. An objective junior synonym of a ribbon-worm genus name (Nemertea: Heteronemertea). Munis Entomology & Zoology, 9(1): 588.

Kajihara H, Chernyshev A V, Sun S C, et al. 2008. Checklist of nemertean genera and species published between 1995 and 2007. Species Diversity, 13(4): 245-274.

Kang X X, Fernández-Álvarez F Á, Alfaya J E F, et al. 2015. Species diversity of *Ramphogordius sanguineus/ Lineus ruber* like nemerteans (Nemertea: Heteronemertea) and geographic distribution of *R. sanguineus*. Zoological Science, 32(6): 579-589.

Liu H L, Sun S C. 2018. *Ototyphlonemertes longissima* sp. nov. (Hoplonemertea: Monostilifera: Ototyphlonemertidae), a new interstitial nemertean from the South China Sea. Zootaxa, 4527(4): 581-587.

Maslakova S A, Norenburg J L. 2008. Revision of the smiling worms, genera *Prosadenoporus* Bürger, 1890 and *Pantinonemertes* Moore and Gibson, 1981 and description of a new species *Prosadenoporus floridensis* sp. nov. from Florida and Belize. Journal of Natural History, 42: 1689-1727.

Park T, Lee S, Sun S C, et al. 2019. Morphological and molecular study on *Yininemertes pratensis* (Nemertea, Pilidiophora, Heteronemertea) from the Han River Estuary, South Korea, and its phylogenetic position within the family Lineidae. Zookeys, 852: 31-51.

Özdikmen H. 2009. Substitute names for two preoccupied genera (Orthoptera: Acrididae And Tettigoniidae). Munis Entomology & Zoology, 9(1): 606-607.

Strand M, Norenburg J, Alfaya J E, et al. 2019. Nemertean taxonomy-implementing changes in the higher ranks, dismissing Anopla and Enopla. Zoologica Scripta, 48: 118-119.

Zaslavskaya N I, Akhmatova A F, Chernyshev A V. 2010. Allozyme comparison of the species and colour morphs of the nemertean genus *Quasitetrastemma* Chernyshev, 2004 (Hoplonemertea: Tetrastemmatidae) from the Sea of Japan. Journal of Natural History, 44(37-40): 2303-2320.

腹毛动物门 Gastrotricha

大趾虫目 Macrodasyida Remane, 1925

大趾虫科 Macrodasyidae Remane, 1924

1. 尾趾虫属 *Urodasys* Remane, 1926

(1) 尾趾虫属未定种 *Urodasys* sp.

分布：不详。

参 考 文 献

黄宗国，林茂. 2012. 中国海洋物种和图集(上卷): 中国海洋物种多样性. 北京: 海洋出版社: 274-275.

头吻动物门 Cephalorhyncha

曳鳃纲 Priapulida

曳鳃科 Priapulidae Gosse, 1855

1. 曳鳃属 *Priapulus* Lamarck, 1816

(1) 尾曳鳃虫 *Priapulus caudatus* Lamarck, 1816

分布：渤海，黄海；环北极。

参 考 文 献

杨德渐，王永良，等. 1996. 中国北部海洋无脊椎动物. 北京: 高等教育出版社.

张志南. 2012. 曳鳃动物门 Priapulida. 见: 黄宗国，林茂. 中国海洋物种和图集(上卷): 中国海洋物种多样性. 北京: 海洋出版社.

内肛动物门 Entoprocta

巴伦虫科 Barentsiidae Emschermann, 1972

1. 巴伦虫属 *Barentsia* Hincks, 1880

(1) 分散巴伦虫 *Barentsia discreta* (Busk, 1886)

同物异名：*Ascopodaria discreta* Busk, 1886; *Barentsia*

misakiensis (Oka, 1890); *Ascopodaria misakiensis* Oka, 1890

分布：东海，南海；太平洋，印度洋，大西洋。

参 考 文 献

刘会莲, 刘锡兴. 2008. 内肛动物门 Entoprocta. 见: 刘瑞玉. 中国海洋生物名录. 北京: 科学出版社.

The Southern California Association of Marine Invertebrate Taxonomists. 2018. A Taxonomic Listing of Benthic Macroand Megainvertebrates from Infaunal & Epifaunal Monitoring and Research Programs in the Southern California Bight. 12th Ed. Los Angeles: Natural History Museum of Los Angeles County Research & Collections: 188.

线虫动物门 Nematoda

嘴刺纲 Enoplea

嘴刺亚纲 Enoplia

嘴刺目 Enoplida

嘴刺亚目 Enoplina

嘴刺线虫总科 Enoploidea Dujardin, 1845

嘴刺线虫科 Enoplidae Dujardin, 1845

1. 嘴刺线虫属 *Enoplus* Dujardin, 1845

(1) 太平湾嘴刺线虫 *Enoplus taipingensis* Zhang & Zhou, 2012

分布：渤海（辽宁大连），黄海（山东青岛）。

腹口线虫科 Thoracostomopsidae Filipjev, 1927

1. 类嘴刺线虫属 *Enoploides* Ssaweljev, 1912

(1) 德氏类嘴刺线虫 *Enoploides delamarei* Boucher, 1977

分布：东海（南麂列岛大沙岙），南海；东北太平洋（法国），北海（比利时）。

2. 嘴咽线虫属 *Enoplolaimus* de Man, 1893

(1) 锯齿嘴咽线虫 *Enoplolaimus denticulatus* Warwick, 1970

分布：黄海（山东青岛）；北海，北大西洋。

(2) 小细嘴咽线虫 *Enoplolaimus lenunculus* Wieser, 1959

分布：东海（南麂列岛大沙岙）；美国太平洋沿岸（普吉特湾）。

(3) 青岛嘴咽线虫 *Enoplolaimus qingdaoensis* Zhang, Huang & Zhou, 2022

分布：黄海（山东青岛）。

3. 表刺线虫属 *Epacanthion* Wieser, 1953

(1) 簇毛表刺线虫 *Epacanthion fasciculatum* Shi & Xu, 2016

分布：东海（南麂列岛大沙岙）。

(2) 多毛表刺线虫 *Epacanthion hirsutum* Shi & Xu, 2016

分布：东海（南麂列岛大沙岙）。

(3) 长尾表刺线虫 *Epacanthion longicaudatum* Shi & Xu, 2016

分布：东海（南麂列岛大沙岙）。

(4) 疏毛表刺线虫 *Epacanthion sparsisetae* Shi & Xu, 2016

分布：东海（南麂列岛大沙岙）。

4. 棘尾线虫属 *Mesacanthion* Filipjev, 1927

(1) 奥达克斯棘尾线虫 *Mesacanthion audax* (Ditlevsen, 1918)

同物异名：*Enoplolaimus audax* Ditlevsen, 1918
分布：东海（南麂列岛大沙岙）；北大西洋，北海。

(2) 幼稚棘尾线虫 *Mesacanthion infantile* (Ditlevsen, 1930)

同物异名：*Enoplolaimus infantilis* Ditlevsen, 1930; *Enoplolaimus mortenseni* Allgén, 1951; *Enoplolaimus philippinensis* Allgén, 1951
分布：东海（南麂列岛大沙岙）；新西兰，北大西洋，北海，南大洋。

5. 拟棘尾线虫属 *Paramesacanthion* Wieser, 1953

(1) 三齿拟棘尾线虫 *Paramesacanthion tricuspis* (Schuurmans Stekhoven, 1950)

同物异名：*Mesacanthion tricuspis* Schuurmans Stekhoven, 1950
分布：黄海；地中海，北大西洋。

裸口线虫科 Anoplostomatidae Gerlach & Riemann, 1974

1. 裸口线虫属 *Anoplostoma* Bütschli, 1874

(1) 科帕诺裸口线虫 *Anoplostoma copano* Chitwood, 1951

分布：黄海（五垒岛湾）；墨西哥湾。

(2) 德氏裸口线虫 *Anoplostoma demani* Timm, 1954

分布：渤海；美国切萨皮克湾。

(3) 独特裸口线虫 *Anoplostoma exceptum* Schulz, 1935

分布：渤海；波罗的海，地中海，北海，北大西洋。

(4) 拟胎生裸口线虫 *Anoplostoma paraviviparum* Li & Guo, 2016

分布：东海（福建厦门）。

(5) 膨大裸口线虫 *Anoplostoma tumidum* Li & Guo, 2016

分布：东海（福建厦门）。

(6) 胎生裸口线虫 *Anoplostoma viviparum* (Bastian, 1865)

同物异名：*Symplocostoma vivipara* Bastian, 1865; *Symplocostoma viviparum* Bastian, 1865
分布：黄海，香港，南海；北海，黑海，波罗的海，墨西哥湾，地中海，亚速海，北大西洋。

光皮线虫科 Phanodermatidae Filipjev, 1927

1. 玛氏线虫属 *Micoletzkyia* Ditlevsen, 1926

(1) 丝尾玛氏线虫 *Micoletzkyia filicaudata* Huang & Cheng, 2011

分布：南海。

(2) 长刺玛氏线虫 *Micoletzkyia longispicula* **Huang & Cheng, 2011**

分布：黄海。

(3) 南海玛氏线虫 *Micoletzkyia nanhaiensis* **Huang & Cheng, 2011**

分布：南海。

2. 光皮线虫属 *Phanoderma* Bastian, 1865

(1) 库氏光皮线虫 *Phanoderma cocksi* **Bastian, 1865**

同物异名：*Phanoderma aberrans* Micoletzky, 1923; *Phanoderma ditlevseni* Filipjev, 1925; *Phanoderma filipjevi* Micoletzky, 1923; *Phanoderma mediterraneum* Micoletzky, 1924; *Phanoderma parafilipjevi* Allgén, 1939
分布：胶州湾；地中海，新西兰，北大西洋。

(2) 大茎光皮线虫 *Phanoderma ocellatum* **(Cobb, 1920)**

同物异名：*Phanoderma macrophallum* (Steiner, 1921) Gerlach, 1962
分布：胶州湾；澳大利亚大堡礁。

(3) 普拉特光皮线虫 *Phanoderma platti* **Zhang, Huang & Zhou, 2022**

分布：渤海（辽宁大连），黄海（山东青岛）。

(4) 色素点光皮线虫 *Phanoderma segmentum* **Murphy, 1963**

同物异名：*Phanoderma segmenta* (Murphy, 1963)
分布：黄海（山东青岛）。

前感线虫科 Anticomidae Filipjev, 1918

1. 前感线虫属 *Anticoma* Bastian, 1865

(1) 哥氏前感线虫 *Anticoma columba* **Wieser, 1953**

同物异名：*Anticoma australis* Mawson, 1956
分布：黄海；南大洋（智利）。

(2) 阔节前感线虫 *Anticoma lata* **Cobb, 1898**

分布：香港，南海；马尔代夫群岛，澳大利亚，巽他群岛，红海，北美洲东岸。

2. 头感线虫属 *Cephalanticoma* Platonova, 1976

(1) 短尾头感线虫 *Cephalanticoma brevicaudata* **Huang, 2012**

分布：南海。

(2) 丝尾头感线虫 *Cephalanticoma filicaudata* **Huang & Zhang, 2007**

分布：黄海。

3. 齿前感线虫属 *Odontanticoma* Platonova, 1976

(1) 齿前感线虫 *Odontanticoma dentifer* **Platonova & Galtsova, 1976**

分布：渤海（辽宁大连），黄海（山东青岛）。

4. 拟前感线虫属 *Paranticoma* Micoletzky & Kreis, 1930

(1) 长尾拟前感线虫 *Paranticoma longicaudata* **Chitwood, 1951**

分布：渤海。

(2) 三颈毛拟前感线虫 *Paranticoma tricerviseta* **Zhang, 2005**

分布：渤海。

烙线虫亚目 Ironina

烙线虫总科 Ironoidea de Man, 1876

烙线虫科 Ironidae de Man, 1876

1. 柯尼丽线虫属 *Conilia* Gerlach, 1956

(1) 中华柯尼丽线虫 *Conilia sinensis* **Chen & Guo, 2015**

分布：黄海（山东日照），东海（福建漳州东山岛）。

2. 费氏线虫属 *Pheronous* Inglis, 1966

(1) 东海费氏线虫 *Pheronous donghaiensis* Chen & Guo, 2015

分布：东海（福建）。

3. 海线虫属 *Thalassironus* de Man, 1889

(1) 渤海海线虫 *Thalassironus bohaiensis* Zhang, 1990

分布：渤海，黄海。

(2) 丝尾海线虫 *Thalassironus filiformis* Huang, Huang & Xu, 2019

分布：南海（琼州海峡）。

4. 三齿线虫属 *Trissonchulus* Cobb, 1920

(1) 乳突三齿线虫 *Trissonchulus benepapillosus* (Schulz, 1935)

同物异名：*Syringolaimus benepapillosus* Schulz, 1935; *Dolicholaimus benepapillosus* (Schulz, 1935)
分布：东海（福建漳州东山岛）；波罗的海，墨西哥湾，地中海，北海，北大西洋。

(2) 加纳三齿线虫 *Trissonchulus janetae* Inglis, 1961

分布：黄海，香港，南海；南非。

(3) 宽刺三齿线虫 *Trissonchulus latispiculum* Chen & Guo, 2015

分布：东海（福建泉州）。

(4) 海洋三齿线虫 *Trissonchulus oceanus* Cobb, 1920

分布：东海（福建漳州东山岛）。

狭线虫科 Leptosomatidae Filipjev, 1916

1. 脱口线虫属 *Deontostoma* Filipjev, 1916

(1) 北极脱口线虫 *Deontostoma arcticum* (Ssaweljev, 1912)

同物异名：*Thoracostoma arcticum* Ssaveljev, 1912;

Thoracostoma elongatum Ditlevsen, 1926
分布：黄海（山东青岛）；北海，北大西洋，阿根廷，巴伦支海，巴拿马，菲律宾，南太平洋，南大洋，美国加利福尼亚、佛罗里达。

2. 板状线虫属 *Platycoma* Cobb, 1894

(1) 头板状线虫 *Platycoma cephalata* (Cobb, 1894)

分布：黄海（山东青岛）；地中海，北海，北大西洋。

3. 盔甲线虫属 *Thoracostoma* Marion, 1870

(1) 皇冠盔甲线虫 *Thoracostoma coronatum* (Eberth, 1863)

同物异名：*Enoplus coronatus* (Eberth, 1863)
分布：黄海（山东青岛）；英国，法国，北海，地中海，北大西洋。

(2) 毛盔甲线虫 *Thoracostoma setosum* (Linstow, 1896)

同物异名：*Leptosomatum setosum* Linstow, 1896
分布：胶州湾；南太平洋，南大洋。

尖口线虫科 Oxystominidae Chitwood, 1935

1. 吸咽线虫属 *Halalaimus* de Man, 1888

(1) 翼吸咽线虫 *Halalaimus alatus* Timm, 1952

分布：渤海；亚得里亚海。

(2) 纤细吸咽线虫 *Halalaimus gracilis* de Man, 1888

分布：渤海（辽宁大连），黄海（山东青岛），香港，南海；北海，地中海，北大西洋。

(3) 伊氏吸咽线虫 *Halalaimus isaitshikovi* (Filipjev, 1927)

分布：黄海，香港，南海；北海，北大西洋。

(4) 长化感器吸咽线虫 *Halalaimus longamphidus* Huang & Zhang, 2005

分布：渤海，黄海。

(5) 长尾吸咽线虫 *Halalaimus longicaudatus* (Filipjev, 1927)

同物异名：*Tycnodora longicaudata* Filipjev, 1927
分布：黄海，香港，南海；地中海，北海，北大西洋。

(6) 泥生吸咽线虫 *Halalaimus lutarus* Vitiello, 1970

分布：黄海，东海；地中海，北大西洋。

(7) 螺状吸咽线虫 *Halalaimus turbidus* Vitiello, 1970

分布：渤海，黄海；地中海，北大西洋。

(8) 沃氏吸咽线虫 *Halalaimus wodjanizkii* Sergeeva, 1972

分布：黄海；美国佛罗里达。

2. 线形线虫属 *Nemanema* Cobb, 1920

(1) 柱尾线形线虫 *Nemanema cylindraticaudatum* (de Man, 1922)

分布：渤海；北海，北大西洋。

(2) 小线形线虫 *Nemanema minutum* Sun, Huang & Huang, 2018

分布：东海。

3. 尖口线虫属 *Oxystomina* Filipjev, 1918

(1) 秀丽尖口线虫 *Oxystomina elegans* Platonova, 1971

分布：黄海；日本海。

(2) 长尖口线虫 *Oxystomina elongata* (Bütschli, 1874)

分布：黄海，东海；比利时，地中海，北海，亚速海，北大西洋。

(3) 奇异尖口线虫 *Oxystomina miranda* Wieser, 1953

分布：渤海；南极。

4. 韦氏线虫属 *Wieseria* Gerlach, 1956

(1) 中华韦氏线虫 *Wieseria sinica* Huang, Sun & Huang, 2018

分布：胶州湾。

(2) 细韦氏线虫 *Wieseria tenuisa* Huang, Sun & Huang, 2018

分布：胶州湾。

5. 海咽线虫属 *Thalassoalaimus* de Man, 1893

(1) 粗尾海咽线虫 *Thalassoalaimus crassicaudatus* Huang, Sun & Huang, 2017

分布：东海。

6. 浮体线虫属 *Litinium* Cobb, 1920

(1) 锥尾浮体线虫 *Litinium conicaudatum* Huang, Sun & Huang, 2017

分布：东海。

瘤线虫亚目 Oncholaimina

瘤线虫总科 Oncholaimoidea Filipjev, 1916

瘤线虫科 Oncholaimidae Filipjev, 1916

1. 阿德米拉线虫属 *Admirandus* Belogurov & Belogurova, 1979

(1) 多爪阿德米拉线虫 *Admirandus multicavus* Belogurov & Belogurova, 1979

同物异名：*Adoncholaimus chinensis* Huang & Zhang, 2009
分布：黄海（江苏连云港、山东日照）；日本海。

2. 弯咽线虫属 *Curvolaimus* Wieser, 1953

(1) 丝状弯咽线虫 *Curvolaimus filiformis* Zhang & Huang, 2005

分布：黄海。

3. 后瘤线虫属 *Metoncholaimus* Filipjev, 1918

(1) 栈桥后瘤线虫 *Metoncholaimus moles* Zhang & Platt, 1983

分布：黄海（山东青岛湾）。

4. 瘤线虫属 *Oncholaimus* Dujardin, 1845

(1) 杜氏瘤线虫 *Oncholaimus dujardinii* de Man, 1876

同物异名：*Oncholaimus armatus* Daday, 1901; *Oncholaimus exilis* Cobb, 1890; *Oncholaimus parasteineri* Gerlach & Riemann, 1974; *Oncholaimus steineri* Schuurmans Stekhoven, 1950
分布：渤海（辽宁大连），黄海（山东青岛）；日本，新西兰，北大西洋。

(2) 小瘤线虫 *Oncholaimus minor* Chen & Guo, 2014

分布：东海（福建厦门）。

(3) 多毛瘤线虫 *Oncholaimus multisetosus* Huang & Zhang, 2006

分布：黄海。

(4) 尖瘤线虫 *Oncholaimus oxyuris* Ditlevsen, 1911

同物异名：*Oncholaimium oxiure* Stekhoven, 1954; *Oncholaimus barbatus* (Carter, 1859) De Coninck & Schuurmans Stekhoven, 1933; *Oncholaimus oxyuris f. esknaesicus* Schneider, 1906
分布：黄海（五垒岛湾），香港，南海；波罗的海，比利时，北海，北大西洋。

(5) 青岛瘤线虫 *Oncholaimus qingdaoensis* Zhang & Platt, 1983

分布：黄海（山东青岛）。

(6) 中华瘤线虫 *Oncholaimus sinensis* Zhang & Platt, 1983

分布：黄海（山东青岛）。

(7) 斯科瓦瘤线虫 *Oncholaimus skawensis* Ditlevsen, 1921

分布：黄海（山东青岛）；比利时，北海，北大西洋。

(8) 厦门瘤线虫 *Oncholaimus xiamenense* Chen & Guo, 2014

分布：东海（福建厦门）。

(9) 张氏瘤线虫 *Oncholaimus zhangi* Gao & Huang, 2017

分布：东海。

5. 异八齿线虫属 *Paroctonchus* Shi & Xu, 2016

(1) 南麂异八齿线虫 *Paroctonchus nanjiensis* Shi & Xu, 2016

分布：东海（南麂列岛大沙岙）。

6. 显齿线虫属 *Viscosia* de Man, 1890

(1) 秀丽显齿线虫 *Viscosia elegans* (Kreis, 1924)

同物异名：*Mononcholaimus elegans* Kreis, 1924
分布：黄海，东海；北海，波罗的海，地中海，北大西洋。

矛线虫科 Enchelidiidae Filipjev, 1918

1. 无管球线虫属 *Abelbolla* Huang & Zhang, 2004

(1) 布氏无管球线虫 *Abelbolla boucheri* Huang & Zhang, 2004

分布：黄海。

(2) 黄海无管球线虫 *Abelbolla huanghaiensis* Huang & Zhang, 2004

分布：黄海。

(3) 大无管球线虫 *Abelbolla major* Jiang, Wang & Huang, 2015

分布：黄海（山东日照）。

(4) 沃氏无管球线虫 *Abelbolla warwicki* **Huang & Zhang, 2004**

分布：黄海。

2. 管球线虫属 *Belbolla* **(Cobb, 1920) Andrássy, 1973**

(1) 黄海管球线虫 *Belbolla huanghaiensis* **Huang & Zhang, 2005**

分布：黄海。

(2) 狭头管球线虫 *Belbolla stenocephalum* **Huang & Zhang, 2005**

分布：黄海，东海。

(3) 沃氏管球线虫 *Belbolla warwicki* **Huang & Zhang, 2005**

分布：黄海。

(4) 张氏管球线虫 *Belbolla zhangi* **Guo & Warwick, 2001**

分布：渤海。

3. 凯里普线虫属 *Calyptronema* **Marion, 1870**

(1) 大网凯里普线虫 *Calyptronema maxweberi* **(de Man, 1922)**

同物异名：*Catalaimus maxweberi* de Man, 1922
分布：黄海（山东青岛）；比利时，北海，北大西洋。

4. 阔口线虫属 *Eurystomina* **Filipjev, 1921**

(1) 眼状阔口线虫 *Eurystomina ophthalmophora* **(Steiner, 1921)**

分布：渤海（辽宁大连），黄海（山东青岛）；日本北部。

(2) 狭阔口线虫 *Eurystomina stenolaima* **(Ditlevsen, 1930)**

同物异名：*Marionella stenolaima* Ditlevsen, 1930

分布：黄海（山东青岛）。

5. 多胃球线虫属 *Polygastrophora* **de Man, 1922**

(1) 九球多胃球线虫 *Polygastrophora novenbulba* **Jiang, Wang & Huang, 2015**

分布：东海（浙江温州）。

6. 拟多胃球线虫属 *Polygastrophoides* **Sun & Huang, 2016**

(1) 美丽拟多胃球线虫 *Polygastrophoides elegans* **Sun & Huang, 2016**

分布：南海。

7. 集口线虫属 *Symplocostoma* **Bastian, 1865**

(1) 大眼集口线虫 *Symplocostoma tenuicolle* **(Eberth, 1863) Wieser, 1953**

同物异名：*Amphistenus agilis* Marion, 1870; *Enoplus tenuicollis* Eberth, 1863; *Symplocostoma longicolle* Bastian, 1865; *Symplocostoma paratenuicolle* Stekhoven, 1950
分布：黄海（山东青岛）；地中海，黑海，北海，法国，新西兰，北大西洋。

三孔亚目 Tripyloidina

三孔线虫总科 Tripyloidoidea Filipjev, 1928

三孔线虫科 Tripyloididae Filipjev, 1918

1. 深咽线虫属 *Bathylaimus* **Cobb, 1894**

(1) 宽大深咽线虫 *Bathylaimus capacosus* **Hopper, 1962**

分布：黄海（山东青岛仰口、胶州湾）；波罗的海，北海，北大西洋。

(2) 齿深咽线虫 *Bathylaimus denticulatus* **Chen & Guo, 2014**

分布：东海（福建厦门）。

(3) 黄海深咽线虫 *Bathylaimus huaghaiensis* **Huang & Zhang, 2009**

分布：黄海（山东青岛、日照）。

(4) 狭深咽线虫 *Bathylaimus stenolaimus* **Schuurmans Stekhoven & De Coninck, 1933**

同物异名：*Bathylaimus strandi* Allgén, 1934
分布：渤海（辽宁大连），黄海（山东青岛）；波罗的海，比利时，北海，北大西洋。

(5) 澳洲深咽线虫 *Bathylaimus australis* **Cobb, 1894**

同物异名：*Bathylaimus assimilis* de Man, 1922
分布：渤海（山东滨州）；北海，地中海，北大西洋（欧洲海域），新西兰。

2. 三孔线虫属 *Tripyloides* de Man, 1886

(1) 厦门三孔线虫 *Tripyloides amoyanus* **Fu, Zeng, Zhou, Tan & Cai, 2018**

分布：东海（福建厦门）。

(2) 红树三孔线虫 *Tripyloides mangrovensis* **Fu, Zeng, Zhou, Tan & Cai, 2018**

分布：东海（福建厦门）。

长尾亚目 Trefusiina

长尾线虫总科 Trefusioidea Gerlach, 1966

长尾线虫科 Trefusiidae Gerlach, 1966

1. 长尾线虫属 *Trefusia* de Man, 1893

(1) 长尾线虫 *Trefusia longicaudata* de Man, 1893

分布：黄海；北海（比利时，荷兰）。

2. 杆线虫属 *Rhabdocoma* Cobb, 1920

(1) 美洲杆线虫 *Rhabdocoma americana* **Cobb, 1920**

同物异名：*Rhabdocoma americanum* Cobb, 1920;

Rhabdocoma riemanni Jayasree & Warwick, 1977
分布：黄海；亚得里亚海，北大西洋。

3. 非洲线虫属 *Africanema* Vincx & Furstenberg, 1988

(1) 多乳突非洲线虫 *Africanema multipapillatum* **Shi & Xu, 2017**

分布：东海（南麂列岛大沙岙）。

花冠线虫科 Lauratonematidae Gerlach, 1953

1. 花冠线虫属 *Lauratonema* Gerlach, 1953

(1) 东山花冠线虫 *Lauratonema dongshanense* **Chen & Guo, 2015**

分布：东海（福建漳州东山岛）。

(2) 大口花冠线虫 *Lauratonema macrostoma* **Chen & Guo, 2015**

分布：东海（福建漳州东山岛）。

三矛目 Triplonchida

三叶亚目 Tobrilina

三叶线虫总科 Tobriloidea Filipjev, 1918

德曼棒线虫科 Rhabdodemaniidae Filipjev, 1934

1. 德曼棒线虫属 *Rhabdodemania* Baylis & Daubney, 1926

(1) 大德曼棒线虫 *Rhabdodemania major* **(Southern, 1914)**

分布：黄海；北大西洋。

(2) 小德曼棒线虫 *Rhabdodemania minor* **(Southern, 1914)**

同物异名：*Rhabdodemania scandinavica* Schuurmans Stekhoven, 1946; *Rhabdodemania minor oregonensis*

Murphy, 1962

分布：渤海，黄海，东海；北海，北大西洋。

潘都雷线虫科 Pandolaimidae Belogurov, 1980

1. 潘都雷线虫属 *Pandolaimus* Allgén, 1929

(1) 里潘都雷线虫 *Pandolaimus doliolum* (Wieser, 1959)

分布：黄海（山东青岛）。

色矛纲 Chromadorea

色矛亚纲 Chromadoria

杆状目 Rhabditida

杆状亚目 Rhabditina

杆状线虫总科 Rhabditoidea Örley, 1880

杆状线虫科 Rhabditidae Örley, 1880

1. 石线虫属 *Litoditis* Sudhaus, 2011

(1) 海洋石线虫 *Litoditis marina* (Bastian, 1865) Sudhaus, 2011

分布：渤海，黄海（山东青岛湾）；日本，北海，新西兰，北大西洋。

色矛目 Chromadorida

色矛亚目 Chromadorina

色矛线虫总科 Chromadoroidea Filipjev, 1917

色矛线虫科 Chromadoridae Filipjev, 1917

1. 光线虫属 *Actinonema* Cobb, 1920

(1) 镰刀光线虫 *Actinonema falciforme* Shi, Yu & Xu, 2018

分布：东海。

(2) 厚皮光线虫 *Actinonema pachydermatum* Cobb, 1920

同物异名：*Actinonema amphidiscatum* Schuurmans Stekhoven & Adam, 1931; *Actinonema fragile* Allgén, 1929; *Adeuchromadora megamphida* Boucher & Bovée, 1972; *Spiliphera fragilis* Allgén, 1929

分布：渤海，黄海；亚得里亚海，北海，墨西哥湾，北大西洋。

2. 色矛线虫属 *Chromadora* Bastian, 1865

(1) 异口色矛线虫 *Chromadora heterostomata* Kito, 1978

分布：渤海，黄海；日本。

(2) 拟巨咽色矛线虫 *Chromadora macrolaimoides* Steiner, 1915

分布：渤海（辽宁大连湾），黄海（山东青岛），香港，南海；日本，新西兰，墨西哥湾。

(3) 裸头色矛线虫 *Chromadora nudicapitata* Bastian, 1865

同物异名：*Chromadora quadrilinea* Filipjev, 1918

分布：渤海（辽宁大连湾），黄海（山东青岛），香港，南海；智利，日本，比利时，黑海，墨西哥湾，地中海，新西兰，北海，北大西洋。

3. 小色矛线虫属 *Chromadorella* Filipjev, 1918

(1) 双乳突小色矛线虫 *Chromadorella duopapillata* Platt, 1973

分布：黄海；亚得里亚海，北大西洋。

4. 近色矛线虫属 *Chromadorina* Filipjev, 1918

(1) 德国近色矛线虫 *Chromadorina germanica* (Bütschli, 1874) Wieser, 1954

同物异名：*Chromadorina minor* Wieser, 1954; *Chromadora droebachiensis* Allgén, 1931; *Prochromadorella germanica* (Bütschli, 1874) De Coninck & Stekhoven, 1933

分布：渤海，胶州湾；英国，美国，加拿大，北海，地中海。

5. 类色矛线虫属 *Chromadorita* Filipjev, 1922

(1) 娜娜类色矛线虫 *Chromadorita nana* Lorenzen, 1973

分布：黄海（山东青岛）；德国基尔湾，英国，北海，北大西洋。

(2) 细小类色矛线虫 *Chromadorita tenuis* (G. Schneider, 1906)

同物异名：*Chromadora tenuis* G. Schneider, 1906
分布：黄海（山东青岛）；比利时，北海，地中海，北大西洋。

6. 双色矛线虫属 *Dichromadora* Kreis, 1929

(1) 近似双色矛线虫 *Dichromadora affinis* Gagarin & Thanh, 2011

分布：东海（浙江温州、福建厦门岛）。

(2) 大双色矛线虫 *Dichromadora major* Huang & Zhang, 2010

分布：黄海（山东青岛）。

(3) 多毛双色矛线虫 *Dichromadora multisetosa* Huang & Zhang, 2010

分布：黄海（山东青岛）。

(4) 圆咽球双色矛线虫 *Dichromadora spheribulba* Gagarin & Thanh, 2011

分布：黄海。

(5) 中华双色矛线虫 *Dichromadora sinica* Huang & Zhang, 2010

分布：黄海（山东青岛）。

7. 条线虫属 *Graphonema* Cobb, 1898

(1) 阿木条线虫 *Graphonema amokurae* (Ditlevsen, 1921)

同物异名：*Spiliphera amokurae* Ditlevsen, 1921;

Euchromadora amokurae (Ditlevsen, 1921)
分布：渤海，黄海（山东青岛胶州湾、太平湾）；日本，智利，秘鲁，新西兰，南大西洋，南大洋。

8. 弯齿线虫属 *Hypodontolaimus* de Man, 1886

(1) 腹突弯齿线虫 *Hypodontolaimus ventrapophyses* Huang & Gao, 2016

分布：黄海，东海。

9. 单纯线虫属 *Innocuonema* Inglis, 1969

(1) 斜单纯线虫 *Innocuonema clivosum* (Wieser, 1959)

同物异名：*Graphonema clivosum* Wieser, 1959
分布：黄海（山东青岛）。

10. 新色矛线虫属 *Neochromadora* Micoletzky, 1924

(1) 双线新色矛线虫 *Neochromadora bilineata* Kito, 1978

分布：渤海；日本北海道。

(2) 穆尼塔新色矛线虫 *Neochromadora munita* Lorenzen, 1971

同物异名：*Neochromadora paramunita* Boucher, 1976
分布：黄海（山东青岛）；北海，北大西洋。

(3) 侧盖新色矛线虫 *Neochromadora paratecta* Blome, 1974

分布：黄海（山东青岛）；北海，北大西洋。

11. 前色矛线虫属 *Prochromadora* Filipjev, 1922

(1) 奥氏前色矛线虫 *Prochromadora orleji* (de Man, 1880)

同物异名：*Chromadora orleji* de Man, 1880
分布：胶州湾；北海，北大西洋。

12. 拟前色矛线虫属 *Prochromadorella* Micoletzky, 1924

(1) 尖头拟前色矛线虫 *Prochromadorella attenuata* (Gerlach, 1952)

同物异名：*Neochromadora attenuata* Gerlach, 1952
分布：黄海；巴伦支海，北海，北大西洋。

(2) 纤细拟前色矛线虫 *Prochromadorella gracilis* Huang & Wang, 2011

分布：黄海（山东青岛、日照）。

(3) 大眼拟前色矛线虫 *Prochromadorella macroocellata* Wieser, 1951

分布：黄海（山东青岛）；北大西洋。

13. 折咽线虫属 *Ptycholaimellus* Cobb, 1920

(1) 长咽球折咽线虫 *Ptycholaimellus longibulbus* Wang, An & Huang, 2015

分布：东海。

(2) 眼点折咽线虫 *Ptycholaimellus ocellatus* Huang & Wang, 2011

分布：黄海（山东青岛、江苏连云港）。

(3) 梨形折咽线虫 *Ptycholaimellus pirus* Huang & Gao, 2016

分布：东海。

(4) 小桥折咽线虫 *Ptycholaimellus ponticus* (Filipjev, 1922)

同物异名：*Hypodontolaimus ponticus* Filipjev, 1922
分布：黄海（山东青岛胶州湾、太平湾）；波罗的海，地中海，北海，北大西洋。

14. 花斑线虫属 *Spilophorella* Filipjev, 1917

(1) 光泽花斑线虫 *Spilophorella candida* Gerlach, 1951

分布：黄海；北海，北大西洋。

(2) 坎贝尔花斑线虫 *Spilophorella campbelli* Allgén, 1928

同物异名：*Spilophorella paradoxa* de Man, 1888
分布：渤海，香港，南海；日本，比利时，黑海，墨西哥湾，地中海，新西兰，北海，北大西洋。

15. 矩齿线虫属 *Steineridora* Inglis, 1969

(1) 亚得里亚矩齿线虫 *Steineridora adriatica* (Daday, 1901)

同物异名：*Euchromadora adriatica* Daday, 1901
分布：渤海（辽宁大连），黄海（山东青岛太平湾）；亚得里亚海，北海，北大西洋。

(2) 北方矩齿线虫 *Steineridora borealis* Kito, 1977

分布：渤海（辽宁大连湾），黄海（山东青岛胶州湾、太平湾）；日本北海道。

杯咽线虫科 Cyatholaimidae Filipjev, 1918

1. 棘齿线虫属 *Acanthonchus* Cobb, 1920

(1) 复齿棘齿线虫 *Acanthonchus (Acanthonchus) duplicatus* Wieser, 1959

分布：香港，南海；美国普吉特湾。

(2) 塞氏棘齿线虫 *Acanthonchus (Acanthonchus) setoi* Wieser, 1955

分布：渤海（辽宁大连湾），胶州湾，东海；日本相模湾。

(3) 三齿棘齿线虫 *Acanthonchus (Seuratiella) tridentatus* Kito, 1976

分布：渤海（辽宁大连湾），黄海（山东青岛太平湾）；日本海。

2. 杯咽线虫属 *Cyatholaimus* Bastian, 1865

(1) 雅丽杯咽线虫 *Cyatholaimus gracilis* (Eberth, 1863)

同物异名：*Enoplus gracilis* Eberth, 1863
分布：黄海（山东青岛）；挪威，英国，地中海，北海，黑海，凯尔特海，北大西洋。

3. 玛丽林恩线虫属 *Marylynnia* (Hopper, 1972)

(1) 复杂玛丽林恩线虫 *Marylynnia complexa* (Warwick, 1971)

同物异名：*Longicyatholaimus complexus* Warwick, 1971
分布：黄海；地中海，北海，北大西洋。

(2) 纤细玛丽林恩线虫 *Marylynnia gracila* Huang & Xu, 2013

分布：黄海（山东日照）。

(3) 大齿玛丽林恩线虫 *Marylynnia macrodentata* (Wieser, 1959)

同物异名：*Choniolaimus macrodentatus* Wieser, 1959
分布：渤海；美国普吉特湾。

4. 拟棘齿线虫属 *Paracanthonchus* Micoletzky, 1924

(1) 异尾拟棘齿线虫 *Paracanthonchus heterocaudatus* Huang & Xu, 2013

分布：黄海（山东烟台）。

(2) 凯氏拟棘齿线虫 *Paracanthonchus kamui* Kito, 1981

分布：渤海；日本北海道。

(3) 大齿拟棘齿线虫 *Paracanthonchus macrodon* (Ditlevsen, 1918)

同物异名：*Cyatholaimus macrodon* Ditlevsen, 1918
分布：黄海（山东青岛湾），东海（福建厦门）；日本，美国普吉特湾，德国基尔湾，北海，北大西洋。

5. 拟杯咽线虫属 *Paracyatholaimus* Micoletzky, 1922

(1) 黄海拟杯咽线虫 *Paracyatholaimus huanghaiensis* Huang & Xu, 2013

分布：黄海（山东乳山）。

(2) 青岛拟杯咽线虫 *Paracyatholaimus qingdaoensis* Huang & Xu, 2013

分布：胶州湾。

6. 拟玛丽林恩线虫属 *Paramarylynnia* Huang & Zhang, 2007

(1) 丝尾拟玛丽林恩线虫 *Paramarylynnia filicaudata* Huang & Sun, 2011

分布：黄海。

(2) 尖颈拟玛丽林恩线虫 *Paramarylynnia stenocervica* Huang & Sun, 2011

分布：渤海，黄海。

(3) 亚腹毛拟玛丽林恩线虫 *Paramarylynnia subventrosetata* Huang & Zhang, 2007

分布：渤海，黄海。

7. 绒毛线虫属 *Pomponema* Cobb, 1917

(1) 华丽绒毛线虫 *Pomponema elegans* Lorenzen, 1972

同物异名：*Paracanthonchus cotylophorus* (Steiner, 1916) sensu Allgen, 1940
分布：南海；德国赫尔戈兰岛，挪威，北海，北大西洋。

(2) 多附器绒毛线虫 *Pomponema multisupplementa* Huang & Zhang, 2014

分布：胶州湾。

(3) 前感绒毛线虫 *Pomponema proximamphidum* Tchesunov, 2008

分布：黄海；东南大西洋（安哥拉海盆5500m）。

(4) 叙尔特绒毛线虫 *Pomponema syltense* Blome, 1974

分布：黄海（山东青岛）；德国叙尔特岛，北海（比利时）。

色拉支线虫科 Selachinematidae Cobb, 1915

1. 本狄斯线虫属 *Bendiella* Leduc, 2013

(1) 胎生本狄斯线虫 *Bendiella vivipara* Fu, Boucher & Cai, 2017

分布：北部湾。

2. 掌齿线虫属 *Cheironchus* Cobb, 1917

(1) 吞咽掌齿线虫 *Cheironchus vorax* Cobb, 1917

分布：黄海，东海；黑海，墨西哥湾，地中海，北大西洋。

3. 伽马线虫属 *Gammanema* Cobb, 1920

(1) 大伽马线虫 *Gammanema magnum* Shi & Xu, 2018

分布：东海（南麂列岛大沙岙）。

4. 软咽线虫属 *Halichoanolaimus* de Man, 1886

(1) 多乳突软咽线虫 *Halichoanolaimus duodecimpapillatus* Timm, 1954

分布：胶州湾；美国切萨皮克湾。

(2) 强壮软咽线虫 *Halichoanolaimus robustus* (Bastian, 1865)

同物异名：*Spiliphera robusta* Bastian, 1865
分布：黄海（山东青岛）；英国，日本，白海，黑海，地中海，新西兰，北海，北大西洋。

(3) 长尾软咽线虫 *Halichoanolaimus dolichurus* Ssaweljev, 1912

同物异名：*Halichoanolaimus filicauda* Filipjev, 1918; *Halichoanolaimus longicauda* Ditlevsen, 1918
分布：香港，南海；黑海，地中海，北海，北大西洋。

5. 强盗线虫属 *Latronema* Wieser, 1954

(1) 小强盗线虫 *Latronema sertatum* Wieser, 1959

分布：黄海（山东青岛）。

6. 里氏线虫属 *Richtersia* Steiner, 1916

(1) 北部湾里氏线虫 *Richtersia beibuwanensis* Fu, Cai, Boucher, Cao & Wu, 2013

分布：北部湾。

(2) 克夫索亚里氏线虫 *Richtersia coifsoa* Fu, Cai, Boucher, Cao & Wu, 2013

分布：北部湾。

(3) 德曼里氏线虫 *Richtersia demani* Schuurmans Stekhoven, 1935

同物异名：*Richtersia beauforti* Chitwood, 1936
分布：黄海；北海，北大西洋。

(4) 不等长里氏线虫 *Richtersia inaequalis* Riemann, 1966

分布：渤海；北海，北大西洋。

(5) 斯达瑞里氏线虫 *Richtersia staresensis* Soetaert & Vincx, 1987

分布：黄海；亚得里亚海。

7. 同大线虫属 *Synonchiella* Cobb, 1933

(1) 瑞氏同大线虫 *Synonchiella riemanni* Warwick, 1970

分布：黄海；北海，北大西洋。

8. 共齿线虫属 *Synonchium* Cobb, 1920

(1) 尾管共齿线虫 *Synonchium caudatubatum* Shi & Xu, 2018

分布：东海（南麂列岛大沙岙）。

疏毛目 Araeolaimida

轴线虫总科 Axonolaimoidea Filipjev, 1918

轴线虫科 Axonolaimidae Filipjev, 1918

1. 似薄咽线虫属 *Araeolaimoides* de Man, 1893

(1) 寡毛似薄咽线虫 *Araeolaimoides paucisetosus* Wieser, 1951

分布：黄海（山东青岛）；北大西洋（欧洲海域）。

2. 长轴线虫属 *Ascolaimus* Ditlevsen, 1919

(1) 长轴线虫 *Ascolaimus elongatus* (Bütschli, 1874)

分布：黄海（山东青岛）；法国，波罗的海，地中海，北海，北大西洋。

3. 轴线虫属 *Axonolaimus* de Man, 1889

(1) 毛尾轴线虫 *Axonolaimus seticaudatus* Platonova, 1971

分布：胶州湾，渤海；日本海。

4. 齿线虫属 *Odontophora* Bütschli, 1874

(1) 似轴齿线虫 *Odontophora axonolaimoides* Timm, 1954

分布：黄海；美国切萨皮克湾。

5. 拟齿线虫属 *Parodontophora* Timm, 1963

(1) 等化感器拟齿线虫 *Parodontophora aequiramus* Li & Guo, 2016

分布：东海。

(2) 库氏拟齿线虫 *Parodontophora cobbi* (Timm, 1952)

同物异名：*Pseudolella cobbi* Timm, 1952
分布：渤海。

(3) 三角洲拟齿线虫 *Parodontophora deltensis* Zhang, 2005

分布：渤海。

(4) 霍山拟齿线虫 *Parodontophora huoshanensis* Li & Guo, 2016

分布：东海。

(5) 不规则拟齿线虫 *Parodontophora irregularis* Li & Guo, 2016

分布：东海。

(6) 长化感器拟齿线虫 *Parodontophora longiamphidata* Wang & Huang, 2016

分布：东海（福建厦门岛）。

(7) 海洋拟齿线虫 *Parodontophora marina* Zhang, 1991

分布：渤海，胶州湾，东海（福建厦门东西海域、马銮湾），香港，南海。

(8) 微毛拟齿线虫 *Parodontophora microseta* Li & Guo, 2016

分布：东海。

(9) 似微毛拟齿线虫 *Parodontophora paramicroseta* Li & Guo, 2016

分布：东海。

(10) 五垒岛湾拟齿线虫 *Parodontophora wuleidaowanensis* Zhang, 2005

分布：黄海（五垒岛湾）。

6. 假拟齿线虫属 *Pseudolella* Cobb, 1920

(1) 颗粒假拟齿线虫 *Pseudolella granulifera* Cobb, 1920

分布：黄海。

(2) 大假拟齿线虫 *Pseudolella major* Wang & Huang, 2016

分布：东海。

联体线虫科 Comesomatidae Filipjev, 1918

1. 长颈线虫属 *Cervonema* Wieser, 1954

(1) 伪三角洲长颈线虫 *Cervonema pseudodeltensis* Barnes, Kim & Lee, 2012

分布：黄海；韩国。

(2) 细尾长颈线虫 *Cervonema tenuicaudatum* (Schuurmans Stekhoven, 1950)

同物异名：*Cervonema deltensis* Hope & Zhang, 1995;

Linhomoella tenuicaudata Schuurmans Stekhoven, 1950

分布：渤海，黄海，东海；肯尼亚，地中海，北大西洋。

(3) 长刺长颈线虫 *Cervonema longispicula* Huang, Jia & Huang, 2018

分布：南海（琼州海峡）。

2. 矛咽线虫属 *Dorylaimopsis* Ditlevsen, 1918

(1) 布氏矛咽线虫 *Dorylaimopsis boucheri* Fu, Leduc, Rao & Cai, 2019

分布：北部湾，东海（福建厦门鳄鱼屿）。

(2) 异突矛咽线虫 *Dorylaimopsis heteroapophysis* Huang, Sun & Huang, 2018

分布：胶州湾。

(3) 长刺矛咽线虫 *Dorylaimopsis longispicula* Fu, Leduc, Rao & Cai, 2019

分布：北部湾。

(4) 乳突矛咽线虫 *Dorylaimopsis papilla* Guo, Chang & Yang, 2018

分布：东海（福建红树林）。

(5) 拉氏矛咽线虫 *Dorylaimopsis rabalaisi* Zhang, 1992

分布：渤海，胶州湾，东海。

(6) 特氏矛咽线虫 *Dorylaimopsis turneri* Zhang, 1992

分布：渤海，胶州湾，香港，南海。

(7) 变异矛咽线虫 *Dorylaimopsis variabilis* Muthumbi, Soetaert & Vincx, 1997

分布：东海（福建厦门），台湾海峡；印度洋，肯尼亚。

3. 霍帕线虫属 *Hopperia* Vitiello, 1969

(1) 六齿霍帕线虫 *Hopperia hexadentata* Hope & Zhang, 1995

分布：渤海，黄海。

(2) 中华霍帕线虫 *Hopperia sinensis* Guo, Chang, Chen, Li & Liu, 2015

分布：东海（福建）。

(3) 大化感器霍帕线虫 *Hopperia macramphida* Sun, Huang & Huang, 2018

分布：东海。

4. 雷曼线虫属 *Laimella* Cobb, 1920

(1) 安氏雷曼线虫 *Laimella annae* Chen & Vincx, 2000

分布：东海；智利。

(2) 费氏雷曼线虫 *Laimella ferreroi* Barnes, Kim & Lee, 2012

分布：黄海；韩国。

(3) 长尾雷曼线虫 *Laimella longicauda* Cobb, 1920

分布：黄海；墨西哥湾，北大西洋。

5. 后联体线虫属 *Metacomesoma* Wieser, 1954

(1) 大化感器后联体线虫 *Metacomesoma macramphida* Huang & Huang, 2018

分布：东海。

6. 拟联体线虫属 *Paracomesoma* Schuurmans Stekhoven, 1950

(1) 疑拟联体线虫 *Paracomesoma dubium* (Filipjev, 1918)

分布：黄海，香港，南海；地中海，北大西洋。

(2) 异毛拟联体线虫 *Paracomesoma heterosetosum* Zhang, 1991

分布：渤海（辽宁大连），东海，南海。

(3) 厦门拟联体线虫 *Paracomesoma xiamenense* Zou, 2001

分布：台湾海峡。

(4) 张氏拟联体线虫 *Paracomesoma zhangi* Huang & Huang, 2018

分布：东海，南海（琼州海峡）。

7. 皮氏线虫属 *Pierrickia* Vitiello, 1970

(1) 均等皮氏线虫 *Pierrickia aequalis* (Gerlach, 1956)

分布：黄海（山东青岛）；北海，北大西洋。

8. 萨巴线虫属 *Sabatieria* Rouville, 1903

(1) 翼萨巴线虫 *Sabatieria alata* Warwick, 1973

分布：黄海（五垒岛湾），东海；印度洋。

(2) 线形萨巴线虫 *Sabatieria ancudiana* Wieser, 1954

分布：渤海。

(3) 凯尔特萨巴线虫 *Sabatieria celtica* Southern, 1914

同物异名：*Parasabatieria longiseta* Allgén, 1934; *Sabatieria cupida* Bresslau & Schuurmans Stekhoven, 1940; *Sabatieria longiseta* Steiner, 1916; *Sabatieria tenuicauda* de Man, 1907; *Spira tenuicaudata* Bastian, 1865
分布：黄海，东海，香港，南海；法国，北海，北大西洋。

(4) 锥尾萨巴线虫 *Sabatieria conicauda* Vitiello, 1970

分布：南海（琼州海峡）。

(5) 锥毛萨巴线虫 *Sabatieria conicoseta* Guo, Chang & Yang, 2018

分布：东海（福建）。

(6) 弯刺萨巴线虫 *Sabatieria curvispiculata* Gagarin, 2013

分布：南海（琼州海峡）。

(7) 迁徙萨巴线虫 *Sabatieria migrans* Jensen & Gerlach 1977

分布：海南岛（三亚）。

(8) 伸长萨巴线虫 *Sabatieria mortenseni* (Ditlevsen, 1921)

同物异名：*Parasabatieria mortenseni* Ditlevsen, 1921; *Sabatieria annulata* Leduc & Wharton, 2008
分布：南海；南大洋。

(9) 拟深海萨巴线虫 *Sabatieria parabyssalis* Wieser, 1954

分布：渤海。

(10) 新岛萨巴线虫 *Sabatieria praedatrix* de Man, 1907

同物异名：*Sabatieria cobbi* Kreis, 1929; *Sabatieria dubia* Ditlevsen, 1918; *Sabatieria rugosa* Schuurmans Stekhoven, 1950
分布：渤海，黄海，东海，香港，南海；亚得里亚海，北海，北大西洋。

(11) 美丽萨巴线虫 *Sabatieria pulchra* (Schneider, 1906)

同物异名：*Aphanolaimus pulcher* Schneider, 1906; *Sabatieria breviseta* Schuurmans Stekhoven, 1935; *Sabatieria trivialis* Tchesunov, 1978
分布：黄海，东海，香港，南海；芬兰（模式产地），波罗的海，地中海，黑海，比利时，北海，北大西洋。

(12) 点萨巴线虫 *Sabatieria punctata* (Kreis, 1924)

同物异名：*Parasabatieria punctata* Kreis, 1924; *Sabatieria americana* Timm, 1952
分布：黄海（山东青岛湾），东海（福建厦门），香港，南海；比利时，新西兰，亚得里亚海，巴伦支海，北海。

(13) 中华萨巴线虫 *Sabatieria sinica* Zhai, Wang & Huang, 2019

分布：胶州湾。

(14) 华美萨巴线虫 *Sabatieria splendens* (Hopper, 1967)

同物异名：*Actarjania splendens* Hopper, 1967
分布：香港，南海；美国佛罗里达。

(15) 尖头萨巴线虫 *Sabatieria stenocephalus* Huang & Zhang, 2006

分布：黄海。

9. 毛萨巴线虫属 *Setosabatieria* Platt, 1985

(1) 库氏毛萨巴线虫 *Setosabatieria coomansi* Huang & Zhang, 2006

分布：胶州湾。

(2) 豆毛萨巴线虫 *Setosabatieria fibulata* Wieser, 1954

分布：渤海；亚得里亚海。

(3) 多毛萨巴线虫 *Setosabatieria hilarula* (de Man, 1922)

同物异名：*Sabatieria hilarula* de Man, 1922; *Comesoma jubata* Cobb N.A., 1898; *Sabatieria chitwoodi* Wieser, 1954; *Sabatieria scotlandia* Inglis, 1961
分布：渤海；亚得里亚海，法国，墨西哥湾，北海，北大西洋。

(4) 晶晶毛萨巴线虫 *Setosabatieria jingjingae* Guo & Warwick, 2001

分布：渤海，胶州湾。

(5) 长引带毛萨巴线虫 *Setosabatieria longiapophysis* Guo, Huang, Chen, Wang & Lin, 2015

分布：东海。

(6) 小毛萨巴线虫 *Setosabatieria minor* Huang, Xu & Huang, 2019

分布：南海（琼州海峡）。

10. 管腔线虫属 *Vasostoma* Wieser, 1954

(1) 关节管腔线虫 *Vasostoma articulatum* Huang & Wu, 2010

同物异名：*Vasostoma articulata* Huang & Wu, 2010
分布：渤海，黄海。

(2) 短刺管腔线虫 *Vasostoma brevispicula* Huang & Wu, 2011

分布：渤海，黄海。

(3) 长尾管腔线虫 *Vasostoma longicaudata* Huang & Wu, 2011

分布：南海。

(4) 长刺管腔线虫 *Vasostoma longispicula* Huang & Wu, 2010

分布：黄海。

(5) 螺旋管腔线虫 *Vasostoma spiratum* Wieser, 1954

同物异名：*Vasostoma spirata* Wieser, 1954
分布：渤海，黄海；新西兰。

双盾线虫科 Diplopeltidae Filipjev, 1918

1. 薄咽线虫属 *Araeolaimus* de Man, 1888

(1) 美丽薄咽线虫 *Araeolaimus elegans* de Man, 1888

同物异名：*Araeolaimus ditlevseni* Allgén, 1932; *Araeolaimus dolichoposthius* Ssaweljev, 1912; *Araeolaimus punctatus* (Cobb, 1920); *Araeolaimus spectabilis* Ditlevsen, 1921; *Araeolaimus tristis* Allgen, 1931; *Coinonema punctatum* Cobb, 1920
分布：黄海（山东青岛）；日本，美国佛罗里达，智利，法国，墨西哥湾，地中海，新西兰，北大西洋，北太平洋。

2. 曲咽线虫属 *Campylaimus* Cobb, 1920

(1) 格氏曲咽线虫 *Campylaimus gerlachi* Timm, 1961

分布：渤海，胶州湾，东海；地中海，北海，北大西洋。

3. 双盾线虫属 *Diplopeltis* Cobb, 1905

(1) 毛冠双盾线虫 *Diplopeltis cirrhatus* (Eberth, 1863)

同物异名：*Enoplus cirrhatus* Eberth, 1863; *Dipeltis longisetosus* Allgén, 1927; *Dipeltis typicus*; *Diplopeltis lasius* Gerlach & Riemann, 1973

分布：黄海（山东青岛）；新西兰，地中海，北大西洋，南大洋。

绕线目 Plectida

绕线亚目 Plectina

纤咽线虫总科 Leptolaimoidea Örley, 1880

纤咽线虫科 Leptolaimidae Örley, 1880

1. 前微线虫属 *Antomicron* Cobb, 1920

(1) 秀丽前微线虫 *Antomicron elegans* (de Man, 1922)

同物异名：*Eutelolaimus elegans* de Man, 1922
分布：黄海；北大西洋。

2. 似纤咽线虫属 *Leptolaimoides* Vitiello, 1971

(1) 装饰似纤咽线虫 *Leptolaimoides punctatus* Huang & Zhang, 2006

分布：黄海。

(2) 棘刺似纤咽线虫 *Leptolaimoides thermastris* (Lorenzen, 1966)

同物异名：*Leptolaimus thermastris* Lorenzen, 1966
分布：黄海；北海，北大西洋。

3. 纤咽线虫属 *Leptolaimus* de Man, 1876

(1) 乳突纤咽线虫 *Leptolaimus papilliger* de Man, 1876

分布：黄海；北海，北大西洋。

(2) 俏丽纤咽线虫 *Leptolaimus venustus* Lorenzen, 1972

分布：胶州湾；德国赫尔戈兰岛（模式产地），北海，北大西洋。

卡马克线虫总科 Camacolaimoidea Micoletzky, 1924

拉迪线虫科 Rhadinematidae Lorenzen, 1981

1. 拉迪线虫属 *Rhadinema* Cobb, 1920

(1) 体氏拉迪线虫 *Rhadinema timmi* (Vitiello, 1971)

同物异名：*Leptolaimus timmi* Vitiello, 1971
分布：黄海；地中海，北大西洋。

卡马克线虫科 Camacolaimidae Micoletzky, 1924

1. 德翁线虫属 *Deontolaimus* de Man, 1880

(1) 长尾德翁线虫 *Deontolaimus longicauda* (de Man, 1922)

同物异名：*Camacolaimus longicauda* de Man, 1922
分布：黄海（山东青岛）；北海，地中海，北大西洋。

2. 咽齿线虫属 *Onchium* Cobb, 1920

(1) 大眼咽齿线虫 *Onchium metocellatum* (Wieser, 1956)

同物异名：*Nemella metocellata* Wieser, 1956
分布：渤海；北大西洋。

覆瓦亚目 Ceramonematina

覆瓦线虫总科 Ceramonematoidea Cobb, 1933

覆瓦线虫科 Ceramonematidae Cobb, 1933

1. 覆瓦线虫属 *Ceramonema* Cobb, 1920

(1) 稜脊覆瓦线虫 *Ceramonema carinatum* Wieser, 1959

分布：渤海，黄海（山东青岛）；美国太平洋沿岸，北海。

2. 后绒线虫属 *Metadasynemella* De Coninck, 1942

(1) 卡斯迪尼后绒线虫 *Metadasynemella cassidiniensis* Vitiello & Haspeslagh, 1972

分布：渤海；地中海，北大西洋。

3. 沙生线虫属 *Pselionema* Cobb, 1933

(1) 长同沙生线虫 *Pselionema longissimum* Gerlach, 1953

分布：黄海，东海；地中海，北海，北大西洋。

似双盾线虫科 Diplopeltoididae Tchesunov, 1990

1. 似双盾线虫属 *Diplopeltoides* Gerlach, 1962

(1) 肠似双盾线虫 *Diplopeltoides botulus* (Wieser, 1959)

同物异名：*Diplopeltula botula* Wieser, 1959; *Araeolaimoides botulus* Wieser, 1959
分布：黄海（山东青岛）。

拟微咽线虫科 Paramicrolaimidae Lorenzen, 1981

1. 拟微咽线虫属 *Paramicrolaimus* Wieser, 1954

(1) 奇异拟微咽线虫 *Paramicrolaimus mirus* Tchesunov, 1988

分布：渤海，黄海；亚得里亚海，北海，北大西洋。

链环目 Desmodorida

链环亚目 Desmodorina

链环线虫总科 Desmodoroidea Filipjev, 1922

链环线虫科 Desmodoridae Filipjev, 1922

1. 罗比线虫属 *Robbea* Gerlach, 1956

(1) 斯莫尔罗比线虫 *Robbea smo* (Platt & Zhang, 1982)

同物异名：*Catanema smo* Platt & Zhang, 1982
分布：黄海；英国，北海。

2. 链环线虫属 *Desmodora* de Man, 1889

(1) 普通链环线虫 *Desmodora communis* (Bütschli, 1874)

同物异名：*Spilophora communis* Bütschli, 1874
分布：黄海；北海，北大西洋。

(2) 烫伤链环线虫 *Desmodora scaldensis* de Man, 1889

同物异名：*Desmodora paramicrochaeta* Allgén, 1947
分布：黄海（山东青岛）；日本，北海，东太平洋，北大西洋。

3. 近链环线虫属 *Desmodorella* Cobb, 1933

(1) 血色近链环线虫 *Desmodorella sanguinea* (Southern, 1914)

同物异名：*Desmodora sanguinea* Southern, 1914
分布：黄海（山东青岛）；北大西洋。

(2) 细刺近链环线虫 *Desmodorella tenuispiculum* (Allgén, 1928)

同物异名：*Desmodora tenuispiculum* Allgén, 1928
分布：黄海；亚得里亚海，阿根廷，新西兰，北大西洋，南太平洋，南大洋。

4. 后菱光线虫属 *Metachromadora* Filipjev, 1918

(1) 复杂后菱光线虫 *Metachromadora complexa* Timm, 1961

分布：东海，南海；孟加拉湾。

(2) 伊藤后菱光线虫 *Metachromadora itoi* Kito, 1978

分布：黄海；日本(北海道)。

5. 近后菱光线虫属 *Metachromadoroides* Timm, 1961

(1) 雷氏近后菱光线虫 *Metachromadoroides remanei* (Gerlach, 1951)

同物异名：*Metachromadora remanei* Gerlach, 1951
分布：胶州湾；波罗的海，德国，北海，加拿大新斯科舍，北大西洋。

6. 瘤咽线虫属 *Molgolaimus* Ditlevsen, 1921

(1) 库安瘤咽线虫 *Molgolaimus cuanensis* (Platt, 1973) Jensen, 1978

同物异名：*Microlaimus cuanensis* Platt, 1973
分布：黄海；英国斯特兰福德湾，北海，北大西洋。

7. 指爪线虫属 *Onyx* Cobb, 1891

(1) 小指爪线虫 *Onyx minor* Huang & Wang, 2015

分布：黄海（山东日照）。

(2) 日照指爪线虫 *Onyx rizhaoensis* Huang & Wang, 2015

分布：黄海（山东日照）。

微咽线虫总科 Microlaimoidea Micoletzky, 1922

微咽线虫科 Microlaimidae Micoletzky, 1922

1. 离丝线虫属 *Aponema* Jensen, 1978

(1) 念珠离丝线虫 *Aponema torosum* (Lorenzen, 1973)

同物异名：*Microlaimus torosus* Lorenzen, 1973

分布：黄海；德国赫尔戈兰岛（模式产地），亚得里亚海，北海，北大西洋。

2. 微咽线虫属 *Microlaimus* de Man, 1880

(1) 沙蠋微咽线虫 *Microlaimus arenicola* Schulz, 1938

分布：黄海（山东青岛）；北海，北大西洋。

(2) 海微咽线虫 *Microlaimus marinus* (Schulz, 1932)

同物异名：*Paracothonolaimus marinus* Schulz, 1932
分布：渤海，黄海；德国基尔湾，北海，北大西洋。

(3) 排斥微咽线虫 *Microlaimus ostracion* Schuurmans Stekhoven, 1935

分布：黄海（山东青岛）；北海，北大西洋。

3. 假微咽线虫属 *Pseudomicrolaimus* Sergeeva, 1976

(1) 细齿假微咽线虫 *Pseudomicrolaimus denticulatus* (Cobb, 1920)

同物异名：*Bolbolaimus denticulatus* Cobb, 1920
分布：渤海（辽宁大连），黄海（山东青岛）；北海。

4. 螺旋球咽线虫属 *Spirobolbolaimus* Soetaert & Vincx, 1988

(1) 波形螺旋球咽线虫 *Spirobolbolaimus undulatus* Shi & Xu, 2017

分布：东海（南麂列岛）。

弯齿线虫科 Aponchiidae Gerlach, 1963

1. 联丝线虫属 *Synonema* Cobb, 1920

(1) 巴西联丝线虫 *Synonema braziliense* Cobb, 1920

分布：渤海；巴西。

单茎线虫科 Monoposthiidae Filipjev, 1934

1. 单茎线虫属 *Monoposthia* de Man, 1889

(1) 棘突单茎线虫 *Monoposthia costata* (Bastian, 1865)

同物异名：*Spiliphera costata* Bastian, 1865
分布：渤海（辽宁大连），黄海（山东青岛）；日本，德国基尔湾，法国，加拿大圣劳伦斯河口，地中海，黑海，北海，南大洋，北大西洋。

2. 努朵拉线虫属 *Nudora* Cobb, 1920

(1) 古氏努朵拉线虫 *Nudora gourbaultae* Vanreusel & Vincx, 1989

分布：渤海；北海，北大西洋，比利时。

3. 莱茵线虫属 *Rhinema* Cobb, 1920

(1) 长刺莱茵线虫 *Rhinema longispicula* Zhai, Huang & Huang, 2019

分布：南海（琼州海峡）。

项链亚目 Desmoscolecina

项链线虫总科 Desmoscolecoidea Shipley, 1896

项链线虫科 Desmoscolecidae Shipley, 1896

1. 项链线虫属 *Desmoscolex* Claparède, 1863

(1) 美洲项链线虫 *Desmoscolex americanus* Chitwood, 1936

分布：渤海，黄海；墨西哥湾，北海，北大西洋。

(2) 镰刀状项链线虫 *Desmoscolex falcatus* Lorenzen, 1972

分布：黄海；北海，北大西洋。

2. 三体线虫属 *Tricoma* Cobb, 1894

(1) 短吻三体线虫 *Tricoma brevirostris* (Southern, 1914)

同物异名：*Desmoscolex brevirostris* Southern, 1914
分布：黄海；墨西哥湾，北海，北大西洋。

(2) 粗尾三体线虫 *Tricoma crassicauda* (Timm, 1970)

同物异名：*Quadricoma crassicauda* Timm, 1970
分布：黄海（山东青岛）；地中海，红海，北大西洋（欧洲海域）。

(3) 斯卡尼可三体线虫 *Tricoma scanica* Allgén, 1935

分布：黄海；北大西洋（欧洲海域）。

单宫目 Monhysterida

单宫亚目 Monhysterina

单宫线虫总科 Monhysteroidea Filipjev, 1929

单宫线虫科 Monhysteridae de Man, 1876

1. 真单宫线虫属 *Eumonhystera* Andrássy, 1981

(1) 不等真单宫线虫 *Eumonhystera dispar* (Bastian, 1865)

同物异名：*Monhystera dispar* Bastian, 1865
分布：黄海（山东青岛）；英国。

(2) 岛屿真单宫线虫 *Eumonhystera islandica* (De Coninck, 1943)

分布：黄海（山东青岛）；北海，北大西洋。

2. 似鲸线虫属 *Gammarinema* Kinne & Gerlach, 1953

(1) 里齐似鲸线虫 *Gammarinema ligiae* Gerlach, 1967

分布：东海，台湾海峡；北海，北大西洋。

囊咽线虫总科 Sphaerolaimoidea Filipjev, 1918

隆唇线虫科 Xyalidae Chitwood, 1951

1. 双单宫线虫属 *Amphimonhystera* Allgén, 1929

(1) 圆形双单宫线虫 *Amphimonhystera circula* Guo & Warwick, 2001

分布：渤海。

2. 库氏线虫属 *Cobbia* de Man, 1907

(1) 异刺库氏线虫 *Cobbia heterospicula* Wang, An & Huang, 2018

分布：黄海，东海。

(2) 中华库氏线虫 *Cobbia sinica* Huang & Zhang, 2010

分布：黄海（山东日照）。

(3) 长尾库氏线虫 *Cobbia trefusiaeformis* De Man, 1907

分布：香港，南海；日本，北海，北大西洋。

(4) 尾状库氏线虫 *Cobbia urinator* Wieser, 1959

分布：黄海。

3. 吞咽线虫属 *Daptonema* Cobb, 1920

(1) 交替吞咽线虫 *Daptonema alternum* (Wieser, 1956)

同物异名：*Daptonema alternus* (Wieser, 1956)
分布：黄海；智利（模式产地）。

(2) 大吞咽线虫 *Daptonema biggi* (Gerlach, 1965)

同物异名：*Theristus biggi* Gerlach, 1965
分布：黄海（山东青岛）；北海，北大西洋（欧洲海域）。

(3) 东海吞咽线虫 *Daptonema donghaiensis* Wang, An & Huang, 2018

分布：东海。

(4) 似裂吞咽线虫 *Daptonema fissidens* Cobb, 1920

分布：渤海。

(5) 管状吞咽线虫 *Daptonema fistulatum* (Wieser & Hopper, 1967)

同物异名：*Cylindrotheristus fistulatus* Wieser & Hopper, 1967; *Daptonema fistulatus* (Wieser & Hopper, 1967)
分布：黄海；墨西哥湾，北海，北大西洋。

(6) 长引带吞咽线虫 *Daptonema longiapophysis* Huang & Zhang, 2010

分布：黄海（山东青岛、日照）。

(7) 粗环吞咽线虫 *Daptonema maeoticum* (Filipjev, 1922)

同物异名：*Theristus maeoticus* Filipjev, 1922; *Daptonema maeoticus* (Filipjev, 1922)
分布：黄海（包括五垒岛湾）；地中海，亚速海。

(8) 诺曼底吞咽线虫 *Daptonema normandicum* (de Man, 1890)

同物异名：*Cylindrotheristus normandicus* de Man, 1890; *Daptonema normandicus* (de Man, 1890)
分布：黄海。

(9) 乳突吞咽线虫 *Daptonema papillifera* Sun, Huang, Tang, Zang, Xiao & Tang, 2019

分布：渤海（莱州湾）。

(10) 拟短毛吞咽线虫 *Daptonema parabreviseta* Huang, Sun & Huang, 2019

分布：胶州湾。

(11) 统一吞咽线虫 *Daptonema proprium* (Lorenzen, 1972)

同物异名：*Theristus proprius* Lorenzen, 1972; *Daptonema proprius* (Lorenzen, 1972)

分布：胶州湾；北海，北大西洋。

(12) 厦门吞咽线虫 *Daptonema xiamenensis* Huang, 2002

分布：东海（福建厦门），南海。

(13) 新关节吞咽线虫 *Daptonema nearticulatum* (Huang & Zhang, 2006)

同物异名：*Trichotheristus articulatus* Huang & Zhang, 2006

分布：黄海。

4. 埃尔杂里线虫属 *Elzalia* Gerlach, 1957

(1) 双叉埃尔杂里线虫 *Elzalia bifurcata* Sun & Huang, 2017

分布：东海。

(2) 佛氏埃尔杂里线虫 *Elzalia floresi* Gerlach, 1957

分布：黄海；巴西圣保罗湾。

(3) 格氏埃尔杂里线虫 *Elzalia gerlachi* Zhang & Zhang, 2006

分布：黄海。

(4) 异刺埃尔杂里线虫 *Elzalia heterospiculata* Jia & Huang, 2019

分布：南海东北部。

(5) 细纹埃尔杂里线虫 *Elzalia striatitenuis* Zhang & Zhang, 2006

分布：黄海。

5. 线宫线虫属 *Linhystera* Juario, 1974

(1) 短引带线宫线虫 *Linhystera breviapophysis* Yu, Huang & Xu, 2014

分布：东海。

(2) 长引带线宫线虫 *Linhystera longiapophysis* Yu, Huang & Xu, 2014

分布：东海。

(3) 疑难线宫线虫 *Linhystera problematica* Juario, 1974

分布：黄海；北海。

6. 后合咽线虫属 *Metadesmolaimus* Schuurmans Stekhoven, 1935

(1) 软毛后合咽线虫 *Metadesmolaimus birsuta* (Chitwood, 1936)

分布：黄海（山东青岛）。

(2) 张氏后合咽线虫 *Metadesmolaimus zhanggi* Guo, Chen & Liu, 2016

分布：东海。

7. 拟格莱线虫属 *Paragnomoxyala* Jiang & Huang, 2015

(1) 短毛拟格来线虫 *Paragnomoxyala breviseta* Jiang & Huang, 2015

分布：东海。

(2) 大口拟格莱线虫 *Paragnomoxyala macrostoma* (Huang & Xu, 2013)

同物异名：*Daptonema macrostoma* Huang & Xu, 2013

分布：黄海，东海。

8. 拟双单宫线虫属 *Paramphimonhystrella* Huang & Zhang, 2006

(1) 秀丽拟双单宫线虫 *Paramphimonhystrella elegans* Huang & Zhang, 2006

分布：黄海。

(2) 真口拟双单宫线虫 *Paramphimonhystrella eurystoma* Shi, Yu & Xu, 2017

分布：东海。

(3) 小拟双单宫线虫 *Paramphimonhystrella minor* Huang & Zhang, 2006

分布：黄海。

(4) 中华拟双单宫线虫 *Paramphimonhystrella sinica* Huang & Zhang, 2006

分布：黄海。

9. 拟单宫线虫属 *Paramonohystera* Steiner, 1916

(1) 宽头拟单宫线虫 *Paramonohystera eurycephalus* Huang & Wu, 2011

分布：黄海。

(2) 透明拟单宫线虫 *Paramonohystera pellucida* (Cobb, 1920)

同物异名：*Paramonhystera pellucida* (Cobb, 1920)
分布：黄海；日本，地中海，北海，北大西洋。

(3) 瑞氏拟单宫线虫 *Paramonohystera riemanni* (Platt, 1973)

同物异名：*Theristus* (*Daptonema*) *riemanni* Platt, 1973
分布：黄海；北海。

(4) 中华拟单宫线虫 *Paramonohystera sinica* Yu & Xu, 2014

分布：东海。

(5) 威海拟单宫线虫 *Paramonohystera weihaiensis* Huang & Sun, 2019

分布：黄海（山东威海）。

10. 前单宫线虫属 *Promonhystera* Wieser, 1956

(1) 豆状前单宫线虫 *Promonhystera faber* Wieser, 1956

分布：黄海；北海。

(2) 三齿前单宫线虫 *Promonhystera tricuspidata* Wieser, 1956

分布：黄海（山东青岛）。

11. 伪埃尔杂里线虫属 *Pseudelzalia* Yu & Xu, 2015

(1) 长毛伪埃尔杂里线虫 *Pseudelzalia longiseta* Yu & Xu, 2015

分布：东海。

12. 伪颈毛线虫属 *Pseudosteineria* Wieser, 1956

(1) 前感伪颈毛线虫 *Pseudosteineria anteramphida* Sun, Huang, Tang, Zang, Xiao & Tang, 2019

分布：渤海（莱州湾）。

(2) 拟杆菌伪颈毛线虫 *Pseudosteineria paramirabilis* (Gerlach, 1955)

同物异名：*Steineria paramirabilis* Gerlach, 1955; *Trichotheristus paramirabilis* (Gerlach, 1955)
分布：黄海（山东青岛）。

(3) 美丽伪颈毛线虫 *Pseudosteineria pulchra* (Mawson, 1957)

同物异名：*Steineria pulchra* Mawson, 1957
分布：渤海（辽宁大连）；南澳大利亚。

(4) 花粉伪颈毛线虫 *Pseudosteineria scopae* (Gerlach, 1956)

同物异名：*Steineria scopae* Gerlach, 1956
分布：黄海（山东青岛）；巴西。

(5) 中华伪颈毛线虫 *Pseudosteineria sinica* Huang & Li, 2010

分布：渤海，黄海（山东日照）。

(6) 张氏伪颈毛线虫 *Pseudosteineria zhangi* Huang & Li, 2010

分布：渤海，黄海。

13. 吻腔线虫属 *Rhynchonema* Cobb, 1920

(1) 包围吻腔线虫 *Rhynchonema cinctum* Cobb, 1920

分布：黄海（山东青岛）；南美洲沿岸（秘鲁，圣萨尔瓦多，巴西）。

(2) 装饰吻腔线虫 *Rhynchonema ornatum* Lorenzen, 1975

分布：东海（南麂列岛）；南美洲沿岸。

(3) 厦门吻腔线虫 *Rhynchonema xiamenensis* Huang & Liu, 2002

分布：东海（福建厦门）。

14. 竿线虫属 *Scaptrella* Cobb, 1917

(1) 装饰竿线虫 *Scaptrella cincta* Cobb, 1917

分布：黄海。

15. 颈毛线虫属 *Steineria* Micoletzky, 1922

(1) 中华颈毛线虫 *Steineria sinica* Huang & Wu, 2011

分布：渤海（黄河口），黄海。

16. 棘刺线虫属 *Theristus* Bastian, 1865

(1) 尖棘刺线虫 *Theristus acer* Bastian, 1865

同物异名：*Monhystera acris* Bastian, 1865; *Theristus steineri* Filipjev, 1922; *Theristus acer leptosoma* Allgén, 1950
分布：渤海（辽宁大连），黄海（山东青岛）；日本，比利时，法国，新西兰，地中海，北海，北大西洋，南大洋。

(2) 拟异刺棘刺线虫 *Theristus heterospiculoides* Gerlach, 1953

分布：黄海。

(3) 无刺棘刺线虫 *Theristus inermis* Gerlach, 1953

分布：黄海（山东青岛）；地中海，北大西洋。

(4) 长棘刺线虫 *Theristus longus* Platt, 1973

分布：黄海（山东青岛）；北海，北大西洋。

(5) 滨海棘刺线虫 *Theristus littoralis* Filipjev, 1922

分布：黄海（山东青岛）；黑海，北大西洋。

(6) 大黄棘刺线虫 *Theristus macroflevensis* Gerlach, 1954

分布：南海。

(7) 异黄棘刺线虫 *Theristus metaflevensis* Gerlach, 1955

分布：黄海（山东青岛）；中南美洲，北美洲东岸。

17. 隆唇线虫属 *Xyala* Cobb, 1920

(1) 环纹隆唇线虫 *Xyala striata* Cobb, 1920

分布：东海（南麂列岛），南海；墨西哥湾，地中海，北海，北大西洋。

囊咽线虫科 Sphaerolaimidae Filipjev, 1918

1. 拟囊咽线虫属 *Parasphaerolaimus* Ditlevsen, 1918

(1) 歧异拟囊咽线虫 *Parasphaerolaimus dispar* (Filipjev, 1918)

同物异名：*Sphaerolaimus dispar* Filipjev, 1918; *Parasphaerolaimus paradoxus* Lorenzen, 1978
分布：渤海；黑海，地中海，北大西洋。

(2) 岛屿拟囊咽线虫 *Parasphaerolaimus islandicus* Ditlevsen, 1926

同物异名：*Sphaerolaimus islandicus* Ditlevsen, 1926
分布：渤海；北海，北大西洋。

(3) 谨天拟囊咽线虫 *Parasphaerolaimus jintiani* Fu, Boucher & Cai, 2017

分布：南海（漳江口）。

(4) 似华丽拟囊咽线虫 *Parasphaerolaimus paradoxus* (Ditlevsen, 1918)

同物异名：*Sphaerolaimus paradoxus* Ditlevsen, 1918
分布：渤海，黄海；北海，北大西洋。

2. 囊咽线虫属 *Sphaerolaimus* Bastian, 1865

(1) 波罗的海囊咽线虫 *Sphaerolaimus balticus* Schneider, 1906

同物异名：*Sphaerolaimus ditlevseni* Kreis, 1924
分布：渤海（黄河口），黄海，东海（福建厦门）；波罗的海，北海，北大西洋。

(2) 格莱菲囊咽线虫 *Sphaerolaimus glaphyrus* Vitiello, 1971

分布：黄海；地中海，北大西洋。

(3) 纤细囊咽线虫 *Sphaerolaimus gracilis* de Man, 1876

同物异名：*Sphaerolaimus buetschlii* Schulz, 1932; *Sphaerolaimus demani* Filipjev, 1922; *Sphaerolaimus setosus* Paramonov, 1927
分布：胶州湾；波罗的海，日本海，黑海，地中海，北海，北大西洋。

(4) 大圆囊咽线虫 *Sphaerolaimus macrocirculus* Filipjev, 1918

分布：黄海；黑海，地中海，北大西洋。

(5) 小囊咽线虫 *Sphaerolaimus minutus* Vitiello, 1971

分布：黄海；地中海，北大西洋。

(6) 太平洋囊咽线虫 *Sphaerolaimus pacificus* Allgén, 1947

分布：渤海；地中海，北大西洋。

(7) 笔状囊咽线虫 *Sphaerolaimus penicillus* Gerlach, 1956

分布：黄海；挪威海，美国普吉特湾，巴西。

条形亚目 Linhomoeina

管咽线虫总科 Siphonolaimoidea Filipjev, 1918

管咽线虫科 Siphonolaimidae Filipjev, 1918

1. 拟无口线虫属 *Parastomonema* Kito, 1989

(1) 乳突拟无口线虫 *Parastomonema papillosum* Kito & Aryuthaka, 2006

分布：香港，南海；泰国湾。

2. 管咽线虫属 *Siphonolaimus* de Man, 1893

(1) 布氏管咽线虫 *Siphonolaimus boucheri* Zhang & Zhang, 2010

分布：黄海。

(2) 矛管咽线虫 *Siphonolaimus dorylus* Inglis, 1968

分布：黄海；南太平洋（新喀里多尼亚）。

(3) 深管咽线虫 *Siphonolaimus profundus* Warwick, 1973

分布：东海；印度洋。

条形线虫科 Linhomoeidae Filipjev, 1922

1. 反轮线虫属 *Anticyclus* Cobb, 1920

(1) 粗化感器反轮线虫 *Anticyclus pachyamphis* (Wieser, 1956)

分布：黄海；地中海，北大西洋。

2. 合咽线虫属 *Desmolaimus* de Man, 1880

(1) 巴西合咽线虫 *Desmolaimus brasiliensis* Gerlach, 1963

同物异名：*Metalinhomoeus filiformis* (de Man, 1907)

分布：黄海；北海，北大西洋。

(2) 泽兰合咽线虫 *Desmolaimus zeelandicus* de Man, 1880

同物异名：*Desmolaimus demani* Schulz, 1932; *Desmolaimus fennicus* (Schneider, 1926) Gerlach, 1953
分布：黄海（山东青岛青岛湾），东海（福建厦门马銮湾）；波罗的海，北海，北大西洋。

3. 游咽线虫属 *Eleutherolaimus* Filipjev, 1922

(1) 霍氏游咽线虫 *Eleutherolaimus hopperi* Timm, 1967

分布：黄海；巴基斯坦。

(2) 狭口游咽线虫 *Eleutherolaimus stenosoma* de Man, 1907

分布：渤海；波罗的海，比利时，北海，北大西洋。

4. 条形线虫属 *Linhomoeus* Bastian, 1865

(1) 尖细条形线虫 *Linhomoeus attenuatus* (de Man, 1907)

同物异名：*Paralinhomoeus attenuatus* de Man, 1907
分布：胶州湾。

5. 后条形线虫属 *Metalinhomoeus* de Man, 1907

(1) 长毛后条形线虫 *Metalinhomoeus longiseta* Kreis, 1929

分布：黄海，香港，南海；北大西洋。

6. 微口线虫属 *Terschellingia* de Man, 1888

(1) 奥氏微口线虫 *Terschellingia austenae* Guo & Zhang, 2000

分布：渤海，香港，南海。

(2) 普通微口线虫 *Terschellingia communis* de Man, 1888

同物异名：*Terschellingia monohystera* Wieser & Hopper, 1967; *Terschellingia mora* Gerlach, 1956; *Terschellingia parva* Vitiello, 1969
分布：黄海，香港，南海；地中海，比利时，北海，北大西洋。

(3) 丝尾微口线虫 *Terschellingia filicaudata* Wang, An & Huang, 2017

分布：东海。

(4) 长尾微口线虫 *Terschellingia longicaudata* de Man, 1907

同物异名：*Terschellingia longispiculata* Wieser & Hopper, 1967
分布：渤海，胶州湾，东海（福建厦门），香港，南海；日本，地中海，比利时，新西兰，墨西哥湾，波罗的海，北海，巴伦支海。

(5) 长同尾微口线虫 *Terschellingia longissimicaudata* Timm, 1962

分布：渤海；阿拉伯海。

(6) 大微口线虫 *Terschellingia major* Huang & Zhang, 2005

分布：黄海。

(7) 尖头微口线虫 *Terschellingia stenocephala* Wang, An & Huang, 2017

分布：东海。

参 考 文 献

蔡立哲, 洪华生, 邹朝中, 等. 2000. 台湾海峡南部海洋线虫种类组成及其取食类型. 台湾海峡, 19(2):

212-217.

高群. 2017. 胶州湾小型底栖动物生态学和自由生活线虫分类研究. 聊城: 聊城大学硕士学位论文.

黄宏靓. 2002. 厦门岛东南海滩自由生活海洋线虫的种类调查. 厦门: 厦门大学硕士学位论文.

黄勇, 郭玉清, 翟红秀. 2022. 东海自由生活海洋线虫分类研究. 北京: 科学出版社.

黄宗国. 2008. 中国海洋生物种类与分布(增订版). 北京: 海洋出版社.

刘瑞玉. 2008. 中国海洋生物名录. 北京: 科学出版社.

史本泽. 2016. 不同生境中海洋线虫分类及小型底栖生物群落结构研究. 北京: 中国科学院大学博士学位论文.

孙静, 黄冕, 黄勇. 2019. 中国南海自由生活海洋线虫 *Sabatieria* Rouville, 1903 的三个新纪录种. 海洋与湖沼, 50(5): 707-712.

邹朝中. 2000. 厦门岛附近自由生活海洋线虫的研究——微口线虫属(Genus: *Terschellingia* de Man, 1888) 的两种. 四川动物, 19(5): 3-5.

邹朝中. 2001. 厦门岛附近自由生活海洋线虫的研究——联体线虫科的变异毛咽线虫和异毛联体线虫新种. 台湾海峡, 20(1): 48-53.

Aryuthaka C. 1989. Some free-living marine nematodes from a seagrass (*Zostera marina*) bed and the adjacent intertidal zone, Amakusa, south Japan. Publications from the Amakusa Biological Laboratory, 10(1): 1-15.

Barnes N, Kim H G , Lee W. 2012. New species of free-living marine Sabatieriinae (Nematoda: Monhysterida: Comesomatidae) from around South Korea. Zootaxa, 3368: 263-290.

Bastian H C. 1865. Monograph of the Anguillulidae, or free nematoids, marine, land, and freshwater; with descriptions of 100 new species. The Transactions of the Linnean Society of London, 25: 73-184.

Chen G, Vincx M. 2000. Nematodes from the Strait of Magellan and the Beagle Channel (Chile): the genera *Cervonema* and *Laimella* (Comesomatidae, Nematoda). Hydrobiologia, 427(1): 27-49.

Chen Y Z, Guo Y Q. 2014. Three new species of free-living marine nematodes from East China Sea. Zootaxa, 3841(1): 117-126.

Chen Y Z, Guo Y Q. 2015a. Two new species of *Lauratonema* (Nematoda: Lauratonematidae) from the intertidal zone of the East China Sea. Journal of Natural History, 49: 1777-1788.

Chen Y Z, Guo Y Q. 2015b. Three new and two known free-living marine nematode species of the family Ironidae from the East China Sea. Zootaxa, 4018(2): 151-175.

Cobb N A. 1920. One hundred new nemas (type species of 100 new genera). Contributions to a Science of Nematology, 9: 217-343.

Decraemer W. 1979. Taxonomic problems within the Desmoscolecida (Nematoda). Annales de la Societe Royale Zoologique de Belgique, 108(1-2): 9-16.

De Smet G , Vincx M, Vanreusel A, et al. 2001. Nematoda-free living. *In*: Costello M J, Emblow C, White R J. European Register of Marine Species: a Check-list of the Marine Species in Europe and a Bibliography of Guides to their Identification. Paris: Muséum National d'Histoire Naturelle, 50: 161-174.

Fadeeva N P. 1983. Study of nematodes of the family Sphaerolaimidae Filipjev, 1918, Nematoda, Monhysterida from the Sea of Japan. Zoologicheskii Zhurnal, 62(9): 1321-1333.

Fu S J, Boucher G , Cai L Z. 2017. Two new ovoviviparous species of the family Selachinematidae and Sphaerolaimidae (Nematoda, Chromadorida & Monhysterida) from the northern South China Sea. Zootaxa, 4317 (1): 95-110.

Fu S J, Cai L Z, Boucher G , et al. 2013. Two new *Richtersia* species from the northern Beibu Gulf, China. Journal of Natural History, 47(29-30): 1921-1931.

Fu S J, Leduc D, Rao Y Y, et al. 2019. Three new free-living marine nematode species of *Dorylaimopsis* (Nematoda: Araeolaimida: Comesomatidae) from the South China Sea and the Chukchi Sea. Zootaxa, 4608(3): 433-450.

Fu S J, Zeng J L, Zhou X P, et al. 2018. Two new species of free-living nematodes of genus *Tripyloides* (Nematoda: Enoplida: Tripyloididae) from mangrove wetlands in the Xiamen Bay, China. Acta Oceanologica Sinica, 37(10): 168-174.

Gagarin V G , Thanh N V. 2011. Two new species of free-living marine nematodes from Red River Mouth, Vietnam. International Journal of Nematology, 21: 21-26.

Gao Q, Huang Y. 2015. Three new records of free-living nematodes from the East China Sea. Journal of Liaocheng University, 28(3): 42-50.

Gao Q, Huang Y. 2017. *Oncholaimus zhangi* sp. nov. (Oncholaimidae, Nematoda) from the intertidal zone of the East China Sea. Chinese Journal of Oceanology and Limnology, 35(5): 1212-1217.

Guo Y Q, Chang Y, Chen Y Z, et al. 2015. Description of a marine nematode *Hopperia sinensis* sp. nov. (Comesomatidae) from mangrove forests of Quanzhou, China, with a pictorial key to *Hopperia* species. Journal of Ocean University of China, 14(6): 1111-1115.

Guo Y Q, Chang Y, Yang P P. 2018. Two new free-living nematodes species (Comesomatidae) from the mangrove wetlands in Fujian Province, China. Acta Oceanologica Sinica, 37(10): 161-167.

Guo Y Q, Chen Y Z, Liu M D. 2016. *Metadesmolaimus zhanggi* sp. nov. (Nematoda: Xyalidae) from East China Sea, with a pictorial key to *Metadesmolaimus* species. Cahiers de Biologie Marine, 57(1): 73-79.

Guo Y Q, Huang D Y, Chen Y Z, et al. 2015. Two new free-living nematode species of *Setosabatieria* (Comesomatidea) from the East China Sea and the Chukchi Sea. Journal of Natural History, 49(33-34): 2021-2033.

Guo Y Q, Warwick R M. 2001. Three new species of free-living marine nematodes from the Bohai Sea, China. Journal of Natural History, 35(11): 1575-1586.

Guo Y Q, Zhang Z N. 2000. A new species of *Terschellingia* (Nematoda) from the Bohai Sea, China. Journal of Ocean University of Qingdao, 30: 487-492.

Holovachov O. 2015. Swedish Plectida (Nematoda). Part 8. The genus *Onchium* Cobb, 1920. Zootaxa, 3911(4): 521-546.

Hope W D, Zhang Z N. 1995. New nematodes from the Yellow Sea, *Hopperia hexadentata* n. sp. and *Cervonema deltensis* n. sp. (Chromadorida: Comesomatidae), with observations on morphology and systematics. Invertebrate Biology, 114 (2): 119-138.

Hua E, Zhang Z N. 2007. Four newly recorded free-living marine nematodes (Comesomatidae) from the East China Sea. Journal of Ocean University of China, 6(1): 26-32.

Huang M, Huang Y. 2018. Two new species of Comesomatidae (Nematoda) from the East China Sea. Zootaxa, 4407 (4): 573-581.

Huang M, Jia S S, Huang Y. 2018. One new species and one new record of the species of the family Comesomatidae (Nematoda: Chromadorida) from the South China Sea. Zootaxa, 4504 (1): 119-127.

Huang M, Sun J, Huang Y. 2018a. Two new species of the genus *Wieseria* (Nematoda: Enoplida: Oxystomidae) from the Jiaozhou Bay. Acta Oceanologica Sinica, 37(10): 157-160.

Huang M, Sun J, Huang Y. 2018b. *Dorylaimopsis heteroapophysis* sp. nov. (Comesomatidae: Nematoda) from the Jiaozhou Bay of China. Cahiers de Biologie Marine, 59: 607-613.

Huang M, Sun J, Huang Y. 2019. *Daptonema parabreviseta* sp. nov. (Xyalidae, Nematoda) from the Jiaozhou Bay of the Yellow Sea, China. Journal of Oceanology and Limnology, 37(1): 273-277.

Huang M, Sun Y, Huang Y. 2017. Two new species of the family Oxystominidae (Nematoda: Enoplaida) from the East China Sea. Cahiers de Biologie Marine, 58: 475-483.

Huang M, Xu K, Huang Y. 2019a. *Setosabatieria minor* sp. nov. (Comesomatidae: Nematoda) from the South China Sea. Cahiers de Biologie Marine, 60: 387-393.

Huang M, Xu K, Huang Y. 2019b. *Thalassironus filiformis* sp. nov. (Nematoda, Enoplida) from the South China Sea. Zootaxa, 4657 (1): 170-176.

Huang Y. 2012. One new free-living marine nematode species of genus *Cephalanticoma* from the South China Sea. Acta Oceanologica Sinica, 31(1): 95-97.

Huang Y, Cheng B. 2011. Three new free-living marine nematode species of the genus *Micoletzkyia* (Phanodermatidae) from China Sea. Journal of the Marine Biological Association of the United Kingdom, 92(5):

941-946.

Huang Y, Gao Q. 2016. Two new species of Chromadoridae (Chromadorida: Nematoda) from the East China Sea. Zootaxa, 4144(1): 89-100.

Huang Y, Li J. 2010. Two new free-living marine nematode species of the genus *Pseudosteineria* (Monohysterida: Xyalidae) from the Yellow Sea, China. Journal of Natural History, 44(41-42): 2453-2463.

Huang Y, Wang H. 2015. Review of *Onyx* Cobb (Nematoda: Desmodoridae) with description of two new species from the Yellow Sea, China. Journal of the Marine Biological Association of the United Kingdom, 95(06): 1127-1132.

Huang Y, Wang J Y. 2011. Two new free-living marine nematode species of Chromadoridae (Nematoda: Chromadorida) from the Yellow Sea, China. Journal of Natural History, 45(35-36): 1291-2201.

Huang Y, Wu X. 2010. Two new free-living marine nematode species of the genus *Vasostoma* (Comesomatidae) from the Yellow Sea, China. Cahiers de Biologie Marine, 51: 19-27.

Huang Y, Wu X. 2011a. Two new free-living marine nematode species of the genus *Vasostoma* (Comesomatidae) from the China Sea. Cahiers de Biologie Marine, 52: 147-155.

Huang Y, Wu X Q. 2011b. Two new free-living marine nematode species of Xyalidae (Monhysterida) from the Yellow Sea, China. Journal of Natural History, 45(9-10): 567-577.

Huang Y, Sun J. 2011. Two new free-living marine nematode species of the genus *Paramarylynnia* (Chromadorida: Cyatholaimidae) from the Yellow Sea, China. Journal of the Marine Biological Association of the United Kingdom, 91(02): 395-401.

Huang Y, Sun J. 2019. *Paramonohystera weihaiensis* sp. nov. (Xyalidae, Nematoda) from the intertidal beach of the Yellow Sea, China. Journal of Oceanology and Limnology, 37 (4): 1403-1408.

Huang Y, Xu K D. 2013a. A new species of free-living nematode of *Daptonema* (Monohysterida: Xyalidae) from the Yellow Sea, China. Aquatic Science and Technology, 1(1): 1-8.

Huang Y, Xu K D. 2013b. Two new free-living nematode species (Nematoda: Cyatholaimidae) from intertidal sediments of the Yellow Sea, China. Cahiers de Biologie Marine, 54(1): 1-10.

Huang Y, Xu K D. 2013c. Two new species of the genus *Paracyatholaimus* Micoletzky (Nematoda: Cyatholaimidae) from the Yellow Sea. Journal of Natural History, 47(21-22): 1381-1392.

Huang Y, Zhang Z N. 2004. A new genus and three new species of free-living marine nematodes (Nematoda: Enoplida: Enchelidiidae) from the Yellow Sea, China. Cahiers de Biologie Marine, 45: 343-355.

Huang Y, Zhang Z N. 2005a. Two new species and one new record of free-living marine from the Yellow Sea, China. Cahiers de Biologie Marine, 46: 365-378.

Huang Y, Zhang Z N. 2005b. Three new species of the genus *Belbolla* (Nematoda: Enoplida: Enchelidiidae) from the Yellow Sea, China. Journal of Natural History, 39(20): 1689-1704.

Huang Y, Zhang Z N. 2006a. A new genus and three new species of free-living marine nematodes from the Yellow Sea, China. Journal of Natural History, 40(1-2): 5-16.

Huang Y, Zhang Z N. 2006b. Five new records of free-living marine nematodes in the Yellow Sea. Journal of Ocean University of China, 5(1): 29-34.

Huang Y, Zhang Z N. 2006c. New species of free-living marine nematodes from the Yellow Sea, China. Journal of the Marine Biological Association of the United Kingdom, 86: 271-281.

Huang Y, Zhang Z N. 2006d. Two new species of free-living marine nematodes (*Trichotheristus articulatus* sp. n. and *Leptolaimoides punctatus* sp. n.) from the Yellow Sea. Russian Journal of Nematology, 14 (1): 43-50.

Huang Y, Zhang Z N. 2007a. One new species of free-living marine nematodes (Enoplida, Anticomidae, *Cephalanticoma*) from the Huanghai Sea. Acta Oceanologica Sinica, 26: 84-89.

Huang Y, Zhang Z N. 2007b. A new genus and new species of free-living marine nematodes from the Yellow Sea, China. Journal of the Marine Biological Association of the United Kingdom, 87: 717-722.

Huang Y, Zhang Z N. 2009. Two new species of Enoplida (Nematoda) from the Yellow Sea, China. Journal of Natural History, 43 (17-18): 1083-1092.

Huang Y, Zhang Z N. 2010a. Three new species of *Dichromadora* (Nematoda: Chromadorida: Chromadoridae) from the Yellow Sea, China. Journal of Natural History, 44(9-10): 545-558.

Huang Y, Zhang Z N. 2010b. Two new species of Xyalidae (Nematoda) from the Yellow Sea, China. Journal of the Marine Biological Association of the United Kingdom, 90(2): 391-397.

Huang Y, Zhang Z N. 2014. Review of *Pomponema* Cobb (Nematoda: Cyatholaimidae) with description of a new species from China Sea. Cahiers de Biologie Marine, 55(2): 267-273.

Jia S S, Huang Y. 2019. *Elzalia heterospiculata* sp. nov. (Nematoda: Monhysterida: Xyalidae) from the South China Sea. Zootaxa, 4603 (3): 568-574.

Jiang W J, Huang Y. 2015. *Paragnomoxyala* gen. nov. (Xyalidae, Monhysterida, Nematoda) from the East China Sea. Zootaxa, 4039 (3): 467-474.

Jiang W, Wang J, Huang Y. 2015. Two new free-living marine nematode species of Enchelidiidae from China Sea. Cahiers de Biologie Marine, 56: 31-37.

Jensen P. 1978. Revision of Microlaimidae, erection of Molgolaimidae fam. n., and remarks on the systematic position of *Paramicrolaimus* (Nematoda, Desmodorida). Zoologica Scripta, 7(1-4): 159-173.

Kito K. 1976. Studies on the free-living marine nematodes from Hokkaido, I. Journal of the faculty of science, Hokkaido University, 20 (3): 568-578.

Kito K. 1978. Studies on the free-living marine nematodes from Hokkaido, III. Journal of the faculty of science, Hokkaido University, 21 (2): 248-261.

Kito K, Aryuthaka C. 1998. Free-living marine nematodes of shrimp culture ponds in Thailand. I. New species of the genera *Diplolaimella* and *Thalassomonhystera* (Monhysteridae) and *Theristus* (Xyalidae). Hydrobiologia, 379: 123-133.

Kito K, Aryuthaka C. 2006. New mouthless nematode of the genus *Parastomonema* Kito, 1989 (Nematoda: Siphonolaimidae) from a mangrove forest on the coast of Thailand, and erection of the new subfamily Astomonematinae within the Siphonolaimidae. Zootaxa, 1177: 39-49.

Kovalyev V, Tchesunov A V. 2005. Taxonomic review of microlaimids with description of five species from the White Sea (Nematoda: Chromadoria). Zoosystematica Rossica, 14(1): 1-16.

Li Y X, Guo Y Q. 2016a. Two new free-living marine nematode species of the genus *Anoplostoma* (Anoplostomatidae) from the mangrove habitats of Xiamen Bay, East China Sea. Journal of Ocean University of China, 15(1): 11-18.

Li Y X, Guo Y Q. 2016b. Free living marine nematodes of the genus *Parodontophora* (Axonolaimidae) from the East China Sea, with descriptions of five new species and a pictorial key. Zootaxa, 4109(4): 401-427.

Liu X S. 2009. Response of meiofauna with special reference to nematodes upon recovery from anthropogenic activities in subtropical waters of Hong Kong. Hong Kong: City University of Hong Kong, Ph. D. Thesis: 385.

Platt H M. 1985. The freeliving marine nematode genus *Sabatieria* (Nematoda: Comesomatidae). Taxonomic revision and pictorial keys. Zoological Journal of the Linnean Society, 83: 27-28.

Platt H M, Warwick R M. 1983. Free-living Marine Nematodes. Part I: British Enoplids. Synopses of the British Fauna (New series No. 28). Cambridge: Cambridge University Press: 307.

Platt H M, Warwick R M. 1988. Free-living Marine Nematodes. Part II: British Chromadorids. Synopses of the British Fauna (New series No. 38). New York: Brill Academic Pub: 501.

Platt H M, Zhang Z N. 1982. New species of marine nematodes from Loch Ewe, Scotland. Bulletin of the British Museum of Natural History (Zoology), 42: 227-246.

Riemann F. 1973. The Bremerhaven checklist of aquatic nematodes. A catalogue of Nematoda Adenophorea excluding the Dorylaimida. Veröffentlichungen des Instituts für Meeresforschung in Bremerhaven, 4: 1-736.

Shi B, Xu K. 2016a. Four new species of *Epacanthion* Wieser, 1953 (Nematoda: Thoracostomopsidae) in intertidal sediments of the Nanji Islands from the East China Sea. Zootaxa, 4085 (4): 557-574.

Shi B, Xu K. 2016b. *Paroctonchus nanjiensis* gen. nov. sp. nov. (Nematoda, Enoplida, Oncholaimidae) from intertidal sediment in the East China Sea. Zootaxa, 4126 (1): 97-106.

Shi B, Xu K. 2017. *Spirobolbolaimus undulatus* sp. nov. in intertidal sediment from the East China Sea, with transfer of two *Microlaimus* species to *Molgolaimus* (Nematoda, Desmodorida). Journal of the Marine Biological Association of the United Kingdom, 97(6): 1335-1342.

Shi B, Xu K. 2018a. Morphological and molecular characterizations of *Africanema multipapillatum* sp. nov. (Nematoda, Enoplida) in intertidal sediment from the East China Sea. Marine Biodiversity, 48(1): 281-288.

Shi B, Xu K. 2018b. Two new rapacious nematodes from intertidal sediments, *Gammanema magnum* sp. nov. and *Synonchium caudatubatum* sp. nov. (Nematoda, Selachinematidae). European Journal of Taxonomy, 405: 1-17.

Shi B, Yu T, Xu K. 2017. Two new species of *Paramphimonhystrella* (Nematoda, Monhysterida, Xyalidae) from the deep-sea sediments in the Western Pacific Ocean and adjacent shelf seafloor. Zootaxa, 4344(2): 308-320.

Shi B, Yu T, Xu K. 2018. A new free-living nematode, *Actinonema falciforme* sp. nov. (Nematoda, Chromadoridae), from the continental shelf of the East China Sea. Acta Oceanologia Sinica, 37(10): 152-156.

Soetaert K, Vincx M. 1987. Six new *Richtersia* species (Nematoda, Selachinematidae) from the Mediterranean Sea. Zoologica Scripta, 16(2): 125-142.

Sun Y, Huang M, Huang Y. 2018. Two new species of free-living marine nematodes from the East China Sea. Acta Oceanologica Sinica, 37(10): 148-151.

Sun J, Huang, Y. 2016. A new genus of free-living nematodes (Enoplida: Enchelidiidae) from the South China Sea. Cahiers de Biologie Marine, 67(1): 51-56.

Sun Y, Huang Y. 2017. One new species and one new combination of the family Xyalidae (Nematoda: Monhysterida) from the East China Sea. Zootaxa, 4306(3): 401-410.

Sun Y, Huang Y, Tang H, et al. 2019. Two new free-living nematode species of the family Xyalidae from the Laizhou Bay of the Bohai Sea, China. Zootaxa, 4614(2): 383-394.

Tchesunov A V. 1988. New species of nematodes from the White Sea. Proceedings of the Zoological Institute of the Russian Academy of Sciences, 180: 68-76.

Tchesunov A V, Miljutin D M. 2006. Three new free-living nematode species (Monhysterida) from the Arctic abyss, with revision of the genus *Eleutherolaimus* Filipjev, 1922 (Linhomoeidae). Russian Journal of Nematology, 14(1): 57-75.

Vanreusel A, Vincx M. 1989. Free-living marine nematodes from the Southern Bight of the North Sea. III. Species of the Monoposthiidae, Filipjev, 1934. Cahiers de Biologie Marine, 30: 69-83.

Vincx M. 1986. Free-living marine nematodes from the Southern Bight of the North Sea. I. Notes on species of the genera *Gonionchus* Cobb, 1920, *Neochromadora* Micoletzky, 1924 and *Sabatieria* Rouville, 1903. Hydrobiologia, 140(3): 255-286.

Vincx M, Gourbault N. 1992. Six new species of the genus *Diplopeltula* (Nematoda: Diplopeltidae) with remarks on the heterogeneity of the taxon. Hydrobiologia, 230: 165-178.

Wang C M, An L G, Huang Y. 2015. A new species of free-living marine nematode (Nematoda: Chromadoridae). Zootaxa, 3947 (2): 289-295.

Wang C M, An L G, Huang Y. 2017. Two new species of *Terschellingia* (Nematoda: Monhysterida: Linhomoeidae) from the East China Sea. Cahiers de Biologie Marine, 58: 33-41.

Wang C M, An L G, Huang Y. 2018. Two new species of Xyalidae (Monhysterida, Nematoda) from the East China Sea. Zootaxa, 4514 (4): 583-592.

Wang C M, Huang Y. 2016. *Pseudolella major* sp. nov. (Axonolaimidae, Nematoda) from the intertidal zone of the East China Sea. Chinese Journal of Oceanology and Limnology, 34(2): 295-300.

Wang H, Huang Y. 2016. A new species of *Parodontophora* (Nematoda: Axonolaimidae) from the intertidal zone of the East China Sea. Journal of Ocean University of China, 15(1): 28-32.

Warwick R M. 1970. Fourteen new species of free-living marine nematodes from the Exe estuary. Bulletin of the British Museum Natural History, 19 (4): 137-177.

Warwick R M. 1971. The Cyatholaimidae (Nematoda, Chromadoroidea) off the coast of Northumberland. Cahiers de Biologie Marine, 12: 95-110.

Warwick R M. 1973. Freeliving marine nematodes from the Indian Ocean. Bulletin of the British Museum Natural History, 25 (3): 85-117.

Warwick R M, Platt H M. 1973. New and little known marine nematodes from a Scottish sandy beach. Cahiers de Biologie Marine, 14: 135-158.

Warwick R M, Platt H M, Somerfield P J. 1998. Free-living Marine Nematodes. Part III: Monhysterids. Synopses of the British Fauna (New series No. 53). Shrewsbury: Field Studies Council: 296.

Wieser W. 1959. Free-living Nematodes and Other Small Invertebrates of Puget Sound Beaches. University of Washington Publications in Biology, 19: 1-179.

Yu T, Huang Y, Xu K. 2014. Two new nematode species, *Linhystera breviapophysis* and *L. longiapophysis* (Xyalidae, Nematoda), from the East China Sea. Journal of the Marine Biological Association of the United Kingdom, 94(3): 515-520.

Yu T, Xu K. 2015. Two new nematodes, *Pseudelzalia longiseta* gen. nov., sp. nov. and *Paramonohystera sinica* sp. nov. (Monhysterida: Xyalidae), from sediment in the East China Sea. Journal of Natural History, 49(9-10): 509-526.

Zhai H X, Huang M, Huang Y. 2020a. A new free-living marine nematode species of *Rhinema* from the South China Sea. Journal of Oceanology and Limnology, 38(2): 545-549.

Zhai H X, Wang C M, Huang Y. 2020b. *Sabatieria sinica* sp. nov. (Comesomatidae, Nematoda) from Jiaozhou Bay, China. Journal of Oceanology and Limnology, 38(2): 539-544.

Zhang Y, Zhang Z N. 2006. Two new species of the genus *Elzalia* (Nematoda: Monhysterida: Xyalidae) from the Yellow Sea, China. Journal of the Marine Biological Association of the United Kingdom, 86(5): 1047-1056.

Zhang Y, Zhang Z N. 2010. A new species and a new record of the genus *Siphonolaimus* (Nematoda, Monhysterida) from the Yellow Sea and the East China Sea, China. Acta Zootaxonomica Sinica, 35(1): 16-19.

Zhang Z N. 1990. A new species of the genus *Thalassironus* de Man (Nematoda, Adeonphora, Ironidae) from the Bohai Sea, China. Journal of Ocean University of Qingdao, 21(2): 49-60.

Zhang Z N. 1991. Two new species of marine nematodes from the Bohai Sea, China. Journal of Ocean University of Qingdao, 21(2): 49-60.

Zhang Z N. 1992. Two new species of the genus *Dorylaimopsis* Ditlevsen, 1918 (Nematoda: Adenophorea, Comesomatidae) from the Bohai Sea, China. Chinese Journal of Oceanology & Limnology, 10 (1): 31-39.

Zhang Z N. 2005. Three new species of free-living marine nematodes from the Bohai Sea and Yellow Sea, China. Journal of Natural History, 39(23): 2109-2123.

Zhang Z N, Huang Y. 2005. One new species and two new records of free-living marine nematodes from the Huanghai Sea. Acta Oceanologica Sinica, 24(4): 1-7.

Zhang Z N, Ji R B. 1994, The first record of *Terschellingia longicaudata* de Man, 1907. Journal of Ocean University of Qingdao, 1: 215-219.

Zhang Z N, Platt H M. 1983. New species of marine nematodes from Qingdao, China. Bulletin of the British Museum (Natural History) Zoology, 45(5): 253-261.

Zhang Z N, Zhou H. 2012. *Enoplus taipingensis*, a new species of marine nematode from the rocky intertidal seaweeds in the Taiping Bay, Qingdao. Acta Oceanologia Sinica, 31(2): 102-108.

Zhang Z N, Zhou H, Nightingale C L. 1997. Phytal meiofauna of a rocky shore at the Cape d'Aguilar marine reserve, Hong Kong. In: Morton B. The Marine Flora and Fauna of Hong Kong and Southern China IV. Proceeding of the Eighth International Marine Biological Workshop, Hong Kong. Hong Kong: Hong Kong University Press: 205-217.

Zhou H. 2001. Meiofaunal Community Structure and Dynamics in a Hong Kong Mangrove. Hong Kong: University of Hong Kong, Ph. D. Thesis: 378.

Zhou H, Zhang Z N. 2003. New records of freeliving marine nematodes from Hong Kong, China. Journal of Ocean University of Qingdao, 2 (2): 177-184.

环节动物门 Annelida

多毛纲 Polychaeta
蠵亚纲 Echiura

绿蠵科 Thalassematidae Forbes & Goodsir, 1841

1. 铲荚蠵属 Listriolobus Fischer, 1926

(1) 短吻铲荚蠵 Listriolobus brevirostris Chen & Yeh, 1958

同物异名：*Listriolobus bulbocaudatus* Edmonds, 1963
分布：山东，江苏，海南岛；澳大利亚。

2. 管口蠵属 Ochetostoma Rüppell & Leuckart, 1828

(1) 绛体管口蠵 Ochetostoma erythrogrammon Rüppell & Leuckart, 1828

同物异名：*Ochetostomum erythrogrammon* (Leuckart & Rüppell, 1828); *Thalassema erythrogrammon* Müller, 1852
分布：台湾岛，广东，广西，海南岛，西沙群岛；日本，朝鲜半岛，雅浦岛，帕劳群岛，印度尼西亚，尼科巴群岛，安达曼群岛，马尔代夫群岛，红海，坦桑尼亚，毛里求斯，留尼汪岛，几内亚，摩洛哥。

棘蠵科 Urechidae Monro, 1927

1. 棘蠵属 Urechis Seitz, 1907

(1) 单环棘蠵 Urechis unicinctus (Drasche, 1880)

同物异名：*Echiurus unicinctus* Drasche, 1880
分布：渤海，黄海；俄罗斯，朝鲜半岛，日本。

隐居亚纲 Sedentaria

沙蠋科 Arenicolidae Johnston, 1835

1. 阿沙属 Abarenicola Wells, 1959

(1) 太平洋阿沙 Abarenicola pacifica Healy & Wells, 1959

分布：广东大亚湾。

2. 沙蠋属 Arenicola Lamarck, 1801

(1) 巴西沙蠋 Arenicola brasiliensis Nonato, 1958

分布：渤海，黄海；世界广布。

小头虫科 Capitellidae Grube, 1862

1. 小头虫属 Capitella Blainville, 1828

(1) 小头虫 Capitella capitata (Fabricius, 1780)

同物异名：*Ancistria acuta* Verrill, 1874; *Capitella fabricii* Blainville, 1828; *Capitella intermedia* Czerniavsky, 1881; *Lombricus canalium* Nardo, 1847; *Lumbricus litoralis* Johnston, 1827
分布：渤海，黄海，东海；世界广布。

2. 厚鳃蚕属 Dasybranchus Grube, 1850

(1) 厚鳃蚕 Dasybranchus caducus (Grube, 1846)

同物异名：*Bucherta lumbricoides* Rullier, 1965; *Dasybranchus cirratus* Grube, 1867; *Dasybranchus umbrinus* Grube, 1878; *Notomastus roseus* Langerhans, 1880

分布：南海；大西洋，地中海，印度洋，日本，世界广布。

(2) 后鳃蚓虫 *Dasybranchus lumbricoides* Grube, 1878

分布：东海。

3. 丝异须虫属 *Heteromastus* Eisig, 1887

(1) 丝异须虫 *Heteromastus filiformis* (Claparède, 1864)

同物异名：*Ancistria capillaris* Verrill, 1874; *Ancistria minima* Quatrefages, 1866; *Areniella filiformis* Verrill, 1874; *Capitella costana* Claparède, 1869; *Notomastus filiformis* Verrill, 1873
分布：渤海，黄海，南海；世界广布。

(2) 粪异蚓虫 *Heteromastus similis* Southern, 1921

分布：东海。

4. 滑蚓虫属 *Leiochrides* Augener, 1914

(1) 滑蚓虫 *Leiochrides australis* Augener, 1914

分布：东海，南海。

5. 节裂虫属 *Mastobranchus* Eisig, 1887

(1) 印度节裂虫 *Mastobranchus indicus* Southern, 1921

分布：东海。

6. 中蚓虫属 *Mediomastus* Hartman, 1944

(1) 中国中蚓虫 *Mediomastus chinensis* Lin, Wang & Zheng, 2018

分布：渤海，黄海，东海，南海。

7. 线新异蚓虫属 *Neoheteromastus* Hartman, 1960

(1) 线新异蚓虫 *Neoheteromastus lineus* Hartman, 1960

分布：台湾海峡。

8. 新中蚓虫属 *Neomediomastus* Hartman, 1969

(1) 无毛新中蚓虫 *Neomediomastus glabrus* (Hartman, 1960)

分布：渤海，黄海，东海，南海。

9. 背蚓虫属 *Notomastus* M. Sars, 1851

(1) 背毛背蚓虫 *Notomastus aberans* Day, 1957

分布：南海；南非，马达加斯加。

(2) 福氏背蚓虫 *Notomastus fauvelii* Day, 1955

分布：南海；印度，南非。

(3) 巨背毛蚓虫 *Notomastus giganteus* Moore, 1906

分布：海南岛（三亚）。

(4) 背蚓虫 *Notomastus latericeus* Sars, 1851

同物异名：*Arenia cruenta* Quatrefages, 1866; *Capitella rubicunda* Keferstein, 1862; *Notomastus benedeni* Claparède, 1864; *Sandanis rubicundus* (Keferstein, 1862)
分布：黄海，北部湾；马来西亚，印度尼西亚，菲律宾。

(5) 多齿背蚓虫 *Notomastus polyodon* Gallardo, 1968

分布：台湾海峡。

(6) 孙氏背蚓虫 *Notomastus sunae* Lin, García-Garza, Lyu & Wang, 2020

分布：东海，南海。

10. 拟异蚓虫属 *Parheteromastus* Monro, 1937

(1) 拟异蚓虫 *Parheteromastus tenuis* Monro, 1937

分布：台湾海峡西部，广东大亚湾。

单指虫科 Cossuridae Day, 1963

1. 单指虫属 *Cossura* Webster & Benedict, 1887

(1) 足刺单指虫 *Cossura aciculata* (Wu & Chen, 1977)

同物异名：*Cossurella aciculata* (Wu & Chen, 1977); *Heterocossura aciculata* Wu & Chen, 1977
分布：黄海，东海；莫桑比克海峡。

(2) 双形单指虫 *Cossura dimorpha* (Hartman, 1976)

同物异名：*Cossurella dimorpha* Hartman, 1976
分布：渤海，黄海，东海，南海。

(3) 单指虫 *Cossura longocirrata* Webster & Benidict, 1887

分布：南海，广东大亚湾。

竹节虫科 Maldanidae Malmgren, 1867

1. 短脊虫属 *Asychis* Kinberg, 1867

(1) 色素短脊虫 *Asychis pigmentata* Imajima & Shiraki, 1982

分布：台湾海峡。

2. 辐乳虫属 *Axiothella* Verrill, 1900

(1) 奥博克辐乳虫 *Axiothella obockensis* (Gravier, 1905)

同物异名：*Axiothea obockensis* Gravier, 1905
分布：黄海，东海，北部湾。

(2) 辐乳虫 *Axiothella rubrocincta* (Johnson, 1901)
同物异名：*Clymenella rubrocincta* Johnson, 1901
分布：东海，南海。

3. 襟节虫属 *Clymenella* Verrill, 1873

(1) 平襟节虫 *Clymenella complanata* Hartman, 1969

分布：台湾海峡。

(2) 克里克襟节虫 *Clymenella koellikeri* (McIntosh, 1885)

同物异名：*Heteroclymene koellikeri* (McIntosh, 1885); *Praxilla koellikeri* McIntosh, 1885。
分布：东海，南海。

4. 头节虫属 *Clymenura* Verrill, 1900

(1) 足刺头节虫 *Clymenura aciculata* Imajima & Shiraki, 1982

同物异名：*Clymenura* (*Cephalata*) *aciculata* Imajima & Shiraki, 1982
分布：东海。

(2) 长尾头节虫 *Clymenura longicaudata* Imajima & Shiraki, 1982

同物异名：*Clymenura* (*Cephalata*) *longicaudata* Imajima & Shiraki, 1982
分布：东海，南海。

5. 真节虫属 *Euclymene* Verrill, 1900

(1) 持真节虫 *Euclymene annandalei* Southern, 1921

分布：渤海，黄海，南海；印度，太平洋。

(2) 虫状真节虫 *Euclymene insecta* (Ehlers, 1904)

同物异名：*Clymenella insecta* Ehlers, 1904; *Praxillella insecta* (Ehlers, 1905)
分布：东海。

(3) 曲强真节虫 *Euclymene lombricoides* (Quatrefages, 1866)

同物异名：*Axiothella zetlandica* McIntosh, 1915; *Clymene brachysoma* Orlandi, 1898; *Clymene modesta* Quatrefages, 1866; *Clymene zostericola* Quatrefages, 1866
分布：渤海，黄海；北大西洋，苏格兰，英吉利海峡，摩洛哥，地中海。

(4) 真节虫 *Euclymene oerstedii* (Claparède, 1863)

同物异名：*Caesicirrus neglectus* Arwidsson, 1911; *Clymene (Euclymene) oerstedii* (Claparède, 1863); *Clymene digitata* Grube, 1863; *Clymene oerstedii* Claparède, 1863; *Johnstonia gracilis* Kinberg, 1866
分布：南海；日本，地中海。

(5) 单带真节虫 *Euclymene uncinata* Imajima & Shiraki, 1982

分布：东海。

6. 节须虫属 *Isocirrus* Arwidsson, 1906

(1) 头板节须虫 *Isocirrus planiceps* (M. Sars in G. O. Sars, 1872)

同物异名：*Clymene planiceps* M. Sars in G. O. Sars, 1872
分布：东海。

(2) 漏斗节须虫 *Isocirrus watsoni* (Gravier, 1906)

分布：黄海；印度，红海。

7. 竹节虫属 *Maldane* Grube, 1860

(1) 鸡冠竹节虫 *Maldane cristata* Treadwell, 1923

同物异名：*Maldane carinata* Moore, 1923
分布：东海，南海。

(2) 缩头竹节虫 *Maldane sarsi* Malmgren, 1865

同物异名：*Clymene koreni* Hansen, 1879
分布：黄海，南海；世界广布。

8. 新短脊虫属 *Metasychis* Light, 1991

(1) 异齿新短脊虫 *Metasychis disparidentatus* (Moore, 1904)

同物异名：*Asychis disparidentata* (Moore, 1904); *Maldane disparidentata* Moore, 1904
分布：渤海，黄海，东海，南海；加拿大西部-美国

南加利福尼亚，日本。

(2) 五岛新短脊虫 *Metasychis gotoi* (Izuka, 1902)

同物异名：*Asychis gotoi* (Izuka, 1902); *Asychis shaccotanus* Uchida, 1968; *Maldane coronata* Moore, 1903; *Maldane gotoi* Izuka, 1902
分布：渤海，黄海，东海，南海；印度-西太平洋，美国加利福尼亚，日本。

9. 微节虫属 *Microclymene* Arwidsson, 1906

(1) 微节虫 *Microclymene caudata* Imajima & Shiraki, 1982

分布：南海。

10. 征节虫属 *Nicomache* Malmgren, 1865

(1) 紊乱征节虫 *Nicomache inormata* Moore, 1903

分布：东海。

(2) 征节虫 *Nicomache lumbricalis* (Fabricius, 1780)

同物异名：*Clymene lumbricalis* Savigny in Lamarck, 1818; *Clymene microcephala* Schmarda, 1861; *Nicomache capensis* McIntosh, 1885; *Nicomache carinata* Moore, 1906; *Sabella lumbricalis* Fabricius, 1780
分布：东海。

(3) 带楯征节虫 *Nicomache personata* Johnson, 1901

分布：黄海；南阿拉斯加-温哥华太平洋沿岸，日本。

11. 背节虫属 *Notoproctus* Arwidsson, 1906

(1) 太平洋背节虫 *Notoproctus pacificus* (Moore, 1906)

同物异名：*Lumbriclymene pacifica* Moore, 1906
分布：台湾海峡。

12. 花节虫属 *Petaloproctus* Quatrefages, 1866

(1) 花节虫 *Petaloproctus terricolus* Quatrefages, 1866

同物异名：*Clymene spatulata* Grube, 1855; *Maldane cristagalli* Claparède, 1869; *Nicomache mcintoshi* Marenzeller, 1887

分布：南海；印度洋，大西洋，地中海。

13. 拟节虫属 *Praxillella* Verrill, 1881

(1) 相拟节虫 *Praxillella affinis* (M. Sars in G. O. Sars, 1872)

同物异名：*Clymene affinis* M. Sars in G. O. Sars, 1872; *Clymene lophoseta* Orlandi, 1898; *Euclymene affinis* (M. Sars in G. O. Sars, 1872)

分布：南海；欧洲海域，大西洋，太平洋，日本。

(2) 太平洋拟节虫 *Praxillella affinis pacifica* Berkeley, 1929

分布：黄海南部，东海，北部湾；加拿大西部-美国南加利福尼亚北部，日本。

(3) 简毛拟节虫 *Praxillella gracilis* (M. Sars, 1861)

同物异名：*Clymene gracilis* Sars, 1861
分布：南海；加拿大西部-美国南加利福尼亚北部，北大西洋，欧洲西部海域，地中海，日本。

(4) 拟节虫 *Praxillella praetermissa* (Malmgren, 1865)

同物异名：*Clymene intermedia* Örsted, 1844; *Clymene praetermissa* (Malmgren, 1865); *Euclymene praetermissa* (Malmgren, 1865); *Praxilla arctica* Malmgren, 1867; *Praxilla praetermissa* Malmgren, 1865
分布：渤海，黄海；北极，地中海，北大西洋，挪威，西班牙，日本。

14. 邦加竹节虫属 *Sabaco* Kinberg, 1866

(1) 钩齿邦加竹节虫 *Sabaco gangeticus* (Fauvel, 1932)

同物异名：*Asychis gangeticus* (Fauvel, 1932)

分布：南海；印度。

(2) 中华邦加竹节虫 *Sabaco sinicus* Wang & Li, 2018

分布：南海；印度。

海蛹科 Opheliidae Malmgren, 1867

1. 利海蛹属 *Antiobactrum* Chamberlin, 1919

(1) 巴西利海蛹 *Antiobactrum brasiliensis* (Hansen, 1882)

同物异名：*Ophelina brasiliensis* Hansen, 1882
分布：台湾海峡。

2. 阿曼吉虫属 *Armandia* Filippi, 1861

(1) 阿马阿曼吉虫 *Armandia amakusaensis* Saito, Tamaki & Imajima, 2000

分布：黄海，广西；关岛。

(2) 双须阿曼吉虫 *Armandia bipapillata* Hartmann-Schröder, 1974

分布：南海。

(3) 乐东阿曼吉虫 *Armandia exigua* Kükenthal, 1887

分布：厦门，福建，广东大亚湾，海南岛。

(4) 中阿曼吉虫 *Armandia intermedia* Fauvel, 1902

分布：黄海，南海；非洲，印度-西太平洋，日本。

(5) 软须阿曼吉虫 *Armandia leptocirris* (Grube, 1878)

分布：黄海，东海；印度洋，波斯湾，越南。

(6) 西莫达阿曼吉虫 *Armandia simodaensis* Takahashi, 1938

分布：海南岛。

3. 海蛹属 *Ophelia* Savigny, 1822

(1) 黏海蛹 *Ophelia limacina* (Rathke, 1843)

同物异名：*Ammotrypane limacina* Rathke, 1843; *Ophelia eruciformis* Johnston, 1865; *Ophelia taurica* Bobretzky, 1881
分布：黄海；世界广布。

4. 角海蛹属 *Ophelina* Örsted, 1843

(1) 角海蛹 *Ophelina acuminata* Öersted, 1843

同物异名：*Ophelina aulogaster*, Rathke, 1843; *Ammotrypane fimbriata* Verrill, 1873; *Ammotrypane gracile* McIntosh, 1885; *Ophelia aulogaster* (Rathke, 1843)
分布：东海，南海，挪威，格陵兰岛，英吉利海峡，白令海，日本，印度洋。

(2) 华丽角海蛹 *Ophelina grandis* (Pillai, 1961)

同物异名：*Ammotrypane grandis* Pillai, 1961
分布：台湾海峡。

(3) 长尾角海蛹 *Ophelina longicaudata* (Caullery, 1944)

同物异名：*Ammotrypane longicaudata* Caullery, 1944; *Armandia longicaudata* (Caullery, 1944)
分布：广东大亚湾。

(4) 棋盘角海蛹 *Ophelina tessellata* Neave & Glasby, 2013

分布：黄海，海南岛；澳大利亚。

5. 多眼虫属 *Polyophthalmus* Quatrefages, 1850

(1) 多眼虫 *Polyophthalmus pictus* (Dujardin, 1839)

同物异名：*Armandia robertianae* McIntosh, 1908; *Nais picta* Dujardin, 1839; *Polyophthalmus agilis* Quatrefages, 1850; *Polyophthalmus australis* Grube, 1869; *Polyophthalmus ceylonensis* Kükenthal, 1887
分布：黄海；世界广布。

(2) 青岛多眼虫 *Polyophthalmus qingdaoensis* Purschke, Ding & Müller, 1995

分布：黄海。

6. 软鳃海蛹属 *Thoracophelia* Ehlers, 1897

(1) 软鳃海蛹 *Thoracophelia arctica* (Grube, 1866)

同物异名：*Euzonus arcticus* Grube, 1866
分布：黄海；日本。

(2) 沙枝软鳃海蛹 *Thoracophelia dillonensis* (Hartman, 1938)

同物异名：*Euzonus dillonensis* Hartman, 1938; *Pectinophelia dillonensis* Hartman, 1938
分布：黄海；美国加利福尼亚。

(3) 虾夷软鳃海蛹 *Thoracophelia ezoensis* Okuda, 1936

同物异名：*Euzonus ezoensis* (Okuda, 1936)
分布：黄海；日本。

臭海蛹科 Travisiidae Hartmann-Schröder, 1971

1. 臭海蛹属 *Travisia* Johnston, 1840

(1) 日本臭海蛹 *Travisia japonica* Fujiwara, 1933

分布：黄海，北部湾；日本。

(2) 紫臭海蛹 *Travisia pupa* Moore, 1906

分布：黄海；美国阿拉斯加，鄂霍次克海。

锥头虫科 Orbiniidae Hartman, 1942

1. 简锥虫属 *Leitoscoloplos* Day, 1977

(1) 角单简锥虫 *Leitoscoloplos kerguelensis* (McIntosh, 1885)

同物异名：*Haploscoloplos kerguelensis* (McIntosh,

1885)

分布：台湾海峡，广东大亚湾。

(2) 长简锥虫 *Leitoscoloplos pugettensis* (Pettibone, 1957)

同物异名：*Haploscoloplos elongatus* (Johnson, 1901)
分布：渤海，黄海，南海；日本，美国阿拉斯加、加利福尼亚，加拿大，墨西哥。

2. 刺尖锥虫属 *Leodamas* Kinberg, 1866

(1) 疑刺尖锥虫 *Leodamas dubius* (Tebble, 1955)

同物异名：*Scoloplos dubia* Tebble, 1955
分布：东海，南海。

(2) 刺毛刺尖锥虫 *Leodamas gracilis* (Pillai, 1961)

同物异名：*Scoloplos* (*Leodamas*) *gracilis* (Pillai, 1961)
分布：黄海；越南南方海域。

(3) 强刺尖锥虫 *Leodamas johnstonei* (Day, 1934)

同物异名：*Scoloplos* (*Leodamas*) *johnstonei* Day, 1934; *Scoloplos* (*Leodamas*) *uniramus* Day, 1961
分布：东海，广东大亚湾。

(4) 东方刺尖锥虫 *Leodamas orientalis* (Gallardo, 1968)

同物异名：*Scoloplos* (*Leodamas*) *rubra orientalis* Gallardo, 1968
分布：东海，南海。

(5) 红刺尖锥虫 *Leodamas rubrus* (Webster, 1879)

同物异名：*Aricia rubra* Webster, 1879；*Scoloplos* (*Leodamas*) *rubra* (Webster, 1879)
分布：黄海，南海；美国东部和南部。

3. 小锥虫属 *Microrbinia* Hartman, 1965

(1) 线状小锥虫 *Microrbinia linea* Hartman, 1965

分布：台湾海峡。

4. 居虫属 *Naineris* Blainville, 1828

(1) 有齿居虫 *Naineris dendritica* (Kinberg, 1867)

同物异名：*Anthostoma dendriticum* Kinberg, 1867; *Nainereis hespera* Chamberlin, 1919; *Nainereis nannobranchia* Chamberlin, 1919; *Naineris longa* Moore, 1909; *Naineris robustus* Moore, 1909
分布：黄海。

(2) 海南居虫 *Naineris hainanensis* (Wu, 1984)

分布：海南岛，北部湾。

(3) 仙居虫 *Naineris laevigata* (Grube, 1855)

同物异名：*Anthostoma hexaphyllum* Schmarda, 1861; *Anthostoma ramosum* Schmarda, 1861; *Aricia armata* Hansen, 1882; *Aricia laevigata* Grube, 1855; *Lacydes havaicus* Kinberg, 1866; *Theodisca anserina* Claparède, 1864
分布：黄海，东海；日本沿岸，萨哈林岛（库页岛），南千岛群岛。

5. 锥头虫属 *Orbinia* Quatrefages, 1866

(1) 叉毛锥头虫 *Orbinia dicrochaeta* Wu, 1962

分布：黄海。

(2) 吴氏锥头虫 *Orbinia wui* Sun & Li, 2018

分布：东海，南海。

(3) 越南锥头虫 *Orbinia vietnamensis* Gallardo, 1968

分布：南海。

6. 矛毛虫属 *Phylo* Kinberg, 1866

(1) 矛毛虫 *Phylo felix* Kinberg, 1866

同物异名：*Aricia formosa* Hansen, 1882; *Orbinia* (*Phylo*) *felix* Kinberg, 1866; *Phylo felix heterosetosa* Hartmann-Schröder, 1965
分布：渤海，黄海；日本。

(2) 穗缘矛毛虫 *Phylo fimbriata* (Moore, 1903)

同物异名：*Aricia fimbriata* Moore, 1903
分布：黄海，东海；日本，澳大利亚。

(3) 无叉矛毛虫 *Phylo kupfferi* (Ehlers, 1874)

同物异名：*Aricia kupfferi* Ehlers, 1874; *Orbinia* (*Phylo*) *kupfferi* (Ehlers, 1874); *Orbinia kupfferi* (Ehlers, 1875)
分布：香港，北部湾，南海；地中海，欧洲西南部海域。

(4) 腹光矛毛虫 *Phylo nudus* (Moore, 1911)

同物异名：*Aricia nuda* Moore, 1911
分布：东海，南海；美国加利福尼亚南部，墨西哥西部。

(5) 叉毛矛毛虫 *Phylo ornatus* (Verrill, 1873)

同物异名：*Aricia macginitii* Berkeley & Berkeley, 1941; *Aricia ornata* Verrill, 1873; *Orbinia ornata* (Verrill, 1873)
分布：渤海，黄海，南海；新英格兰，美国佛罗里达、加利福尼亚南部，墨西哥湾。

7. 尖锥虫属 *Scoloplos* Blainville, 1828

(1) 尖锥虫 *Scoloplos armiger* (Müller, 1776)

同物异名：*Aricia arctica* Hansen, 1878; *Aricia muelleri* Rathke, 1843; *Lumbricus armiger* Müller, 1776; *Scoloplos canadensis* McIntosh, 1901; *Scoloplos elongatus* Quatrefages, 1866; *Scoloplos jeffreysii* McIntosh, 1905
分布：东海，南海。

(2) 平衡囊尖锥虫 *Scoloplos acmeceps* Chamberlin, 1919

同物异名：*Scoloplos* (*Scoloplos*) *acmeceps* Chamberlin, 1919
分布：胶州湾。

(3) 太平洋尖锥虫 *Scoloplos chrysochaeta* Wu, 1962

分布：黄海，东海。

(4) 膜囊尖锥虫 *Scoloplos* (*Scoloplos*) *marsupialis* (Southern, 1921)

同物异名：*Scoloplos marsupialis* Southern, 1921
分布：黄海，东海，南海。

(5) 肿胀尖锥虫 *Scoloplos tumidus* Mackie, 1991

分布：香港，南海。

异毛虫科 Paraonidae Cerruti, 1909

1. 独指虫属 *Aricidea* Webster, 1879

(1) 贝氏独指虫 *Aricidea* (*Strelzovia*) *belgicae* (Fauvel, 1936)

同物异名：*Aedicira belgicae* (Fauvel, 1936); *Paradoneis belgicae* Fauvel, 1936
分布：黄海；格陵兰岛，南非，日本，南美洲北部，南极。

(2) 海角独指虫 *Aricidea* (*Aricidea*) *capensis* Day, 1961

分布：东海；南非沿岸。

(3) 紧致独指虫 *Aricidea* (*Strelzovia*) *claudiae* Laubier, 1967

分布：黄海；地中海，黑海。

(4) 曲独指虫 *Aricidea* (*Aricidea*) *curviseta* Day, 1963

分布：东海；非洲南部。

(5) 形容独指虫 *Aricidea* (*Strelzovia*) *facilis* Strelzov, 1973

分布：黄海，东海；太平洋，夏威夷群岛，珊瑚海。

(6) 塔独指虫 *Aricidea* (*Acmira*) *finitima* Strelzov, 1973

同物异名：*Acmira finitima* (Strelzov, 1973)
分布：黄海，北部湾；非洲，日本，美国加利福尼亚，乌拉圭。

(7) 独指虫 *Aricidea (Aricidea) fragilis* Webster, 1879

同物异名：*Aricidea fragilis* Webster, 1879
分布：黄海，东海，北部湾；美国大西洋沿岸，墨西哥湾，非洲沿岸。

(8) 诺氏独指虫 *Aricidea nolani* Webster & Benedict, 1887

分布：黄海；格陵兰岛以东沿岸，冰岛西北部，巴伦支海，日本海，大西洋北美洲沿岸，戴维斯海峡。

(9) 太平洋独指虫 *Aricidea (Aedicira) pacifica* Hartman, 1944

分布：黄海，东海，南海；日本，太平洋，美国加利福尼亚。

(10) 肥美独指虫 *Aricidea (Strelzovia) pulchra* Strelzov, 1973

分布：南海，南沙群岛；太平洋。

(11) 四叶独指虫 *Aricidea (Strelzovia) quadrilobata* Webster & Benedict, 1887

同物异名：*Aricidea quadrilobata* Webster & Benedict, 1887
分布：黄海，海南岛；大西洋，地中海，鄂霍次克海，日本，南极。

(12) 单独指虫 *Aricidea (Acmira) simplex* Day, 1963

分布：东海；南非，白令海，戴维斯海，日本，南极。

2. 卷须虫属 *Cirrophorus* Ehlers, 1908

(1) 鳃卷须虫 *Cirrophorus branchiatus* Ehlers, 1908

同物异名：*Cirrophorus lyriformis* (Annenkova, 1934); *Paraonis (Paraonides) lyriformis* Annenkova, 1934
分布：黄海，东海，长江口；南非沿岸，地中海，红海，爱尔兰海，巴伦支海，鄂霍次克海，日本，加拿大，美国。

(2) 叉毛卷须虫 *Cirrophorus furcatus* (Hartman, 1957)

分布：渤海，黄海，东海，长江口；美国。

(3) 太平洋卷须虫 *Cirrophorus neapolitanus pacificus* (Zhao & Wu, 1990)

分布：黄海。

3. 赖氏异毛虫属 *Levinsenia* Mesnil, 1897

(1) 细赖氏异毛虫 *Levinsenia gracilis* (Tauber, 1879)

同物异名：*Aonides gracilis* Tauber, 1879; *Levinsenia gracilis minuta* (Hartmann-Schröder, 1965); *Paraonis gracilis* (Tauber, 1879); *Tauberia gracilis* (Tauber, 1879)
分布：黄海，东海，南海。

(2) 日本赖氏异毛虫 *Levinsenia gracilis japonica* (Imajima, 1973)

分布：南海；大西洋，北极，印度洋，日本。

4. 异毛虫属 *Paraonides* Cerruti, 1909

(1) 扁平异毛虫 *Paraonides platybranchia* (Hartman, 1961)

同物异名：*Paraonella platybranchia* Hartman, 1961
分布：黄海；美国加利福尼亚。

梯额虫科 Scalibregmatidae Malmgren, 1867

1. 瘤首虫属 *Hyboscolex* Schmarda, 1861

(1) 太平洋瘤首虫 *Hyboscolex pacificus* (Moore, 1909)

同物异名：*Oncoscolex pacificus* (Moore, 1909); *Sclerocheilus pacificus* Moore, 1909
分布：渤海；太平洋。

2. 梯额虫属 *Scalibregma* Rathke, 1843

(1) 梯额虫 *Scalibregma inflatum* Rathke, 1843

同物异名：*Eumenia crassa arctica* Wirén, 1883;

Oligobranchus groenlandicus Sars, 1846; *Oligob-ranchus roseus* Sars, 1846; *Scalibregma brevicauda* Verrill, 1873; *Scalibregma inflatum corethrurum* Michaelsen, 1898; *Scalibregma minutum* Webster & Benedict, 1887

分布：东海，南海，北部湾；世界广布。

帚毛虫科 Sabellariidae Johnston, 1865

1. 羽帚毛虫属 *Idanthyrsus* Kinberg, 1866

(1) 弯尖羽帚毛虫 *Idanthyrsus pennatus* (Peters, 1854)

同物异名：*Cryptopomatus geayi* Gravier, 1909; *Pallasia pennata* (Peters, 1855)

分布：南海，西沙群岛；太平洋，印度洋，大西洋热带海区，菲律宾，日本。

2. 似帚毛虫属 *Lygdamis* Kinberg, 1866

(1) 锥毛似帚毛虫 *Lygdamis giardi* (McIntosh, 1885)

同物异名：*Pallasia giardi* (McIntosh, 1885); *Sabellaria* (*Pallasia*) *australiensis* McIntosh, 1885; *Tetreres intoshi* Caullery, 1913

分布：黄海，北部湾；澳大利亚西部，日本。

(2) 似帚毛虫 *Lygdamis indicus* Kinberg, 1866

分布：南海；印度-西太平洋，印度尼西亚。

(3) 岛居似帚毛虫 *Lygdamis nesiotes* (Chamberlin, 1919)

同物异名：*Tetreres nesiotes* Chamberlin, 1919
分布：南海，西沙群岛；菲律宾，日本。

3. 帚毛虫属 *Sabellaria* Lamarck, 1818

(1) 棘刺帚毛虫 *Sabellaria alcocki* Gravier, 1906

分布：南海；热带印度洋，美国加利福尼亚。

龙介虫科 Serpulidae Rafinesque, 1815

1. 球盖虫属 *Apomatus* Philippi, 1844

(1) 震摇球盖虫 *Apomatus enosimae* Marenzeller, 1884

同物异名：*Apomatopsis enoshimae* (Marenzeller, 1885)
分布：南海；日本。

2. 柄盖虫属 *Crucigera* Benedict, 1887

(1) 三指柄盖虫 *Crucigera tricornis* Gravier, 1906

同物异名：*Serpula* (*Crucigera*) *websteri tricornis* Gravier, 1906
分布：南海，海南岛；印度-西太平洋，红海，澳大利亚，所罗门群岛。

3. 角管虫属 *Ditrupa* Berkeley, 1835

(1) 角管虫 *Ditrupa arietina* (O. F. Müller, 1776)

同物异名：*Brochus arcuatus* T. Brown, 1827; *Dentalium arietinum* Müller, 1776; *Dentalium goreanum* Clessin, 1896; *Ditrupa libera* (Sars, 1835); *Placostegus libera* (Sars, 1835); *Serpula libera* Sars, 1835

分布：黄海，南海，南沙群岛；菲律宾，红海，大西洋，地中海，澳大利亚，日本，朝鲜半岛南部。

(2) 细长角管虫 *Ditrupa gracillima* Grube, 1878

同物异名：*Ditrupa arietina monilifera* Fauvel, 1932
分布：南海，南沙群岛；安达曼海，印度。

4. 盘管虫属 *Hydroides* Gunnerus, 1768

(1) 白色盘管虫 *Hydroides albiceps* (Grube, 1870)

同物异名：*Eucarphus albiceps* (Grube, 1870); *Eupomatus albiceps* (Grube, 1870); *Hydroides multis- pinosa ternatensis* (Fischli, 1903); *Serpula* (*Eupomatus*) *albiceps* Grube, 1870

分布：东海，南海；红海，斯里兰卡，澳大利亚昆士兰，日本南部。

(2) 班达盘管虫 *Hydroides bandaensis* Zibrowius, 1972

分布：东海，南海；印度尼西亚。

(3) 基刺盘管虫 *Hydroides basispinosa* Straughan, 1967

同物异名：*Hydroides gradatus* Straughan, 1967
分布：黄海，东海，南海；澳大利亚。

(4) 针盘管虫 *Hydroides dianthus* (Verrill, 1873)

同物异名：*Eupomatus dianthus* (Verrill, 1873); *Serpula dianthus* Verrill, 1873
分布：黄海；北大西洋(北部)，墨西哥湾，地中海。

(5) 分离盘管虫 *Hydroides dirampha* Mörch, 1863

同物异名：*Eucarphus serratus* Bush, 1910; *Eupomatus dirampha* (Mörch, 1863); *Hydroides (Eucarphus) benzoni* Mörch, 1863; *Serpula (Hydroides) lunulifera* (Claparède, 1870); *Vermilia benzonii* (Mörch, 1863)
分布：东海，南海。

(6) 华美盘管虫 *Hydroides elegans* (Haswell, 1883)

同物异名：*Eupomatus elegans* Haswell, 1883; *Hydroides abbreviata* Krøyer in Mörch, 1863; *Protohydroides elegans* (Haswell, 1883); *Vermilia abbreviata* (Krøyer in Mörch, 1863)
分布：渤海，黄海，东海，南海；广布于温带、亚热带和热带的内湾海域。

(7) 高盘管虫 *Hydroides exaltata* (Marenzeller, 1884)

同物异名：*Eupomatus exaltatus* Marenzeller, 1884
分布：东海，南海；澳大利亚，斯里兰卡，日本，红海。

(8) 内刺盘管虫 *Hydroides ezoensis* Okuda, 1934

分布：渤海，黄海，东海，南海；俄罗斯，日本。

(9) 褐棘盘管虫 *Hydroides fusca* Imajima, 1976

分布：东海，南海；地中海，太平洋，日本。

(10) 小刺盘管虫 *Hydroides fusicola* Mörch, 1863

同物异名：*Eupomatus fusicola* (Mörch, 1863); *Hydroides okudai* Pillai, 1972; *Vermilia fusicola* (Mörch, 1863)
分布：渤海，黄海；加罗林群岛，摩洛哥，大西洋，太平洋，地中海，日本。

(11) 黄海盘管虫 *Hydroides huanghaiensis* Sun & Yang, 2000

分布：黄海北部。

(12) 细爪盘管虫 *Hydroides inornata* Pillai, 1960

同物异名：*Eupomatus inornatus* (Pillai, 1960)
分布：东海，南海；印度-西太平洋。

(13) 长刺盘管虫 *Hydroides longispinosa* Imajima, 1976

同物异名：*Hydroides centrospina* Wu & Chen, 1981
分布：东海，南海；日本。

(14) 长柄盘管虫 *Hydroides longistylaris* Chen & Wu, 1980

分布：东海，南海。

(15) 踝刺盘管虫 *Hydroides malleolaspina* Straughan, 1967

同物异名：*Hydroides trihamulatus* Pillai, 2009
分布：东海，南海。

(16) 突出盘管虫 *Hydroides minax* (Grube, 1878)

同物异名：*Eupomatus minax* (Grube, 1878); *Hydroides monoceros* (Gravier, 1906); *Serpula minax* Grube, 1878
分布：东海，台湾岛，南海；印度洋，澳大利亚，日本。

(17) 多刺盘管虫 *Hydroides multispinosa* Marenzeller, 1884

同物异名：*Serpula (Hydroides) multispinosa* (Marenzeller, 1885)

分布：渤海，黄海，南海；日本。

(18) 南海盘管虫 *Hydroides nanhaiensis* Wu & Chen, 1981

分布：南海北部。

(19) 棒棘盘管虫 *Hydroides novaepommeraniae* Augener, 1925

同物异名：*Hydroides grubei* Pillai, 1965
分布：黄海，南海；澳大利亚，菲律宾。

(20) 原盘管虫 *Hydroides prisca* Pillai, 1971

分布：黄海，东海；斯里兰卡。

(21) 三角盘管虫 *Hydroides recta* Straughan, 1967

分布：东海，南海；澳大利亚。

(22) 菱瓣盘管虫 *Hydroides rhombobula* Chen & Wu, 1980

分布：东海，南海。

(23) 中华盘管虫 *Hydroides sinensis* Zibrowius, 1972

分布：渤海，黄海，东海，南海；地中海。

(24) 无殖盘管虫 *Hydroides tambalagamensis* Pillai, 1961

分布：东海，南海；澳大利亚，斯里兰卡，印度尼西亚，日本。

(25) 三瓣盘管虫 *Hydroides trilobula* Chen & Wu, 1978

分布：南海，西沙群岛珊瑚岛；澳大利亚，日本。

(26) 管壳盘管虫 *Hydroides tuberculata* Imajima, 1976

分布：东海，南海；日本，所罗门群岛，加罗林群岛，澳大利亚。

(27) 具钩盘管虫 *Hydroides uncinata* (Philippi, 1844)

分布：渤海；地中海，美国加利福尼亚，日本。

(28) 西沙盘管虫 *Hydroides xishaensis* Chen & Wu, 1978

分布：南海。

5. 锥柱虫属 *Metavermilia* Bush, 1905

(1) 珠形锥柱虫 *Metavermilia acanthophora* (Augener, 1914)

分布：南海；印度-西太平洋，澳大利亚，日本。

(2) 平盖锥柱虫 *Metavermilia annobonensis* Zibrowius, 1971

分布：南海；印度-西太平洋，东北大西洋。

(3) 锥柱虫 *Metavermilia multicristata* (Philippi, 1844)

同物异名：*Serpula multicristata* (Philippi, 1844); *Vermilia clavigera* non Philippi, sensu Langerhans, 1884; *Vermilia multicrostata* Philippi, 1844
分布：南海；西印度洋，地中海。

(4) 南沙锥柱虫 *Metavermilia nanshansis* Sun, 1998

分布：南海，南沙群岛。

6. 顶盖虫属 *Pomatostegus* Schmarda, 1861

(1) 塔形顶盖虫 *Pomatostegus stellatus* (Abildgaard, 1789)

同物异名：*Cymospira brachysoma* (Schmarda, 1861); *Cymospira quadruplicata* Krøyer in Mörch, 1863; *Pomatostegus brachysoma* Schmarda, 1861; *Protis torquata* Hoagland, 1919
分布：南海。

7. 半柱盖虫属 *Semivermilia* ten Hove, 1975

(1) 叠盘半柱盖虫 *Semivermilia pomatostegoides* (Zibrowius, 1969)

同物异名：*Vermiliopsis pomatostegoides* Zibrowius, 1969
分布：南海，西沙群岛。

(2) 半柱盖虫 *Semivermilia uchidai* Imajima & ten Hove, 1986

分布：南海；澳大利亚。

8. 龙介虫属 *Serpula* Linnaeus, 1758

(1) 哈氏龙介虫 *Serpula hartmanae* Reish, 1968

分布：黄海，南海；印度-太平洋。

(2) 长管龙介虫 *Serpula longituba* (Imajima, 1979)

分布：南海中部，北部湾。

(3) 南海龙介虫 *Serpula nanhainensis* (Sun & Yang, 2001)

同物异名：*Semiserpula nanhaiensis* Sun & Yang, 2001
分布：南海中部；日本南部。

(4) 四脊管龙介虫 *Serpula tetratropia* Imajima & ten Hove, 1984

分布：黄海，南海北部；日本，加罗林群岛。

(5) 花冠龙介虫 *Serpula vasifera* Haswell, 1885

分布：南海；澳大利亚。

(6) 龙介虫 *Serpula vermicularis* Linnaeus, 1767

分布：中国海域；印度洋，波斯湾，红海，大西洋，地中海，日本，世界广布。

(7) 澳氏龙介虫 *Serpula watsoni* Willey, 1905

分布：南海中部；澳大利亚昆士兰，日本南部。

9. 柱盖虫属 *Vermiliopsis* Saint-Joseph, 1894

(1) 漏斗腺柱盖虫 *Vermiliopsis infundibulum* (Philippi, 1844)

分布：东海，南海；印度-西太平洋，东北大西洋。

(2) 尖锥柱盖虫 *Vermiliopsis pygidialis* (Willey, 1905)

分布：东海，南海。

缨鳃虫科 Sabellidae Latreille, 1825

1. 麦缨虫属 *Acromegalomma* Gil & Nishi, 2017

(1) 双眼麦缨虫 *Acromegalomma bioculatum* (Ehlers, 1887)

同物异名：*Megalomma bioculatum* (Ehlers, 1887)
分布：南海；佛罗里达海峡-大西洋，墨西哥湾，美国新英格兰、新泽西、北卡罗来纳，热带西非。

(2) 异眼麦缨虫 *Acromegalomma heterops* (Perkins, 1984)

同物异名：*Branchiomma bioculatum* Ehlers, 1887; *Megalomma heterops* Perkins, 1984
分布：南海；美国佛罗里达东海岸和西海岸。

(3) 麦缨虫 *Acromegalomma vesiculosum* (Montagu, 1813)

同物异名：*Amphitrite vesiculosa* Montagu, 1813; *Pseudopotamilla panamica* Chamberlin, 1919; *Sabella terebelloides* Quatrefages, 1866
分布：南海；北大西洋，英吉利海峡-佛得角，塞内加尔，地中海，印度洋，澳大利亚昆士兰，以色列海域，巴拿马，欧洲海域。

2. 鳍缨虫属 *Branchiomma* Kölliker, 1858

(1) 斑鳍缨虫 *Branchiomma cingulatum* (Grube, 1870)

同物异名：*Branchiomma japonicum* (McIntosh, 1885); *Dasychone cingulata* Grube, 1870; *Sabella havaica*

Kinberg, 1866; *Sabellastarte japonica* (McIntosh, 1885)

分布：南海；日本，印度-西太平洋，澳大利亚。

(2) 珠鳍缨虫 *Branchiomma cingulatum pererai* De Silva, 1965

分布：东海，南海。

(3) 黑斑鳍缨虫 *Branchiomma nigromaculatum* (Baird, 1865)

同物异名：*Bispira nigromaculata* (Baird, 1865); *Dasychone argus chefinae* McIntosh, 1925; *Sabella crispa* Krøyer, 1856; *Sabella nigromaculata* Baird, 1865
分布：南海；日本，斐济岛，阿拉伯海，印度-西太平洋，澳大利亚，红海，墨西哥湾，夏威夷群岛。

3. 管缨虫属 *Chone* Krøyer, 1856

(1) 管缨虫 *Chone infundibuliformis* Krøyer, 1856

分布：东海，黄海；美国加利福尼亚。

4. 分歧管缨虫属 *Dialychone* Claparède, 1868

(1) 白环分歧管缨虫 *Dialychone albocincta* (Banse, 1971)

同物异名：*Chone albocincta* Banse, 1971
分布：渤海，东海；东北太平洋。

5. 真旋虫属 *Eudistylia* Bush, 1905

(1) 凯氏真旋虫 *Eudistylia catharinae* Banse, 1979

分布：黄海；加拿大温哥华。

(2) 温哥华真旋虫 *Eudistylia vancouveri* (Kinberg, 1866)

分布：黄海；加拿大温哥华，美国阿拉斯加州、加利福尼亚州。

6. 丝缨虫属 *Hypsicomus* Grube, 1870

(1) 丝缨虫 *Hypsicomus stichophthalmos* (Grube, 1863)

同物异名：*Potamilla stichophthalmos* (Grube, 1863); *Sabella stichophthalmos* Grube, 1863
分布：南海，西沙群岛；印度-西太平洋，澳大利亚。

7. 石缨虫属 *Laonome* Malmgren, 1866

(1) 百带石缨虫 *Laonome albicingillum* Hsieh, 1995

分布：台湾岛，北部湾；日本。

(2) 印度石缨虫 *Laonome indica* Southern, 1921

分布：黄海；印度洋，印度。

(3) 石缨虫 *Laonome kroyeri* Malmgren, 1866

分布：渤海；大西洋，哥伦比亚，日本海。

8. 胶管虫属 *Myxicola* Koch in Renier, 1847

(1) 胶管虫 *Myxicola infundibulum* (Montagu, 1808)

分布：渤海，黄海，北部湾；北极，大西洋，格陵兰岛-苏格兰，地中海，北太平洋，白令海。

9. 针缨虫属 *Notaulax* Tauber, 1879

(1) 高针缨虫 *Notaulax phaeotaenia* (Schmarda, 1861)

同物异名：*Hypsicomus phaeotaenia* (Schmarda, 1861); *Eurato punctata* Treadwell, 1926; *Sabella velata* Haswell, 1884
分布：东海，南海；日本，菲律宾，澳大利亚，印度-西太平洋，波斯湾，大西洋。

10. 珀氏缨虫属 *Perkinsiana* Knight-Jones, 1983

(1) 尖珀氏缨虫 *Perkinsiana acuminata* (Moore & Bush, 1904)

同物异名：*Potamilla acuminata* Moore & Bush, 1904

分布：渤海；日本。

11. 刺缨虫属 *Potamilla* Malmgren, 1866

(1) 结节刺缨虫 *Potamilla torelli* (Malmgren, 1866)

分布：黄海，南海；欧洲南部和中部海域，地中海，南非，日本。

12. 伪鳍缨虫属 *Pseudobranchiomma* Jones, 1962

(1) 伪鳍缨虫 *Pseudobranchiomma emersoni* Jones, 1962

分布：南海。

13. 伪刺缨虫属 *Pseudopotamilla* Bush, 1905

(1) 巨伪刺缨虫 *Pseudopotamilla myriops* (Marenzeller, 1884)

同物异名：*Potamilla myriops* Marenzeller, 1884
分布：黄海；日本。

(2) 欧伪刺缨虫 *Pseudopotamilla occelata* Moore, 1905

同物异名：*Laonome oculifera* Treadwell, 1914; *Pseudopotamilla brevibranchiata* Moore, 1905; *Pseudopotamilla lampra* Chamberlin, 1919; *Pseudopotamilla paurops* Chamberlin, 1919; *Pseudopotamilla scotia* Chamberlin, 1919
分布：黄海，东海；日本，加拿大西部，美国加利福尼亚州北部到阿拉斯加州，巴拿马。

(3) 肾伪刺缨虫 *Pseudopotamilla reniformis* (Bruguière, 1789)

分布：渤海，黄海，南海；北大西洋，北太平洋，地中海，日本。

14. 缨鳃虫属 *Sabella* Linnaeus, 1767

(1) 缨鳃虫 *Sabella spallanzanii* (Gmelin, 1791)

同物异名：*Amphitrite ventilabrum* Gmelin, 1791; *Nereis lutraria* Pallas, 1766; *Sabella penicillus* (Linnaeus, 1758)
分布：南海，西沙群岛；大西洋，地中海，南非，越南。

15. 光缨鳃虫属 *Sabellastarte* Krøyer, 1856

(1) 粗壮光缨鳃虫 *Sabellastarte spectabilis* (Grube, 1878)

同物异名：*Laonome punctata* Treadwell, 1906; *Sabella grandis* Savigny, 1822; *Sabella indica* Savigny, 1822
分布：东海，南海；日本，印度，太平洋，印度尼西亚，菲律宾，夏威夷群岛，澳大利亚。

异稚虫科 Longosomatidae Hartman, 1944

1. 异稚虫属 *Heterospio* Ehlers, 1874

(1) 中华异稚虫 *Heterospio sinica* Wu & Chen, 1966

分布：黄海，东海，南海。

杂毛虫科 Poecilochaetidae Hannerz, 1956

1. 杂毛虫属 *Poecilochaetus* Claparède in Ehlers, 1875

(1) 豪猪杂毛虫 *Poecilochaetus hystricosus* Mackie, 1990

分布：南海。

(2) 约氏杂毛虫 *Poecilochaetus johnsoni* Hartman, 1939

分布：渤海，黄海，东海；北美洲。

(3) 亚热带杂毛虫 *Poecilochaetus paratropicus* Gallardo, 1968

分布：东海，南海；越南。

(4) 蛇杂毛虫 *Poecilochaetus serpens* **Allen, 1904**

分布：黄海，东海，南海；北大西洋，地中海，印度。

(5) 小刺杂毛虫 *Poecilochaetus spinulosus* **Mackie, 1990**

分布：香港，南海。

(6) 三须杂毛虫 *Poecilochaetus tricirratus* **Mackie, 1990**

分布：香港，南海。

(7) 热带杂毛虫 *Poecilochaetus tropicus* **Okuda, 1935**

分布：南海，西沙群岛；日本。

海稚虫科 Spionidae Grube, 1850

1. 锥稚虫属 *Aonides* Claparède, 1864

(1) 锥稚虫 *Aonides oxycephala* **(Sars, 1862)**

同物异名：*Aonides auricularis* Claparède, 1864; *Nerine oxycephala* Sars, 1862

分布：中国海域；北大西洋，挪威，英吉利海峡，摩洛哥，地中海，日本。

2. 蛇稚虫属 *Boccardia* Carazzi, 1893

(1) 蛇稚虫 *Boccardia polybranchia* **(Haswell, 1885)**

同物异名：*Perialla claparedei* Kinberg, 1866; *Polydora euryhalina* Hartmann-Schröder, 1960; *Polydora polybranchia* Haswell, 1885

分布：南海，广东大亚湾；意大利，法国，地中海，南非，北美洲，中美洲，澳大利亚，新西兰，世界广布。

(2) 吻蛇稚虫 *Boccardia proboscidea* **Hartman, 1940**

分布：黄海，山东青岛；日本，澳大利亚，北美洲，巴拿马，南美洲。

3. 小蛇稚虫属 *Boccardiella* Blake & Kudenov, 1978

(1) 钩小蛇稚虫 *Boccardiella hamata* **(Webster, 1879)**

同物异名：*Boccardia hamata* (Webster, 1879); *Boccardia uncata* Berkeley, 1927; *Polydora hamata* Webster, 1879

分布：黄海；日本，北美洲。

4. 双才女虫属 *Dipolydora* Verrill, 1881

(1) 有刺双才女虫 *Dipolydora armata* **(Langerhans, 1880)**

同物异名：*Dipolydora rogeri* (Martin, 1996); *Polydora armata* Langerhans, 1880; *Polydora monilaris* Ehlers, 1904

分布：南海；大西洋，葡萄牙，意大利，越南，泰国，洪都拉斯，巴西。

(2) 黄色双才女虫 *Dipolydora flava* **(Claparède, 1870)**

同物异名：*Polydora dorsomaculata* Rainer, 1973; *Polydora flava* Claparède, 1870; *Polydora pusilla* Saint-Joseph, 1894

分布：南海；法国。

(3) 格双才女虫 *Dipolydora giardi* **(Mesnil, 1893)**

同物异名：*Polydora giardi* Mesnil, 1893

分布：黄海；法国，澳大利亚，美国，智利。

(4) 难定双才女虫 *Dipolydora pilikia* **(Ward, 1981)**

同物异名：*Polydora pilikia* Ward, 1981

分布：海南岛，南海；夏威夷群岛。

(5) 群居双才女虫 *Dipolydora socialis* **(Schmarda, 1861)**

同物异名：*Leucodore socialis* Schmarda, 1861; *Polydora socialis* (Schmarda, 1861)

分布：海南岛，南海；美国，智利，委内瑞拉。

(6) 触手双才女虫 *Dipolydora tentaculata* (Blake & Kudenov, 1978)

同物异名：*Polydora tentaculata* Blake & Kudenov, 1978
分布：香港，南海；澳大利亚。

5. 后稚虫属 *Laonice* Malmgren, 1867

(1) 后稚虫 *Laonice cirrata* (M. Sars, 1851)

同物异名：*Aricideopsis megalops* Johnson, 1901; *Chaetosphaera falconis* Häcker, 1898; *Laonice foliata* (Moore, 1923); *Nerine cirrata* M. Sars, 1851; *Spionides cirratus* Webster & Benedict, 1887
分布：渤海，黄海，东海，南海；世界广布。

(2) 中华后稚虫 *Laonice sinica* Sikorskii & Wu, 1998

分布：渤海，黄海，东海，南海。

6. 锤稚虫属 *Malacoceros* Quatrefages, 1843

(1) 印度锤稚虫 *Malacoceros indicus* (Fauvel, 1928)

同物异名：*Malacoceros punctatus* (Hartman, 1961); *Scolecolepis indica* (Fauvel, 1928); *Spio punctata* Hartman, 1961
分布：东海，南海；南非，印度，日本，澳大利亚，智利。

7. 奇异稚齿虫属 *Paraprionospio* Caullery, 1914

(1) 冠奇异稚齿虫 *Paraprionospio cristata* Zhou, Yokoyama & Li, 2008

分布：黄海，东海，南海；安哥拉，美国，智利。

(2) 奇异稚齿虫 *Paraprionospio pinnata* (Ehlers, 1901)

分布：黄海，东海，南海；安哥拉，美国，智利。

8. 才女虫属 *Polydora* Bosc, 1802

(1) 凿贝才女虫 *Polydora ciliata* (Johnston, 1838)

同物异名：*Leucodore audax* Quatrefages, 1866; *Leucodore*

ciliatus minuta Grube, 1855; *Metadasydytes quadrimaculatus* Roszczak, 1971; *Polydora agassizii* Claparède, 1869
分布：黄海，东海，南海；黑海，地中海，菲律宾。

(2) 美角才女虫 *Polydora cornuta* Bosc, 1802

同物异名：*Polydora amarincola* Hartman, 1936; *Polydora ligni* Webster, 1879; *Polydora littorea* Verrill, 1881; *Spio caudatus* Lamarck, 1818
分布：台湾岛；欧洲南部海域，印度，日本，朝鲜半岛，澳大利亚，美国，加勒比海，阿根廷。

(3) 黑斑才女虫 *Polydora fusca* Radashevsky & Hsieh, 2000

分布：台湾岛。

(4) 腺袋才女虫 *Polydora triglanda* Radashevsky & Hsieh, 2000

分布：台湾岛。

(5) 厚密才女虫 *Polydora villosa* Radashevsky & Hsieh, 2000

分布：台湾岛。

9. 稚齿虫属 *Prionospio* Malmgren, 1867

(1) 须细稚齿虫 *Prionospio cirrifera* Wirén, 1883

同物异名：*Laonice cirrata minuta* Augener, 1921; *Minuspio cirrifera* (Wirén, 1883); *Prionospio (Minuspio) cirrifera* Wirén, 1883
分布：东海，香港，南海。

(2) 日本细稚齿虫 *Prionospio japonica* Okuda, 1935

同物异名：*Prionospio (Minuspio) japonica* Okuda, 1935
分布：黄海，东海，香港，南海；日本。

(3) 克岛稚齿虫 *Prionospio krusadensis* Fauvel, 1929

同物异名：*Prionospio (Aquilaspio) krusadensis* Fauvel,

1929

分布：东海；日本，印度洋，印度，澳大利亚。

(4) 太平洋稚齿虫 *Prionospio pacifica* Zhou & Li, 2009

同物异名：*Prionospio* (*Prionospio*) *pacifica* Zhou & Li, 2009
分布：长江口，东海，南海。

(5) 多鳃细稚齿虫 *Prionospio polybranchiata* Fauvel, 1929

同物异名：*Minuspio polybranchiata* (Fauvel, 1929); *Prionospio multibranchiata* Fauvel, 1928
分布：南海；印度洋。

(6) 矮小稚齿虫 *Prionospio pygmaeus* Hartman, 1961

同物异名：*Apoprionospio pygmaea* (Hartman, 1861)
分布：黄海。

(7) 昆士兰稚齿虫 *Prionospio queenslandica* Blake & Kudenov, 1978

同物异名：*Prionospio* (*Prionospio*) *queenslandica* Blake & Kudenov, 1978
分布：黄海；澳大利亚。

(8) 小囊稚齿虫 *Prionospio saccifera* Mackie & Hartley, 1990

分布：香港，南海；红海。

(9) 西沙稚齿虫 *Prionospio sishaensis* Wu & Chen, 1964

分布：南海，广东大亚湾，西沙群岛。

10. 伪才女虫属 *Pseudopolydora* Czerniavsky, 1881

(1) 短毛伪才女虫 *Pseudopolydora achaeta* Radashevsky & Hsieh, 2000

分布：台湾岛。

(2) 触角伪才女虫 *Pseudopolydora antennata* (Claparède, 1869)

分布：东海，南海；巴基斯坦，日本。

(3) 侧角伪才女虫 *Pseudopolydora corniculata* Radashevsky & Hsieh, 2000

分布：台湾岛。

(4) 巢伪才女虫 *Pseudopolydora diopatra* Hsieh, 1992

分布：台湾岛。

(5) 砂囊伪才女虫 *Pseudopolydora gigeriosa* Radashevsky & Hsieh, 2000

分布：台湾岛。

(6) 膜质伪才女虫 *Pseudopolydora kempi* (Southern, 1921)

同物异名：*Neopygospio laminifera* Berkeley & Berkeley, 1954; *Polydora* (*Carazzia*) *kempi* Southern, 1921
分布：渤海，黄海，台湾岛；南非，印度，日本，朝鲜。

(7) 新乔治伪才女虫 *Pseudopolydora novaegeorgiae* (Gibbs, 1971)

分布：南海；所罗门群岛。

(8) 短鳃伪才女虫 *Pseudopolydora paucibranchiata* (Okuda, 1937)

同物异名：*Polydora* (*Carazzia*) *derjugini* Zachs, 1933; *Polydora* (*Carazzia*) *orientalis* Annenkova, 1937; *Polydora* (*Carazzia*) *paucibranchiata* Okuda, 1937; *Pseudopolydora orientalis* (Annenkova, 1937)
分布：黄海，台湾岛；日本，美国。

(9) 网格伪才女虫 *Pseudopolydora reticulata* Radashevsky & Hsieh, 2000

分布：台湾岛。

11. 尾稚虫属 *Pygospio* Claparède, 1863

(1) 尾稚虫 *Pygospio elegans* Claparède, 1863

同物异名：*Pygospio minutus* Giard, 1894; *Spio inversa* Kuhlgatz, 1898; *Spio rathbuni* Webster & Benedict, 1884
分布：南海，南沙群岛；苏格兰，波罗的海，美国。

12. 鼻稚虫属 *Rhynchospio* Hartman, 1936

(1) 咽鼻稚虫 *Rhynchospio glutaea* (Ehlers, 1897)

同物异名：*Scolecolepis cornifera* Ehlers, 1913; *Scolecolepis glutaea* Ehlers, 1897
分布：黄海；大西洋，麦哲伦海峡，南非，日本，美国。

13. 腹沟虫属 *Scolelepis* Blainville, 1828

(1) 球角腹沟虫 *Scolelepis* (*Scolelepis*) *globosa* Wu & Chen, 1964

分布：东海。

(2) 左腹沟虫 *Scolelepis lefebvrei* (Gravier, 1905)

同物异名：*Nerine lefebvrei* Gravier, 1905
分布：南海，广东大亚湾，广西涠洲岛；红海，马达加斯加，日本。

(3) 鳞腹沟虫 *Scolelepis* (*Scolelepis*) *squamata* (O. F. Muller, 1806)

同物异名：*Lumbricus cirratulus* Delle Chiaje, 1831; *Lumbricus squamatus* Müller, 1806; *Nereis foliata* Dalyell, 1853; *Nerine capensis* McIntosh, 1924
分布：渤海，黄海；北大西洋，加拿大，美国。

14. 海稚虫属 *Spio* Fabricius, 1785

(1) 海稚虫 *Spio filicornis* (Müller, 1776)

同物异名：*Nereis filicornis* Müller, 1776; *Spio gattyi* McIntosh, 1909
分布：南海，广东大亚湾；格陵兰岛，北海，黑海，波罗的海。

(2) 马丁海稚虫 *Spio martinensis* Mesnil, 1896

分布：渤海，黄海；瑞典，丹麦。

15. 光稚虫属 *Spiophanes* Grube, 1860

(1) 蚕光稚虫 *Spiophanes bombyx* (Claparède, 1870)

同物异名：*Spio bombyx* Claparède, 1870; *Spiophanes verrilli* Webster & Benedict, 1884
分布：黄海，胶州湾；大西洋，地中海，澳大利亚。

(2) 双光稚虫 *Spiophanes duplex* (Chamberlin, 1919)

同物异名：*Morants duplex* Chamberlin, 1919; *Spiophanes chilensis* Hartmann-Schröder, 1965; *Spiophanes missionensis* Hartman, 1941; *Spiophanes soderstromi* Hartman, 1953
分布：东海，台湾岛；大西洋，太平洋。

轮毛虫科 Trochochaetidae Pettibone, 1963

1. 轮毛虫属 *Trochochaeta* Levinsen, 1884

(1) 分叉轮毛虫 *Trochochaeta diverapoda* (Hoagland, 1920)

同物异名：*Aonides diverapoda* Hoagland, 1920
分布：香港，南海；印度。

(2) 多毛轮毛虫 *Trochochaeta multisetosa* (Örsted, 1844)

同物异名：*Disoma multisetosum* Örsted, 1844; *Thaumastoma singulare* Webster & Benedict, 1884; *Trochochaeta sarsi* Levinsen, 1884
分布：东海；丹麦。

(3) 源轮毛虫 *Trochochaeta orissae* (Fauvel, 1932)

同物异名：*Disoma orissae* Fauvel, 1932
分布：香港，南海；印度。

磷虫科 Chaetopteridae Audouin & Milne Edwards, 1833

1. 磷虫属 *Chaetopterus* Cuvier, 1830

(1) 磷虫 *Chaetopterus variopedatus* (Renier, 1804)

同物异名：*Chaetopterus afer* Quatrefages, 1866; *Chaetopterus antarcticus* Kinberg, 1866; *Chaetopterus appendiculatus* Grube, 1874; *Chaetopterus australis* Quatrefages, 1866; *Chaetopterus brevis* Lespés, 1872
分布：黄海；世界广布。

2. 中磷虫属 *Mesochaetopterus* Potts, 1914

(1) 日本中磷虫 *Mesochaetopterus japonicus* Fujiwara, 1934

分布：渤海，黄海；日本。

(2) 汀角中磷虫 *Mesochaetopterus tingkokensis* Zang, Rouse & Qui, 2015

分布：南海。

3. 稚磷虫属 *Spiochaetopterus* M. Sars, 1856

(1) 肋骨稚磷虫 *Spiochaetopterus costarum* (Claparède, 1869)

同物异名：*Leptochaetopterus pottsi* Berkeley, 1927; *Telepsavus bonhourei* Gravier,1905; *Telepsavus costarum* Claparède, 1869; *Telepsavus vitrarius* Ehlers, 1908
分布：香港，南海；大西洋，世界广布。

顶须虫科 Acrocirridae Banse, 1969

1. 顶须虫属 *Acrocirrus* Grube, 1873

(1) 强壮顶须虫 *Acrocirrus validus* Marenzeller, 1879

分布：黄海；太平洋，日本海，日本。

丝鳃虫科 Cirratulidae Ryckholt, 1851

1. 双指虫属 *Aphelochaeta* Blake, 1991

(1) 细双指虫 *Aphelochaeta filiformis* (Keferstein, 1862)

同物异名：*Cirratulus filiformis* Keferstein, 1862; *Cirratulus tesselatus* McIntosh, 1911
分布：黄海，东海，南海；大西洋，地中海，波斯湾，印度洋。

(2) 马氏双指虫 *Aphelochaeta marioni* (Saint-Joseph, 1894)

同物异名：*Tharyx marioni* (Saint-Joseph, 1894)
分布：黄海，东海，南海。

(3) 多丝双指虫 *Aphelochaeta multifilis* (Moore, 1909)

同物异名：*Tharyx multifilis* Moore, 1909; *Cirratulus inhamatus* Treadwell, 1937
分布：黄海；美国加利福尼亚，马德拉斯。

2. 刚鳃虫属 *Chaetozone* Malmgren, 1867

(1) 毛氏刚鳃虫 *Chaetozone maotienae* Gallardo, 1968

分布：东海，南海。

(2) 刚鳃虫 *Chaetozone setosa* Malmgren, 1867

分布：渤海，黄海；白令海，日本海，美国加利福尼亚。

(3) 刺刚鳃虫 *Chaetozone spinosa* Moore, 1903

分布：东海，台湾岛。

3. 丝鳃虫属 *Cirratulus* Lamarck, 1818

(1) 越南丝鳃虫 *Cirratulus annamensis* Gallardo, 1968

分布：东海，南海。

(2) 丝鳃虫 *Cirratulus cirratus* (O. F. Müller, 1776)

同物异名：*Cirratulus borealis* Lamarck, 1818; *Cirratulus*

flavescens Johnston, 1825; *Lumbricus cirratus* Müller, 1776
分布：黄海，东海，南海；大西洋，地中海，波斯湾，印度洋。

4. 须鳃虫属 *Cirriformia* Hartman, 1936

(1) 毛须鳃虫 *Cirriformia filigera* (Delle Chiaje, 1828)

同物异名：*Audouinia filigera* (Delle Chiaje, 1828); *Audouinia oculata* Treadwell, 1932; *Audouinia pygidia* Treadwell, 1936
分布：渤海，黄海，南海；大西洋，太平洋，南冰洋，地中海。

(2) 须鳃虫 *Cirriformia tentaculata* (Montagu, 1808)

同物异名：*Audouinia crassa* Quatrefages, 1866; *Audouinia lamarckii* (Audouin & Milne Edwards, 1834); *Audouinia norwegica* Quatrefages, 1866
分布：黄海，东海，南海。

5. 栉喘虫属 *Ctenodrilus* Claparède, 1863

(1) 栉喘虫 *Ctenodrilus serratus* (Schmidt, 1857)

同物异名：*Parthenope serrata* Schmidt, 1857; *Ctenodrilus pardalis* Claparède, 1863
分布：黄海；地中海，加勒比海，法国，北大西洋，新西兰。

6. 钙珊虫属 *Dodecaceria* Örsted, 1843

(1) 钙珊虫 *Dodecaceria concharum* Örsted, 1843

同物异名：*Dodecaceria caulleryi* Dehorne, 1933; *Heterocirrus gravieri* McIntosh, 1911; *Nereis sextentaculata* Delle Chiaje, 1828
分布：黄海；世界广布。

(2) 富氏钙珊虫 *Dodecaceria fewkesi* Berkeley & Berkeley, 1954

同物异名：*Sabella pacifica* Fewkes, 1889; *Serpula octoforis* Dall, 1909; *Serpula saxistructoris* Howell &

Mason, 1937
分布：黄海，南海；加拿大-美国南加利福尼亚。

7. 原鳃虫属 *Protocirrineris* Czerniavsky, 1881

(1) 金毛原鳃虫 *Protocirrineris chrysoderma* (Clparède, 1868)

同物异名：*Cirriformia chrysoderma* Claparède, 1868
分布：黄海；地中海，印度，马来西亚，日本。

8. 眉纹鳃虫属 *Timarete* Kinberg, 1866

(1) 刺眉纹鳃虫 *Timarete punctata* (Grube, 1859)

同物异名：*Cirriformia punctata* (Grube, 1859)。
分布：南海；大西洋，南非，巴拿马，夏威夷群岛，红海。

扇毛虫科 Flabelligeridae de Saint-Joseph, 1894

1. 肾扇虫属 *Brada* Stimpson, 1853

(1) 铁色肾扇虫 *Brada ferruginea* Gallardo, 1968

分布：台湾岛。

2. 足丝肾扇虫属 *Bradabyssa* Hartman, 1867

(1) 绒毛足丝肾扇虫 *Bradabyssa villosa* (Rathke, 1843)

同物异名：*Brada villosa* (Rathke, 1843); *Siphonostoma villosum* Rathke, 1843
分布：黄海，东海，南海。

3. 盾扇虫属 *Daylithos* Salazar-Vallejo, 2012

(1) 有盾扇虫 *Daylithos parmatus* (Grube, 1877)

同物异名：*Pherusa parmata* (Grube, 1877); *Stylarioides iris* Michaelsen, 1892
分布：南海；印度，菲律宾，斯里兰卡。

4. 海扇虫属 *Pherusa* Oken, 1807

(1) 孟加拉海扇虫 *Pherusa bengalensis* (Fauvel, 1932)

同物异名：*Stylarioides bengalensis* Fauvel, 1932
分布：黄海，东海，北部湾；印度沿海。

双栉虫科 Ampharetidae Malmgren, 1866

1. 双栉虫属 *Ampharete* Malmgren, 1866

(1) 双栉虫 *Ampharete acutifrons* (Grube, 1860)

同物异名：*Ampharete cirrata* Webster & Benedict, 1887; *Ampharete grubei* Malmgren, 1865; *Ampharete intermedia* Marion, 1876
分布：黄海；北冰洋，北大西洋，地中海，白令海-日本，美国南加利福尼亚。

2. 扇栉虫属 *Amphicteis* Grube, 1850

(1) 扇栉虫 *Amphicteis gunneri* (M. Sars, 1835)

同物异名：*Amphicteis curvipalea* Claparède, 1870; *Amphicteis groenlandica* Grube, 1860; *Amphitrite gunneri* M. Sars, 1835
分布：黄海，东海，南海；大西洋。

(2) 扁鳃扇栉虫 *Amphicteis scaphobranchiata* Moore, 1906

分布：南海；北大西洋，美国南加利福尼亚。

3. 副栉虫属 *Paramphicteis* Caullery, 1944

(1) 副栉虫 *Paramphicteis angustifolia* (Grube, 1878)

同物异名：*Sabellides angustifolia* Grube, 1878
分布：南海。

4. 羽鳃栉虫属 *Phyllocomus* Grube, 1877

(1) 羽鳃栉虫 *Phyllocomus hiltoni* (Chamberlin, 1919)

同物异名：*Schistocomus hiltoni* Chamberlin, 1919

分布：黄海，北部湾；印度，美国南加利福尼亚。

5. 树栉虫属 *Samytha* Malmgren, 1866

(1) 环树栉虫 *Samytha gurjanovae* Uschakov, 1950

分布：南海；俄罗斯远东海域。

米列虫科 Melinnidae Chamberlin, 1919

1. 等栉虫属 *Isolda* Müller, 1858

(1) 等栉虫 *Isolda pulchella* Müller in Grube, 1858

同物异名：*Isolda sibogae* Caullery, 1944; *Isolda warnbroensis* Augener, 1914
分布：东海，南海。

2. 米列虫属 *Melinna* Malmgren, 1866

(1) 米列虫 *Melinna cristata* (M. Sars, 1851)

同物异名：*Sabellides cristata* (M. Sars, 1851)
分布：黄海；北大西洋，格陵兰岛，挪威-英吉利海峡，美国北加利福尼亚，北太平洋，美国阿拉斯加-日本。

笔帽虫科 Pectinariidae Quatrefages, 1866

1. 双边帽虫属 *Amphictene* Savigny, 1822

(1) 翼形双边帽虫 *Amphictene alata* Zhang, Zhang & Qiu, 2015

分布：南海。

(2) 望角双边帽虫 *Amphictene capensis* (Pallas, 1776)

同物异名：*Nereis cylindraria capensis* Pallas, 1766; *Pectinaria capensis* (Pallas, 1776); *Sabella capensis* Gmelin in Linnaeus, 1788
分布：南海；南非。

(3) 日本双边帽虫 *Amphictene japonica* (Nilsson, 1928)

分布：黄海，南海；日本。

2. 膜帽虫属 *Lagis* Malmgren, 1866

(1) 连膜帽虫 *Lagis bocki* (Hessle, 1917)

同物异名：*Pectinaria bocki* Hessle, 1917; *Pectinaria longispinis* Grube, 1878
分布：黄海；日本。

(2) 头缺膜帽虫 *Lagis crenulatus* Sun & Qiu, 2012

分布：南海。

(3) 那不勒斯膜帽虫 *Lagis neapolitana* (Claparède, 1869)

分布：黄海，渤海；地中海，南非。

3. 笔帽虫属 *Pectinaria* Lamarck, 1818

(1) 壳砂笔帽虫 *Pectinaria conchilega* Grube, 1878

分布：南海；菲律宾。

(2) 乳突笔帽虫 *Pectinaria papillosa* Caullery, 1944

分布：南海；印度东部，南非。

(3) 领状笔帽虫 *Pectinaria torquata* Zhang & Qiu, 2017

分布：南海。

蛰龙介科 Terebellidae Johnston, 1846

1. 似蛰虫属 *Amaeana* Hartman, 1959

(1) 西方似蛰虫 *Amaeana occidentalis* (Hartman, 1944)

分布：黄海，东海，北部湾；美国加利福尼亚中部和南部。

(2) 似蛰虫 *Amaeana trilobata* (Sars, 1863)

同物异名：*Polycirrus trilobata* Sars, 1863
分布：黄海，东海，南海。

2. 叶蛰虫属 *Amphitrite* Müller, 1771

(1) 叶蛰虫 *Amphitrite cirrata* Müller, 1776

分布：台湾岛。

(2) 有眼点叶蛰虫 *Amphitrite oculata* Hessle, 1917

分布：香港。

3. 吻蛰虫属 *Artacama* Malmgren, 1866

(1) 吻蛰虫 *Artacama proboscidea* Malmgren, 1866

分布：黄海；北大西洋，白令海，日本。

4. 真蛰虫属 *Eupolymnia* Verrill, 1900

(1) 树鳃真蛰虫 *Eupolymnia marenzelleri* (Caullery, 1944)

分布：南海。

(2) 云遮真蛰虫 *Eupolymnia nebulosa* (Montagu, 1819)

同物异名：*Amphiro nebulosa* (Montagu, 1819); *Amphitritoides rapax* Costa, 1862; *Pallonia rapax* Costa, 1862
分布：东海，南海。

(3) 顶突鳃真蛰虫 *Eupolymnia umbonis* Hutchings, 1990

分布：香港。

5. 细毛蛰虫属 *Lanassa* Malmgren, 1866

(1) 细毛蛰虫 *Lanassa capensis* Day, 1955

分布：台湾岛。

6. 琴蛰虫属 *Lanice* Malmgren, 1866

(1) 琴蛰虫 *Lanice conchilega* (Pallas, 1766)

同物异名：*Amphitrite flexuosa* Delle Chiaje, 1828; *Amphitrite tondi* Delle Chiaje, 1828; *Nereis conchilega*

Pallas, 1766

分布：黄海，南海；大西洋，地中海，波斯湾，美国南加利福尼亚。

(2) 群居琴蛰虫 *Lanice socialis* (Willey, 1905)

同物异名：*Polymnia socialis* Willey, 1905
分布：台湾岛。

7. 扁蛰虫属 *Loimia* Malmgren, 1866

(1) 树扁蛰虫 *Loimia arborea* Moore, 1903

分布：东海。

(2) 带扁蛰虫 *Loimia bandera* Hutchings, 1990

分布：香港，北部湾。

(3) 精巧扁蛰虫 *Loimia ingens* (Grube, 1878)

同物异名：*Terebella ingens* Grube, 1878
分布：香港，北部湾。

(4) 扁蛰虫 *Loimia medusa* (Savigny, 1822)

同物异名：*Loimia variegata* (Grube, 1869); *Terebella medusa* Savigny, 1822; *Terebella variegata* Grube, 1869
分布：黄海，东海，南海；英吉利海峡，红海，太平洋，日本，美国南加利福尼亚。

8. 长腕蛰虫属 *Longicarpus* Hutchings & Murray, 1984

(1) 结栉长腕蛰虫 *Longicarpus nodus* Hutchings, 1990

分布：香港。

9. 单蛰虫属 *Lysilla* Malmgren, 1866

(1) 太平洋单蛰虫 *Lysilla pacifica* Hessle, 1917

同物异名：*Lysilla ubianensis* Caullery, 1944
分布：东海，南海。

10. 头蛰虫属 *Neoamphitrite* Hessle, 1917

(1) 枝头蛰虫 *Neoamphitrite ramosissima* (Marenzeller, 1884)

同物异名：*Amphitrite ramosissima* Marenzeller, 1884;

Amphitrite bifurcata Moore, 1903
分布：台湾岛；日本。

(2) 强壮头蛰虫 *Neoamphitrite robusta* (Johnson, 1901)

同物异名：*Amphitrite robusta* Johnson, 1901; *Scionides dux* Chamberlin, 1919
分布：渤海，黄海；美国阿拉加斯-加利福尼亚。

11. 树蛰虫属 *Pista* Malmgren, 1866

(1) 长鳃树蛰虫 *Pista brevibranchia* Caullery, 1915

分布：黄海，东海；印度尼西亚。

(2) 树蛰虫 *Pista cristata* (Müller, 1776)

分布：黄海，东海；大西洋，墨西哥湾，日本海，白令海。

(3) 丛生树蛰虫 *Pista fasciata* (Grube, 1869)

同物异名：*Dendrophora fasciata* Grube, 1869
分布：黄海，南海；印度-太平洋，美国阿拉斯加-日本，美国南加利福尼亚。

(4) 多叶树蛰虫 *Pista foliigera* Caullery, 1915

分布：东海，南海。

(5) 巨叶树蛰虫 *Pista macrolobata* Hessle, 1917

分布：台湾岛。

(6) 粗鳃树蛰虫 *Pista pachybranchiata* Fauvel, 1932

分布：东海。

(7) 太平洋树蛰虫 *Pista pacifica* Berkeley & Berkeley, 1942

分布：黄海；印度-西太平洋，红海，日本。

(8) 烟树树蛰虫 *Pista typha* (Grube, 1878)

分布：东海，南海。

(9) 紫罗兰树蛰虫 *Pista violacea* **Hartman-Schröder, 1984**

分布：香港。

12. 须蛰虫属 *Polycirrus* Grube, 1850

(1) 脱枝多须蛰虫 *Polycirrus dodeka* **Hutchings, 1990**

分布：台湾岛，香港。

(2) 羽多须蛰虫 *Polycirrus plumosus* **(Wollebaek, 1912)**

同物异名：*Ereutho plumosa* Wollebæk, 1912
分布：南海。

13. 蛰龙介属 *Terebella* Linnaeus, 1767

(1) 埃氏蛰龙介 *Terebella ehrenbergi* **Grube, 1869**

分布：黄海；印度-西太平洋，红海，日本。

(2) 侧口蛰龙介 *Terebella plagiostoma* **Schmarda, 1861**

同物异名：*Neottis rugosa* Ehlers, 1897; *Terebella heterobranchia* Schmarda, 1861; *Thelepus plagiostoma* (Schmarda, 1861)
分布：东海；印度-西太平洋，红海，澳大利亚，日本。

14. 乳蛰虫属 *Thelepus* Leuckart, 1849

(1) 突乳蛰虫 *Thelepus pulvinus* **Hutchings, 1990**

分布：香港。

毛鳃虫科 Trichobranchidae Malmgren, 1866

1. 梳鳃虫属 *Terebellides* Sars, 1835

(1) 异位梳鳃虫 *Terebellides ectopium* **Zhang & Hutchings, 2018**

分布：广西北海。

(2) 广东梳鳃虫 *Terebellides guangdongensis* **Zhang & Hutchings, 2018**

分布：南海。

(3) 梳鳃虫 *Terebellides stroemii* **Sars, 1835**

同物异名：*Aponobranchus perrieri* Gravier, 1905; *Corephorus elegans* Grube, 1846; *Terebella pecten* Dalyell, 1853; *Terebellides carnea* Bobretzky, 1868
分布：渤海，黄海，南海。

(4) 杨氏梳鳃虫 *Terebellides yangi* **Zhang & Hutchings, 2018**

分布：东海，南海。

2. 毛鳃虫属 *Trichobranchus* Malmgren, 1866

(1) 双毛鳃虫 *Trichobranchus bibranchiatus* **Moore, 1903**

分布：黄海，东海。

不倒翁虫科 Sternaspidae Carus, 1863

1. 不倒翁虫属 *Sternaspis* Otto, 1820

(1) 中华不倒翁虫 *Sternaspis chinensis* **Wu, Salazar-Vallejo & Xu, 2015**

分布：渤海，黄海，东海。

(2) 刘氏不倒翁虫 *Sternaspis liui* **Wu, Salazar-Vallejo & Xu, 2015**

分布：黄海。

(3) 辐射不倒翁虫 *Sternaspis radiata* **Wu & Xu, 2017**

分布：南海。

(4) 多刺不倒翁虫 *Sternaspis spinosa* **Sluiter, 1882**

分布：南海。

(5) 孙氏不倒翁虫 *Sternaspis sunae* Wu & Xu, 2017

分布：南海。

(6) 吴氏不倒翁虫 *Sternaspis wui*　Wu, & Xu, 2017

分布：南海北部。

2. 彼得不倒翁属 *Petersenaspis* Sendall & Salazar-Vallejo, 2013

(1) 萨拉彼得不倒翁虫 *Petersenaspis salazari* Wu & Xu, 2017

分布：南海北部。

游走亚纲 Errantia

仙虫科 Amphinomidae Lamarck, 1818

1. 仙虫属 *Amphinome* Bruguière, 1789

(1)伪仙虫 *Amphinome jukesi* Baird, 1868

同物异名：*Amphinome pulchra* (Horst, 1912)
分布：南海，西沙群岛。

(2) 仙虫 *Amphinome rostrata* (Pallas, 1766)

同物异名：*Amphinome lepadis* Verrill, 1885; *Amphinome luzoniae* Kinberg, 1857; *Amphinome natans* Kinberg, 1867; *Amphinome pallasii* Quatrefages, 1866
分布：南海，西沙群岛；印度尼西亚。

2. 海毛虫属 *Chloeia* Lamarck, 1818

(1) 双斑海毛虫 *Chloeia bimaculata* Wang, Zhang, Xie & Qiu, 2019

分布：南海。

(2) 海毛虫 *Chloeia flava* (Pallas, 1766)

同物异名：*Amphinome capillata* Bruguière, 1789; *Aphrodita flava* Pallas, 1766; *Chloeia ancora* Frickhinger, 1916; *Chloeia capillata* (Bruguière, 1789); *Chloeia ceylonica* Grube, 1874

分布：南海；太平洋，印度洋，日本。

(3) 棕色海毛虫 *Chloeia fusca* McInhtosh, 1885

同物异名：*Chloeia longisetosa* Potts, 1909
分布：南海；热带印度洋。

(4) 无刺海毛虫 *Chloeia inermis* Quatrefages, 1866

同物异名：*Chloeia gilchristi* McIntosh, 1924; *Chloeia spectabilis* Baird, 1868
分布：海南岛。

(5) 梯斑海毛虫 *Chloeia parva* Baird, 1868

同物异名：*Chloeia merguinensis* Beddard, 1889
分布：东海，南海；太平洋，印度洋。

(6) 玫瑰海毛虫 *Chloeia rosea* Potts, 1909

分布：东海。

(7) 紫斑海毛虫 *Chloeia violacea* Horst, 1910

分布：南海；印度，马来西亚。

3. 隐虫属 *Cryptonome* Borda, Kudenov, Bienhold & Rouse, 2012

(1) 小瘤隐虫 *Cryptonome parvecarunculata* (Horst, 1912)

同物异名：*Eurythoe parvecarunculata* Horst, 1912; *Pareurythoe parvecarunculata* (Horst, 1912)
分布：黄海，南海；非洲大西洋沿岸，孟加拉湾，越南沿岸。

4. 犹帝虫属 *Eurythoe* Kinberg, 1857

(1) 扁犹帝虫 *Eurythoe complanata* (Pallas, 1766)

同物异名：*Amphinome complanata* (Pallas, 1766); *Amphinome macrotricha* Schmarda, 1861; *Aphrodita complanata* Pallas, 1766; *Blenda armata* Kinberg, 1867; *Lycaretus neocephalicus* Kinberg, 1867
分布：南海；太平洋，大西洋，印度洋。

5. 拟刺虫属 *Linopherus* Quatrefages, 1866

(1) 含糊拟刺虫 *Linopherus ambigua* (Monro, 1933)

同物异名：*Eurythoe ambigua* Monro, 1933; *Pseudeurythoe ambigua* (Monro, 1933)
分布：渤海，黄海，东海，南海；马尔代夫群岛，巴拿马湾。

(2) 加纳利拟刺虫 *Linopherus canariensis* Langerhans, 1881

分布：东海，南海，北部湾；地中海。

(3) 多毛仙虫 *Linopherus hirsuta* (Wesenberg-Lund, 1949)

同物异名：*Pseudeurythoe hirsuta* Wesenberg-Lund, 1949
分布：东海，南海，广西；波斯湾。

(4) 边鳃拟刺虫 *Linopherus paucibranchiata* (Fauvel, 1932)

同物异名：*Pseudeurythoe paucibranchiata* Fauvel, 1932
分布：黄海；印度。

(5) 旋生拟刺虫 *Linopherus spiralis* (Wesenberg-Lund, 1949)

同物异名：*Pseudeurythoe spiralis* Wesenberg-Lund, 1949
分布：南海。

6. 背肛虫属 *Notopygos* Grube, 1855

(1) 西伯达背肛虫 *Notopygos crinita* Grube, 1855

同物异名：*Notopygos sibogae* Grube, 1855
分布：南海，西沙群岛；印度尼西亚。

(2) 大背肛虫 *Notopygos gigas* Horst, 1911

分布：西沙群岛；印度，马来西亚。

7. 全刺毛虫属 *Pareurythoe* Gustafson, 1930

(1) 白全刺毛虫 *Pareurythoe borealis* (M. Sars, 1862)

同物异名：*Eurythoe borealis* M. Sars, 1862
分布：南海，广西；地中海，日本。

(2) 缘唇全刺毛虫 *Pareurythoe chilensis* (Kinberg, 1857)

同物异名：*Eurythoe chilensis* Kinberg, 1857
分布：东海，南海。

8. 脆毛虫属 *Pherecardia* Horst, 1886

(1) 脆毛虫 *Pherecardia striata* (Kinberg, 1857)

同物异名：*Amphinome sericata* Fischli, 1903; *Eucarunculata grubei* Malaquin & Dehorne, 1907; *Hermodice distincta* Hoagland, 1920; *Hermodice pennata* Treadwell, 1906; *Pherecardia lobata* Horst, 1886
分布：南海，西沙群岛；夏威夷群岛，菲律宾，越南，印度尼西亚，澳大利亚。

海刺虫科 Euphrosinidae Willeams, 1852

1. 海刺虫属 *Euphrosine* Lamarck, 1818

(1) 海刺虫 *Euphrosine myrtosa* Lamarck, 1818

分布：南海；地中海，红海，印度洋，热带西非和南非。

豆维虫科 Dorvilleidae Chamberlin, 1919

1. 豆维虫属 *Dorvillea* Parfitt, 1866

(1) 伪豆维虫 *Dorvillea pseudorubrovittata* Berkeley, 1927

分布：黄海潮间带；大西洋北部。

2. 毛轮沙蚕属 *Ophryotrocha* Claparède & Mecznikow, 1869

(1) 毛轮沙蚕 *Ophryotrocha puerilis* Claparède & Mecznikow, 1869

分布：黄海。

3. 叉毛豆维虫属 *Schistomeringos* Jumars, 1974

(1) 无眼叉毛豆维虫 *Schistomeringos incerta* (Schmarda, 1861)

分布：东海，南海。

(2) 日本叉毛豆维虫 *Schistomeringos japonica* (Annenkova, 1937)

同物异名：*Staurocephalus japonica* Annenkova, 1937
分布：黄海；日本。

(3) 叉毛豆维虫 *Schistomeringos rudolphi* (Delle Chiaje, 1828)

同物异名：*Dorvillea rudolphi* (Delle Chiaje, 1828); *Nereis rudolphi* Delle Chiaje, 1828; *Prionognathus ciliata* Keferstein, 1862; *Staurocephalus chiaji* Claparède, 1868
分布：广东大亚湾，广西。

矶沙蚕科 Eunicidae Berthold, 1827

1. 矶沙蚕属 *Eunice* Cuvier, 1817

(1) 非洲矶沙蚕 *Eunice afra* Peters, 1854

分布：南海，西沙群岛；印度-太平洋，日本南部。

(2) 矶沙蚕 *Eunice aphroditois* (Palla, 1788)

同物异名：*Eunice flavopicta* Izuka, 1912; *Eunice gigantea* (Lamarck, 1818); *Leodice gigantea* Lamarck, 1818; *Nereis aphroditois* Pallas, 1788
分布：大洋暖水区广布。

(3) 卡氏矶沙蚕 *Eunice carrerai* Wu, Sun, Liu & Xu, 2013

分布：南海。

(4) 猩红矶沙蚕 *Eunice coccinea* Grube, 1878

分布：南海。

(5) 简须矶沙蚕 *Eunice curticirrus* Knox, 1960

分布：南沙群岛；新西兰的查塔姆群岛。

(6) 夏威夷矶沙蚕 *Eunice havaica* Kinberg, 1865

分布：南沙群岛；夏威夷群岛。

(7) 海南矶沙蚕 *Eunice hainanensis* Wu, Sun, Liu & Xu, 2013

分布：南海。

(8) 滑指矶沙蚕 *Eunice indica* Kinberg, 1865

分布：东海，北部湾；红海，印度洋，太平洋，日本。

(9) 哥城矶沙蚕 *Eunice kobiensis* McIntosh, 1885

分布：东海；美国阿拉斯加，日本。

(10) 东非矶沙蚕 *Eunice leucosticta* Grube, 1878

分布：南沙群岛；非洲东部。

(11) 单鳃矶沙蚕 *Eunice marenzelleri* Gravier, 1900

分布：南海。

(12) 医矶沙蚕 *Eunice medicina* Moore, 1903

分布：东海，北部湾。

(13) 多栉矶沙蚕 *Eunice multipectinata* Moore, 1911

分布：东海。

(14) 节指矶沙蚕 *Eunice northioidea* Moore, 1903

分布：东海。

(15) 挪威矶沙蚕 *Eunice norvegica* (Linnaeus, 1767)

同物异名：*Eunice gunneri* Storm, 1879; *Leodice gunneri* Storm, 1881; *Nereis madreporae* Gunnerus, 1768; *Nereis norvegica* Linnaeus, 1767
分布：南沙群岛；北大西洋，挪威，热带印度洋。

(16) 羽鳃矶沙蚕 *Eunice pennata* (Müller, 1776)

同物异名：*Nereis pennata* Müller, 1776
分布：黄海。

(17) 普氏矶沙蚕 *Eunice pruvoti* Fauchald, 1992

同物异名：*Eunice anceps* Pruvot in Fauvel, 1930
分布：南沙群岛；新喀里多尼亚。

(18) 乌氏矶沙蚕 *Eunice uschakovi* Wu, Sun & Liu, 2013

分布：南海。

(19) 条纹矶沙蚕 *Eunice vittata* (Delle Chiaje, 1828)

同物异名：*Eunice congesta* Marenzeller, 1879; *Eunice minuta* Grube, 1850; *Eunice pellucida* Kinberg, 1865; *Nereis vittata* Delle Chiaje, 1828
分布：东海。

(20) 细美矶沙蚕 *Eunice wasinensis* Fauchald, 1992

同物异名：*Eunice (Nicidion) gracilis* (Crossland, 1904); *Nicidion gracilis* Crossland, 1904
分布：东海。

2. 特矶沙蚕属 *Euniphysa* Wesenberg-Lund, 1949

(1) 特矶沙蚕 *Euniphysa aculeata* Wesenberg-Lund, 1949

同物异名：*Euniphysa unicusa* Shen & Wu, 1991
分布：东海，北部湾；印度-西太平洋。

(2) 廉刺特矶沙蚕 *Euniphysa falciseta* (Shen & Wu, 1991)

同物异名：*Paraeuniphysa falciseta* Shen & Wu, 1991
分布：南海。

(3) 有眼特矶沙蚕 *Euniphysa spinea* (Miura, 1977)

同物异名：*Eunice spinea* Miura, 1977; *Euniphysa oculata* Wu & Sun, 1979
分布：南海，西沙群岛。

3. 列达矶沙蚕属 *Leodice* Lamarck, 1818

(1) 澳洲列达矶沙蚕 *Leodice australis* (Quatrefages, 1866)

同物异名：*Eunice australis* Quatrefages, 1866; *Eunice leuconuchalis* Benham, 1900; *Eunice paucibranchis* Grube, 1866
分布：东海，南海。

4. 襟松虫属 *Lysidice* Lamarck, 1818

(1) 领襟松虫 *Lysidice collaris* Grube, 1870

同物异名：*Lycidice lunae* Kinberg, 1865; *Lycidice pectinifera* Kinberg, 1865; *Lysidice fallax* Ehlers, 1899; *Lysidice fusca* Treadwell, 1922
分布：东海。

(2) 襟松虫 *Lysidice ninetta* Audouin & H Milne Edwards, 1833

同物异名：*Lycidice brevicornis* Kinberg, 1865; *Lysidice bilobata* Verrill, 1900; *Lysidice brachycera* Schmarda, 1861; *Lysidice mahagoni* Claparède, 1864
分布：东海，南海；地中海，三大洋暖水区，日本。

5. 岩虫属 *Marphysa* Quatrefages, 1865

(1) 双叉岩虫 *Marphysa bifurcata* Kott, 1951

分布：南海。

(2) 扁平岩虫 *Marphysa depressa* (Schmarda, 1861)

同物异名：*Eunice depressa* Schmarda, 1861

分布：南海；新西兰，南非。

(3) 香港岩虫 *Marphysa hongkongensa* Wang, Zhang & Qiu, 2018

分布：香港。

(4) 麦氏岩虫 *Marphysa macintoshi* Crossland, 1903

同物异名：*Marphysa durbanensis* Day, 1934
分布：厦门，广东大亚湾，西沙群岛。

(5) 大齿岩虫 *Marphysa maxidenticulata* Liu, Hutchings & Kupriyanova, 2018

分布：渤海，黄海。

(6) 莫三鼻给岩虫 *Marphysa mossambica* (Peters, 1854)

同物异名：*Eunice* (*Marphysa*) *novaehollandiae* (Kinberg, 1865); *Eunice mossambica* Peters, 1854; *Marphysa simplex* Treadwell, 1922; *Nauphanta mossambica* (Peters, 1855)
分布：南海。

(7) 多型梳毛岩虫 *Marphysa multipectinata* Liu, Hutchings & Sun, 2017

分布：台湾岛。

(8) 岩虫 *Marphysa sanguinea* (Montagu, 1813)

同物异名：*Leodice opalina* Savigny in Lamarck, 1818; *Marphysa haemasoma* Quatrefages, 1866; *Marphysa iwamushi* Izuka, 1907; *Nereis sanguinea* Montagu, 1813
分布：渤海，黄海，东海，南海；大洋暖水区广布。

(9) 田村岩虫 *Marphysa tamurai* Okuda, 1934

分布：南海。

6. 漂蚕属 *Palola* Gray in Stair, 1847

(1) 漂蚕 *Palola siciliensis* (Grube, 1840)

同物异名：*Eunice* (*Palola*) *siciliensis* Grube, 1840; *Eunice adriatica* Schmarda, 1861; *Eunice siciliensis*

Grube, 1840; *Eunice taenia* Claparède, 1864
分布：北部湾，西沙群岛；地中海，大西洋，印度洋，太平洋暖水区，日本。

7. 寡枝虫属 *Paucibranchia* Molina-Acevedo, 2018

(1) 贝氏寡枝虫 *Paucibranchia bellii* (Audouin & Milne Edwards, 1833)

同物异名：*Lysibranchia paucibranchiata* Cantone, 1983; *Marphysa bellii* (Audouin & Milne Edwards, 1833)
分布：东海，香港，北部湾。

(2) 中华寡枝虫 *Paucibranchia sinensis* (Monro, 1934)

同物异名：*Marphysa sinensis* Monro, 1934
分布：东海，北部湾。

(3) 毡毛寡枝虫 *Paucibranchia stragulum* (Grube, 1878)

同物异名：*Eunice stragulum* Grube, 1878; *Marphysa stragulum* (Grube, 1878)
分布：东海，南海。

索沙蚕科 Lumbrineridae Schmarda, 1861

1. 科索沙蚕属 *Kuwaita* Mohammad, 1973

(1) 异足科索沙蚕 *Kuwaita heteropoda* (Marenzeller, 1879)

同物异名：*Lumbrineris heteropoda heteropoda* (Marenzeller, 1879)
分布：中国近海；世界广布。

2. 索沙蚕属 *Lumbrineris* Blainville, 1828

(1) 尖形索沙蚕 *Lumbrineris acutiformis* Gallardo, 1968

分布：台湾海峡。

(2) 台索沙蚕 *Lumbrineris amboinensis* Grube, 1877

同物异名：*Lumbriconereis amboinensis* Grube, 1877
分布：东海，南海。

(3) 双叉索沙蚕 *Lumbrineris bifurcata* McIntosh, 1885

同物异名：*Lumbriconereis bifurcata* McIntosh, 1885
分布：东海，南海。

(4) 尾索沙蚕 *Lumbrineris caudaensis* Gallardo, 1968

分布：东海，南海。

(5) 双唇索沙蚕 *Lumbrineris cruzensis* Hartman, 1944

分布：黄海，东海；北太平洋两岸，加拿大温哥华，美国加利福尼亚。

(6) 圆头索沙蚕 *Lumbrineris inflata* Moore, 1911

同物异名：*Lumbriconereis gurjanovae* Annenkova, 1934；*Lumbrinereis cervicalis* Treadwell, 1922；*Lumbrinereis cingulata* Treadwell, 1917
分布：黄海；墨西哥加利福尼亚湾，墨西哥湾，白令海，南非，日本。

(7) 日本索沙蚕 *Lumbrineris japonica* Marenzeller, 1879

同物异名：*Lumbriconereis japonica* Marenzeller, 1879
分布：黄海，东海。

(8) 短叶索沙蚕 *Lumbrineris latreilli* Audouin & Milne Edwards, 1833

同物异名：*Lumbriconereis edwardsii* Claparède, 1863；*Lumbriconereis fallax* Quatrefages, 1866；*Lumbriconereis floridana* Ehlers, 1887；*Lumbriconereis nardonis* Grube, 1840
分布：黄海，东海；大西洋，太平洋，印度洋，地中海，日本。

(9) 长叶索沙蚕 *Lumbrineris longifolia* Imajima & Higuchi, 1975

分布：黄海；日本海。

(10) 高索沙蚕 *Lumbrineris meteorana* Augener, 1931

同物异名：*Lumbriconereis meteorana* Augener, 1931
分布：广东大亚湾。

(11) 细尖索沙蚕 *Lumbrineris mucronata* (Ehlers, 1908)

分布：广东大亚湾。

(12) 纳加索沙蚕 *Lumbrineris nagae* Gallardo, 1968

分布：南海，北部湾；越南。

(13) 单眼索沙蚕 *Lumbrineris ocellata* Grube, 1878

同物异名：*Lumbriconereis ocellata* Grube, 1878
分布：东海。

(14) 翅状索沙蚕 *Lumbrineris pterignatha* Gallardo, 1968

分布：台湾海峡。

(15) 西奈索沙蚕 *Lumbrineris shiinoi* Gallardo, 1968

分布：东海，南海。

(16) 单毛索沙蚕 *Lumbrineris simplex* Southern, 1921

同物异名：*Lumbriconereis simplex* Southern, 1921
分布：广东大亚湾。

(17) 中国索沙蚕 *Lumbrineris sinensis* Cai & Li, 2011

分布：渤海，黄海，北部湾，南海；越南。

(18) 球索沙蚕 *Lumbrineris sphaerocephala* (Schmarda, 1861)

同物异名：*Lumbriconereis sphaerocephala* (Schmarda, 1861)；*Notocirrus sphaerocephala* Schmarda, 1861
分布：南海，西沙群岛；印度洋-西太平洋，新西兰，澳大利亚。

(19) 四索沙蚕 *Lumbrineris tetraura* (Schmarda, 1861)

分布：黄海，东海；美国南加利福尼亚，秘鲁，智利，南非。

3. 鳃索沙蚕属 *Ninoe* Kinberg, 1865

(1) 友舌鳃索沙蚕 *Ninoe bruuni* Gallardo, 1968

分布：南海。

(2) 掌鳃索沙蚕 *Ninoe palmata* Moore, 1903

分布：黄海，东海；日本。

花索沙蚕科 Oenonidae Kinberg, 1865

1. 花索沙蚕属 *Arabella* Grube, 1850

(1) 花索沙蚕 *Arabella iricolor* (Montagu, 1804)

同物异名：*Arabella lagunae* Chamberlin, 1919; *Arabella maculosa* Verrill, 1900; *Arabella multidentata* (Ehlers, 1887)

分布：黄海；大西洋，南非，地中海，红海，波斯湾，澳大利亚，印度沿海，墨西哥湾，日本海。

(2) 突变花索沙蚕 *Arabella mutans* (Chamberlin, 1919)

同物异名：*Arabella novecrinita* Crossland, 1924; *Aracoda obscura* Willey, 1905; *Cenothrix mutans* Chamberlin, 1919

分布：东海，南海。

2. 线沙蚕属 *Drilonereis* Claparède, 1870

(1) 丝线沙蚕 *Drilonereis filum* (Claparède, 1868)

同物异名：*Drilonereis macrocephala* Saint-Joseph, 1888; *Drilonereis norvegica* Sömme, 1927; *Lumbriconereis filum* Claparède, 1868

分布：黄海；日本。

(2) 乐线沙蚕 *Drilonereis logani* Crossland, 1924

分布：东海，南海。

欧努菲虫科 Onuphidae Kinberg, 1865

1. 近单鳃欧虫属 *Anchinothria* Paxton, 1986

(1) 丝鳃近单鳃欧虫 *Anchinothria cirrobranchiata* (Moore, 1903)

同物异名：*Onuphis cirrobranchiata* Moore, 1903
分布：东海。

2. 巢沙蚕属 *Diopatra* Audouin & Milne Edwards, 1833

(1) 巢沙蚕 *Diopatra amboinensis* Audouin & Milne Edwards, 1833

分布：东海。

(2) 智利巢沙蚕 *Diopatra chiliensis* Quatrefages, 1866

同物异名：*Lumbriconereis filum* Claparède, 1868; *Diopatra rhizoicola* Hartmann-Schröder, 1960
分布：黄海，东海，南海；智利。

(3) 铜色巢沙蚕 *Diopatra cuprea* (Bosc, 1802)

同物异名：*Diopatra brasiliensis* Hansen, 1882; *Diopatra fragilis* Ehlers, 1869; *Diopatra frontalis* Grube, 1850; *Diopatra spiribranchis* Augener, 1906
分布：东海，南海。

(4) 齿状巢沙蚕 *Diopatra dentata* Kinberg, 1865

分布：东海。

(5) 旋巢沙蚕 *Diopatra hupferiana* (Augener, 1918)

同物异名：*Epidiopatra hupferiana* Augener, 1918
分布：东海潮下带；非洲。

(6) 新三齿巢沙蚕 *Diopatra neotridens* Hartman, 1944

分布：东海；墨西哥湾，美国加利福尼亚-巴拿马。

(7) 钭巢沙蚕 *Diopatra obliqua* **Hartman, 1944**

分布：厦门。

(8) 锦绣巢沙蚕 *Diopatra ornata* **Moore, 1911**

同物异名：*Onuphis longibranchiata* Berkeley, 1972
分布：东海，南海。

(9) 日本巢沙蚕 *Diopatra sugokai* **Izuka, 1907**

同物异名：*Diopatra bilobata* Imajima, 1967
分布：渤海，黄海，台湾海峡，南海。

(10) 杂色巢沙蚕 *Diopatra variabilis* **Southern, 1921**

分布：东海，南海。

3. 明管虫属 *Hyalinoecia* **Malmgren, 1867**

(1) 明管虫 *Hyalinoecia tubicola* **(O. F. Müller, 1776)**

同物异名：*Hyalinoecia platybranchis* Grube, 1878; *Nereis tubicola* Müller, 1776; *Onuphis filicornis* Delle Chiaje, 1841; *Onuphis sicula* Quatrefages, 1866
分布：南海；红海，新西兰，日本。

4. 金欧虫属 *Kinbergonuphis* **Fauchald, 1982**

(1) 亚特兰大金欧虫 *Kinbergonuphis atlantisa* **(Hartman, 1965)**

同物异名：*Nothria atlantisa* Hartman, 1965
分布：台湾海峡。

(2) 伪鳃金欧虫 *Kinbergonuphis pseudodibranchiata* **(Gallardo, 1968)**

同物异名：*Onuphis pseudodibranchiata* Gallardo, 1968
分布：南海。

5. 欧努菲虫属 *Onuphis* **Audouin & Milne Edwards, 1833**

(1) 中华欧努菲虫 *Onuphis chinensis* **Uschakov & Wu, 1962**

分布：黄海。

(2) 欧努菲虫 *Onuphis eremita* **Audouin & Milne Edwards, 1833**

同物异名：*Diopatra simplex* Grube, 1840; *Onuphis falesia* Castelli, 1982
分布：黄海，东海，南海；地中海，大西洋，美国南加利福尼亚，印度。

(3) 微细欧努菲虫 *Onuphis eremita parva* **Berkeley & Berkeley, 1941**

分布：渤海，黄海，东海；日本土佐湾，美国南加利福尼亚。

(4) 蜈蚣欧努菲虫 *Onuphis geophiliformis* **(Moore, 1903)**

分布：黄海；北太平洋两岸，白令海，美国南加利福尼亚，日本。

(5) 全单鳃欧努菲虫 *Onuphis holobranchiata* **Marenzeller, 1879**

同物异名：*Nothria holobranchiata* (Marenzeller, 1879)
分布：台湾岛；地中海，红海，南非。

(6) 入江欧努菲虫 *Onuphis iriei* **Maekawa & Hayashi, 1999**

分布：中国海域；日本海。

(7) 四齿欧努菲虫 *Onuphis tetradentata* **Imajima, 1986**

分布：渤海，黄海，东海；日本东北部沿岸。

6. 原巢沙蚕属 *Protodiopatra* **Budaeva & Fauchald, 2011**

(1) 刺管原巢沙蚕 *Protodiopatra willemoesii* **(McIntosh, 1885)**

同物异名：*Onuphis willemoesii* (McIntosh, 1885); *Nothria willemoesii* McIntosh, 1885
分布：东海；太平洋，印度尼西亚，日本。

7. 钩鳃虫属 *Rhamphobrachium* Ehlers, 1887

(1) 希钩鳃虫 *Rhamphobrachium chuni* Ehlers, 1908

分布：台湾海峡。

(2) 多毛钩鳃虫 *Rhamphobrachium diversosetosum* Monro, 1937

分布：台湾海峡。

蠕鳞虫科 Acoetidae Kinberg, 1856

1. 蠕鳞虫属 *Acoetes* Audouin & Milne Edwards, 1832

(1) 鞭状蠕鳞虫 *Acoetes flagelliformis* (Wesenberg-Lund, 1949)

同物异名：*Polyodontes flagelliformis* Wesenberg- Lund, 1949
分布：北部湾；波斯湾。

(2) 格氏蠕鳞虫 *Acoetes grubei* (Kinberg, 1856)

同物异名：*Eupompe grubei* Kinberg, 1856; *Panthalis grubei* (Kinberg, 1855); *Panthalis marginata* Hartman, 1939
分布：海南岛；东太平洋。

(3) 鸟目蠕鳞虫 *Acoetes jogasimae* (Izuka, 1912)

同物异名：*Panthalis jogasimae* Izuka, 1912
分布：台湾岛，北部湾，西沙群岛。

(4) 黑斑蠕鳞虫 *Acoetes melanonota* (Grube, 1876)

同物异名：*Panthalis gracilis* (Pflugfelder, 1932); *Panthalis melanonotus* Grube, 1876; *Polyodontes gracilis* Pflugfelder, 1932
分布：黄海，东海，浙江，台湾岛，福建，南海，北部湾；菲律宾，泰国，印度尼西亚，印度洋。

2. 真齿鳞虫属 *Eupanthalis* McIntosh, 1876

(1) 锋利真齿鳞虫 *Eupanthalis edriophthalma* (Potts, 1910)

同物异名：*Panthalis edriophthalma* Potts, 1910
分布：南海，北部湾；印度洋。

(2) 细长真齿鳞虫 *Eupanthalis elongata* (Treadwell, 1931)

同物异名：*Eupolyodontes elongata* (Treadwell, 1931); *Iphionella elongata* Treadwell, 1931
分布：南沙群岛；菲律宾。

(3) 真齿鳞虫 *Eupanthalis kinbergi* McIntosh, 1876

分布：南海，北部湾；地中海。

3. 新斑鳞虫属 *Neopanthalis* Strelzov, 1968

(1) 刺须新斑鳞虫 *Neopanthalis muricatus* (Shen & Wu, 1993)

分布：南海，南沙群岛。

4. 斑鳞虫属 *Panthalis* Kinberg, 1856

(1) 斑鳞虫 *Panthalis oerstedi* Kinberg, 1856

同物异名：*Panthalis marenzelleri* Pruvot & Racovitza, 1895
分布：南海，北部湾；北大西洋，西北非。

5. 沙蠕虫属 *Zachsiella* Buzhinskaja, 1982

(1) 黑斑沙蠕虫 *Zachsiella nigromaculata* (Grube, 1878)

同物异名：*Eupanthalis oculata* Hartman, 1944; *Panthalis nigromaculata* Grube, 1878; *Zachsiella striata* Buzhinskaja, 1982
分布：南海，北部湾；菲律宾，印度尼西亚。

鳞沙蚕科 Aphroditidae Malmgren, 1867

1. 鳞沙蚕属 *Aphrodita* Linnaeus, 1758

(1) 鳞沙蚕 *Aphrodita aculeata* Linnaeus, 1758

同物异名：*Aphrodita borealis* Johnston, 1840; *Aphrodita nitens* Johnston, 1865; *Aphroditella pallida* Roule, 1898; *Eruca echinata* Barrelier, 1714
分布：东海，台湾岛。

(2) 阿山鳞沙蚕 *Aphrodita alta* Kinberg, 1856

分布：海南岛；大西洋，印度洋，印度-西太平洋。

(3) 澳洲鳞沙蚕 *Aphrodita australis* Baird, 1865

同物异名：*Aphrodita centenes* Quatrefages, 1866; *Aphrodita haswelli* Johnston, 1908; *Aphrodita paleacea* Peters, 1864
分布：渤海，黄海，东海；印度洋，太平洋东北部，日本。

(4) 日本鳞沙蚕 *Aphrodita japonica* Marenzeller, 1879

同物异名：*Aphrodita cryptommata* Essenberg, 1917; *Aphrodita leioseta* Chamberlin, 1919
分布：东海，台湾岛，厦门；日本，美国阿拉斯加，北美洲至厄瓜多尔。

(5) 海鼠鳞沙蚕 *Aphrodita talpa* Quatrefages, 1866

分布：东海，台湾岛，厦门；印度洋，太平洋东北部，鄂霍次克海，日本海。

2. 镖毛鳞虫属 *Laetmonice* Kinberg, 1856

(1) 短羽镖毛鳞虫 *Laetmonice brachyceras* (Haswell, 1883)

同物异名：*Hermione brachyceras* Haswell, 1883; *Laetmonice brevepinnata* Horst, 1916
分布：北部湾。

(2) 镖毛鳞虫 *Laetmonice filicornis* Kinberg, 1856

同物异名：*Laetmatonice armata* Verrill, 1879; *Laetm-*

atonice kinbergi Baird, 1865; *Laetmonice producta assimilis* McIntosh, 1885
分布：台湾岛，南海。

(3) 日本镖毛鳞虫 *Laetmonice japonica* McIntosh, 1885

分布：黄海，东海，台湾岛；日本沿岸。

(4) 三叉镖毛鳞虫 *Laetmonice hystrix* (Savigny in Lamarck, 1818)

同物异名：*Aphrodita mediterranea* Costa, 1857; *Hermonia hystrix* (Savigny in Lamarck, 1818)
分布：南海；地中海，大西洋，红海，印度-太平洋，日本，印度。

3. 桥鳞虫属 *Pontogenia* Claparède, 1868

(1) 薄桥鳞虫 *Pontogenia macleari* (Haswell, 1883)

同物异名：*Hermione macleari* Haswell, 1883
分布：海南岛；澳大利亚，印度尼西亚。

真鳞虫科 Eulepethidae Chamberlin, 1919

1. 真鳞虫属 *Eulepethus* Chamberlin, 1919

(1) 南海真鳞虫 *Eulepethus nanhaiensis* Zhang, Zhang, Osborn & Qiu, 2017

分布：南海。

2. 克滑鳞虫属 *Proeulepethus* Pettibone, 1986

(1) 南沙克滑鳞虫 *Proeulepethus nanshaensis* Sun, 1998

分布：南沙群岛。

双指鳞虫科 Iphionidae Kinberg, 1856

1. 双指鳞虫属 *Iphione* Kinberg, 1856

(1) 粗糙双指鳞虫 *Iphione muricata* (Lamarck, 1818)

同物异名：*Eumolpe muricata* (Lamarck, 1818); *Iphione*

fimbriata Quatrefages, 1866; *Iphione fustis* Hoagland, 1920

分布：海南岛，南海，西沙群岛（永兴岛），南沙群岛；印度-太平洋，南非，马达加斯加，红海，印度南部，泰国，澳大利亚，菲律宾，马绍尔群岛。

(2) 卵圆双指鳞虫 *Iphione ovata* Kinberg, 1856

同物异名：*Iphione hirotai* Izuka, 1912; *Iphione spinosa* Kinberg, 1856
分布：台湾岛，南海，南沙群岛；美国加利福尼亚，夏威夷群岛，所罗门群岛，红海，澳大利亚。

多鳞虫科 Polynoidae Kinberg, 1856

1. 阿鳞虫属 *Arctonoella* Buzhinskaja, 1967

(1) 品川阿鳞虫 *Arctonoella sinagawaensis* (Izuka, 1912)

同物异名：*Harmothoe sinagawaensis* Izuka, 1912
分布：黄海，海南岛，南海；日本沿岸。

2. 优鳞虫属 *Eunoe* Malmgren, 1865

(1) 须优鳞虫 *Eunoe oerstedi* Malmgren, 1865

同物异名：*Harmothoe (Eunoe) oerstedi* (Malmgren, 1866); *Lepidonote scabra* Örsted, 1843; *Polynoe arctica* Hansen, 1878
分布：渤海，黄海。

3. 胃鳞虫属 *Gastrolepidia* Schmarda, 1861

(1) 胃鳞虫 *Gastrolepidia clavigera* Schmarda, 1861

同物异名：*Gastrolepidia amblyophyllus* Grube, 1876; *Polynoe freudenbergi* Plate, 1916
分布：西沙群岛（永兴岛），海南岛；非洲东海岸，马达加斯加，斯里兰卡，澳大利亚，菲律宾。

4. 伪格鳞虫属 *Gaudichaudius* Pettibone, 1986

(1) 臭伪格鳞虫 *Gaudichaudius cimex* (Quatrefages, 1866)

同物异名：*Gattyana deludens* Fauvel, 1932; *Iphione*

cimex Quatrefages, 1866
分布：黄海，东海，海南岛；印度沿岸，孟加拉湾，印度-西太平洋。

5. 格鳞虫属 *Gattyana* McIntosh, 1897

(1) 渤海格鳞虫 *Gattyana pohaiensis* Uschakov & Wu, 1959

分布：渤海，黄海。

6. 哈鳞虫属 *Harmothoe* Kinberg, 1856

(1) 亚洲哈鳞虫 *Harmothoe asiatica* Uschakov & Wu, 1962

分布：黄海，东海。

(2) 网纹哈鳞虫 *Harmothoe dictyophora* (Grube, 1878)

同物异名：*Parmenis reticulata* McIntosh, 1924; *Polynoe dictyophora* Grube, 1878
分布：东海，台湾岛，南海；红海，波斯湾，澳大利亚，越南。

(3) 覆瓦哈鳞虫 *Harmothoe imbricata* (Linnaeus, 1767)

同物异名：*Aphrodita cirrata* Müller, 1776; *Aphrodita imbricata* Linnaeus, 1767; *Aphrodita lepidota* Pallas, 1766; *Harmothoe hartmanae* Pettibone, 1948
分布：渤海，黄海，东海；北冰洋，英吉利海峡，大西洋，地中海，北太平洋。

(4) 滑缘哈鳞虫 *Harmothoe minuta* (Potts, 1909)

分布：南海，西沙群岛；印度洋，安达曼群岛，马尔代夫群岛，苏伊士运河。

7. 拟隐鳞虫属 *Hermadionella* Uschakov, 1982

(1) 棒毛拟隐鳞虫 *Hermadionella truncata* (Moore, 1902)

分布：黄海。

8. 小鳞虫属 *Hermenia* Grube, 1856

(1) 粒疣小鳞虫 *Hermenia acantholepis* (Grube, 1876)

同物异名：*Polynoe acantholepis* Grube, 1876
分布：南海，东海，台湾岛，西沙群岛（永兴岛）；澳大利亚，菲律宾，马来西亚，印度洋。

9. 夜鳞虫属 *Hesperonoe* Chamberlin, 1919

(1) 黄海夜鳞虫 *Hesperonoe hwanghaiensis* Uschakov & Wu, 1959

分布：黄海。

10. 完背鳞虫属 *Hololepidella* Willey, 1905

(1) 完背鳞虫 *Hololepidella commensalis* Willey, 1905

分布：南海，西沙群岛（永兴岛）；斯里兰卡，丹老群岛。

11. 背鳞虫属 *Lepidonotus* Leach, 1816

(1) 软背鳞虫 *Lepidonotus helotypus* (Grube, 1877)

同物异名：*Lepidonotus dofleini* Frickhinger, 1916; *Polynoe ijimai* Izuka, 1912; *Polynoe phaeophyllus* Grube, 1877
分布：黄海，东海，南海；白令海，鄂霍次克海，日本海。

(2) 方背鳞虫 *Lepidonotus squamatus* (Linnaeus, 1758)

同物异名：*Aphrodita armadillo* Bosc, 1802; *Aphrodita longirostra* Bruguière, 1789; *Aphrodita pedunculata* Pennant, 1777; *Aphrodita squamata* Linnaeus, 1758
分布：胶州湾，东海（厦门、大登岛）；大西洋，地中海，白海，美国新泽西至加拿大圣劳伦斯湾，太平洋，白令海，日本沿岸，朝鲜海峡。

12. 伪囊鳞虫属 *Paradyte* Pettibone, 1969

(1) 百合伪囊鳞虫 *Paradyte crinoidicola* (Potts, 1910)

同物异名：*Scalisetosus longicirrus* Day, 1962
分布：东海，海南岛（亚龙湾），西沙群岛（永兴岛）；日本，斯里兰卡，印度洋，印度-西太平洋。

13. 刺囊鳞虫属 *Subadyte* Pettibone, 1969

(1) 小突刺囊鳞虫 *Subadyte micropapillata* Barnich, Sun & Fiege, 2004

分布：海南岛。

(2) 乳突刺囊鳞虫 *Subadyte papillifera* (Horst, 1915)

同物异名：*Scalisetosus papillifera* Horst, 1915
分布：南沙群岛；南太平洋，印度洋。

锡鳞虫科 Sigalionidae Kinberg, 1856

1. 埃刺梳鳞虫属 *Ehlersileanira* Pettibone, 1970

(1) 黄海埃刺梳鳞虫 *Ehlersileanira incisa hwanghaiensis* (Uschakov & Wu, 1962)

分布：黄海，东海。

(2) 埃刺梳鳞虫 *Ehlersileanira incisa* (Grube, 1877)

分布：东海，北部湾；大西洋南部和北部，墨西哥湾，印度西部，菲律宾，日本。

(3) 长指埃刺梳鳞虫 *Ehlersileanira tentaculata* (Augener, 1922)

分布：北部湾，西沙群岛。

2. 真三指鳞虫属 *Euthalenessa* Darboux, 1899

(1) 真三指鳞虫 *Euthalenessa digitata* (McIntosh, 1885)

同物异名：*Euthalenessa djiboutiensis* (Gravier, 1902);

Thalenessa digitata McIntosh, 1885

分布：东海，台湾西部海域，海南岛；红海，印度洋，印度-西太平洋，西非洲。

(2) 眼真三指鳞虫 *Euthalenessa oculata* (Peters, 1854)

同物异名：*Euthalenessa dendrolepis* (Claparède, 1868); *Euthalenessa insignis* Ehlers, 1908; *Leanira giardi* Darboux, 1899; *Sigalion oculatum* Peters, 1854

分布：广东大亚湾。

3. 缘镰毛鳞虫属 *Fimbriosthenelais* Pettibone, 1971

(1) 毛缘镰毛鳞虫 *Fimbriosthenelais hirsuta* (Potts, 1910)

同物异名：*Sthenelais calcarea* Potts, 1910; *Sthenelais dahli* Augener, 1927; *Sthenelais minor digitata* Fauvel, 1919

分布：台湾岛，海南岛，北部湾，南沙群岛；印度-西太平洋，印度洋。

4. 怪鳞虫属 *Pholoe* Johnston, 1839

(1) 中华怪鳞虫 *Pholoe chinensis* Wu, Zhao & Ding, 1994

分布：黄海。

(2) 微怪鳞虫 *Pholoe minuta* (Fabricius, 1780)

同物异名：*Aphrodita minuta* Fabricius, 1780; *Palmyra ocellata* Johnston, 1827; *Pholoe eximia* Johnston, 1865

分布：黄海，东海，南海；北冰洋，大西洋，太平洋。

5. 锡鳞虫属 *Sigalion* Audouin & Milne Edwards, 1832

(1) 亚洲锡鳞虫 *Sigalion asiaticus* (Uschakov & Wu, 1965)

分布：渤海，黄海，海南岛，北部湾。

(2) 刺锡鳞虫 *Sigalion spinosus* (Hartman, 1939)

同物异名：*Eusigalion spinosum* Hartman, 1939;

Thalenessa spinosa (Hartman, 1939)

分布：黄海，东海；美国加利福尼亚，墨西哥西岸。

6. 镰毛鳞虫属 *Sthenelais* Kinberg, 1856

(1) 褐色镰毛鳞虫 *Sthenelais fusca* Johnson, 1897

分布：黄海；北太平洋两岸，美国华盛顿以南至加利福尼亚南部，墨西哥湾西岸，日本沿岸。

(2) 线镰毛鳞虫 *Sthenelais mitsuii* (Okuda, 1938)

同物异名：*Leanira mitsuii* Okuda, 1938

分布：海南岛；日本，越南。

7. 强鳞虫属 *Sthenolepis* Willey, 1905

(1) 日本强鳞虫 *Sthenolepis japonica* (McIntosh, 1885)

同物异名：*Leanira japonica* McIntosh, 1885

分布：中国海域；印度-太平洋，孟加拉湾，阿拉伯海，日本沿岸。

8. 维镰虫属 *Willeysthenelais* Pettibone, 1971

(1) 双须维镰虫 *Willeysthenelais diplocirrus* (Grube, 1875)

同物异名：*Sthenelais diplocirrus* Grube, 1875

分布：台湾岛，南沙群岛；印度，太平洋，东澳大利亚-越南。

吻沙蚕科 Glyceridae Grube, 1850

1. 吻沙蚕属 *Glycera* Lamarck, 1818

(1) 白色吻沙蚕 *Glycera alba* (O. F. Müller, 1776)

同物异名：*Glycera albicans* Quatrefages, 1850; *Glycera branchialis* Quatrefages, 1866; *Glycera danica* Quatrefages, 1866

分布：渤海，黄海，东海；日本沿岸，红海，印度洋，大西洋。

(2) 头吻沙蚕 *Glycera capitata* Örsted, 1842

同物异名：*Glycera mimica* Hartman, 1965; *Glycera muelleri* Quatrefages, 1866; *Glycera setosa* Örsted, 1842

分布：中国沿海；大西洋，太平洋，地中海，南冰洋。

(3) 长吻沙蚕 *Glycera chirori* Izuka, 1912

分布：渤海，黄海，东海，南海；日本沿岸。

(4) 玛吻沙蚕 *Glycera cinnamomea* Grube, 1874

同物异名：*Glycera manorae* Fauvel, 1932; *Glycera prashadi* Fauvel, 1932

分布：北部湾；阿拉伯海，巴基斯坦（卡拉奇）。

(5) 巨吻沙蚕 *Glycera fallax* Quatrefages, 1850

同物异名：*Glycera gigantea* Quatrefages, 1866; *Glycera mitis* Johnston, 1865

分布：东海，台湾海峡西部。

(6) 单叶吻沙蚕 *Glycera lancadivae* Schmarda, 1861

同物异名：*Glycera edwardsi* Gravier, 1906

分布：东海，北部湾，西沙群岛。

(7) 如石吻沙蚕 *Glycera lapidum* Quatrefages, 1866

同物异名：*Hamiglycera serrulifera* Ehlers, 1908

分布：海南岛；太平洋东部，地中海。

(8) 长翼吻沙蚕 *Glycera longipinnis* Grube, 1878

分布：北部湾；菲律宾，孟加拉湾，波斯湾。

(9) 锥唇吻沙蚕 *Glycera onomichiensis* Izuka, 1912

分布：渤海，黄海，东海；鄂霍次克海，萨哈林岛（库页岛），南千岛群岛，日本海，日本太平洋沿岸。

(10) 后鳃吻沙蚕 *Glycera posterobranchia* Hoagland, 1920

分布：海南岛；越南。

(11) 强吻沙蚕 *Glycera robusta* Ehlers, 1868

分布：黄海；加拿大温哥华至美国南加利福尼亚，日本。

(12) 箭鳃吻沙蚕 *Glycera sagittariae* McIntosh, 1885

分布：东海，福建，台湾岛；印度洋阿鲁群岛，印度沿岸，夏威夷群岛。

(13) 管吻沙蚕 *Glycera siphonostoma* (Delle chiaje, 1827)

分布：东海大陆架，台湾西部，北部湾。

(14) 浅古铜吻沙蚕 *Glycera subaenea* Grube, 1878

同物异名：*Glycera saccibranchis* Grube, 1878

分布：黄海，东海，海南岛，北部湾；马达加斯加，菲律宾，日本。

(15) 细弱吻沙蚕 *Glycera tenuis* Hartman, 1944

分布：黄海；美国加利福尼亚中部和南部。

(16) 方格吻沙蚕 *Glycera tesselata* Grube, 1863

同物异名：*Glycera koehleri* Roule, 1896; *Glycera minor* La Greca, 1946; *Glycera sagittariae* Fauvel, 1932

分布：东海大陆架，台湾岛，北部湾，西沙群岛（永兴岛）；地中海，北大西洋，加拿大西部-美国加利福尼亚，印度-太平洋，日本。

(17) 绻旋吻沙蚕 *Glycera tridactyla* Schmarda, 1861

同物异名：*Glycera convoluta* Keferstein, 1862; *Glycera retractilis* Quatrefages, 1866; *Rhynchobolus convolutus* (Keferstein, 1862)

分布：渤海，黄海，东海，海南岛，北部湾；大西洋北部-非洲西岸，地中海，红海，波斯湾，日本，鄂霍次克海，白令海，北美洲太平洋沿岸。

(18) 吻沙蚕 *Glycera unicornis* Lamarck, 1818

同物异名：*Glycera rouxii* Audouin & Milne Edwards, 1833

分布：渤海，黄海，东海，广东汕头、大亚湾，南海；日本沿岸，日本海，美国加利福尼亚，大西洋北部，地中海，波斯湾，印度沿岸。

2. 半足沙蚕属 *Hemipodia* Kinberg, 1865

(1) 长突半足沙蚕 *Hemipodia yenourensis* (Izuka, 1912)

同物异名：*Hemipodus australiensis* Knox & Cameron, 1971; *Hemipodus yenourensis* Izuka, 1912
分布：渤海，黄海，北部湾；日本。

角吻沙蚕科 Goniadidae Kinberg, 1866

1. 甘吻沙蚕属 *Glycinde* Müller, 1858

(1) 寡节甘吻沙蚕 *Glycinde bonhourei* Gravier, 1904

同物异名：*Glycinde gurjanovae* Uschakov & Wu, 1962; *Glycinde nipponica* Imajima, 1967
分布：渤海，黄海，海南岛，北部湾。

(2) 舍甘吻沙蚕 *Glycinde kameruniana* Augener, 1918

分布：台湾西部，广东大亚湾。

(3) 寡甘吻沙蚕 *Glycinde oligodon* Southern, 1921

分布：东海，南海。

(4) 太平甘吻沙蚕 *Glycinde multidens* Müller, 1858

同物异名：*Glycinde pacifica* Monro, 1928; *Glycinde solitaria* (Webster, 1879)
分布：台湾西部。

2. 角吻沙蚕属 *Goniada* Audouin & H Milne Edwards, 1833

(1) 环纹角吻沙蚕 *Goniada annulata* Moore, 1905

分布：东海，南海。

(2) 角吻沙蚕 *Goniada emerita* Audouin & H Milne Edwards, 1833

分布：东海，南海。

(3) 日本角吻沙蚕 *Goniada japonica* Izuka, 1912

分布：渤海，黄海，东海，北部湾；日本。

(4) 色斑角吻沙蚕 *Goniada maculata* Örsted, 1843

同物异名：*Glycera viridescens* Stimpson, 1853; *Goniada alcockiana* Carrington, 1865; *Goniada felicissima* Kinberg, 1866
分布：渤海，黄海，东海，南海，北部湾；西欧，北美洲东北部，北太平洋。

拟特须虫科 Paralacydoniidae Pettibone, 1963

1. 拟特须虫属 *Paralacydonia* Fauvel, 1913

(1) 拟特须虫 *Paralacydonia paradoxa* Fauvel, 1913

分布：渤海，黄海，东海，台湾岛，南海；地中海，摩洛哥，南非，北美洲大西洋，太平洋，印度，印度尼西亚，新西兰北部。

金扇虫科 Chrysopetalidae Ehlers, 1864

1. 卷虫属 *Bhawania* Schmarda, 1861

(1) 短卷虫 *Bhawania breve* (Gallardo, 1968)

同物异名：*Bhawania brevis* Gallardo, 1968
分布：广东大亚湾，北部湾，南海。

(2) 扇卷虫 *Bhawania cryptocephala* Gravier, 1901

分布：南海；太平洋，印度洋，菲律宾。

(3) 隐头卷虫 *Bhawania goodei* Webster, 1884

同物异名：*Chrysopetalum elegans* Bush in Verrill, 1900; *Paleanotus elegans* (Bush in Verrill, 1900); *Palmyra elongata* Grube, 1856
分布：广西，南海；南非，红海，百慕大群岛，印度洋，菲律宾。

2. 金扇虫属 *Chrysopetalum* Ehlers, 1864

(1) 热带金扇虫 *Chrysopetalum debile* (Grube, 1855)

同物异名：*Chrysopetalum ehlersi* Gravier, 1902; *Paleanotus debilis* (Grube, 1855)
分布：南海，西沙群岛金银岛；印度洋，红海。

(2) 西方金扇虫 *Chrysopetalum occidentale* Johnson, 1897

分布：黄海，东海，南海；美国加利福尼亚沿岸，日本海，澳大利亚西南沿岸。

3. 稃背虫属 *Paleanotus* Schmarda, 1861

(1) 稃背虫 *Paleanotus chrysolepis* Schmarda, 1861

分布：黄海，南海；北美洲太平洋沿岸，美国加利福尼亚-阿拉斯加，澳大利亚，南非。

海女虫科 Hesionidae Grube, 1850

1. 英虫属 *Gyptis* Marion, 1874

(1) 唇英虫 *Gyptis lobata* (Hessle, 1925)

同物异名：*Gyptis lobatus* (Hessle, 1925); *Oxydromus lobatus* Hessle, 1925
分布：南海；日本，印度，斯里兰卡。

(2) 太平洋英虫 *Gyptis pacificus* (Hessles, 1925)

同物异名：*Oxydromus pacificus* Hessles, 1925
分布：海南岛南部海域，南海；日本。

2. 海女虫属 *Hesione* Lamarck, 1818

(1) 横斑海女虫 *Hesione genetta* Grube, 1866

分布：南海，西沙群岛；菲律宾，印度，斯里兰卡，萨摩亚群岛，澳大利亚，新西兰，马达加斯加，新喀里多尼亚，美国加利福尼亚。

(2) 纵纹海女虫 *Hesione intertexta* Grube, 1878

同物异名：*Hesione panamena* Chamberlin, 1919
分布：东海，南海；菲律宾，澳大利亚，新西兰，

太平洋，印度洋，巴拿马，新喀里多尼亚。

(3) 海女虫 *Hesione splendida* Lamarck, 1818

同物异名：*Hesione pantherina* Risso, 1826
分布：南海；所罗门群岛，澳大利亚，新西兰，地中海，红海，非洲西部。

3. 异健足虫属 *Heteropodarke* Hartmann-Schröder, 1962

(1) 非洲异健足虫 *Heteropodarke* (*Heteromorpha*) *africana* Hartmann-Schröder, 1974

分布：黄海；非洲南部。

(2) 厦门异健足虫 *Heteropodarke xiamenensis* Ding, Wu & Westheide, 1997

分布：东海。

4. 海结虫属 *Leocrates* Kinberg, 1866

(1) 中华海结虫 *Leocrates chinensis* Kinberg, 1866

同物异名：*Lamproderma longicirre* Grube, 1877; *Lamprophaes cuprea* Grube, 1867; *Leocrates anonymus* Hessle, 1925
分布：东海，南海；日本本州中部和南部，南太平洋，澳大利亚，新西兰，夏威夷群岛，所罗门群岛，地中海。

(2) 无疣海结虫 *Leocrates claparedii* (Costa in Claparède, 1868)

同物异名：*Castalia claparedii* Costa in Claparède, 1868; *Tyrrhena claparedii* Costa in Claparède, 1868
分布：东海，南海；日本，印度，地中海，红海。

(3) 威森海结虫 *Leocrates wesenberglundae* Pettibone, 1970

分布：福建，广东，香港。

5. 小健足虫属 *Micropodarke* Okuda, 1938

(1) 双小健足虫 *Micropodarke dubia* (Hessle, 1925)

同物异名：*Kefersteinia dubia* Hessle, 1925; *Micro-*

podarke amemiyai Okuda, 1938; *Micropodarke trilobata* Hartmann-Schröder, 1983

分布：黄海；日本本州南部，太平洋东西两岸。

6. 蛇潜虫属 *Oxydromus* Grube, 1855

(1) 背毛蛇潜虫 *Oxydromus agilis* (Ehlers, 1864)

同物异名：*Ophiodromus agilis* (Ehlers, 1864); *Podarke agilis* Ehlers, 1864

分布：南海；地中海，红海，南非。

(2) 狭细蛇潜虫 *Oxydromus angustifrons* (Grube, 1878)

同物异名：*Irma angustifrons* Grube, 1878; *Irma latifrons* Grube, 1878; *Podarke angustifrons* (Grube, 1878)

分布：黄海，南海；日本南部，越南，菲律宾，斯里兰卡，红海，印度，孟加拉湾，澳大利亚，新西兰，南非。

(3) 无背毛蛇潜虫 *Oxydromus berrisfordi* (Day, 1967)

同物异名：*Ophiodromus berrisfordi* Day, 1967

分布：南海；非洲南部。

(4) 福氏蛇潜虫 *Oxydromus fauveli* (Uchida, 2004)

分布：福建，广东，香港。

(5) 暗蛇潜虫 *Oxydromus obscurus* (Verrill, 1873)

同物异名：*Ophiodromus obscurus* (Verrill, 1873); *Podarke obscura* Verrill, 1873

分布：南海；墨西哥湾，印度西部，美国新英格兰。

7. 海裂虫属 *Syllidia* Quatrefages, 1865

(1) 锚鄂海裂虫 *Syllidia anchoragnatha* (Sun & Yang, 2004)

分布：广东潮间带。

(2) 海裂虫 *Syllidia armata* Quatrefages, 1866

同物异名：*Magalia assimilis* Pryde, 1914; *Magalia capensis* McIntosh, 1924; *Magalia perarmata* Marion,

1874

分布：广西，海南岛；地中海，南非，英吉利海峡。

微凸目虫科 Microphthalmidae Hartmann-Schröder, 1971

1. 巢海女虫属 *Hesionides* Friedrich, 1937

(1) 沙巢海女虫 *Hesionides arenaria* Friedrich, 1937

分布：黄海；日本本州南部，太平洋东西两岸，印度，红海，地中海，黑海，北海。

2. 微凸目虫属 *Microphthalmus* Mecznikow, 1865

(1) 双须微凸目虫 *Microphthalmus biantennatus* Wu, Zhao & Westheide, 1993

分布：黄海。

(2) 日本微凸目虫 *Microphthalmus japonicus* Yamanishi, 1984

同物异名：*Microphthalmus hartmanae pacificus* Yamanishi, 1984

分布：黄海；日本。

沙蚕科 Nereididae Blainville, 1818

1. 翼形沙蚕属 *Alitta* Kinberg, 1865

(1) 琥珀翼形沙蚕 *Alitta succinea* (Leuckart, 1847)

同物异名：*Neanthes succinea* (Leuckart, 1847); *Nereis succinea* Leuckart, 1847

分布：渤海，黄海。

2. 角沙蚕属 *Ceratonereis* Kinberg, 1865

(1) 短须角沙蚕 *Ceratonereis* (*Composetia*) *costae* (Grube, 1840)

同物异名：*Ceratonereis costae* (Grube, 1840); *Ceratonereis punctata* Saint-Joseph, 1906; *Nereis costae* Grube, 1840

分布：南海，北部湾；大西洋，印度洋，地中海，马来西亚，印度尼西亚，菲律宾，越南，澳大利亚，新西兰，南非。

(2) 羊角沙蚕 *Ceratonereis (Composetia) hircinicola* (Eisig, 1870)

同物异名：*Ceratonereis hircinicola* (Eisig, 1870); *Nereis hircinicola* Eisig, 1870

分布：南海；日本，地中海，南非，印度洋。

(3) 日本角沙蚕 *Ceratonereis japonica* Imajima, 1972

分布：南海，中沙群岛；日本南部。

(4) 角沙蚕 *Ceratonereis mirabilis* Kinberg, 1865

同物异名：*Nereis excisa* Grube, 1873; *Nereis singularis* Treadwell, 1943

分布：南海；太平洋，印度洋，大西洋。

(5) 单齿角沙蚕 *Ceratonereis singularis* Treadwell, 1929

分布：太平洋，墨西哥-巴拿马，哥伦比亚，美国佛罗里达东部和西部，墨西哥湾。

3. 环唇沙蚕属 *Cheilonereis* Benham, 1916

(1) 环唇沙蚕 *Cheilonereis cyclurus* (Harrington, 1897)

同物异名：*Nereis cyclurus* Harrington, 1897; *Nereis shishidoi* Izuka, 1912

分布：渤海，黄海；日本，日本海，千岛群岛，美国阿拉斯加至加利福尼亚。

4. 合沙蚕属 *Composetia* Hartmann-Schröder, 1985

(1) 石纹合沙蚕 *Composetia marmorata* (Horst, 1924)

同物异名：*Ceratonereis marmorata* (Horst, 1924)
分布：南海；印度-西太平洋，越南南部。

5. 鳃沙蚕属 *Dendronereis* Peters, 1854

(1) 羽须鳃沙蚕 *Dendronereis pinnaticirris* Grube, 1878

分布：南海；印度-西太平洋，印度，菲律宾，印度尼西亚。

6. 年荷沙蚕属 *Hediste* Malmgren, 1867

(1) 日本年荷沙蚕 *Hediste japonica* (Izuka, 1908)

同物异名：*Neanthes japonica* (Izuka, 1908)
分布：渤海，黄海，东海；朝鲜半岛，日本。

7. 鳞须沙蚕属 *Kainonereis* Chamberlin, 1919

(1) 鳞须沙蚕 *Kainonereis alata* Chamberlin, 1919

分布：黄海南部；太平洋吉尔伯特岛。

(2) 舌鳞须沙蚕 *Kainonereis elytrocirra* (Wu & Sun, 1979)

同物异名：*Rullierinereis elytrocirra* Wu & Sun, 1979
分布：黄海近岸特有种。

8. 突齿沙蚕属 *Leonnates* Kinberg, 1865

(1) 粗突齿沙蚕 *Leonnates decipiens* Fauvel, 1929

分布：南海，东海；印度洋，阿拉伯海，马纳尔湾，苏伊士运河，西非塞内加尔。

(2) 福建突齿沙蚕 *Leonnates fujianensis* (He & Wu, 1989)

同物异名：*Laevispinereis fujianensis* He & Wu, 1989
分布：台湾岛西部。

(3) 突齿沙蚕 *Leonnates indicus* Kinberg, 1865

同物异名：*Leonnates jousseaumi* Gravier, 1899; *Leonnates virgatus* (Grube, 1873)
分布：南海；印度-西太平洋，印度洋，阿拉伯海，孟加拉湾，澳大利亚，红海，波斯湾。

(4) 光突齿沙蚕 *Leonnates persicus* Wesenberg-Lund, 1949

同物异名：*Leonnates persica* Wesenberg-Lund, 1949
分布：渤海，黄海，南海；越南南部，印度洋，印度，波斯湾，莫桑比克。

9. 溪沙蚕属 *Namalycastis* Hartman, 1959

(1) 溪沙蚕 *Namalycastis abiuma* (Grube, 1872)

同物异名：*Lycastis abiuma* Grube, 1872
分布：东海，南海。

(2) 长须单叶溪沙蚕 *Namalycastis longicirris* (Takahashi, 1933)

同物异名：*Lycastis longicirris* Takahashi, 1933
分布：台湾岛淡水溪。

10. 美沙蚕属 *Namanereis* Chamberlin, 1919

(1) 多美沙蚕 *Namanereis augeneri* Okuda, 1937

同物异名：*Lycastopsis augeneri* Okuda, 1937
分布：黄海，北部湾；朝鲜半岛，日本北海道，俄罗斯彼得大帝湾，萨哈林岛（库页岛），太平洋东西两岸，北美洲大西洋沿岸，西印度群岛，黑海，地中海。

11. 刺沙蚕属 *Neanthes* Kinberg, 1865

(1) 尾刺沙蚕 *Neanthes acuminata* (Ehlers, 1868)

同物异名：*Neanthes caudata* (sensu Delle Chiaje, 1827); *Nereis* (*Neanthioides*) *bolivari* Rioja, 1918
分布：南海；日本，墨西哥，菲律宾，澳大利亚，新西兰，地中海，美国南加利福尼亚、马萨诸塞。

(2) 东海刺沙蚕 *Neanthes donghaiensis* Wu, Sun & Yang, 1981

分布：东海。

(3) 黄色刺沙蚕 *Neanthes flava* Wu, Sun & Yang, 1981

分布：渤海，黄海，东海。

(4) 腺带刺沙蚕 *Neanthes glandicincta* (Southern, 1921)

同物异名：*Ceratonereis burmensis* Monro, 1937
分布：东海，南海，海南岛，广西，台湾岛；印度沿岸，缅甸，越南，澳大利亚，新西兰。

(5) 色斑刺沙蚕 *Neanthes maculata* Wu, Sun & Yang, 1981

分布：东海，南海。

(6) 南海刺沙蚕 *Neanthes nanhaiensis* Wu, Sun & Yang, 1981

分布：北部湾，海南岛（亚龙湾）。

(7) 简毛刺沙蚕 *Neanthes pachychaeta* (Fauvel, 1918)

同物异名：*Ceratonereis anchylochaeta* (Horst, 1924); *Ceratonereis longicauda* Treadwell, 1943; *Ceratonereis ramosa* (Horst, 1919)
分布：南海，海南岛；印度洋，马六甲海峡，印度尼西亚，越南南部。

(8) 三带刺沙蚕 *Neanthes trifasciata* (Ehlers, 1901)

同物异名：*Nereis trifasciata* (Grube, 1878)
分布：黄海，西沙群岛，广西涠洲岛；菲律宾，越南，印度洋，红海，智利。

(9) 单带刺沙蚕 *Neanthes unifasciata* (Willey, 1905)

同物异名：*Nereis unifasciata* (Willey, 1905)
分布：福建，广东。

(10) 威廉刺沙蚕 *Neanthes wilsonchani* (Lee & Glasby, 2015)

分布：南海；新喀里多尼亚，菲律宾，越南南部，斯里兰卡，印度，苏伊士运河，马达加斯加，澳大利亚，新西兰。

12. 全刺沙蚕属 Nectoneanthes Imajima, 1972

(1) 全刺沙蚕 Nectoneanthes oxypoda (Marenzeller, 1879)

同物异名：*Nectoneanthes ijimai* (Izuka, 1912)
分布：渤海，黄海，东海，南海；日本，朝鲜半岛，澳大利亚，新西兰。

(2) 折扇全刺沙蚕 Nectoneanthes uchiwa Sato, 2013

分布：南海。

13. 沙蚕属 Nereis Linnaeus, 1758

(1) 滑镰沙蚕 Nereis coutieri Gravier, 1899

分布：东海，南海；印度-西太平洋，越南沿海，苏伊士运河，红海，波斯湾，印度洋，南非。

(2) 梳齿沙蚕 Nereis denhamensis Augener, 1913

分布：中沙群岛；日本南部，澳大利亚，新西兰。

(3) 东海沙蚕 Nereis donghaiensis He & Wu, 1988

分布：东海。

(4) 镰毛沙蚕 Nereis falcaria (Willey, 1905)

同物异名：*Ceratonereis falcaria* Willey, 1905; *Nereis kauderni* Fauvel, 1921
分布：海南岛，西沙群岛；越南，印度洋，太平洋，澳大利亚，新西兰，新喀里多尼亚。

(5) 宽叶沙蚕 Nereis grubei (Kinberg, 1865)

同物异名：*Heteronereis grubei* Kinberg, 1865; *Nereis (Nereis) eucapitis* Hartman, 1936; *Nereis mediator* Chamberlin, 1918
分布：渤海，黄海，美洲太平洋沿岸，加拿大温哥华-智利瓦尔帕莱索海湾。

(6) 异须沙蚕 Nereis heterocirrata Treadwell, 1931

分布：黄海，东海；日本沿海。

(7) 异相沙蚕 Nereis heteromorpha (Horst, 1924)

分布：中沙群岛，西沙群岛。

(8) 黄海沙蚕 Nereis huanghaiensis Wu, Sun & Yang, 1981

分布：黄海北部。

(9) 疏毛沙蚕 Nereis jacksoni Kinberg, 1865

同物异名：*Nereis heirissonensis* Augener, 1913
分布：南沙群岛；澳大利亚，新西兰，南非，新喀里多尼亚，马达加斯加，莫桑比克，阿拉伯海。

(10) 长须沙蚕 Nereis longior Chlebovitsch & Wu, 1962

分布：渤海，黄海，东海。

(11) 多齿沙蚕 Nereis multignatha Imajima & Hartman, 1964

分布：渤海，黄海，东海；朝鲜半岛西海岸，日本沿海从北海道至九州。

(12) 真齿沙蚕 Nereis neoneanthes Hartman, 1948

分布：黄海，东海；朝鲜半岛，日本，美国阿拉斯加、俄勒冈。

(13) 齐齿沙蚕 Nereis nichollsi Kott, 1951

分布：西沙群岛，北部湾；朝鲜半岛，韩国巨济岛，日本黑潮区，澳大利亚，印度洋，红海。

(14) 游沙蚕 Nereis pelagica Linnaeus, 1758

同物异名：*Heteronereis arctica* Örsted, 1843; *Heteronereis assimilis* Örsted, 1843; *Heteronereis grandifolia* (Rathke, 1843)
分布：渤海，黄海，东海；朝鲜半岛，日本海，白令海，鄂霍次克海，美洲北大西洋，英吉利海峡，西非，挪威，地中海及西欧，澳大利亚，新西兰。

(15) 波斯沙蚕 Nereis persica Fauvel, 1911

同物异名：*Nereis longiqua* Pruvot, 1930; *Nereis*

zonata persica Fauvel, 1911

分布：南海，广西北海、北部湾、涠洲岛、白龙尾；越南，红海，波斯湾，印度洋，新喀里多尼亚，澳大利亚，新西兰，墨尔本，南非。

(16) 中华沙蚕 *Nereis sinensis* Wu, Sun & Yang, 1981

分布：黄海，东海。

(17) 旗须沙蚕 *Nereis vexillosa* Grube, 1851

同物异名：*Heteronereis middendorffi* Malmgren, 1865; *Mastigonereis spinosa* Kinberg, 1865; *Nereis arctica* Grube, 1851

分布：黄海；白令海，堪察加半岛沿岸，鄂霍次克海，日本沿岸，日本海，美国阿拉斯加-北加利福尼亚。

(18) 环带沙蚕 *Nereis zonata* Malmgren, 1867

同物异名：*Heteronereis glaucopis* Malmgren, 1865; *Nereis flavipes* Ehlers, 1868; *Nereis cylindrata* Ehlers, 1868

分布：黄海；日本海，太平洋北部海域，俄罗斯远东海域，北美洲大西洋，英吉利海峡，斯瓦尔巴群岛，格陵兰岛，丹麦。

14. 裸沙蚕属 *Nicon* Kinberg, 1865

(1) 日本裸沙蚕 *Nicon japonicus* Imajima, 1972

分布：南海；日本九州。

(2) 斑裸沙蚕 *Nicon maculata* Kinberg, 1865

同物异名：*Nicon benhami* Hartman, 1967; *Nicon ehlersi* Hartman, 1953

分布：东海南部，南海，东沙群岛，北部湾，海南岛南部；南冰洋。

(3) 珠角裸沙蚕 *Nicon moniloceras* (Hartman, 1940)

同物异名：*Leptonereis glauca moniloceras* Hartman, 1940

分布：黄海；日本，美国加利福尼亚，墨西哥湾。

15. 拟突齿沙蚕属 *Paraleonnates* Chlebovitsch & Wu, 1962

(1) 拟突齿沙蚕 *Paraleonnates uschakovi* Chlebovitsch & Wu, 1962

同物异名：*Periserrula leucophryna* Paik, 1977

分布：黄海，东海，南海；朝鲜半岛。

16. 围沙蚕属 *Perinereis* Kinberg, 1865

(1) 双齿围沙蚕 *Perinereis aibuhitensis* (Grube, 1878)

同物异名：*Nereis* (*Neanthes*) *orientalis* Treadwell, 1936; *Nereis aibuhitensis* (Grube, 1878)

分布：渤海，黄海，东海，南海；朝鲜半岛，泰国，菲律宾，印度，印度尼西亚。

(2) 短角围沙蚕 *Perinereis brevicirris* (Grube, 1866)

同物异名：*Nereis* (*Heteronereis*) *brevicirris* Grube, 1866; *Nereis* (*Perinereis*) *heterodonta mictodontoides* Augener, 1913; *Perinereis heterodonta mictodontoides* Augener, 1913

分布：黄海，东海，南海。

(3) 弯齿围沙蚕 *Perinereis camiguinoides* (Augener, 1922)

分布：黄海，东海，南海；新西兰，智利。

(4) 斑纹围沙蚕 *Perinereis cavifrons* (Ehlers, 1920)

分布：南海；缅甸，印度尼西亚，印度。

(5) 独齿围沙蚕 *Perinereis cultrifera* (Grube, 1840)

同物异名：*Lycoris lobulata* Savigny in Lamarck, 1818; *Nereis beaucoudrayi* Audouin & Milne Edwards, 1833; *Nereis incerta* Quatrefages, 1866

分布：渤海，黄海，东海，南海；新西兰，智利，朝鲜半岛，日本，太平洋，印度洋，地中海，大西洋。

(6) 金氏围沙蚕 *Perinereis euiini* Park & Kim, 2017

分布：中国近海。

(7) 锡围沙蚕 *Perinereis helleri* (Grube, 1878)

同物异名：*Neanthes obscura* Treadwell, 1928
分布：黄海，东海，南海。

(8) 线围沙蚕 *Perinereis linea* (Treadwell, 1936)

分布：渤海，黄海，东海，南海。

(9) 马围沙蚕 *Perinereis majungaensis* Fauvel, 1921

同物异名：*Perinereis nuntia majungaensis* Fauvel, 1921
分布：南海。

(10) 拟短角围沙蚕 *Perinereis mictodonta* (Marenzeller, 1879)

同物异名：*Nereis mictodonta* Marenzeller, 1879
分布：黄海，南海；朝鲜半岛，日本。

(11) 多齿围沙蚕 *Perinereis nuntia* (Lamarck, 1818)

分布：渤海，黄海，东海，南海，台湾岛；朝鲜半岛，日本，菲律宾，马来西亚，泰国，印度尼西亚，斐济，红海，亚丁湾。

(12) 菱齿围沙蚕 *Perinereis rhombodonta* Wu, Sun & Yang, 1981

分布：南海；泰国。

(13) 锡奎围沙蚕 *Perinereis shikueii* Glasby & Hsieh, 2006

分布：台湾岛，南海。

(14) 褐带围沙蚕 *Perinereis suluana* (Horst, 1924)

分布：南海；菲律宾，印度洋。

(15) 枕围沙蚕 *Perinereis vallata* (Grube, 1857)

同物异名：*Nereilepas pacifica* Schmarda, 1861; *Nereis maculata* Schmarda, 1861; *Nereis vallata* Grube, 1857
分布：渤海，黄海，东海，南海；日本，印度，澳大利亚，新西兰，所罗门群岛，红海，西南非洲，智利。

(16) 扁齿围沙蚕 *Perinereis vancaurica* (Ehlers, 1868)

同物异名：*Nereis languida* Grube, 1867; *Nereis vancaurica* Ehlers, 1868; *Perinereis horsti* Gravier, 1902
分布：东海；朝鲜半岛，日本，越南，菲律宾，印度，新西兰，澳大利亚南岸，新喀里多尼亚，圭亚那，非洲东南，红海，墨吉群岛，尼科巴群岛。

(17) 威氏围沙蚕 *Perinereis wilsoni* Glasby & Hsieh, 2006

分布：黄海，台湾岛，南海；日本，朝鲜半岛。

17. 阔沙蚕属 *Platynereis* Kinberg, 1865

(1) 长须阔沙蚕 *Platynereis abnormis* (Horst, 1924)

分布：西沙群岛（永兴岛）；马来西亚，斯里兰卡，印度，夏威夷群岛。

(2) 双管阔沙蚕 *Platynereis bicanaliculata* (Baird, 1863)

同物异名：*Nereis agassizi* Ehlers, 1868; *Nereis californica* Ehlers, 1868; *Platynereis agassizi* (Ehlers, 1868)
分布：渤海，黄海，东海，南海；朝鲜半岛，日本，澳大利亚，新西兰，夏威夷群岛，太平洋东岸的加拿大大不列颠哥伦比亚，美国加利福尼亚，墨西哥湾。

(3) 杜氏阔沙蚕 *Platynereis dumerilii* (Audouin & Milne Edwards, 1833)

同物异名：*Eunereis africana* Treadwell, 1943; *Heteronereis fucicola* Örsted, 1843; *Heteronereis maculata* Bobretzky, 1868
分布：东海，南海；日本，朝鲜半岛，太平洋，大西洋，印度洋。

(4) 美丽阔沙蚕 *Platynereis pulchella* Gravier, 1901

同物异名：*Heteronereis oerstedii* Quatrefages, 1866; *Platynereis pestai* Holly, 1935
分布：南海；夏威夷群岛，越南，新喀里多尼亚，澳大利亚，印度洋，红海。

(5) 中华阔沙蚕 *Platynereis sinica* Sun & Shen in Sun, Wu & Shen, 1978

分布：中沙群岛。

18. 伪沙蚕属 *Pseudonereis* Kinberg, 1865

(1) 异形伪沙蚕 *Pseudonereis anomala* Gravier, 1899

同物异名：*Nereis anomala* (Gravier, 1901)
分布：东海，南海；越南，泰国，马来西亚，夏威夷群岛，所罗门群岛，新喀里多尼亚，澳大利亚，斯里兰卡，印度，马达加斯加，波斯湾，红海，西奈半岛，地中海。

(2) 伪沙蚕 *Pseudonereis gallapagensis* Kinberg, 1865

同物异名：*Neanthes variegata* Kinberg, 1866
分布：东海，南海；日本，越南，泰国，印度，斯里兰卡，马达加斯加，南非(好望角)，喀麦隆，巴西，加拉帕戈斯群岛，秘鲁，智利，巴拿马，夏威夷群岛，马绍尔群岛，萨摩亚群岛，新喀里多尼亚。

(3) 杂色伪沙蚕 *Pseudonereis variegata* (Grube, 1857)

同物异名：*Mastigonereis longicirra* Schmarda, 1861; *Nereilepas variegata* Grube, 1857; *Nereis coerulea* Hansen, 1882
分布：黄海，东海，南海；日本，关岛，所罗门群岛，西印度群岛，加拉帕戈斯群岛，秘鲁，智利，巴西，巴拿马。

19. 舌沙蚕属 *Rullierinereis* Pettibone, 1971

(1) 三崎舌沙蚕 *Rullierinereis misakiensis* (Imajima & Hayashi, 1972)

同物异名：*Nicon misakiensis* Imajima & Hayashi, 1972
分布：南海，西沙群岛；日本黑潮流域的三崎。

20. 简沙蚕属 *Simplisetia* Hartmann-Schröder, 1985

(1) 红简沙蚕 *Simplisetia erythraeensis* (Fauvel, 1918)

同物异名：*Ceratonereis erythraeensis* Fauvel, 1918
分布：黄海，东海，南海；日本海，印度洋，马达加斯加，澳大利亚西岸，新西兰，南非，红海。

21. 中华沙蚕属 *Sinonereis* Wu & Sun, 1979

(1) 异足中华沙蚕 *Sinonereis heteropoda* Wu & Sun, 1979

同物异名：*Nicon sinica* Wu & Sun, 1979
分布：黄海，东海，南海。

22. 背褶沙蚕属 *Tambalagamia* Pillai, 1961

(1) 背褶沙蚕 *Tambalagamia fauveli* Pillai, 1961

分布：黄海，南海，北部湾；印度，斯里兰卡，越南，日本。

(2) 中华背褶沙蚕 *Tambalagamia sinica* Shen & Wu, 1993

分布：南海，南沙群岛东南部。

23. 软疣沙蚕属 *Tylonereis* Fauvel, 1911

(1) 软疣沙蚕 *Tylonereis bogoyawlenskyi* Fauvel, 1911

分布：东海，南海；波斯湾，印度沿海。

24. 疣吻沙蚕属 *Tylorrhynchus* Grube, 1866

(1) 疣吻沙蚕 *Tylorrhynchus heterochetus* (Quatrefages, 1866)

分布：东海，南海；印度尼西亚，越南，日本，俄罗斯。

白毛虫科 Pilargidae Saint-Joseph, 1899

1. 钩虫属 *Cabira* Webster, 1879

(1) 白毛钩虫 *Cabira pilargiformis* (Uschakov & Wu, 1962)

同物异名：*Ancistrosyllis pilargiformis* Uschakov & Wu, 1962

分布：黄海；日本。

2. 拟刺毛虫属 *Hermundura* Müller, 1858

(1) 印度拟刺毛虫 *Hermundura indica* (Thomas, 1963)

同物异名：*Parandalia indica* (Thomas, 1963); *Loandalia indica* Thomas, 1963

分布：南海；越南，印度。

3. 平额刺毛虫属 *Litocorsa* Pearson, 1970

(1) 越南平额刺毛虫 *Litocorsa annamita* (Gallardo, 1968)

同物异名：*Synelmis annamita* Gallardo, 1968

分布：北部湾，西沙群岛；越南，大西洋，印度洋中部，地中海，巴拿马。

4. 毛虫属 *Pilargis* Saint-Joseph, 1899

(1) 贝氏白毛虫 *Pilargis berkeleyae* Monro, 1933

分布：东海；日本海，日本本州中部和南部，加拿大大不列颠哥伦比亚，美国华盛顿-加利福尼亚南部，西非。

(2) 莫氏白毛虫 *Pilargis mohri* Gallardo, 1968

分布：南海，北部湾，香港；越南。

5. 钩毛虫属 *Sigambra* Müller, 1858

(1) 巴氏钩毛虫 *Sigambra bassi* (Hartman, 1945)

同物异名：*Ancistrosyllis bassi* Hartman, 1945

分布：黄海北部，东海，南海；美国加利福尼亚、佛罗里达南部。

(2) 花冈钩毛虫 *Sigambra hanaokai* (Kitamori, 1960)

分布：南海；日本本州南部和濑户内海，越南南部，所罗门群岛。

6. 刺毛虫属 *Synelmis* Chamberlin, 1919

(1) 阿氏刺毛虫 *Synelmis albini* (Langerhans, 1881)

同物异名：*Ancistrosyllis albini* Langerhans, 1881

分布：黄海，东海，南海；越南南部，日本本州中部和南部，大西洋中部，印度洋中部，美国加利福尼亚，巴拿马。

裂虫科 Syllidae Grube, 1850

1. 翠裂虫属 *Alcyonosyllis* Glasby & Watson, 2001

(1) 柳珊瑚翠裂虫 *Alcyonosyllis gorgoniacolo* (Sun & Yang, 2004)

同物异名：*Haplosyllis gorgoniacolo* Sun & Yang, 2004

分布：南海。

2. 细裂虫属 *Amblyosyllis* Grube, 1857

(1) 美丽细裂虫 *Amblyosyllis speciosa* Izuka, 1912

分布：黄海；日本本州北部-南部。

3. 自裂虫属 *Autolytus* Grube, 1850

(1) 粗毛自裂虫 *Autolytus robustisetus*, Wu & Sun, 1978

分布：东海，南海。

4. 鳃裂虫属 *Branchiosyllis* Ehlers, 1887

(1) 须鳃裂虫 *Branchiosyllis cirropunctata* (Michel, 1909)

同物异名：*Syllis cirropunctata* Michel, 1909; *Typosyllis cirropunctata* (Michel, 1909)

分布：广东大亚湾。

(2) 钩毛鳃裂虫 *Branchiosyllis exilis* (Gravier, 1900)

同物异名：*Branchiosyllis abranchiata* Hartmann-Schröder, 1965；*Branchiosyllis fuscosuturata* (Augener, 1922)；*Branchiosyllis uncinigera* (Hartmann-Schröder, 1960)
分布：南沙群岛；日本，所罗门群岛，澳大利亚，新西兰，印度洋，地中海，南非。

5. 圆锯裂虫属 *Dentatisyllis* Perkins, 1981

(1) 香港圆锯裂虫 *Dentatisyllis hongkongensis* Ding, Licher & Westheide, 1998

分布：南海，香港。

(2) 莫氏圆锯裂虫 *Dentatisyllis mortoni* Ding, Licher & Westheide, 1998

分布：香港。

6. 球裂虫属 *Erinaceusyllis* San Martín, 2003

(1) 刺球裂虫 *Erinaceusyllis erinaceus* (Claparède, 1863)

同物异名：*Sphaerosyllis erinaceus* Claparède, 1863
分布：渤海，黄海；日本海，日本北海道、本州南部，北冰洋，大西洋，白令海，地中海。

7. 真裂虫属 *Eusyllis* Malmgren, 1867

(1) 真裂虫 *Eusyllis blomstrandi* Malmgeren, 1867

同物异名：*Eusyllis monilicornis* Malmgeren, 1867
分布：黄海中部；日本本州北部，冰岛，地中海，英国（爱尔兰），加拿大大不列颠哥伦比亚，美国阿拉斯加、马萨诸塞、华盛顿。

(2) 叶须真裂虫 *Eusyllis habei* Imajima, 1966

分布：东海；日本。

(3) 不规则真裂虫 *Eusyllis irregulata* Imajima, 1966

分布：南海中部；日本本州。

8. 艾裂虫属 *Exogone* Örsted, 1845

(1) 不等艾裂虫 *Exogone dispar* (Webster, 1879)

同物异名：*Paedophylax dispar* Webster, 1879；*Paedophylax longiceps* Verrill, 1880
分布：东海，南沙群岛；日本南部，北冰洋，北太平洋，墨西哥湾，南非。

(2) 蘑须艾裂虫 *Exogone fungopapillata* Zhao & Wu, 1992

分布：东海。

(3) 艾裂虫 *Exogone naidina* Örsted, 1845

同物异名：*Exogone gemmifera* Pagenstecher, 1862；*Exogone kefersteinii* Claparède, 1863；*Gossia longiseta* (Gosse, 1855)
分布：渤海，黄海；北冰洋，北太平洋，日本本州北部和南部，澳大利亚，地中海，白令海，所罗门群岛，法国，加拿大，美国太平洋沿岸，墨西哥，南非。

(4) 小芽艾裂虫 *Exogone verugera* (Claparède, 1868)

同物异名：*Paedophylax brevicornis* Webster & Benedict, 1887；*Paedophylax verugera* Claparède, 1868
分布：黄海，海南岛，西沙群岛，南沙群岛；日本，马绍尔群岛，澳大利亚，新西兰，地中海，欧洲西部和南部海域，美国马萨诸塞，夏威夷群岛，墨西哥，加拿大，南非。

9. 单裂虫属 *Haplosyllis* Langerhans, 1879

(1) 单裂虫 *Haplosyllis spongicola* (Grube, 1855)

同物异名：*Eusyllis setubalensis* (McIntosh, 1885)；*Haplosyllis* (*Syllis*) *hamata* (Claparède, 1868)；*Haplosyllis maderensis* Czerniavsky, 1881
分布：南海；日本，所罗门群岛，马绍尔群岛，澳大利亚，新西兰，夏威夷群岛，大西洋，斯里兰卡，马尔代夫群岛，地中海，红海，南非，美国加利福尼亚-巴拿马，墨西哥。

(2) 触海绵单裂虫 *Haplosyllis spongicola tentaculata* (Marion, 1879)

分布：南海；日本本州南部和九州，法国，意大利。

(3) 海绵单裂虫 *Haplosyllis spongiphila* (Verrill, 1885)

同物异名：*Syllis spongiphila* Verrill, 1885
分布：东海；鄂霍次克海，日本，斯里兰卡，美国马萨诸塞，加拿大西部。

(4) 海南单裂虫 *Haplosyllis uncinigera* (Grube, 1878)

同物异名：*Haplosyllis hainanensis* Sun, 1996; *Syllis uncinigera* Grube, 1878
分布：南海。

10. 大裂虫属 *Megasyllis* San Martín, Hutchings & Aguado, 2008

(1) 有腺大裂虫 *Megasyllis glandulosa* (Augerner, 1913)

同物异名：*Odontosyllis glandulosa* Augerner, 1913; *Typosyllis (Typosyllis) glandulosa* (Augerner, 1913)
分布：南海，南沙群岛；澳大利亚（西部），新西兰。

(2) 胖大裂虫 *Megasyllis inflata* (Marenzeller, 1879)

同物异名：*Dentatisyllis inflata* (Marenzeller, 1879); *Eusyllis inflata* (Marenzeller, 1879); *Syllis inflata* Marenzeller, 1879
分布：胶州湾，黄海北部；日本，澳大利亚。

(3) 日本大裂虫 *Megasyllis nipponica* (Imajima, 1966)

同物异名：*Typosyllis nipponica* Imajima, 1966
分布：南海；日本本州。

11. 多链虫属 *Myrianida* Milne Edwards, 1845

(1) 多链虫 *Myrianida pachycera* (Augener, 1913)

同物异名：*Autolytus pachycerus* Augener, 1913; *Auto-lytus purpureimaculata* Okada, 1933; *Myrianida crassicirrata* Hartmann-Schröder, 1965
分布：南海，广西；日本本州中部和南部，澳大利亚。

(2) 小刺多链虫 *Myrianida spinoculata* (Imajima, 1966)

同物异名：*Autolytus (Autolytus) spinoculatus*, Imajima, 1966
分布：黄海；日本本州南部。

12. 齿裂虫属 *Odontosyllis* Claparède, 1863

(1) 武齿裂虫 *Odontosyllis enopla* Verrill, 1900

同物异名：*Autolytus bidens* Treadwell, 1941
分布：黄海；西印度群岛，百慕大群岛，墨西哥湾。

(2) 驼齿裂虫 *Odontosyllis gibba* Claparède, 1863

同物异名：*Odontosyllis brevirornisi* (Grube, 1863); *Syllis brevicornis* Grube, 1863
分布：南海，中沙群岛；英吉利海峡，法国大西洋沿岸，地中海，南非。

(3) 斑齿裂虫 *Odontosyllis maculata* Uschakov in Annenkova, 1939

分布：黄海北部；日本海，日本北海道九州，堪察加半岛。

(4) 红色齿裂虫 *Odontosyllis rubens* Ding & Westheide, 1997

分布：黄海；太平洋。

(5) 红带齿裂虫 *Odontosyllis rubrofasciata* Grube, 1878

分布：南海，中沙群岛；越南，菲律宾，印度尼西亚。

13. 背裂虫属 *Opisthosyllis* Langerhans, 1879

(1) 背裂虫 *Opisthosyllis brunnea* Langerhans, 1879

分布：东海，南海；日本北海道，马绍尔群岛，南非，澳大利亚，新西兰，夏威夷群岛，地中海，红海，非洲，巴拿马。

(2) 叶片背裂虫 *Opisthosyllis laevis* Day, 1957

分布：广东大亚湾。

14. 拟刺裂虫属 *Paraehlersia* San Martín, 2003

(1) 少环拟刺裂虫 *Paraehlersia ferrugina* (Langerhans, 1881)

同物异名：*Ehlersia ferrugina* Langerhans, 1881
分布：南海，西沙群岛；澳大利亚，大西洋，加罗林群岛，地中海，以色列沿岸，红海，南非。

15. 拟球须裂虫属 *Parasphaerosyllis* Monro, 1937

(1) 夏夷拟球须裂虫 *Parasphaerosyllis ezoensis* Imajima & Hartman, 1964

分布：南海；红海，日本。

(2) 濑户拟球须裂虫 *Parasphaerosyllis setoensis* Imajima, 1966

分布：南海，南沙群岛；日本。

16. 帕氏裂虫属 *Perkinsyllis* San Martín, López & Aguado, 2009

(1) 长须帕氏裂虫 *Perkinsyllis homocirrata* (Hartmann-Schröder, 1958)

同物异名：*Eusyllis homocirrata* Hartmann Schroder, 1958; *Pionosyllis homocirrata* (Hartmann Schroder, 1958)
分布：南海；古巴，巴哈马，厄瓜多尔。

17. 裸裂虫属 *Pionosyllis* Malmgren, 1867

(1) 马氏裸裂虫 *Pionosyllis malmgreni* McIntosh, 1869

分布：黄海北部；英国（苏格兰），美国加利福尼亚，南非。

18. 卷裂虫属 *Proceraea* Ehlers, 1864

(1) 大田卷裂虫 *Proceraea okadai* (Imajima, 1966)

同物异名：*Autolytus (Regulatus) okadai* Imajima, 1966
分布：东海，台湾东北部沿海；日本北海道南部、本州北部和西部，美国阿拉斯加。

(2) 花色卷裂虫 *Proceraea picta* Ehlers, 1864

同物异名：*Autolytus (Proceraea) picta* (Ehlers, 1864); *Myrianida picta* Ehlers, 1864
分布：东海；澳大利亚南部，新西兰，地中海，南非，北大西洋。

(3) 濑户卷裂虫 *Proceraea setoensis* (Imajima, 1966)

同物异名：*Autolytus (Regulatus) setoensis*, Imajima, 1966
分布：南海；日本本州南部。

19. 旺裂虫属 *Prosphaerosyllis* San Martín, 1984

(1) 长尾旺裂虫 *Prosphaerosyllis longicauda* (Webster & Benedict, 1887)

同物异名：*Sphaerosyllis longicauda* Webster & Benedict, 1887
分布：黄海，南海，南沙群岛；美国新英格兰、北卡罗来纳、佛罗里达。

20. 衰裂虫属 *Salvatoria* McIntosh, 1885

(1) 棒衰裂虫 *Salvatoria clavata* (Claparède, 1863)

同物异名：*Brania clavata* (Claparède, 1863); *Grubea dolichopoda* Webster, 1879
分布：渤海，黄海；日本海，所罗门群岛，白令岛，千岛群岛，地中海，加勒比海，墨西哥，美国马萨诸塞，印度洋，法国大西洋沿岸，英吉利海峡，非洲西部。

21. 猬球裂虫属 *Sphaerosyllis* Claparède, 1863

(1) 中华猬球裂虫 *Sphaerosyllis chinensis* Zhao & Wu, 1992

分布：黄海。

(2) 腺猬球裂虫 *Sphaerosyllis glandulata* Perkins, 1981

分布：黄海，南海，南沙群岛；美国佛罗里达、北卡罗来纳，墨西哥湾。

(3) 小猬球裂虫 *Sphaerosyllis hirsuta* Ehlers, 1897

分布：黄海；日本北海道、本州北部和南部，日本海，千岛群岛，所罗门群岛，澳大利亚，新西兰，美国加利福尼亚，麦哲伦海峡，南非。

(4) 猬球裂虫 *Sphaerosyllis hystrix* Claparède, 1863

分布：南海；澳大利亚，新西兰，加拿大，美国加利福尼亚，地中海，南非。

(5) 特猬球裂虫 *Sphaerosyllis pirifera* Claparède, 1868

分布：渤海，黄海；马绍尔群岛，欧洲西部和南部海域，地中海，加拿大大不列颠哥伦比亚，美国加利福尼亚、华盛顿。

(6) 梨猬球裂虫 *Sphaerosyllis piriferopsis* Perkins, 1981

分布：黄海；美国佛罗里达，巴哈马群岛。

22. 裂虫属 *Syllis* Lamarck, 1818

(1) 千岛裂虫 *Syllis adamantea* (Treadwell, 1914)

同物异名：*Typosyllis adamantens* (Treadwell, 1914); *Pionosyllis decorus* Annenkova, 1934; *Syllis* (*Typosyllis*) *decorus* Chlebovitsch, 1961

分布：黄海；日本北海道、本州，千岛群岛。

(2) 轮替裂虫 *Syllis alternata* Moore, 1908

同物异名：*Typosyllis alternata* (Moore, 1908)

分布：东海，南海；日本，美国阿拉斯加、加利福尼亚，加拿大温哥华，所罗门群岛。

(3) 粗毛裂虫 *Syllis amica* Quatrefages, 1866

同物异名：*Ehlersia* (*Syllis*) *simplex* Langerhans, 1879; *Syllis* (*Ehlersia*) *aesthetica* Saint-Joseph, 1887; *Syllis*

aesthetica Saint Joseph, 1887

分布：黄海，东海，南海；日本，印度，大西洋，地中海，法国。

(4) 似环裂虫 *Syllis armillaris* (O. F. Müller, 1776)

同物异名：*Ioida macrophthalma* Johnston, 1840; *Nereis armillaris* O. F. Müller, 1776; *Syllis alternosetosa* Saint Joseph, 1886

分布：渤海，黄海，东海，南海。

(5) 本格拉裂虫 *Syllis benguellana* Day, 1963

同物异名：*Typosyllis benguellana* (Day, 1963)

分布：渤海，黄海；南非。

(6) 额裂虫 *Syllis cornuta* Rathke, 1843

同物异名：*Ehlersia cornuta* (Rathke, 1843); *Langerhansia cornuta* (Rathke, 1843); *Syllis fabricii* Malmgren, 1867

分布：黄海，东海，北部湾，海南岛，南沙群岛；日本，越南，所罗门群岛，澳大利亚，夏威夷群岛，大西洋，印度洋，地中海，红海，挪威。

(7) 扁裂虫 *Syllis fasciata* Malmgren, 1867

同物异名：*Typosyllis fasciata* (Malmgren, 1867)

分布：渤海，黄海；太平洋东西两岸，鄂霍次克海，白令海，日本海，日本北海道南部、九州，北大西洋。

(8) 叉毛裂虫 *Syllis gracilis* Grube, 1840

同物异名：*Syllis brachycirris* Grube, 1857; *Syllis buchholziana* Grube, 1877; *Syllis longissima* Gravier, 1900

分布：东海，南海；日本，澳大利亚，新西兰，所罗门群岛，马绍尔群岛，印度洋，地中海，红海，非洲，加拿大大不列颠哥伦比亚，美国南加利福尼亚，巴拿马。

(9) 异毛裂虫 *Syllis heterochaeta* Moore, 1909

同物异名：*Ehlersia heterochaeta* (Moore, 1909)

分布：南沙群岛；加拿大-美国加利福尼亚。

(10) 透明裂虫 *Syllis hyalina* Grube, 1863

同物异名：*Typosyllis hyalina* (Grube, 1863); *Pionosyllis hyalina* (Grube, 1863); *Syllis borealis* Malmgren, 1867

分布：黄海，南海；日本北海道、本州北部和南部，太平洋东西两岸，夏威夷群岛，马绍尔群岛，澳大利亚，新西兰，印度洋，地中海，南冰洋，大西洋。

(11) 黄色裂虫 *Syllis lutea* (Hartmann-Schröder, 1960)

同物异名：*Typosyllis lutea* Hartmann-Schröder, 1960; *Typosyllis safrieli* (Ben-Eliahu, 1977); *Syllis (Typosyllis) safrieli* Ben-Eliahu, 1977

分布：黄海；地中海，红海，苏伊士运河，非洲东部和西部，墨西哥湾。

(12) 斑钩裂虫 *Syllis maculata* Imajima, 1966

同物异名：*Typosyllis maculata* Imajima, 1966
分布：南海；日本本州中部和南部。

(13) 奇毛裂虫 *Syllis magnipectinis* (Storch, 1967)

同物异名：*Typosyllis magnipectinis* (Storch, 1967)
分布：南海；红海，印度洋，墨西哥湾，古巴。

(14) 圆裂虫 *Syllis monilata* Imajima, 1966

同物异名：*Typosyllis monilata* Imajima, 1966
分布：东海，南海，中沙群岛；日本本州。

(15) 梳毛裂虫 *Syllis pectinans* Haswell, 1920

同物异名：*Typosyllis pectinans* (Haswell, 1920)
分布：东海，南海；澳大利亚，智利，西班牙。

(16) 多育裂虫 *Syllis prolifera* Krohn, 1852

同物异名：*Typosyllis prolifera* Krohn, 1852; *Gnathosyllis zonata* Haswell, 1886
分布：黄海，南海；日本，印度-西太平洋，马绍尔群岛，所罗门群岛，大西洋，地中海，红海，印度洋。

(17) 玫瑰裂虫 *Syllis rosea* (Langerhans, 1879)

同物异名：*Ehlersia rosea* Langerhans, 1879

分布：珠江口，南沙群岛；日本，所罗门群岛。

(18) 杂色裂虫 *Syllis variegata* Grube, 1860

同物异名：*Isosyllis armoricana* (Claparède, 1863); *Typosyllis variegata* (Grube, 1860)

分布：黄海，东海，南海；日本，越南沿海，澳大利亚，新西兰，夏威夷群岛，马绍尔群岛，印度洋，太平洋东西两岸，波斯湾，地中海。

(19) 条斑裂虫 *Syllis vittata* Grube, 1840

同物异名：*Typosyllis vittata* (Grube, 1840); *Syllis nigropharyngea* Day, 1951
分布：黄海，东海；地中海，法国，南非。

(20) 高角裂虫 *Syllis anops* Ehlers, 1897

同物异名：*Langerhansia anops* (Ehlers, 1897); *Syllis gracilis* Schmarda, 1861
分布：广东大亚湾；麦哲伦海峡，查塔姆群岛。

(21) 规则裂虫 *Syllis regulata* Imajima, 1966

同物异名：*Typosyllis (Typosyllis) regulata* Imajima, 1966
分布：东海，南海；澳大利亚，新西兰，日本本州南部。

23. 似裂虫属 *Syllides* Örsted, 1845

(1) 日本似裂虫 *Syllides japonicus* Imajima, 1966

同物异名：*Syllides japonica* Imajima, 1966
分布：南海；日本。

24. 钻穿裂虫属 *Trypanosyllis* Claparède, 1864

(1) 带形条钻穿裂虫 *Trypanosyllis taeniaeformis* (Haswell, 1886)

同物异名：*Trypanosyllis richardi* Gravier, 1900
分布：东海，南海；日本，澳大利亚，新西兰，波斯湾，地中海，红海，印度洋，巴拿马。

(2) 钻穿裂虫 *Trypanosyllis zebra* (Grube, 1860)

同物异名：*Syllis rubra* Grube, 1857; *Syllis zebra* Grube, 1860

分布：西沙群岛；日本（本州南部），越南，马绍尔群岛，夏威夷群岛，澳大利亚，新西兰，印度，红海，波斯湾，地中海，大西洋，印度洋。

25. 韦氏裂虫属 *Westheidesyllis* San Martín, López & Aguado, 2009

(1) 珊瑚韦氏裂虫 *Westheidesyllis corallicola* (Ding & Westheide, 1997)

同物异名：*Pionosyllis corallicola*, Ding & Westheide, 1997

分布：南海。

齿吻沙蚕科 Nephtyidae Grube, 1850

1. 内卷齿蚕属 *Aglaophamus* Kinberg, 1866

(1) 双鳃内卷齿蚕 *Aglaophamus dibranchis* (Grube, 1877)

同物异名：*Nephthys dibranchis* Grube, 1877; *Nephthys mirasetis* Hoagland, 1920

分布：东海，南海；印度尼西亚，澳大利亚，新西兰，拉克沙群岛，波斯湾，阿拉伯海，印度沿岸，南非。

(2) 吉浦内卷齿蚕 *Aglaophamus gippslandicus* (Rainer & Hutchings, 1977)

分布：黄海南部；朝鲜半岛西部，澳大利亚，新西兰。

(3) 杰氏内卷齿蚕 *Aglaophamus jeffreysii* (McIntosh, 1885)

同物异名：*Nephthys jeffreysii* McIntosh, 1885

分布：东海南部，海南岛南部；日本本州中部和南部、九州。

(4) 叶须内卷齿蚕 *Aglaophamus lobatus* Imajima & Takeda, 1985

分布：东海；日本本州中部和南部、九州。

(5) 弦毛内卷齿蚕 *Aglaophamus lyrochaeta* (Fauvel, 1902)

同物异名：*Nephthys lyrochaeta* Fauvel, 1902

分布：东海，南海。

(6) 东方内卷齿蚕 *Aglaophamus orientalis* Fauchald, 1968

分布：北部湾；越南。

(7) 中华内卷齿蚕 *Aglaophamus sinensis* (Fauvel, 1932)

同物异名：*Nephthys sinensis* Fauvel, 1932

分布：渤海，黄海，东海，南海；日本本州中部、九州，越南，泰国。

(8) 暖湿内卷齿蚕 *Aglaophamus tepens* Fauchald, 1968

分布：南海，海南岛西北部；越南南部。

(9) 吐露内卷齿蚕 *Aglaophamus toloensis* Ohwada, 1992

分布：东海，南海。

(10) 乌鲁潘内卷齿蚕 *Aglaophamus urupani* Nateewathana & Hylleberg, 1986

分布：东海，南海，香港大鹏湾、吐露港。

(11) 双须内卷齿蚕 *Aglaophamus verrilli* (McIntosh, 1885)

同物异名：*Aglaophamus dicirris* Hartman, 1945

分布：东海。

(12) 萎内卷齿蚕 *Aglaophamus vietnamensis* Fauchald, 1968

分布：东海，南海。

2. 无疣齿吻沙蚕属 *Inermonephtys* Fauchald, 1968

(1) 加氏无疣齿吻沙蚕 *Inermonephtys gallardi* Fauchald, 1968

分布：南海，海南岛东岸和西岸；越南，泰国。

(2) 无疣齿吻沙蚕 *Inermonephtys inermis* (Ehlers, 1887)

同物异名：*Nephthys inermis* Ehlers, 1887
分布：黄海，东海，广西，海南岛东部；朝鲜半岛，越南，泰国，印度，地中海，苏伊士湾，马尔代夫群岛，美国加利福尼亚，巴拿马沿岸，墨西哥湾。

(3) 须无疣齿吻沙蚕 *Inermonephtys palpata* Paxton, 1974

分布：南海，海南岛西岸；澳大利亚昆士兰，新西兰。

3. 微齿吻沙蚕属 *Micronephthys* Friedrich, 1939

(1) 大眼微齿吻沙蚕 *Micronephthys oculifera* Mackie, 2000

分布：南海。

(2) 寡鳃微齿吻沙蚕 *Micronephthys oligobranchia* (Southern, 1921)

同物异名：*Nephtys oligobranchia* Southern, 1921
分布：渤海，黄海，东海，南海；朝鲜半岛，日本，越南，泰国，印度。

(3) 东球须微齿吻沙蚕 *Micronephthys sphaerocirrata* (Wesenberg-Lund, 1949)

同物异名：*Nephthys sphaerocirrata* Wesenberg-Lund, 1949
分布：南海；日本本州北部和中部、九州，朝鲜半岛，越南，泰国，马绍尔群岛，波斯湾。

4. 齿吻沙蚕属 *Nephtys* Cuvier, 1817

(1) 囊叶齿吻沙蚕 *Nephtys caeca* (Fabricius, 1780)

同物异名：*Nephthys hirsuta* Dalyell, 1853; *Nephthys ingens* Stimpson, 1853
分布：渤海海峡，黄海；日本，朝鲜半岛，北大西洋，太平洋，北冰洋，挪威，美国新英格兰、阿拉斯加-北加利福尼亚。

(2) 加州齿吻沙蚕 *Nephtys californiensis* Hartman, 1938

分布：渤海，黄海，东海，南海；朝鲜半岛，日本北海道、本州，美国加利福尼亚，澳大利亚，北大西洋。

(3) 毛齿吻沙蚕 *Nephtys ciliata* (Müller, 1788)

同物异名：*Diplobranchus ciliatus* (Müller, 1788); *Nephtys borealis* Örsted, 1843; *Nereis ciliata* Müller, 1788
分布：渤海，黄海；日本本州北部，美国阿拉斯加、新英格兰，北大西洋，挪威，丹麦，白令海。

(4) 圆锯齿吻沙蚕 *Nephtys glabra* Hartman, 1950

同物异名：*Dentinephtys glabra* (Hartman, 1950)
分布：东海；日本本州北部和中部，美国加利福尼亚中部和南部。

(5) 长毛齿吻沙蚕 *Nephtys longosetosa* Öersted, 1842

同物异名：*Nephthys emarginata* Malm, 1874; *Nephtys johnstoni* Ehlers, 1874
分布：黄海；日本，朝鲜半岛，白令海，鄂霍次克海，美国阿拉斯加、加利福尼亚、马萨诸塞，挪威，地中海。

(6) 新多鳃齿吻沙蚕 *Nephtys neopolybranchia* Imajima & Takeda, 1987

分布：黄海；朝鲜半岛，日本。

(7) 奇异齿吻沙蚕 *Nephtys paradoxa* Malm, 1874

同物异名：*Nephtys canadensis* McIntosh, 1900; *Nephtys pansa* Ehlers, 1874; *Nephtys phyllobranchia* McIntosh, 1885
分布：渤海，黄海；日本本州北部和南部，日本海，越南，泰国，澳大利亚昆士兰，新西兰，美国阿拉斯加、加利福尼亚、新英格兰，爱尔兰，挪威，瑞士，地中海，南非。

(8) 多鳃齿吻沙蚕 *Nephtys polybranchia* **Southern, 1921**

分布：渤海，黄海，东海，南海；朝鲜半岛，日本，越南，泰国，印度。

叶须虫科 Phyllodocidae Örsted, 1843

1. 棒须虫属 *Clavadoce* Hartman, 1936

(1) 黑斑棒须虫 *Clavadoce nigrimaculata* **(Moore, 1909)**

同物异名：*Bergstroemia nigrimaculata* (Moore, 1909); *Eulalia nigrimaculata* Moore, 1909; *Genetyllis nigrimaculata* (Moore, 1909)
分布：南海；美国加利福尼亚。

2. 双须虫属 *Eteone* Savigny, 1822

(1) 三角洲双须虫 *Eteone delta* **Wu & Chen, 1963**

分布：东海。

(2) 长双须虫 *Eteone longa* **(Fabricius, 1780)**

分布：黄海；白令海，日本海。

(3) 色斑双须虫 *Eteone pacifica* **Hartman, 1936**

同物异名：*Eteone maculata* Treadwell, 1922
分布：东海，南海；菲律宾。

3. 巧言虫属 *Eulalia* Savigny, 1822

(1) 双带巧言虫 *Eulalia bilineata* **(Johnston, 1840)**

同物异名：*Eulalia gracilis* Verrill, 1873; *Eulalia problema* Malmgren, 1865; *Eulalia quadrilineata* Saint-Joseph, 1888
分布：黄海；加拿大温哥华，大西洋，地中海，日本海，太平洋。

(2) 巧言虫 *Eulalia viridis* **(Linnaeus, 1767)**

同物异名：*Eracia virens* (Ehlers, 1864); *Eulalia annulata* Verrill, 1873; *Eulalia brevisetis* Saint-Joseph, 1899
分布：黄海，东海，南海；俄罗斯诺沃西比尔斯克，

白令海，千岛群岛，堪察加半岛，鄂霍次克海，日本海。

4. 围巧言虫属 *Eumida* Malmgren, 1865

(1) 白围巧言虫 *Eumida albopicta* **(Marenzeller, 1879)**

分布：黄海；日本南岸，印度沿岸。

(2) 围巧言虫 *Eumida sanguinea* **(Örsted, 1843)**

同物异名：*Eulalia flavescens* Bobretzky, 1868; *Eulalia granulosa* Verrill, 1873; *Eulalia pistacia* Verrill, 1873
分布：黄海，北部湾。

(3) 管围巧言虫 *Eumida tubiformis* **Moore, 1909**

分布：黄海；鄂霍次克海，千岛群岛，日本海，美国加利福尼亚。

5. 神须虫属 *Mysta* Malmgren, 1865

(1) 锦绣神须虫 *Mysta ornata* **(Grube, 1878)**

同物异名：*Eteone* (*Mysta*) *ornata* (Grube, 1878); *Mysta maculata* Treadwell, 1920
分布：东海，南海，北部湾；日本北部，菲律宾。

(2) 张氏神须虫 *Mysta tchangsii* **(Uschakov & Wu, 1959)**

同物异名：*Eteone* (*Mysta*) *tchangsii* Uschakov & Wu, 1959
分布：黄海，东海，南海；印度沿岸。

6. 仙须虫属 *Nereiphylla* Blainville, 1828

(1) 栗色仙须虫 *Nereiphylla castanea* **(Marenzeller, 1879)**

同物异名：*Carobia castanea* Marenzeller, 1879
分布：渤海，黄海，东海，南海；鄂霍次克海，日本海，印度，斯里兰卡，澳大利亚，新西兰，美国加利福尼亚，波斯湾，红海，加拉帕戈斯群岛。

7. 背叶虫属 *Notophyllum* Örsted, 1843

(1) 背叶虫 *Notophyllum foliosum* **(Sars, 1835)**

同物异名：*Eulalia obtecta* Ehlers, 1864; *Notophyllum*

alatum Langerhans, 1880; *Notophyllum longum* Örsted, 1843

分布：黄海；日本海；俄罗斯彼得大帝湾，美国阿拉斯加，千岛群岛，白令群岛，大西洋北美洲东海岸，大西洋东北部法罗群岛，欧洲大西洋沿岸，地中海，非洲西海岸。

(2) 覆瓦背叶虫 *Notophyllum imbricatum* Moore, 1906

分布：黄海；新西兰，千岛群岛，科曼多尔群岛，美国阿拉斯加、加利福尼亚，加拿大温哥华，日本海。

(3) 华彩背叶虫 *Notophyllum splendens* (Schmarda, 1861)

同物异名：*Macrophyllum leucopterum* Schmarda, 1861; *Macrophyllum splendens* (Schmarda, 1861); *Notophyllum laciniatum* Willey, 1905

分布：黄海，东海，南海；日本，美国阿拉斯加，新西兰，红海，南非，斯里兰卡，菲律宾，澳大利亚。

8. 叶须虫属 *Phyllodoce* Lamarck, 1818

(1) 中华半突虫 *Phyllodoce chinensis* Uschakov & Wu, 1959

分布：黄海，北部湾。

(2) 格陵兰半突虫 *Phyllodoce groenlandica* Örsted, 1842

同物异名：*Anaitides groenlandica* (Örsted, 1842)
分布：黄海；北冰洋，北大西洋，美国马萨诸塞、加利福尼亚沿岸，英吉利海峡，日本海，北极-北温带。

(3) 梭须半突虫 *Phyllodoce madeirensis* Langerhans, 1880

同物异名：*Anaitides madeirensis* (Langerhans, 1880); *Mystides gracilis* Treadwell, 1941
分布：南海，海南岛，北部湾，西沙群岛（永兴岛）；法国，西班牙，葡萄牙，大西洋东部，地中海，红海，印度洋，非洲东南部，澳大利亚，西非，马达

加斯加，印度，日本。

(4) 乳突半突虫 *Phyllodoce papillosa* Uschakov & Wu, 1959

分布：黄海，东海，南海；太平洋西北部至热带水域。

(5) 长丝叶须虫 *Phyllodoce fristedti* Bergström, 1916

分布：南海，西沙群岛；印度，斯里兰卡，越南，新喀里多尼亚。

(6) 叶须虫 *Phyllodoce laminosa* Savigny in Lamarck, 1818

同物异名：*Phyllodoce gigantea* (Johnston, 1829); *Phyllodoce saxicola* (Quatrefages, 1843)
分布：东海，南海；北海，欧洲大西洋沿岸，地中海，越南，印度沿岸。

(7) 玛叶须虫 *Phyllodoce malmgreni* Gravier, 1900

分布：东海，南海，北部湾；红海，马达加斯加，莫桑比克，澳大利亚东海岸，新几内亚岛。

9. 羽须虫属 *Pterocirrus* Claparède, 1868

(1) 羽须虫 *Pterocirrus macroceros* (Grube, 1860)

同物异名：*Eulalia macroceros* (Grube, 1860); *Eulalia volucris* Ehlers, 1864; *Eumida macroceros* (Grube, 1860)
分布：黄海，东海，南海；欧洲大西洋沿岸，太平洋加拿大沿岸，地中海，日本海，黑海。

10. 淡须虫属 *Genetyllis* Malmgren, 1865

(1) 球淡须虫 *Genetyllis gracilis* (Kinberg, 1866)

同物异名：*Phyllodoce gracilis* Kinberg, 1866; *Phyllodoce ovalifera* Augener, 1913
分布：渤海，黄海；孟加拉湾，波利尼西亚，澳大利亚。

未定亚纲

长手沙蚕科 Magelonidae Cunningham & Ramage, 1888

1. 长手沙蚕属 *Magelona* F. Müller, 1858

(1) 尖叶长手沙蚕 *Magelona cincta* Ehlers, 1908

分布：黄海，北部湾；非洲西部和南部。

(2) 栉状长手沙蚕 *Magelona crenulifrons* Gallardo, 1968

分布：东海，南海；越南。

(3) 日本长手沙蚕 *Magelona japonica* Okuda, 1937

分布：黄海，北部湾；日本，加拿大。

(4) 太平洋长手沙蚕 *Magelona pacifica* Monro, 1933

分布：黄海，东海，北部湾；美国，墨西哥，巴拿马。

(5) 乳突长手沙蚕 *Magelona papillicornis* Müller, 1858

分布：黄海，台湾岛；巴西。

欧文虫科 Oweniidae Rioja, 1917

1. 欧文虫属 *Owenia* Delle Chiaje, 1844

(1) 欧文虫 *Owenia fusiformis* Delle Chiaje, 1841

同物异名：*Ammochares aedificator* Andrews, 1891; *Ammochares occidentalis* Johnson, 1901; *Ammochares orientalis* Grube, 1878; *Ops digitata* Carrington, 1865; *Owenia brachycera* Marion, 1876
分布：黄海，海南岛，北部湾；格陵兰岛，瑞典卡罗里娜，墨西哥湾，非洲沿岸，地中海，红海，印度洋，北太平洋，日本，白令海。

(2) 光州欧文虫 *Owenia gomsoni* Koh & Bhaud, 2001

分布：黄海；韩国，日本，地中海。

环带纲 Clitellata

寡毛亚纲 Oligochaeta

线蚓目 Enchytraeida

线蚓科 Enchytraeidae d'Udekem, 1855

1. 线蚓属 *Enchytraeus* Henle, 1837

(1) 金凯德线蚓 *Enchytraeus kincaidi* Eisen, 1904

同物异名：*Enchytraeus alaskae* Eisen, 1904; *Enchytraeus citrinus* Eisen, 1904; *Enchytraeus cryptosetosus* Tynen, 1969
分布：胶州湾；哥伦比亚，日本，美国。

2. 针线蚓属 *Grania* Southern, 1913

(1) 香港针线蚓 *Grania hongkongensis* Erséus, 1990

分布：香港。

(2) 无刺针线蚓 *Grania inermis* Erséus, 1990

分布：香港。

(3) 棘刺针线蚓 *Grania stilifera* Erséus, 1990

分布：香港。

3. 丝线蚓属 *Lumbricillus* Örsted, 1844

(1) 丝线蚓属未定种 *Lumbricillus* sp.

分布：胶州湾。

4. 玛利安蚓属 *Marionina* Michaelsen in Pfeffer, 1890

(1) 科茨玛利安蚓 *Marionina coatesae* Erséus, 1990

分布：胶州湾，香港。

(2) 裸管玛利安蚓 *Marionina levitheca* **Erséus, 1990**

分布：胶州湾，香港。

(3) 尼维斯玛利安蚓 *Marionina nevisensis* **Righi & Kanner, 1979**

分布：胶州湾，香港；哥伦比亚，尼维斯岛。

(4) 温哥华玛利安蚓 *Marionina vancouverensis* **Coates, 1980**

分布：香港；哥伦比亚，西澳大利亚。

5. 史氏蚓属 *Stephensoniella* **Cernosvitov, 1934**

(1) 海洋史氏蚓 *Stephensoniella marina* **(Moore, 1902)**

同物异名：*Enchytraeus barkudensis* Stephenson, 1915
分布：香港；印度，沙特阿拉伯，百慕大群岛，美国佛罗里达，法属圭亚那。

(2) 斯特雷史氏蚓 *Stephensoniella sterreri* **(Lasserre & Erséus, 1976)**

同物异名：*Lumbricillus sterreri* Lasserre & Erséus, 1976
分布：胶州湾，香港；百慕大群岛。

单向蚓目 Haplotaxida

仙女虫科 Naididae Ehrenberg, 1831

仙女虫亚科 Naidinae Ehrenberg, 1828

1. 拟仙女虫属 *Paranais* **Czerniavsky, 1881**

(1) 费氏拟仙女虫 *Paranais frici* **Hrabě, 1941**
同物异名：*Wapsa mobilis* Liang, 1958
分布：香港；欧洲，亚洲，北美洲，南美洲，非洲。

(2) 沿岸拟仙女虫 *Paranais litoralis* **(Müller, 1784)**

同物异名：*Blanonais litoralis* (Müller, 1784); *Enchytraeus triventralopectinatus* Minor, 1863; *Nais litoralis*

Müller, 1784
分布：香港。

河蚓亚科 Rhyacodrilinae Hrabe, 1963

1. 矮丝蚓属 *Ainudrilus* **Finogenova, 1982**

(1) 对毛矮丝蚓 *Ainudrilus geminus* **Erséus, 1990**

分布：香港；伯利兹。

(2) 吉氏矮丝蚓 *Ainudrilus gibsoni* **Erséus, 1990**

分布：香港。

(3) 泥滩矮丝蚓 *Ainudrilus lutulentus* **(Erséus, 1984)**

同物异名：*Rhyacodrilus lutulentus* Erséus, 1984
分布：胶州湾，海南岛，香港；日本。

(4) 少毛矮丝蚓 *Ainudrilus pauciseta* **Wang & Erséus, 2003**

分布：海南岛。

(5) 大潭矮丝蚓 *Ainudrilus taitamensis* **Erséus, 1990**

分布：香港。

2. 赫伦蚓属 *Heronidrilus* **Erséus & Jamieson, 1981**

(1) 双钩赫伦蚓 *Heronidrilus bihamis* **Erséus & Jamieson, 1981**

分布：胶州湾，香港；澳大利亚。

(2) 尖削赫伦蚓 *Heronidrilus fastigatus* **Erséus & Jamieson, 1981**

分布：香港；澳大利亚。

(3) 哈氏赫伦蚓 *Heronidrilus hutchingsae* **Erséus, 1990**

分布：香港。

3. 异毛蚓属 *Heterodrilus* Pierantoni, 1902

(1) 陈氏异毛蚓 *Heterodrilus chenianus* Wang & Erséus, 2003

分布：海南岛。

(2) 基恩异毛蚓 *Heterodrilus keenani* Erséus, 1981

分布：海南岛，香港；西澳大利亚，夏威夷群岛。

(3) 裸露异毛蚓 *Heterodrilus nudus* Wang & Erséus, 2003

分布：海南岛。

(4) 均质异毛蚓 *Heterodrilus uniformis* Wang & Erséus, 2003

分布：海南岛。

(5) 男儿异毛蚓 *Heterodrilus virilis* Erséus, 1992

分布：香港。

4. 单孔蚓属 *Monopylephorus* Levinsen, 1884

(1) 体小单孔蚓 *Monopylephorus parvus* Ditlevsen, 1904

分布：香港；丹麦，印度，美国东海岸，加拿大太平洋沿岸，巴西，南非。

(2) 浅绛单孔蚓 *Monopylephorus rubroniveus* Levinsen, 1884

同物异名：*Monopylephorus glaber* J. Moore, 1905; *Monopylephorus helobius* Loden, 1980; *Rhizodrilus pilosus* (Goodrich, 1892)
分布：胶州湾，台湾岛；西/北欧，黑海，美国大西洋，墨西哥湾，巴西，俄罗斯远东海域。

5. 简丝蚓属 *Paupidrilus* Erséus, 1990

(1) 短管简丝蚓 *Paupidrilus breviductus* Erséus, 1990

分布：香港。

6. 根丝蚓属 *Rhizodrilus* Smith, 1900

(1) 微赤根丝蚓 *Rhizodrilus russus* Erséus, 1990

分布：香港。

颤蚓亚科 Tubificinae Eisen, 1879

1. 近颤蚓属 *Tubificoides* Lastočkin, 1937

(1) 今岛近颤蚓 *Tubificoides imajimai* Brinkhurst, 1985

分布：香港；日本。

棒丝蚓亚科 Phallodrilinae Brinkhurst, 1971

1. 岬丝蚓属 *Aktedrilus* Knöllner, 1935

(1) 腔阔岬丝蚓 *Aktedrilus cavus* Erséus, 1990

分布：香港。

(2) 楔茎岬丝蚓 *Aktedrilus cuneus* Erséus, 1984

分布：香港；意大利，波斯湾，加拉帕戈斯群岛。

(3) 佛罗里达岬丝蚓 *Aktedrilus floridensis* Erséus, 1980

分布：香港；美国佛罗里达，巴巴多斯。

(4) 露茜岬丝蚓 *Aktedrilus locyi* Erséus, 1980

分布：香港；波斯湾，美国加利福尼亚，百慕大群岛。

(5) 长管岬丝蚓 *Aktedrilus longitubularis* Finogenova & Shurova, 1980

分布：香港；日本北海，伯利兹。

(6) 莫顿岬丝蚓 *Aktedrilus mortoni* Erséus, 1984

分布：香港。

(7) 细腺岬丝蚓 *Aktedrilus parviprostatus* **Erséus, 1980**

分布：香港；西澳大利亚，阿森松岛。

(8) 微囊岬丝蚓 *Aktedrilus parvithecatus* **(Erséus, 1978)**

分布：海南岛，香港；法国大西洋沿岸，加勒比海地区，沙特阿拉伯，墨西哥太平洋沿岸，加拉帕戈斯群岛。

(9) 中华岬丝蚓 *Aktedrilus sinensis* **Erséus, 1984**

分布：香港。

(10) 奕波岬丝蚓 *Aktedrilus yiboi* **Wang & Erséus, 2001**

分布：海南岛。

2. 深海蚓属 *Bathydrilus* **Cook, 1970**

(1) 大管深海蚓 *Bathydrilus ampliductus* **Erséus, 1997**

分布：海南岛；澳大利亚。

(2) 爱氏深海蚓 *Bathydrilus edwardsi* **Erséus, 1984**

分布：香港。

3. 革丝蚓属 *Duridrilus* **Erséus, 1983**

(1) 疲塌革丝蚓 *Duridrilus piger* **Erséus, 1984**

分布：香港。

(2) 鲁钝革丝蚓 *Duridrilus tardus* **Erséus, 1983**

分布：香港；百慕大群岛，巴巴多斯，波多黎各，伯利兹。

4. 基尼蚓属 *Gianius* **Erséus, 1992**

(1) 奇特基尼蚓 *Gianius eximius* **Erséus, 1997**
分布：香港。

5. 小贾米丝蚓属 *Jamiesoniella* **Erséus, 1981**

(1) 无囊小贾米丝蚓 *Jamiesoniella athecata* **Erséus, 1981**

分布：海南岛，香港；澳大利亚，伯利兹。

(2) 暧昧小贾米丝蚓 *Jamiesoniella enigmatica* **Erséus, 1990**

分布：海南岛，香港。

6. 太平洋蚓属 *Pacifidrilus* **Erséus, 1992**

(1) 达氏太平洋蚓 *Pacifidrilus darvelli* **(Erséus, 1984)**

分布：香港。

(2) 肠空太平洋蚓 *Pacifidrilus vanus* **(Erséus, 1984)**

分布：香港。

7. 栉毛蚓属 *Pectinodrilus* **Erséus, 1992**

(1) 异形栉毛蚓 *Pectinodrilus disparatus* **Erséus, 1992**

分布：香港。

(2) 海下湾栉毛蚓 *Pectinodrilus hoihaensis* **Erséus, 1992**

分布：香港。

(3) 难辨栉毛蚓 *Pectinodrilus molestus* **(Erséus, 1988)**

分布：海南岛，香港；伯利兹，巴巴多斯，美国佛罗里达，夏威夷群岛，百慕大群岛，斐济，西澳大利亚。

8. 合孔蚓属 *Uniporodrilus* **Erséus, 1979**

(1) 叉形合孔蚓 *Uniporodrilus furcatus* **Erséus, 1992**

分布：香港。

似水丝蚓亚科 Limnodriloidinae Erséus, 1982

1. 膨管蚓属 *Doliodrilus* Erséus, 1984

(1) 连隔膨管蚓 *Doliodrilus adiacens* Wang & Erséus, 2004

分布：海南岛。

(2) 双管膨管蚓 *Doliodrilus bidolium* Wang & Erséus, 2004

分布：海南岛。

(3) 两囊膨管蚓 *Doliodrilus bisaccus* Wang & Erséus, 2004

分布：海南岛；日本。

(4) 短管膨管蚓 *Doliodrilus brachyductus* Wang & Erséus, 2004

分布：海南岛。

(5) 中华膨管蚓 *Doliodrilus chinensis* Wang & Erséus, 2004

分布：海南岛。

(6) 纤毛膨管蚓 *Doliodrilus ciliatus* Wang & Erséus, 2004

分布：海南岛。

(7) 盲囊膨管蚓 *Doliodrilus diverticulatus* Erséus, 1985

分布：海南岛；沙特阿拉伯，澳大利亚。

(8) 肌肉膨管蚓 *Doliodrilus fibrisaccus* Wang & Erséus, 2004

分布：海南岛；斐济。

(9) 长叉膨管蚓 *Doliodrilus longidentatus* Wang & Erséus, 2004

分布：海南岛，香港。

(10) 柔弱膨管蚓 *Doliodrilus tener* Erséus, 1984

分布：胶州湾，香港，海南岛，台湾岛。

2. 似水丝蚓属 *Limnodriloides* Pierantoni, 1903

(1) 埃格似水丝蚓 *Limnodriloides agnes* Hrabě, 1967

分布：胶州湾，香港；地中海，黑海。

(2) 双孔似水丝蚓 *Limnodriloides biforis* Erséus, 1990

分布：香港。

(3) 近亲似水丝蚓 *Limnodriloides fraternus* Erséus, 1990

分布：香港。

(4) 棕褐似水丝蚓 *Limnodriloides fuscus* Erséus, 1984

分布：香港。

(5) 侧孔似水丝蚓 *Limnodriloides lateroporus* Erséus, 1997

分布：香港；澳大利亚。

(6) 麦氏似水丝蚓 *Limnodriloides macinnesi* Erséus, 1990

分布：香港，海南岛；夏威夷群岛。

(7) 副矛似水丝蚓 *Limnodriloides parahastatus* Erséus, 1984

分布：香港，海南岛。

(8) 皮氏似水丝蚓 *Limnodriloides pierantonii* (Hrabě, 1971)

同物异名：*Bohadschia pierantonii* Hrabě, 1971; *Limnodriloides fragosus* Finogenova, 1972; *Limnodriloides pierantoni* (Hrabě, 1971)

分布：香港；地中海，黑海，巴巴多斯，委内瑞拉。

(9) 赤红似水丝蚓 *Limnodriloides rubicundus* **Erséus, 1982**

分布：香港；伯利兹城，巴巴多斯，委内瑞拉，巴哈马群岛，百慕大群岛，美国佛罗里达，夏威夷群岛。

(10) 细管似水丝蚓 *Limnodriloides tenuiductus* **Erséus, 1982**

分布：香港；沙特阿拉伯，西澳大利亚。

(11) 托洛似水丝蚓 *Limnodriloides toloensis* **Erséus, 1984**

分布：香港。

(12) 单囊似水丝蚓 *Limnodriloides uniampullatus* **Erséus, 1982**

分布：香港；西澳大利亚。

(13) 维多利亚似水丝蚓 *Limnodriloides victoriensis* **Brinkhurst & Baker, 1979**

分布：胶州湾；加拿大太平洋沿岸，广泛分布于北太平洋区。

(14) 弗州似水丝蚓 *Limnodriloides virginiae* **Erséus, 1982**

分布：香港；洪都拉斯维吉尼亚，美国东海岸。

3. 史密森蚓属 *Smithsonidrilus* Brinkhurst, 1966

(1) 反常史密森蚓 *Smithsonidrilus irregularis* **(Erséus, 1983)**

同物异名：*Marcusaedrilus irregularis* Erséus, 1983
分布：香港；澳大利亚。

(2) 微膨史密森蚓 *Smithsonidrilus minusculus* **(Erséus, 1983)**

同物异名：*Marcusaedrilus minusculus* Erséus, 1983

分布：香港；夏威夷群岛，百慕大群岛，伯利兹，西澳大利亚。

(3) 瘦小史密森蚓 *Smithsonidrilus tenuiculus* **(Erséus, 1984)**

同物异名：*Limnodriloides tenuiculus* Erséus, 1984
分布：香港。

(4) 球管史密森蚓 *Smithsonidrilus tuber* **(Erséus, 1983)**

同物异名：*Marcusaedrilus tuber* Erséus, 1983
分布：香港；澳大利亚。

(5) 有泡史密森蚓 *Smithsonidrilus vesiculatus* **(Erséus, 1984)**

同物异名：*Marcusaedrilus vesiculatus* Erséus, 1984
分布：香港。

4. 疣丝蚓属 *Tectidrilus* Erséus, 1982

(1) 皮氏疣丝蚓 *Tectidrilus pictoni* **(Erséus, 1984)**

同物异名：*Limnodriloides pictoni* Erséus, 1984
分布：胶州湾，香港。

5. 拟海丝蚓属 *Thalassodrilides* Brinkhurst & Baker, 1979

(1) 布赖恩拟海丝蚓 *Thalassodrilides briani* **Erséus, 1992**

分布：香港。

(2) 古氏拟海丝蚓 *Thalassodrilides gurwitschi* **(Hrabě, 1971)**

分布：香港；意大利，保加利亚，波多黎各，美国佛罗里达，巴拿马，库拉索岛，博内尔岛，阿鲁巴岛。

参 考 文 献

黄宗国. 2008. 中国海洋生物种类与分布(增订版). 北京: 海洋出版社.

刘瑞玉. 2008. 中国海洋生物名录. 北京: 科学出版社.

类彦立, 孙瑞平. 2008. 黄海多毛类环节动物多样性及区系的初步研究. 海洋科学, 32(4): 40-51.

隋吉星. 2013. 中国海双栉虫科和蛰龙介科分类学研究. 北京: 中国科学院大学博士学位论文.

孙瑞平, 杨德渐. 2004. 中国动物志无脊椎动物 第三十三卷 环节动物门 多毛纲(二) 沙蚕目. 北京: 科学出版社.

孙瑞平, 杨德渐. 2014. 中国动物志无脊椎动物 第五十四卷 环节动物门 多毛纲(三) 缨鳃虫目. 北京: 科学出版社.

孙悦. 2018. 中国海多毛纲仙虫科和锥头虫科的分类学研究. 北京: 中国科学院大学博士学位论文.

唐质灿. 2008. 螠虫动物门 Echiura. 见: 刘瑞玉. 中国海洋生物名录. 北京: 科学出版社.

王跃云. 2017. 中国海多毛纲磷虫科和竹节虫科的分类学研究. 北京: 中国科学院大学博士学位论文.

吴宝铃, 吴启泉, 邱健文, 等. 1997. 中国动物志环节动物门 多毛纲 叶须虫目. 北京: 科学出版社.

吴旭文, 徐奎栋. 2020. 中国海欧努菲虫复合种(Polychaeta, Onuphidae) 的分类修订. 海洋与湖沼, 51(3): 630-638.

周红, 李凤鲁, 王玮. 2007. 中国动物志无脊椎动物 第四十六卷 星虫动物门 螠虫动物门. 北京: 科学出版社.

Brinkhurst R O, Baker H R. 1979. A review of the marine Tubificidae (Oligochaeta) of North America. Canadian Journal of Zoology, 57(8): 1553-1569.

Coates K. 1980. New marine species of Marionina and Enchytraeus (Oligochaeta, Enchytraeidae) from British Columbia. Canadian Journal of Zoology, 58(7): 1306-1317.

Edmonds S J. 1987. Echiurans from Australia (Echiura). Records of the South Australian Museum, 21(2): 119-138.

Eisen G A. 1904. Enchytræidæ of the west coast of North America. Harriman Alaska Expedition with Cooperation of Washington Academy of Sciences, 341: 1-166.

Erséus C, Hsieh H L. 1997. Records of Estuarine Tubificidae (Oligochaeta) from Taiwan. Species Diversity, 2: 97-104.

Erséus C. 1978. Two new species of the little-known genus Bacescuella Hrabě (Oligochaeta, Tubificidae) from the North Atlantic. Zoologica Scripta, 7: 263-267.

Erséus C. 1980. Taxonomic studies on the marine genera Aktedrilus Knöllner and Bacescuella Hrabe (Oligochaeta, Tubificidae), with descriptions of seven new species. Zoologica Scripta, 9: 97-111.

Erséus C. 1981. Taxonomic studies of Phallodrilinae (Oligochaeta, Tubificidae) from the Great Barrier Reef and the Comoro Islands with descriptions of ten new species and one new genus. Zoologica Scripta, 10(1): 15-31.

Erséus C. 1982. Taxonomic revision of the marine genus Limnodriloides (Oligochaeta: Tubificidae). Verhandlungen des naturwissenschaftlichen Vereins in Hamburg (NF), 25: 207-277.

Erséus C. 1983a. Duridrilus tardus gen. et sp. n., a marine tubificid (Oligochaeta) from Bermuda and Barbados. Sarsia, 68(1): 29-32.

Erséus C. 1983b. Taxonomic studies of the marine genus Marcusaedrilus Righi & Kanner (Oligochaeta, Tubificidae), with descriptions of seven new species from the Caribbean Area and Australia. Zoologica Scripta, 12(1): 25-36.

Erséus C. 1984a. Interstitial fauna of Galapagos XXXIII. Tubificidae (Annelida, Oligochaeta). Microfauna Marina, 1: 191-198.

Erséus C. 1984b. The marine Tubificidae (Oligochaeta) of Hong Kong and Southern China. Asian Marine Biology, 1: 135-175.

Erséus C. 1988. Taxonomic revision of the Phallodrilus rectisetosus complex (Oligochaeta: Tubificidae). Proceedings of the Biological Society of Washington, 101(4): 784-793.

Erséus C. 1990a. Marine Oligochaeta of Hong Kong. In: Morton B. The Marine Flora and Fauna of Hong Kong and Southern China II. Hong Kong: Hong Kong University Press: 259-335.

Erséus C. 1990b. The marine Tubificidae (Oligochaeta) of the barrier reef ecosystems at Carrie Bow Cay, Belize, and other parts of the Caribbean Sea, with descriptions of twenty-seven new species and revision of Heterodrilus, Thalassodrilides and Smithsonidrilus. Zoologica Scripta, 19(3): 243-303.

Erséus C. 1992a. Marine Oligochaeta of Hong Kong: A supplement. *In*: Morton B. The Marine Flora and Fauna of Hong Kong and Southern China III, Hong Kong: Hong Kong University Press: 157-180.

Erséus C. 1992b. Oligochaeta from Hoi Ha Wan. *In*: Morton B. The Marine Flora and Fauna of Hong Kong and Southern China III, Hong Kong: Hong Kong University Press: 909-917.

Erséus C. 1997a. Additional notes on the taxonomy of the marine Oligochaeta of Hong Kong, with a description of a new species of Tubificidae. *In*: Morton B. The Marine Flora and Fauna of Hong Kong and Southern China IV. Hong Kong: Hong Kong University Press: 37-50.

Erséus C. 1997b. The marine Tubificidae (Oligochaeta) of Darwin Harbour, Northern Territory, Australia, with descriptions of fifteen new species. *In*: Morton B. Proceedings of the Sixth International Marine Biological Workshop. The Marine Flora and Fauna of Darwin Harbour, Northern Territory, Australia. Darwin: Museums and Art Galleries of the Northern Territory and the Australian Marine Sciences Association: 99-132.

Erséus C, Sun D, Liang Y L, et al. 1990. Marine Oligochaeta of Jiaozhou Bay, Yellow Sea coast of China. Hydrobiologia, 202: 107-124.

Erséus C, Jamieson B G M. 1981. Two new genera of marine Tubificidae (Oligochaeta) from Australia's Great Barrier Reef. Zoologica Scripta, 10(2): 105-110.

Finogenova N P, Shurova N M. 1980. A new species of the genus *Aktedrilus* (Oligochaeta, Tubificidae) of the littoral zone of the Sea of Japan. *In*: Kusakin OG. Coastal Plankton and Benthos in the Northen Parts of the Sea of Japan. Vladivostok: Academy of Sciences, 1980: 65-69.

Hrabě S. 1941. Zur Kenntnis der Oligochaeten aus der Donau. Acta Societatis Scientiarum Naturalium Moravicae, 13(12): 1-36.

Hrabě S. 1967. Two new species of the family Tubificidae from the Black Sea, with remarks about various species of the subfamily Tubificinae. Spisy Prirodovedecké Fakulty, Universita v Brne, 485: 331-356.

Hrabě S. 1971. A note on the Oligochaeta of the Black Sea. Vestnik Ceskoslovenské Spolecnosti Zoologické, 35: 32-34.

Lasserre P, Erséus C. 1976. Oligochètes marins des Bermudes. Nouvelles espèces et remarques sur la distribution géographique de quelques Tubificidae et Enchytraeidae. Cahiers de Biologie Marine, 17: 447-462.

Kelly S, Salazar-Vallejo S I. 2013. Revision of *Sternaspis* Otto, 1821 (Polychaeta, Sternaspidae). Zookeys, 286: 1-74.

Moore J P. 1902. Some Bermuda Oligochaeta, with a description of a new species. Proceedings of the Academy of Natural Sciences of Philadelphia, 1902: (54) .80-84.

Müller O F. 1784. Zoologia danica seu animalium Daniae et Norvegiae rariorum ac minus notorum historia descriptiones et historia. Weygand, 2: 1-124.

Nishikawa T. 2004. Synonymy of the West-Pacific echiuran *Listriuolobus sorbillans* (Echiura: Echiuridae), with taxonomic notes towards a generic revision. Species Diversity, 9: 109-123.

Ruggiero M A, Gordon D P, Orrell T M, et al. 2015. Correction: A higher level classification of all living organisms. PLoS One, 10(4): e0119248.

Wang H, Erséus C. 2001. Marine Phallodrilinae (Oligochaeta, Tubificidae) of Hainan Island in Southern China. Hydrobiologia, 462(1): 199-204.

Wang H, Erseus C. 2003. Marine species of *Ainudrilus* and *Heterodrilus* (Oligochaeta: Tubificidae: Rhyacodrilinae) from Hainan Island in Southern China. New Zealand Journal of Marine and Freshwater Research, 37(1): 205-219.

Wang H, Erséus C. 2004. New species of *Doliodrilus* and other Limnodriloidinae (Oligochaeta, Tubificidae) from Hainan and other parts of The North-West Pacific Ocean. Journal of Natural History, 38(3): 269-299.

Wang Z, Zhang Y, Qiu J W. 2018. A new species in the *Marphysa sanguinea* complex (Annelida, Eunicidae) from Hong Kong. Zoological Studies, 57(48): 1-13.

Wang Z, Zhang Y, Xie J Y, et al. 2019. Two species of fireworms (Annelida: Amphinomidae: *Chloeia*) from Hong Kong. Zoological Studies, 58(22): 1-12.

Wu X W, Salazar-Vallejo S I, Xu K D. 2015. Two new species of *Sternaspis* Otto, 1821 (Polychaeta: Sternaspidae) from China seas. Zootaxa, 4052(3): 373-382.

Wu X W, Xu K D. 2017. Diversity of Sternaspidae (Annelida: Terebellida) in the South China Sea, with description of four new species. Zootaxa, 4244(3): 403-415.

Zhadan A E, Tzetlin A B, Salazar-Vallejo S I. 2017. Sternaspidae (Annelida, Sedentaria) from Vietnam with description of three new species and clarification of some morphological features. Zootaxa, 4226(1): 75-92.

星虫动物门 Sipuncula

革囊星虫纲 Phascolosomatidea

盾管星虫目 Aspidosiphonida

盾管星虫科 Aspidosiphonidae Baird, 1868

1. 盾管星虫属 *Aspidosiphon* Diesing, 1851

(1) 雅丽盾管星虫 *Aspidosiphon (Aspidosiphon) elegans* (Chamisso & Eysenhardt, 1821)

同物异名：*Aspidosiphon elegans* (Chamisso & Eysenhardt, 1821); *Aspidosiphon carolinus* Satô, 1935; *Aspidosiphon brocki* Augener, 1903; *Aspidosiphon exilis* Sluiter, 1886; *Aspidosiphon homomyarius* Johnson, 1965; *Aspidosiphon spinalis* Ikeda, 1904; *Aspidosiphon ravus* Sluiter, 1886

分布：台湾岛，海南岛，北部湾；印度-西太平洋。

(2) 斯氏盾管星虫 *Aspidosiphon (Paraspidosiphon) steenstrupii* Diesing, 1859

同物异名：*Aspidosiphon exostomum* Johnson, 1965; *Aspidosiphon fuscus* Sluiter, 1881; *Aspidosiphon makoensis* Satô, 1939; *Aspidosiphon ochrus* Cutler & Cutler, 1979; *Aspidosiphon semperi* ten Broeke, 1925; *Aspidosiphon speculator* Selenka, 1885; *Aspidosiphon steenstrupii* var. *fasciatus* Augener, 1903; *Aspidosiphon trinidensis* Cordero & Mello-Leitão, 1952; *Paraspidosiphon steenstrupii* (Diesing, 1859)

分布：台湾岛，海南岛，北部湾，西沙群岛；日本，朝鲜半岛，菲律宾群岛，马来西亚，爪哇岛，罗亚尔特群岛，加罗林群岛，新几内亚岛，马尔代夫群岛，拉克沙群岛，红海，南非，毛里求斯，佛得角，古巴，巴西。

2. 襟管星虫属 *Cloeosiphon* Grube, 1868

(1) 刷状襟管星虫 *Cloeosiphon aspergillus* (Quatrefages, 1865)

同物异名：*Cloeosiphon aspergillum* Grube, 1868; *Cloeosiphon aspergillum* var. *javanicus* Augener, 1903; *Cloeosiphon aspergillum* var. *mollis* Augener, 1903; *Cloeosiphon carolinus* Ikeda, 1924; *Cloeosiphon japonicum* Ikeda, 1904; *Cloeosiphon javanicum* Sluiter, 1886; *Cloeosiphon mollis* Selenka & Bülow in Selenka, de Man & Bülow, 1883; *Loxosiphon aspergillum* Quatrefages, 1865

分布：西沙群岛，海南岛，台湾岛；菲律宾群岛，马来西亚，印度尼西亚，加罗林群岛，马绍尔群岛，萨摩亚群岛，罗亚尔特群岛，澳大利亚大堡礁，斯里兰卡，马尔代夫群岛，红海，毛里求斯，坦桑尼亚。

革囊星虫目 Phascolosomatida

革囊星虫科 Phascolosomatidae Stephen & Edmonds, 1972

1. 革囊星虫属 *Phascolosoma* Leuckart, 1828

(1) 弓形革囊星虫 *Phascolosoma arcuatum* (Gray, 1828)

同物异名：*Physcosoma ambonense* Fischer, 1896; *Phymosoma deani* Ikeda, 1905; *Physcosoma esculenta* Chen & Yeh, 1958; *Phymosoma lurco* Selenka & De Man in Selenka, de Man & Bülow, 1883; *Phascolosoma rhizophora* Sluiter, 1891

分布：东海，南海；印度，越南，菲律宾，马来西亚，印度尼西亚，爪哇岛，安达曼群岛，澳大利亚。

(2) 厥目革囊星虫 *Phascolosoma scolops*
(Selenka & de Man, 1883)

同物异名： *Phascolosoma rottnesti* Edmonds, 1956; *Phascolosoma guttatum* (Quatrefages, 1865); *Phascolosoma dunwichi* Edmonds, 1956; *Phascolosoma carneum* Rüppell & Leuckart, 1828; *Phymosoma psaron* Sluiter, 1886; *Physcosoma nahaense* Ikeda, 1904

分布：福建，台湾岛，广东，海南岛，北部湾；印度-西太平洋，加勒比海，西非，西/北欧。

2. 梨体星虫属 *Apionsoma* Sluiter, 1902

(1) 毛头梨体星虫 *Apionsoma trichocephalus* **Sluiter, 1902**

同物异名： *Golfingia trichocephala* (Sluiter, 1902)

分布：南海；日本，印度，越南，马来西亚，印度尼西亚，新西兰，澳大利亚，阿拉伯海，亚丁湾，马达加斯加，南非，美国东岸，非洲西岸。

反体星虫科 Antillesomatidae Kawauchi, Sharma & Giribet, 2012

1. 反体星虫属 *Antillesoma* (Stephen & Edmonds, 1972)

(1) 安岛反体星虫 *Antillesoma antillarum*
(Grube, 1858)

同物异名：*Phymosoma asser* Selenka & de Man in Selenka, de Man & Bülow, 1883; *Physcosoma gaudens* Lanchester, 1905; *Phymosoma onomichianum* Ikeda, 1904; *Phymosoma pelma* Selenka & De Man in Selenka, de Man & Bülow, 1883; *Physcosoma similis* Chen & Yeh, 1958; *Physcosoma weldonii* Shipley, 1892

分布：黄海，东海，南海；日本，朝鲜半岛，菲律宾群岛，加罗林群岛，夏威夷群岛，新喀里多尼亚，巴拿马，哥斯达黎加，美国加利福尼亚、佛罗里达，安的列斯群岛，古巴，委内瑞拉，巴西，几内亚湾，南非，莫桑比克，马尔代夫群岛，拉克沙群岛，斯里兰卡。

方格星虫纲 Sipunculidea

戈芬星虫目 Golfingiida

戈芬星虫科 Golfingiidae Stephen & Edmonds, 1972

1. 戈芬星虫属 *Golfingia* Lankester, 1885

(1) 长戈芬星虫 *Golfingia elongata* **(Keferstein, 1862)**

同物异名：*Golfingia elongata abyssalis* Murina, 1975; *Phascolosoma abyssorum* var. *punctatum* Hérubel, 1907; *Phascolosoma charcoti* Hérubel, 1906; *Phascolosoma cluthensis* Stephen, 1931; *Phascolosoma cylindratum* Keferstein, 1865; *Phascolosoma delagei* Hérubel, 1903; *Phascolosoma derjugini* Gadd, 1911; *Phascolosoma elongatum* Keferstein, 1862; *Phascolosoma elongatum punctatum* Hérubel, 1907; *Phascolosoma elongatum* var. *quinquepunctata* Hérubel, 1903; *Phascolosoma forbesi* Baird, 1868; *Phascolosoma oxyurum* Baird, 1868; *Phascolosoma tenuicinctum* Baird, 1868; *Phascolosoma teres* Hutton, 1903

分布：东海，南海；北大西洋，地中海，西太平洋，印度洋，南冰洋。

2. 枝触星虫属 *Themiste* Gray, 1828

(1) 长颈枝触星虫 *Themiste lageniformis* **(Baird, 1868)**

同物异名：*Dendrostoma minor* Chin, 1947; *Dendrostoma robertsoni* Stephen & Robertson, 1952; *Dendrostoma stephensoni* Stephen, 1942; *Dendrostoma tropicum* Satô, 1935; *Phascolosoma glaucum* Lanchester, 1905; *Phascolosoma pyriformis* Lanchester, 1905

分布：福建，台湾岛，广东，海南岛，北部湾；印度-西太平洋，西非，阿根廷。

3. 缨心星虫属 *Thysanocardia* Fisher, 1950

(1) 黑色缨心星虫 *Thysanocardia nigra* **(Ikeda, 1904)**

同物异名：*Golfingia macginitiei* Fisher, 1952; *Golfingia pugettensis* Fisher, 1952; *Phascolosoma hozawai* Satô,

1937; *Phascolosoma hyugensis* Satô, 1934; *Phascolosoma nigrum* Ikeda, 1904; *Phascolosoma onagawa* Satô, 1937; *Phascolosoma pavlenkoi* Ostroumov, 1909; *Phascolosoma prioki* Sluiter, 1881; *Phascolosoma zenibakense* Ikeda, 1924; *Thysanocardia melanium* Popkov, 1993
分布：山东，台湾岛，广东，北部湾；新加坡，美国西岸。

方格星虫科 Sipunculidae Rafinesque, 1814

1. 方格星虫属 *Sipunculus* Linnaeus, 1766

(1) 裸体方格星虫 *Sipunculus nudus* Linnaeus, 1766

同物异名：*Sipunculus norvegicus vemae* Stephen, 1966; *Sipunculus titubans* Selenka & Bülow in Selenka, de Man & Bülow, 1883; *Sipunculus titubans* var. *diptychus* Fischer, 1894
分布：渤海，黄海，东海，南海；大西洋，太平洋，印度洋沿岸。

管体星虫科 Siphonosomatidae Kawauchi, Sharma & Giribet, 2012

1. 管体星虫属 *Siphonosoma* Spengel, 1912

(1) 澳洲管体星虫 *Siphonosoma australe* (Keferstein, 1865)

同物异名：*Sipunculus aeneus* Baird, 1868
分布：广东，海南岛，台湾岛；印度-西太平洋。

(2) 库岛管体星虫 *Siphonosoma cumanense* (Keferstein, 1867)

同物异名：*Lumbricus edulis* Pallas, 1774; *Phascolosoma cumanense* Keferstein, 1867; *Phascolosoma semirugosum* Grube, 1868; *Physcosoma hebes* Sluiter, 1902
分布：台湾岛，广东，海南岛，西沙群岛，北部湾；印度-西太平洋。

参考文献

河北省海岸带资源编委会. 1988. 河北省海岸带资源(下卷. 各类资源状况)第二分册. 石家庄: 河北科学技术出版社.
唐质灿. 2008. 星虫门 Sipuncula. 见: 刘瑞玉. 中国海洋生物名录. 北京: 科学出版社: 452-454.
周红, 李凤鲁，王玮. 2007. 中国动物志无脊椎动物　第四十六卷　星虫动物门螠虫动物门. 北京: 科学出版社.
Pagola-Carte S, Saiz-Salinas J I. 2000. Sipuncula from Hainan Island (China). Journal of Natural History, 34: 2187-2207.

软体动物门 Mollusca

多板纲 Polyplacophora

石鳖目 Chitonida

锉石鳖科 Ischnochitonidae Dall, 1889

1. 锉石鳖属 *Ischnochiton* Gray, 1847

(1) 花斑锉石鳖 *Ischnochiton comptus* (Gould, 1859)

同物异名：*Chiton* (*Leptochiton*) *comptus* Gould, 1859; *Ischnochiton thaanumi* Dall, 1926
分布：中国沿海；日本，东南亚。

(2) 函馆锉石鳖 *Ischnochiton hakodadensis* Carpenter, 1893

分布：渤海，黄海，东海；俄-日-中海域。

2. 鳞带石鳖属 *Lepidozona* Pilsbry, 1892

(1) 朝鲜鳞带石鳖 *Lepidozona coreanica* (Reeve, 1847)

同物异名：*Chiton coreanicus* Reeve, 1847; *Ischnoch-*

iton cultratus Carpenter in Pilsbry, 1893; *Lepidozona pectinella* Bergenhayn, 1933

分布：中国沿海；日本，朝鲜。

鬃毛石鳖科 Mopaliidae Dall, 1889

1. 鬃毛石鳖属 *Mopalia* Gray, 1847

(1) 网纹鬃毛石鳖 *Mopalia retifera* Thiele, 1909

分布：福建东山以北的沿海；俄-日-中海域。

(2) 史氏鬃毛石鳖 *Mopalia schrencki* Thiele, 1909

分布：山东半岛以北黄海沿岸；俄罗斯远东海域，日本。

2. 宽板石鳖属 *Placiphorella* Dall, 1879

(1) 日本宽板石鳖 *Placiphorella japonica* (Dall, 1925)

分布：浙江至广东沿海。

石鳖科 Chitonidae Rafinesque, 1815

1. 瑞石鳖属 *Rhyssoplax* Thiele, 1893

(1) 美瑞石鳖 *Rhyssoplax komaiana* (Is. Taki & Iw. Taki, 1929)

分布：中国沿海；日本。

2. 利石鳖属 *Liolophura* Pilsbry, 1893

(1) 日本利石鳖 *Liolophura japonica* (Lischke, 1873)

同物异名：*Acanthopleura japonica* (Lischke, 1873); *Chiton defilippii* Tapparone Canefri, 1874; *Chiton japonicus* Lischke, 1873; *Nuttallina allantophora* Dall, 1919

分布：中国东南沿海；日本，朝鲜。

3. 锦石鳖属 *Onithochiton* Gray, 1847

(1) 平濑锦石鳖 *Onithochiton hirasei* Pilsbry, 1901

分布：中国东南沿海；日本。

毛肤石鳖科 Acanthochitonidae Pilsbry, 1893

1. 毛肤石鳖属 *Acanthochitona* Gray, 1821

(1) 盾形毛肤石鳖 *Acanthochitona scutigera* (Reeve, 1847)

同物异名：*Chiton scutiger* A. Adams & Reeve MS, Reeve, 1847

分布：渤海，黄海；西太平洋。

(2) 红条毛肤石鳖 *Acanthochitona rubrolineata* (Lischke, 1873)

同物异名：*Acanthochites subachates* Thiele, 1909; *Chiton rubrolineatus* Lischke, 1873

分布：中国沿海；俄罗斯远东海域，日本，朝鲜。

(3) 拟毛肤石鳖 *Acanthochitona dissimilis* Is. & Iw. Taki, 1931

分布：中国沿海；日本。

掘足纲 Scaphopoda

角贝目 Dentaliida

角贝科 Dentaliidae Children, 1834

1. 角贝属 *Dentalium* Linnaeus, 1758

(1) 变肋角贝 *Dentalium octangulatum* Donovan, 1804

同物异名：*Dentalium japonicum* Dunker, 1877

分布：东海，南海；印度-西太平洋。

(2) 喇叭角贝 *Dentalium buccinulum* Gould, 1859

同物异名：*Graptacme buccinulum* (Gould, 1859)

分布：东海。

(3) 青角贝 *Dentalium aprinum* Linnaeus, 1767

同物异名：*Dentalium interstriatum* G. B. Sowerby II, 1860

分布：东海；西太平洋，日本。

(4) 钝角贝 *Dentalium obtusum* Qi & Ma, 1989

分布：中国沿海。

2. 缝角贝属 *Fissidentalium* P. Fischer, 1885

(1) 细肋缝角贝 *Fissidentalium tenuicostatum* Qi & Ma, 1989

分布：中国沿海。

(2) 肋缝角贝 *Fissidentalium yokoyamai* (Makiyama, 1931)

同物异名：*Dentalium yokoyamai* Makiyama, 1931
分布：东海，南海；西太平洋。

3. 拟角贝属 *Paradentalium* Cotton & Godfrey, 1933

(1) 六角拟角贝 *Paradentalium hexagonum* (Gould, 1859)

同物异名：*Dentalium hexagonum* Gould, 1859; *Dentalium sexcostatum* G. B. Sowerby II, 1860
分布：东海，南海；印度尼西亚。

4. 安塔角贝属 *Antalis* H. Adams & A. Adams, 1854

(1) 半肋安塔角贝 *Antalis weinkauffi* (Dunker, 1877)

同物异名：*Dentalium weinkauffi* Dunker, 1877
分布：中国沿海；西太平洋。

5. 沟角贝属 *Striodentalium* Habe, 1964

(1) 中国沟角贝 *Striodentalium chinensis* Qi & Ma, 1989

分布：东海，南海。

(2) 沟角贝 *Striodentalium rhabdotum* (Pilsbry, 1905)

同物异名：*Dentalium rhabdotum* Pilsbry, 1905
分布：东海，南海；西太平洋。

6. 环角贝属 *Anulidentalium* Chistikov, 1975

(1) 竹节环角贝 *Anulidentalium bambusa* Chistikov, 1975

分布：东海，南海；西太平洋。

7. 肋角贝属 *Graptacme* Pilsbry & Sharp, 1897

(1) 乳状肋角贝 *Graptacme lactea* (Deshayes, 1826)

同物异名：*Dentalium lacteum* Deshayes, 1826
分布：东海。

8. 绣花角贝属 *Pictodentalium* Habe, 1963

(1) 大角贝 *Pictodentalium vernedei* (Hanley in G. B. Sowerby II, 1860)

同物异名：*Dentalium vernedei* Hanley in G. B. Sowerby II, 1860
分布：东海，南海；日本。

光角贝科 Laevidentaliidae Palmer, 1974

1. 光角贝属 *Laevidentalium* Cossmann, 1888

(1) 象牙光角贝 *Laevidentalium eburneum* (Linnaeus, 1767)

同物异名：*Dentalium annulare* G. B. Sowerby I, 1828; *Dentalium bisinuatum* André, 1896; *Dentalium eburneum* Linnaeus, 1767; *Dentalium indicum* Chenu, 1843
分布：中国沿海；越南，印度-西太平洋。

丽角贝科 Calliodentaliidae Chistikov, 1975

1. 丽角贝属 *Calliodentalium* Habe, 1964

(1) 蕃红花丽角贝 *Calliodentalium crocinum* (Dall, 1907)

同物异名：*Dentalium crocinum* Dall, 1907; *Laevi-*

dentalium crocinum (Dall, 1907)

分布：东海，南海；日本，菲律宾。

狭缝角贝科 Fustiariidae Steiner, 1991

1. 狭缝角贝属 *Fustiaria* Stoliczka, 1868

(1) 日本狭缝角贝 *Fustiaria nipponica* (Yokoyama, 1922)

同物异名：*Dentalium* (*Fustiaria*) *nipponica* Yokoyama, 1922

分布：东海，南海；西太平洋。

滑角贝科 Gadilinidae Chistikov, 1975

1. 顶管角贝属 *Episiphon* Pilsbry & Sharp, 1897

(1) 胶州湾顶管角贝 *Episiphon kiaochowwanense* (Tchang & Tsi, 1950)

同物异名：*Dentalium* (*Episiphon*) *kiaochowwanense* Tchang & Tsi, 1950; *Dentalium kiaochowwanense* Tchang & Tsi, 1950

分布：黄海，东海，南海；西太平洋。

(2) 筒形顶管角贝 *Episiphon candelatum* (Kira, 1959)

同物异名：*Dentalium* (*Episiphon*) *candelatum* Kira, 1959

分布：东海大陆架；日本。

梭角贝目 Gadilida

梭角贝科 Gadilidae Stoliczka, 1868

1. 梭角贝属 *Gadila* Gray, 1847

(1) 棒梭角贝 *Gadila clavata* (Gould, 1859)

同物异名：*Cadulus clavatum* (Gould, 1859); *Dentalium clavatum* Gould, 1859

分布：中国沿海。

2. 管角贝属 *Siphonodentalium* M. Sars, 1859

(1) 日本管角贝 *Siphonodentalium japonicum* Habe, 1960

分布：中国沿海；日本。

腹足纲 Gastropoda

帽贝亚纲 Patellogastropoda

帽贝总科 Patelloidea Rafinesque, 1815

花帽贝科 Nacellidae Thiele, 1891

1. 嫁蝛属 *Cellana* H. Adams, 1869

(1) 斗嫁蝛 *Cellana grata* (Gould, 1859)

同物异名：*Cellana grata stearnsii* (Pilsbry, 1891); *Patella grata* Gould, 1859

分布：东海，南海；西太平洋。

(2) 龟嫁蝛 *Cellana testudinaria* (Linnaeus, 1758)

同物异名：*Helcioniscus mestayeri* Suter, 1906; *Patella testudinaria* Linnaeus, 1758

分布：广东，海南岛；日本，菲律宾，西太平洋。

(3) 嫁蝛 *Cellana toreuma* (Reeve, 1854)

同物异名：*Patella toreuma* Reeve, 1854

分布：中国沿海；西太平洋。

帽贝科 Patellidae Rafinesque, 1815

1. 帽贝属 *Patella* Linnaeus, 1758

(1) 帽贝 *Patella vulgata* Linnaeus, 1758

同物异名：*Patella conica* Anton, 1838; *Patella hypsilotera* Locard, 1891; *Patella radiata* Perry, 1811; *Patella servaini* Mabille, 1888

分布：中国沿海；大西洋和太平洋温度较低的水域。

2. 星芒贝属 *Scutellastra* H. Adams & A. Adams, 1854

(1) 曲星芒贝 *Scutellastra flexuosa* (Quoy & Gaimard, 1834)

同物异名：*Patella cretacea* Reeve, 1854; *Patella flexuosa* Quoy & Gaimard, 1834; *Patella moreli* Deshayes, 1863; *Patella paumotensis* Gould, 1846; *Patella stellaeformis* Reeve, 1842; *Patella stellae-formis tuamutuensis* Dautzenberg & Bouge, 1933; *Patella tara* Prashad & Rao, 1934

分布：东海，南海；西太平洋。

青螺总科 Lottioidea Gray, 1840

笠贝科 Acmaeidae Forbes, 1850

1. 笠贝属 *Acmaea* Eschscholtz, 1833

(1) 白笠贝 *Acmaea pallida* (Gould, 1859)

分布：山东以北沿海；日本，北太平洋。

青螺科 Lottiidae Gray, 1840

1. 青螺属 *Lottia* Gray, 1833

(1) 背肋青螺 *Lottia dorsuosa* (Gould, 1859)

同物异名：*Acmaea dorsuosa* Gould, 1859
分布：广泛分布于山东以北沿海；西太平洋。

(2) 北戴河青螺 *Lottia peitaihoensis* (Grabau & S. G. King, 1928)

同物异名：*Acmaea kolarovai* Grabau & S. G. King, 1928; *Acmaea peitaihoensis* Grabau & S. G. King, 1928; *Collisella peitaihoensis* (Grabau & S. G. King, 1928)
分布：渤海，南海。

2. 日本笠贝属 *Nipponacmea* Sasaki & Okutani, 1993

(1) 史氏日本笠贝 *Nipponacmea schrenckii* (Lischke, 1868)

同物异名：*Notoacmea schrenckii* (Lischke, 1868);

Patella schrenckii Lischke, 1868
分布：中国沿海；日本。

3. 拟帽贝属 *Patelloida* Quoy & Gaimard, 1834

(1) 赫氏拟帽贝 *Patelloida heroldi* (Dunker, 1861)

同物异名：*Acmaea heroldi* (Dunker, 1861); *Collisella heroldi* (Dunker, 1861); *Patella heroldi* Dunker, 1861
分布：南海。

(2) 矮拟帽贝 *Patelloida pygmaea* (Dunker, 1860)

同物异名：*Acmaea testudinalis* var. *minor* Grabau & S. G. King, 1928; *Patella pygmaea* Dunker, 1860
分布：中国北部沿海，台湾北部；日本，北太平洋。

(3) 鸟爪拟帽贝 *Patelloida saccharina lanx* (Reeve, 1855)

分布：东海，南海；西太平洋，日本南部。

新进腹足亚纲 Caenogastropoda

蟹守螺总科 Cerithioidea J. Fleming, 1822

蟹守螺科 Cerithiidae J. Fleming, 1822

1. 蟹守螺属 *Cerithium* Bruguière, 1789

(1) 结节蟹守螺 *Cerithium nodulosum* Bruguière, 1792

同物异名：*Cerithium adansonii* Bruguière, 1792; *Cerithium curvirostra* Perry, 1811; *Cerithium erythrae* onense* Lamarck, 1822; *Cerithium omissum* Bayle, 1880
分布：东海，南海；印度-西太平洋。

2. 楯桑椹螺属 *Clypeomorus* Jousseaume, 1888

(1) 楯桑椹螺 *Clypeomorus petrosa chemnitziana* (Pilsbry, 1901)

分布：东海，南海；西太平洋。

(2) 双带楯桑椹螺 *Clypeomorus bifasciata* (G. B. Sowerby II, 1855)

同物异名：*Cerithium* (*Pithocerithium*) *morum* Lamarck, 1822; *Cerithium bifasciatum* G. B. Sowerby II, 1855; *Cerithium clypeomorus* (Jousseaume, 1888)

分布：海南岛，台湾岛；西太平洋，日本，菲律宾。

3. 锉棒螺属 *Rhinoclavis* Swainson, 1840

(1) 柯氏锉棒螺 *Rhinoclavis kochi* (Philippi, 1848)

同物异名：*Cerithium* (*Proclava*) *kochi* Philippi, 1848; *Cerithium recurvum* G. B. Sowerby II, 1855; *Vertagus recurvus* (G. B. Sowerby II, 1855);

分布：黄海，东海，南海；印度-西太平洋。

(2) 中华锉棒螺 *Rhinoclavis sinensis* (Gmelin, 1791)

同物异名：*Cerithium* (*Aluco*) *obeliscus* (Bruguière, 1792); *Cerithium cedonulli* G. B. Sowerby II, 1855; *Vertagus obeliscus* (Bruguière, 1792)

分布：黄海，东海，南海；西太平洋。

(3) 普通锉棒螺 *Rhinoclavis vertagus* (Linnaeus, 1767)

同物异名：*Cerithium* (*Rhinoclavis*) *vertagus* (Linnaeus, 1767); *Cerithium despectum* Perry, 1811; *Vertagus vulgaris* Schumacher, 1817

分布：东海，南海；印度-西太平洋。

平轴螺科 Planaxidae Gray, 1850

1. 平轴螺属 *Planaxis* Lamarck, 1822

(1) 平轴螺 *Planaxis sulcatus* (Born, 1778)

同物异名：*Buccinum pyramidale* Gmelin, 1791; *Buccinum sulcatum* Born, 1778; *Planaxis brevis* Quoy & Gaimard, 1833; *Planaxis buccinoides* Deshayes, 1828

分布：东海，南海；西太平洋，日本。

汇螺科 Potamididae H. Adams & A. Adams, 1854

1. 拟蟹守螺属 *Cerithidea* Swainson, 1840

(1) 彩拟蟹守螺 *Cerithidea balteata* A. Adams, 1855

同物异名：*Cerithidea cornea* A. Adams, 1855; *Cerithidea ornata* A. Adams, 1863; *Cerithidea raricostata* A. Adams, 1855; *Cerithium* (*Cerithidea*) *balteatum* (A. Adams, 1855); *Cerithium* (*Cerithidea*) *balteatum* var. *mindorensis* Kobelt, 1895; *Cerithium* (*Cerithidea*) *quadrasi* Kobelt, 1895; *Cerithium ornatum* A. Adams in G. B. Sowerby II, 1855

分布：东海，南海；西太平洋，日本，菲律宾。

(2) 钝拟蟹守螺 *Cerithidea obtusa* (Lamarck, 1822)

同物异名：*Cerithium obtusum* Lamarck, 1822; *Potamides obtusus* (Lamarck, 1822)

分布：南海。

(3) 中华拟蟹守螺 *Cerithidea sinensis* (Philippi, 1848)

同物异名：*Aphanistylus moreleti* Wattebled, 1886; *Cerithium* (*Potamides*) *sinense* Philippi, 1848

分布：河北沿海，山东，江苏；日本。

(4) 红树拟蟹守螺 *Cerithidea rhizophorarum* A. Adams, 1855

同物异名：*Cerithium* (*Cerithidea*) *freytag* Kobelt, 1893

分布：中国海域；西太平洋。

2. 似蟹守螺属 *Cerithideopsis* Thiele, 1929

(1) 尖锥似蟹守螺 *Cerithideopsis largillierti* (Philippi, 1848)

同物异名：*Cerithidea fortunei* A. Adams, 1855; *Cerithidea largillierti* (Philippi, 1848)

分布：中国沿海；日本，越南。

3. 小汇螺属 *Pirenella* Gray, 1847

(1) 珠带小汇螺 *Pirenella cingulata* (Gmelin, 1791)

同物异名：*Cerithidea cingulata* (Gmelin, 1791); *Cerithidea fluviatilis* (Potiez & Michaud, 1838); *Cerithideopsilla cingulata* (Gmelin, 1791); *Murex cingulatus* Gmelin, 1791
分布：中国沿海；日本。

(2) 小翼小汇螺 *Pirenella microptera* (Kiener, 1841)

同物异名：*Cerithidea microptera* (Kiener, 1841); *Cerithideopsilla microptera* (Kiener, 1841); *Tympanotonos microptera* (Kiener, 1841)
分布：福建以南沿岸；西太平洋，日本，菲律宾。

滩栖螺科 Batillariidae Thiele, 1929

1. 滩栖螺属 *Batillaria* Benson, 1842

(1) 多形滩栖螺 *Batillaria multiformis* (Lischke, 1869)

同物异名：*Lampania multiformis* Lischke, 1869
分布：东海，南海；西太平洋，日本。

(2) 纵带滩栖螺 *Batillaria zonalis* (Bruguière, 1792)

同物异名：*Cerithium zonale* Bruguière, 1792; *Lampania aterrima* Dunker, 1877
分布：中国沿海；印度-西太平洋，日本，澳大利亚。

(3) 古氏滩栖螺 *Batillaria cumingii* (Crosse, 1862)

同物异名：*Batillaria bornii* (G.B. Sowerby II, 1855); *Cerithium bornii* G.B. Sowerby II, 1855; *Cerithium carbonarium* Philippi, 1849; *Cerithium morus* Bruguière, 1792; *Cerithium tourannense* Souleyet, 1852; *Murex sordidus* Gmelin, 1791; *Murex varicosus*

(4) 疣滩栖螺 *Batillaria sordida* (Gmelin, 1791)

同物异名：*Batillaria bornii* (G.B. Sowerby II, 1855); *Cerithium bornii* G.B. Sowerby II, 1855; *Cerithium carbonarium* Philippi, 1849; *Cerithium morus* Bruguière, 1792; *Cerithium tourannense* Souleyet, 1852; *Murex sordidus* Gmelin, 1791; *Murex varicosus*
Röding, 1798; *Strombus tuberculatus* Born, 1778
分布：东海，南海；西太平洋。

壳螺科 Siliquariidae Anton, 1838

1. 壳螺属 *Tenagodus* Guettard, 1770

(1) 古氏壳螺 *Tenagodus cumingii* Mörch, 1861

同物异名：*Siliquaria cumingii* (Mörch, 1861)
分布：渤海，黄海，东海；西太平洋。

锥螺科 Turritellidae Lovén, 1847

1. 锥螺属 *Turritella* Lamarck, 1799

(1) 棒锥螺 *Turritella bacillum* Kiener, 1843

同物异名：*Turritella reevei* Dautzenberg & Fischer, 1907
分布：浙江南部以南；西太平洋，日本，斯里兰卡。

(2) 笋锥螺 *Turritella terebra* (Linnaeus, 1758)

同物异名：*Aculea magnifica* Perry, 1811; *Archimediella occidua* (Cotton & N.H. Woods, 1935); *Epitonium infinitum* Röding, 1798
分布：台湾岛，福建以南沿海；西太平洋。

(3) 云斑锥螺 *Turritella leucostoma* Valenciennes, 1832

同物异名：*Turritella cumingii* Reeve, 1849; *Turritella dura* Mörch, 1860; *Turritella tigrina* Kiener, 1843
分布：南海。

2. 新锥螺属 *Neohaustator* Ida, 1952

(1) 强肋新锥螺 *Neohaustator fortilirata* (G.B. Sowerby III, 1914)

同物异名：*Turritella fortilirata* G.B. Sowerby III, 1914
分布：黄海；西太平洋，俄罗斯远东海域，日本。

梯螺总科 Epitonioidea Berry, 1910 (1812)

梯螺科 Epitoniidae Berry, 1910 (1812)

1. 海蜗牛属 *Janthina* Röding, 1798

(1) 海蜗牛 *Janthina janthina* (Linnaeus, 1758)

同物异名：*Helix janthina* Forsskål, 1775; *Ianthina affinis* Reeve, 1858; *Ianthina africana* Reeve, 1858; *Janthina vulgaris* Gray, 1847

分布：台湾岛，南海；世界广布。

(2) 长海蜗牛 *Janthina globosa* Swainson, 1822

同物异名：*Amethistina laeta* Monterosato, 1884; *Janthina prolongata* Blainville, 1822; *Janthina decollata* Carpenter, 1857; *Janthina iricolor* Reeve, 1858

分布：南海，东海；全球暖水海域。

2. 旋螺属 *Acrilla* H. Adams, 1860

(1) 尖高旋螺 *Acrilla acuminata* (G. B. Sowerby II, 1844)

同物异名：*Aclis acuminata* (G. B. Sowerby II, 1844); *Amaea acuminata* (G. B. Sowerby II, 1844); *Epitonium acuminatum* (G. B. Sowerby II, 1844); *Scalaria acuminata* G. B. Sowerby II, 1844

分布：渤海，黄海，东海，南海；西太平洋。

3. 梯螺属 *Epitonium* Röding, 1798

(1) 耳梯螺 *Epitonium auritum* (G. B. Sowerby II, 1844)

同物异名：*Depressiscala aurita* (G. B. Sowerby II, 1844); *Scalaria aurita* G. B. Sowerby II, 1844

分布：渤海，黄海至广东沿海；日本。

(2) 宽带梯螺 *Epitonium clementinum* (Grateloup, 1840)

同物异名：*Epitonium* (*Papyriscala*) *latifasciata* (G. B. Sowerby II, 1874); *Epitonium grateloupeanum* (Nyst, 1871); *Epitonium trifasciatum* (G. B. Sowerby II, 1844); *Papyriscala clementina* (Grateloup, 1840); *Papyriscala tricincta* Golikov in Golikov & Scarlato, 1967; *Scalaria clementina* Grateloup, 1840

分布：东海，南海；印度-西太平洋。

(3) 小梯螺 *Epitonium scalare* (Linnaeus, 1758)

同物异名：*Epitonium breve* Röding, 1798; *Epitonium laevis* Grabau & S. G. King, 1929; *Epitonium lineatum* Röding, 1798; *Epitonium medium* Röding, 1798

分布：黄海，东海，南海；马来西亚，印度尼西亚。

(4) 贵重刺梯螺 *Epitonium eximium* (A. Adams & Reeve, 1850)

同物异名：*Cirsotrema eximia* (A. Adams & Reeve, 1850); *Epitonium sagamiense* (Pilsbry, 1911); *Scala sagamiensis* Pilsbry, 1911; *Scalaria azumana* Yokoyama, 1922

分布：渤海，黄海。

(5) 阶梯螺 *Epitonium fasciatum* (G. B. Sowerby II, 1844)

同物异名：*Scalaria fasciata* G. B. Sowerby II, 1844

分布：东海，南海；西太平洋，日本。

(6) 锐角梯螺 *Epitonium angustum* (Dunker, 1861)

同物异名：*Laeviscala angustum* (Dunker, 1861); *Scalaria angustum* Dunker, 1861

分布：印度洋至太平洋。

(7) 不规则梯螺 *Epitonium irregulare* (G. B. Sowerby II, 1844)

同物异名：*Cirratiscala undulatissima* (G. B. Sowerby II, 1874); *Epitonium undulatissimum* (G. B. Sowerby II, 1874); *Epitonium virgo* (Masahito & Habe, 1976); *Foliaceiscala virgo* Masahito & Habe, 1976

分布：渤海；阿拉伯半岛东部。

(8) 尖梯螺 *Epitonium stigmaticum* (Pilsbry, 1911)

同物异名：*Glabriscala stigmatica* (Pilsbry, 1911); *Glabriscala hayashii* Habe, 1961; *Epitonium maculosum* (Yokoyama, 1922)

分布：渤海，黄海，东海；日本。

(9) 矮梯螺 *Epitonium gradatum* (G. B. Sowerby II, 1844)

同物异名：*Gradatiscala gradata* (G. B. Sowerby, II, 1844); *Asperiscala gaylordiana* (H. N. Lowe, 1932); *Epitonium gaylordianum* H. N. Lowe, 1932; *Epitonium subnodosum* (Carpenter, 1856)
分布：中国沿海。

4. 环肋螺属 *Cirsotrema* Mörch, 1852

(1) 纵胀环肋螺 *Cirsotrema varicosum* (Lamarck, 1822)

同物异名：*Cirsotrema abbreviatum* (G. B. Sowerby II, 1874); *Cirsotrema bavayi* (de Boury, 1912); *Cirsotrema joubini* (de Boury, 1913)
分布：西沙群岛，台湾岛；西太平洋，日本，菲律宾。

5. 阿蚂螺属 *Amaea* H. Adams & A. Adams, 1853

(1) 习氏阿蚂螺 *Amaea thielei* (de Boury, 1913)

同物异名：*Scala thielei* de Boury, 1913; *Scalaria picturata* Yokoyama, 1922
分布：渤海，黄海，东海；日本，菲律宾。

6. 圆梯螺属 *Gyroscala* de Boury, 1887

(1) 小圆梯螺 *Gyroscala commutata* (Monterosato, 1877)

同物异名：*Cirsotrema perplexa* (Pease, 1868); *Epitonium albocostatum* (W. H. Turton, 1932); *Epitonium angustum* (Mörch, 1875); *Epitonium basicum* Dall, 1917
分布：福建以南沿海，西沙群岛；印度-西太平洋，日本，印度洋。

三口螺总科 Triphoroidea Gray, 1847
三口螺科 Triphoridae Gray, 1847

1. 慎三口螺属 *Cautotriphora* Laws, 1940

(1) 小凹慎三口螺 *Cautotriphora alveolata* (A. Adams & Reeve, 1850)

同物异名：*Triphora alveolata* Adams & Reeve, 1850

分布：中国沿海；日本，朝鲜半岛。

滨螺形目 Littorinimorpha
滨螺科 Littorinidae Children, 1834

1. 拟滨螺属 *Littoraria* Gray, 1833

(1) 粗糙拟滨螺 *Littoraria articulata* (Philippi, 1846)

同物异名：*Litorina intermedia* var. *articulata* Philippi, 1846; *Melaraphe blanfordi* Dunker, 1871
分布：南海；日本，菲律宾。

(2) 中间拟滨螺 *Littoraria intermedia* (Philippi, 1846)

同物异名：*Litorina ambigua* Philippi, 1848; *Litorina intermedia* Philippi, 1846; *Littorina fraseri* Reeve, 1857; *Littorina newcombi* Reeve, 1857
分布：中国沿海；日本，菲律宾。

(3) 黑口拟滨螺 *Littoraria melanostoma* (Gray, 1839)

分布：福建以南的东海，南海；西太平洋。

2. 滨螺属 *Littorina* Férussac, 1822

(1) 短滨螺 *Littorina brevicula* (Philippi, 1844)

同物异名：*Leptothyra sakaensis* Yokoyama, 1925; *Littorina heterospiralis* Grabau & S. G. King, 1928; *Littorina souverbiana* Crosse, 1862; *Turbo breviculus* Philippi, 1844
分布：渤海，黄海，东海；西太平洋。

3. 结节滨螺属 *Echinolittorina* Habe, 1956

(1) 粒结节滨螺 *Echinolittorina radiata* (Souleyet, 1852)

同物异名：*Litorina exigua* Dunker, 1860; *Littorina radiata* Souleyet, 1852; *Nodilittorina exigua* (Dunker, 1860); *Nodilittorina radiata* (Souleyet, 1852)
分布：中国沿海。

(2) 塔结节滨螺 *Echinolittorina pascua* (Rosewater, 1970)

同物异名：*Echinolittorina trochoides* (Gray, 1839); *Littorina trochoides* Gray, 1839; *Nodilittorina pascua* (Rosewater, 1970); *Nodilittorina pyramidalis pascua* Rosewater, 1970; *Nodilittorina trochoides* (Gray, 1839)
分布：东海，南海；印度-西太平洋。

鹑螺科 Tonnidae Suter, 1913 (1825)

1. 鹑螺属 *Tonna* Brünnich, 1771

(1) 沟鹑螺 *Tonna sulcosa* (Born, 1778)

同物异名：*Buccinum fasciatum* Bruguière, 1789; *Cadus diaphanus* Röding, 1798; *Dolium varicosum* Preston, 1910
分布：东海，南海；西太平洋，日本，菲律宾。

(2) 带鹑螺 *Tonna galea* (Linnaeus, 1758)

同物异名：*Buccinum galea* Linnaeus, 1758; *Tonna olearium* (Linnaeus, 1758); *Dolium antillarum* Mörch, 1877; *Dolium tenue* Menke, 1830
分布：东海，南海；印度-西太平洋，日本。

狭口螺科 Stenothyridae Tryon, 1866

1. 狭口螺属 *Stenothyra* Benson, 1856

(1) 光滑狭口螺 *Stenothyra glabrata* (A. Adams, 1853)

同物异名：*Nematura glabrata* A. Adams, 1853; *Nematura olivacea* A. Adams, 1853
分布：渤海，黄海，东海；西太平洋。

(2) 德氏狭口螺 *Stenothyra divalis* (Gould, 1859)

同物异名：*Bithynia divalis* Gould, 1859; *Stenothyra decapitata* Annandale, 1918; *Stenothyra exilis* Gredler, 1887; *Stenothyra messageri* Bavay & Dautzenberg, 1900
分布：台湾岛，广东。

麂眼螺科 Rissoidae Gray, 1847

1. 豪拉基湾螺属 *Haurakia* Iredale, 1915

(1) 异豪拉基湾螺 *Haurakia discrepans* (Tate & May, 1900)

同物异名：*Rissoa discrepans* Tate & May, 1901; *Pusillina discrepans* (Tate & May, 1900)
分布：中国沿海；西太平洋。

2. 类麂眼螺属 *Rissoina* d'Orbigny, 1841

(1) 小类麂眼螺 *Rissoina bureri* Grabau & S. G. King, 1928

分布：渤海，黄海。

(2) 褐类麂眼螺 *Rissoina plicatula* Gould, 1861

分布：辽宁至广东沿海；日本。

金环螺科 Iravadiidae Thiele, 1928

1. 河纹螺属 *Fluviocingula* Kuroda & Habe, 1954

(1) 优雅河纹螺 *Fluviocingula elegantula* (A. Adams, 1861)

同物异名：*Iravadia elegantula* (A. Adams, 1861); *Onoba elegantula* A. Adams, 1861
分布：渤海，黄海。

拟沼螺科 Assimineidae H. Adams & A. Adams, 1856

1. 拟沼螺属 *Assiminea* J. Fleming, 1828

(1) 琵琶拟沼螺 *Assiminea lutea* A. Adams, 1861

分布：辽宁，河北，山东，浙江，台湾岛，广东；俄罗斯，日本，朝鲜。

(2) 堇拟沼螺 *Assiminea violacea* Heude, 1882

分布：东海，南海；西太平洋。

2. 择沼螺属 *Optediceros* Leith, 1853

(1) 短拟沼螺 *Optediceros breviculum* (L. Pfeiffer, 1855)

同物异名：*Assiminea brevicula* (L. Pfeiffer, 1855); *Assiminea miniata* E. Von Martens, 1866; *Assiminea rubella* Blanford, 1867; *Hydrocena brevicula* L. Pfeiffer, 1855; *Ovassiminea brevicula* (L. Pfeiffer, 1855)
分布：东海，南海；印度-西太平洋，菲律宾。

3. 假拟沼螺属 *Pseudomphala* Heude, 1882

(1) 绯假拟沼螺 *Pseudomphala latericea* (H. Adams & A. Adams, 1864)

同物异名：*Assiminea (Pseudomphala) haematina* Heude, 1882; *Assiminea latericea* H. Adams & A. Adams, 1864; *Pseudomphala haematina* (Heude, 1882)
分布：辽宁，河北，上海，浙江等地河口处。

4. 梯管拟沼螺属 *Solenomphala* Heude, 1882

(1) 梯管拟沼螺 *Solenomphala scalaris* (Heude, 1882)

同物异名：*Assiminea (Solenomphala) scalaris* Heude, 1882
分布：南海，东海；日本。

玻璃螺科 Vitrinellidae Bush, 1897

1. 圆环螺属 *Circulus* Jeffreys, 1865

(1) 环肋圆环螺 *Circulus cinguliferus* (A. Adams, 1850)

同物异名：*Circlotoma rotata* Laseron, 1958; *Cyclostrema cinguliferum* A. Adams, 1850; *Pygmaeorota (Pygmaeorota) cingulifera* (A. Adams, 1850)
分布：台湾岛，南海；日本，菲律宾。

蛇螺科 Vermetidae Rafinesque, 1815

1. 布袋蛇螺属 *Thylacodes* Guettard, 1770

(1) 覆瓦布袋蛇螺 *Thylacodes adamsii* (Mörch, 1859)

同物异名：*Serpulorbis imbricatus* (Dunker, 1860); *Siphonium adamsii* Mörch, 1859; *Vermetus imbricatus* Dunker, 1860
分布：浙江以南沿海；西太平洋，日本，菲律宾。

2. 蛇螺属 *Vermetus* Daudin, 1800

(1) 紧卷蛇螺 *Vermetus renisectus* (Carpenter, 1857)

分布：福建以南沿岸；西太平洋，日本，菲律宾。

马掌螺科 Hipponicidae Troschel, 1861

1. 顶盖螺属 *Sabia* Gray, 1840

(1) 圆锥顶盖螺 *Sabia conica* (Schumacher, 1817)

同物异名：*Hipponix acutus* Quoy & Gaimard, 1835; *Hipponix conicus* (Schumacher, 1817)
分布：海南岛，西沙群岛；印度，西太平洋热带海区。

2. 毛盖螺属 *Pilosabia* Iredale, 1929

(1) 毛盖螺 *Pilosabia trigona* (Gmelin, 1791)

同物异名：*Amalthea barbata* (G. B. Sowerby I, 1835); *Hipponyx barbata* G. B. Sowerby I, 1835; *Pilosabia pilosa* (Deshayes, 1832)
分布：台湾岛，南海；日本。

尖帽螺科 Capulidae J. Fleming, 1822

1. 尖帽螺属 *Capulus* Montfort, 1810

(1) 鸟嘴尖帽螺 *Capulus danieli* (Crosse, 1858)

同物异名：*Amalthea danieli* (Crosse, 1858); *Capulus sycophanta* Garrard, 1961; *Pileopsis danieli* Crosse, 1858; *Pileopsis uncinatus* Hutton, 1873
分布：台湾岛，广东，海南岛；日本。

帆螺科 Calyptraeidae Lamarck, 1809

1. 波尖冒螺属 *Bostrycapulus* Olsson & Harbison, 1953

(1) 刺波尖冒螺 *Bostrycapulus aculeatus* (Gmelin, 1791)

同物异名：*Calyptraea hystrix* Broderip, 1834; *Crepi-*

dula aculeata (Gmelin, 1791)

Patella aculeata Gmelin, 1791

分布：渤海，黄海，东海，南海；印度-西太平洋，日本。

2. 帆螺属 *Calyptraea* Lamarck, 1799

(1) 笠帆螺 *Calyptraea morbida* (Reeve, 1859)

分布：海南岛，台湾岛；日本。

3. 管帽螺属 *Ergaea* H. Adams & A. Adams, 1854

(1) 扁平管帽螺 *Ergaea walshi* (Reeve, 1859)

同物异名：*Calyptraea plana* A. Adams & Reeve, 1850; *Crepidula excisa* Philippi, 1849; *Crepidula orbella* Yokoyama, 1920; *Crepidula ostraeiformis* Grabau & S. G. King, 1928; *Crepidula plana* (A. Adams & Reeve, 1850); *Crepidula scabies* Reeve, 1859; *Crepidula walshi* Reeve, 1859; *Crypta* (*Ergaea*) *walshi* (Reeve, 1859); *Crypta lamellosa* A. Adams, 1862; *Crypta walshi* (Reeve, 1859); *Siphopatella walshi* (Reeve, 1859)

分布：中国沿海；日本，朝鲜半岛，新加坡，斯里兰卡。

衣笠螺科 Xenophoridae Troschel, 1852 (1840)

1. 扶轮螺属 *Stellaria* Møller, 1832

(1) 太阳扶轮螺 *Stellaria solaris* (Linnaeus, 1764)

同物异名：*Astraea polaris* Röding, 1798; *Stellaria solaris paucispinosa* Kosuge & Nomoto, 1972; *Trochus solaris* Linnaeus, 1764; *Xenophora* (*Stellaria*) *solaris* (Linnaeus, 1764); *Xenophora solariformis* Tesch, 1920

分布：南海；印度洋，日本。

2. 缀螺属 *Onustus* Swainson, 1840

(1) 光衣缀螺 *Onustus exutus* (Reeve, 1842)

同物异名：*Phorus exutus* Reeve, 1842; *Xenophora* (*onustus*) *exuta* (Reeve, 1842)

分布：浙江以南沿海；日本。

凤螺科 Strombidae Rafinesque, 1815

1. 松果螺属 *Conomurex* P. Fischer, 1884

(1) 篱松果螺 *Conomurex luhuanus* (Linnaeus, 1758)

同物异名：*Strombus* (*Conomurex*) *luhuanus* Linnaeus, 1758; *Strombus luhuanus* Linnaeus, 1758

分布：台湾岛，广东，海南岛；印度-西太平洋热带海区。

2. 唇翼螺属 *Euprotomus* Gill, 1870

(1) 黑口唇翼螺 *Euprotomus aratrum* (Röding, 1798)

同物异名：*Lambis aratrum* Röding, 1798; *Strombus* (*Euprotomus*) *aratrum* (Röding, 1798); *Strombus aratrum* (Röding, 1798); *Strombus melanostomus* G. B. Sowerby I, 1825

分布：台湾岛，广东，广西，海南岛；西太平洋，菲律宾，澳大利亚。

钻螺科 Seraphsidae Gray, 1853

1. 钻螺属 *Terebellum* Bruguière, 1798

(1) 钻螺 *Terebellum terebellum* (Linnaeus, 1758)

同物异名：*Conus terebellum* Linnaeus, 1758; *Terebellum lineatum* Röding, 1798; *Terebellum punctulatum* Röding, 1798; *Terebellum subulatum* Lamarck, 1811

分布：台湾岛，南海；印度-西太平洋日本，菲律宾。

玉螺科 Naticidae Guilding, 1834

1. 镰玉螺属 *Euspira* Agassiz, 1837

(1) 微黄镰玉螺 *Euspira gilva* (Philippi, 1851)

同物异名：*Euspira fortunei* (Reeve, 1855); *Lunatia gilva* (Philippi, 1851); *Natica fortunei* Reeve, 1855; *Natica gilva* Philippi, 1851

分布：渤海，黄海，东海，南海；日本，朝鲜半岛。

2. 玉螺属 *Natica* Scopoli, 1777

(1) 蛛网玉螺 *Natica arachnoidea* (Gmelin, 1791)

同物异名：*Natica crassa* Schepman, 1909; *Natica raynoldiana* Récluz, 1844; *Nerita arachnoidea* Gmelin, 1791; *Uber schepmani* Finlay, 1927

分布：台湾岛，南海；西太平洋，日本，东非沿岸。

(2) 双带玉螺 *Natica bibalteata* G. B. Sowerby III, 1914

分布：南海；西太平洋。

(3) 褐玉螺 *Natica spadicea* (Gmelin, 1791)

同物异名：*Cochlis albula* Röding, 1798; *Cochlis cornea* Röding, 1798; *Cochlis rufescens* Röding, 1798; *Natica helvacea* Lamarck, 1822

分布：福建以南沿海；日本，新加坡。

(4) 拟褐玉螺 *Natica spadiceoides* Liu, 1977

分布：南海。

(5) 玉螺 *Natica vitellus* (Linnaeus, 1758)

同物异名：*Natica ponsonbyi* Melvill, 1899; *Natica rufa* (Born, 1778); *Nerita leucozonias* Gmelin, 1791; *Nerita rufa* Born, 1778

分布：中国沿海；印度-西太平洋，日本。

3. 副小玉螺属 *Paratectonatica* Azuma, 1961

(1) 斑副小玉螺 *Paratectonatica tigrina* (Röding, 1798)

同物异名：*Cochlis tigrina* Röding, 1798; *Natica maculosa* Lamarck, 1822; *Natica javanica* Lamarck, 1822; *Natica pellistigrina* Deshayes, 1838

分布：中国沿海；西太平洋，日本。

4. 诺玉螺属 *Notocochlis* Powell, 1933

(1) 棕带诺玉螺 *Notocochlis gualteriana* (Récluz, 1844)

同物异名：*Cochlis migratoria* Powell, 1927; *Cochlis*

vafer Finlay, 1930; *Natica asellus* Reeve, 1855; *Natica nemo* Bartsch, 1915

分布：南海；西太平洋。

5. 塔玉螺属 *Tanea* Marwick, 1931

(1) 线纹塔玉螺 *Tanea lineata* (Röding, 1798)

同物异名：*Cochlis lineata* Röding, 1798; *Natica lineata* (Röding, 1798); *Naticarius lineatus* (Röding, 1798); *Notocochlis lineata* (Röding, 1798)

分布：福建以南沿海；印度-西太平洋，日本，菲律宾。

6. 多肋玉螺属 *Naticarius* Duméril, 1805

(1) 东海多肋玉螺 *Naticarius donghaiensis* (Ma & Zhang, 2003)

同物异名：*Natica donghaiensis* Ma & Zhang, 2003; *Natica pygmaea* Ma & Zhang, 1993

分布：东海。

(2) 方斑多肋玉螺 *Naticarius onca* (Röding, 1798)

同物异名：*Cochlis onca* Röding, 1798; *Cochlis pavimentum* Röding, 1798; *Natica cailliaudii* Récluz, 1850; *Natica chinensis* Lamarck, 1816

分布：台湾岛，南海；印度-西太平洋。

(3) 海南多肋玉螺 *Naticarius hainanensis* (Liu, 1977)

同物异名：*Natica hainanensis* Liu, 1977; *Natica qizhongyani* Ma & Zhang, 1994

分布：南海；西太平洋。

(4) 低塔多肋玉螺 *Naticarius scopaespira* (Liu, 1977)

同物异名：*Natica scopaespira* (Liu, 1977)

分布：南海。

7. 真玉螺属 *Eunaticina* P. Fischer, 1885

(1) 乳头真玉螺 *Eunaticina papilla* (Gmelin, 1791)

同物异名：*Albula tranquebarica* Röding, 1798; *Eunati-*

cina cincta (Hutton, 1885); *Natica papilla* (Gmelin, 1791); *Natica costulata* Quoy & Gaimard, 1833

分布：渤海，黄海，东海，南海；印度-西太平洋。

(2) 椭圆真玉螺 *Eunaticina oblonga* (Reeve, 1864)

同物异名：*Sigaretus oblongus* Reeve, 1864
分布：南海。

8. 隐玉螺属 *Cryptonatica* Dall, 1892

(1) 拟紫口隐玉螺 *Cryptonatica andoi* (Nomura, 1935)

同物异名：*Cryptonatica janthostomoides* (Kuroda & Habe, 1949); *Tectonatica janthostomoides* Kuroda & Habe, 1949; *Natica andoi* Nomura, 1935
分布：渤海，黄海；日本北部沿海。

9. 扁玉螺属 *Neverita* Risso, 1826

(1) 扁玉螺 *Neverita didyma* (Röding, 1798)

同物异名：*Albula didyma* Röding, 1798; *Glossaulax didyma* (Röding, 1798); *Natica chemnitzii* Récluz in Chenu, 1843; *Natica didyma* (Röding, 1798)
分布：中国沿海；印度-西太平洋，日本。

10. 舌玉螺属 *Glossaulax* Pilsbry, 1929

(1) 广大舌玉螺 *Glossaulax reiniana* (Dunker, 1877)

同物异名：*Neverita reiniana* Dunker, 1877
分布：渤海，黄海，东海；印度-西太平洋。

11. 乳玉螺属 *Mammilla* Schumacher, 1817

(1) 乳玉螺 *Mammilla mammata* (Röding, 1798)

同物异名：*Albula mammata* Röding, 1798; *Mammilla fasciata* Schumacher, 1817; *Polinices mammatus* (Röding, 1798); *Polynices mammatus* (Röding, 1798)
分布：东海，南海；印度-西太平洋，日本。

(2) 拟黑口乳玉螺 *Mammilla melanostomoides* (Quoy & Gaimard, 1832)

同物异名：*Natica bicincta* Récluz, 1850; *Natica mela-* *nostomoides* (Quoy & Gaimard, 1832)
分布：南海；印度-西太平洋。

(3) 黑口乳玉螺 *Mammilla melanostoma* (Gmelin, 1791)

同物异名：*Mamilla melanostoma* (Gmelin, 1791); *Natica melanochila* Philippi, 1852; *Natica opaca* Récluz, 1851; *Natica succineoides* Reeve, 1855
分布：台湾岛，南海；西太平洋。

(4) 花带乳玉螺 *Mammilla simiae* (Deshayes, 1838)

同物异名：*Mamilla simiae* (Deshayes, 1838); *Mammilla propesimiae* Iredale, 1929; *Natica samarensis* Récluz, 1844; *Natica sigaretina* Menke, 1828
分布：台湾岛，南海；西太平洋，新西兰。

(5) 桑巴乳玉螺 *Mammilla sebae* (Récluz, 1844)

同物异名：*Natica sebae* (Récluz, 1844); *Natica zanzebarica* Récluz, 1844; *Polinices sebae* (Récluz, 1844)
分布：东海，海南岛；西太平洋。

(6) 黑田乳玉螺 *Mammilla kurodai* (Iw. Taki, 1944)

同物异名：*Natica macrostoma* Philippi, 1852; *Polinices kurodai* Iw. Taki, 1944; *Polinices macrostoma* (Philippi, 1852)
分布：东海，南海；日本。

12. 无脐玉螺属 *Polinices* Montfort, 1810

(1) 绢带无脐玉螺 *Polinices vestitus* Kuroda, 1961

分布：南海。

(2) 梨形无脐玉螺 *Polinices mammilla* (Linnaeus, 1758)

同物异名：*Mamillaria tumida* Swainson, 1840; *Natica albula* Récluz, 1851; *Polinices albus* Montfort, 1810
分布：台湾岛，南海；印度-西太平洋，马来群岛。

(3) 橘色无脐玉螺 *Polinices aurantius* (Röding, 1798)

同物异名：*Albula aurantium* Röding, 1798; *Natica aurantia* (Röding, 1798); *Natica straminea* Récluz, 1844; *Natica sulphurea* Récluz, 1844

分布：台湾岛，南海；印度-西太平洋。

(4) 脐穴无脐玉螺 *Polinices flemingianus* (Récluz, 1844)

同物异名：*Natica flemingianus* Récluz, 1844; *Natica galactites* Philippi, 1851; *Natica vestalis* Philippi, 1851; *Natica virginea* Philippi, 1851

分布：南海；菲律宾。

(5) 蛋白无脐玉螺 *Polinices albumen* (Linnaeus, 1758)

同物异名：*Nerita albumen* Linnaeus, 1758; *Neverita albumen* (Linnaeus, 1758)

分布：台湾岛，南海；西太平洋。

13. 窦螺属 *Sinum* Röding, 1798

(1) 爪哇窦螺 *Sinum javanicum* (Gray, 1834)

同物异名：*Cryptostoma javanica* Gray, 1834; *Sigaretus insculptus* A. Adams & Reeve, 1850; *Sinum (Sinum) javanicum* (Gray, 1834)。

分布：台湾岛，东海，南海；印度-西太平洋，日本，印度尼西亚。

(2) 雕刻窦螺 *Sinum incisum* (Reeve, 1864)

同物异名：*Sigaretus incisus* Reeve, 1864; *Sigaretus undulatus* Lischke, 1872; *Sigaretus weberi* Bartsch, 1918

分布：台湾岛，南海；西太平洋。

(3) 浮浪窦螺 *Sinum planulatum* (Récluz, 1843)

同物异名：*Sinum weberi* (Bartsch, 1918); *Ectosinum pauloconvexum* Iredale, 1931; *Ectosinum planulatum* (Récluz, 1843); *Sigaretus gualtierianus* Récluz, 1851

分布：台湾岛，海南岛；印度-西太平洋，日本，菲律宾，澳大利亚。

(4) 大窦螺 *Sinum neritoideum* (Linnaeus, 1758)

同物异名：*Helix neritoideum* Linnaeus, 1758; *Sigaretus latifasciatus* A. Adams & Reeve, 1850; *Sigaretus parvus* E. A. Smith, 1895

分布：南海；印度-西太平洋。

(5) 日本窦螺 *Sinum japonicum* (Lischke, 1872)

同物异名：*Sigaretus japonicum* Lischke, 1872; *Sinum (Sinum) japonicum* (Lischke, 1872)

分布：东海，南海；日本。

(6) 南海窦螺 *Sinum nanhaiense* Zhang, 2009

分布：南海。

(7) 褐带窦螺 *Sinum vittatum* Zhang, 2008

分布：南海。

(8) 光滑窦螺 *Sinum laevigatum* (Lamarck, 1822)

同物异名：*Sigaretus laevigatum* Lamarck, 1822; *Sinum (Sinum) laevigatum* (Lamarck, 1822)

分布：东海，南海；印度-西太平洋。

瓦泥沟螺科 Vanikoridae Gray, 1840

1. 瓦泥沟螺属 *Vanikoro* Quoy & Gaimard, 1832

(1) 古氏瓦泥沟螺 *Vanikoro cuvieriana* (Récluz, 1843)

同物异名：*Sigaretus cuvierianus* Récluz, 1843; *Sinum cuvierianum* (Récluz, 1843)

分布：东海，南海；菲律宾，印度尼西亚。

光螺科 Eulimidae Philippi, 1853

1. 瓷光螺属 *Eulima* Risso, 1826

(1) 双带瓷光螺 *Eulima bifascialis* (A. Adams, 1863)

同物异名：*Eulima ozawai* Yokoyama, 1922; *Leios-*

traca bifascialis A. Adams, 1863
分布：渤海，黄海，东海，南海；日本。

2. 超光螺属 *Hypermastus* Pilsbry, 1899

(1) 层超光螺 *Hypermastus casta* (A. Adams, 1861)

同物异名：*Eulima maria* (Adams, 1861)；*Leiostraca casta* A. Adams, 1861；*Leiostraca constantia* A. Adams, 1861；*Leiostraca maria* A. Adams, 1861
分布：黄海，东海；日本。

3. 光螺属 *Melanella* Bowdich, 1822

(1) 马氏光螺 *Melanella martinii* (A. Adams in Sowerby, 1854)

同物异名：*Eulima martinii* A. Adams in Sowerby, 1854
分布：东海，南海；印度-西太平洋。

鹅绒螺科 Velutinidae Gray, 1840

1. 鹅绒螺属 *Velutina* J. Fleming, 1820

(1) 童鹅绒螺 *Velutina pusio* A. Adams, 1860

同物异名：*Velutina (Velutina) pusio* A. Adams, 1860
分布：渤海，黄海；日本。

宝贝科 Cypraeidae Rafinesque, 1815

1. 宝螺属 *Bistolida* Cossmann, 1920

(1) 大熊宝螺 *Bistolida hirundo* (Linnaeus, 1758)

同物异名：*Bistolida hirundo hirundo* (Linnaeus, 1758)；*Cypraea hirundo* Linnaeus, 1758；*Cypraea parvula* Philippi, 1849；*Evenaria hirundo* (Linnaeus, 1758)
分布：海南岛，西沙群岛；日本，菲律宾，印度半岛，太平洋诸岛，澳大利亚。

(2) 小熊宝螺 *Bistolida ursellus* (Gmelin, 1791)

同物异名：*Cypraea coffea* G. B. Sowerby II, 1870；*Evenaria coffea endela* Iredale, 1939；*Evenaria coffea* G. B. Sowerby II, 1870

分布：南海，西沙群岛。

2. 拟枣贝属 *Erronea* Troschel, 1863

(1) 拟枣贝 *Erronea errones* (Linnaeus, 1758)

同物异名：*Cypraea coxi* Brazier, 1872；*Cypraea errones* Linnaeus, 1758；*Evenaria errones errones* (Linnaeus, 1758)
分布：台湾岛，广东中部以南沿海；印度-西太平洋。

3. 紫端贝属 *Purpuradusta* Schilder, 1939

(1) 细符紫端贝 *Purpuradusta gracilis notata* (Gill, 1858)

同物异名：*Cypraea notata* Gill, 1858；*Cupinota macula* (Angas, 1867)；*Palmadusta gracilis notata* (Gill, 1858)；*Purpuradusta fimbriata subcoerulea* Schilder & Schilder, 1931
分布：东海，南海；印度-西太平洋。

4. 呆足贝属 *Blasicrura* Iredale, 1930

(1) 断带呆足贝 *Blasicrura interrupta* (J. E. Gray, 1824)

同物异名：*Cypraea interrupta* J. E. Gray, 1824
分布：台湾岛，南海；印度-西太平洋。

5. 宝贝属 *Cypraea* Linnaeus, 1758

(1) 虎斑宝贝 *Cypraea tigris* Linnaeus, 1758

同物异名：*Cypraea tigris* var. *chionia* Melvill, 1888
分布：香港，海南岛，西沙群岛，南沙群岛；印度-太平洋暖海区。

6. 绶贝属 *Mauritia* Troschel, 1863

(1) 阿文绶贝 *Mauritia arabica asiatica* Schilder & Schilder, 1939

同物异名：*Mauritia arabica merguina* Lorenz & F. Huber, 1993
分布：台湾岛，福建以南沿海至南沙群岛；印度-西太平洋。

梭螺科 Ovulidae J. Fleming, 1822

1. 钝梭螺属 *Volva* Röding, 1798

(1) 钝梭螺 *Volva volva* (Linnaeus, 1758)

同物异名：*Bulla volva* Linnaeus, 1758; *Ovula aspera* Perry, 1811; *Ovula textoria* Röding, 1798
分布：东海，南海；西太平洋。

2. 前凹螺属 *Prosimnia* Schilder, 1927

(1) 前凹螺 *Prosimnia semperi* (Weinkauff, 1881)

同物异名：*Ovula semperi* Weinkauff, 1881; *Ovula triticea* P. J. Fischer, 1927; *Ovulum hordaceum sensu* G. B. Sowerby I, 1830 not Lamarck, 1810; *Primovula coarctata sensu* F. A. Schilder, 1941 not G. B. Sowerby II, 1848
分布：东海，南海；西太平洋。

3. 履螺属 *Sandalia* C. N. Cate, 1973

(1) 玫瑰履螺 *Sandalia triticea* (Lamarck, 1810)

同物异名：*Amphiperas rhodia* A. Adams, 1855; *Ovula rhodia* (A. Adams, 1854); *Ovula triticea* Lamarck, 1810; *Primovula* (*Primovula*) *rhodia* (A. Adams, 1854); *Sandalia rhodia* (A. Adams, 1854)
分布：山东至广东沿海；西太平洋，朝鲜，日本。

冠螺科 Cassidae Latreille, 1825

1. 冠螺属 *Cassis* Scopoli, 1777

(1) 唐冠螺 *Cassis cornuta* (Linnaeus, 1758)

同物异名：*Buccinum cornutum* Linnaeus, 1758; *Cassis* (*Cassis*) *cornuta* (Linnaeus, 1758); *Cassis caputequinum* Röding, 1798; *Cassis hamata* Röding, 1798; *Cassis labiata* Dillwyn, 1817
分布：东海，南海；印度-西太平洋。

2. 宝冠螺属 *Cypraecassis* Stutchbury, 1837

(1) 宝冠螺 *Cypraecassis rufa* (Linnaeus, 1758)

同物异名：*Buccinum pennatum* Gmelin, 1791; *Buccinum pullum* Born, 1778; *Buccinum rufum* Linnaeus, 1758; *Buccinum ventricosum* Gmelin, 1791; *Cassis labiata* Perry, 1811; *Cassis rufa* (Linnaeus, 1758); *Cassis rufescens* Röding, 1798; *Cassis tuberosa* Röding, 1798; *Cypraecassis* (*Cypraecassis*) *rufa* (Linnaeus, 1758)
分布：东海，南海；印度-西太平洋。

3. 鬘螺属 *Phalium* Link, 1807

(1) 棋盘鬘螺 *Phalium areola* (Linnaeus, 1758)

同物异名：*Buccinum areola* Linnaeus, 1758; *Cassis alea* Röding, 1798; *Cassis areola* (Linnaeus, 1758); *Phalium agnitum* Iredale, 1927
分布：台湾岛，海南岛；从东非沿岸至美拉尼西亚，从日本南部经菲律宾、印度尼西亚到澳大利亚。

(2) 短沟纹鬘螺 *Phalium flammiferum* (Röding, 1798)

同物异名：*Buccinum regosum* Gmelin, 1791; *Buccinum strigatum* Gmelin, 1791; *Cassis flammiferum* (Röding, 1798); *Phalium strigatum* (Gmelin, 1791)
分布：渤海，黄海；西太平洋，朝鲜，日本。

4. 缨鬘螺属 *Semicassis* Mörch, 1852

(1) 双沟缨鬘螺 *Semicassis bisulcata* (Schubert & J. A. Wagner, 1829)

同物异名：*Cassis bisulcata* Schubert & J. A. Wagner, 1829
分布：黄海，东海，南海；日本，菲律宾，印度尼西亚。

(2) 无饰缨鬘螺 *Semicassis inornata* (Pilsbry, 1895)

同物异名：*Cassis achatina* var. *inornata* Pilsbry, 1895
分布：广东沿海；日本。

琵琶螺科 Ficidae Meek, 1864 (1840)

1. 琵琶螺属 *Ficus* Röding, 1798

(1) 长琵琶螺 *Ficus gracilis* (G. B. Sowerby I, 1825)

同物异名：*Pyrula gracilis* G. B. Sowerby I, 1825

分布：福建以南沿海；日本。

(2) 白带琵琶螺 *Ficus ficus* (Linnaeus, 1758)

同物异名：*Murex ficus* Linnaeus, 1758
分布：浙江，台湾岛，广东，广西沿海；日本。

(3) 杂色琵琶螺 *Ficus variegata* Röding, 1798

分布：东海，南海。

嵌线螺科 Cymatiidae Iredale, 1913

1. 蝌蚪螺属 *Gyrineum* Link, 1807

(1) 粒蝌蚪螺 *Gyrineum natator* (Röding, 1798)

同物异名：*Biplex elegans* Perry, 1811; *Bursa tuberculata* (Broderip, 1833); *Gyrineum natator* var. *robusta* Fulton, 1936; *Ranella olivator* Mörch, 1853; *Ranella tuberculata* Broderip, 1833; *Tritonium natator* Röding, 1798
分布：东海，南海潮间带岩礁间；印度-西太平洋暖水区。

2. 毛法螺属 *Monoplex* Perry, 1810

(1) 毛法螺 *Monoplex pilearis* (Linnaeus, 1758)

同物异名：*Murex pileare* Linnaeus, 1758
分布：东海，南海。

(2) 金口毛螺 *Monoplex nicobaricus* (Röding, 1798)

同物异名：*Tritonium nicobaricum* Röding, 1798
分布：东海。

(3) 小白毛螺 *Monoplex mundus* (Gould, 1849)

同物异名：*Triton mundum* Gould, 1849
分布：东海，南海。

法螺科 Charoniidae Powell, 1933

1. 法螺属 *Charonia* Gistel, 1847

(1) 法螺 *Charonia tritonis* (Linnaeus, 1758)

同物异名：*Eutritonium tritonis* (Linnaeus, 1758);

Murex tritonis Linnaeus, 1758; *Septa tritonia* Perry, 1810; *Triton marmoratum* Link, 1807; *Triton umbricata* W. H. D. Adams, 1868
分布：东海，南海；印度-太平洋暖水区。

扭螺科 Personidae Gray, 1854

1. 扭螺属 *Distorsio* Röding, 1798

(1) 网纹扭螺 *Distorsio reticularis* (Linnaeus, 1758)

同物异名：*Distorsio acuta* (Perry, 1811); *Distorsio decipiens* (Reeve, 1844); *Distorsio francesae* Iredale, 1931; *Distorsio reticulata* Röding, 1798; *Distorta acuta* Perry, 1811; *Murex mulus* Dillwyn, 1817; *Murex reticularis* Linnaeus, 1758; *Triton decipiens* Reeve, 1844
分布：东海，南海。

爱神螺科 Eratoidae Gill, 1871

1. 金星爱神螺属 *Hespererato* Schilder, 1933

(1) 硬结金星爱神螺 *Hespererato scabriuscula* (Gray, 1832)

同物异名：*Erato scabriuscula* J. E. Gray in G. B. Sowerby I, 1832
分布：山东至广西沿海，台湾岛，海南岛；日本海，冲绳。

蛙螺科 Bursidae Thiele, 1925

1. 蛙螺属 *Bursa* Röding, 1798

(1) 蛙螺 *Bursa bufonia* (Gmelin, 1791)

同物异名：*Murex bufonia* Gmelin, 1791
分布：黄海，东海。

(2) 黑口蛙螺 *Bursa lamarckii* (Deshayes, 1853)

同物异名：*Ranella lamarckii* Deshayes, 1853
分布：东海，南海。

(3) 驼背蛙螺 *Bursa tuberosissima* (Reeve, 1844)

同物异名：*Ranella tuberosissima* Reeve, 1844
分布：东海，南海。

2. 彩蛙螺属 *Lampasopsis* Jousseaume, 1881

(1) 血迹彩蛙螺 *Lampasopsis cruentata* (G. B. Sowerby II, 1835)

同物异名：*Ranella cruentata* G. B. Sowerby II, 1835; *Bursa cruentata* (G. B. Sowerby II, 1835)
分布：东海，南海。

(2) 紫口彩蛙螺 *Lampasopsis rhodostoma* (G. B. Sowerby II, 1835)

同物异名：*Ranella rhodostoma* G. B. Sowerby II, 1835; *Bursa rhodostoma* (G. B. Sowerby II, 1835)
分布：东海，南海。

3. 赤蛙螺属 *Bufonaria* Schumacher, 1817

(1) 习见赤蛙螺 *Bufonaria rana* (Linnaeus, 1758)

同物异名：*Bufonaria albivaricosa* (Reeve, 1844); *Bufonaria subgranosa* (G. B. Sowerby II, 1836); *Bursa rana* (Linnaeus, 1758); *Murex rana* Linnaeus, 1758; *Ranella albivaricosa* Reeve, 1844; *Ranella beckii* Kiener, 1841; *Ranella subgranosa* G. B. Sowerby II, 1836
分布：东海，南海；日本。

4. 土发螺属 *Tutufa* Jousseaume, 1881

(1) 蟾蜍土发螺 *Tutufa bufo* (Röding, 1798)

同物异名：*Tritonium bufo* Röding, 1798; *Bursa lissostoma* E. A. Smith, 1914
分布：东海；印度-西太平洋。

新腹足目 Neogastropoda

芒果螺科 Mangeliidae P. Fischer, 1883

1. 芒果螺属 *Mangelia* Risso, 1826

(1) 背芒果螺 *Mangelia dorsuosa* (Gould, 1860)

同物异名：*Columbella dorsuosa* Gould, 1860

分布：南海。

骨螺科 Muricidae Rafinesque, 1815

1. 比德螺属 *Bedevina* Habe, 1946

(1) 双比德螺 *Bedevina birileffi* (Lischke, 1871)

同物异名：*Trophon birileffi* Lischke, 1871
分布：南海；日本。

2. 北方饵螺属 *Boreotrophon* P. Fischer, 1884

(1) 蜡台北方饵螺 *Boreotrophon candelabrum* (Reeve, 1848)

同物异名：*Fusus candelabrum* Reeve, 1848
分布：渤海，黄海；日本。

3. 棘螺属 *Chicoreus* Montfort, 1810

(1) 亚洲棘螺 *Chicoreus asianus* Kuroda, 1942

分布：东海，南海；日本。

(2) 焦棘螺 *Chicoreus torrefactus* (G. B. Sowerby II, 1841)

同物异名：*Murex torrefactus* G. B. Sowerby II, 1841
分布：东海，南海；日本，菲律宾。

(3) 褐棘螺 *Chicoreus brunneus* (Link, 1807)

同物异名：*Chicoreus (Triplex) brunneus* (Link, 1807); *Chicoreus adustus* (Lamarck, 1822); *Murex adustus* Lamarck, 1822; *Murex australiensis* A. Adams, 1854; *Murex brunneus* (Link, 1807); *Murex despectus* A. Adams, 1854; *Murex erithrostomus* Dufo, 1840; *Murex huttoniae* B. H. Wright, 1878; *Murex oligocanthus* Euthyme, 1889; *Murex versicolor* Gmelin, 1791; *Purpura brunneus* Link, 1807; *Purpura scabra* Martyn, 1789; *Triplex flavicunda* Perry, 1810; *Triplex rubicunda* Perry, 1810
分布：东海，南海；印度-西太平洋。

4. 小核果螺属 *Drupella* Thiele, 1925

(1) 环珠小核果螺 *Drupella rugosa* (Born, 1778)

分布：渤海，黄海，东海，台湾岛，南海；印度-西太平洋。

(2) 珠母小核果螺 *Drupella margariticola* (Broderip, 1833)

同物异名：*Drupa margariticola* (Broderip in Broderip & Sowerby, 1833); *Ergalatax margariticola* (Broderip in Broderip & Sowerby, 1833)
分布：东海。

5. 爱尔螺属 *Ergalatax* Iredale, 1931

(1) 德川爱尔螺 *Ergalatax tokugawai* Kuroda & Habe, 1971

分布：东海，南沙群岛；西太平洋。

6. 延管螺属 *Magilus* Montfort, 1810

(1) 延管螺 *Magilus antiquus* Montfort, 1810

分布：黄海，台湾岛，海南岛；印度-西太平洋。

7. 丝岩螺属 *Mancinella* Link, 1807

(1) 红痘丝岩螺 *Mancinella alouina* (Röding, 1798)

同物异名：*Drupella mancinella* (Linnaeus, 1758); *Mancinella aculeata* Link, 1807; *Murex mancinella* Linnaeus, 1758; *Murex pyrum* Dillwyn, 1817; *Purpura gemmulata* Lamarck, 1816; *Purpura mancinella* (Linnaeus, 1758); *Thais (Mancinella) alouina* (Röding, 1798); *Thais (Mancinella) mancinella* (Linnaeus, 1758); *Thais gemmulata* (Lamarck, 1816); *Thais mancinella* (Linnaeus, 1758); *Volema alouina* Röding, 1798; *Volema glacialis* Röding, 1798
分布：南海；印度-西太平洋。

8. 骨螺属 *Murex* Linnaeus, 1758

(1) 沟棘骨螺 *Murex aduncospinosus* G. B. Sowerby II, 1841

分布：东海，南海。

(2) 骨螺 *Murex pecten* Lightfoot, 1786

分布：东海，南海；印度-西太平洋。

(3) 浅缝骨螺 *Murex trapa* Röding, 1798

同物异名：*Murex (Murex) trapa* Röding, 1798; *Murex duplicatus* Pusch, 1837; *Murex martinianus* Reeve, 1845; *Murex rarispina* Lamarck, 1822; *Murex unidentatus* G. B. Sowerby II, 1834
分布：东海，南海；日本，太平洋。

9. 线骨螺属 *Murichorda* Houart, Zuccon & Puillandre, 2019

(1) 筐线骨螺 *Murichorda fiscellum* (Gmelin, 1791)

同物异名：*Drupa fiscella* (Gmelin, 1791); *Muricodrupa fiscellum* (Gmelin, 1791)
分布：东海，南海。

10. 翼螺属 *Pterynotus* Swainson, 1833

(1) 翼螺 *Pterynotus alatus* (Röding, 1798)

同物异名：*Murex martinianus* Pfeiffer, 1840; *Murex pinnatus* Swainson, 1822; *Pterynotus pinnatus* (Swainson, 1822); *Purpura alata* Röding, 1798
分布：台湾岛，南海；日本。

11. 红螺属 *Rapana* Schumacher, 1817

(1) 红螺 *Rapana bezoar* (Linnaeus, 1767)

同物异名：*Buccinum bezoar* Linnaeus, 1767
分布：东海，南海；西太平洋，印度洋，美国加利福尼亚沿岸。

(2) 梨红螺 *Rapana rapiformis* (Born, 1778)

同物异名：*Murex rapiformis* Born, 1778
分布：东海，南海；日本。

(3) 脉红螺 *Rapana venosa* (Valenciennes, 1846)

同物异名：*Purpura venosa* Valenciennes, 1846
分布：渤海，黄海，东海；日本，俄罗斯，朝鲜。

12. 腾螺属 *Tenguella* Arakawa, 1965

(1) 粒腾螺 *Tenguella granulata* (Duclos, 1832)

同物异名：*Drupa granulata* (Duclos, 1832); *Drupa tuberculata* (Blainville, 1832); *Morula (Morula) granulata* (Duclos, 1832); *Morula granulata* (Duclos, 1832); *Morula tuberculata* (Blainville, 1832); *Purpura granulata* Duclos, 1832; *Purpura tuberculata* Blainville, 1832; *Ricinula tuberculata* (Blainville, 1832); *Sistrum tuberculatum* (Blainville, 1832)

分布：渤海，黄海。

(2) 镶珠腾螺 *Tenguella musiva* (Kiener, 1835)

同物异名：*Morula* (*Morula*) *musiva* (Kiener, 1835); *Purpura musiva* Kiener, 1835

分布：东海，南海；日本。

13. 紫螺属 *Purpura* Bruguière, 1789

(1) 蟾蜍紫螺 *Purpura bufo* Lamarck, 1822

同物异名：*Mancinella bufo* (Lamarck, 1822); *Thais bufo* (Lamarck, 1822)

分布：台湾岛，海南岛，南海；西太平洋。

14. 印荔枝螺属 *Indothais* Claremont, Vermeij, Williams & Reid, 2013

(1) 蛎敌印荔枝螺 *Indothais gradata* (Jonas, 1846)

同物异名：*Purpura* (*Cuma*) *gradata* Jonas, 1846; *Thais* (*Thaisella*) *gradata* (Jonas, 1846)

分布：浙江以南沿海；马来半岛。

(2) 可变印荔枝螺 *Indothais lacera* (Born, 1778)

同物异名：*Murex lacerus* Born, 1778; *Thais* (*Thaisella*) *lacera* (Born, 1778)

分布：台湾岛，广东；日本，澳大利亚。

15. 瑞荔枝螺属 *Reishia* Kuroda & Habe, 1971

(1) 黄口瑞荔枝螺 *Reishia luteostoma* (Holten, 1803)

同物异名：*Buccinum luteostoma* Holten, 1803; *Thais* (*Thaisella*) *luteostoma* (Holten, 1803)

分布：中国沿海；日本，东南亚。

(2) 瘤瑞荔枝螺 *Reishia bronni* (Dunker, 1860)

同物异名：*Purpura bronni* Dunker, 1860; *Thais bronni* (Dunker, 1860)

分布：东海，南海；日本，菲律宾马尼拉。

(3) 疣瑞荔枝螺 *Reishia clavigera* (Küster, 1860)

同物异名：*Purpura clavigera* Küster, 1860; *Thais clavigera* (Küster, 1860)

分布：中国沿海；日本。

16. 沃氏骨螺属 *Vokesimurex* Petuch, 1994

(1) 纪伊沃氏骨螺 *Vokesimurex kiiensis* (Kira, 1959)

同物异名：*Haustellum kiiensis* (Kira, 1959); *Murex kiiensis* Kira, 1959; *Murex kiiensis* f. *nagaidesu* Shikama, 1970

分布：东海。

(2) 直吻沃氏骨螺 *Vokesimurex rectirostris* (G. B. Sowerby II, 1841)

同物异名：*Haustellum rectirostris* (G. B. Sowerby II, 1841); *Murex rectirostris* G. B. Sowerby II, 1841

分布：东海，南海；日本。

蛇首螺科 Colubrariidae Dall, 1904

1. 蛇首螺属 *Colubraria* Schumacher, 1817

(1) 褐蛇首螺 *Colubraria tenera* (Gray, 1839)

同物异名：*Colubraria castanea* Kuroda & Habe, 1952; *Colubraria fantomei* Garrard, 1961; *Triton comptus* G. B. Sowerby III, 1874; *Triton tenera* Gray, 1839

分布：南海。

核螺科 Columbellidae Swainson, 1840

1. 牙螺属 *Euplica* Dall, 1889

(1) 斑鸠牙螺 *Euplica scripta* (Lamarck, 1822)

同物异名：*Euplica versicolor* (G. B. Sowerby I, 1832)

分布：渤海，黄海，东海，南海。

2. 小笔螺属 *Mitrella* Risso, 1826

(1) 双带小笔螺 *Mitrella bicincta* (Gould, 1860)

同物异名：*Columbella bicincta* Gould, 1860
分布：黄海，东海。

(2) 白小笔螺 *Mitrella albuginosa* (Reeve, 1859)

同物异名：*Columbella albuginosa* Reeve, 1859; *Columbella albuginosa* var. *major* W. H. Turton, 1932; *Columbella approximata* G. B. Sowerby III, 1921; *Columbella bella* Reeve, 1859; *Columbella rietensis* W. H. Turton, 1933; *Columbella rufanensis* W. H. Turton, 1932; *Mitrella bella* (Reeve, 1859); *Pyrene albuginosa* (Reeve, 1859); *Pyrene bella* (Reeve, 1859)
分布：中国沿海；印度-西太平洋。

(3) 布尔小笔螺 *Mitrella burchardi* (Dunker, 1877)

同物异名：*Amycla burchardti* Dunker, 1877
分布：东海；日本。

3. 豹斑螺属 *Pardalinops* deMaintenon, 2008

(1) 豹斑龟螺 *Pardalinops testudinaria* (Link, 1807)

同物异名：*Colombella pardalina* Lamarck, 1822; *Columbella testudinaria* Link, 1807; *Pyrene lacteoides* Habe & Kosuge, 1966; *Pyrene testudinaria nigropardalis* Habe & Kosuge, 1966; *Pyrene testudinaria tylerae* (Griffith & Pidgeon, 1834)
分布：中国沿海。

4. 杂螺属 *Zafra* A. Adams, 1860

(1) 达氏杂螺 *Zafra darwini* (Angas, 1877)

同物异名：*Columbella darwini* Angas, 1877; *Columbella lentiginosa* Reeve, 1859; *Zafra almiranta* Hedley, 1915
分布：南海；西太平洋。

(2) 小杂螺 *Zafra pumila* (Dunker, 1858)

同物异名：*Columbella pumila* Dunker, 1858

分布：黄海，东海，南海。

东风螺科 Babyloniidae Kuroda, Habe & Oyama, 1971

1. 东风螺属 *Babylonia* Schlüter, 1838

(1) 方斑东风螺 *Babylonia areolata* (Link, 1807)

同物异名：*Babylonia areolata* f. *austraoceanensis* Lan, 1997; *Babylonia lani* Gittenberger & Goud, 2003; *Babylonia magnifica* Fraussen & Stratmann, 2005; *Babylonia tessellata* (Swainson, 1823); *Buccinum areolatum* Link, 1807; *Buccinum maculosum* Röding, 1798; *Eburna chemnitziana* Fischer von Waldheim, 1807; *Eburna tessellata* Swainson, 1823
分布：中国东南沿海；斯里兰卡，日本。

(2) 泥东风螺 *Babylonia lutosa* (Lamarck, 1816)

同物异名：*Eburna lutosa* Lamarck, 1816
分布：东海，南海；日本。

蛾螺科 Buccinidae Rafinesque, 1815

1. 蛾螺属 *Buccinum* Linnaeus, 1758

(1) 蛾螺 *Buccinum undatum* Linnaeus, 1758

分布：世界广布。

(2) 水泡蛾螺 *Buccinum pemphigus* Dall, 1907

分布：渤海，黄海；日本，白令海。

(3) 黄海蛾螺 *Buccinum yokomaruae* Yamashita & Habe, 1965

分布：黄海；朝鲜半岛。

(4) 皮氏蛾螺 *Buccinum ampullaceum* (Middendorff, 1848)

同物异名：*Bullia ampullacea* Middendorff, 1848; *Volutharpa ampullacea* (Middendorff, 1848)
分布：东海；日本。

2. 平肩螺属 *Japelion* Dall, 1916

(1) 侧平肩螺 *Japelion latus* (Dall, 1918)

同物异名：*Ancistrolepis latus* Dall, 1918
分布：黄海；朝鲜，日本。

3. 香螺属 *Neptunea* Röding, 1798

(1) 香螺 *Neptunea cumingii* Crosse, 1862

分布：渤海，黄海，东海；朝鲜，日本。

4. 管蛾螺属 *Siphonalia* A. Adams, 1863

(1) 纺锤管蛾螺 *Siphonalia fusoides* (Reeve, 1846)

分布：黄海，东海；日本，朝鲜半岛。

(2) 褐管娥螺 *Siphonalia spadicea* (Reeve, 1847)

分布：渤海，黄海，东海；日本，朝鲜半岛。

(3) 略胀管蛾螺 *Siphonalia subdilatata* Yen, 1936

分布：渤海，黄海；日本，朝鲜半岛。

比萨螺科 Pisaniidae Gray, 1857

1. 甲虫螺属 *Cantharus* Röding, 1798

(1) 甲虫螺 *Cantharus cecillei* (Philippi, 1844)

同物异名：*Turbinella cecillii* Philippi, 1844
分布：中国沿海；日本。

2. 唇齿螺属 *Engina* Gray, 1839

(1) 礼凤唇齿螺 *Engina mendicaria* (Linnaeus, 1758)

同物异名：*Voluta mendicaria* Linnaeus, 1758
分布：东海。

(2) 美丽唇齿螺 *Engina pulchra* (Reeve, 1846)

同物异名：*Buccinum pulchrum* Reeve, 1846
分布：台湾岛，东沙群岛，西沙群岛；菲律宾，日本，太平洋。

(3) 三带唇齿螺 *Engina trifasciata* (Reeve, 1846)

分布：南海。

盔螺科 Melongenidae Gill, 1871 (1854)

1. 棕旋螺属 *Brunneifusus* Dekkers, 2018

(1) 细棕旋螺 *Brunneifusus ternatanus* (Gmelin, 1791)

同物异名：*Murex ternatanus* Gmelin, 1791；*Hemifusus, ternatanus* (Gmelin, 1791)
分布：东海，南海；日本。

2. 角螺属 *Hemifusus* Swainson, 1840

(1) 管角螺 *Hemifusus tuba* (Gmelin, 1791)

同物异名：*Murex tuba* Gmelin, 1791
分布：中国东南沿海；日本。

3. 沃螺属 *Volegalea* Iredale, 1938

(1) 旋沃螺 *Volegalea cochlidium* (Linnaeus, 1758)

同物异名：*Murex cochlidium* Linnaeus, 1758；*Puglina bugilina* (Born,1778)；*Pugilina cochlidium* (Linnaeus, 1758)
分布：南海；菲律宾。

织纹螺科 Nassariidae Iredale, 1916 (1835)

1. 鱼篮螺属 *Nassaria* Link, 1807

(1) 尖鱼篮螺 *Nassaria acuminata* (Reeve, 1844)

同物异名：*Hindsia acuminata* (Reeve, 1844)；*Hindsia suturalis* A. Adams, 1855；*Hindsia varicifera* A. Adams, 1855；*Triton acuminatus* Reeve, 1844
分布：东海，南海。

2. 织纹螺属 *Nassarius* Duméril, 1805

(1) 方格织纹螺 *Nassarius conoidalis* (Deshayes, 1833)

同物异名：*Buccinum conoidale* Deshayes, 1833

分布：台湾岛，福建，广东沿海；日本，菲律宾。

(2) 群栖织纹螺 *Nassarius gregarius* (Grabau & King, 1928)

同物异名：*Nassa gregaria* Grabau & King, 1928
分布：中国沿海。

(3) 织纹螺 *Nassarius macrocephalus* (Schepman, 1911)

同物异名：*Nassa (Alectryon) macrocephala* Schepman, 1911
分布：浙江，福建，广东等沿海地区。

(4) 维提织纹螺 *Nassarius vitiensis* (Hombron & Jacquinot, 1848)

同物异名：*Nassa (Hinia) vitiensis* Hombron & Jacquinot, 1848
分布：南海；菲律宾。

(5) 钟织纹螺 *Nassarius bellulus* (A. Adams, 1852)

同物异名：*Nassa (Eione) bellula* A. Adams, 1852
分布：东海，南海。

(6) 习见织纹螺 *Nassarius pyrrhus* (Menke, 1843)

同物异名：*Buccinum pyrrhum* Menke, 1843
分布：中国沿海；菲律宾。

(7) 光织纹螺 *Nassarius dorsatus* (Röding, 1798)

同物异名：*Buccinum laeve sinuatum* Chemnitz, 1780; *Buccinum trifasciatum* Gmelin, 1791; *Buccinum unicolorum* Kiener, 1834; *Bullia cinerea* Preston, 1906; *Nassa (Alectrion) pallidula* A. Adams, 1852; *Nassa (Alectrion) rutilans* Reeve, 1853; *Nassa (Zeuxis) pallidula* A. Adams, 1852; *Nassa dorsata* (Röding, 1798); *Nassa laevis* Mörch, 1852; *Nassa livida* Gray, 1827; *Nassa nitidula* Marrat, 1880; *Nassa pallidula* A. Adams, 1852; *Nassa rutilans* Reeve, 1853; *Nassa trifasciata* (Gmelin, 1791); *Nassa unicolorata* Reeve, 1853; *Nassarius (Zeuxis) dorsatus* (Röding, 1798); *Tarazeuxis unicolorus* (Kiener, 1834); *Zeuxis dorsatus* (Röding, 1798)

分布：南海；日本。

(8) 纵肋织纹螺 *Nassarius variciferus* (A. Adams, 1852)

同物异名：*Nassa (Zeuxis) varicifera* A. Adams, 1852
分布：中国沿海；日本。

(9) 细肋织纹螺 *Nassarius castus* (Gould, 1850)

同物异名：*Nassa casta* Gould, 1850
分布：台湾岛，南海。

(10) 节织纹螺 *Nassarius hepaticus* (Pulteney, 1799)

同物异名：*Buccinum hepaticum* Pulteney, 1799; *Nassa hepatica* (Pulteney, 1799)
分布：东海，南海；西太平洋。

(11) 西格织纹螺 *Nassarius siquijorensis* (A. Adams, 1852)

同物异名：*Buccinum canaliculatum* Lamarck, 1822; *Nassa (Hinia) siquijorensis* A. Adams, 1852; *Nassa (Hinia) siquijorensis marinuensis* Koperberg, 1931; *Nassa (Hinia) siquijorensis timorensis* Koperberg, 1931; *Nassa (Zeuxis) canaliculata* (Lamarck, 1822); *Nassa (Zeuxis) canaliculata teschi* Koperberg, 1931; *Nassa cingenda* Marrat, 1880; *Nassa crenellifera* A. Adams, 1852; *Nassa siquijorensis* A. Adams, 1852 (original combination); *Nassarius (Zeuxis) siquijorensis* (A. Adams, 1852); *Nassarius canaliculatus* (Lamarck, 1822)
分布：东海，南海；日本。

(12) 红带织纹螺 *Nassarius succinctus* (A. Adams, 1852)

同物异名：*Nassa pusilla* Marrat, 1880; *Nassa succincta* A. Adams, 1852; *Nassarius (Zeuxis) succinctus* (A. Adams, 1852); *Zeuxis succinctus* (A. Adams, 1852)
分布：中国沿海；日本，菲律宾。

(13) 疣织纹螺 *Nassarius papillosus* (Linnaeus, 1758)

同物异名：*Buccinum papillosum* Linnaeus, 1758

分布：西沙群岛，海南南部；印度-西太平洋热带海区广布。

(14) 半褶织纹螺 *Nassarius sinarum* (Philippi, 1851)

同物异名：*Buccinum sinarum* Philippi, 1851
分布：东海。

(15) 胆形织纹螺 *Nassarius pullus* (Linnaeus, 1758)

同物异名：*Arcularia (Plicarcularia) thersites* (Bruguière, 1789); *Arcularia thersites* (Bruguière, 1789); *Buccinum pullus* Linnaeus, 1758; *Buccinum thersites* Bruguière, 1789; *Nassa (Arcularia) thersites* (Bruguière, 1789); *Nassa (Eione) dorsuosa* A. Adams, 1852; *Nassa (Eione) sondeiana* K. Martin, 1895; *Nassa (Eione) thersites* (Bruguière, 1789); *Nassa dorsuosa* A. Adams, 1852; *Nassa gracilis* Pease, 1868; *Nassa pulla* (Linnaeus, 1758); *Nassa thersites* (Bruguière, 1789); *Nassa thersites* var. *acypha* Martens, 1886; *Nassarius (Plicarcularia) pullus* (Linnaeus, 1758); *Nassarius (Plicarcularia) thersites* (Bruguière, 1789); *Nassarius thersites* (Bruguière, 1789); *Plicarcularia thersites* (Bruguière, 1789)
分布：东海，南海；日本，菲律宾。

(16) 黄织纹螺 *Nassarius hiradoensis* (Pilsbry, 1904)

同物异名：*Nassa semiplicata hiradoensis* Pilsbry, 1904
分布：渤海，黄海。

(17) 纺锤织纹螺 *Nassarius fuscolineatus* (E. A. Smith, 1875)

同物异名：*Nassa fuscolineata* E. A. Smith, 1875
分布：东海。

3. 神山螺属 *Cyllene* Gray, 1834

(1) 秀丽神山螺 *Cyllene pulchella* Adams & Reeve, 1850

分布：黄海，南海；日本。

4. 亮螺属 *Phos* Montfort, 1810

(1) 亮螺 *Phos senticosus* (Linnaeus, 1758)

同物异名：*Murex senticosus* Linnaeus, 1758
分布：东海，南海；日本。

侍女螺科 Ancillariidae Swainson, 1840

1. 亚当螺属 *Amalda* H. Adams & A. Adams, 1853

(1) 红亚当螺 *Amalda rubiginosa* Swainson, 1823

同物异名：*Ancilla rubiginosa* Swainson, 1823
分布：长江口以南沿海，南海；印度洋，日本，大洋洲北部。

榧螺科 Olividae Latreille, 1825

1. 榧螺属 *Oliva* Bruguière, 1789

(1) 彩饰榧螺 *Oliva ornata* Marrat, 1867

同物异名：*Oliva lignaria* Marrat, 1868
分布：东海，南海。

(2) 伶鼬榧螺 *Oliva mustelina* Lamarck, 1811

分布：黄海南部，东海，南海；日本(本州中部以南)，新加坡。

(3) 红口榧螺 *Oliva miniacea* (Röding, 1798)

同物异名：*Miniaceoliva miniacea* (Röding, 1798); *Oliva (Miniaceoliva) miniacea* (Röding, 1798) accepted, alternate representation; *Oliva azemula* Duclos, 1840; *Oliva masaris* Duclos, 1840; *Oliva miniacea miniacea* (Röding, 1798); *Oliva sylvia* Duclos, 1844; *Porphyria miniacea* Röding, 1798
分布：东海，南海。

2. 小榧螺属 *Olivella* Swainson, 1831

(1) 细小榧螺 *Olivella fulgurata* (A. Adams & Reeve, 1850)

分布：黄海，东海，南海；日本。

(2) 平小榧螺 *Olivella plana* (Marrat, 1871)

分布：东海，广东中部，海南岛，南海。

笔螺科 Mitridae Swainson, 1831

1. 笔螺属 *Mitra* Lamarck, 1798

(1) 笔螺 *Mitra mitra* (Linnaeus, 1758)

同物异名：*Voluta mitra* Linnaeus, 1758
分布：黄海，东海，南海。

2. 假星云笔螺属 *Pseudonebularia* Fedosov, Herrmann, Kantor & Bouchet, 2018

(1) 沟纹假星云笔螺 *Pseudonebularia proscissa* (Reeve, 1844)

同物异名：*Mitra* (*Nebularia*) *proscissa* Reeve, 1844
分布：台湾岛，广东，海南岛，西沙群岛；太平洋西部热带海区。

(2) 脆假星云笔螺 *Pseudonebularia fraga* (Quoy & Gaimard, 1833)

同物异名：*Mitra* (*Nebularia*) *fraga* Quoy & Gaimard, 1833; *Mitra fraga* Quoy & Gaimard, 1833
分布：黄海，东海，南海。

3. 似笔螺属 *Quasimitra* Fedosov, Herrmann, Kantor & Bouchet, 2018

(1) 可变似笔螺 *Quasimitra variabilis* (Reeve, 1844)

同物异名：*Mitra cylindracea* Reeve, 1844; *Mitra polymorpha* Tomlin, 1920; *Mitra variabilis* Reeve, 1844
分布：南海；日本。

4. 格纹笔螺属 *Cancilla* Swainson, 1840

(1) 淡黄笔螺 *Cancilla isabella* (Swainson, 1831)

同物异名：*Tiara isabella* Swainson, 1831
分布：广东沿海；日本，韩国，菲律宾。

5. 花生螺属 *Pterygia* Röding, 1798

(1) 齿纹花生螺 *Pterygia crenulata* (Gmelin, 1791)

同物异名：*Cylindra coronata* Schumacher, 1817
分布：东海，南海。

6. 焰笔螺属 *Strigatella* Swainson, 1840

(1) 褐焰笔螺 *Strigatella coffea* (Schubert & J. W. Wagner, 1829)

同物异名：*Mitra* (*Mitra*) *coffea* Schubert & J. A. Wagner, 1829; *Mitra coffea* Schubert & J. A. Wagner, 1829; *Mitra fulva* Swainson, 1831; *Nebularia coffea* (Schubert & J. A. Wagner, 1829)
分布：东海；日本。

(2) 杂色焰笔螺 *Strigatella litterata* (Lamarck, 1811)

同物异名：*Mitra* (*Strigatella*) *litterata* Lamarck, 1811; *Mitra anais* Lesson, 1842; *Mitra litterata* Lamarck, 1811; *Mitra maculosa* Reeve, 1844
分布：南海；日本。

(3) 圆点焰笔螺 *Strigatella scutulata* (Gmelin, 1791)

同物异名：*Mitra limbifera* Lamarck, 1811; *Mitra* (*Strigatella*) *scutulata* (Gmelin, 1791)
分布：台湾岛，广东，海南岛，西沙群岛；日本，菲律宾。

7. 箭笔螺属 *Isara* H. Adams & A. Adams, 1853

(1) 中国箭笔螺 *Isara chinensis* (Gray, 1834)

同物异名：*Mitra* (*Mitra*) *chinensis* Gray, 1834; *Mitra chinensis* Gray in Griffith & Pidgeon, 1834
分布：山东青岛以南沿海。

肋脊笔螺科 Costellariidae MacDonald, 1860

1. 菖蒲螺属 *Vexillum* Röding, 1798

(1) 朱红菖蒲螺 *Vexillum coccineum* (Reeve, 1844)

同物异名：*Vexillum* (*Vexillum*) *coccineum* (Reeve, 1844)

分布：南海。

(2) 小狐菖蒲螺 _Vexillum vulpecula_ (Linnaeus, 1758)

同物异名：_Voluta vulpecula_ Linnaeus, 1758
分布：太平洋的热带海区。

(3) 白葚菖蒲螺 _Vexillum cancellarioides_ (Anton, 1838)

同物异名：_Mitra cancellarioides_ Anton, 1838
分布：东海，南海。

2. 蛹笔螺属 _Pusia_ Swainson, 1840

(1) 花球蛹笔螺 _Pusia lauta_ (Reeve, 1845)

同物异名：_Mitra lauta_ Reeve, 1845
分布：南海。

细带螺科 Fasciolariidae Gray, 1853

1. 鸽螺属 _Peristernia_ Mörch, 1852

(1) 鸽螺 _Peristernia nassatula_ (Lamarck, 1822)

同物异名：_Latirus nassatula_ (Lamarck, 1822); _Peristernia deshayesii_ Küster & Kobelt, 1876; _Peristernia nassatula_ var. _deshayesii_ Küster & Kobelt, 1876; _Turbinella nassatula_ Lamarck, 1822
分布：黄海，东海，南海。

2. 颗粒纺锤螺属 _Granulifusus_ Kuroda & Habe, 1954

(1) 日本颗粒纺缍螺 _Granulifusus niponicus_ (E. A. Smith, 1879)

同物异名：_Fusus niponicus_ E. A. Smith, 1879
分布：东海，南海；日本。

3. 纺锤螺属 _Fusinus_ Rafinesque, 1815

(1) 柱形纺锤螺 _Fusinus colus_ (Linnaeus, 1758)

同物异名：_Murex colus_ Linnaeus, 1758
分布：黄海，东海。

(2) 塔形纺锤螺 _Fusinus forceps_ (Perry, 1811)

同物异名：_Murex forceps_ Perry, 1811
分布：台湾岛，广东，海南岛。

(3) 长纺锤螺 _Fusinus salisburyi_ Fulton, 1930

分布：东海，南海。

(4) 锈纺锤螺 _Fusinus ferrugineus_ (Kuroda & Habe, 1960)

同物异名：_Fusus ferrugineus_ Kuroda & Habe, 1960
分布：中国东南沿海；日本。

衲螺科 Cancellariidae Forbes & Hanley, 1851

1. 衲螺属 _Cancellaria_ Lamarck, 1799

(1) 金刚衲螺 _Cancellaria spengleriana_ Deshayes, 1830

分布：中国海域；日本，菲律宾。

2. 三角口螺属 _Trigonaphera_ Iredale, 1936

(1) 白带三角口螺 _Trigonaphera bocageana_ (Crosse & Debeaux, 1863)

同物异名：_Cancellaria bocageana_ Crosse & Debeaux, 1863
分布：中国沿海；日本。

3. 莫利加螺属 _Merica_ H. Adams & A. Adams, 1854

(1) 粗莫利加螺 _Merica asperella_ (Lamarck, 1822)

同物异名：_Cancellaria asperella_ Lamarck, 1822
分布：南海；日本，菲律宾。

(2) 中华莫利加螺 _Merica sinensis_ (Reeve, 1856)

同物异名：_Cancellaria sinensis_ Reeve, 1856
分布：南海；日本。

缘螺科 Marginellidae J. Fleming, 1828

1. 隐悬螺属 *Cryptospira* Hinds, 1844

(1) 三带隐悬螺 *Cryptospira tricincta* (Hinds, 1844)

同物异名：*Bullata tricincta* (Hinds, 1844); *Marginella (Cryptospira) tricincta* Hinds, 1844; *Marginella ovalis* Marrat, 1881; *Marginella tricincta* Hinds, 1844
分布：东海，南海。

塔螺科 Turridae H. Adams & A. Adams, 1853 (1838)

1. 蕾螺属 *Gemmula* Weinkauff, 1875

(1) 凯蕾螺 *Gemmula kieneri* (Doumet, 1840)

同物异名：*Pleurotoma kieneri* Doumet, 1840
分布：南海；日本，菲律宾。

(2) 装饰蕾螺 *Gemmula cosmoi* (Sykes, 1930)

分布：东海，南海；菲律宾。

(3) 美丽蕾螺 *Gemmula speciosa* (Reeve, 1842)

同物异名：*Pleurotoma speciosa* Reeve, 1842
分布：南海；日本，菲律宾。

2. 果蕾螺属 *Unedogemmula* MacNeil, 1961

(1) 细肋果蕾螺 *Unedogemmula deshayesii* (Doumet, 1840)

同物异名：*Gemmula deshayesii* (Doumet, 1840); *Pleurotoma deshayesii* Doumet, 1840 (original combination)
分布：中国海域；日本。

3. 乐飞螺属 *Lophiotoma* T. L. Casey, 1904

(1) 白龙骨乐飞螺 *Lophiotoma leucotropis* (A. Adams & Reeve, 1850)

同物异名：*Lophioturris leucotropis* (A. Adams & Reeve, 1850); *Pleurotoma leucotropis* A. Adams & Reeve, 1850

分布：东海，南海；日本，菲律宾。

4. 塔螺属 *Turris* Batsch, 1789

(1) 大塔螺 *Turris grandis* (Gray, 1833)

同物异名：*Pleurotoma grandis* Gray, 1833
分布：南海；日本，菲律宾。

格纹螺科 Clathurellidae H. Adams & A. Adams, 1858

1. 拟腹螺属 *Pseudoetrema* Oyama, 1953

(1) 拟腹螺 *Pseudoetrema fortilirata* (E. A. Smith, 1879)

同物异名：*Drillia fortilirata* E. A. Smith, 1879
分布：黄海。

2. 小腹螺属 *Etrema* Hedley, 1918

(1) 亚纺锤小腹螺 *Etrema subauriformis* (E. A. Smith, 1879)

同物异名：*Drillia subauriformis* E. A. Smith, 1879
分布：黄海，台湾岛；日本。

西美螺科 Pseudomelatomidae J. P. E. Morrison, 1966

1. 裁判螺属 *Inquisitor* Hedley, 1918

(1) 细裁判螺 *Inquisitor angustus* Kuroda & Oyama, 1971

分布：东海，南海，南沙群岛；日本。

(2) 假裁判螺 *Inquisitor pseudoprincipalis* (Yokoyama, 1920)

同物异名：*Clavus pseudoprincipalis* (Yokoyama, 1920); *Pleurotoma (Drillia) pseudoprincipalis* Yokoyama, 1920
分布：中国海域；日本。

2. 区系螺属 *Funa* Kilburn, 1988

(1) 杰氏区系螺 *Funa jeffreysii* (E. A. Smith, 1875)

同物异名：*Brachytoma zuiomaru* Nomura & Hatai,

1940; *Drillia jeffreysii* E. A. Smith, 1875; *Drillia principalis* Pilsbry, 1895; *Inquisitor jeffreysii* (E. A. Smith, 1875)

分布：中国沿海；朝鲜半岛，日本。

棒螺科 Clavatulidae Gray, 1853

1. 拟塔螺属 *Turricula* Schumacher, 1817

(1) 爪哇拟塔螺 *Turricula javana* (Linnaeus, 1767)

同物异名：*Murex javanus* Linnaeus, 1767; *Pleurotoma javana* Lamarck, 1816; *Surcula javana* (Linnaeus, 1767); *Turricula flammea* Schumacher, 1817

分布：东海，南海；印度，日本，爪哇岛。

(2) 假奈拟塔螺 *Turricula nelliae spuria* (Hedley, 1922)

同物异名：*Brachytoma spuria* (Hedley, 1922); *Inquisitor spurius* Hedley, 1922; *Pleurotoma tuberculata* Gray, 1839; *Turricula tuberculata* (Gray, 1839)

分布：东海，南海。

棒塔螺科 Drillidae Olsson, 1964

1. 格纹棒塔螺属 *Clathrodrillia* Dall, 1918

(1) 黄格纹棒塔螺 *Clathrodrillia flavidula* (Lamarck, 1822)

同物异名：*Clavatula flavidula* (Lamarck, 1822); *Clavus flavidulus* (Lamarck, 1822); *Drillia flavidula* (Lamarck, 1822); *Funa flavidula* (Lamarck, 1822); *Inquisitor flavidulus* (Lamarck, 1822); *Pleurotoma flavidula* Lamarck, 1822; *Ptychobela flavidula* (Lamarck, 1822)

分布：东海，南海。

2. 密肋螺属 *Iredalea* Oliver, 1915

(1) 白密肋螺 *Iredalea pygmaea* (Dunker, 1860)

同物异名：*Mangilia pygmaea* Dunker, 1860

分布：南海。

芋螺科 Conidae Fleming, 1822

1. 芋螺属 *Conus* Linnaeus, 1758

(1) 格芋螺 *Conus cancellatus* Hwass in Bruguière, 1792

分布：台湾岛，南海；美国佛罗里达州东部，委内瑞拉，安提瓜和巴布达，日本。

(2) 鼠芋螺 *Conus rattus* Hwass in Bruguière, 1792

分布：台湾岛；日本以南至印度-西太平洋。

(3) 黄芋螺 *Conus flavidus* Lamarck, 1810

分布：东海，南海。

(4) 豆芋螺 *Conus scabriusculus* Dillwyn, 1817

分布：东海，南海。

(5) 地纹芋螺 *Conus geographus* Linnaeus, 1758

同物异名：*Gastridium geographus* (Linnaeus, 1758)

分布：东海，南海。

2. 纹芋螺属 *Conasprella* Thiele, 1929

(1) 梭形纹芋螺 *Conasprella orbignyi* (Audouin, 1831)

同物异名：*Bathyconus orbignyi* (Audouin, 1831); *Conus orbignyi* Audouin, 1831; *Conus orbignyi orbignyi* Audouin, 1831; *Conus planicostatus* G. B. Sowerby I, 1833; *Fusiconus* (*Bathyconus*) *orbignyi* (Audouin, 1831); *Conus longurionis* Kiener, 1847

分布：南海；日本。

涡螺科 Volutidae Rafinesque, 1815

1. 电光螺属 *Fulgoraria* Schumacher, 1817

(1) 电光螺 *Fulgoraria rupestris* (Gmelin, 1791)

同物异名：*Voluta rupestris* Gmelin, 1791

分布：东海，南海；日本。

(2) 亮电光螺 *Fulgoraria* (*Musashia*) *carnicolor* Bail & Chino, 2010

分布：东海；日本。

2. 瓜螺属 *Melo* Broderip, 1826

(1) 瓜螺 *Melo melo* (Lightfoot, 1786)

同物异名：*Voluta melo* Lightfoot, 1786
分布：东海，南海。

笋螺科 Terebridae Mörch, 1852

1. 双层螺属 *Duplicaria* Dall, 1908

(1) 双层螺 *Duplicaria duplicata* (Linnaeus, 1758)

同物异名：*Buccinum duplicatum* Linnaeus, 1758
分布：台湾岛，广东，海南岛；印度-西太平洋。

(2) 朝鲜双层螺 *Duplicaria koreana* (Yoo, 1976)

同物异名：*Diplomeriza koreana* Yoo, 1976
分布：黄海。

(3) 白带双层螺 *Duplicaria dussumierii* (Kiener, 1837)

同物异名：*Terebra dussumierii* Kiener, 1837
分布：渤海，黄海。

2. 笋螺属 *Terebra* Bruguière, 1789

(1) 锥笋螺 *Terebra subulata* (Linnaeus, 1767)

同物异名：*Buccinum subulatum* Linnaeus, 1767
分布：台湾岛，西沙群岛；印度-西太平洋热带海区。

(2) 长矛笋螺 *Terebra lanceata* (Linnaeus, 1767)

同物异名：*Buccinum lanceatum* Linnaeus, 1767
分布：南海；菲律宾。

(3) 珍笋螺 *Terebra pretiosa* Reeve, 1842

分布：南海；日本。

(4) 三列笋螺 *Terebra triseriata* Gray, 1834

分布：浙江以南沿海；日本，菲律宾。

(5) 环沟笋螺 *Terebra bellanodosa* Grabau & S. G. King, 1928

同物异名：*Duplicaria bellanodosa* (Grabau & King, 1928)
分布：中国沿海。

3. 矛螺属 *Hastula* H. Adams & A. Adams, 1853

(1) 矛螺 *Hastula strigilata* (Linnaeus, 1758)

同物异名：*Buccinum strigilatum* Linnaeus, 1758
分布：黄海，东海，南海。

(2) 黑白矛螺 *Hastula hectica* (Linnaeus, 1758)

同物异名：*Terebra caerulescens* Lamarck, 1822; *Terebra castanea* Kiener, 1837
分布：南海。

4. 尖笋螺属 *Punctoterebra* Bartsch, 1923

(1) 李氏尖笋螺 *Punctoterebra lischkeana* (Dunker, 1877)

同物异名：*Terebra lischkeana* Dunker, 1877
分布：黄海；日本。

古腹足亚纲 Vetigastropoda

小笠螺目 Lepetellida

钥孔蝛科 Fissurellidae Fleming, 1822

1. 盾蝛属 *Scutus* Montfort, 1810

(1) 中华盾蝛 *Scutus sinensis* (Blainville, 1825)

同物异名：*Parmophorus sinensis* Blainville, 1825
分布：台湾岛，福建，广东，海南岛；日本。

2. 孔蝛属 *Diodora* Gray, 1821

(1) 鼠眼孔蝛 *Diodora mus* (Reeve, 1850)

同物异名：*Fissurella mus* Reeve, 1850
分布：东海，南海；日本。

鲍科 Haliotidae Rafinesque, 1815

1. 鲍属 *Haliotis* Linnaeus, 1758

(1) 杂色鲍 *Haliotis diversicolor* Reeve, 1846

同物异名：*Haliotis exigua* Dunker, 1877
分布：东海，南海。

(2) 皱纹盘鲍 *Haliotis discus* Reeve, 1846

分布：渤海，黄海，东海。

马蹄螺目 Trochida

马蹄螺总科 Trochoidea Rafinesque, 1815

丽口螺科 Calliostomatidae Thiele, 1924 (1847)

1. 丽口螺属 *Calliostoma* Swainson, 1840

(1) 乳白丽口螺 *Calliostoma alboregium* Azuma, 1961

分布：东海大陆架；日本南部海域。

2. 三线马蹄螺属 *Tristichotrochus* Ikebe, 1942

(1) 丽三线马蹄螺 *Tristichotrochus aculeatus* (G. B. Sowerby III, 1912)

同物异名：*Calliostoma aculeatum* G. B. Sowerby III, 1912 ；*Calliostoma aculeatum aculeatum* G. B. Sowerby III, 1912
分布：福建以北沿海；日本，朝鲜。

小阳螺科 Solariellidae Powell, 1951

1. 小铃螺属 *Minolia* A. Adams, 1860

(1) 中国小铃螺 *Minolia chinensis* G. B. Sowerby III, 1889

分布：浙江南部沿海，香港，南海。

瓦螺科 Tegulidae Kuroda, Habe & Oyama, 1971

1. 瓦螺属 *Tegula* Lesson, 1832

(1) 银口瓦螺 *Tegula argyrostoma* (Gmelin, 1791)

同物异名：*Chlorostoma argyrostoma* (Gmelin, 1791); *Trochus argyrostomus* Gmelin, 1791
分布：中国东南沿海；菲律宾。

(2) 黑瓦螺 *Tegula nigerrimus* (Gmelin, 1791)

同物异名：*Chlorostoma nigerrima* (Gmelin, 1791); *Omphalius nigerrimus* (Gmelin, 1791); *Trochus nigerrimus* Gmelin, 1791
分布：福建，广东，海南岛；日本。

(3) 锈瓦螺 *Tegula rustica* (Gmelin, 1791)

同物异名：*Chlorostoma rustica* (Gmelin, 1791); *Trochus* (*Livona*) *ephebocostalis* Grabau & S. G. King, 1928; *Trochus ephebocostalis* Grabau & S. G. King, 1928; *Trochus rusticus* Gmelin, 1791
分布：中国南北沿海；日本。

马蹄螺科 Trochidae Rafinesque, 1815

1. 埃小铃螺属 *Ethminolia* Iredale, 1924

(1) 泳埃小铃螺 *Ethminolia nektonica* (Okutani, 1961)

同物异名：*Solariella nektonica* Okutani, 1961
分布：南海。

2. 项链螺属 *Monilea* Swainson, 1840

(1) 美丽项链螺 *Monilea callifera* (Lamarck, 1822)

同物异名：*Trochus calliferus* Lamarck, 1822
分布：广东，南海；日本，澳大利亚。

3. 单齿螺属 *Monodonta* Lamarck, 1799

(1) 拟蜒单齿螺 *Monodonta neritoides* (Philippi, 1849)

同物异名：*Trochus neritoides* Philippi, 1849

分布：浙江，福建，东海；日本海域。

(2) 单齿螺 *Monodonta labio* (Linnaeus, 1758)

同物异名：*Trochus labio* Linnaeus, 1758
分布：中国沿岸；日本，新加坡，印度尼西亚。

4. 马蹄螺属 *Trochus* Linnaeus, 1758

(1) 马蹄螺 *Trochus maculatus* Linnaeus, 1758

分布：东海，南海；印度-太平洋。

(2) 褶条马蹄螺 *Trochus sacellum* Philipp, 1851

分布：福建，东海，台湾岛，广东，广西；菲律宾。

5. 蝐螺属 *Umbonium* Link, 1807

(1) 肋蝐螺 *Umbonium costatum* (Kiener, 1838)

同物异名：*Rotella costata* Kiener, 1838
分布：福建，东海，台湾岛，广东，海南岛；日本，印度洋。

(2) 托氏蝐螺 *Umbonium thomasi* (Crosse, 1863)

同物异名：*Globulus thomasi* Crosse, 1863
分布：山东沿海，江苏。

(3) 蝐螺 *Umbonium vestiarium* (Linnaeus, 1758)

同物异名：*Trochus vestiarius* Linnaeus, 1758
分布：东海，广东，海南岛；印度-西太平洋。

蝾螺科 Turbinidae Rafinesque, 1815

1. 星螺属 *Astralium* Link, 1807

(1) 紫底星螺 *Astralium haematragum* (Menke, 1829)

同物异名：*Trochus haematragus* Menke, 1829
分布：南海；日本。

2. 小月螺属 *Lunella* Röding, 1798

(1) 朝鲜花冠小月螺 *Lunella correensis* (Récluz, 1853)

同物异名：*Lunella coronata correensis* (Récluz, 1853);

Turbo correensis Récluz, 1853
分布：中国北部沿海；日本，朝鲜。

(2) 粒花冠小月螺 *Lunella coronata* (Gmelin, 1791)

同物异名：*Turbo coronatus* Gmelin, 1791
分布：东海，浙江以南沿海；日本。

3. 蝾螺属 *Turbo* Linnaeus, 1758

(1) 节蝾螺 *Turbo bruneus* (Röding, 1798)

同物异名：*Lunatica brunea* Röding, 1798
分布：广东，海南岛；日本。

(2) 角蝾螺 *Turbo cornutus* Lightfoot, 1786

分布：浙江，福建，台湾岛，广东；日本北海道南部至九州，朝鲜半岛南部海域。

(3) 金口蝾螺 *Turbo chrysostomus* Linnaeus, 1758

分布：台湾岛，海南岛；日本，菲律宾。

(4) 蝾螺 *Turbo petholatus* Linnaeus, 1758

分布：浙江以南；日本。

4. 刺螺属 *Guildfordia* Gray, 1850

(1) 刺螺 *Guildfordia triumphans* (Philippi, 1841)

分布：东海，南海；印度尼西亚。

蝐形亚纲 Neritimorpha
蝐螺目 Cycloneritida

蝐螺科 Neritidae Rafinesque, 1815

1. 彩螺属 *Clithon* Montfort, 1810

(1) 奥莱彩螺 *Clithon oualaniense* (Lesson, 1831)

同物异名：*Neritina oualaniensis* Lesson, 1831
分布：广东，海南岛。

2. 蜒螺属 *Nerita* Linnaeus, 1758

(1) 肋蜒螺 *Nerita costata* Gmelin, 1791

分布：广东，海南岛，西沙群岛；日本。

(2) 褶蜒螺 *Nerita plicata* Linnaeus, 1758

分布：广东，海南岛，西沙群岛；印度洋，西太平洋。

(3) 条蜒螺 *Nerita striata* Burrow, 1815

分布：广东，海南岛，西沙群岛；日本，菲律宾。

(4) 齿纹蜒螺 *Nerita yoldii* Récluz, 1841

分布：浙江以南至海南；印度洋。

(5) 渔舟蜒螺 *Nerita albicilla* Linnaeus, 1758

分布：中国东南沿海；日本，菲律宾。

(6) 锦蜒螺 *Nerita polita* Linnaeus, 1758

分布：海南岛；日本，菲律宾。

(7) 黑线蜒螺 *Nerita balteata* Reeve, 1855

分布：南海。

3. 泳螺属 *Neripteron* Lesson, 1831

(1) 紫泳螺 *Neripteron violaceum* (Gmelin, 1791)

同物异名：*Nerita violacea* Gmelin, 1791; *Neritina violacea* (Gmelin, 1791)
分布：中国东南沿海；日本。

异鳃亚纲 Heterobranchia

轮螺总科 Architectonicoidea Gray, 1850

轮螺科 Architectonicidae Gray, 1850

1. 轮螺属 *Architectonica* Röding, 1798

(1) 配景轮螺 *Architectonica perspectiva* (Linnaeus, 1758)

同物异名：*Trochus perspectivus* Linnaeus, 1758

分布：南海。

(2) 夸氏轮螺 *Architectonica gualtierii* Bieler, 1993

分布：台湾；菲律宾。

(3) 滑车轮螺 *Architectonica trochlearis* (Hinds, 1844)

同物异名：*Solarium trochleare* Hinds, 1844
分布：广东，海南岛；日本，菲律宾。

(4) 大轮螺 *Architectonica maxima* (Philippi, 1849)

同物异名：*Solarium maximum* Philippi, 1849
分布：广东，海南岛；日本，爪哇岛，斯里兰卡。

(5) 鹧鸪轮螺 *Architectonica perdix* (Hinds, 1844)

同物异名：*Solarium dunkeri* Hanley, 1862; *Solarium perdix* Hinds, 1844
分布：南海。

小塔螺总科 Pyramidelloidea Gray, 1840

小塔螺科 Pyramidellidae Gray, 1840

1. 同叙鲁螺属 *Colsyrnola* Iredale, 1929

(1) 褐同叙鲁螺 *Colsyrnola brunnea* (A. Adams, 1854)

同物异名：*Obeliscus buxeus* Gould, 1861; *Pyramidella fulva* G. B. Sowerby II, 1865; *Syrnola brunnea* (A. Adams, 1854)
分布：黄海，南海。

2. 短口螺属 *Brachystomia* Monterosato, 1884

(1) 淡路短口螺 *Brachystomia omaensis* (Nomura, 1938)

同物异名：*Odostomia omaensis* Nomura, 1938
分布：渤海，黄海，东海；日本。

3. 金螺属 *Mormula* A. Adams, 1863

(1) 菲氏金螺 *Mormula philippiana* (Dunker, 1860)

同物异名：*Turbonilla philippiana* Dunker, 1860
分布：黄海。

4. 原金螺属 *Chrysallida* Carpenter, 1856

(1) 笋原金螺 *Chrysallida terebra* A. Adams, 1861

同物异名：*Mormula terebra* (A. Adams, 1861)
分布：渤海，黄海。

5. 腰带螺属 *Cingulina* A. Adams, 1860

(1) 腰带螺 *Cingulina cingulata* (Dunker, 1860)

同物异名：*Cingulina mutuwanensis* Nomura, 1938
分布：中国沿海；日本。

6. 方尖塔螺属 *Tiberia* Jeffreys, 1884

(1) 异珠方尖塔螺 *Tiberia ebarana* (Yokoyama, 1927)

同物异名：*Pyramidella* (*Tiberia*) *ebarana* Yokoyama, 1927
分布：中国沿海。

7. 锥形螺属 *Turbonilla* Risso, 1826

(1) 无饰锥形螺 *Turbonilla acosmia* Dall & Bartsch, 1906

同物异名：*Chemnitzia acosmia* (Dall & Bartsch, 1906)
分布：渤海，黄海。

愚螺科 Amathinidae Ponder, 1987

1. 愚螺属 *Amathina* Gray, 1842

(1) 三肋愚螺 *Amathina tricarinata* (Linnaeus, 1767)

分布：黄海，东海，南海。

2. 捻塔螺属 *Monotygma* G . B. Sowerby II, 1839

(1) 高捻塔螺 *Monotygma eximia* (Lischke, 1872)

同物异名：*Actaeopyramis eximia* (Lischke, 1872); *Monotigma eximia* (Lischke, 1872)
分布：东海；日本。

头楯目 Cephalaspidea

捻螺科 Acteonidae d'Orbigny, 1843

1. 蛹螺属 *Pupa* Röding, 1798

(1) 细沟蛹螺 *Pupa strigosa* (Gould, 1859)

同物异名：*Buccinulus strigosus* Gould, 1859
分布：台湾岛，广东，东海，海南岛；日本，菲律宾。

(2) 坚固蛹螺 *Pupa solidula* (Linnaeus, 1758)

同物异名：*Bulla solidula* Linnaeus, 1758
分布：台湾岛，东海，广东，香港，海南岛，西沙群岛；印度-西太平洋区。

2. 和捻螺属 *Japonactaeon* Is. Taki, 1956

(1) 希氏和捻螺 *Japonactaeon sieboldii* (Reeve, 1842)

同物异名：*Acteon sieboldii* (Reeve, 1842); *Tornatella sieboldii* Reeve, 1842
分布：大鹏湾，南沙群岛；日本。

3. 斑捻螺属 *Punctacteon* Kuroda & Habe, 1961

(1) 黑纹斑捻螺 *Punctacteon yamamurae* Habe, 1976

分布：渤海，黄海，东海，南海；日本，菲律宾。

露齿螺科 Ringiculidae Philippi, 1853

1. 露齿螺属 *Ringicula* Deshayes, 1838

(1) 狭小露齿螺 *Ringicula kurodai* Takeyama, 1935

分布：海南岛；日本。

(2) 耳口露齿螺 *Ringicula doliaris* Gould, 1860

分布：渤海，黄海，东海，台湾岛，香港，南海；印度-西太平洋。

(3) 锯齿露齿螺 *Ringicula denticulata* Gould, 1860

分布：南海。

2. 伪露齿螺属 *Pseudoringicula* Lin, 1980

(1) 中华伪露齿螺 *Pseudoringicula sinensis* Lin, 1980

分布：渤海。

枣螺科 Bullidae Gray, 1827

1. 枣螺属 *Bulla* Linnaeus, 1758

(1) 枣螺 *Bulla vernicosa* Gould, 1859

分布：黄海，东海，南海。

长葡萄螺科 Haminoeidae Pilsbry, 1895

1. 杯阿地螺属 *Cylichnatys* Habe, 1952

(1) 角杯阿地螺 *Cylichnatys angusta* (Gould, 1859)

同物异名：*Haminoea angusta* Gould, 1859
分布：渤海，黄海及东海，广东，海南岛；日本。

2. 阿里螺属 *Aliculastrum* Pilsbry, 1896

(1) 柱形阿里螺 *Aliculastrum cylindricum* (Helbling, 1779)

同物异名：*Bulla cylindrica* Helbling, 1779
分布：海南岛，西沙群岛；印度-太平洋。

(2) 卷阿里螺 *Aliculastrum volvulina* (A. Adams, 1862)

同物异名：*Alicula volvulina* (A. Adams, 1862); *Atys* (*Alicula*) *volvulina* A. Adams, 1862; *Atys volvulina* A. Adams, 1862; *Nipponatys volvulina* (A. Adams, 1862)
分布：广东；日本（本州、九州）。

3. 泥螺属 *Bullacta* Bergh, 1901

(1) 泥螺 *Bullacta caurina* (Benson, 1842)

同物异名：*Bulla sinensis* A. Adams, 1850; *Bullacta exarata* (Philippi, 1849); *Bullaea caurina* Benson, 1842; *Bullaea exarata* Philippi, 1849 (original combination); *Sinohaminea tsangkouensis* Tchang, 1933
分布：中国南北沿海。

4. 月华螺属 *Haloa* Pilsbry, 1921

(1) 日本月华螺 *Haloa japonica* (Pilsbry, 1895)

同物异名：*Haminaea callidegenita* Gibson & Chia, 1989; *Haminea binotata* var. *japonica* Pilsbry, 1895; *Haminoea callidegenita* Gibson & Chia, 1989; *Haminoea japonica* Pilsbry, 1895
分布：山东；日本（本州、九州、四国），朝鲜，菲律宾。

囊螺科 Retusidae Thiele, 1925

1. 囊螺属 *Retusa* T. Brown, 1827

(1) 小囊螺 *Retusa minima* Yamakawa, 1911

分布：中国沿海；日本（本州、四国、九州）。

(2) 解氏囊螺 *Retusa cecillii* (Philippi, 1844)

分布：浙江，广东，海南岛；日本，墨西哥。

(3) 卵囊螺 *Retusa ovulina* Lin, 1991

分布：南海。

2. 梨螺属 *Pyrunculus* Pilsbry, 1895

(1) 长形梨螺 *Pyrunculus longiformis* Lin & Qi, 1986

分布：东海。

(2) 东京梨螺 *Pyrunculus tokyoensis* Habe, 1950

分布：黄海，东海，台湾海峡西部，广东；日本（本州）。

3. 复盒螺属 *Relichna* Rudman, 1971

(1) 苍鹰复盒螺 *Relichna venustula* (A. Adams, 1862)

同物异名：*Cylichna venustula* A. Adams, 1862 (original combination); *Eocylichna soyoae* Habe, 1954; *Eocylichna venustula* (A. Adams, 1862)
分布：广东；日本。

尖卷螺科 Rhizoridae Dell, 1952

1. 小内卷螺属 *Volvulella* Newton, 1891

(1) 小内卷螺 *Volvulella radiola* (A. Adams, 1862)

同物异名：Rhizorus aomoriensis Nomura, 1939; Rhizorus radiolus (A. Adams, 1862); Volvula radiola A. Adams, 1862
分布：渤海，黄海，东海；日本。

三叉螺科 Cylichnidae H. Adams & A. Adams, 1854

1. 盒螺属 *Cylichna* Lovén, 1846

(1) 圆筒盒螺 *Cylichna biplicata* (A. Adams in Sowerby, 1850)

同物异名：*Bulla biplicata* A. Adams in Sowerby, 1850; *Bulla strigella* A. Adams, 1850; *Cylichna arthuri* Dautzenberg, 1929; *Cylichna braunsi* Yokoyama, 1920; *Cylichna javanica* Schepman, 1913; *Cylichna koryusyoensis* Nomura, 1935; *Cylichna strigella* (A. Adams, 1850); *Cylichna sundaica* Thiele, 1925; *Eocylichna braunsi* (Yokoyama, 1920)
分布：台湾岛，菲律宾，日本。

(2) 长盒螺 *Cylichna protracta* Gould, 1859

同物异名：*Adamnestia protracta* (Gould, 1859); *Eocylichna protracta* (Gould, 1859)
分布：东海，南海；日本。

(3) 土佐盒螺 *Cylichna rimata* A. Adams, 1862

同物异名：*Adamnestia tosaensis* Habe, 1954

分布：南海；日本。

(4) 内卷盒螺 *Cylichna involuta* (A. Adams, 1850)

同物异名：*Bulla involuta* A. Adams, 1850
分布：渤海，黄海，台湾岛，南海；日本。

2. 饰孔螺属 *Decorifer* Iredale, 1937

(1) 纵肋饰孔螺 *Decorifer matusimanus* (Nomura, 1939)

同物异名：*Retusa matusimana* Nomura, 1939
分布：山东烟台、青岛，浙江乐清湾；日本。

3. 原盒螺属 *Eocylichna* Kuroda & Habe, 1952

(1) 武藏原盒螺 *Eocylichna musashiensis* (Tokunaga, 1906)

同物异名：*Cylichna musashiensis* Tokunaga, 1906
分布：东海，南海；日本。

(2) 弯唇原盒螺 *Eocylichna sigmolabris* Habe & Ando, 1985

分布：东海，南海；日本。

4. 半囊螺属 *Semiretusa* Thiele, 1925

(1) 婆罗半囊螺 *Semiretusa borneensis* (A. Adams, 1850)

同物异名：*Bulla borneensis* A. Adams, 1850; *Retusa borneensis* (A. Adams, 1850)
分布：浙江，广东深圳，香港，海南岛，西沙群岛；印度-太平洋。

柱核螺科 Mnestiidae Oskars, Bouchet & Malaquias, 2015

1. 柱核螺属 *Mnestia* H. Adams & A. Adams, 1854

(1) 日本柱核螺 *Mnestia japonica* (A. Adams, 1862)

同物异名：*Cylichna japonica* A. Adams, 1862; *Cylichna*

musashiensis Yokoyama, 1920
分布：南海；日本。

拟捻螺科 Tornatinidae P. Fischer, 1883

1. 拟捻螺属 *Acteocina* Gray, 1847

(1) 库页拟捻螺 *Acteocina koyasensis* (Yokoyama, 1927)

同物异名：*Tornatina koyasensis* Yokoyama, 1927
分布：东海；日本(本州、四国)。

壳蛞蝓科 Philinidae Gray, 1850 (1815)

1. 壳蛞蝓属 *Philine* Ascanius, 1772

(1) 东方壳蛞蝓 *Philine orientalis* A. Adams, 1855

同物异名：*Philine argentata* Gould, 1859; *Philine japonica* Lischke, 1872; *Philine striatella* Tapparone Canefri, 1874
分布：黄河口，山东青岛，长江口，南海；日本。

(2) 经氏壳蛞蝓 *Philine kinglipini* Tchang, 1934

分布：渤海，东海；日本。

(3) 狭冠壳蛞蝓 *Philine kurodai* Habe, 1946

分布：东海，台湾岛，南海；日本。

2. 齿缘壳蛞蝓属 *Yokoyamaia* Habe, 1950

(1) 东方齿缘壳蛞蝓 *Yokoyamaia orientalis* Lin, 1971

分布：香港。

拟海牛科 Aglajidae Pilsbry, 1895 (1847)

1. 拟海牛属 *Philinopsis* Pease, 1860

(1) 变异拟海牛 *Philinopsis speciosa* Pease, 1860

同物异名：*Aglaja cyanea* (E. von Martens, 1879); *Aglaja gigliolii* Tapparone Canefri, 1874; *Aglaja iwasai* Hirase, 1936; *Doridium cyaneum* E.von Martens, 1879; *Doridium guttatum* E.von Martens, 1880; *Doridium marmoratum* E. A. Smith, 1884; *Philinopsis capensis* (Bergh, 1907); *Philinopsis cyanea* (E.von Martens, 1879); *Philinopsis gigliolii* (Tapparone Canefri, 1874)
分布：山东青岛，香港，海南岛；印度-东太平洋区。

海兔目 Aplysiida

海兔科 Aplysiidae Lamarck, 1809

1. 海兔属 *Aplysia* Linnaeus, 1767

(1) 眼斑海兔 *Aplysia oculifera* A. Adams & Reeve, 1850

分布：福建东山，东海；印度-太平洋。

(2) 黑边海兔 *Aplysia parvula* Mörch, 1863

分布：东海，南海。

(3) 黑斑海兔 *Aplysia kurodai* Baba, 1937

分布：浙江，台湾岛，香港，海南岛；日本太平洋沿岸。

(4) 网纹海兔 *Aplysia pulmonica* Gould, 1852

同物异名：*Tethys pulmonica* (Gould, 1852); *Tethys pulmonica* var. *tryoniana* Pilsbry, 1895
分布：浙江，福建，广东；太平洋区。

2. 截尾海兔属 *Dolabella* Lamarck, 1801

(1) 耳截尾海兔 *Dolabella auricularia* (Lightfoot, 1786)

同物异名：*Patella auricularia* Lightfoot, 1786
分布：南海。

翼足目 Pteropoda

龟螺科 Cavoliniidae Gray, 1850 (1815)

1. 龟螺属 *Cavolinia* Abildgaard, 1791

(1) 钩龟螺 *Cavolinia uncinata* (d'Orbigny, 1835)

同物异名：*Hyalaea uncinata* d'Orbigny, 1835

分布：黄海，东海，南海；印度-太平洋，大西洋。

(2) 球龟螺 *Cavolinia globulosa* Gray, 1850

分布：南海。

(3) 龟螺 *Cavolinia tridentata* (Forsskål in Niebuhr, 1775)

同物异名：*Anomia tridentata* Forsskål in Niebuhr, 1775
分布：中国沿海。

2. 介龟螺属 *Diacavolinia* van der Spoel, 1987

(1) 长吻介龟螺 *Diacavolinia longirostris* (Blainville, 1821)

同物异名：*Cavolinia longirostris* f. *longirostris* (Lesueur in Blainville, 1821); *Hyalaea longirostris* Blainville, 1821
分布：南海；日本。

舴艋螺科 Cymbuliidae Gray, 1840
1. 冕螺属 *Corolla* Dall, 1871

(1) 冕螺 *Corolla ovata* (Quoy & Gaimard, 1833)

同物异名：*Cymbulia norfolkensis* Quoy & Gaimard, 1833; *Cymbulia ovata* Quoy & Gaimard, 1833; *Cymbulia ovularis* Souleyet, 1852
分布：南海。

侧鳃目 Pleurobranchida

无壳侧鳃科 Pleurobranchaeidae Pilsbry, 1896

1. 无壳侧鳃属 *Pleurobranchaea* Leue, 1813

(1) 尾棘无壳侧鳃 *Pleurobranchaea brockii* Bergh, 1897

分布：黄海，东海，南海。

(2) 斑纹无壳侧鳃 *Pleurobranchaea maculata* (Quoy & Gaimard, 1832)

同物异名：*Pleurobranchaea novaezealandiae* Cheeseman, 1878; *Pleurobranchidium maculatum* Quoy & Gairmard, 1832
分布：黄海，东海，南海。

裸鳃目 Nudibranchia

多角海牛科 Polyceridae Alder & Hancock, 1845

1. 鬈发海牛属 *Kaloplocamus* Bergh, 1880

(1) 多枝鬈发海牛 *Kaloplocamus ramosus* (Cantraine, 1835)

同物异名：*Doris ramosa* Cantraine, 1835
分布：渤海，黄海。

2. 喀林加海牛属 *Kalinga* Alder & Hancock, 1864

(1) 喀林加海牛 *Kalinga ornata* Alder & Hancock, 1864

分布：东海，广东汕尾，海南岛，南海；印度-太平洋。

枝鳃海牛科 Dendrodorididae O'Donoghue, 1924 (1864)

1. 枝鳃海牛属 *Dendrodoris* Ehrenberg, 1831

(1) 小枝鳃海牛 *Dendrodoris minima* Pruvot-Fol, 1951

分布：南海。

(2) 红枝鳃海牛 *Dendrodoris fumata* (Rüppell & Leuckart, 1830)

同物异名：*Doris fumata* Rüppell & Leuckart, 1830
分布：东海，南海；印度-西太平洋。

(3) 瘤枝鳃海牛 *Dendrodoris tuberculosa* (Quoy & Gaimard, 1832)

同物异名：*Doris tuberculosa* Quoy & Gaimard, 1832
分布：南海；印度-西太平洋。

隔海牛科 Goniodorididae H. Adams & A. Adams, 1854

1. 脊突海牛属 *Okenia* Menke, 1830

(1) 凹幕脊突海牛 *Okenia opuntia* Baba, 1960

分布：黄海，东海，南海；日本。

仿海牛科 Dorididae Rafinesque, 1815

1. 仿海牛属 *Doriopsis* Pease, 1860

(1) 颗粒仿海牛 *Doriopsis granulosa* Pease, 1860

分布：南海；澳大利亚。

盘海牛科 Discodorididae Bergh, 1891

1. 叉棘海牛属 *Rostanga* Bergh, 1879

(1) 草莓叉棘海牛 *Rostanga arbutus* (Angas, 1864)

同物异名：*Doris arbutus* Angas, 1864
分布：辽宁大连，山东烟台、青岛，香港；太平洋区。

片鳃科 Arminidae Iredale & O'Donoghue, 1923 (1841)

1. 半侧片鳃属 *Pleurophyllidiopsis* Tchang, 1934

(1) 东方半侧片鳃 *Pleurophyllidiopsis orientalis* Lin, 1981

分布：渤海，黄海。

(2) 厦门半侧片鳃 *Pleurophyllidiopsis amoyensis* Tchang, 1934

分布：东海，南海。

2. 片鳃属 *Armina* Rafinesque, 1814

(1) 微点舌片鳃 *Armina punctilucens* (Bergh, 1874)

同物异名：*Linguella punctilucens* Bergh, 1874
分布：中国沿海；日本。

(2) 乳突片鳃 *Armina papillata* Baba, 1933

分布：东海，广东硇洲岛，南澳，南海；日本。

三歧海牛科 Tritoniidae Lamarck, 1809

1. 拟三歧海牛属 *Paratritonia* Baba, 1949

(1) 黄拟三歧海牛 *Paratritonia lutea* Baba, 1949

分布：东海；日本。

2. 马勇海牛属 *Marionia* Vayssière, 1877

(1) 青马勇海牛 *Marionia olivacea* Baba, 1937

分布：黄海，南海。

多彩海牛科 Chromodorididae Bergh, 1891

1. 舌尾海牛属 *Glossodoris* Ehrenberg, 1831

(1) 素色舌尾海牛 *Glossodoris misakinosibogae* Baba, 1988

分布：东海，南海；日本。

2. 角枝海牛属 *Goniobranchus* Pease, 1866

(1) 黄紫角枝海牛 *Goniobranchus aureopurpureus* (Collingwood, 1881)

同物异名：*Chromodoris aureopurpurea* Collingwood, 1881
分布：东海，南海；日本，夏威夷群岛。

3. 高海牛属 *Hypselodoris* Stimpson, 1855

(1) 青高海牛 *Hypselodoris festiva* (Angas, 1864)

同物异名：*Doriprismatica festiva* A. Adams, 1861

分布：东海，南海；日本。

4. 多彩海牛属 *Chromodoris* Alder & Hancock, 1855

(1) 溅斑多彩海牛 *Chromodoris aspersa* (Gould, 1852)

同物异名：*Doris aspersa* Gould, 1852
分布：南海。

5. 棱彩海牛属 *Doriprismatica* d'Orbigny, 1839

(1) 黑边棱彩海牛 *Doriprismatica atromarginata* (Cuvier, 1804)

同物异名：*Glossodoris atromarginata* (Cuvier, 1804); *Goniodoris atromarginata* (Cuvier, 1804); *Doris atromarginata* Cuvier, 1804; *Casella maccarthyi* (Kelaart, 1859); *Casella philippinensis* Bergh, 1874
分布：南海；印度-西太平洋。

多蓑海牛科 Aeolidiidae Gray, 1827

1. 阔足海牛属 *Cerberilla* Bergh, 1873

(1) 浅虫阔足海牛 *Cerberilla asamusiensis* Baba, 1940

分布：黄海，南海；日本。

耳螺目 Ellobiida

耳螺科 Ellobiidae L. Pfeiffer, 1854 (1822)

1. 女教士螺属 *Pythia* Röding, 1798

(1) 赛氏女教士螺 *Pythia fimbriosa* Möllendorff, 1885

分布：广东，广西；日本。

2. 耳螺属 *Ellobium* Röding, 1798

(1) 中国耳螺 *Ellobium chinense* (L. Pfeiffer, 1856)

同物异名：*Auricula chinensis* L. Pfeiffer, 1855

分布：浙江，台湾岛，广东；日本，朝鲜半岛。

3. 胄螺属 *Cassidula* Férussac, 1821

(1) 绞孔胄螺 *Cassidula plecotrematoides* Möllendorff, 1885

分布：广东，广西，海南岛。

菊花螺目 Siphonariida

菊花螺科 Siphonariidae Gray, 1827

1. 菊花螺属 *Siphonaria* G. B. Sowerby I, 1823

(1) 日本菊花螺 *Siphonaria japonica* (Donovan, 1824)

同物异名：*Patella japonica* Donovan, 1824; *Siphonaria alterniplicata* Grabau & S. G. King, 1928; *Siphonaria cochleariformis* Reeve, 1856; *Siphonaria radians* H. Adams & A. Adams, 1855
分布：中国海域；日本。

(2) 星状菊花螺 *Siphonaria sirius* Pilsbry, 1895

分布：黄海，东海，南海。

(3) 黑菊花螺 *Siphonaria atra* Quoy & Gaimard, 1833

分布：东海，台湾岛，南海；西太平洋。

(4) 松菊花螺 *Siphonaria laciniosa* (Linnaeus, 1758)

同物异名：*Legosiphon optivus* Iredale, 1940; *Parellsiphon promptus* Iredale, 1940; *Parellsiphon zanda* Iredale, 1940; *Siphonaria densata* (Iredale, 1940); *Siphonaria eumelas* (Iredale, 1940); *Siphonaria optiva* (Iredale, 1940); *Siphonaria promptus* (Iredale, 1940); *Siphonaria stellata* Blainville, 1827; *Siphonaria zanda* (Iredale, 1940)
分布：福建，广东，广西，海南；日本，新加坡。

柄眼目 Systellommatophora

石磺科 Onchidiidae Rafinesque, 1815

1. 石磺螺属 Onchidium Buchannan, 1800

(1) 瘤背石磺螺 Onchidium reevesii (Gray, 1850)

同物异名：*Onchidella reevesii* Gray, 1850; *Paraoncidium reevesii* (Gray, 1850)
分布：东海，南海。

2. 疣石磺属 Peronia J. Fleming, 1822

(1) 紫色疣石磺 Peronia verruculatum (Cuvier, 1830)

同物异名：*Onchidium verruculatum* Cuvier, 1830; *Oncidium elberti* Simroth, 1920; *Peronia savignii* Récluz, 1869
分布：东海，南海；印度-太平洋沿岸的河口海域。

双壳纲 Bivalvia
原鳃亚纲 Protobranchia
胡桃蛤目 Nuculida

胡桃蛤总科 Nuculoidea Gray, 1824

胡桃蛤科 Nuculidae Gray, 1824

1. 胡桃蛤属 Nucula Lamarck, 1799

(1) 伊豆胡桃蛤 Nucula izushotoensis (Okutani, 1966)

同物异名：*Lamellinucula izushotoensis* Okutani, 1966
分布：东海；日本伊豆群岛。

(2) 东京胡桃蛤 Nucula tokyoensis Yokoyama, 1920

分布：黄海南部，东海；日本。

(3) 胡桃蛤 Nucula nucleus (Linnaeus, 1758)

同物异名：*Arca nucleus* Linnaeus, 1758
分布：黄海，东海，南海。

(4) 小胡桃蛤 Nucula paulula A. Adams, 1856

分布：长江口外及黄海；日本，朝鲜半岛。

(5) 斧形胡桃蛤 Nucula donaciformis E. A. Smith, 1895

分布：中国沿海。

2. 指纹蛤属 Acila H. Adams & A. Adams, 1858

(1) 奇异指纹蛤 Acila mirabilis (A. Adams & Reeve, 1850)

同物异名：*Nucula mirabilis* A. Adams & Reeve, 1850
分布：黄海；日本北部，俄罗斯远东海域。

(2) 长指纹蛤 Acila fultoni (E. A. Smith, 1892)

同物异名：*Nucula (Acila) fultoni* E. A. Smith, 1892
分布：南沙群岛；印度洋。

(3) 指纹蛤 Acila divaricata (Hinds, 1843)

同物异名：*Nucula divaricata* Hinds, 1843
分布：东海，南海；日本。

3. 内胡桃蛤属 Ennucula Iredale, 1931

(1) 宽壳内胡桃蛤 Ennucula convexa (G. B. Sowerby I, 1833)

同物异名：*Nucula convexa* G. B. Sowerby I, 1833; *Nucula tumida* Hinds, 1843
分布：南海；斯里兰卡，孟加拉湾，马六甲海峡。

(2) 日本内胡桃蛤 Ennucula niponica (E. A. Smith, 1885)

同物异名：*Nucula niponica* E. A. Smith, 1885
分布：黄海，东海；日本。

(3) 壮齿内胡桃蛤 Ennucula pachydonta (Prashad, 1932)

同物异名：*Nucula pachydonta* Prashad, 1932
分布：海南北部，南沙群岛；印度尼西亚。

(4) 豆形内胡桃蛤 *Ennucula faba* (Xu, 1999)

同物异名：*Nucula faba* Xu, 1999
分布：中国地方性种。

(5) 铲形内胡桃蛤 *Ennucula cumingii* (Hinds, 1843)

同物异名：*Nucula cumingii* Hinds, 1843
分布：南海；西太平洋水域。

(6) 橄榄内胡桃蛤 *Ennucula tenuis* (Montagu, 1808)

同物异名：*Ennucula bellotii* (A. Adams, 1856); *Arca tenuis* Montagu, 1808
分布：黄海。

4. 肋胡桃蛤属 *Sinonucula* Xu, 1985

(1) 环肋胡桃蛤 *Sinonucula cyrenoides* (Kuroda, 1929)

同物异名：*Nucula cyrenoides* Kuroda, 1929
分布：东海，南海；日本。

吻状蛤目 Nuculanida

吻状蛤总科 Nuculanoidea H. Adams & A. Adams, 1858 (1854)

吻状蛤科 Nuculanidae H. Adams & A. Adams, 1858 (1854)

1. 吻状蛤属 *Nuculana* Link, 1807

(1) 佐渡吻状蛤 *Nuculana sadoensis* (Yokoyama, 1926)

分布：黄海；日本。

(2) 中华吻状蛤 *Nuculana sinensis* Xu, 1984

分布：东海，南海。

(3) 粗纹吻状蛤 *Nuculana yokoyamai* Kuroda, 1934

分布：黄海；日本。

2. 小尼罗蛤属 *Neilonella* Dall, 1881

(1) 吉良小尼罗蛤 *Neilonella kirai* Habe, 1953

分布：东海。

3. 小囊蛤属 *Saccella* Woodring, 1925

(1) 杓形小囊蛤 *Saccella cuspidata* (Gould, 1881)

分布：南海。

(2) 密纹小囊蛤 *Saccella gordonis* (Yokoyama, 1920)

同物异名：*Leda gordonis* Yokoyama, 1920
分布：黄海，东海；日本。

(3) 濑又小囊蛤 *Saccella sematensis* (Suzuki & Ishizuka, 1943)

同物异名：*Nuculana confusa sematensis* Suzuki & Ishizuka, 1943
分布：东海；日本。

(4) 凸小囊蛤 *Saccella confusa* (Hanley, 1860)

同物异名：*Leda confusa* Hanley, 1860
分布：南海；日本，印度尼西亚。

云母蛤科 Yoldiidae Dall, 1908

1. 云母蛤属 *Yoldia* Möller, 1842

(1) 薄云母蛤 *Yoldia similis* Kuroda & Habe in Habe, 1961

分布：渤海，黄海，东海；日本。

(2) 醒目云母蛤 *Yoldia notabilis* Yokoyama, 1922

同物异名：*Yoldia excavata* Dall, 1925
分布：黄海；俄罗斯远东海域，日本北部海域。

2. 直云母蛤属 *Orthoyoldia* Verrill & Bush, 1897

(1) 鳞直云母蛤 *Orthoyoldia lepidula* (A. Adams, 1856)

同物异名：*Portlandia lepidula* (A. Adams, 1856);

Yoldia lepidula A. Adams, 1856

分布：台湾海峡，南海；印度尼西亚，加里曼丹岛，波斯湾。

(2) 凸直云母蛤 *Orthoyoldia serotina* (Hinds, 1843)

同物异名：*Nucula serotina* Hinds, 1843
分布：北部湾，南沙群岛；阿曼湾，加里曼丹岛，泰国湾，菲律宾。

3. 大云母蛤属 *Megayoldia* Verrill & Bush, 1897

(1) 日本大云母蛤 *Megayoldia japonica* (A. Adams & Reeve, 1850)

同物异名：*Nucula japonica* A. Adams & Reeve, 1850; *Portlandia japonica* (A. Adams & Reeve, 1850)
分布：黄海；日本。

廷达蛤科 Tindariidae Verrill & Bush, 1897

1. 廷达蛤属 *Tindaria* Bellardi, 1875

(1) 金星廷达蛤 *Tindaria siberutensis* Thiele, 1931

同物异名：*Tindaria jinxingae* Xu, 1990
分布：东海。

蚶目 Arcida

蚶科 Arcidae Lamarck, 1809

1. 蚶属 *Arca* Linnaeus, 1758

(1) 布氏蚶 *Arca boucardi* Jousseaume, 1894

同物异名：*Arca kobeltiana* Pilsby, 1904
分布：中国沿海均有分布；日本，朝鲜半岛，越南。

(2) 舟蚶 *Arca navicularis* Bruguière, 1789

分布：海南岛，广西，北部湾；印度-西太平洋。

(3) 偏胀蚶 *Arca ventricosa* Lamarck, 1819

同物异名：*Arca zebra* (Swainson, 1833)

分布：海南岛，西沙群岛；印度-西太平洋。

2. 中蚶属 *Mesocibota* Iredale, 1939

(1) 双纹中蚶 *Mesocibota bistrigata* (Dunker, 1866)

同物异名：*Arca adamsiana* Dunker, 1866; *Arca bistrigata* Dunker, 1866; *Arca fischeri* Lamy, 1907; *Arca obtusa* var. *duplicostata* Grabau & S. G. King, 1928; *Barbatia* (*Barbatia*) *bistrigata* (Dunker, 1866); *Barbatia adamsiana* (Dunker, 1866); *Barbatia bistrigata* (Dunker, 1866); *Barbatia paulucciana* Tapparone Canefri, 1877; *Hawaiarca miikensis* H. Noda, 1966; *Mesocibota luana* Iredale, 1939
分布：中国沿海；西太平洋广布。

3. 须蚶属 *Barbatia* Gray, 1842

(1) 布纹蚶 *Barbatia grayana* (Dunker, 1867)

同物异名：*Arca trapezina* Lamarck, 1819
分布：广东大亚湾；澳大利亚。

(2) 棕蚶 *Barbatia amygdalumtostum* (Röding, 1798)

同物异名：*Arca fusca* Bruguiere, 1789; *Barbatia fusca* (Bruguière, 1789)
分布：福建，台湾岛，广东，海南岛；印度-西太平洋。

(3) 鸟羽须蚶 *Barbatia uwaensis* (Yokoyama, 1928)

分布：东海，南海；日本。

(4) 细须蚶 *Barbatia parva* (Sowerby, 1833)

同物异名：*Byssoarca parva* G. B. Sowerby I, 1833
分布：浙江，台湾岛，西沙群岛；日本。

(5) 青蚶 *Barbatia virescens* (Reeve, 1844)

同物异名：*Arca obtusa* Reeve; Arca viresces Reeve, 1844; *Arca obtusaides* Nyst, 1848
分布：浙江，福建，台湾岛，广东，海南岛；日本，东南亚。

4. 扭蚶属 *Trisidos* Röding, 1798

(1) 扭蚶 *Trisidos tortuosa* (Linnaeus, 1758)

同物异名：*Arca tortuosa* Linnaeus, 1758; *Parallelepipedum fauroti* Jousseaume, 1888; *Parallepipedum fauroti* Jousseaume, 1888; *Trisidos tortuosa addita* Iredale, 1939; *Trisidos tortuosa cingalena* Iredale, 1939; *Trisidos yongei* Iredale, 1939; *Trisidos yongei archeri* Iredale, 1939; *Trisidos yongei lamyi* Iredale, 1939; *Trisidos yongei reevei* Iredale, 1939

分布：福建，广东，海南岛；印度洋，泰国。

5. 深海蚶属 *Bathyarca* Kobelt, 1891

(1) 小型深海蚶 *Bathyarca kyurokusimana* Nomura & Hatai, 1940

分布：东海；日本。

6. 粗饰蚶属 *Anadara* Gray, 1847

(1) 鹅绒粗饰蚶 *Anadara uropigimelana* (Bory de Saint-Vincent, 1827)

同物异名：*Arca holoserica* Reeve
分布：海南岛；印度-西太平洋。

(2) 古蚶 *Anadara antiquata* (Linnaeus, 1758)

同物异名：*Arca antiquata* Linnaeus, 1758
分布：台湾岛，广东，西沙群岛，海南岛；印度，西太平洋。

(3) 密肋粗饰蚶 *Anadara crebricostata* (Reeve, 1844)

同物异名：*Arca crebricostata* Reeve, 1844
分布：海南岛；澳大利亚，东南亚。

(4) 锈粗饰蚶 *Anadara ferruginea* (Reeve, 1844)

同物异名：*Arca ferruginea* Reeve, 1844; *Mabellarca fortunata* Iredale, 1939; *Mabellarca fortunata pera* Iredale, 1939

分布：东海，南海；日本，菲律宾，印度洋。

(5) 尖顶粗饰蚶 *Anadara rufescens* (Reeve, 1844)

同物异名：*Arca rufescens* Reeve, 1844

分布：南海。

(6) 魁蚶 *Anadara broughtonii* (Schrenck, 1867)

同物异名：*Anadara inflata* (Reeve, 1844); *Anadara kafanovi* Lutaenko, 1993; *Arca broughtonii* Schrenck, 1867; *Arca inflata* Reeve, 1844; *Arca reeveana* Nyst, 1848; *Arca tenuis* Tokunaga, 1906; *Scapharca broughtoni* (Schrenck, 1867); *Scapharca broughtonii* (Schrenck, 1867)

分布：渤海，黄海，东海；俄-日-中海域。

(7) 角粗饰蚶 *Anadara cornea* (Reeve, 1844)

同物异名：*Arca cecillii* Philippi, 1849; *Arca cornea* Reeve, 1844; *Arca loricata* Reeve, 1844; *Cunearca cornea* (Reeve, 1844); *Scapharca cornea* (Reeve, 1844)

分布：台湾岛，广东，西沙群岛，海南岛；日本，东南亚，印度。

(8) 舵粗饰蚶 *Anadara gubernaculum* (Reeve, 1844)

同物异名：*Arca gubernaculum* Reeve, 1844; *Scapharca gubernaculum* (Reeve, 1844)

分布：台湾岛，广东，海南岛，广西；日本，东南亚，澳大利亚，印度。

(9) 不等壳粗饰蚶 *Anadara inaequivalvis* (Bruguière, 1789)

同物异名：*Arca inaequivalvis* Bruguière, 1789; *Scapharca inaequivalvis* (Bruguière, 1789)

分布：南海。

(10) 托氏粗饰蚶 *Anadara troscheli* (Dunker, 1882)

同物异名：*Scapharca troscheli* Dunker, 1882
分布：海南北港岛。

(11) 毛蚶 *Anadara kagoshimensis* (Tokunaga, 1906)

同物异名：*Arca (Scapharca) peitaihoensis* Grabau & King, 1869; *Scapharca kagoshimensis* (Tokunaga, 1906)

分布：渤海，黄海，东海；日本。

(12) 胀粗饰蚶 *Anadara globosa* (Reeve, 1844)

同物异名：*Anadara binakayanensis* Faustino, 1932; *Arca globosa* Reeve, 1844; *Scapharca globosusa* Reeve, 1844; *Scapharca globosus ursusa* Tanaka, 1959

分布：南海。

(13) 赛氏粗饰蚶 *Anadara satowi* (Dunker, 1882)

同物异名：*Arca nipponensis* Pilsbry, 1901; *Scapharca satowi* Dunker, 1882

分布：东海，南海；日本，菲律宾，越南，泰国。

(14) 联粗饰蚶 *Anadara consociata* (Smith, 1885)

同物异名：*Arca consociata* E. A. Smith, 1885; *Mabellarca consociata* (E. A. Smith, 1885)

分布：东海。

(15) 唇粗饰蚶 *Anadara labiosa* (G. B. Sowerby I, 1833)

同物异名：*Arca labiosa* G. B. Sowerby I, 1833

分布：福建，广东，海南岛；越南。

7. 泥蚶属 *Tegillarca* Iredale, 1939

(1) 泥蚶 *Tegillarca granosa* (Linnaeus, 1758)

同物异名：*Arca granosa* Linnaeus, 1758; *Arca cuneata* Reeve, 1844

分布：渤海，黄海，东海，南海。

(2) 结蚶 *Tegillarca nodifera* (Martens, 1860)

同物异名：*Anadara* (*Tegillarca*) *nodifera* (Martens, 1860); *Anomalocardia paucigranosa* Dunker, 1866; *Arca nodifera* Martens, 1860; *Arca oblonga* Philippi, 1849

分布：东海，南海。

细纹蚶科 Noetiidae Stewart, 1930

1. 细纹蚶属 *Verilarca* Iredale, 1939

(1) 提氏细纹蚶 *Verilarca thielei* (Schenck & Reinhart, 1938)

同物异名：*Striarca thielei* Schenck & Reinhart, 1938

分布：南海。

2. 拟蚶属 *Arcopsis* Koenen, 1885

(1) 内褶拟蚶 *Arcopsis interplicata* (Grabau & King, 1928)

分布：渤海，黄海，东海；日本。

(2) 雕刻拟蚶 *Arcopsis sculptilis* (Reeve, 1844)

同物异名：*Arca sculptilis* Reeve, 1844; *Barbatia margarethae* Melvill & Standen, 1907

分布：台湾岛，海南岛，北部湾；日本。

(3) 中华拟蚶 *Arcopsis sinensis* (Thiele, 1931)

分布：南海。

3. 橄榄蚶属 *Estellacar* Iredale, 1939

(1) 橄榄蚶 *Estellacar olivacea* (Reeve, 1844)

同物异名：*Arca olivacea* Reeve, 1844

分布：中国沿海；日本，东南亚。

4. 栉毛蚶属 *Didimacar* Iredale, 1939

(1) 褐蚶 *Didimacar tenebrica* (Reeve, 1844)

同物异名：*Arca tenebrica* Reeve, 1844

分布：中国沿海；东南亚。

5. 糙蚶属 *Striarca* Conrad, 1862

(1) 对称糙蚶 *Striarca symmetrica* (Reeve, 1844)

同物异名：*Arca symmetrica* Reeve, 1844; *Arcopsis symmetrica* (Reeve, 1844); *Gabinarca protrita* Iredale, 1939; *Striarca oyamai* Habe, 1953

分布：黄海。

帽蚶科 Cucullaeidae Stewart, 1930

1. 帽蚶属 *Cucullaea* Lamarck, 1801

(1) 粒帽蚶 *Cucullaea labiosagranulosa* Jonas, 1844

分布：南海；印度-西太平洋。

蚶蜊科 Glycymerididae Dall, 1908 (1847)

1. 蚶蜊属 Glycymeris da Costa, 1778

(1) 圆蚶蜊 Glycymeris rotunda (Dunker, 1882)

同物异名：*Pectunculus nipponicus* Yokoyama, 1920; *Pectunculus rotundus* Dunker, 1882; *Pectunculus yamakawai* Yokoyama, 1922
分布：黄海，东海；日本。

(2) 虾夷蚶蜊 Glycymeris yessoensis (Sowerby, 1889)

同物异名：*Pectunculus yessoensis* G. B. Sowerby III, 1889
分布：黄海；日本。

(3) 窄肋绒蚶蜊 Glycymeris tenuicostata (Reeve, 1843)

同物异名：*Pectunculus tenuicostatus* Reeve, 1843
分布：东海。

拟锉蛤科 Limopsidae Dall, 1895

1. 拟锉蛤属 Limopsis Sasso, 1827

(1) 圆齿拟锉蛤 Limopsis crenata A. Adams, 1863

同物异名：*Crenulilimopsis oblonga* (A. Adams, 1860); *Limopsis oblonga* A. Adams, 1860
分布：黄海，东海，南海；日本。

(2) 大拟锉蛤 Limopsis tokaiensis Yokoyama, 1910

分布：东海。

贻贝目 Mytilida

贻贝科 Mytilidae Rafinesque, 1815

1. 贻贝属 Mytilus Linnaeus, 1758

(1) 厚壳贻贝 Mytilus unguiculatus Valenciennes, 1858

同物异名：*Mytilus coruscus* Gould, 1861; *Mytilus*

crassitesta Lischke, 1868;
分布：福建东山以北沿海；日本。

(2) 紫贻贝 Mytilus galloprovincialis Lamarck, 1819

分布：辽宁，河北，山东沿海。

(3) 贻贝 Mytilus edulis Linnaeus, 1758

分布：中国沿海。

2. 股贻贝属 Perna Philipsson, 1788

(1) 翡翠股贻贝 Perna viridis (Linnaeus, 1758)

同物异名：*Mytilus opalus* Lamarck, 1819; *Mytilus smaragdinus* Gmelin, 1791; *Mytilus viridis* Linnaeus, 1758
分布：福建以南沿海；印度洋，东南亚。

3. 毛贻贝属 Trichomya Ihering, 1900

(1) 毛贻贝 Trichomya hirsuta (Lamarck, 1819)

分布：浙江南麂岛以南沿海；日本，东南亚，澳大利亚。

4. 隔贻贝属 Septifer Récluz, 1848

(1) 隆起隔贻贝 Septifer excisus (Wiegmann, 1837)

同物异名：*Tichogonia excisa* Wiegmann, 1837
分布：浙江南麂岛以南沿海；印度-西太平洋。

(2) 隔贻贝 Septifer bilocularis (Linnaeus, 1758)

同物异名：*Modiola subtriangularis* W. H. Turton, 1932; *Mytilus bilocularis* Linnaeus, 1758; *Mytilus nicobaricus* Röding, 1798; *Mytilus septulifer* Menke, 1830; *Tichogonia kraussii* Küster, 1841; *Tichogonia wiegmannii* Küster, 1841
分布：广东澳头以南沿海；印度-西太平洋。

(3) 美丽隔贻贝 Septifer cumingii Récluz, 1849

同物异名：*Congeria bryanae* Pilsbry, 1921; *Septifer australis* Laseron, 1956; *Septifer bryanae* (Pilsbry, 1921); *Septifer forskalii* Dunker, 1855; *Septifer furcillata* Gould,

1861; *Septifer pulcher* Z.R. Wang, 1983
分布：西沙群岛。

5. 围贻贝属 *Mytilisepta* Habe, 1951

(1) 条纹围贻贝 *Mytilisepta virgata* (Wiegmann, 1837)

同物异名：*Septifer crassus* Dunker, 1853; *Septifer her-rmannseni* Dunker, 1853; *Septifer virgatus* (Wiegmann, 1837); *Tichogonia virgata* Wiegmann, 1837
分布：浙江嵊泗以南沿海；南非，日本。

(2) 肯氏围贻贝 *Mytilisepta keenae* (Nomura, 1936)

同物异名：*Septifer keenae* Nomura, 1936
分布：浙江嵊山-香港；俄-日-中海域。

6. 短齿蛤属 *Brachidontes* Swainson, 1840

(1) 条纹短齿蛤 *Brachidontes striatulus* (Hanley, 1843)

同物异名：*Modiola striatula* Hanley, 1843
分布：厦门以南沿海；菲律宾。

(2) 变化短齿蛤 *Brachidontes variabilis* (Krauss, 1848)

同物异名：*Brachidontes semistriatus* (Krauss, 1848); *Brachyodontes variabilis* (Krauss, 1848); *Mytilus variabilis* F. Krauss, 1848; *Mytilus variabilis* var. *semistriata* Krauss, 1848; *Perna variabilis* (Krauss, 1848)
分布：厦门以南沿海；印度-西太平洋。

(3) 曲线短齿蛤 *Brachidontes mutabilis* (Gould, 1861)

同物异名：*Mytilus mutabilis* Gould, 1861
分布：厦门以南沿海；日本。

7. 肌蛤属 *Musculus* Röding, 1798

(1) 小肌蛤 *Musculus nana* (Dunker, 1857)

同物异名：*Lanistina nana* Dunker, 1857
分布：广东，海南岛；日本。

(2) 心形肌蛤 *Musculus cumingianus* (Reeve, 1857)

同物异名：*Modiola cumingiana* Reeve, 1857
分布：东海，南海；印度-西太平洋。

(3) 云石肌蛤 *Musculus cupreus* (A. A. Gould, 1861)

同物异名：*Modiolaria cuprea* A. A. Gould, 1861
分布：中国沿海；印度-西太平洋，地中海。

(4) 黑肌蛤 *Musculus niger* (J. E. Gray, 1824)

同物异名：*Modiola nigra* Gray, 1824
分布：黄海中部；北半球温带地区。

(5) 细肋肌蛤 *Musculus mirandus* (Smith, 1884)

分布：北部湾；东南亚，澳大利亚。

8. 弧蛤属 *Arcuatula* Jousseaume in Lamy, 1919

(1) 凸壳弧蛤 *Arcuatula senhousia* (Benson, 1842)

同物异名：*Brachidontes senhousia* (Benson, 1842); *Modiola aquarius* Grabau & S. G. King, 1928; *Modiola bellardiana* Tapparone Canefri, 1874; *Modiola senhousia* Benson, 1842; *Musculista senhousia* (Benson, 1842); *Musculus senhousia* (Benson in Cantor, 1842)
分布：中国沿海；印度-西太平洋。

9. 拟锯齿蛤属 *Arvella* Bartsch in Scarlato, 1960

(1) 中华拟锯齿蛤 *Arvella sinica* (Wang & Qi, 1984)

分布：黄海，东海。

10. 安乐贝属 *Solamen* Iredale, 1924

(1) 绢安乐贝 *Solamen spectabile* (A. Adams, 1862)

分布：黄海。

11. 绒贻贝属 *Gregariella* Monterosato, 1883

(1) 毛绒贻贝 *Gregariella barbata* (Reeve, 1858)

同物异名：*Lithodomus barbatus* Reeve, 1858; *Modiol-aria barbata* Angas, 1868; *Trichomusculus barbatus* (Reeve, 1858)
分布：广东，海南岛；澳大利亚。

12. 石蛏属 *Lithophaga* Röding, 1798

(1) 光石蛏 *Lithophaga teres* (Philippi, 1846)

分布：广东，广西，海南岛；印度-西太平洋。

13. 滑竹蛏属 *Leiosolenus* Carpenter, 1857

(1) 短滑竹蛏 *Leiosolenus lischkei* M. Huber, 2010

同物异名：*Lithophagus curtus* Lischke, 1874
分布：浙江以南沿海；日本。

(2) 硬膜滑竹蛏 *Leiosolenus lithurus* (Pisbry, 1905)

同物异名：*Lithophaga* (*Leiosolenus*) *lithura* Pilsbry, 1905; *Lithophaga lithura* Pilsbry, 1905
分布：海南岛，西沙群岛，南沙群岛；日本。

(3) 羽膜滑竹蛏 *Leiosolenus malaccanus*(Reeve, 1857)

同物异名：*Lithodomus malaccanus* Reeve, 1857; *Lithophaga* (*Leiosolenus*) *malaccana* (Reeve, 1857); *Lithophaga calcifer* Iredale, 1939; *Lithophaga malaccana* (Reeve, 1857); *Lithophaga reticulata* Dunker, 1883
分布：福建东山以南沿海；印度-西太平洋。

(4) 赖氏滑竹蛏 *Leiosolenus lessepsianus* (Vaillant, 1865)

同物异名：*Lithodomus lessepsianus* Vaillant, 1865; *Lithophaga* (*Leiosolenus*) *lessepsiana* (Vaillant, 1865); *Lithophaga lessepsiana* (Vaillant, 1865)
分布：香港；印度洋，澳大利亚。

14. 偏顶蛤属 *Modiolus* Lamarck, 1799

(1) 黑偏顶蛤 *Modiolus atrata* (Lischke, 1871)

分布：中国沿海。

(2) 耳偏顶蛤 *Modiolus auriculatus* (Krauss, 1848)

同物异名：*Modiola auriculata* F. Krauss, 1848
分布：南海。

(3) 带偏顶蛤 *Modiolus comptus* (G. B. Sowerby III, 1915)

同物异名：*Volsella compta* G. B. Sowerby III, 1915
分布：广东大亚湾以北沿海；日本。

(4) 日本偏顶蛤 *Modiolus nipponicus*(Oyama, 1950)

同物异名：*Volsella nipponica* Oyama, 1950
分布：东海，南海；日本。

(5) 麦氏偏顶蛤 *Modiolus modulaides* (Röding, 1798)

同物异名：*Modiola metcalfei* Hanley, 1843; *Modiola microptera* Deshayes, 1836; *Modiola triangulum* Koch in Philippi, 1847; *Modiolus metcalfei* (Hanley, 1843); *Modiolus penelegans* Iredale, 1939; *Musculus modulaides* Röding, 179
分布：中国沿海；西太平洋。

(6) 偏顶蛤 *Modiolus modiolus* (Linnaeus, 1758)

同物异名：*Mytilus modiolus* Linnaeus, 1758
分布：山东青岛以北沿海；北寒温带两洋种。

(7) 菲律宾偏顶蛤 *Modiolus philippinarum* (Hanley, 1843)

同物异名：*Modiola philippinarum* Hanley, 1843
分布：广东，海南岛；西太平洋。

15. 俊蛤属 *Jolya* Bourguignat, 1877

(1) 长俊蛤 *Jolya elongata* (Swainson, 1821)

同物异名：*Lioberus elongatus* (Swainson, 1821); *Modiola*

cuneiformis Hanley, 1843; *Modiola elongata* Swainson, 1821; *Modiolus elongatus* (Swainson, 1821)

分布：中国沿海；日本，东南亚。

(2) 菱形俊蛤 *Jolya rhomboidea* (Reeve, 1857)

同物异名：*Modiola rhomboidea* Reeve, 1857; *Modiola sirahensis* Jousseaume, 1891; *Modiola subrugosa* Grabau & S. G. King, 1928; *Modiolus ostentus* Iredale, 1939; *Volsella subrugosa* (Grabau & S. G. King, 1928)

分布：广西北部湾，广东前海；印度-西太平洋。

16. 似偏顶蛤属 *Modiolatus* Jousseaume, 1893

(1) 褶似偏顶蛤 *Modiolatus plicatus* (Gmelin, 1791)

分布：广东，海南岛；印度洋，西太平洋。

(2) 短似偏顶蛤 *Modiolatus flavidus* (Dunker, 1857)

同物异名：*Modiolus flavidus* (Dunker, 1857); *Volsella flavida* Dunker, 1857

分布：东海，南海；日本，菲律宾，印度洋。

17. 艾达蛤属 *Idas* Jeffreys, 1876

(1) 日本艾达蛤 *Idas japonicus* (Habe, 1976)

同物异名：*Idasola japonica* Habe, 1976

分布：东海；日本。

18. 杏蛤属 *Amygdalum* Megerle von Mühlfeld, 1811

(1) 大杏蛤 *Amygdalum watsoni* (Smith, 1885)

同物异名：*Modiola watsoni* E. A. Smith, 1885

分布：东海，南海；世界广布。

19. 肠蛤属 *Botula* Mörch, 1853

(1) 短壳肠蛤 *Botula cinnamomea* (Gmelin, 1791)

同物异名：*Botulopa silicula* (Lamarck, 1819); *Lithodomus cinnamominus* (Chemnitz, 1785); *Lithodomus projectans* Tate, 1892; *Lithophaga cinnamonea* (Lamarck, 1819);

Modiola favannii Potiez & Michaud, 1844; *Modiola silicula* Lamarck, 1819

分布：南海；日本，印度洋，大西洋。

20. 荞麦蛤属 *Xenostrobus* Wilson, 1967

(1) 黑荞麦蛤 *Xenostrobus atratus* (Lischke, 1871)

同物异名：*Mytilus atratus* Lischke, 1871

分布：中国沿海；日本。

牡蛎目 Ostreida

曲牡蛎科 Gryphaeidae Vialov, 1936

1. 舌骨牡蛎属 *Hyotissa* Stenzel, 1971

(1) 覆瓦牡蛎 *Hyotissa inermis* (G. B. Sowerby II, 1871)

同物异名：*Ostrea quirites* Iredale, 1939

分布：东海，南海；印度-西太平洋。

牡蛎科 Ostreidae Rafinesque, 1815

1. 巨牡蛎属 *Crassostrea* Sacco, 1897

(1) 长牡蛎 *Crassostrea gigas* (Thunberg, 1793)

同物异名：*Ostrea talienwhanensis* Crosse, 1862

分布：辽宁，河北，山东，江苏；俄-日-中海域。

(2) 近江巨牡蛎 *Crassostrea ariakensis* (Fujita, 1913)

分布：中国沿岸到浅水区；日本。

2. 爪牡蛎属 *Talonostrea* Li & Qi, 1994

(1) 猫爪牡蛎 *Talonostrea talonata* Li & Qi, 1994

分布：黄海。

3. 囊牡蛎属 *Saccostrea* Dollfus & Dautzenberg, 1920

(1) 僧帽牡蛎 *Saccostrea cucullata* (Born, 1778)

同物异名：*Ostrea cuccullata* Born, 1778

分布：香港；印度-西太平洋。

(2) 棘刺牡蛎 *Saccostrea echinata* (Quoy & Gaimard, 1835)

同物异名：*Ostrea echinata* Quoy & Gaimard, 1835
分布：浙江以南沿海；日本。

(3) 团聚牡蛎 *Saccostrea glomerata* (Gould, 1850)

同物异名：*Ostrea glomerata* Gould, 1850
分布：浙江以南沿海；西太平洋。

(4) 咬齿牡蛎 *Saccostrea scyphophilla* (Peron & Lesueur, 1807)

同物异名：*Ostrea scyphophilla* Péron & Lesueur, 1807
分布：南海；日本，澳大利亚。

4. 牡蛎属 *Ostrea* Linnaeus, 1758

(1) 密鳞牡蛎 *Ostrea denselamellosa* Lischke, 1869

分布：广东以北沿海；日本，朝鲜半岛。

5. 掌牡蛎属 *Planostrea* Harry, 1985

(1) 鹅掌牡蛎 *Planostrea pestigris* (Hanley, 1846)

同物异名：*Ostrea paulucciae* Crosse, 1869
分布：浙江以南沿海；西太平洋。

6. 齿缘牡蛎属 *Dendostrea* Swainson, 1835

(1) 齿缘牡蛎 *Dendostrea sandvichensis* (G. B. Sowerby II, 1871)

同物异名：*Ostraea sandvichensis* G. B. Sowerby II, 1871
分布：潮下带海区。

7. 褶牡蛎属 *Alectryonella* Sacco, 1897

(1) 褶牡蛎 *Alectryonella plicatula* (Gmelin, 1791)

同物异名：*Ostrea plicatula* Gmelin, 1791
分布：台湾岛，海南岛，南沙群岛；印度-西太平洋。

江珧科 Pinnidae Leach, 1819

1. 江珧属 *Atrina* Gray, 1842

(1) 栉江珧 *Atrina pectinata* (Linnaeus, 1767)

同物异名：*Pinna pectinata* Linnaeus, 1767
分布：中国沿海；印度-西太平洋。

(2) 旗江珧 *Atrina vexillum* (Born, 1778)

同物异名：*Atrina* (*Atrina*) *vexillum* (Born, 1778); *Atrina gouldii banksiana* Iredale, 1939; *Pinna gubernaculum* Röding, 1798; *Pinna nigra* Dillwyn, 1817; *Pinna nigra* Chemnitz, 1785; *Pinna nigrina* Lamarck, 1819; *Pinna vexillum* Born, 1778
分布：南海；新加坡，马来西亚。

(3) 胖江珧 *Atrina inflata* (Dillwyn, 1817)

同物异名：*Pinna inflata* Dillwyn, 1817
分布：南海。

2. 裂江珧属 *Pinna* Linnaeus, 1758

(1) 多棘裂江珧 *Pinna muricata* Linnaeus, 1758

分布：南海；印度尼西亚，韩国。

(2) 细长裂江珧 *Pinna attenuata* Reeve, 1858

分布：南海。

(3) 二色裂江珧 *Pinna bicolor* Gmelin, 1791

分布：东海，南海；日本，菲律宾，印度尼西亚。

珠母贝科 Margaritidae Blainville, 1824

1. 珠母贝属 *Pinctada* Röding, 1798

(1) 长耳珠母贝 *Pinctada chemnitzii* (Philippi, 1849)

同物异名：*Pinctada epitheca* Iredale, 1939
分布：台湾以南海域；印度-西太平洋。

(2) 白珠母贝 *Pinctada albina* (Lamarck, 1819)

同物异名：*Meleagrina albina* Lamarck, 1819
分布：南海。

(3) 大珠母贝 *Pinctada maxima* (Jameson, 1901)

同物异名：*Pinctada anomioides* (Reeve, 1857); *Pteria (Margaritifera) maxima* Jameson, 1901
分布：台湾岛，广东（雷州半岛），西沙群岛；西太平洋热带区。

珍珠贝科 Pteriidae Gray, 1847 (1820)

1. 珍珠贝属 *Pteria* Scopoli, 1777

(1) 短翼珍珠贝 *Pteria heteroptera* (Lamarck, 1819)

同物异名：*Pteria brevialata* (Dunker, 1872)
分布：海南岛，北部湾；日本，泰国。

(2) 海鸡头珍珠贝 *Pteria dendronephthya* Habe, 1960

分布：广东，广西；日本。

(3) 企鹅珍珠贝 *Pteria penguin* (Röding, 1798)

同物异名：*Pinctada penguin* Röding, 1798
分布：台湾以南海域；印度-西太平洋。

钳蛤科 Isognomonidae Woodring, 1925 (1828)

1. 钳蛤属 *Isognomon* Lightfoot, 1786

(1) 方形钳蛤 *Isognomon nucleus* (Lamarck, 1819)

同物异名：*Perna nucleus* Lamarck, 1819; *Perna quadrangularis* Reeve, 1858
分布：台湾以南海域；日本，东南亚。

(2) 豆荚钳蛤 *Isognomon legumen* (Gmelin, 1791)

同物异名：*Perna linguaeformis* Reeve, 1858
分布：台湾以南海域；印度-西太平洋。

(3) 扁平钳蛤 *Isognomon ephippium* (Linnaeus, 1758)

同物异名：*Ostrea ephippium* Linnaeus, 1758
分布：台湾岛，广东，海南岛；印度洋，东南亚，日本，澳大利亚，东太平洋。

(4) 钳蛤 *Isognomon isognomum* (Linnaeus, 1758)

同物异名：*Perna patibulum* Reeve, 1858
分布：台湾岛，海南岛，西沙群岛；印度-西太平洋。

(5) 细肋钳蛤 *Isognomon perna* (Linnaeus, 1758)

同物异名：*Ostrea perna* Linnaeus, 1767
分布：台湾岛，广东，海南岛，西沙群岛；印度-西太平洋。

扇贝目 Pectinida

扇贝科 Pectinidae Rafinesque, 1815

1. 东方扇贝属 *Azumapecten* Habe, 1977

(1) 栉孔扇贝 *Azumapecten farreri* (Jones & Preston, 1904)

同物异名：*Scaeochlamys farreri* (Jones & Preston, 1904); *Chlamys farreri* (Jones & Preston, 1904)
分布：福建以北沿海；俄-日海域。

2. 类栉孔扇贝属 *Mimachlamys* Iredale, 1929

(1) 荣类栉孔扇贝 *Mimachlamys gloriosa* (Reeve, 1853)

同物异名：*Pecten gloriosus* Reeve, 1853
分布：广东，广西，海南岛；日本，澳大利亚。

(2) 华贵类栉孔扇贝 *Mimachlamys crassicostata* (G. B. Sowerby II, 1842)

同物异名：*Chlamys crassicostata* (G. B. Sowerby II, 1842); *Pecten crassicostatus* G. B. Sowerby II, 1842
分布：台湾以南海域；日本。

3. 海湾扇贝属 *Argopecten* Monterosato, 1889

(1) 海湾扇贝 *Argopecten irradians* (Lamarck, 1819)

同物异名：*Argopecten irradians irradians* (Lamarck, 1819); *Pecten irradians* Lamarck, 1819
分布：渤海，黄海，东海。

4. 鳞栉孔扇贝属 *Scaeochlamys* Iredale, 1929

(1) 带鳞栉孔扇贝 *Scaeochlamys lemniscata* (Reeve, 1853)

同物异名：*Chlamys* (*Chlamys*) *liltvedi* H. P. Wagner, 1984; *Chlamys lemniscata* (Reeve, 1853); *Laevichlamys lemniscata* (Reeve, 1853); *Pecten lemniscatus* Reeve, 1853
分布：东海，南海；日本，菲律宾。

5. 隐扇贝属 *Cryptopecten* Dall, Bartsch & Rehder, 1938

(1) 囊隐扇贝 *Cryptopecten bullatus* (Dautzenberg & Bavay, 1912)

同物异名：*Pecten bullatus* Dautzenberg & Bavay, 1912
分布：东海，南海；印度-西太平洋。

6. 扇贝属 *Pecten* O. F. Müller, 1776

(1) 嵌条扇贝 *Pecten albicans* (Schröter, 1802)

同物异名：*Pallium albicans* Schröter, 1802
分布：黄海，东海；日本。

7. 盘扇贝属 *Mizuhopecten* Masuda, 1963

(1) 虾夷盘扇贝 *Mizuhopecten yessoensis* (Jay, 1857)

同物异名：*Pecten yessoensis* Jay, 1857
分布：西北太平洋。

8. 拟日月贝属 *Parvamussium* Sacco, 1897

(1) 刺鳞小拟日月贝 *Parvamussium squalidulum* Dijkstra, 1995

分布：东海，南海。

9. 足扇贝属 *Pedum* Bruguière, 1792

(1) 拟海菊足扇贝 *Pedum spondyloideum* (Gmelin, 1791)

同物异名：*Ostrea spondyloidea* Gmelin, 1791
分布：南海。

10. 掌扇贝属 *Volachlamys* Iredale, 1939

(1) 新加坡掌扇贝 *Volachlamys singaporina* (Sowerby II, 1842)

同物异名：*Pecten cumingi* Reeve, 1853; *Pecten pica* Reeve, 1853; *Pecten psarus* Melvill, 1888; *Pecten singaporinus* G. B. Sowerby II, 1842
分布：东海，南海。

海菊蛤科 Spondylidae Gray, 1826

1. 海菊蛤属 *Spondylus* Linnaeus, 1758

(1) 草莓海菊蛤 *Spondylus multisetosus* Reeve, 1856

分布：南海；菲律宾。

(2) 中华海菊蛤 *Spondylus sinensis* Schreibers, 1793

分布：黄海，东海。

(3) 尼科巴海菊蛤 *Spondylus nicobaricus* Schreibers, 1793

分布：东海，南海。

(4) 棘刺海菊蛤 *Spondylus echinatus* Schreibers, 1793

分布：南海；日本。

(5) 洁海菊蛤 *Spondylus candidus* Lamarck, 1819

分布：南海。

(6) 血色海菊蛤 *Spondylus squamosus* Schreibers, 1793

同物异名：*Spondylus barbatus* Reeve, 1856; *Spondylus*

cruentus Lischke, 1868; *Spondylus japonicus* Kuroda, 1932; *Spondylus mus* Reeve, 1856; *Spondylus sinensis* G. B. Sowerby II, 1847; *Spondylus spathuliferus* Lamarck, 1819
分布：福建，台湾岛，广东沿海；日本。

不等蛤科 Anomiidae Rafinesque, 1815

1. 不等蛤属 *Anomia* Linnaeus, 1758

(1) 中国不等蛤 *Anomia chinensis* Philippi, 1849

分布：中国沿海潮间带；西太平洋。

2. 难解不等蛤属 *Enigmonia* Iredale, 1918

(1) 难解不等蛤 *Enigmonia aenigmatica* (Holten, 1802)

分布：广东，海南岛；印度-西太平洋红树林。

海月蛤科 Placunidae Rafinesque, 1815

1. 海月蛤属 *Placuna* Lightfoot, 1786

(1) 海月 *Placuna placenta* (Linnaeus, 1758)

同物异名：*Anomia placenta* Linnaeus, 1758; *Ephippium transparens* Röding, 1798; *Placenta auriculata* Mörch, 1853; *Placenta communis* Megerle von Mühlfeld, 1811; *Placenta orbicularis* Philipsson, 1788; *Placuna orbicularis* (Philipsson, 1788)
分布：台湾以南沿海；印度-西太平洋。

襞蛤科 Plicatulidae Gray, 1854

1. 襞蛤属 *Plicatula* Lamarck, 1801

(1) 襞蛤 *Plicatula plicata* (Linnaeus, 1767)

同物异名：*Spondylus plicatus* Linnaeus, 1764
分布：台湾岛，广东，广西；印度-西太平洋。

(2) 常规襞蛤 *Plicatula regularis* Philippi, 1849

同物异名：*Plicatula cuneata* Dunker, 1877; *Plicatula simplex* Gould, 1861
分布：广东，海南岛，北部湾；日本。

(3) 尖刺襞蛤 *Plicatula muricata* G. B. Sowerby II, 1873

分布：东海，南海；日本。

锉蛤目 Limida

锉蛤科 Limidae Rafinesque, 1815

1. 栉锉蛤属 *Ctenoides* Mörch, 1853

(1) 圆栉锉蛤 *Ctenoides ales* (Finlay, 1927)

同物异名：*Lima ales* Finlay, 1927
分布：东海，台湾岛；日本，澳大利亚。

2. 平锉蛤属 *Limatula* S. V. Wood, 1839

(1) 细肋平锉蛤 *Limatula choshiensis* Kuroda & Habe, 1961

分布：东海；日本。

3. 雪锉蛤属 *Limaria* Link, 1807

(1) 薄壳雪锉蛤 *Limaria perfragilis* Habe & Kosuge, 1966

分布：南海；西太平洋。

(2) 角耳雪锉蛤 *Limaria basilanica* Adams & Reeve, 1850

同物异名：*Lima (Mantellum) angulata* Lynge, 1909; *Lima basilanica* Adams & Reeve, 1850
分布：台湾岛，海南岛，南沙群岛；印度-西太平洋。

(3) 平濑雪锉蛤 *Limaria hirasei* (Pilsbry, 1901)

同物异名：*Lima hirasei* Pilsbry, 1901
分布：台湾岛；日本。

(4) 函馆雪锉蛤 *Limaria hakodatensis* (Tokunaga), 1906

同物异名：*Lima (Promantellum) kiiensis* Oyama, 1943; *Lima angulata* var. *minor* Grabau & S. G. King, 1928; *Lima hakodatensis* Tokunaga, 1906
分布：渤海，黄海，东海；日本。

帘蛤目 Venerida

棱蛤科 Trapezidae Lamy, 1920 (1895)

1. 棱蛤属 *Trapezium* Megerle von Mühlfeld, 1811

(1) 长棱蛤 *Trapezium oblongum* (Linnaeus, 1758)

同物异名：*Chama oblongum* Linnaeus, 1758
分布：台湾岛，西沙群岛；印度-西太平洋。

2. 新棱蛤属 *Neotrapezium* Habe, 1951

(1) 纹斑新棱蛤 *Neotrapezium liratum* (Reeve, 1843)

同物异名：*Cypricardia liratum* Reeve, 1843; *Trapezium japonicum* Pilsbry, 1905; *Trapezium japonicum delicatum* Pilsbry, 1905; *Trapezium liratum* (Reeve, 1843); *Trapezium nipponicum* Yokoyama, 1922; *Trapezium ventricosum* Yokoyama, 1922
分布：浙江以北沿海，台湾岛；印度-西太平洋。

(2) 次光滑新棱蛤 *Neotrapezium sublaevigatum* (Lamarck, 1819)

同物异名：*Trapezium sublaevigatum* (Lamarck, 1819)
分布：福建以南沿海；印度-西太平洋。

猿头蛤科 Chamidae Lamarck, 1809

1. 猿头蛤属 *Chama* Linnaeus, 1758

(1) 糙猿头蛤 *Chama asperella* Lamarck, 1819

同物异名：*Chama jukesii* Reeve, 1847; *Chama spinosa* Broderip, 1835
分布：台湾岛，广东，海南岛，西沙群岛；印度-西太平洋。

(2) 敦氏猿头蛤 *Chama dunkeri* Lischke, 1870

分布：广东，海南岛，广西；日本。

(3) 紫口猿头蛤 *Chama limbula* Lamarck, 1819

同物异名：*Chama iostoma* Conrad, 1837

分布：海南岛，广西，西沙群岛；印度-西太平洋。

(4) 翘鳞猿头蛤 *Chama lazarus* Linnaeus, 1758

同物异名：*Chama damaecormis* Lamarck, 1819
分布：台湾岛，海南岛；印度-西太平洋。

(5) 砖猿头蛤 *Chama croceata* Lamarck, 1819

同物异名：*Chama imbricata* Broderip, 1835; *Chama annarosae* Selli, 1974; *Chama plinthota* Cox, 1927
分布：海南新盈；日本，澳大利亚。

(6) 太平洋猿头蛤 *Chama pacifica* Broderip, 1835

同物异名：*Chama foliacea* Quoy & Gaimard, 1835; *Chama reflexa* Reeve, 1846
分布：黄海，东海；澳大利亚，日本。

(7) 草莓猿头蛤 *Chama fragum* Reeve, 1847

分布：福建，台湾北部，海南岛；日本。

2. 拟猿头蛤属 *Pseudochama* Odhner, 1917

(1) 反转拟猿头蛤 *Pseudochama retroversa* (Lischke, 1870)

同物异名：*Chama retroversa* Lischke, 1870
分布：福建，台湾岛；日本。

蚬科 Cyrenidae Gray, 1840

1. 硬壳蚬属 *Geloina* Gray, 1842

(1) 红树蚬 *Geloina coaxans* (Gmelin, 1791)

同物异名：*Cyclas zeylanica* Lamarck, 1806; *Cyrena buschii* Philippi, 1849; *Cyrena ceylonica* Mousson, 1849; *Cyrena fissidens* Pilsbry, 1894; *Cyrena impressa* Deshayes, 1855; *Cyrena proxima* Prime, 1864; *Cyrena sinuosa* Deshayes, 1855; *Cyrena suborbicularis* Philippi, 1858; *Cyrena tennentii* Hanley, 1858; *Polymesoda coaxans* (Gmelin, 1791); *Polymesoda proxima* (Prime, 1864); *Venus coaxans* Gmelin, 1791
分布：台湾岛，海南岛；孟加拉国，菲律宾，澳大利亚。

绿螂科 Glauconomidae Gray, 1853

1. 绿螂属 *Glauconome* Gray, 1828

(1) 中国绿螂 *Glauconome chinensis* Gray, 1828

分布：福建，台湾岛，广东；日本，东南亚，孟加拉湾。

(2) 薄壳绿螂 *Glauconome angulata* Reeve, 1844

同物异名：*Glauconome isseliana* Tapparone Canefri, 1874; *Glauconome primeana* Crosse & Debeaux, 1863
分布：东海。

同心蛤科 Glossidae Gray, 1847 (1840)

1. 同心蛤属 *Meiocardia* H. Adams & A. Adams, 1857

(1) 矩形同心蛤 *Meiocardia samarangiae* Bernard, Cai & Morton, 1993

分布：黄海，东海；日本。

小凯利蛤科 Kelliellidae Fischer, 1887

1. 阿文蛤属 *Alveinus* Conrad, 1865

(1) 紫壳阿文蛤 *Alveinus ojianus* (Yokoyama, 1927)

同物异名：*Kellia ojianus* Yokoyama, 1927
分布：黄河口，胶州湾；日本。

蛤蜊科 Mactridae Lamarck, 1809

1. 蛤蜊属 *Mactra* Linnaeus, 1767

(1) 华丽蛤蜊 *Mactra achatina* Holten, 1802

同物异名：*Mactra adspersa* Dunker, 1849; *Mactra maculosa* Lamarck, 1818; *Mactra ornata* Gray, 1837
分布：台湾岛；日本。

(2) 高蛤蜊 *Mactra alta* Deshayes, 1855

分布：南海；澳大利亚。

(3) 扁蛤蜊 *Mactra antecedems* Iredale, 1930

分布：南海；澳大利亚。

(4) 西施舌 *Mactra antiquata* Spengler, 1802

同物异名：*Coelomactra antiquata* (Spengler, 1802); *Mactra chemnitzii* Gray, 1837; *Mactra cornea* Reeve, 1854; *Mactra spectabilis* Lischke, 1871
分布：黄海，东海，南海；西太平洋。

(5) 中国蛤蜊 *Mactra chinensis* Philippi, 1846

分布：中国沿海；俄-日海域。

(6) 楔蛤蜊 *Mactra cuneata* Gmelin, 1791

分布：台湾岛；印度-西太平洋。

(7) 大蛤蜊 *Mactra grandis* Gmelin, 1791

同物异名：*Mactra lamarckii* Philippi, 1846; *Mactra mera* Reeve, 1854; *Mactra radiata* Spengler, 1802
分布：东海，南海。

(8) 异测蛤蜊 *Mactra inaequalis* Reeve, 1854

分布：浙江，福建，海南岛，本种是中国海地方性种。

(9) 彩虹蛤蜊 *Mactra iridescens* Kuroda & Habe in Habe, 1958

分布：江苏，福建，东海，南海；日本纪伊半岛以南。

(10) 四角蛤蜊 *Mactra quadrangularis* Reeve, 1854

同物异名：*Mactra bonneauii* Bernardi, 1858; *Mactra gibbosula* Reeve, 1854; *Mactra veneriformis* Reeve, 1854; *Mactra zonata* Lischke, 1871; *Trigonella quadrangularis* (Reeve, 1854)
分布：连云港以北沿海，台湾岛；俄-日-中海域。

2. 勒特蛤属 *Raeta* Gray, 1853

(1) 秀丽勒特蛤 *Raeta pulchella* (Adams & Reeve, 1850)

同物异名：*Mactra rostralis* Reeve, 1854; *Poromya*

pulchella Adams & Reeve, 1850; *Raeta elliptica* Yokoyama, 1922; *Raeta lactea* Zorina, 1978; *Raeta yokohamaensis* Pilsbry, 1895; *Raetella tenuis* Hinds Dall, 1898; *Raetellops pulchella* (Adams & Reeve, 1850)
分布：黄海，东海；日本。

3. 光蛤蜊属 *Mactrinula* Gray, 1853

(1) 斧光蛤蜊 *Mactrinula dolabrata* (Reeve, 1854)

同物异名：*Mactra dolabrata* Reeve, 1854
分布：黄海，东海，南海；日本。

(2) 瑞氏光蛤蜊 *Mactrinula reevesii* (Gray, 1837)

同物异名：*Mactra reevesii* Gray, 1837
分布：南海；印度尼西亚，泰国。

4. 尖蛤蜊属 *Oxyperas* Mörch, 1853

(1) 糙尖蛤蜊 *Oxyperas aspersum* (Sowerby, 1825)

同物异名：*Mactra aspersa* G. B. Sowerby I, 1825; *Mactra tenera* Wood, 1828; *Pseudoxyperas aspersa* (G. B. Sowerby I, 1825); *Spisula aspersa* (G. B. Sowerby I, 1825)
分布：台湾岛，海南岛；日本。

5. 獭蛤属 *Lutraria* Lamarck, 1799

(1) 大獭蛤 *Lutraria maxima* Jonas, 1844

分布：台湾岛，南海；日本，东南亚。

(2) 施氏獭蛤 *Lutraria sieboldii* Reeve, 1854

分布：浙江，广东，广西，海南岛；日本，东南亚。

(3) 奇獭蛤 *Lutraria impar* Reeve, 1854

分布：南海；越南，泰国。

(4) 弓獭蛤 *Lutraria rhynchaena* Jonas, 1844

分布：东海，南海；日本，东南亚。

6. 立蛤属 *Meropesta* Iredale, 1929

(1) 中国立蛤 *Meropesta sinojaponica* Zhuang, 1983

分布：广东南沃以北海区；日本。

(2) 毛立蛤 *Meropesta capillacea* (Reeve, 1854)

同物异名：*Mactra capillacea* Reeve, 1854
分布：东海，南海。

中带蛤科 Mesodesmatidae Gray, 1840

1. 坚石蛤属 *Atactodea* Dall, 1895

(1) 环纹坚石蛤 *Atactodea striata* (Gmelin, 1791)

同物异名：*Mactra striata* Gmelin, 1791
分布：福建，台湾岛，广东，海南岛，西沙群岛；印度-西太平洋。

2. 扁平蛤属 *Davila* Gray, 1853

(1) 扁平蛤 *Davila plana* (Hanley, 1843)

同物异名：*Mesodesma plana* Hanley, 1843
分布：南海。

3. 朽叶蛤属 *Coecella* Gray, 1853

(1) 中国朽叶蛤 *Coecella chinensis* Deshayes, 1855

分布：辽宁，山东，海南岛；日本，印度-西太平洋。

帘蛤科 Veneridae Rafinesque, 1815

1. 球帘蛤属 *Globivenus* Coen, 1934

(1) 雕刻球帘蛤 *Globivenus toreuma* (Gould, 1850)

同物异名：*Venus toreuma* Gould, 1850
分布：台湾岛，南海；印度-西太平洋。

2. 布目蛤属 *Leukoma* Römer, 1857

(1) 江户布目蛤 *Leukoma jedoensis* (Lischke, 1874)

同物异名：*Venus jedoensis* Lischke, 1874

分布：中国沿海；日本。

3. 帘蛤属 *Venus* Linnaeus, 1758

(1) 白帘蛤 *Venus cassinaeformis* (Yokoyama, 1926)

同物异名：*Venus foveolata* Sowerby, 1853
分布：东海，南海；日本。

4. 皱纹蛤属 *Periglypta* Jukes-Browne, 1914

(1) 皱纹蛤 *Periglypta puerpera* (Linnaeus, 1771)

同物异名：*Venus puerpera* Linnaeus, 1771
分布：南海；印度-西太平洋。

(2) 布目皱纹蛤 *Periglypta exclathrata* (Sacco, 1900)

同物异名：*Antigona albocancellata* M. Huber, 2010; *Antigona clathrata* (Deshayes, 1854); *Periglypta albocancellata* (M. Huber, 2010); *Periglypta clathrata* (Deshayes, 1854); *Venus clathrata* Deshayes, 1854
分布：海南岛和潮下带浅水区；印度-西太平洋。

5. 翘鳞蛤属 *Irus* Schmidt, 1818

(1) 翘鳞蛤 *Irus irus* (Linnaeus, 1758)

同物异名：*Donax irus* Linnaeus, 1758
分布：南海。

6. 畸心蛤属 *Anomalocardia* Schumacher, 1817

(1) 曲畸心蛤 *Anomalocardia flexuosa* (Linnaeus, 1767)

同物异名：*Venus flexuosa* Linnaeus, 1767
分布：中国沿海。

7. 帝汶蛤属 *Timoclea* T. Brown, 1827

(1) 鳞片帝汶蛤 *Timoclea imbricata* (Sowerby, 1853)

同物异名：*Venus imbricata* Sowerby II, 1853
分布：南海；印度-西太平洋。

(2) 婴帝汶蛤 *Timoclea lionota* (Smith, 1885)

同物异名：*Venus* (*Chione*) *lionota* Smith, 1885
分布：南海；印度-西太平洋。

(3) 粗帝汶蛤 *Timoclea scabra* (Hanley, 1845)

同物异名：*Venus scabra* Hanley, 1845; *Veremolpa ethica* Iredale, 1930
分布：广东；西太平洋。

8. 雪蛤属 *Placamen* Iredale, 1925

(1) 美叶雪蛤 *Placamen lamellatum* (Röding, 1798)

同物异名：*Chione calophylla* (Philippi, 1836); *Clausinella calophylla* (Philippi, 1836); *Placamen calophyllum* (Philippi, 1836); *Venus calophylla* Philippi, 1836; *Venus lamellata* Röding, 1798; *Venus thiara* G. B. Sowerby I, 1834; *Venus tiara* Dillwyn, 1817
分布：东海，南海；印度-西太平洋。

(2) 头巾雪蛤 *Placamen foliaceum* (Philippi, 1846)

同物异名：*Anaitis foliacea* (Philippi, 1846); *Bassina foliacea* (Philippi, 1846); *Chione foliacea* (Philippi, 1846); *Clausinella foliacea* (Philippi, 1846); *Venus foliacea* Philippi, 1846
分布：南海；印度-西太平洋。

(3) 伊萨伯雪蛤 *Placamen isabellina* (Philippi, 1849)

同物异名：*Venus isabillnia* Philippi, 1849
分布：福建以南；西太平洋。

9. 美女蛤属 *Circe* Brandt, 1835

(1) 面具美女蛤 *Circe scripta* (Linnaeus, 1758)

同物异名：*Circe albida* Deshayes, 1853; *Circe fulgurata* Reeve, 1863; *Circe oblonga* Deshayes, 1853; *Circe personata* Deshayes, 1854; *Circe sugillata* Reeve, 1863; *Circe violacea* Schumacher, 1817; *Cytherea scripta* Lamarck, 1818; *Venus* (*Cytherea*) *robillardi* Römer, 1869; *Venus scripta* Linnaeus, 1758;

Venus stutzeri Donovan, 1824

分布：浙江南麂岛以南沿海；印度-西太平洋，澳大利亚。

(2) 华丽美女蛤 *Circe tumefacta* G. B. Sowerby II, 1851

分布：南海；澳大利亚。

10. 加夫蛤属 *Gafrarium* Röding, 1798

(1) 凸加夫蛤 *Gafrarium pectinatum* (Linnaeus, 1758)

同物异名：*Circe pectinata* (Linnaeus, 1758); *Circe pythinoides* Tenison Woods, 1878; *Crista pectinata* (Linnaeus, 1758); *Cytherea gibbia* Lamarck, 1818; *Cytherea pectinata* Lamarck, 1818; *Cytherea ranella* Lamarck, 1818; *Gafrarium angulatum* Röding, 1798; *Gafrarium cardiodeum* Röding, 1798; *Gafrarium costatum* Röding, 1798; *Gafrarium depressum* Röding, 1798; *Gafrarium pectinatum pectinatum* (Linnaeus, 1758); *Venus pectinata* Linnaeus, 1758

分布：台湾岛，海南岛；印度-西太平洋。

(2) 歧脊加夫蛤 *Gafrarium divaricatum* (Gmelin, 1791)

同物异名：*Circe divaricata* (Gmelin, 1791); *Circe marmorata* Reeve, 1863; *Circe transversaria* Deshayes, 1854; *Cytherea testudinalis* Lamarck, 1818; *Venus divaricata* Gmelin, 1791

分布：浙江南麂岛以南沿海；印度-西太平洋。

11. 卵蛤属 *Pitar* Römer, 1857

(1) 细纹卵蛤 *Pitar striatus* (Gray, 1838)

分布：台湾岛，广东；日本。

(2) 柱状卵蛤 *Pitar sulfureus* Pilsbry, 1904

分布：黄海，东海，南海；日本。

12. 条纹卵蛤属 *Costellipitar* Habe, 1951

(1) 马尼拉条纹卵蛤 *Costellipitar manillae* (Sowerby II, 1851)

同物异名：*Cytheraea manillae* Sowerby II, 1851

分布：海南岛，南沙群岛；东南亚。

(2) 条纹卵蛤 *Costellipitar chordatus* (Römer, 1867)

同物异名：*Venus (Cytherea) chordata* Römer, 1867

分布：东海，南海；日本。

13. 光壳蛤属 *Lioconcha* Mörch, 1853

(1) 光壳蛤 *Lioconcha castrensis* (Linnaeus, 1758)

同物异名：*Venus lorenziana* Dillwyn, 1817

分布：台湾岛，西沙群岛，南沙群岛；印度-西太平洋。

14. 镜蛤属 *Dosinia* Scopoli, 1777

(1) 圆镜蛤 *Dosinia orbiculata* Dunker, 1877

分布：广东，海南岛，北部湾；日本。

(2) 拟双带镜蛤 *Dosinia amphidesmoides* (Reeve, 1850)

同物异名：*Artemis amphidesmoides* Reeve, 1850

分布：广东，海南岛；西太平洋。

(3) 刺镜蛤 *Dosinia aspera* (Reeve, 1850)

同物异名：*Artemis aspera* Reeve, 1850

分布：广东，海南岛；印度-西太平洋。

(4) 丝纹镜蛤 *Dosinia caerulea* (Reeve, 1850)

同物异名：*Artemis caerulea* Reeve, 1850; *Dosinia coryne* A. Adams, 1856; *Dosinia cydippe* A. Adams, 1856; *Dosinia diana* A. Adams & Angas, 1864; *Dosinia immaculata* Tenison Woods, 1876

分布：广东，海南岛；西太平洋。

(5) 铗镜蛤 *Dosinia fibula* (Reeve, 1850)

同物异名：*Artemis fibula* Reeve, 1850

分布：福建东山，广东，广西；越南。

(6) 射带镜蛤 *Dosinia troscheli* Lischke, 1873

分布：浙江南麂岛以南沿海；日本，澳大利亚。

(7) 同心镜蛤 *Dosinia isocardia* (Dunker, 1845)

同物异名：*Artemis isocardia* Dunker, 1845
分布：广东；毛里求斯，非洲东海岸，日本。

(8) 薄片镜蛤 *Dosinia corrugata* (Reeve, 1850)

同物异名：*Artemis corrugata* Reeve, 1850
分布：中国沿岸；西太平洋。

(9) 日本镜蛤 *Dosinia japonica* (Reeve, 1850)

同物异名：*Artemis japonica* Reeve, 1850
分布：中国近海；俄-日-中海域。

(10) 饼干镜蛤 *Dosinia biscocta* (Reeve, 1850)

同物异名：*Artemis biscocta* Reeve, 1850
分布：中国近海；日本，菲律宾。

(11) 突角镜蛤 *Dosinia cumingii* (Reeve, 1850)

同物异名：*Artemis cumingii* Reeve, 1850
分布：中国沿海；菲律宾。

(12) 帆镜蛤 *Dosinia histrio* (Gmelin, 1791)

同物异名：*Venus histrio* Gmelin, 1791
分布：厦门以南；印度-西太平洋。

(13) 奋镜蛤 *Dosinia exasperata* (Philippi, 1847)

同物异名：*Cytherea exasperata* Philippi, 1847
分布：广东，海南岛。

15. 缀锦蛤属 *Tapes* Megerle von Mühlfeld, 1811

(1) 缀锦蛤 *Tapes literatus* (Linnaeus, 1758)

同物异名：*Venus literata* Linnaeus, 1758
分布：黄海，东海，南海。

(2) 短圆缀锦蛤 *Tapes sulcarius* (Lamarck, 1818)

同物异名：*Paphia sulcaria* (Lamarck, 1818); *Tapes deshayesii* (Hanley, 1844); *Tapes rodatzi* (Dunker, 1848); *Venus deshayesiana* Bianconi, 1856; *Venus deshayesii* Hanley, 1844; *Venus rodatzi* Dunker, 1849; *Venus sulcarius* Lamarck, 1818; *Venus variopicta*

Bianconi, 1856
分布：东海，南海。

(3) 蛛网锦蛤 *Tapes platyptycha* Pilsbry, 1901

分布：台湾岛，海南岛；日本。

(4) 钝缀锦蛤 *Tapes conspersus* (Gmelin, 1791)

同物异名：*Paphia guttulata* Röding, 1798; *Tapes adspersa* Römer, 1870; *Tapes dorsatus* (Lamarck, 1818); *Tapes turgidula* Deshayes, 1853; *Tapes watlingi* Iredale, 1958; *Venus dorsata* Lamarck, 1818; *Venus litterata conspersa* Gmelin, 1791; *Venus ovulaea* Lamarck, 1818; *Venus turgida* Lamarck, 1818
分布：广东，香港，海南岛；日本，菲律宾，印度，澳大利亚，新西兰等地。

(5) 四射缀锦蛤 *Tapes belcheri* Sowerby, 1852

同物异名：*Tapes grata* Deshayes, 1854; *Tapes obscurata* Deshayes, 1854; *Tapes phenax* Pilsbry, 1901; *Tapes quadriradiata* Deshayes, 1854
分布：海南岛；日本，菲律宾，新加坡，泰国湾，缅甸，斯里兰卡，也门，毛里求斯等地。

16. 蛤仔属 *Ruditapes* Chiamenti, 1900

(1) 菲律宾蛤仔 *Ruditapes philippinarum* (Adams & Reeve, 1850)

分布：中国沿海；印度-西太平洋。

17. 巴非蛤属 *Paphia* Röding, 1798

(1) 沟纹巴非蛤 *Paphia philippiana* M. Huber, 2010

分布：北纬 29° 以南海域；印度洋，日本。

(2) 纹斑巴非蛤 *Paphia lirata* (Philippi, 1848)

同物异名：*Venus lirata* Philippi, 1848
分布：福建平潭以南；日本，菲律宾。

(3) 巴非蛤 *Paphia paoilionacea* Lamarck, 1818

同物异名：*Venus alapapilionacea* Chemnitz, 1784
分布：南黄海；印度洋，印度尼西亚。

(4) 靓巴非蛤 *Paphia declivis* (G. B. Sowerby II, 1852)

同物异名：*Tapes declivis* G . B. Sowerby II, 1852
分布：浙江南麂岛以南沿海；日本。

18. 格特蛤属 *Marcia* H. Adams & A. Adams, 1857

(1) 裂纹格特蛤 *Marcia hiantina* (Lamarck, 1818)

同物异名：*Venus rimularis* Lamarck, 1818
分布：福建，广东，广西，海南岛；印度-西太平洋。

19. 薄盘蛤属 *Macridiscus* Dall, 1902

(1) 等边薄盘蛤 *Macridiscus aequilatera* (G. B. Sowerby I, 1825)

同物异名：*Donax aequilatera* G . B. Sowerby I, 1825; *Gomphina aequilatera* (G . B. Sowerby I, 1825); *Gomphina melanaegis* (Römer, 1860); *Macridiscus melanaegis* (Römer, 1860); *Venus (Gomphina) melanaegis* Römer, 1860
分布：中国沿海；印度-西太平洋。

20. 仙女蛤属 *Callista* Poli, 1791

(1) 中国仙女蛤 *Callista chinensis* (Holten, 1802)

同物异名：*Chione roscida* Gould, 1861; *Venus chinensis* Holten, 1802; *Venus pacifica* Dillwyn, 1817
分布：东海，南海。

(2) 棕带仙女蛤 *Callista erycina* (Linnaeus, 1758)

同物异名：*Cytherea lilacina* Lamarck, 1818
分布：台湾岛，广东，广西，海南岛；印度-西太平洋。

21. 楔形蛤属 *Sunetta* Link, 1807

(1) 汛潮楔形蛤 *Sunetta menstrualis* (Menke, 1843)

同物异名：*Cytherea menstrualis* Menke, 1843
分布：山东；西太平洋。

(2) 巧楔形蛤 *Sunetta concinna* Dunker, 1870

同物异名：*Cuneus truncatus* Deshayes, 1854; *Sunetta truncata* (Deshayes, 1853)
分布：福建，广东，海南岛；西太平洋。

(3) 磁质楔形蛤 *Sunetta solanderii* (Gray, 1825)

同物异名：*Cytherea solanderii* Gray, 1825; *Meroe hians* Reeve, 1864; *Meroe solandri* Gray, 1838; *Sunetta clessini* Ancey, 1880; *Sunetta tumidissima* Tomlin, 1922; *Venus hians* Wood, 1828
分布：黄海，东海，南海。

(4) 小楔形蛤 *Sunetta sunettina* (Jousseaume, 1891)

同物异名：*Cyclosunetta contempta* (E. A. Smith, 1891); *Meroe menstrualis sensu* Reeve, 1864; *Sunetta contempta* E. A. Smith, 1891; *Sunettina contempta* (E. A. Smith, 1891); *Sunettina sunettina* Jousseaume, 1891
分布：福建，广东，海南岛；印度，日本。

22. 文蛤属 *Meretrix* Lamarck, 1799

(1) 文蛤 *Meretrix meretrix* (Linnaeus, 1758)

同物异名：*Cytherea castanea* Lamarck, 1818; *Meretrix labiosa* Lamarck, 1801; *Venus meretrix* Linnaeus, 1758
分布：浙江，福建，广东，台湾岛，广西，海南岛；日本，东南亚，印度。

(2) 斧文蛤 *Meretrix lamarckii* Deshayes, 1853

分布：浙江，福建，广东，海南岛；日本。

(3) 丽文蛤 *Meretrix lusoria* (Röding, 1798)

同物异名：*Venus lusoria* Röding, 1798
分布：江苏以南沿海；日本朝鲜。

(4) 短文蛤 *Meretrix petechialis* (Lamarck, 1818)

同物异名：*Cytherea petechialis* Lamarck, 1818
分布：渤海，黄海，东海，南海；朝鲜半岛。

(5) 紫文蛤 *Meretrix casta* (Gmelin, 1791)

同物异名：*Venus casta* Gmelin, 1791

分布：东海，南海；越南，泰国。

(6) 小文蛤 *Meretrix planisulcata* (G. B. Sowerby II, 1854)

同物异名：*Cytheraea planisulcata* G . B. Sowerby II, 1854

分布：广东；泰国湾。

23. 青蛤属 *Cyclina* Deshayes, 1850

(1) 青蛤 *Cyclina sinensis* (Gmelin, 1791)

同物异名：*Callista sinensis* (Gmelin, 1791); *Cyclina bombycina* Römer, 1860; *Cyclina pectunculus* Römer, 1860; *Cyprina tenuistria* Lamarck, 1818; *Venus (Cyclina) intumescens* Römer, 1860; *Venus chinensis* Dillwyn, 1817; *Venus sinensis* Gmelin, 1791 (original combination)

分布：中国近海；西太平洋。

24. 对角蛤属 *Antigona* Schumacher, 1817

(1) 对角蛤 *Antigona lamellaris* Schumacher, 1817

分布：南海。

(2) 曲波对角蛤 *Antigona chemnitzii* (Hanley, 1845)

同物异名：*Periglypta chemnitzii* (Hanley, 1845); *Venus chemnitzii* Hanley, 1845

分布：福建东山以南沿海；西太平洋。

25. 和平蛤属 *Clementia* Gray, 1842

(1) 和平蛤 *Clementia papyracea* (Gmelin, 1791)

同物异名：*Clementia vatheliti* Mabille, 1901; *Venus papyracea* Gray, 1825

分布：东海，南海；印度-西太平洋。

26. 凸卵蛤属 *Pelecyora* Dall, 1902

(1) 凸卵蛤 *Pelecyora nana* (Reeve, 1850)

同物异名：*Artemis nana* Reeve, 1850; *Dosinia derupta* Römer, 1860; *Dosinia gibba* A. Adams, 1869; *Dosinia nanus* (Reeve, 1850)

分布：渤海，黄海，东海，南海。

(2) 三角凸卵蛤 *Pelecyora trigona* (Reeve, 1850)

同物异名：*Artemis trigona* Reeve, 1850; *Dosinia trigona* (Reeve, 1850)

分布：中国近岸浅海区；泰国，巴基斯坦，印度。

27. 类缀锦蛤属 *Paratapes* Stoliczka, 1870

(1) 波纹类缀锦蛤 *Paratapes undulatus* (Born, 1778)

同物异名：*Paphia undulata* (Born, 1778); *Paratapes scordalus* Iredale, 1936; *Venus rimosa* Philippi, 1847; *Venus undulata* Born, 1778

分布：浙江南麂岛以南沿海；墨吉群岛，菲律宾，日本，澳大利亚。

(2) 织锦类缀锦蛤 *Paratapes textilis* (Gmelin, 1791)

同物异名：*Paphia textile* (Gmelin, 1791); *Paphia textrix* (Deshayes, 1853); *Tapes sumatranus* Jaeckel & Thiele, 1931; *Tapes textrix* Deshayes, 1853; *Venus reticulina* Bory de Saint-Vincent, 1827; *Venus textilis* Gmelin, 1791

分布：广东(遂溪)，海南岛（三亚）；菲律宾，印度尼西亚，印度洋。

28. 原缀锦蛤属 *Protapes* Dall, 1902

(1) 锯齿原缀锦蛤 *Protapes gallus* (Gmelin, 1791)

同物异名：*Paphia (Protapes) gallus* (Gmelin, 1791); *Paphia malabarica* (Dillwyn, 1817); *Tapes lentiginosa* Reeve, 1864; *Tapes malabarica* (Dillwyn, 1817); *Venus gallus* Gmelin, 1791; *Venus malabarica* Dillwyn, 1817; *Venus rhombifera* Bory de Saint-Vincent, 1827

分布：福建，台湾岛，广东，海南岛；印度-西太平洋。

蹄蛤科 Ungulinidae Gray, 1854.

1. 圆蛤属 *Cycladicama* Valenciennes in Rousseau, 1854

(1) 津知圆蛤 *Cycladicama tsuchii* Yamamoto & Habe, 1961

分布：渤海，黄海；日本。

(2) 杜比圆蛤 *Cycladicama dubia* (Prashad, 1932)

分布：南海；印度尼西亚。

(3) 月形圆蛤 *Cycladicama lunaris* (Yokoyama, 1927)

分布：南黄海；日本。

2. 小猫眼蛤属 *Felaniella* Dall, 1899

(1) 灰双齿蛤 *Felaniella usta* (Gould, 1861)

同物异名：*Mysia usta* Gould, 1861
分布：黄海；俄-日-中海域。

满月蛤目 Lucinida

满月蛤科 Lucinidae J. Fleming, 1828

1. 无齿蛤属 *Anodontia* Link, 1807

(1) 无齿蛤 *Anodontia edentula* (Linnaeus, 1758)

同物异名：*Anodontia* (*Anodontia*) *edentula* (Linnaeus, 1758); *Lucina edentula* (Linnaeus, 1758); *Venus edentula* Linnaeus, 1758
分布：台湾岛，海南岛，西沙群岛；印度-西太平洋。

(2) 满月无齿蛤 *Anodontia stearnsiana* (Oyama, 1957)

分布：山东烟台，东岛，福建，海南莺歌海，广西北部；越南，日本。

2. 澳蛤属 *Austriella* Tenison-Woods, 1881

(1) 澳蛤 *Austriella corrugata* (Deshayes, 1843)

同物异名：*Lucina corrugata* Deshayes, 1843; *Eamesiella corrugata* (Deshayes, 1843); *Pseudomiltha corrugata* (Deshayes, 1843); *Anodontia philippinarum* (Reeve, 1850); *Austriella sordida* Tenison Woods, 1881; *Eamesiella philippinarum* (Reeve, 1850); *Loripes philippinarum* (Reeve, 1850); *Lucina philippinarum* Reeve, 1850; *Phacoides philippinarum* (Reeve, 1850)
分布：南海。

3. 心满月蛤属 *Cardiolucina* Sacco, 1901

(1) 强肋心满月蛤 *Cardiolucina rugosa* (Hedley, 1909)

同物异名：*Lucina seminula* Gould, 1861; *Phacoides rugosus* Hedley, 1909
分布：南海；澳大利亚，菲律宾，加里曼丹，泰国湾。

4. 厚大蛤属 *Codakia* Scopoli, 1777

(1) 佩特厚大蛤 *Codakia paytenorum* (Iredale, 1937)

同物异名：*Lentillaria paytenorum* Iredale, 1937
分布：南海；印度-西太平洋。

(2) 斑纹厚大蛤 *Codakia punctata* (Linnaeus, 1758)

同物异名：*Venus punctata* Linnaeus, 1758
分布：南海；西太平洋。

(3) 长格厚大蛤 *Codakia tigerina* (Linnaeus, 1758)

同物异名：*Venus tigerina* Linnaeus, 1758
分布：南海；印度-西太平洋。

5. 栉纹蛤属 *Ctena* Mörch, 1861

(1) 美丽栉纹蛤 *Ctena bella* (Conrad, 1837)

同物异名：*Epicodakia bella* (Conrad, 1837); *Codakia bella* (Conrad, 1837); *Lucina bella* Conrad, 1837; *Lucina fibula* Reeve, 1850; *Lucina ramulosa* Gould, 1850
分布：广东，北部湾；西太平洋。

6. 印澳蛤属 *Indoaustriella* Glover, J. D. Taylor & S. T. Williams, 2008

(1) 印澳蛤 *Indoaustriella plicifera* (A. Adams, 1856)

同物异名：*Lucina induta* Martens, 1887
分布：南海。

(2) 斯氏印澳蛤 *Indoaustriella scarlatoi* **(Zorina, 1978)**

同物异名：*Phacoides scarlatoi* Zorina, 1978
分布：南海。

7. 鳞满月蛤属 *Lepidolucina* Glover & J. D. Taylor, 2007

(1) 强肋鳞满月蛤 *Lepidolucina venusta* **(Philippi, 1847)**

同物异名：*Codakia golikovi* Zorina, 1978; *Phacoides venustus* (Philippi, 1847); *Lucina layardii* A. Adams, 1855; *Lucina strangei* A. Adams, 1855; *Lucina venusta* Philippi, 1847; *Myrtea venusta* (Philippi, 1847)
分布：福建，广东，广西，海南岛。

8. 扁满月蛤属 *Lucinoma* Dall, 1901

(1) 环纹扁满月蛤 *Lucinoma annulata* **(Reeve, 1850)**

同物异名：*Lucina annulata* Reeve, 1850
分布：黄海，东海。

9. 小神女蛤属 *Myrtina* Glover & Taylor, 2007

(1) 内湾小神女蛤 *Myrtina tonkingwanensis* **Xu, 2012**

分布：北部湾。

10. 毛满月蛤属 *Pillucina* Pilsbry, 1921

(1) 豆毛满月蛤 *Pillucina pisidium* **(Dunker, 1860)**

同物异名：*Lucina pisidium* Dunker, 1860
分布：中国沿海；韩国。

11. 皱满月蛤属 *Rugalucina* J. D. Taylor & Glover, 2019

(1) 越南皱满月蛤 *Rugalucina vietnamica* **(Zorina, 1978)**

同物异名：*Pillucina vietnamica* Zorina, 1978
分布：南海；越南。

12. 织纹蛤属 *Wallucina* Iredale, 1930

(1) 隐织纹蛤 *Wallucina striata* **(Tokunaga, 1906)**

分布：南海；日本。

索足蛤科 Thyasiridae Dall, 1900 (1895)

1. 索足蛤属 *Thyasira* Lamarck, 1818

(1) 薄壳索足蛤 *Thyasira tokunagai* **Kuroda, 1951**

分布：黄海；日本。

鼬眼蛤目 Galeommatida

杂系蛤科 Basterotiidae Cossmann, 1909

1. 拟海螂属 *Paramya* Conrad, 1860

(1) 勒氏拟海螂 *Paramya recluzi* **(A. Adams, 1864)**

同物异名：*Basterotia trapezium* Yokoyama, 1920; *Eucharis recluzi* A. Adams, 1864; *Sportella kurodai* Iw. Taki & Sato, 1938
分布：东海。

鼬眼蛤科 Galeommatidae Gray, 1840

1. 鳞鼬眼蛤属 *Lepirodes* P. Fischer, 1887

(1) 龙潼鳞鼬眼蛤 *Lepirodes layardi* **(Deshayes, 1856)**

同物异名：*Galeomma layardi* Deshayes, 1856
分布：南海；日本。

2. 拟鼬眼蛤属 *Pseudogaleomma* Habe, 1964

(1) 日本拟鼬眼蛤 *Pseudogaleomma japonica* **(A. Adams, 1862)**

同物异名：*Galeomma japonica* A. Adams, 1862
分布：黄海，东海，海南岛；日本。

3. 红蛤属 *Scintilla* Deshayes, 1856

(1) 亮红蛤 *Scintilla nitidella* Habe, 1962

分布：南海，西沙群岛；印度尼西亚，日本。

(2) 帝文红蛤 *Scintilla timoriensis* Deshayes, 1856

分布：南海；日本，东帝汶，印度尼西亚。

拉沙蛤科 Lasaeidae Gray, 1842

1. 绒蛤属 *Borniopsis* Habe, 1959

(1) 尖顶绒蛤 *Borniopsis tsurumaru* Habe, 1959

分布：黄河口，胶州湾，长江口，珠江口；日本。

(2) 相模湾绒蛤 *Borniopsis sagamiensis* (Habe, 1961)

同物异名：*Pseudopythina sagamiensis* Habe, 1961
分布：渤海，黄海。

(3) 阿里亚绒蛤 *Borniopsis ariakensis* Habe, 1959

分布：东海，南海。

(4) 沟纹绒蛤 *Borniopsis ochetostomae* (Morton & Scott, 1989)

同物异名：*Pseudopythina ochetostomae* Morton & Scott, 1989
分布：南海。

(5) 洁绒蛤 *Borniopsis nodosa* (Morton & Scott, 1989)

同物异名：*Pseudopythina nodosa* Morton & Scott, 1989
分布：中国沿海。

2. 凯利蛤属 *Kellia* W. Turton, 1822

(1) 豆形凯利蛤 *Kellia porculus* Pilsbry, 1904

分布：山东青岛，香港；日本。

(2) 杏桃凯利蛤 *Kellia subrotunda* (Dunker, 1882)

同物异名：*Lepton subrotundum* Dunker, 1882
分布：黄海。

3. 拉沙蛤属 *Lasaea* T. Brown, 1827

(1) 布纹拉沙蛤 *Lasaea undulata* (A. A. Gould, 1861)

同物异名：*Kellia undulata* A. A. Gould, 1861
分布：黄海，东海。

(2) 栗色拉沙蛤 *Lasaea nipponica* Keen, 1938

分布：山东，广东；日本。

孟达蛤亚科 Montacutinae W. Clark, 1855

1. 孟那蛤属 *Montacutona* Yamamoto & Habe, 1959

(1) 陆奥孟那蛤 *Montacutona mutsuwanensis* Yamamoto & Habe, 1959

分布：南海，山东。

(2) 洁孟那蛤 *Montacutona compacta* (A. A. Gould, 1861)

同物异名：*Kellia compacta* A. A. Gould, 1861
分布：南海。

2. 小库特蛤属 *Kurtiella* Gofas & Salas, 2008

(1) 三角小库特蛤 *Kurtiella triangularis* (Watson, 1897)

同物异名：*Montacuta triangularis* Watson, 1897
分布：香港。

3. 人字蛤属 *Curvemysella* Habe, 1959

(1) 人字蛤 *Curvemysella paula* (A. Adams, 1856)

同物异名：*Pythina paula* A. Adams, 1856
分布：山东烟台，南海；日本，澳大利亚。

4. 舟蛤属 *Barrimysia* Iredale, 1929

(1) 星虫舟蛤 *Barrimysia siphonasomae* B. Morton & Scott, 1989

分布：南海。

5. 拟斧蛤属 *Nipponomysella* Yamamoto & Habe, 1959

(1) 长圆拟斧蛤 *Nipponomysella oblongata* (Yokoyama, 1922)

同物异名：*Montacuta oblongata* Yokoyama, 1922
分布：黄海，东海；日本。

6. 恋蛤属 *Peregrinamor* Shôji, 1938

(1) 大岛恋蛤 *Peregrinamor ohshimai* Shôji, 1938

分布：山东青岛，江苏连云港；日本。

心蛤目 Carditida

心蛤科 Carditidae Férussac, 1822

1. 心蛤属 *Cardita* Bruguière, 1792

(1) 斜纹心蛤 *Cardita leana* Dunker, 1860

同物异名：*Cardita cumingiana* Dunker, 1860
分布：浙江以南沿海；日本。

(2) 异纹心蛤 *Cardita variegata* Bruguière, 1792

分布：台湾岛，广东，广西，海南岛；印度-西太平洋。

(3) 东海心蛤 *Cardita kyushuensis* (Okutani, 1963)

同物异名：*Glans kyushuensis* Okutani, 1963
分布：东海。

厚壳蛤科 Crassatellidae Férussac, 1822

1. 日本厚壳蛤属 *Nipponocrassatella* Kuroda & Habe, 1971

(1) 矮日本厚壳蛤 *Nipponocrassatella nana* (A. Adams & Reeve, 1850)

同物异名：*Crassatella nana* A. Adams & Reeve, 1850

分布：东海，南海；日本。

鸟蛤目 Cardiida

鸟蛤科 Cardiidae Lamarck, 1809

1. 弯鸟蛤属 *Acrosterigma* Dall, 1900

(1) 粗糙弯鸟蛤 *Acrosterigma impolitum* (G. B. Sowerby II, 1834)

同物异名：*Acrosterigma dampierense* B. R. Wilson & Stevenson, 1977; *Acrosterigma rosemariensis* B. R. Wilson & Stevenson, 1977; *Acrosterigma vlamingi* B. R. Wilson & Stevenson, 1977; *Cardium (Trachycardium) beauforti* Prashad, 1932
分布：福建，台湾岛，广东，海南岛；印度洋，东南亚，澳大利亚。

2. 扁鸟蛤属 *Clinocardium* Keen, 1936

(1) 黄色扁鸟蛤 *Clinocardium buellowi* (Rolle, 1896)

分布：北黄海；日本。

3. 心鸟蛤属 *Corculum* Röding, 1798

(1) 心鸟蛤 *Corculum cardissa* (Linnaeus, 1758)

同物异名：*Cardium cardissa* Linnaeus, 1758
分布：黄海，东海，南海；印度-西太平洋。

4. 栉鸟蛤属 *Ctenocardia* H. Adams & A. Adams, 1857

(1) 强棘栉鸟蛤 *Ctenocardia virgo* (Reeve, 1845)

同物异名：*Ctenocardia perornata* (Iredale, 1929); *Fragum perornatum* Iredale, 1929; *Fragum symbollicum* Iredale, 1929; *Ctenocardia hystrix* (Reeve, 1844); *Cardium imbricatum* G. B. Sowerby II, 1840; *Cardium virgo* Reeve, 1845。
分布：北部湾，南沙群岛；澳大利亚，印度尼西亚。

5. 脊鸟蛤属 *Fragum* Röding, 1798

(1) 班氏脊鸟蛤 *Fragum scruposum* (Deshayes, 1855)

同物异名：*Corculum bannoi* Otuka, 1937; *Cardium*

scruposum Deshayes, 1855; *Corculum* (*Fragum*) *bannoi* Otsuka, 1937。

分布：台湾岛，南海。

6. 棘鸟蛤属 *Frigidocardium* Habe, 1951

(1) 多刺棘鸟蛤 *Frigidocardium exasperatum* (G. B. Sowerby II, 1839)

同物异名：*Cardium exasperatum* G．B. Sowerby II, 1839

分布：东海，南海；印度-西太平洋。

(2) 小棘鸟蛤 *Frigidocardium torresi* (E.A. Smith, 1885)

同物异名：*Cardium* (*Fragum*) *torresi* E. A. Smith, 1885; *Microcardium torresi* (E. A. Smith, 1885); *Nemocardium torresi* (E. A. Smith, 1885)

分布：东海，南海；澳大利亚，日本，印度尼西亚，印度洋。

7. 薄壳鸟蛤属 *Fulvia*　Gray, 1853

(1) 薄壳鸟蛤 *Fulvia aperta* (Bruguiere, 1789)

同物异名：*Cardium rugatum* Dillwyn, 1817

分布：福建，台湾岛，广东，海南岛；东南亚，印度洋。

(2) 澳洲薄壳鸟蛤 *Fulvia australis* (G. B. Sowerby II, 1834)

同物异名：*Cardium australe* G．B. Sowerby II, 1834; *Cardium pulchrum* Reeve, 1845; *Cardium striatum* Spengler, 1799; *Cardium varium* G．B. Sowerby II, 1834; *Fulvia* (*Fulvia*) *australis* (G．B. Sowerby II, 1834); *Fulvia pulchra* (Reeve, 1845); *Laevicardium australe* (G．B. Sowerby II, 1834)

分布：海南岛，广西；印度-西太平洋。

(3) 韩氏薄壳鸟蛤 *Fulvia hungerfordi* (G. B. Sowerby III, 1901)

同物异名：*Cardium hungerfordi* G．B. Sowerby III, 1901

分布：南海；日本。

(4) 滑顶薄壳鸟蛤 *Fulvia mutica* (Reeve, 1844)

分布：渤海，黄海；日本。

8. 砗蠔属 *Hippopus* Lamarck, 1799

(1) 砗蠔 *Hippopus hippopus* (Linnaeus, 1758)

同物异名：*Chama hippopus* Linnaeus, 1758

分布：南海；印度-西太平洋。

9. 双纹鸟蛤属 *Keenaea* Habe, 1951

(1) 榆果双纹鸟蛤 *Keenaea samarangae* (Makiyama, 1934)

同物异名：*Cardium* (*Nemocardium*) *samarangae* Makiyama, 1934

分布：黄海，东海。

10. 肯氏鸟蛤属 *Keenocardium* Kafanov, 1974

(1) 加州肯氏鸟蛤 *Keenocardium californiense* (Deshayes, 1839)

同物异名：*Cardium californiense* Deshayes, 1839; *Clinocardium californiense* (Deshayes, 1839); *Laevicardium interrogatorium* Fischer-Piette, 1977

分布：黄海；北太平洋。

11. 陷月鸟蛤属 *Lunulicardia* Gray, 1853

(1) 陷月鸟蛤 *Lunulicardia retusa* (Linnaeus, 1767)

同物异名：*Cardium retusum* Linnaeus, 1767; *Cardium subretusum* G．B. Sowerby II, 1834; *Fragum* (*Lunulicardia*) *retusum* (Linnaeus, 1767); *Fragum retusum* (Linnaeus, 1767); *Hemicardium retusum* (Linnaeus, 1767)

分布：台湾岛，南海；印度洋，东南亚。

12. 卵鸟蛤属 *Maoricardium* Marwick, 1944

(1) 曼氏卵鸟蛤 *Maoricardium mansitii* (Otsuka, 1937)

同物异名：*Cardium* (*Ringicardium*) *mansitii* Otsuka,

1937
分布：台湾岛，南海。

(2) 毛卵鸟蛤 *Maoricardium setosum* (Redfield, 1846)

同物异名：*Cardium setosum* Redfield, 1846
分布：福建，台湾岛，广东。

13. 半纹鸟蛤属 *Trifaricardium* Kuroda & Habe, 1951

(1) 半纹鸟蛤 *Trifaricardium nomurai* Kuroda & Habe, 1951

分布：南海；日本。

14. 砗磲属 *Tridacna* Bruguière, 1797

(1) 番红砗磲 *Tridacna crocea* Lamarck, 1819

分布：南海。

(2) 无鳞砗磲 *Tridacna derasa* (Röding, 1798)

同物异名：*Tridachnes derasa* Röding, 1798
分布：南海；印度-西太平洋。

(3) 大砗磲 *Tridacna gigas* (Linnaeus, 1758)

同物异名：*Chama gigantea* Perry, 1811; *Chama gigas* Linnaeus, 1758; *Dinodacna cookiana* Iredale, 1937; *Tridacna* (*Tridacna*) *gigas* (Linnaeus, 1758)
分布：南海；印度-西太平洋。

(4) 长砗磲 *Tridacna maxima* (Röding, 1798)

同物异名：*Tridachnes maxima* Röding, 1798
分布：南海；印度-西太平洋。

(5) 鳞砗磲 *Tridacna squamosa* Lamarck, 1819

分布：南海；印度-西太平洋。

15. 大鸟蛤属 *Vasticardium* Iredale, 1927

(1) 红大鸟蛤 *Vasticardium rubicundum* (Reeve, 1844)

同物异名：*Cardium rubicundum* Reeve, 1844; *Trachy-cardium rubicundum* (Reeve, 1844)。

分布：海南岛；印度-西太平洋。

16. 刺鸟蛤属 *Vepricardium* Iredale, 1929

(1) 亚洲鸟蛤 *Vepricardium asiaticum* (Bruguière, 1789)

同物异名：*Cardium asiaticum* Bruguière, 1789; *Cardium lamellatum* Spengler, 1799; *Cardium lima* Schröter, 1786; *Trachycardium asiaticum* (Bruguière, 1789)。
分布：南海；印度洋，泰国。

(2) 银边鸟蛤 *Vepricardium coronatum* (Schröter, 1786)

同物异名：*Cardium coronatum* Schröter, 1786; *Cardium fimbriatum* Lamarck, 1819
分布：南海；印度洋，泰国，越南。

(3) 多刺鸟蛤 *Vepricardium multispinosum* (G. B. Sowerby II, 1839)

同物异名：*Vepricardium pulchricostatum* Iredale, 1929; *Cardium multispinosum* (G . B. Sowerby II, 1839)。
分布：南海；印度-西太平洋，泰国，菲律宾。

(4) 中华鸟蛤 *Vepricardium sinense* (Sowerby, 1839)

同物异名：*Cardium sinense* Sowerby, 1839
分布：南海；菲律宾，印度尼西亚，泰国，越南。

斧蛤科 Donacidae J. Fleming, 1828

1. 斧蛤属 *Donax* Linnaeus, 1758

(1) 狄氏斧蛤 *Donax dysoni* Reeve, 1855

分布：海南岛；印度-西太平洋。

(2) 紫藤斧蛤 *Donax semigranosus* Dunker , 1877

分布：台湾岛；日本。

(3) 楔形斧蛤 *Donax cuneatus* Linnaeus, 1758

同物异名：*Donax australis* Lamarck, 1818; *Donax deshayesii* Dunker, 1853; *Donax haesitans* Brancsik, 1895; *Donax tiesenhauseni* Preston, 1908; *Donax*

variabilis Schumacher, 1817; *Donax variabilis roemeri* Philippi, 1849
分布：台湾岛，广东，海南岛；印度-西太平洋。

(4) 九州斧蛤 *Donax kiusiuensis* Pilsbry, 1901

分布：河北，山东，台湾岛；日本。

(5) 豆斧蛤 *Donax faba* Gmelin, 1791

分布：广东，广西，海南岛；印度-西太平洋。

(6) 微红斧蛤 *Donax incarnatus* Gmelin, 1791

同物异名：*Donax* (*Dentilatona*) *incarnatus* Gmelin, 1791; *Donax flavidus* Hanley, 1882
分布：福建（东山），海南（清澜）；印度洋，泰国湾，越南。

紫云蛤科 Psammobiidae J. Fleming, 1828

1. 紫云蛤属 *Gari* Schumacher, 1817

(1) 莱氏紫云蛤 *Gari lessoni* (Blainville, 1826)

同物异名：*Gari schepmani* Prashad, 1932
分布：南海；印度-西太平洋。

(2) 斑纹紫云蛤 *Gari maculosa* (Lamarck, 1818)

同物异名：*Psammobia maculosa* Lamarck, 1818
分布：台湾岛，广东，海南岛；印度-西太平洋。

(3) 截形紫云蛤 *Gari truncata* (Linnaeus, 1767)

同物异名：*Tellina truncata* Linnaeus, 1767
分布：台湾岛，广东，海南岛；印度-西太平洋。

(4) 射带紫云蛤 *Gari radiata* (Dunker in Philippi, 1845)

同物异名：*Psammobia radiata* Dunker in Philippi, 1845
分布：海南岛；东南亚，墨吉群岛。

(5) 苍白紫云蛤 *Gari pallida* (Deshayes, 1855)

同物异名：*Gari hosoyai* Habe, 1958; *Gari pulchella* sensu Reeve, 1856; *Gari reevei* (Martens, 1897); *Gari suffusa* (Reeve, 1857); *Gari tonkiniensis* Zorina, 1978;

Gari weinkauffi (Crosse, 1864)
分布：黄海，台湾岛；日本，印度-西太平洋。

(6) 异形地蛤 *Gari anomala* (Deshayes, 1855)

分布：台湾岛；澳大利亚，东南亚。

(7) 紫云蛤 *Gari elongata* (Lamarck, 1818)

同物异名：*Capsa difficilis* Deshayes, 1855; *Capsa minor* Deshayes, 1855; *Capsa radiata* Deshayes, 1855; *Capsa rosacea* Deshayes, 1855; *Capsa rufa* Deshayes, 1855; *Capsa solenella* Deshayes, 1855; *Hiatula mirbahensis* S. Morris & N. Morris, 1993; *Hiatula sordida* Bertin, 1880; *Psammobia elongata* Lamarck, 1818 (original combination); *Psammotaea elongata* (Lamarck, 1818); *Psammotaea serotina* Lamarck, 1818; *Psammotaea violacea* Lamarck, 1818; *Sanguinolaria elongata* (Lamarck, 1818); *Soletellina dautzenbergi* G. B. Sowerby III, 1909
分布：广东，海南岛。

(8) 沙栖紫云蛤 *Gari kazusensis* (Yokoyama, 1922)

同物异名：*Psammobia kazusensis* Yokoyama, 1922; *Psammocola kazusensis* Yokoyama, 1922
分布：辽宁，山东；日本。

(9) 中国紫云蛤 *Gari chinensis* (Deshayes, 1855)

同物异名：*Capsa chinensis* Deshayes, 1855; *Sanguinolaria castanea* Scarlato, 1965; *Soletellina moesta* Lischke, 1872
分布：台湾岛，广东，海南岛。

(10) 胖紫云蛤 *Gari inflata* (Bertin, 1880)

同物异名：*Hiatula inflata* Bertin, 1880; *Hiatula innominata* Bertin, 1880
分布：福建，广东，海南岛；东南亚，澳大利亚。

2. 蒴蛤属 *Asaphis* Modeer, 1793

(1) 双生蒴蛤 *Asaphis violascens* (Forsskål in Niebuhr, 1775)

同物异名：*Venus violascens* Forsskål in Niebuhr, 1775
分布：黄海，东海，南海。

3. 隙蛤属 *Hiatula* Modeer, 1793

(1) 双线隙蛤 *Hiatula diphos* (Linnaeus, 1771)

同物异名：*Sanguinolaria* (*Soletellina*) *diphos* (Linnaeus, 1771); *Sanguinolaria acuminata* (Reeve, 1857); *Sanguinolaria diphos* (Linnaeus, 1771); *Solen diphos* Linnaeus, 1771; *Soletellina acuminata* Reeve, 1857; *Soletellina diphos* (Linnaeus, 1771); *Soletellina radiata* Blainville, 1824
分布：山东，台湾岛，广东；印度-西太平洋。

(2) 中国隙蛤 *Hiatula chinensis* (Mörch, 1853)

同物异名：*Solenotellina chinensis* Mörch, 1853; *Soletellina chinensis* (Mörch, 1853); *Soletellina planulata* Reeve, 1857; *Soletellina truncata* Reeve, 1857
分布：中国沿海；东南亚。

4. 圆滨蛤属 *Nuttallia* Dall, 1898

(1) 紫彩血蛤 *Nuttallia ezonis* Kuroda & Habe in Habe, 1955

分布：连云港以北沿海；俄-日-中海域。

双带蛤科 Semelidae Stoliczka, 1870 (1825)

1. 双带蛤属 *Semele* Schumacher, 1817

(1) 索形双带蛤 *Semele cordiformis* (Holten, 1802)

同物异名：*Tellina cordiformis* Holten, 1802
分布：广东，广西，海南岛；日本，东南亚，墨吉群岛。

(2) 齿纹双带蛤 *Semele crenulata* (Reeve, 1853)

同物异名：*Amphidesma crenulata* G. B. Sowerby I in Reeve, 1853
分布：海南岛；澳大利亚，新喀里多尼亚，墨吉群岛。

(3) 粗双带蛤 *Semele scabra* (Hanley, 1843)

同物异名：*Amphidesma scabrum* Hanley, 1843
分布：南海；澳大利亚，东南亚。

(4) 龙骨双带蛤 *Semele carnicolor* (Hanley, 1845)

同物异名：*Amphidesma carnicolor* Hanley, 1845; *Amphidesma concentricum* Nevill in Liénard, 1877; *Amphidesma jukesii* Reeve, 1853; *Semele alveata* Gould, 1861; *Semele aspasia* Angas, 1879
分布：广东，香港，海南岛；澳大利亚，墨吉群岛。

2. 小海螂属 *Leptomya* A. Adams, 1864

(1) 微小海螂 *Leptomya minuta* Habe, 1960

分布：渤海，黄海，东海；日本。

3. 团结蛤属 *Abra* Lamarck, 1818

(1) 藤田团结蛤 *Abra fujitai* Habe, 1958

分布：东海，南海；日本。

(2) 苍鹰团结蛤 *Abra soyoae* Habe, 1958

分布：中国沿海。

(3) 卵圆阿布蛤 *Abra kinoshitai* Kuroda & Habe in Habe, 1958

分布：东海。

(4) 小月阿布蛤 *Abra lunella* (A. Gould, 1861)

分布：渤海，黄海。

4. 理蛤属 *Theora* H. Adams & A. Adams, 1856

(1) 理蛤 *Theora lata* (Hinds, 1843)

同物异名：*Neaera lata* Hinds, 1843
分布：渤海，浙江（象山港），福建，海南（海口）；日本，泰国，马来西亚。

截蛏科 Solecurtidae d'Orbigny, 1846

1. 仿缢蛏属 Azorinus Récluz, 1869

(1) 狭仿缢蛏 Azorinus coarctatus (Gmelin, 1791)

同物异名：*Solen coarctatus* Gmelin, 1791
分布：南海。

樱蛤科 Tellinidae Blainville, 1814

1. 火腿汤加属 Tonganaella M. Huber, Langleit & Kreipl, 2015

(1) 火腿汤加蛤 Tonganaella perna (Spengler, 1798)

同物异名：*Tellina perna* Spengler, 1798
分布：台湾岛，广东，广西，海南岛；印度-西太平洋。

2. 戴氏樱蛤属 Dallitellina Afshar, 1969

(1) 舌形戴氏樱蛤 Dallitellina rostrata (Linnaeus, 1758)

同物异名：*Pharaonella rostrata* (Linnaeus, 1758); *Tellina (Pharaonella) rostrata* Linnaeus, 1758; *Tellina rostrata* Linnaeus, 1758; *Tellina spengleri* Gmelin, 1791
分布：台湾岛，广东，广西，海南岛；印度-西太平洋。

3. 仿樱蛤属 Tellinides Lamarck, 1818

(1) 帝汶仿樱蛤 Tellinides timorensis Lamarck, 1818

分布：南海。

4. 环樱蛤属 Cyclotellina Cossmann, 1886

(1) 肋纹环樱蛤 Cyclotellina remies (Linnaeus, 1758)

同物异名：*Tellina remies* Linnaeus, 1758
分布：台湾岛，海南岛；印度洋，东南亚，日本。

5. 角蛤属 Angulus Megerle von Mühlfeld, 1811

(1) 角蛤 Angulus lanceolatus (Gmelin, 1791)

同物异名：*Tellina lanceolata* Gmelin, 1791

分布：福建，台湾岛，广东，海南岛；西太平洋。

6. 彩虹樱蛤属 Iridona M. Huber, Langleit & Kreipl, 2015

(1) 扁彩虹樱蛤 Iridona compressissima (G. B. Sowerby II, 1869)

同物异名：*Angulus compressissimus* (G. B. Sowerby II, 1869); *Tellina compressissima* G. B. Sowerby II, 1869 (original combination); *Tellina opalina* G. B. Sowerby II, 1868
分布：河北，山东，江苏。

(2) 彩虹樱蛤 Iridona iridescens (Benson, 1842)

同物异名：*Moerella iridescens* (Benson, 1842); *Sanguinolaria iridescens* Benson, 1842 (original combination); *Tellina carnea* Philippi, 1844; *Tellina iridescens* (Benson, 1842)
分布：台湾岛，浙江舟山以北；印度-西太平洋。

7. 锯形蛤属 Serratina Pallary, 1920

(1) 透明锯形蛤 Serratina diaphana (Deshayes, 1855)

同物异名：*Tellina diaphana* Deshayes, 1855; *Tellina pristiformis* Pilsbry, 1901
分布：栖息于潮间带及潮下带泥砂质底。

(2) 编织锯形蛤 Serratina perplexa (Hanley, 1844)

同物异名：*Merisca hungerfordi* (G. B. Sowerby III, 1894); *Merisca perplexa* (Hanley, 1844); *Tellina hungerfordi* G. B. Sowerby III, 1894; *Tellina longirostrata* G. B. Sowerby II, 1867; *Tellina perplexa* Hanley, 1844
分布：台湾岛，广东，海南岛；印度洋，东南亚。

8. 盾弧樱蛤属 Scutarcopagia Pilsbry, 1918

(1) 盾弧樱蛤 Scutarcopagia scobinata (Linnaeus, 1758)

同物异名：*Tellina scobinata* Linnaeus, 1758
分布：东海。

9. 蚶叶蛤属 *Arcopaginula* Jousseaume, 1918

(1) 蚶叶蛤 *Arcopaginula inflata* (Gmelin, 1791)

同物异名：*Tellina inflata* Gmelin, 1791
分布：福建，台湾岛，广东，海南岛；印度-西太平洋。

10. 楔樱蛤属 *Cadella* Dall, Bartsch & Rehder, 1938

(1) 圆楔樱蛤 *Cadella narutoensis* Habe, 1960

分布：胶州湾，南海；日本。

(2) 河口楔樱蛤 *Cadella delta* (Yokoyama, 1922)

分布：长江口外，台湾岛；日本。

(3) 半扭楔樱蛤 *Cadella semen* (Hanley, 1845)

同物异名：*Tellina semen* Hanley, 1845
分布：广东汕头外海，海南岛。

11. 胖樱蛤属 *Pinguitellina* Iredale, 1927

(1) 胖樱蛤 *Pinguitellina pinguis* (Hanley, 1844)

同物异名：*Tellina pinguis* Hanley, 1844
分布：南海；西太平洋。

12. 神角蛤属 *Semelangulus* Iredale, 1924

(1) 宫田神角蛤 *Semelangulus miyatensis* (Yokoyama, 1920)

同物异名：*Tellina miyatensis* Yokoyama, 1920
分布：中国沿海；日本。

(2) 黑田神角蛤 *Semelangulus tokubeii* Habe, 1961

分布：东海，南海。

(3) 网痕神角蛤 *Semelangulus tenuiliratus* (G. B. Sowerby II, 1867)

同物异名：*Cadella semitorta* (G . B. Sowerby II, 1867); *Semelangulus semitorta* (G . B. Sowerby II, 1867); *Tellina* (*Semelangulus*) *tenuilirata* G . B. Sowerby II, 1867; *Tellina semitorta* G . B. Sowerby II, 1867; *Tellina tenuilirata* G . B. Sowerby II, 1867
分布：中国沿海。

13. 明樱蛤属 *Moerella* P. Fischer, 1887

(1) 欢喜明樱蛤 *Moerella hilaris* (Hanley, 1844)

同物异名：*Abra sinica* Xu, 1996; *Moerella jedoensis* (Lischke, 1872); *Tellina hilaris* Hanley, 1844; *Tellina jedoensis* Lischke, 1872
分布：中国沿海。

14. 吉樱蛤属 *Jitlada* M. Huber, Langleit & Kreipl, 2015

(1) 红吉樱蛤 *Jitlada culter* (Hanley, 1844)

同物异名：*Tellina culter* Hanley, 1844; *Moerella rutila* (Dunker, 1860)
分布：东海，南海。

(2) 幼吉樱蛤 *Jitlada juvenilis* (Hanley, 1844)

同物异名：*Moerella juvenilis* (Hanley, 1844); *Tellina juvenilis* Hanley, 1844; *Tellina quadrasi* Hidalgo, 1903
分布：台湾岛，海南岛；日本，菲律宾。

(3) 菲律宾吉樱蛤 *Jitlada philippinarum* (Hanley, 1844)

同物异名：*Angulus philippinarum* (Hanley, 1844); *Moerella philippinarum* (Hanley, 1844); *Tellina philippinarum* Hanley, 1844
分布：广东，海南岛。

15. 亮樱蛤属 *Nitidotellina* Scarlato, 1965

(1) 北海道亮樱蛤 *Nitidotellina hokkaidoensis* (Habe, 1961)

同物异名：*Fabulina hokkaidoensis* Habe, 1961; *Nitidotellina dunkeri* Bernard, Cai & Morton, 1993; *Tellina hokkaidoensis* (Habe, 1961); *Tellina nitidula* Dunker, 1860
分布：福建，广东，海南岛的潮间带。

(2) 瓦氏亮樱蛤 *Nitidotellina valtonis* **(Hanley, 1844)**

同物异名：*Angulus valtonis* (Hanley, 1844); *Nitidotellina iridella* (Martens, 1865); *Tellina (Angulus) valtonis* Hanley, 1844; *Tellina iridella* Martens, 1865; *Tellina valtonis* Hanley, 1844

分布：中国沿岸；日本，东南亚。

(3) 苍白亮樱蛤 *Nitidotellina pallidula* **(Lischke, 1871)**

同物异名：*Tellina pallidula* Lischke, 1871

分布：渤海，黄海；日本。

(4) 小亮樱蛤 *Nitidotellina lischkei* **M. Huber, Langleit & Kreipl, 2015**

同物异名：*Nitidotellina minuta* (Lischke, 1872); *Tellina minuta* Lischke, 1872

分布：长江口外，海南岛；东南亚。

16. 白樱蛤属 *Macoma* Leach, 1819

(1) 小白樱蛤 *Macoma murrayana* **(A. E. Salisbury, 1934)**

同物异名：*Macoma murrayi* (Grabau & S. G. King, 1928); *Tellina murrayana* A. E. Salisbury, 1934; *Tellina murrayi* Grabau & S. G. King, 1928

分布：中国沿海。

(2) 浅黄白樱蛤 *Macoma tokyoensis* **Makiyama, 1927**

分布：渤海，黄海；日本。

(3) 日本白樱蛤 *Macoma nasuta* **(Conrad, 1837)**

同物异名：*Tellina nasuta* Conrad, 1837

分布：东海。

(4) 异白樱蛤 *Macoma incongrua* **(Martens, 1865)**

同物异名：*Tellina incongrua* Martens, 1865

分布：山东青岛以北；俄-日-中海域。

17. 缘饰樱蛤属 *Praetextellina* M. Huber, Langleit & Kreipl, 2015

(1) 缘饰樱蛤 *Praetextellina praetexta* **(Martens, 1865)**

同物异名：*Macoma praetexta* (Martens, 1865); *Tellina praetexta* Martens, 1865

分布：辽宁，河北，山东，台湾岛，香港；日本，澳大利亚。

18. 类白樱蛤属 *Macomopsis* Sacco, 1901

(1) 中国类白樱蛤 *Macomopsis chinensis* **(Hanley, 1845)**

同物异名：*Abrina hainanensis* Scarlato, 1965; *Tellina chinensis* Hanley, 1845 (original combination); *Tellinides chinensis* (Hanley, 1845)

分布：福建，广东。

19. 砂白樱蛤属 *Psammacoma* Dall, 1900

(1) 美女砂白樱蛤 *Psammacoma candida* **(Lamarck, 1818)**

同物异名：*Macoma (Psammacoma) candida* (Lamarck, 1818); *Macoma candida* (Lamarck, 1818); *Psammotaea candida* Lamarck, 1818 (original combination); *Tellina diana* Hanley, 1844; *Tellina sericina* Jonas in Philippi, 1843

分布：南海；泰国。

(2) 截形砂白樱蛤 *Psammacoma gubernaculum* **(Hanley, 1844)**

同物异名：*Macoma blairensis* E. A. Smith, 1906; *Macoma gubernaculum* (Hanley, 1844); *Macoma praerupta* (A. E. Salisbury, 1934); *Macoma truncata* (Jonas, 1843); *Psammotreta (Pseudometis) gubernaculum* (Hanley, 1844); *Psammotreta gubernaculum* (Hanley, 1844); *Psammotreta praerupta* (A. E. Salisbury, 1934); *Tellina gubernaculum* Hanley, 1844; *Tellina praerupta* A. E. Salisbury, 1934; *Tellina truncata* Jonas, 1843

分布：南海。

20. 植樱蛤属 *Sylvanus* M. Huber, Langleit & Kreipl, 2015

(1) 淡路植樱蛤 *Sylvanus lilium* (Hanley, 1844)

同物异名：*Exotica donaciformis* (Deshayes, 1855); *Macoma awajiensis* G. B. Sowerby III, 1914; *Macoma moretonensis* (Deshayes, 1855); *Semelangulus lilium* (Hanley, 1844)
分布：中国沿海。

21. 奥白樱蛤属 *Austromacoma* Olsson, 1961

(1) 灯奥白樱蛤 *Austromacoma lucerna* (Hanley, 1844)

同物异名：*Macoma lucerna* (Hanley, 1844); *Tellina lucerna* Hanley, 1844
分布：广东，海南岛；菲律宾，越南。

22. 咸白樱蛤属 *Salmacoma* Iredale, 1929

(1) 华贵咸白樱蛤 *Salmacoma nobilis* (Hanley, 1845)

同物异名：*Macoma nobilis* (Hanley, 1845); *Sanguinolaria hendersoni* Melvill & Standen, 1898; *Tellina nobilis* Hanley, 1845
分布：海南岛；菲律宾。

23. 枕蛤属 *Pulvinus* Scarlato, 1965

(1) 枕蛤 *Pulvinus micans* (Hanley, 1844)

同物异名：*Tellina micans* Hanley, 1844
分布：东海，南海；印度-西太平洋。

24. 截形白樱蛤属 *Psammotreta* Dall, 1900

(1) 紫截形白樱蛤 *Psammotreta psammotella* (Lamark, 1818)

同物异名：*Tellina psammotella* Lamarck, 1818
分布：南海；印度-西太平洋。

25. 巧蛤属 *Apolymetis* Salisbury, 1929

(1) 巧蛤 *Apolymetis meyeri* (Dunker, 1846)

同物异名：*Tellina meyeri* Dunker, 1846

分布：南海；西太平洋。

26. 智兔蛤属 *Leporimetis* Iredale, 1930

(1) 沟智兔蛤 *Leporimetis lacunosus* (Chemnitz, 1782)

分布：台湾岛，海南岛；日本，菲律宾。

(2) 非凡智兔蛤 *Leporimetis spectabilis* (Hanley, 1844)

分布：中国沿海。

27. 异白樱蛤属 *Heteromacoma* Habe, 1952

(1) 粗异白樱蛤 *Heteromacoma irus* (Hanley, 1845)

同物异名：*Tellina irus* Hanley, 1845
分布：辽宁，山东；俄-日-中海域。

28. 蜊樱蛤属 *Tellinimactra* Jousseaume, 1918

(1) 蜊樱蛤 *Tellinimactra edentula* (Spengler, 1798)

同物异名：*Tellina angulata* Gmelin, 1791
分布：福建，台湾岛，广东，广西，海南岛；东南亚。

29. 泊来蛤属 *Exotica* Jousseaume, 1918

(1) 布目泊来蛤 *Exotica clathrata* Deshayes, 1835

分布：中国沿海。

30. 韩瑞蛤属 *Hanleyanus* M. Huber, Langleit & Kreipl, 2015

(1) 衣韩瑞蛤 *Hanleyanus vestalis* (Hanley, 1844)

同物异名：*Angulus vestalis* (Hanley, 1844); *Sammobia tenella* Gould, 1861; *Psammotreta solenella* (Deshayes, 1855); *Tellina (Angulus) vestalis* Hanley, 1844; *Tellina solenella* Deshayes, 1855; *Tellina vestalis* Hanley, 1844

分布：东海，南海包括北部湾；印度洋，泰国，菲律宾。

(2) 长韩瑞蛤 *Hanleyanus oblongus* (Gmelin, 1791)

同物异名：*Angulus emarginatus* (G. B. Sowerby I, 1825); *Angulus oblongus* Megerle von Mühlfeld, 1811; *Tellina (Angulus) emarginata* G. B. Sowerby I, 1825; *Tellina carinata* Spengler, 1798; *Tellina emarginata* (Sowerby I, 1825); *Tellina oblonga* Gmelin, 1791; *Tellinides emarginatus* G. B. Sowerby I, 1825
分布：福建，海南岛；印度-西太平洋。

(3) 拟衣韩瑞蛤 *Hanleyanus vestalioides* (Yokoyama, 1920)

同物异名：*Tellina vestalioides* Yokoyama, 1920
分布：渤海，黄海，东海。

31. 马甲蛤属 *Macalia* H. Adams, 1861

(1) 马甲蛤 *Macalia bruguieri* (Hanley, 1844)

同物异名：*Macalia bruguieri refecta* Iredale, 1930; *Macoma (Macalia) bruguieri* (Hanley, 1844); *Macoma bruguieri* (Hanley, 1844); *Macoma californiensis* Bertin, 1878; *Tellina (Macoma) densestriata* Preston, 1906; *Tellina bruguieri* Hanley, 1844
分布：浙江以南沿海；印度-西太平洋。

贫齿目 Adapedonta

缝栖蛤总科 Hiatelloidea Gray, 1824

缝栖蛤科 Hiatellidae Gray, 1824

1. 缝栖蛤属 *Hiatella* Bosc, 1801

(1) 北极缝栖蛤 *Hiatella arctica* (Linnaeus, 1767)

同物异名：*Mya arctica* Linnaeus, 1767; *Hiatella orientalis* (Yokoyama, 1920)

分布：渤海，黄海，东海，南海。

竹蛏科 Solenidae Lamarck, 1809

1. 竹蛏属 *Solen* Linnaeus, 1758

(1) 弯竹蛏 *Solen tchangi* M. Huber, 2010

同物异名：*Solen arcuatus* Tchang & Hwang, 1964
分布：山东，江苏，浙江，海南岛；日本。

(2) 沟竹蛏 *Solen canaliculatus* Tchang & Hwang, 1964

分布：东海，南海；日本。

(3) 瑰斑竹蛏 *Solen roseomaculatus* Pilsbry, 1901

分布：东海，南海；日本。

(4) 短竹蛏 *Solen brevissimus* Martens, 1865

同物异名：*Solen dunkerianus* Clessin, 1888
分布：渤海，黄海，东海；日本。

(5) 大竹蛏 *Solen grandis* Dunker, 1862

分布：中国沿海；日本，东南亚。

(6) 直线竹蛏 *Solen linearis* Spengler, 1794

同物异名：*Solen linearis* Chemnitz, 1795
分布：广东，海南岛；印度-西太平洋。

(7) 长竹蛏 *Solen strictus* Gould, 1861

同物异名：*Solen corneus* var. *pechiliensis* Grabau & S. G. King, 1928; *Solen gracilis* Philippi, 1847; *Solen incertus* Clessin, 1888; *Solen pechiliensis* Grabau & S. G. King, 1928; *Solen xishana* F. R. Bernard, Cai & Morton, 1993
分布：中国沿海。

(8) 赤竹蛏 *Solen gordonis* Yokoyama, 1920

分布：福建，台湾岛，广东。

海螂目 Myida

海螂总科 Myoidea Lamarck, 1809

海螂科 Myidae Lamarck, 1809

1. 海螂属 *Mya* Linnaeus, 1758

(1) 砂海螂 *Mya arenaria* Linnaeus, 1758

分布：连云港以北沿海；北温带。

2. 隐海螂属 *Cryptomya* Conrad, 1849

(1) 侧扁隐海螂 *Cryptomya busoensis* Yokoyama, 1922

分布：黄海中部，连云港；俄-中-日海域。

(2) 截尾侧扁隐海螂 *Cryptomya elliptica* (A. Adams, 1851)

同物异名：*Sphenia elliptica* A. Adams, 1851
分布：黄海。

篮蛤科 Corbulidae Lamarck, 1818

1. 篮蛤属 *Corbula* Bruguière, 1797

(1) 深沟篮蛤 *Corbula fortisulcata* E.A. Smith, 1879

分布：台湾岛，南海；西太平洋。

(2) 楔形篮蛤 *Corbula sinensis* F. R. Bernard Cai & Morton, 1993

同物异名：*Corbula cuneata* Hinds, 1843
分布：东海，南海。

(3) 舟篮蛤 *Corbula scaphoides* Hinds, 1843

分布：台湾岛，广东，北部湾；印度-西太平洋。

(4) 灰异篮蛤 *Corbula pallida* Reeve, 1843

分布：福建。

(5) 雅篮蛤 *Corbula venusta* Gould, 1861

分布：渤海，黄海，东海；日本。

(6) 红齿篮蛤 *Corbula erythrodon* Lamarck, 1818

同物异名：*Aloidis erythrodon* (Lamarck, 1818); *Coecella erythrodon* (Lamarck, 1818); *Solidicorbula erythrodon* (Lamarck, 1818)
分布：东海，南海。

(7) 衣篮蛤 *Corbula tunicata* Hinds in Reeve, 1843

同物异名：*Aloidis tunicata* (Reeve, 1843); *Corbula iredalei* Cotton, 1930; *Notocorbula stolata* Iredale, 1930; *Notocorbula vicaria* Iredale, 1930
分布：南海；西太平洋。

(8) 线篮蛤 *Corbula lineata* Lynge, 1909

分布：北部湾；泰国。

2. 河篮蛤属 *Potamocorbula* Habe, 1955

(1) 黑龙江河篮蛤 *Potamocorbula amurensis* (Schrenck, 1861)

同物异名：*Corbula frequens* Yokoyama, 1922
分布：中国沿岸；俄-日-中海域。

(2) 光滑河篮蛤 *Potamocorbula laevis* (Hinds, 1843)

同物异名：*Corbula laevis* Hinds, 1843
分布：中国沿海。

(3) 红内河篮蛤 *Potamocorbula rubromuscula* Zhuang & Cai, 1983

分布：潮间带及浅海泥质海底。

(4) 焦河篮蛤 *Potamocorbula nimbosa* (Hanley, 1843)

同物异名：*Corbula labiata* Reeve, 1844; *Corbula nimbosa* Hanley, 1843; *Corbula ustulata* Reeve, 1844
分布：山东，上海，浙江河口；东南亚。

海笋总科 Pholadoidea Lamarck, 1809

海笋科 Pholadidae Lamarck, 1809

1. 全海笋属 *Barnea* Risso, 1826

(1) 大沽全海笋 *Barnea davidi* (Deshayes, 1874)

同物异名：*Pholas davidi* Deshayes, 1874
分布：辽宁，河北，山东，浙江。

(2) 宽壳全海笋 *Barnea dilatata* (Souleyet, 1843)

同物异名：*Pholas dilatata* Souleyet, 1843
分布：河北，山东，台湾岛；西太平洋。

(3) 脆壳全海笋 *Barnea fragilis* (G. B. Sowerby II, 1849)

同物异名：*Pholas fragilis* G. B. Sowerby II, 1849
分布：中国沿海；日本。

(4) 马尼拉全海笋 *Barnea manilensis* (Philippi, 1847)

同物异名：*Barnea durbanensis* van Hoepen, 1941; *Barnea elongata* Tchang, Tsi & Li, 1960; *Barnea labordei* Jousseaume in Lamy, 1923; *Barnea spica* Jousseaume in Lamy, 1923; *Barnia erythraea* Gray, 1851; *Martesia delicatula* Preston, 1910; *Pholas manilensis* Philippi, 1847; *Pholas manilensis* inornata Pilsbry, 1895; *Pholas manillae* G. B. Sowerby II, 1849
分布：台湾岛，广东（澳头），海南（三亚、曲口）；日本，菲律宾，泰国湾，澳大利亚，东南亚。

2. 马特海笋属 *Martesia* G. B. Sowerby I, 1824

(1) 马特海笋 *Martesia striata* (Linnaeus, 1758)

同物异名：*Pholas striatus* Linnaeus, 1758
分布：南海。

3. 宽柱海笋属 *Penitella* Valenciennes, 1846

(1) 多舌宽柱海笋 *Penitella gabbii* (Tryon, 1863)

同物异名：*Zirfaea gabbii* Tryon, 1863

分布：渤海，黄海。

4. 盾海笋属 *Aspidopholas* P. Fischer, 1887

(1) 吉村盾海笋 *Aspidopholas yoshimurai* Kuroda & Teramachi, 1930

分布：中国沿海；日本。

船蛆科 Teredinidae Rafinesque, 1815

1. 船蛆属 *Teredo* Linnaeus, 1758

(1) 船蛆 *Teredo navalis* Linnaeus, 1758

分布：中国沿海。

(2) 叉船蛆 *Teredo furcifera* Martens, 1894

分布：南海。

开腹蛤目 Gastrochaenida

开腹蛤总科 Gastrochaenoidea Gray, 1840

开腹蛤科 Gastrochaenidae Gray, 1840

1. 管开腹蛤属 *Eufistulana* Eames, 1951

(1) 多粒管开腹蛤 *Eufistulana grandis* (Deshayes, 1855)

同物异名：*Chaena grandis* Deshayes, 1855
分布：东海，南海；西太平洋。

笋螂目 Pholadomyida

帮斗蛤总科 Pandoroidea Rafinesque, 1815

里昂司蛤科 Lyonsiidae P. Fischer, 1887

1. 里昂司蛤属 *Lyonsia* W. Turton, 1822

(1) 球形里昂司蛤 *Lyonsia kawamurai* Habe, 1952

分布：黄海；日本。

帮斗蛤科 Pandoridae Rafinesque, 1815

1. 帮斗蛤属 *Pandora* Bruguière, 1797

(1) 长帮斗蛤 *Pandora elongata* Carpenter, 1864

分布：南海；加里曼丹。

螂猿头蛤总科 Myochamoidea Carpenter, 1861

螂猿头蛤科 Myochamidae Carpenter, 1861

1. 螂斗蛤属 *Myadora* Gray, 1840

(1) 瑞氏螂斗蛤 *Myadora reeveana* Smith, 1881

分布：台湾岛；日本。

短吻蛤科 Periplomatidae Dall, 1895

1. 短吻蛤属 *Periploma* Schumacher, 1817

(1) 北部湾短吻蛤 *Periploma beibuwanensis* Xu, 1999

分布：南海。

2. 垂吻蛤属 *Pendaloma* Iredale, 1930

(1) 圆盘短吻蛤 *Pendaloma otohimeae* (Habe, 1952)

同物异名：*Periploma otohimeae* Habe, 1952
分布：中国沿海。

3. 匙形蛤属 *Offadesma* Iredale, 1930

(1) 胖匙形蛤 *Offadesma nakamigawai* Kuroda & Horikoshi, 1952

分布：南海；日本。

鸭嘴蛤科 Laternulidae Hedley, 1918 (1840)

1. 鸭嘴蛤属 *Laternula* Röding, 1798

(1) 鸭嘴蛤 *Laternula anatina* (Linnaeus, 1758)

同物异名：*Anatina siphonata* Reeve, 1863

分布：中国近海；印度-西太平洋。

(2) 剖刀鸭嘴蛤 *Laternula boschasina* (Reeve, 1860)

同物异名：*Anatina boschasina* Reeve, 1860
分布：中国沿海潮间带；日本，菲律宾。

(3) 渤海鸭嘴蛤 *Laternula gracilis* (Reeve, 1860)

同物异名：*Anatina gracilis* Reeve, 1860; *Anatina marilina* Reeve, 1860; *Laternula marilina* (Reeve, 1860)
分布：中国沿海；印度-西太平洋。

2. 拟鸭嘴蛤属 *Exolaternula* Habe, 1977

(1) 南海拟鸭嘴蛤 *Exolaternula liautaudi* (Mittre, 1844)

同物异名：*Anatina liautaudi* Mittre, 1844; *Laternula liautaudi* (Mittre, 1844); *Laternula nanhaiensis* Zhuang & Cai, 1982
分布：广东，广西。

(2) 截形拟鸭嘴蛤 *Exolaternula spengleri* (Gmelin, 1791)

同物异名：*Laternula limicola* (Reeve, 1863); *Laternula rostrata* (G. B. Sowerby II, 1839); *Laternula spengleri* (Gmelin, 1791); *Laternula truncata* auct. non Lamarck, 1816
分布：浙江以南沿海；日本，菲律宾，澳大利亚。

色雷西格科 Thraciidae Stoliczka, 1870 (1839)

1. 色雷西蛤属 *Thracia* Blainville, 1824

(1) 细巧色雷西蛤 *Thracia concinna* Reeve, 1859

分布：黄海；日本。

2. 蝶铰蛤属 *Trigonothracia* Yamamoto & Habe, 1959

(1) 金星蝶铰蛤 *Trigonothracia jinxingae* Xu , 1980

分布：香港以北沿海。

(2) 小蝶铰蛤 *Trigonothracia pusilla* **(Gould, 1861)**

同物异名：*Thracia nomurai* Yamamoto & Habe, 1959
分布：黄海；日本。

孔螂科 Poromyidae Dall, 1886

1. 孔螂属 *Poromya* Forbes, 1844

(1) 栗壳孔螂 *Poromya castanea* **Habe, 1952**

分布：黄海；日本。

2. 怪海螂属 *Cetomya* Dall, 1889

(1) 新奇怪海螂 *Cetomya eximia* **(Pelseneer, 1911)**

同物异名：*Poromya eximia* Prashad, 1932
分布：东海；日本。

杓蛤科 Cuspidariidae Dall, 1886

1. 拟杓蛤属 *Pseudoneaera* Sturany, 1889

(1) 小拟杓蛤 *Pseudoneaera minor* **Thiele, 1931**

分布：南沙群岛；日本，东非。

(2) 三角拟杓蛤 *Pseudoneaera semipellucida* **(Kuroda, 1948)**

同物异名：*Austroneaera semipellucida* (Kuroda, 1948)
分布：黄海；日本。

2. 杓蛤属 *Cuspidaria* Nardo, 1840

(1) 中国杓蛤 *Cuspidaria chinensis* **(Gray in Griffith & Pidgeon, 1833)**

同物异名：*Neaera chinensis* Gray in Griffith & Pidgeon, 1833
分布：南海。

(2) 日本杓蛤 *Cuspidaria japonica* **Kuroda, 1948**

分布：南海；日本。

(3) 九州杓蛤 *Cuspidaria kyushuensis* **Okutani, 1962**

分布：东海；日本。

3. 帚形蛤属 *Cardiomya* A. Adams, 1864

(1) 新加坡帚形蛤 *Cardiomya singaporensis* **(Hinds, 1843)**

同物异名：*Neaera singaporensis* Hinds, 1843
分布：南海；印度尼西亚，新加坡。

(2) 中华帚形蛤 *Cardiomya sinica* **Xu, 1980**

分布：东海。

(3) 土佐帚形蛤 *Cardiomya tosaensis* **(Kuroda, 1948)**

同物异名：*Cuspidaria tosaensis* Kuroda, 1948
分布：黄海；日本。

4. 瑞氏蛤属 *Rengea* Kuroda & Habe, 1971

(1) 波纹瑞氏蛤 *Rengea caduca* **Smith, 1894**

分布：东海，南海。

灯塔蛤科 Pharidae H. Adams & A. Adams, 1856

1. 灯塔蛤属 *Pharella* Gray, 1854

(1) 尖齿灯塔蛤 *Pharella acutidens* **(Broderip & Sowerby, 1829)**

同物异名：*Solecurtus strigosus* Gould, 1861
分布：浙江（温岭），广东（湛江），广西（北海），海南（文昌）；菲律宾，越南，印度尼西亚，印度洋。

2. 花刀蛏属 *Ensiculus* H. Adams, 1861

(1) 花刀蛏 *Ensiculus cultellus* **(Linnaeus, 1758)**

同物异名：*Cultellus cultellus* (Linnaeus, 1758); *Cultellus lividus* Dunker, 1862; *Phaxas (Ensiculus) cultellus* (Linnaeus, 1758); *Phaxas cultellus* (Linnaeus, 1758); *Solen cultellus* Linnaeus, 1758
分布：中国海域；印度洋，西太平洋。

3. 刀蛏属 *Cultellus* Schumacher, 1817

(1) 尖刀蛏 *Cultellus subellipticus* **Dunker, 1862**

同物异名：*Cultellus scalprum* (Gould, 1850); *Solen*

scalprum Gould, 1850

分布：台湾岛，广东；东南亚。

(2) 小刀蛏 *Cultellus attenuatus* Dunker, 1862

分布：中国沿海；印度-西太平洋。

4. 荚蛏属 *Siliqua* Megerle von Mühlfeld, 1811

(1) 小荚蛏 *Siliqua minima* (Gmelin, 1791)

分布：渤海，黄海，东海，南海；日本，东南亚，印度孟买。

(2) 薄荚蛏 *Siliqua pulchella* Dunker, 1852

分布：河北，山东，江苏，台湾岛；日本。

(3) 辐射荚蛏 *Siliqua radiata* (Linnaeus, 1758)

同物异名：*Solen radiatus* Linnaeus, 1758
分布：广东，广西，海南岛；印度-西太平洋。

(4) 日本荚蛏 *Siliqua grayana* (Dunker, 1862)

同物异名：*Aulus grayanus* Dunker, 1862
分布：南海；日本，印度洋。

5. 缢蛏属 *Sinonovacula* Prashad, 1924

(1) 缢蛏 *Sinonovacula constricta* (Lamarck, 1818)

同物异名：*Solen constrictus* Lamarck, 1818
分布：广东湛江到辽宁沿海；日本。

头足纲 Cephalopoda

闭眼目 Myopsida

枪乌贼科 Loliginidae Lesueur, 1821

1. 尾枪乌贼属 *Uroteuthis* Rehder, 1945

(1) 中国枪乌贼 *Uroteuthis* (*Photololigo*) *chinensis* (Gray, 1849)

同物异名：*Loligo formosana* Sasaki, 1929
分布：东海，南海；日本，泰国湾，马来群岛，澳

大利亚昆士兰海域。

2. 拟枪乌贼属 *Loliolus* Steenstrup, 1856

(1) 日本枪乌贼 *Loliolus* (*Nipponololigo*) *japonica* (Hoyle, 1885)

同物异名：*Loligo japonica* Hoyle, 1885
分布：渤海，黄海，东海；日本，泰国。

(2) 火枪乌贼 *Loliolus* (*Nipponololigo*) *beka* (Sasaki, 1929)

同物异名：*Loligo beka* Sasaki, 1929
分布：渤海，黄海，东海，南海；日本。

(3) 伍氏枪乌贼 *Loliolus* (*Nipponololigo*) *uyii* (Wakiya & Ishikawa, 1921)

同物异名：*Loligo tago* Sasaki, 1929
分布：东海，南海；日本，泰国。

乌贼目 Sepiida

乌贼科 Sepiidae Keferstein, 1866

1. 乌贼属 *Sepia* Linnaeus, 1758

(1) 针乌贼 *Sepia andreana* Steenstrup, 1875

分布：黄海；日本。

(2) 金乌贼 *Sepia esculenta* Hoyle, 1885

分布：中国沿海；日本，菲律宾。

(3) 目乌贼 *Sepia aculeata* Van Hasselt [in Férussac & d'Orbigny], 1835

分布：南海。

2. 无针乌贼属 *Sepiella* Gray, 1849

(1) 无针乌贼 *Sepiella inermis* (Van Hasselt [in Férussac & d'Orbigny], 1835)

同物异名：*Sepia inermis* Van Hasselt [in Férussac & d'Orbigny], 1835
分布：黄海，东海，北部湾；印度洋，印度尼西亚。

耳乌贼科 Sepiolidae Leach, 1817

1. 耳乌贼属 *Sepiola* Leach, 1817

(1) 双喙耳乌贼 *Sepiola birostrata* Sasaki, 1918

分布：渤海，黄海，东海，南海；俄-日-中海域。

2. 四盘耳乌贼属 *Euprymna* Steenstrup, 1887

(1) 柏氏四盘耳乌贼 *Euprymna berryi* Sasaki, 1929

分布：黄海，东海，南海；日本。

(2) 四盘耳乌贼 *Euprymna morsei* (Verrill, 1881)

同物异名：*Inioteuthis morsei* Verrill, 1881
分布：渤海，黄海，东海，南海；日本。

八腕目 Octopoda

蛸科(章鱼科)Octopodidae d'Orbigny, 1840

1. 蛸属 *Octopus* Cuvier, 1798

(1) 长蛸 *Octopus minor* (Sasaki, 1920)

同物异名：*Polypus macropus minor* Sasaki, 1920
分布：渤海，黄海，东海，南海；日本。

(2) 真蛸 *Octopus vulgaris* Cuvier, 1797

分布：渤海，黄海，东海，南海。

2. 双蛸属 *Amphioctopus* P. Fischer, 1882

(1) 短双蛸 *Amphioctopus fangsiao* (d'Orbigny, 1839-1841)

同物异名：*Octopus ocellatus* Gray, 1849

分布：渤海，黄海，东海，南海；日本。

(2) 条纹双蛸 *Amphioctopus marginatus* (Taki, 1964)

同物异名：*Octopus marginatus* Taki, 1964
分布：南海；印度-西太平洋。

3. 小孔蛸属 *Cistopus* Gray, 1849

(1) 小孔蛸 *Cistopus indicus* (Rapp [in Férussac & d'Orbigny], 1835)

同物异名：*Octopus indicus* Rapp [in Férussac & d'Orbigny], 1835
分布：南海；印度洋。

异夫蛸科 Alloposidae Verrill, 1881

1. 哈里蛸属 *Haliphron* Steenstrup, 1859

(1) 异夫蛸 *Haliphron atlanticus* Steenstrup, 1861

分布：东海，南海；环热带到环温带水域。

鹦鹉螺亚纲　Nautiloidea
鹦鹉螺目　Nautilida

鹦鹉螺科　Nautilidae Blainville, 1825

1. 鹦鹉螺属 *Nautilus* Linnaeus, 1758

(1) 鹦鹉螺 *Nautilus pompilius* Linnaeus, 1758

同物异名：*Nautilus pompilius pompilius* Linnaeus, 1758
分布：台湾东部，西沙群岛，海南岛南部；日本相模湾，西南太平洋-印度洋。

参 考 文 献

陈道海，孙世春. 2010. 9 种石鳖壳板的形态研究. 中国海洋大学学报(自然科学版), 40(6): 53-60.
陈光程，叶勇，卢昌义，等. 2006. 人工红树林中黑口滨螺和黑线蜒螺分布的差异性. 应用生态学报, 9: 1721-1725.

陈健. 2013. 舟山沿海单齿螺和锈凹螺生物学特性研究. 舟山: 浙江海洋学院硕士学位论文.

陈军. 2012. 帘蛤科贝类分子系统学研究. 青岛: 中国海洋大学博士学位论文.

陈顺洋, 陈彬, 廖建基, 等. 2017. 恢复初期红树林树栖滨螺科动物的组成与分布. 生态学杂志, 36(2): 460-467.

陈晔光. 1988. 大沼螺的生物学研究. 水生生物学报, (2): 97-106.

陈志云, 连喜平, 谭烨辉, 等. 2016. 蜑螺科软体动物系统分类学研究进展. 海洋科学, 40(8): 168-173.

程汉良. 2006. 几种主要海洋经济帘蛤种质鉴定及种群遗传结构研究. 南京: 南京农业大学博士学位论文.

程由注, 吴小平, 李莉莎, 等. 2007. 拟小豆螺属一新种记述(中腹足目, 盖螺科). 动物分类学报, 32(4): 896-899.

董长永, 侯林, 隋娜, 等. 2008. 中国沿海蛾螺科 5 属 10 种 28S rRNA 基因的系统学分析. 动物学报, 5: 814-821.

方宗杰. 1997. 瓢形蛤类的系统分类问题. 海洋科学集刊, 2: 137-142.

黄建荣, 丁少雄, 王德祥, 等. 2013. 中国沿岸 13 荔枝螺的齿舌形态分析. 海洋科学, 8: 72-77.

黄一鸣, 王方平. 1993. 福建钝梭螺——新亚种(腹足纲, 钝梭螺科). 武夷科学, 10: 52-54.

柯才焕, 游伟伟. 2011. 杂色鲍的遗传育种研究进展. 厦门大学学报(自然科学版), 50(2): 425-430.

孔令锋, 王晓璇, 松隈明彦, 等. 2017. 中国沿海文蛤属分类研究进展. 中国海洋大学学报(自然科学版), 47(9): 30-35.

李宝泉, 李新正, 王洪法, 等. 2006. 胶州湾大型底栖软体动物物种多样性研究. 生物多样性, 2: 136-144.

李凤兰, 林民玉. 1999. 中国近海笋螺科的研究. 海洋科学集刊, 41: 190-220.

李海涛, 何薇, 周鹏, 等. 2015. 伶鼬榧螺(Oliva mustelina)的分子鉴定及其形态变异. 海洋学报, 37(4): 117-123.

李进寿, 周时强, 柯才焕, 等. 2004. 福建沿海多板类齿舌形态的比较研究. 厦门大学学报(自然科学版), 43(4): 581-584.

林光宇, 张玺. 1965. 中国侧鳃科软体动物的研究. 海洋与湖沼, 3: 265-272.

林吉平. 2015. 中国沿海真帽贝分类及美女蛤隐存种研究. 青岛: 中国海洋大学硕士学位论文.

林炜, 唐以杰, 萧东鹏, 等. 2002. 硇洲岛潮间带软体动物分布和区系研究. 华南师范大学学报(自然科学版), 3: 68-73.

刘春芳. 2014. 中国近海蚶总科(Arcoidea)贝类的系统发育及泥蚶(Tegillarca granosa)不同群体遗传多样性研究. 北京: 中国科学院大学硕士学位论文.

刘君. 2012. 双壳贝类 DNA 分类: 贻贝科和牡蛎科 DNA 条形码及栉江珧隐存种研究. 青岛: 中国海洋大学博士学位论文.

刘明坤. 2014. 象拔蚌人工育苗及其系统分类地位研究. 青岛: 中国海洋大学硕士学位论文.

刘泽浩. 2010. 中国沿海常见帘蛤科贝类的分类地位研究. 青岛: 青岛理工大学硕士学位论文.

毛阳丽. 2011. 贻贝属的系统发育及群体的形态学和遗传学研究. 青岛: 中国海洋大学硕士学位论文.

潘洋, 邱天龙, 张涛, 等. 2013. 脉红螺早期发育的形态观察. 水产学报, 37(10): 1503-1512.

柴壮林, 王一农, 陈德云, 等. 2011. 齿纹蜑螺的形态性状对体质量的影响分析. 水产科学, 30(8): 505-508.

钱伟, 王一农, 陆开宏, 等. 2011. 嫁(蝛)属 2 种的齿舌形态差异分析. 动物学杂志, 46(1): 76-85.

阙华勇, 刘晓, 王海艳, 等. 2003. 中国近海牡蛎系统分类研究的现状和对策. 动物学杂志, 38(4): 110-113.

孙建运. 1991. 中国蜒螺属一新纪录. 动物分类学报, 1: 113-128.

孙林臣, 孙喜红. 1990. 大连沿海蚶科的研究. 辽宁师范大学学报(自然科学版), 4: 47-50.

孙启梦, 张树乾, 张素萍. 2014. 中国近海蟹守螺科(Cerithiidae)两新纪录种及常见种名修订. 海洋与湖沼, 45(4): 902-906.

孙启梦. 2014. 中国海蟹守螺科 Cerithiidae 的系统分类和动物地理学研究. 北京: 中国科学院大学硕士学位论文.

孙振兴, 常林瑞, 徐建鹏. 2010. 扁玉螺(Neverita didyma)表型性状对体重和软体部重的影响效应分析. 海洋与湖沼, 41(4): 513-518.

王海艳, 郭希明, 刘晓, 等. 2007. 中国近海 "近江牡蛎" 的分类和订名. 海洋科学, 31(9): 85-86.

王雯, 蔡立哲, 刘炜明. 2007. 福建沿海织纹螺形态分类研究. 厦门大学学报(自然科学版), 1: 171-175.

王一农, 曾国权, 魏月芬. 1995. 锈凹螺 *Chlorostoma rusticum* 的实验生态与环境分布. 浙江水产学院学报, 2: 111-117.

王瑜, 刘录三, 刘存歧, 等. 2010. 渤海湾近岸海域春季大型底栖动物群落特征. 环境科学研究, 23(4): 430-436.

温海洋, 石耀华, 顾志峰, 等. 2014. 海南珠母贝属 *Pinctada* 6 个种的分类鉴定. 热带生物学报, 5(1): 1-7.

吴琴. 2009. 中国艾纳螺科分类学研究. 保定: 河北大学硕士学位论文.

谢进金. 2000. 福建崇武潮间带滨螺科的生态研究. 泉州师范学院学报, 4: 40-44.

许强芝. 2002. 条纹拟海牛和大室膜孔苔虫生物活性成分研究. 上海: 第二军医大学博士学位论文.

杨建敏, 郑小东, 李琪, 等. 2010. 基于 mtDNA 16S rRNA 序列的脉红螺(*Rapana venosa*)与红螺(*R. bezoar*)的分类学研究. 海洋与湖沼, 41(5): 748-755.

尤仲杰, 张爱菊. 2008. 浙江沿海织纹螺科的分类学研究. 浙江海洋学院学报(自然科学版), 27(3): 253-265.

徐凤山. 2012. 中国动物志无脊椎动物　第四十八卷　软体动物门　双壳纲　满月蛤总科　心蛤总科　厚壳蛤总科　鸟蛤总科. 北京: 科学出版社.

于贞贞. 2014. 异齿亚纲贝类 DNA 条形码与系统发生学研究. 青岛: 中国海洋大学博士学位论文.

张均龙, 史振平, 王承, 等. 2015. 基于壳板和齿舌形态对中国沿岸几种常见多板纲软体动物的分类研究. 海洋科学, 39(11): 96-107.

张树乾. 2015. 中国海蛾螺科 Buccinidae 系统分类学与动物地理学研究. 北京: 中国科学院大学博士学位论文.

张素萍, 马绣同. 1997. 中国近海玉螺科的研究 II. 窦螺亚科. 海洋科学集刊, 2: 1-7.

张素萍. 2009. 南海玉螺科两新种记述. 海洋与湖沼, 40(6): 808-812.

张卫红, 陈德牛, 周卫川. 2008. 中国双边凹螺属一新种记述(前鳃亚纲, 中腹足目, 环口螺科). 动物分类学报, 4: 745-747.

张卫红, 钱周兴, 周卫川, 等. 2011. 陆生软体动物的分类系统. 四川动物, 30(6): 992-997.

张永普, 应雪萍, 黄象栋, 等. 2001. 浙南岛屿岩相潮间带石鳖的种类组成与数量分布. 动物学杂志, 3: 5-9.

赵青松, 金珊, 陈寅儿. 2007. 石鳖的结构与习性. 水利渔业, 3: 46-47.

周曦杰, 章守宇, 王旭, 等. 2015. 枸杞岛海藻场角蝾螺夏季摄食选择性及其生态学意义. 水产学报, 39(4): 511-519.

周曦杰. 2014. 枸杞岛典型生境螺贝类代表种——角蝾螺、紫贻贝摄食生态初步研究. 上海: 上海海洋大学硕士学位论文.

Amitrov O V. 2013. Epitoniids (Gastropoda: Epitoniidae) from the late Eocene of Kazakhstan and Ukraine. Paleontological Journal, 47(4): 366-373.

Ashton T, Riascos J M, Pacheco A. 2008. First record of *Cymatium keenae* Beu, 1970 (Mollusca: Ranellidae) from Antofagasta Bay, northern Chile, in connection with El Niño events. Helgoland Marine Research, 62(1) 107-110.

Bergmann S, Markl J, Lieb B. 2007. The first complete cDNA sequence of the hemocyanin from a Bivalve, the protobranch *Nucula nucleus*. Journal of Molecular Evolution, 64(5): 500-510.

Blagovetshenskiy I V. 2015. Gastropods of the family Epitoniidae from the Lower Cretaceous of the Volga Region near Ulyanovsk. Paleontological Journal, 49(4): 361-368.

Callomon M P, Snyder A, Noseworthy R G. 2009. A new species of fusinus from Korea (Gastropoda: Fasciolariidae). Venus (Journal of the Malacological Society of Japan), 68: 1-8.

Davis R J, Mamiko H, Taiki N, et al. 2010. *Epizoanthus* spp. associations revealed using DNA markers: a case study from Kochi, Japan. Zoological Science, 27(9): 729-734.

Huang C W, Lee Y C. 2016. Checklist of the family Epitoniidae (Mollusca: Gastropoda) in Taiwan with description of a new species and some new records. Biodiversity Data Journal, 4: e5653.

Li X, Jia L, Zhao Y, et al. 2009. Seasonal bioconcentration of heavy metals in *Onchidium struma* (Gastropoda: Pulmonata) from Chongming Island, the Yangtze Estuary, China. Journal of Environmental Sciences, 21(2): 255-262.

Monsecour K, Köhler F. 2006. Annotated list of columbellid types held in the Malacological Collection of the Museum für Naturkunde, Berlin (Mollusca, Caenogastropoda, Columbellidae). Zoosystematics and Evolution, 82(2): 282-306.

Takano T, Kano Y. 2014. Molecular phylogenetic investigations of the relationships of the echinoderm-parasite family Eulimidae within Hypsogastropoda (Mollusca). Molecular Phylogenetics and Evolution, 79: 258-269.

Tan K S. 1999. Imposex in *Thais gradata* and *Chicoreus capucinus* (Mollusca, Neogastropoda, Muricidae) from the Straits of Johor: A case study using penis length, area and weight as measures of imposex severity. Marine Pollution Bulletin, 39(1): 295-303.

Yan L, Jie Z, Cheng W W, et al. 2011. Structure Characteristics of the Hemifusus tuba Conch Shell. Materials Science Forum, 1206(675): 365-368.

Yates A M. 2008. Two new cowries (Gastropoda: Cypraeidae) from the middle Miocene of South Australia. Alcheringa, 32(4): 353-364.

节肢动物门 Arthropoda

螯肢亚门 Chelicerata

肢口纲 Merostomata

剑尾目 Xiphosurida

鲎科 Limulidae Leach, 1819

1. 蝎鲎属 *Carcinoscorpius* Pocock, 1902

(1) 圆尾蝎鲎 *Carcinoscorpius rotundicauda* (Latreille, 1802)

分布：香港，北部湾，雷州半岛以南沿海；爪哇岛北岸以北，菲律宾南部以西和恒河口以东的海域，越南，苏门答腊，马来西亚，孟加拉国，加里曼丹，新加坡，泰国，新喀里多尼亚。

2. 鲎属 *Tachypleus* Leach, 1819

(1) 中国鲎 *Tachypleus tridentatus* (Leach, 1819)

分布：长江口以南沿海；日本，爪哇岛，菲律宾，印度，阿拉伯海，马来西亚，苏门答腊，越南。

海蜘蛛纲 Pycnogonida

海蜘蛛目 Pantopoda

砂海蜘蛛科 Ammotheidae Dohrn, 1881

1. 无缝海蜘蛛属 *Achelia* Hodge, 1864

(1) 日本无缝海蜘蛛 *Achelia japonica* Ortmann, 1890

分布：胶州湾。

(2) 壮丽无缝海蜘蛛 *Achelia superba* (Loman, 1911)

分布：渤海，黄海；西北太平洋。

2. 砂海蜘蛛属 *Ammothea* Leach, 1814

(1) 希氏砂海蜘蛛 *Ammothea hilgendorfi* (Böhm, 1879)

分布：中国沿海低潮区至浅海；北太平洋，地中海，英国沿岸。

3. 长海蜘蛛属 *Tanystylum* Miers, 1879

(1) 华长海蜘蛛 *Tanystylum sinoabductus* Bamber, 1992

分布：香港。

囊吻海蜘蛛科 Ascorhynchidae Hoek, 1881

1. 囊吻海蜘蛛属 *Ascorhynchus* Sars, 1877

(1) 光洁囊吻海蜘蛛 *Ascorhynchus glaberrimus* Schimkewitsch, 1913

分布：台湾岛。

(2) 日本囊吻海蜘蛛 *Ascorhynchus japonicus* Ives, 1891

分布：台湾岛。

(3) 枝脚囊吻海蜘蛛 *Ascorhynchus ramipes* (Böhm, 1879)

分布：黄海，东海；印度洋，马纳尔湾，泰国湾，日本，朝鲜半岛。

丽海蜘蛛科 Callipallenidae Hilton, 1942

1. 丽海蜘蛛属 *Callipallene* Flynn, 1929

(1) 秀丽海蜘蛛 *Callipallene dubiosa* Hedgpeth, 1949

分布：南海；印度-西太平洋，东非，新加坡，日本，朝鲜半岛。

2. 岛海蜘蛛属 *Propallene* Schimkewitsch, 1909

(1) 长瓦岛海蜘蛛 *Propallene longiceps* (Bohm, 1879)

分布：东海。

巨吻海蜘蛛科 Colossendeidae Jarzynsky, 1870

1. 巨吻海蜘蛛属 *Colossendeis* Jarzynsky, 1870

(1) 弓形巨吻海蜘蛛 *Colossendeis arcuata* A. Milne-Edwards, 1885

分布：台湾岛。

(2) 颈巨吻海蜘蛛 *Colossendeis colossea* Wilson, 1881

分布：世界广布。

(3) 瓜巨吻海蜘蛛 *Colossendeis cucurbita* Cole, 1909

分布：台湾岛。

(4) 梅巨吻海蜘蛛 *Colossendeis macerrima* Wilson, 1881

分布：台湾岛。

(5) 小巨吻海蜘蛛 *Colossendeis minor* Schimkewitsch, 1893

分布：台湾岛。

(6) 象腔巨吻海蜘蛛 *Colossendeis mycterismos* Bamber, 2004

分布：台湾岛。

长脚海蜘蛛科 Endeidae Norman, 1908

1. 长脚海蜘蛛属 *Endeis* Philippi, 1843

(1) 南方长脚海蜘蛛 *Endeis raleighi* Bamber, 1992

分布：东海。

丝海蜘蛛科 Nymphonidae Wilson, 1878

1. 丝海蜘蛛属 *Nymphon* Fabricius, 1794

(1) 日本丝海蜘蛛 *Nymphon japonicum* Ortmann, 1891

分布：东海，南海；西北太平洋。

(2) 长丝海蜘蛛 *Nymphon longitarse* Krøyer, 1844

分布：东海。

(3) 多丝海蜘蛛 *Nymphon polyglia* Bamber, 2004

分布：台湾岛。

尖脚海蜘蛛科 Phoxichilidiidae Sars, 1891

1. 虱海蜘蛛属 *Anoplodactylus* Wilson, 1878

(1) 腺虱海蜘蛛 *Anoplodactylus glandulifer* Stock, 1954

分布：香港；红海，东非，澳大利亚，中太平洋，印度洋-太平洋热带区，加勒比海。

海蜘蛛科 Pycnogonidae Wilson, 1878

1. 海蜘蛛属 *Pycnogonum* Brünnich, 1764

(1) 圆结海蜘蛛 *Pycnogonum coninsulum* Bamber, 2008

分布：香港。

(2) 盔海蜘蛛 *Pycnogonum cranaobyrsa* Bamber, 2004

分布：台湾岛。

(3) 鹤嘴海蜘蛛 *Pycnogonum daguilarensis* Bamber, 1997

分布：香港。

甲壳动物亚门 Crustacea
六蜕纲 Hexanauplia

美猛水蚤科 Ameiridae Boeck, 1865

1. 美猛水蚤属 *Ameira* Boeck, 1865

(1) 扎哈美猛水蚤 *Ameira zahaae* Karanovic & Cho, 2012

分布：黄海；韩国。

刺平猛水蚤科 Canthocamptidae Brady, 1880

1. 异猛水蚤属 *Heteropsyllus* Scott T., 1894

(1) 大异猛水蚤 *Heteropsyllus major* (Sars G. O., 1920)

同物异名：*Cletomesochra major* Sars G. O., 1920; *Heteropsyllus dimorphus* Por, 1959
分布：渤海；挪威，黑海。

(2) 韩国异猛水蚤 *Heteropsyllus coreanus* Nam & Lee, 2006

分布：东海；韩国。

2. 中猛水蚤属 *Mesopsyllus* Por, 1960

(1) 异形中猛水蚤 *Mesopsyllus dimorphus* Mu & Huys, 2017

分布：渤海。

(2) 刺中猛水蚤 *Mesopsyllus spiniferus* Mu & Huys, 2017

分布：渤海。

灰白猛水蚤科 Canuellidae Lang, 1944

1. 苏格兰猛水蚤属 *Scottolana* Huys, 2009

(1) 球苏格兰猛水蚤 *Scottolana bulbifera* (Chislenko, 1971)

同物异名：*Canuella bulbifera* Chislenko, 1971
分布：渤海，胶州湾，南海；俄罗斯，韩国。

(2) 吉氏苏格兰猛水蚤 *Scottolana geei* Mu & Huys, 2004

分布：渤海。

短角猛水蚤科 Cletodidae T. Scott, 1905

1. 短角猛水蚤属 *Cletodes* Brady, 1872

(1) 锯齿短角猛水蚤 *Cletodes dentatus* Wells & Rao, 1987

分布：渤海；安达曼群岛，尼科巴群岛。

2. 水生猛水蚤属 *Enhydrosoma* Boeck, 1872

(1) 短尾水生猛水蚤 *Enhydrosoma curticauda* Boeck, 1873

分布：渤海；北大西洋，北海，挪威，瑞典，加拿大，俄罗斯。

3. 吉水生猛水蚤 *Geehydrosoma* Kim K., Trebukhova, W. Lee & Karanovic, 2014

(1) 中型吉水生猛水蚤 *Geehydrosoma intermedia* (Chislenko, 1978)

同物异名：*Enhydrosoma intermedia* Chislenko, 1978
分布：渤海；俄罗斯，韩国。

4. 戈莱鲁猛水蚤属 *Kollerua* Gee, 1994

(1) 长肢戈莱鲁猛水蚤 *Kollerua longum* (Shen & Tai, 1979)

分布：渤海；韩国。

5. 湖角猛水蚤 *Limnocletodes* Borutsky, 1926

(1) 鱼饵湖角猛水蚤 *Limnocletodes behningi* Borutzky, 1926

分布：渤海；韩国，印度，北大西洋。

6. 新锐水生猛水蚤属 *Neoacrenhydrosoma* Gee & Mu, 2000

(1) 张氏新锐水生猛水蚤 *Neoacrenhydrosoma zhangi* Gee & Mu, 2000

分布：渤海。

长猛水蚤科 Ectinosomatidae Sars, 1903

1. 小毛猛水蚤属 *Microsetella* Brady & Robertson, 1873

(1) 挪威小毛猛水蚤 *Microsetella norvegica* (Boeck, 1865)

同物异名：*Setella norvegica* Boeck, 1865; *Dwightia norvegica* (Boeck, 1865)
分布：渤海，南海；大西洋，北太平洋，红海，巴伦支海，挪威海，苏伊士运河，韩国。

(2) 红小毛猛水蚤 *Microsetella rosea* (Dana, 1847)

同物异名：*Canthocamptus roseus* (Dana, 1847); *Ectinosoma rosea* (Dana, 1847); *Harpacticus roseus Dana*, 1847
分布：东海，南海；韩国，几内亚湾，印度洋，大西洋，太平洋。

猛水蚤科 Harpacticidae Dana, 1846

1. 猛水蚤属 *Harpacticus* Milne Edwards H., 1840

(1) 尾猛水蚤 *Harpacticus uniremis* Krøyer in Gaimard, 1842

分布：黄海，东海；太平洋。

小猛水蚤科 Idyanthidae Lang, 1948

1. 近小猛水蚤属 *Idyella* Sars G. O., 1905

(1) 微近小猛水蚤 *Idyella exigua* Sars G. O., 1905

分布：渤海；挪威。

长足猛水蚤科 Longipediidae Boeck, 1865

1. 长足猛水蚤属 *Longipedia* Claus, 1863

(1) 冠长足水蚤 *Longipedia coronata* Claus, 1863

分布：东海，南海；挪威，瑞典，冰岛，英国，法国，北海，北大西洋，太平洋。

(2) 菊氏长足水蚤 *Longipedia kikuchii* Itô, 1980

分布：渤海，黄海，东海；日本，新加坡，安达曼群岛，尼科巴群岛，孟加拉湾，印度。

粗毛猛水蚤科 Miraciidae Dana, 1846

1. 球疑囊猛水蚤属 *Bulbamphiascus* Lang, 1944

(1) 羽球疑囊猛水蚤 *Bulbamphiascus plumosus* Mu & Gee, 2000

分布：渤海，胶州湾。

(2) 刺球疑囊猛水蚤 *Bulbamphiascus spinulosus* Mu & Gee, 2000

分布：渤海；韩国。

2. 海裂囊猛水蚤 *Haloschizopera* Lang, 1944

(1) 沈氏海裂囊猛水蚤 *Haloschizopera sheni* Liu QH, Ma & Li, 2019

分布：东海。

3. 伊藤狭腹猛水蚤属 *Itostenhelia* Karanovic & Kim K., 2014

(1) 颂歌伊藤狭腹猛水蚤 *Itostenhelia polyhymnia* Karanovic & Kim K., 2014

分布：胶州湾；韩国。

4. 爪狭腹猛水蚤属 *Onychostenhelia* Itô Tat, 1979

(1) 双刺爪狭腹猛水蚤 *Onychostenhelia bispinosa* Huys & Mu, 2008

分布：渤海，黄海；韩国。

5. 鼻猛水蚤属 *Rhyncholagena* Lang, 1944

(1) 拟刺鼻猛水蚤 *Rhyncholagena paraspinifer* Ma & Li, 2018

分布：南海。

6. 华疑囊猛水蚤属 *Sinamphiascus* Mu & Gee, 2000

(1) 显著华疑囊猛水蚤 *Sinamphiascus dominatus* Mu & Gee, 2000

分布：渤海，黄海；韩国。

7. 狭腹猛水蚤属 *Stenhelia* Boeck, 1865

(1) 沈氏狭腹猛水蚤 *Stenhelia sheni* Mu & Huys, 2002

分布：渤海。

(2) 戴氏狭腹猛水蚤 *Stenhelia taiae* Mu & Huys, 2002

分布：渤海。

8. 线疑囊猛水蚤属 *Typhlamphiascus* Lang, 1944

(1) 特克伊线疑囊猛水蚤 *Typhlamphiascus tuerkayi* Ma & Li, 2017

分布：南海。

9. 韦氏狭腹猛水蚤属 *Wellstenhelia* Karanovic & Kim K., 2014

(1) 青岛韦氏狭腹猛水蚤 *Wellstenhelia qingdaoensis* (Ma & Li, 2011)

同物异名：*Delavalia qingdaoensis* Ma & Li, 2011
分布：胶州湾；韩国。

10. 威伦狭腹猛水蚤属 *Willenstenhelia* Karanovic & Kim K., 2014

(1) 奇足威伦狭腹猛水蚤 *Willenstenhelia mirabilipes* Ma & Li, 2018

分布：南海。

(2) 田园威伦狭腹猛水蚤 *Willenstenhelia thalia* Karanovic & Kim K., 2014

分布：黄海，东海；韩国。

伪大吉猛水蚤科 Pseudotachidiidae Lang, 1936

1. 丹猛水蚤属 *Danielssenia* Boeck, 1873

(1) 典型丹猛水蚤 *Danielssenia typica* Boeck, 1873

分布：黄海，南海；太平洋。

矩头猛水蚤科 Tetragonicipitidae Lang, 1944

1. 叶足猛水蚤属 *Phyllopodopsyllus* Scott T., 1906

(1) 濑户叶足猛水蚤 *Phyllopodopsyllus setouchiensis* Kitazima, 1981

分布：黄海；日本。

日猛水蚤科 Tisbidae Stebbing, 1910

1. 日猛水蚤属 *Tisbe* Lilljeborg, 1853

(1) 分叉日猛水蚤 *Tisbe furcata* (Baird, 1837)

分布：黄海，南海；太平洋。

鞘甲纲 Thecostraca

鸟嘴目 Ibliformes

鸟嘴科 Iblidae Leach, 1825

1. 鸟嘴属 *Ibla* leach, 1825

(1) 毛鸟嘴 *Ibla cumingi* Darwin, 1851

同物异名：*Ibla sibogae* Hoek, 1907
分布：南海；日本，印度-西太平洋，马达加斯加，红海。

铠茗荷目 Scalpellomorpha

异茗荷科 Heteralepadidae Nilsson-Cantell, 192

1. 软茗荷属 *Alepas* Rang, 1829

(1) 太平洋软茗荷 *Alepas pacifica* Pilsbry, 1907

同物异名：*Alepas investigator* Annandale, 1914

分布：东海，南海；太平洋，印度洋，大西洋。

2. 异茗荷属 *Heteralepas* Pilsbry, 1907

(1) 日本异茗荷 *Heteralepas japonica* (Aurivillius, 1892)

同物异名：*Alepas japonica* Aurivillius, 1892。
分布：东海，南海；日本，印度，西太平洋。

(2) 乳突异茗荷 *Heteralepas smilius* Ren, 1983

分布：东海，南海。

3. 鞘茗荷属 *Koleolepas* Stebbing, 1900

(1) 鸡冠鞘茗荷 *Koleolepas avis* (Hiro, 1931)

同物异名：*Heteralepas* (*Heteralepas*) *avis* Hiro, 1931
分布：东海；日本。

4. 拟茗荷属 *Paralepas* Pilsbry, 1907

(1) 异拟茗荷 *Paralepas distincta* (Utinomi, 1949)

同物异名：*Heteralepas* (*Paralepas*) *distincta* Utinomi, 1949
分布：台湾岛；日本。

(2) 瘤拟茗荷 *Paralepas nodulosa* (Broch, 1922)

同物异名：*Heteralepas nodulosa* Broch, 1922
分布：东海，南海；马来西亚，印度尼西亚。

(3) 方拟茗荷 *Paralepas quadrata* (Aurivillius, 1894)

同物异名：*Alepas quadrata* Aurivillius, 1894; *Heteralepas quadrata* (Aurivillius, 1894)
分布：台湾岛；日本，马来西亚，印度尼西亚，东北太平洋。

茗荷科 Lepadidae Darwin, 1852

1. 条茗荷属 *Conchoderma* von Olfers, 1814

(1) 耳条茗荷 *Conchoderma auritum* (Linnaeus, 1767)

同物异名：*Conchoderma leporinum* Olfers, 1814;

Lepas aurita Linnaeus, 1767
分布：世界广布。

(2) 条茗荷 *Conchoderma virgatum* (Spengler, 1789)

同物异名：*Lepas virgata* Spengler, 1790
分布：世界广布种。

2. 茗荷属 *Lepas* Linnaeus, 1758

(1) 茗荷 *Lepas* (*Anatifa*) *anatifera* Linnaeus, 1758

分布：太平洋，印度洋，大西洋。

(2) 鹅茗荷 *Lepas* (*Anatifa*) *anserifera* Linnaeus, 1767

分布：太平洋，印度洋，大西洋。

(3) 印度茗荷 *Lepas indica* Annandale, 1909

分布：东海，南海；印度洋。

(4) 栉茗荷 *Lepas* (*Anatifa*) *pectinata* Spengler, 1793

分布：太平洋，印度洋，大西洋。

(5) 龟茗荷 *Lepas* (*Anatifa*) *testudinata* Aurivillius, 1892

同物异名：*Lepas affinis* Borradaile, 1916
分布：中国海域；澳大利亚，新西兰，南非。

花茗荷科 Poecilasmatidae Annandale, 1909

1. 方盾茗荷属 *Dichelaspis* Darwin, 1852

(1) 直板方盾茗荷 *Dichelaspis orthogonia* Darwin, 1852

同物异名：*Dichelaspis versuluysi* Hoek, 1907
分布：东海，南海；日本，马来西亚，印度尼西亚，菲律宾，非洲东部和南部。

2. 雕茗荷属 *Glyptelasma* Pilsbry, 1907

(1) 丽雕茗荷 *Glyptelasma annandalei* (Pilsbry, 1907)

同物异名：*Megasasma annadalei* Pilsbry, 1907
分布：东海；马来西亚，印度尼西亚，东非，太平洋，印度洋。

(2) 峰雕茗荷 *Glyptelasma carinatum* (Hoek, 1883)

同物异名：*Megalasma carinatum* (Hoek, 1907); *Poecilasma carinatum* Hoek, 1883
分布：南海；马来西亚，印度尼西亚，新西兰，东南太平洋，印度，南非，大西洋。

(3) 钩雕茗荷 *Glyptelasma hamatum* (Calman, 1919)

同物异名：*Megalasma* (*Glyptelasma*) *hamatum* Calman, 1919
分布：东海；新加坡，马来西亚，印度尼西亚，新西兰，东南太平洋，印度，南非，大西洋，西印度洋。

3. 大茗荷属 *Megalasma* Hoek, 1883

(1) 纹大茗荷 *Megalasma striatum* Hoek, 1883

分布：东海，南海；日本，马来西亚，印度尼西亚，印度洋。

4. 小盾茗荷属 *Minyaspis* Van Syoc & Dekelboum, 2011

(1) 奥氏小盾茗荷 *Minyaspis aurivillii* (Stebbing, 1900)

分布：南海；日本，南非。

(2) 四叶小盾茗荷 *Minyaspis bocki* (Nilsson Cantell, 1921)

分布：南海；日本。

(3) 原小盾茗荷 *Minyaspis reducens* (Foster, 1982)

分布：南海。

(4) 中国小盾茗荷 *Minyaspis sinensis* (Ren, 1983)

分布：东海。

5. 板茗荷属 *Octolasmis* Gray, 1825

(1) 角板茗荷 *Octolasmis angulata* (Aurivillius, 1894)

同物异名：*Dichelaspis angulata* Aurivillius, 1894; *Dichelaspis aperta* Aurivillius, 1894; *Dichelaspis cuneata* Aurivillius, 1894; *Dichelaspis transversa* Annandale, 1906; *Octolasmis aperta* Aurivillius, 1894
分布：南海；日本，马来西亚，印度尼西亚，印度洋。

(2) 胖板茗荷 *Octolasmis bullata* (Aurivillius, 1894)

同物异名：*Dichelaspis bullata* Aurivillius, 1894
分布：南海；日本，马来西亚，印度尼西亚，印度洋。

(3) 心板茗荷 *Octolasmis cor* (Aurivillius, 1892)

同物异名：*Dichelaspis cor* Aurivillius, 1892; *Dichelaspis coutierei* Gruvel, 1902; *Dichelaspis maindroni* Gruvel, 1902
分布：南海；马来西亚，印度尼西亚，南非，印度洋。

(4) 小粒板茗荷 *Octolasmis geryonophila* Pilsbry, 1907

同物异名：*Octolasmis aymonini geryonophila* Pilsbry, 1907
分布：南海；印度洋，大西洋。

(5) 娄氏板茗荷 *Octolasmis lowei* (Darwin, 1852)

同物异名：*Dichelaspis lowei* Darwin, 1851; *Dichelaspis mulleri* Coker, 1902; *Dichelaspis sinuata* Aurivillius, 1894; *Dichelaspis trigona* Aurivillius, 1894; *Octolasmis californiana* Newman, 1960; *Octolasmis muelleri* (Coker, 1902); *Octolasmis mulleri* (Coker, 1902)
分布：台湾岛，南海；日本，马来西亚，印度尼西

亚，澳大利亚，印度-西太平洋，印度洋，大西洋。

(6) 蟹板茗荷 *Octolasmis neptuni* (MacDonald, 1869)

同物异名：*Dichelaspis neptuni* Gruvel, 1905; *Dichelaspis vaillanti* Gruvel, 1900
分布：中国海域；日本，澳大利亚，南非。

(7) 马蹄板茗荷 *Octolasmis nierstraszi* (Hoek, 1907)

同物异名：*Dichelaspis nierstraszi* Hoek, 1907
分布：东海，南海；日本，马来西亚，印度尼西亚，非洲东部，印度洋。

(8) 楯肋板茗荷 *Octolasmis scuticosta* Hiro, 1939

分布：台湾岛，南海；日本。

(9) 斧板茗荷 *Octolasmis warwickii* Gray, 1825

分布：东海，南海；日本，马来西亚，印度尼西亚，印度，南非，印度洋。

6. 刺茗荷属 *Oxynaspis* Darwin, 1852

(1) 隐刺茗荷 *Oxynaspis celata* Darwin, 1852

分布：台湾岛，北部湾；日本，大西洋，印度-西太平洋。

(2) 太平洋刺茗荷 *Oxynaspis pacifica* Hiro, 1931

分布：台湾岛；日本。

7. 花茗荷属 *Poecilasma* Darwin, 1852

(1) 蟹花茗荷 *Poecilasma kaempferi* Darwin, 1852

同物异名：*Poecilasma dubium* Hoek, 1907
分布：东海，南海；日本，马来西亚，印度尼西亚，非洲东部，印度洋，太平洋，大西洋。

(2) 杖花茗荷 *Poecilasma litum* Pilsbry, 1907

分布：东海；日本，东太平洋。

(3) 歪花茗荷 *Poecilasma obliqua* Hoek, 1907

分布：南海；马来西亚，印度尼西亚。

8. 盾茗荷属 *Dianajonesia* Koçak & Kemal, 2008

(1) 扁桃盾茗荷 *Dianajonesia amygdalum* (Aurivillius, 1894)

同物异名：*Poecilasma amygdalum* Aurivillius, 1894
分布：南海；日本，马来西亚，印度尼西亚，北太平洋，印度洋。

(2) 深海盾茗荷 *Dianajonesia bathynomi* (Annandale, 1906)

同物异名：*Poecilasma bathynomi* Annandale, 1906
分布：南海；印度洋。

(3) 凹盾茗荷 *Dianajonesia excavatum* (Hoek, 1907)

同物异名：*Poecilasma excavatum* Hoek, 1907
分布：东海，南海；日本，马来西亚，印度尼西亚，南非，印度洋。

(4) 沟盾茗荷 *Dianajonesia kilepoae* (Zevina, 1968)

分布：东海，南海。

(5) 三齿盾茗荷 *Dianajonesia tridens* (Aurivillius, 1894)

同物异名：*Octolasmis tridens* Aurivillius, 1894; *Poecilasma tridens* Aurivillius, 1894
分布：东海，南海；日本，马来西亚，印度尼西亚，东非，南非，印度洋。

9. 匙茗荷属 *Trilasmis* Hinds, 1844

(1) 匙茗荷 *Trilasmis eburnea* Hinds, 1844

同物异名：*Poecilasma eburnea* (Hinds, 1844)
分布：南海；日本，马来西亚，印度尼西亚，印度-西太平洋，红海。

铠茗荷科 Scalpellidae Pilsbry, 1907

1. 弱铠茗荷属 *Abathescalpellum* Newman & Ross, 1971

(1) 裂口弱铠茗荷 *Abathescalpellum fissum* (Hoek, 1907)

同物异名：*Scalpellum fissum* Hoek, 1907
分布：东海；马来西亚，印度尼西亚。

(2) 朝鲜弱铠茗荷 *Abathescalpellum koreanum* (Hiro, 1933)

同物异名：*Scalpellum koreanum* Hiro, 1933
分布：渤海，黄海，东海，南海。

2. 友铠茗荷属 *Amigdoscalpellum* Zevina, 1978

(1) 玻璃友铠茗荷 *Amigdoscalpellum vitreum* (Hoek, 1883)

同物异名：*Arcoscalpellum formosum* (Hoek, 1907); *Arcoscalpellum vitreum* (Hoek, 1883); *Scalpellum formosum* Hoek, 1907; *Scalpellum vitreum* (Hoek, 1883)
分布：东海；日本，马来西亚，印度尼西亚，西北太平洋，新西兰，印度洋，大西洋。

3. 阿南铠茗荷属 *Annandaleum* Newman & Ross, 1971

(1) 葛氏阿南铠茗荷 *Annandaleum gruvelii* (Annandale, 1906)

同物异名：*Annandaleum imperfectum* (Pilsbry, 1907); *Mesoscalpellum gruvelii* (Annandale, 1906); *Mesoscalpellum imperfectum* (Pilsbry, 1907); *Scalpellum gruvelii* Annandale, 1906; *Scalpellum imperfectum* Pilsbry, 1907
分布：南海；太平洋，印度洋，大西洋。

4. 小铠茗荷属 *Arcoscalpellum* Hoek, 1907

(1) 小甲小铠茗荷 *Arcoscalpellum michelottianum* (Seguenza, 1876)

同物异名：*Arcoscalpellum eximium* (Hoek, 1883);

Arcoscalpellum velutinum (Hoek, 1883); *Scalpellum alatum* Gruvel, 1900; *Scalpellum michellottianum* (Seguenza, 1876); *Scalpellum michelottianum* (Seguenza, 1876); *Scalpellum velutinum* Hoek, 1883; *Triangulos-calpellum michelottianum* (Seguenza, 1876)

分布：东海；马来西亚，印度尼西亚，澳大利亚，南太平洋，印度洋，地中海，大西洋。

(2) 细板小铠茗荷 *Arcoscalpellum pertosum* Foster, 1978

分布：南海；新西兰。

(3) 任氏小铠茗荷 *Arcoscalpellum reni* (Young, 2007)

同物异名：*Arcoscalpellum ciliatum* Ren, 1983
分布：东海；马来西亚，印度尼西亚。

(4) 和气小铠茗荷 *Arcoscalpellum sociabile* (Annandale, 1905)

同物异名：*Arcoscalpellum sociabile parviceps* (Annandale, 1916); *Arcoscalpellum sociabile pellicatum* (Hoek, 1907); *Arcoscalpellum sociabile sociabile* (Annandale, 1905); *Scalpellum pellicatum* Hoek, 1907; *Scalpellum sociabile* Annandale, 1905
分布：东海；日本，印度洋。

5. 垂铠茗荷属 *Catherinum* Zevina, 1978

(1) 罗斯垂铠茗荷 *Catherinum rossi* (Rao & Newman, 1972)

同物异名：*Arcoscalpellum rossi* Rao & Newman, 1972
分布：东海；中太平洋。

6. 直铠茗荷属 *Litoscalpellum* Newman & Ross, 1971

(1) 中直铠茗荷 *Litoscalpellum intermedium* (Hoek, 1883)

同物异名：*Arcoscalpellum intermedium* (Hoek, 1883); *Gymnoscalpellum intermedium* (Hoek, 1883); *Scalpellum intermedium* Hoek, 1883

分布：东海；日本，澳大利亚，新西兰。

(2) 中华直铠茗荷 *Litoscalpellum sinense* Ren, 1983

分布：东海。

7. 新铠茗荷属 *Neoscalpellum* Pilsbry, 1907

(1) 容貌新铠茗荷 *Neoscalpellum phantasma* (Pilsbry, 1907)

同物异名：*Scalpellum phantasma* Pilsbry, 1907
分布：东海；东太平洋。

8. 皮氏铠茗荷属 *Pilsbryiscalpellum* Zevina, 1978

(1) 固结皮氏铠茗荷 *Pilsbryiscalpellum condensum* (Nilsson-Cantell, 1921)

同物异名：*Scalpellum condensum* Nilsson-Cantell, 1921
分布：东海；日本。

9. 铠茗荷属 *Scalpellum* Leach, 1818

(1) 东方铠茗荷 *Scalpellum orientale* (Ren, 1983)

同物异名：*Tarasovium orientale* Ren, 1983
分布：东海。

(2) 司氏铠茗荷 *Scalpellum stearnsi* (Pilsbry, 1890

同物异名：*Scalpellum calcariferum* Fischer, 1891; *Scalpellum magnum* Darwin, 1851
分布：南海；日本，马来西亚，印度尼西亚，印度洋。

10. 远铠茗荷属 *Teloscalpellum* Zevina, 1978

(1) 白远铠茗荷 *Teloscalpellum album* Liu & Ren, 1985

分布：东海。

11. 三角铠茗荷属 *Trianguloscalpellum* Zevina, 1978

(1) 藤壶三角铠茗荷 *Trianguloscalpellum balanoides* (Hoek, 1883)

同物异名：*Scalpellum balanoides* Hoek, 1883; *Scalpellum gonionotum* Pilsbry, 1911
分布：东海，南海；日本，马来西亚，印度尼西亚。

(2) 单节三角铠茗荷 *Trianguloscalpellum uniarticulatum* (Nilsson-Cantell, 1921)

同物异名：*Scalpellum uniarticulatum* Nilsson-Cantell, 1921
分布：东海，南海；日本。

盔茗荷目 Calanticomorpha

盔茗荷科 Calanticidae Zevina, 1978

1. 盔茗荷属 *Calantica* Gray, 1925

(1) 三刺盔茗荷 *Calantica trispinosa* (Hoek, 1883)

同物异名：*Scalpellum trispinosa* Hoek, 1883
分布：东海，南海；日本，印度-西太平洋。

2. 真铠茗荷属 *Euscalpellum* Hoek, 1907

(1) 吻真铠茗荷 *Euscalpellum rostratum* (Darwin, 1851)

同物异名：*Scalpellum rostratum* Darwin, 1851; *Smilium rostratum* (Darwin, 1851)
分布：南海；印度-西太平洋。

(2) 层真铠茗荷 *Euscalpellum stratum* (Aurivillius, 1892)

同物异名：*Scalpellum stratum* Aurivillius, 1892
分布：南海；日本，西印度洋。

3. 刀茗荷属 *Smilium* Gary, 1825

(1) 尖刀茗荷 *Smilium acutum* (Hoek, 1883)

同物异名：*Scalpellum acutum* Hoek, 1883; *Scalpellum*

hastatum Weltner, 1922; *Scalpellum longirostrum* Gruvel, 1902
分布：东海；日本，马来西亚，印度尼西亚，新西兰，印度洋，北大西洋，南冰洋。

(2) 刺刀茗荷 *Smilium horridum* Pilsbry, 1912

分布：南海；马来西亚，印度尼西亚。

(3) 棘刀茗荷 *Smilium scorpio* (Aurivillius, 1892)

同物异名：*Calantica pedunculostriata* Broch, 1931; *Calantica scorpio* (Aurivillius, 1892); *Scalpellum scorpio* Aurivillius, 1892; *Scalpellum sexcornutum* Pilsbry, 1897
分布：中国沿海；日本，马来西亚，印度尼西亚。

(4) 华刀茗荷 *Smilium sinense* (Annandale, 1910)

同物异名：*Scalpellum sinense* Annandale, 1910
分布：东海，南海；马来西亚，印度尼西亚。

指茗荷目 Pollicipedomorpha

石茗荷科 Lithotryidae Gruvel, 1905

1. 石茗荷属 *Lithotrya* Sowerby, 1822

(1) 尼科巴石茗荷 *Lithotrya nicobarica* Reinhardt, 1850

同物异名：*Lithotrya cauta* Darwin, 1852; *Lithotrya conica* Hoek, 1907; *Lithotrya pacifica* Borradaile, 1900
分布：南海；日本，马来西亚，印度尼西亚，澳大利亚，新西兰，南太平洋，印度洋。

(2) 壮石茗荷 *Lithotrya valentiana* (Gray, 1825)

同物异名：*Lithotrya truncata* Quoy & Gaimard, 1834
分布：南海；日本，马来西亚，印度尼西亚，南太平洋，印度，东非，南非。

指茗荷科 Pollicipedidae Leach, 1817

1. 龟足属 *Capitulum* Gray, 1825

(1) 龟足 *Capitulum mitella* (Linnaeus, 1758)

同物异名：*Mitella mitella* (Linnaeus, 1758); *Pollicipes mitella* (Linnaeus, 1758); *Pollicipes sinensis* Chenu, 1843
分布：东海，南海；朝鲜半岛，日本，越南，马来西亚，印度尼西亚，夏威夷群岛，印度-西太平洋。

藤壶目 Balanomorpha

藤壶科 Balanidae Leach, 1806

古藤壶亚科 Archaeobalaninae Newman & Ross, 1976

1. 绵藤壶属 *Acasta* Leach, 1817

(1) 武装绵藤壶 *Acasta armata* Gravier, 1921

分布：南海。

(2) 沟纹绵藤壶 *Acasta canaliculata* (Ren & Liu, 1978)

同物异名：*Conopea canaliculata* (Ren & Liu, 1978)
分布：南海。

(3) 锥形绵藤壶 *Acasta conica* Hoek, 1913

分布：南海；马来西亚，印度尼西亚。

(4) 窗孔绵藤壶 *Acasta fenestrata* Darwin, 1854

分布：南海；日本，马来西亚，印度尼西亚，印度洋，红海。

(5) 弯板绵藤壶 *Acasta flexuosa* Nilsson-Cantell, 1931

分布：南海；日本。

(6) 日本绵藤壶 *Acasta japonica* Pilsbry, 1911

分布：台湾岛，南海；日本，马来西亚，印度尼西亚。

(7) 舟形绵藤壶 *Acasta navicula* (Darwin, 1854)

同物异名：*Balanus navicula* Darwin, 1854

分布：南海；日本，马来西亚，印度尼西亚，印度洋。

(8) 绵藤壶 *Acasta spongites* (Poli, 1791)

同物异名：*Lepas spongites* Poli, 1795
分布：南海；日本，澳大利亚，南非，红海，地中海，法国，英国。

(9) 沟绵藤壶 *Acasta sulcata* Lamarck, 1818

分布：南海；日本，越南，马来西亚，印度尼西亚，印度洋，红海。

2. 古绵藤壶属 *Archiacasta* Kolbasov, 1993

(1) 薄脆古绵藤壶 *Archiacasta fragilis* (Ren, 1984)

分布：南海；日本，马来西亚，印度尼西亚，印度洋。

(2) 海南古绵藤壶 *Archiacasta hainanensis* (Ren, 1984)

同物异名：*Acasta hainanensis* Ren, 1984
分布：南海。

(3) 膜底古绵藤壶 *Archiacasta membranacea* (Barnard, 1924)

同物异名：*Acasta membranacea* Barnard, 1924
分布：南海；印度洋，南非。

(4) 刺背古绵藤壶 *Archiacasta spinitergum* (Broch, 1931)

同物异名：*Acasta spinitergum* Broch, 1931
分布：南海；马来西亚，印度尼西亚。

3. 刺藤壶属 *Armatobalanus* Koek, 1913

(1) 蒜形刺藤壶 *Armatobalanus allium* (Darwin, 1854)

同物异名：*Balanus allium* Darwin, 1854
分布：南海；日本，马来西亚，印度尼西亚，澳大利亚，印度洋。

(2) 葱头刺藤壶 *Armatobalanus cepa* (Darwin, 1854)

同物异名：*Balanus cepa* Darwin, 1854
分布：南海；日本，马来西亚，印度尼西亚，澳大利亚，印度洋。

4. 舟藤壶属 *Conopea* Say, 1822

(1) 陀螺舟藤壶 *Conopea calceola* (Ellis, 1758)

同物异名：*Balanus calceolus* Ellis, 1758
分布：黄海，东海，南海；日本，马来西亚，印度尼西亚，澳大利亚，印度洋，地中海，非洲西部。

(2) 梭形舟藤壶 *Conopea cymbiformis* (Darwin, 1854)

同物异名：*Conopea proripiens* (Hoek, 1913); *Pyrgoma jedani* Hoek, 1913
分布：南海；日本，马来西亚，印度尼西亚，南太平洋，印度洋。

(3) 颗粒舟藤壶 *Conopea granulata* (Hiro, 1937)

同物异名：*Balanus granulata* Hiro, 1937
分布：台湾岛；日本。

(4) 中华舟藤壶 *Conopea sinensis* (Ren & Liu, 1978)

同物异名：*Balanus sinensis* Ren & Liu, 1978
分布：南海；日本，马来西亚，印度尼西亚，印度洋。

5. 真绵藤壶属 *Euacasta* Kolbasov, 1993

(1) 长刺真绵藤壶 *Euacasta dofleini* (Kruger, 1911)

同物异名：*Acasta dofleini* Kruger, 1911
分布：南海；日本，马来西亚，印度尼西亚。

(2) 多孔真绵藤壶 *Euacasta sporillus* (Darwin, 1854)

同物异名：*Acasta sporillus* Darwin, 1854
分布：南海；马来西亚，印度尼西亚。

(3) 颗粒真绵藤壶 *Euacasta zuiho* (Hiro, 1936)

同物异名：*Acasta zuiho* Hiro, 1936
分布：南海；澳大利亚。

6. 膜藤壶属 *Membranobalanus* Hoek, 1913

(1) 楔吻膜藤壶 *Membranobalanus cuneiformis* (Hiro, 1936)

同物异名：*Balanus* (*Membranobalanus*) *cuneiformis* Hiro, 1936
分布：南海；日本，南太平洋。

(2) 长吻膜藤壶 *Membranobalanus longirostrum* (Hoek, 1913)

同物异名：*Balanus* (*Membranobalanus*) *longirostrum* Hiro, 1936
分布：南海；马来西亚，印度尼西亚，印度洋。

7. 新绵藤壶属 *Neoacasta* Kolbasov, 1993

(1) 革底新绵藤壶 *Neoacasta coriobasis* (Broch, 1947)

同物异名：*Acasta coriobasis* Broch, 1947
分布：南海；日本，马来西亚，印度尼西亚。

(2) 橡子新绵藤壶 *Neoacasta glans* (Lamarck, 1818)

同物异名：*Acasta glans* Lamarck, 1818
分布：南海；马来西亚，印度尼西亚，澳大利亚，印度洋。

(3) 光滑新绵藤壶 *Neoacasta laevigata* (Gray, 1825)

同物异名：*Acasta laevigata* Gray, 1925
分布：南海；日本，马来西亚，印度尼西亚，红海。

8. 梳绵藤壶属 *Pectinoacasta* Kolbasov, 1993

(1) 栉足梳绵藤壶 *Pectinoacasta pectinipes* (Pilsbry, 1912)

同物异名：*Acasta komaii* Hiro, 1931; *Acasta nitida*

Hoek, 1913; *Acasta pectinipes* Pilsbry, 1912

分布：黄海，南海；日本，马来西亚，印度尼西亚，印度洋，南非。

9. 坚藤壶属 *Solidobalanus* Hoek, 1913

(1) 海胆坚藤壶 *Solidobalanus cidaricola* (Ren & Liu, 1978)

同物异名：*Balanus* (*Solidobalanus*) *cidaricola* (Ren & Liu, 1978)

分布：东海。

(2) 玲珑坚藤壶 *Solidobalanus ciliatus* (Hoek, 1913)

同物异名：*Balanus* (*Solidobalanus*) *ciliatus* Hoek, 1913

分布：东海，南海；日本，马来西亚，印度尼西亚，印度洋，红海。

(3) 集群坚藤壶 *Solidobalanus socialis* (Hoek, 1883)

同物异名：*Balanus socialis* Hoek, 1883

分布：南海；日本，马来西亚，印度尼西亚，红海，印度洋。

10. 条藤壶属 *Striatobalanus* Hoek, 1913

(1) 高峰条藤壶 *Striatobalanus amaryllis* (Darwin, 1854)

同物异名：*Balanus amaryllis* Darwin, 1854; *Chirona amaryllis* (Darwin, 1854)

分布：中国沿海；日本，马来西亚，印度尼西亚，澳大利亚，印度洋。

(2) 高脊条藤壶 *Striatobalanus cristatus* (Ren & Liu, 1978)

同物异名：*Balanus cristatus* Ren & Liu, 1978

分布：渤海，黄海。

(3) 薄壳条藤壶 *Striatobalanus tenuis* (Hoek, 1883)

同物异名：*Chirona tenuis* (Hoek, 1883)

分布：东海，南海；日本，马来西亚，印度尼西亚，印度洋，非洲南部。

藤壶亚科 Balaninae Leach, 1817

1. 纹藤壶属 *Amphibalanus* Pitombo, 2004

(1) 纹藤壶 *Amphibalanus amphitrite amphitrite* (Darwin, 1854)

同物异名：*Balanus Amphitrite denticulata* (Broch, 1927)

分布：中国沿海；世界广布。

(2) 象牙纹藤壶 *Amphibalanus eburneus* (Gould, 1841)

同物异名：*Balanus eburneus* Gould, 1841

分布：黄海；日本，夏威夷群岛，印度，非洲西岸，北大西洋，地中海，东太平洋及西印度洋沿岸等。

(3) 致密纹藤壶 *Amphibalanus improvisus* (Darwin, 1854)

同物异名：*Balanus improvisus* Darwin, 1854

分布：中国北方沿海；俄-日-中海域，北美洲太平洋沿岸，北大西洋，非洲西部，马来西亚，印度尼西亚，印度，澳大利亚。

(4) 块斑纹藤壶 *Amphibalanus poecilotheca* (Kruger, 1911)

同物异名：*Balanus poecilotheca* Kruger, 1911

分布：东海，南海；日本，马来西亚，印度尼西亚，澳大利亚，非洲西部和南部。

(5) 网纹纹藤壶 *Amphibalanus reticulatus* (Utinomi, 1967)

同物异名：*Balanus reticulatus* Utinomi, 1967

分布：东海，南海；日本，夏威夷群岛，马来西亚，印度尼西亚，印度洋，非洲西部，地中海，西印度洋。

(6) 红树纹藤壶 *Amphibalanus rhizophorae* (Ren & Liu, 1989)

同物异名：*Balanus littoralis* Ren & Liu, 1978; *Balanus rhizophorda* Ren & Liu, 1989

分布：南海。

(7) 杂色纹藤壶 *Amphibalanus variegatus* **(Darwin, 1854)**

同物异名：*Balanus amphitrite* var. *varietgatus* Darwin, 1854

分布：中国北方海域；俄-日-中海域，马来西亚，印度尼西亚，印度，澳大利亚，新西兰等。

(8) 珠江纹藤壶 *Amphibalanus zhujiangensis* **Ren, 1989**

分布：南海。

2. 藤壶属　*Balanus* Costa, 1778

(1) 缺刻藤壶 *Balanus crenatus* **Bruguiere, 1789**

分布：渤海，黄海；日本，北太平洋，俄罗斯远东海域，北大西洋。

(2) 美丽藤壶 *Balanus pulchellus* **Ren, 1989**

分布：南海。

(3) 尖吻藤壶 *Balanus rostratus* **Hoek, 1883**

分布：渤海，黄海；北太平洋，日本，俄罗斯远东海域，东北太平洋。

(4) 三角藤壶 *Balanus trigonus* **Darwin, 1854**

分布：东海，南海。

3. 管藤壶属　*Fistulobalanus* Zullo, 1984

(1) 白脊管藤壶 *Fistulobalanus albicostatus* **(Pilsbry, 1916)**

同物异名：*Balanus amphitrite albicostatus* Pilsbry, 1916

分布：中国沿海；日本，朝鲜。

(2) 泥管藤壶 *Fistulobalanus kondakovi* **(Tarasov & Zevina, 1957)**

同物异名：*Balanus amphitrite* var. *kondakovi* Tarasov & Zevina, 1957

分布：中国沿海；日本，新西兰，印度洋。

4. 巨藤壶属　*Megabalanus* Hoek, 1913

(1) 齿楯巨藤壶 *Megabalanus occator* **(Darwin, 1854)**

同物异名：*Balanus tintinnablum* var. *occator* Darwin, 1854

分布：东海，南海；日本，马来西亚，印度尼西亚，斐济，印度洋。

(2) 红巨藤壶 *Megabalanus rosa* **Pilsbry, 1916**

分布：东海，南海；日本，太平洋热带亚热带及温带海域。

(3) 钟巨藤壶 *Megabalanus tintinnabulum* **(Linnaeus, 1758)**

同物异名：*Balanus tintinnabulum* (Linnaeus, 1758)

分布：东海，南海；日本，马来西亚，印度尼西亚，新西兰，东太平洋沿岸，印度洋，地中海，非洲西南部。

(4) 壮肋巨藤壶 *Megabalanus validus* **Darwin, 1854**

分布：台湾岛，南海；马来西亚，印度尼西亚，澳大利亚等。

(5) 刺巨藤壶 *Megabalanus volcano* **(Pilsbry, 1916)**

同物异名：*Balanus tintinnabulum volcano* Pilsbry, 1916

分布：东海，南海；日本，印度洋，太平洋。

(6) 西沙巨藤壶 *Megabalanus xishaensis* **(Ren & Liu, 1978)**

同物异名：*Balanus* (*Megabalanus*) *xishaensis* Ren & Liu, 1978

分布：南海及西沙群岛带。

(7) 纵肋巨藤壶 *Megabalanus zebra* **Russell et al., 2003**

分布：南海；马来西亚，印度尼西亚，西南非洲。

龟藤壶科 Chelonibiidae Pilsbry, 1916

1. 龟藤壶属 *Chelonibia* Leach, 1817

(1) 龟藤壶 *Chelonibia testudinaria* (Linnaeus, 1758)

同物异名：*Chelonibia manati* Gruvel, 1903; *Chelonibia patula* (Ranzani, 1818)
分布：东海，南海；世界热带和温带海域。

2. 王冠藤壶属 *Stephanolepas* Fischer, 1886

(1) 刺王冠藤壶 *Stephanolepas muricata* Fischer, 1886

分布：南海；印度洋。

小藤壶科 Chthamalidae Darwin, 1854

1. 华小藤壶属 *Chinochthamalus* Foster, 1980

(1) 楯形华小藤壶 *Chinochthamalus scutelliformis* (Darwin, 1854)

同物异名：*Chamaesipho scutelliformis* Darwin, 1854
分布：东海，南海；日本，马来西亚，印度尼西亚，印度洋，南太平洋。

2. 小藤壶属 *Chthamalus* Ranzani, 1817

(1) 触肢小藤壶 *Chthamalus antennatus* Darwin, 1854

分布：南海；澳大利亚，印度洋。

(2) 东方小藤壶 *Chthamalus challengeri* Hoek, 1883

分布：渤海，黄海；日本。

(3) 马来小藤壶 *Chthamalus malayensis* Pilsbry, 1916

分布：南海；日本，马来西亚，印度尼西亚，澳大利亚，印度洋。

(4) 直背小藤壶 *Chthamalus moro* Pilsbry, 1916

分布：台湾岛，南海；日本，马来西亚，印度尼西亚。

(5) 中华小藤壶 *Chthamalus sinensis* Ren, 1984

分布：东海，南海。

3. 小地藤壶属 *Microeuraphia* Poltarukha, 1997

(1) 白条小地藤壶 *Microeuraphia withersi* (Pilsbry, 1916)

分布：东海，南海；日本，马来西亚，印度尼西亚，马达加斯加，澳大利亚。

4. 愈合小藤壶属 *Nesochthamalus* Foster & Newman, 1987

(1) 中型愈合小藤壶 *Nesochthamalus intertextus* (Darwin, 1854)

同物异名：*Chthamalus intertextus* Darwin, 1854
分布：南海；日本，马来西亚，印度尼西亚，夏威夷群岛，澳大利亚，中太平洋。

5. 肋藤壶属 *Octomeris* Sowerby, 1825

(1) 多肋藤壶 *Octomeris brunnea* Darwin, 1854

分布：台湾岛；日本，马来西亚，印度尼西亚，澳大利亚，印度洋。

6. 尾肢地藤壶属 *Caudoeuraphia* Poltarukha, 1997

(1) 尾肢地藤壶 *Caudoeuraphia caudata* (Pilsbry, 1916)

同物异名：*Chthamalus caudatus* Pilsbry, 1916
分布：南海；日本，马来西亚，印度尼西亚，南太平洋，澳大利亚，印度洋。

7. 四板小藤壶属 *Tetrachthamalus* Newman, 1967

(1) 中国四板小藤壶 *Tetrachthamalus sinensis* Ren, 1980

分布：南海。

鲸藤壶科 Coronulidae Leach, 1817

1. 鲸藤壶属 *Coronula* Lamarck, 1802

(1) 桶冠鲸藤壶 *Coronula diadema* (Linnaeus, 1767)

同物异名：*Lepas diadema* Linnaeus, 1767
分布：世界广布。

2. 筒藤壶属 *Cylindrolepas* Pilsbry, 1916

(1) 中华筒藤壶 *Cylindrolepas sinica* Ren, 1980

分布：西沙群岛。

3. 扁藤壶属 *Platylepas* Gray, 1825

(1) 装饰扁藤壶 *Platylepas decorata* Darwin, 1854

分布：南海；日本，南太平洋，东太平洋。

(2) 六柱扁藤壶 *Platylepas hexastylos* (Fabricius, 1798)

同物异名：*Lepas hexastulos* Fabricius, 1798
分布：黄海，东海，南海；日本，马来西亚，印度尼西亚，澳大利亚，印度洋，地中海，东非，东北太平洋。

(3) 海蛇扁藤壶 *Platylepas ophiophila* Lanchester, 1902

分布：南海；马来西亚，印度尼西亚，孟加拉湾，西印度洋。

4. 口藤壶属 *Stomatolepas* Pilsbry, 1910

(1) 华丽口藤壶 *Stomatolepas elegans* (Costa, 1838)

同物异名：*Stomatolepas praegustator* Pilsbry, 1916
分布：南海，西沙群岛；日本，新西兰，印度，西非，地中海，东北太平洋。

(2) 美丽口藤壶 *Stomatolepas pulchra* Ren, 1980

分布：南海，西沙群岛。

厚板藤壶科 Pachylasmatidae Utinomi, 1968

1. 对称藤壶属 *Eutomolasma* Jones, 2000

(1) 中华对称藤壶 *Eutomolasma chinense* (Pilsbry, 1912)

分布：南海；日本，马来西亚，印度尼西亚，印度洋。

2. 微岩藤壶属 *Microlasma* Jones, 2000

(1) 百合微岩藤壶 *Microlasma crinoidophilum* (Pilsbry, 1911)

分布：南海；日本，马来西亚，印度尼西亚，印度洋。

3. 厚板藤壶属 *Pachylasma* Darwin, 1854

(1) 楯纹厚板藤壶 *Pachylasma scutistriata* Broch, 1922

分布：东海，南海；日本，马来西亚，印度尼西亚，澳大利亚，新西兰，印度洋。

4. 假肋藤壶属 *Pseudoctomeris* Poltarukha, 1996

(1) 短假肋藤壶 *Pseudoctomeris sulcata* (NilssonCantell, 1932)

同物异名：*Octomeris sulcata* Nilsson-Cantell, 1932
分布：台湾岛；日本。

塔藤壶科 Pyrgomatidae Gray, 1825

1. 附生藤壶属 *Adna* Sowerby, 1823

(1) 角附生藤壶 *Adna anglica* Sowerby, 1823

同物异名：*Boscia anglica* (Sowerby, 1823); *Megatrema anglicum* (Sowerby, 1823); *Pyrgoma anglicum* Sowerby, 1823
分布：南海；日本，印度洋，地中海，法国，英国，西非。

2. 离板藤壶属 *Cantellius* Ross & Newman, 1973

(1) 白离板藤壶 *Cantellius albus* Ren, 1986

分布：南海。

(2) 群离板藤壶 *Cantellius gregarius* (Sowerby, 1823)

同物异名：*Creusia gregarius* Sowerby, 1823
分布：南海；马来西亚，印度尼西亚，印度洋。

(3) 低离板藤壶 *Cantellius iwayama* (Hiro, 1983)

同物异名：*Creusia spinulosa* forma *iwayama* Hiro, 1938
分布：南海；日本。

(4) 苍离板藤壶 *Cantellius pallidus* (Broch, 1931)

同物异名：*Creusia spinulosa* forma *palliida* Broch, 1931
分布：南海；日本，马来西亚，印度尼西亚，南太平洋。

(5) 次离板藤壶 *Cantellius secundus* (Broch, 1931)

同物异名：*Creusia spinulosa* forma *secunda* Broch, 1931
分布：南海；日本，马来西亚，印度尼西亚，印度洋。

(6) 隔离板藤壶 *Cantellius septimus* (Hiro, 1938)

同物异名：*Creusia spinulosa* forma *septima* (Hiro, 1938)
分布：南海；日本，马来西亚，印度尼西亚，印度洋。

(7) 华离板藤壶 *Cantellius sinensis* Ren, 1986

分布：南海。

3. 加尔金藤壶属 *Galkinius* Perreault, 2014

(1) 印度加尔金藤壶 *Galkinius indica* (Annandale, 1924)

同物异名：*Pyrgoma indica* Annandale, 1924

分布：南海；日本，马来西亚，印度尼西亚。

4. 新瓦达藤壶属 *Neotrevathana* Ross, 1999

(1) 长宽新瓦达藤壶 *Neotrevathana elongata* (Hiro, 1931)

同物异名：*Neotrevathana elongatum* (Hiro, 1931)
分布：南海；日本，马来西亚，印度尼西亚，热带海区。

5. 贵藤壶属 *Nobia* Sowerby, 1839

(1) 连贵藤壶 *Nobia conjugatum* (Darwin, 1854)

同物异名：*Pyrgoma conjugatum* Darwin, 1854
分布：南海；日本，马来西亚，印度尼西亚，印度洋，红海。

(2) 大贵藤壶 *Nobia grandis* Sowerby, 1839

同物异名：*Pyrgoma grande* Darwin, 1854
分布：南海；日本，马来西亚，印度尼西亚，印度洋。

(3) 圆贵藤壶 *Nobia orbicellae* (Hiro, 1934)

分布：南海；日本，马来西亚，印度尼西亚，斐济，印度洋。

6. 塔藤壶属 *Pyrgoma* Leach, 1817

(1) 塔藤壶 *Pyrgoma cancellatum* Leach, 1818

分布：南海；日本，马来西亚，印度尼西亚，印度洋。

(2) 中华塔藤壶 *Pyrgoma sinica* (Ren, 1986)

同物异名：*Nobia sinica* (Ren, 1986)
分布：南海。

7. 高塔藤壶属 *Pyrgomina* Baluk & Radwanski, 1967

(1) 齿纹高塔藤壶 *Pyrgomina oulastreae* (Utinomi, 1962)

同物异名：*Pyrgoma oulastreae* Utinomi, 1962
分布：南海；日本。

8. 星塔模藤壶属 *Pyrgopsella* Zullo, 1967

(1) 星塔模藤壶 *Pyrgopsella stellula* Rosell, 1973

分布：南海；马来西亚，印度尼西亚，热带浅海。

9. 宽楯藤壶属 *Savignium* Leach, 1825

(1) 刻宽楯藤壶 *Savignium crenatum* (Sowerby, 1823)

同物异名：*Pyrgoma crenatum* Sowerby, 1823
分布：南海；日本，夏威夷群岛，马来西亚，印度尼西亚，印度洋。

10. 瓦达藤壶属 *Trevathana* Anderson, 1992

(1) 齿宽瓦达藤壶 *Trevathana dentata* (Darwin, 1854)

同物异名：*Pyrgoma dentatum* Darwin, 1854
分布：南海；日本，马来西亚，印度尼西亚，印度洋，红海。

(2) 东方瓦达藤壶 *Trevathana orientalis* (Ren, 1986)

分布：南海；热带海区。

深板藤壶科 Bathylasmatidae Newman & Ross, 1971

1. 六壁藤壶属 *Hexelasma* Hoek, 1913

(1) 绒六壁藤壶 *Hexelasma velutinum* Hoek, 1913

分布：南海；日本，马来西亚，印度尼西亚。

2. 方孔藤壶属 *Tesseropora* Pilsbry, 1916

(1) 白方孔藤壶 *Tesseropora alba* Ren & Liu, 1979

分布：南海。

笠藤壶科 Tetraclitidae Gruvel, 1903

1. 星笠藤壶属 *Astroclita* Ren & Liu, 1979

(1) 长肋星笠藤壶 *Astroclita longicostata* Ren & Liu, 1979

分布：南海。

2. 笠藤壶属 *Tetraclita* Schumacher, 1817

(1) 日本笠藤壶 *Tetraclita japonica* (Pilsbry, 1916)

同物异名：*Tetraclita porosa* var. *nigrescens* Darwin, 1854; *Tetraclita squamosa japonica* Pilsbry, 1916; *Tetraclita squamosal formosana* Hiro, 1939
分布：东海，南海；朝鲜半岛，日本。

(2) 鳞笠藤壶 *Tetraclita squamosa squamosa* (Bruguière, 1789)

同物异名：*Balanus squamosus* Bruguiere, 1789; *Lepas porosa* Gmelin, 1791; *Tetraclita porosa* var. *viridis* Darwin, 1854
分布：东海，南海；日本，马来西亚，印度尼西亚，澳大利亚，红海，印度洋，大西洋。

3. 小笠藤壶属 *Tetraclitella* Hiro, 1939

(1) 突角小笠藤壶 *Tetraclitella darwini* (Pilsbry, 1928)

同物异名：*Tetraclita darwini* Pilsbry, 1928
分布：南海；日本。

(2) 中华小笠藤壶 *Tetraclitella chinensis* (Nilsson-Cantell, 1921)

同物异名：*Tetraclita purpurascens chinensis* Nilsson-Cantell, 1921; *Tetraclita purpurascens nipponensis* Hiro, 1931
分布：东海，南海；日本。

(3) 十肋小笠藤壶 *Tetraclitella costata* (Darwin, 1854)

同物异名：*Tetraclita costata* Darwin, 1854
分布：南海；马来西亚，印度尼西亚。

(4) 间隔小笠藤壶 *Tetraclitella divisa* (Nilsson-Cantell, 1921)

同物异名：*Tetraclita divisa* Nilsson-Cantell, 1921
分布：南海；马来西亚，印度尼西亚，南太平洋，夏威夷群岛，印度洋，西非，印度-西太平洋。

(5) 卡氏小笠藤壶 *Tetraclitella karandei* Ross, 1971

分布：南海；印度。

(6) 多肋小笠藤壶 *Tetraclitella multicostata* (Nilsson-Cantell, 1930)

同物异名：*Tetraclita purpurascens* var. *multicostata* Nilsson-Cantell, 1930
分布：南海；日本，马来西亚，印度尼西亚，南太平洋。

(7) 皮氏小笠藤壶 *Tetraclitella pilsbryi* (Utinomi, 1962)

同物异名：*Tetraclita pilsbryi* Utinomi, 1962
分布：南海；日本。

4. 山口笠藤壶属 *Yamaguchiella* Ross & Perreault, 1999

(1) 蓝山口笠藤壶 *Yamaguchiella coerulescens* (Spengler, 1790)

同物异名：*Tetraclita coerulescens* (Spengler, 1790); *Tetraclitella coerulescens* (Spengler, 1790)
分布：南海；日本，马来西亚，印度尼西亚，新西兰，澳大利亚，印度洋。

花笼目 Verrucomorpha

花笼科 Verrucidae Darwin, 1854

1. 高花笼属 *Altiverruca* Pilsbry, 1916

(1) 冠状高花笼 *Altiverruca cristallina* (Gruvel, 1907)

同物异名：*Verruca cristallina* (Grovel, 1907)
分布：南海；马来西亚，印度尼西亚，印度洋。

(2) 驼背高花笼 *Altiverruca gibbosa* (Hoek, 1883)

同物异名：*Verruca gibbosa* Hoek, 1883; *Verruca sulcata* Hoek, 1883; *Verruca mitra* Hoek, 1907; *Verruca darwini* Pilsbry, 1907; *Verruca rathbuniana* Pilsbry, 1916; *Verruca bicornuta* Pilsbry, 1916; *Verruca gibbosa somaliensis* Nilsson-Cantell, 1929
分布：东海；世界广布。

(3) 光洁高花笼 *Altiverruca nitida* (Hoek, 1883)

同物异名：*Verruca nitida* Hoek, 1883
分布：东海；马来西亚，印度尼西亚。

(4) 沟高花笼 *Altiverruca sulcata* (Hoek, 1883)

同物异名：*Verruca nitida* Hoek, 1883
分布：南海；马来西亚，印度尼西亚，新西兰。

2. 拟花笼属 *Metaverruca* Pilsbry, 1916

(1) 雕板拟花笼 *Metaverruca recta* (Aurivillius, 1898)

同物异名：*Verruca sculpta* Aurivillius, 1898; *Verruca magna* Gruvel, 1901; *Verruca coraliophila* Pilsbry, 1916; *Verruca capsula* Hoek, 1913
分布：东海；马来西亚，印度尼西亚，夏威夷群岛，新西兰，东非，印度洋，北太平洋。

3. 纽曼花笼属 *Newmaniverruca* Young, 1998

(1) 信天翁纽曼花笼 *Newmaniverruca albatrossiana* (Pilsbry, 1912)

同物异名：*Verruca albatrossiana* Pilsbry, 1912; *Verruca grex* Hoek, 1883
分布：东海；马来西亚，印度尼西亚。

4. 吻花笼属 *Rostratoverruca* Broch, 1922

(1) 贝雕吻花笼 *Rostratoverruca koehleri* (Gruvel, 1907)

同物异名：*Rostraverruca koehleri* Gruvel, 1907; *Verruca koehleri* Gruvel, 1907
分布：东海，南海；日本，马来西亚，印度尼西亚，印度洋，马达加斯加。

软甲纲 Malacostraca

叶虾亚纲 Phyllocarida

薄甲目 Leptostraca

叶虾科 Nebaliidae Samouelle, 1819

1. 叶虾属 *Nebalia* Leach, 1814

(1) 双足叶虾 *Nebalia bipes* (Fabricius, 1780)

同物异名：*Cancer bipes* Fabricius, 1780
分布：黄海；日本，欧洲海域。

掠虾亚纲 Hoplocarida

口足目 Stomatopoda

深虾蛄科 Bathysquillidae Manning, 1967

1. 深虾蛄属 *Bathysquilla* Manning, 1963

(1) 小眼深虾蛄 *Bathysquilla microps* (Manning, 1961)

同物异名：*Lysiosquilla microps* Manning, 1961
分布：南海；太平洋，大西洋。

宽虾蛄科 Eurysquillidae Manning, 1977

1. 华虾蛄属 *Sinosquilla* Liu & Wang, 1978

(1) 多刺华虾蛄 *Sinosquilla hispida* Liu & Wang, 1978

分布：南海。

指虾蛄科 Gonodactylidae Giesbrecht, 1910

1. 独指虾蛄属 *Gonodactylaceus* Manning, 1995

(1) 三线独指虾蛄 *Gonodactylaceus ternatensis* (De Man, 1902)

同物异名：*Gonodactylus glabrous* var. *ternatensis* De Man, 1902
分布：南海；西太平洋。

2. 指虾蛄属 *Gonodactylus* Berthold, 1827

(1) 大指虾蛄 *Gonodactylus chiragra* (Fabricius, 1781)

同物异名：*Squilla chiragra* Fabricius, 1781
分布：台湾岛，南海；印度-西太平洋。

琴虾蛄科 Lysiosquillidae Giesbrecht, 1910

1. 琴虾蛄属 *Lysiosquilla* Dana, 1852

(1) 沟额琴虾蛄 *Lysiosquilla sulcirostris* Kemp, 1913

同物异名：*Lysiosquilla maculata* var. *sulcirostris* Kemp, 1913
分布：台湾岛，海南岛；印度-西太平洋。

(2) 十三齿琴虾蛄 *Lysiosquilla tredecimdentata* Holthuis, 1941

同物异名：*Lysiosquilla maculata* var. *tredecimdentata* Holthuis, 1941
分布：南海；印度-西太平洋。

矮虾蛄科 Nannosquillidae Manning, 1980

1. 刺虾蛄属 *Acanthosquilla* Manning, 1963

(1) 复条刺虾蛄 *Acanthosquilla multifasciata* (Wood-Mason, 1895)

同物异名：*Lysiosquilla valdiviensis* Jurich, 1904；*Lysiosquilla multifasciata* Wood-Mason, 1895
分布：台湾岛，南海；印度-西太平洋，夏威夷群岛。

齿指虾蛄科 Odontodactylidae Manning, 1980

1. 齿指虾蛄属 *Odontodactylus* Bigelow, 1893

(1) 日本齿指虾蛄 *Odontodactylus japonicus* (de Haan, 1844)

同物异名：*Onodactylus edwardsi* Berthold, 1845; *Gonodactylus japonicus* de Haan, 1844
分布：南海；印度-西太平洋。

仿虾蛄科 Parasquillidae Manning, 1995

1. 芳虾蛄属 *Faughnia* Serene, 1962

(1) 韩氏芳虾蛄 *Faughnia haani* (Holthuis, 1959)

同物异名：*Pseudosquilla haani* Holthuis, 1959
分布：台湾岛，南海；西太平洋。

原虾蛄科 Protosquillidae Manning, 1980

1. 定虾蛄属 *Haptosquilla* Manning, 1969

(1) 呆尾定虾蛄 *Haptosquilla stoliura* (Müller, 1887)

同物异名：*Gonodactylus stoliura* Müller, 1887
分布：南海；印度-西太平洋。

假虾蛄科 Pseudosquillidae Manning, 1977

1. 假虾蛄属 *Pseudosquilla* Dana, 1852

(1) 多毛假虾蛄 *Pseudosquilla ciliata* (Fabricius, 1787)

同物异名：*Squilla ciliata* Fabricius, 1787
分布：台湾岛，南海；印度-西太平洋，大西洋。

虾蛄科 Squillidae Latreille, 1802

1. 近虾蛄属 *Anchisquilla* Manning, 1968

(1) 条尾近虾蛄 *Anchisquilla fasciata* (de Haan, 1844)

同物异名：*Squilla fasciata* de Haan, 1844
分布：东海，台湾岛，南海；印度-西太平洋。

2. 脊虾蛄属 *Carinosquilla* Manning, 1968

(1) 多脊虾蛄 *Carinosquilla multicarinata* (White, 1848)

同物异名：*Squilla multicarinata* White, 1848
分布：南海；印度-西太平洋。

3. 绿虾蛄属 *Clorida* Eydoux & Souleyet, 1842

(1) 饰尾绿虾蛄 *Clorida decorata* Wood-Mason, 1875

分布：东海，南海；印度-西太平洋。

(2) 拉氏绿虾蛄 *Clorida latreillei* Eydoux & Souleyet, 1842

同物异名：*Clorida juxtadecorata* Makarov, 1979
分布：南海；印度-西太平洋。

(3) 圆尾绿虾蛄 *Clorida rotundicauda* (Miers, 1880)

同物异名：*Squilla choprai* Tweedie, 1935
分布：中国沿海；泰国，新加坡，安达曼群岛。

4. 拟绿虾蛄属 *Cloridopsis* Manning, 1968

(1) 蝎形拟绿虾蛄 *Cloridopsis scorpio* (Latreille, 1828)

同物异名：*Cloridopsis aquilonaris* Manning, 1978
分布：黄海，东海，台湾岛，南海；印度-西太平洋。

5. 纹虾蛄属 *Dictyosquilla* Manning, 1968

(1) 窝纹虾蛄 *Dictyosquilla foveolata* (Wood-Mason, 1895)

同物异名：*Squilla foveolata* Wood-Mason, 1895

分布：东海，南海；越南，缅甸。

6. 平虾蛄属 *Erugosquilla* Manning, 1995

(1) 伍氏平虾蛄 *Erugosquilla woodmasoni* (Kemp, 1911)

同物异名：*Oratosquilla jakartensis* Moosa, 1975; *Oratosquilla tweediei* Manning, 1971; *Oratosquilla woodmasoni* (Kemp, 1911); *Squilla woodmasoni* Kemp, 1911

分布：东海，南海；印度-西太平洋。

7. 猛虾蛄属 *Harpiosquilla* Holthuis, 1964

(1) 黑尾猛虾蛄 *Harpiosquilla melanoura* Manning, 1968

分布：东海，南海；印度-西太平洋。

8. 糙虾蛄属 *Kempella* Low & Ahyong, 2010

(1) 尖刺糙虾蛄 *Kempella mikado* (Kemp & Chopra, 1921)

同物异名：*Kempina mikado* (Kemp & Chopra, 1921)
分布：东海，台湾岛，南海；印度-西太平洋。

9. 滑虾蛄属 *Lenisquilla* Manning, 1977

(1) 窄额滑虾蛄 *Lenisquilla lata* (Brooks, 1886)

同物异名：*Squilla lata* Brooks, 1886
分布：东海，台湾岛，南海；印度-西太平洋。

10. 褶虾蛄属 *Lophosquilla* Manning, 1968

(1) 脊条褶虾蛄 *Lophosquilla costata* (de Haan, 1844)

同物异名：*Squilla costata* de Haan, 1844
分布：东海，南海；西太平洋。

11. 口虾蛄属 *Oratosquilla* Manning, 1968

(1) 口虾蛄 *Oratosquilla oratoria* (De Haan, 1844)

同物异名：*Squilla oratoria* De Haan, 1844
分布：中国沿海；西太平洋及西北太平洋。

12. 小口虾蛄属 *Oratosquillina* Manning, 1995

(1) 无刺小口虾蛄 *Oratosquillina inornata* (Tate, 1883)

同物异名：*Squilla inornata* Tate, 1883
分布：台湾岛；印度-西太平洋。

13. 拟虾蛄属 *Squilloides* Manning, 1968

(1) 瘦拟虾蛄 *Squilloides leptosquilla* (Brooks, 1886)

同物异名：*Squilla leptosquilla* Brooks, 1886
分布：东海，台湾岛；印度-西太平洋。

14. 沃氏虾蛄属 *Vossquilla* Van Der Wal & Ahyong, 2017

(1) 黑斑沃氏虾蛄 *Vossquilla kempi* (Schmitt, 1931)

同物异名：*Chloridella kempi* Schmitt, 1931; *Oratosquilla kempi* (Schmitt, 1931)
分布：黄海，东海，南海；日本，越南。

真软甲亚纲 Eumalacostraca

囊虾总目 Peracarida

疣背糠虾目 Lophogastrida

柄糠虾科 Eucopiidae G. O. Sars, 1885

1. 柄糠虾属 *Eucopia* Dana, 1852

(1) 澳洲柄糠虾 *Eucopia australis* Dana, 1852

分布：东海；太平洋北部和中部，马来西亚，印度尼西亚，南冰洋，南大洋。

疣背糠虾科 Lophogastridae G. O. Sars, 1870

1. 疣背糠虾属 *Lophogaster* M. Sars, 1857

(1) 太平洋疣背糠虾 *Lophogaster pacificus* Fage, 1940

分布：东海，南海北部；日本海，菲律宾。

糠虾目 Mysida

糠虾科 Mysidae Haworth, 1825

1. 超刺糠虾属 *Hyperacanthomysis* Fukuoka & Murano, 2000

(1) 长额超刺糠虾 *Hyperacanthomysis longirostris* (Ii, 1936)

同物异名：*Acanthomysis longirostris* Ii, 1936
分布：黄海，东海，南海；朝鲜半岛，日本，美国加利福尼亚，印度-太平洋。

2. 新糠虾属 *Neomysis* Czerniavsky, 1882

(1) 黑褐新糠虾 *Neomysis awatschensis* (Brandt, 1851)

同物异名：*Mysis awatschensis* Brandt, 1851; *Heteromysis intermedia* Czerniavsky, 1882
分布：中国沿海；日本，白令海，北太平洋，美国华盛顿，黑海。

(2) 日本新糠虾 *Neomysis japonica* Nakazawa, 1910

分布：中国沿海；日本，北太平洋。

3. 东刺糠虾属 *Orientomysis* Derzhavin, 1913

(1) 黄海东刺糠虾 *Orientomysis hwanhaiensis* (Ii, 1964)

同物异名：*Acanthomysis hwanhaiensis* Ii, 1964
分布：黄海；朝鲜半岛，印度-太平洋。

4. 节糠虾属 *Siriella* Dana, 1850

(1) 中华节糠虾 *Siriella sinensis* Ii, 1964

分布：中国沿海；日本。

(2) 汤氏节糠虾 *Siriella thompsonii* (H. MilneEdwards, 1837)

同物异名：*Cynthia thompsonii* Milne Edwards, 1837
分布：中国沿海；日本海，太平洋，大西洋，印度洋，北美洲东岸，中美洲西岸，菲律宾群岛，澳大利亚大堡礁。

(3) 三刺节糠虾 *Siriella trispina* Ii, 1964

分布：中国沿海；日本。

端足目 Amphipoda

科洛亚目 Colomastigidea

科洛下目 Colomastigida

科洛小目 Colomastigidira

科洛钩虾总科 Colomastigoidea Stebbing, 1899

科洛钩虾科 Colomastigidae Stebbing, 1899

1. 科洛钩虾属 *Colomastix* Grube, 1861

(1) 长尾科洛钩虾 *Colomastix longicaudata* Ren, 2006

分布：南海。

(2) 小刺科洛钩虾 *Colomastix minispinosa* Ren, 2006

分布：南海。

2. 尾掌钩虾属 *Yulumara* J. L. Barnard, 1972

(1) 齿尾掌钩虾 *Yulumara dentata* Ren, 2006

分布：南海。

棘尾亚目 Senticaudata

跳钩虾下目 Talitrida

跳钩虾小目 Talitridira

跳钩虾总科 Talitroidea Rafinesque, 1815

跳钩虾科 Talitridae Rafinesque, 1815

1. 扁跳钩属 *Platorchestia* Bousfield, 1982

(1) 板扁跳钩虾 *Platorchestia platensis* (Krøyer, 1845)

同物异名：*Orchestia platensis* Krøyer, 1845

分布：中国海域；太平洋，大西洋，地中海。

2. 华跳钩虾属 *Sinorchestia* Miyamoto & Morino, 1999

(1) 中国华跳钩虾 *Sinorchestia sinensis* (Chilton, 1925)

同物异名：*Talorchestia sinensis* Chilton, 1925
分布：东海，南海。

(2) 台湾华跳钩虾 *Sinorchestia taiwanensis* Miyamoto & Morino, 1999

分布：南海，台湾岛。

3. 愚钩虾属 *Talorchestia* Dana, 1852

(1) 马氏愚钩虾 *Talorchestia martensii* (Weber, 1892)

同物异名：*Orchestia martensii* Weber, 1892
分布：南海；印度尼西亚，印度，红海，马达加斯加。

(2) 棉兰老愚钩虾 *Talorchestia mindorensis* Oleröd, 1970

分布：东海，台湾岛，南海；菲律宾，马来西亚，印度尼西亚。

玻璃钩虾总科 Hyaloidea Bulycheva, 1957

奇尔顿钩虾科 Chiltoniidae J. L. Barnard, 1972

1. 非奇钩虾属 *Afrochiltonia* K. H. Barnard, 1955

(1) 角非奇钩虾 *Afrochiltonia capensis* (K. H. Barnard, 1916)

同物异名：*Chiltonia capensis* K. H. Barnard, 1916
分布：南海；南非。

多棘钩虾科 Dogielinotidae Gurjanova, 1953

1. 异跳钩虾属 *Allorchestes* Dana, 1849

(1) 贝拉异跳钩虾 *Allorchestes bellabella* J. L. Barnard, 1974

同物异名：*Allorchestes angustus* J. L. Barnard, 1954; *Allorchestes subcarinata* Bousfield, 1981
分布：黄海。

2. 泵钩虾属 *Haustorioides* Oldevig, 1958

(1) 大泵钩虾 *Haustorioides magnus* Bousfield & Tzvetkova, 1982

分布：渤海，黄海；日本，俄罗斯。

(2) 潮间拟泵钩虾 *Haustorioides littoralis* (Ren, 2006)

同物异名：*Parhaustorioides littoralis* Ren, 2006
分布：南海。

玻璃钩虾科 Hyalidae Bulyčeva, 1957

1. 阿波玻璃钩虾属 *Apohyale* Bousfield & Hendrycks, 2002

(1) 大角阿波玻璃钩虾 *Apohyale grandicornis* (Krøyer, 1845)

分布：渤海，黄海，南海；日本，新西兰，智利，南非，南太平洋。

2. 玻璃钩虾属 *Hyale* Rathke, 1836

(1) 香港玻璃钩虾 *Hyale hongkongensis* Ren, 2012

分布：香港。

3. 明钩虾属 *Parhyale* Stebbing, 1897

(1) 夏威夷明钩虾 *Parhyale hawaiensis* (Dana, 1853)

同物异名：*Allorchestes hawaiensis* Dana, 1853; *Hyale brevipes* Chevreux, 1901; *Hyale hawaiensis* (Dana,

1853); *Parhyale trifoliadens* Kunkel, 1910
分布：南海；太平洋，印度洋，大西洋。

(2) 小掌明钩虾 *Parhyale micromanus* Ren, 2012

分布：南海。

4. 原玻璃钩虾属 *Protohyale* Bousfield & Hendrycks, 2002

(1) 多氏原玻璃钩虾 *Protohyale* (*Protohyale*) *dollfusi* (Chevreux, 1911)

分布：渤海，黄海，南海；日本，北非，地中海。

(2) 施氏原玻璃钩虾 *Protohyale* (*Protohyale*) *schmidtii* (Heller, 1866)

同物异名：*Hyale microphthalmus* Spence Bate, 1862
分布：渤海，黄海，南海；朝鲜，日本，地中海，北大西洋，西非。

5. 羽钩虾属 *Ptilohyale* Bousfield & Hendrycks, 2002

(1) 胡须羽钩虾 *Ptilohyale barbicornis* (Hiwatari & Kajihara, 1981)

同物异名：*Hyale barbicornis* Hiwatari & Kajihara, 1981。
分布：渤海，黄海，南海；日本。

蜾蠃蜚下目 Corophiida

蜾蠃蜚小目 Corophiidira

刀钩虾总科 Aoroidea Stebbing, 1899

刀钩虾科 Aoridae Stebbing, 1899

1. 刀钩虾属 *Aoroides* Walker, 1898

(1) 哥伦比亚刀钩虾 *Aoroides columbiae* Walker, 1898

分布：黄海；日本，夏威夷群岛，东太平洋。

(2) 长节刀钩虾 *Aoroides longimerus* Ren & Zheng, 1996

分布：南海。

2. 舟钩虾属 *Bemlos* Shoemaker, 1925

(1) 等肢舟钩虾 *Bemlos aequimanus* (Schellenberg, 1938)

同物异名：*Lembos aequimanus* Schellenberg, 1938
分布：南海，南沙群岛；斐济，夏威夷群岛，马来西亚，印度尼西亚，马达加斯加。

(2) 海南舟钩虾 *Bemlos hainanensis* Ren, 2006

分布：南海。

(3) 长毛舟钩虾 *Bemlos longisetis* Ren, 2006

分布：南海。

(4) 四肢舟钩虾 *Bemlos quadrimanus* (Sivaprakasam, 1970)

同物异名：*Lembos quadrimanus* Sivaprakasam, 1970
分布：南海；印度。

(5) 大王舟钩虾 *Bemlos regius* Myers, 1985

分布：南海；斐济。

3. 球舟钩虾属 *Globosolembos* Myers, 1985

(1) 凹球舟钩虾 *Globosolembos excavatus* (Myers, 1975)

同物异名：*Lembos excavatus* Myers, 1975
分布：南海；澳大利亚，南太平洋，马达加斯加，东非。

(2) 福兰克球舟钩虾 *Globosolembos francanni* (D.M. Reid, 1951)

同物异名：*Lembos francanni* D. M. Reid, 1951
分布：南海；西非。

(3) 条球舟钩虾 *Globosolembos leapakahi* (J. L. Barnard, 1970)

同物异名：*Lembos leapakahi* J. L. Barnard, 1970
分布：南海；夏威夷群岛，印度。

(4) 长刺球舟钩虾 *Globosolembos longispinosus* Ren, 2006

分布：南海。

(5) 卵球舟钩虾 *Globosolembos ovatus* (Myers, 1985)

同物异名：*Lembos ovatus* Myers, 1985
分布：南海；斐济。

4. 大螯蜚属 *Grandidierella* Coutiere, 1904

(1) 毛大螯蜚 *Grandidierella gilesi* Chilton, 1921

分布：南海；越南，马来西亚，印度尼西亚，印度，马达加斯加。

(2) 日本大螯蜚 *Grandidierella japonica* Stephensen, 1938

分布：渤海，黄海，东海；日本，澳大利亚，东北太平洋。

(3) 巨齿大螯蜚 *Grandidierella macronyx* K. H. Barnard, 1935

分布：南海；印度。

(4) 巨大螯蜚 *Grandidierella megnae* (Giles, 1890)

同物异名：*Microdentopus negnae* Giles, 1890
分布：东海，南海及内陆湖；印度洋。

5. 对大螯钩虾属 *Paragrandidierella* Ariyama, 2002

(1) 小型对大螯钩虾 *Paragrandidierella minima* Ariyama, 2002

分布：南海；日本。

(2) 单齿对大螯钩虾 *Paragrandidierella unidentata* (Ren, 2006)

分布：南海。

6. 掌钩虾属 *Xenocheira* Haswell, 1879

(1) 长毛异掌钩虾 *Xenocheira longisetosa* Ren, 2006

分布：南海。

螺蠃蜚总科 Corophioidea Leach, 1814

藻钩虾科 Ampithoidae Boeck, 1871

1. 藻钩虾属 *Ampithoe* Leach, 1814

(1) 宽角藻钩虾 *Ampithoe platycera* Sivaprakasam, 1970

分布：南海，南沙群岛；马来西亚，印度尼西亚，印度。

(2) 雷氏藻钩虾 *Ampithoe ramondi* Audouin, 1826

分布：南海，南沙群岛；夏威夷群岛，斐济。

(3) 强壮藻钩虾 *Ampithoe valida* Smith, 1873

分布：中国海域；朝鲜，日本，美国，大西洋东岸，东北太平洋。

2. 肠形钩虾属 *Biancolina* Della Valle, 1893

(1) 藻肠形钩虾 *Biancolina algicola* Della Valle, 1893)

分布：南海；斐济，马来西亚，印度尼西亚，夏威夷群岛。

3. 浪钩虾属 *Cymadusa* Savigny, 1816

(1) 小指浪钩虾 *Cymadusa brevidactyla* (Chevreux, 1907)

同物异名：*Grubia brevidactyla* Chevreux, 1907
分布：南海，南沙群岛；斐济，马来西亚，印度尼西亚，印度，马达加斯加，西非。

(2) 线浪钩虾 *Cymadusa filosa* Savigny, 1816

分布：南海，南沙群岛；印度，马达加斯加，地中海，红海。

(3) 小叶浪钩虾 *Cymadusa microphthalma* (Chevreux, 1901)

同物异名：*Grubia microphthalma* Chevreux, 1901
分布：南海；印度，印度洋。

(4) 滩浪钩虾 *Cymadusa vadosa* Imbach, 1967

分布：南海。

4. 乐园钩虾属 *Paradusa* Ruffo, 1969

(1) 毛里乐园钩虾 *Paradusa mauritiensis* Ledoyer, 1978

分布：南海，南沙群岛；印度洋，马达加斯加。

5. 拟掘钩虾属 *Paragrubia* Chevreux, 1901

(1) 宽足拟掘钩虾 *Paragrubia latipoda* Ren, 2001

分布：南海。

(2) 掌拟掘钩虾 *Paragrubia vorax* Chevreux, 1901

分布：南海，南沙群岛；夏威夷群岛，斐济，马达加斯加。

6. 贪钩虾属 *Pleonexes* Spence Bate, 1857

(1) 拉氏贪钩虾 *Pleonexes kulafi* (J. L. Barnard, 1970)

分布：南海，南沙群岛；印度-西太平洋，印度洋。

7. 日藻钩虾属 *Sunamphitoe* Spence Bate, 1857

(1) 东方日藻钩虾 *Sunamphitoe orientalis* (Dana, 1853)

同物异名：*Amphithoe orientalis* (Dana, 1853)
分布：南海；日本，夏威夷群岛，斐济。

(2) 毛日藻钩虾 *Sunamphitoe plumosa* Stephensen, 1944

分布：渤海，黄海，南海；日本。

蜾蠃蜚科 Corophiidae Leach, 1814

1. 巨亮钩虾属 *Cheiriphotis* Walker, 1904

(1) 地中海巨亮钩虾 *Cheiriphotis mediterranea* Myers, 1983

分布：东海，南海；地中海。

(2) 大螯巨亮钩虾 *Cheiriphotis megacheles* (Giles, 1885)

同物异名：*Melita megacheles* Giles, 1885
分布：东海，南海；印度洋，印度，南非，马来群岛。

2. 蜾蠃蜚属 *Corophium* Latreille, 1806

(1) 齿蜾蠃蜚 *Corophium denticulatum* Ren, 1995

分布：渤海，黄海。

3. 秦蜾蠃蜚属 *Sinocorophium* Bousfield & Hoover, 1997

(1) 中华秦蜾蠃蜚 *Sinocorophium sinensis* (Zhang, 1974)

同物异名：*Corophium sinensis* Zhang, 1974
分布：渤海，黄海，东海，南海。

麦秆虫小目 Caprellidira

麦秆虫总科 Caprelloidea Leach, 1814

麦秆虫科 Caprellidae Leach, 1814

1. 麦秆虫属 *Caprella* Lamarck, 1801

(1) 长颈麦秆虫 *Caprella equilibra* Say, 1818

同物异名：*Caprella aequilibra* (Say, 1818); *Caprella esmarckii* Boeck, 1861; *Caprella laticornis* (Boeck)
分布：渤海，黄海，东海，南海；世界广布。

(2) 背棘麦秆虫 *Caprella scaura* Templeton, 1836

同物异名：*Caprella cornuta* f. *obtusirostris* Dana, 1853; *Caprella nodosa* Templeton, 1836; *Caprella scaura* f. *cornuta* Mayer, 1890; *Caprella scaura* f. *diceros* Mayer, 1890; *Caprella scaura* f. *hamata* Utinomi, 1947; *Caprella scaura* f. *typica* Mayer, 1890
分布：中国沿海；日本，澳大利亚，南非，巴西，智利。

地钩虾科 Podoceridae Leach, 1814

1. 寡尾肢钩虾属 *Leipsurops* Stebbing, 1899

(1) 华寡尾肢钩虾 *Leipsuropus sinensis* Ren, 2012

分布：渤海，东海。

2. 地钩虾属 *Podocerus* Leach, 1814

(1) 巴西地钩虾 *Podocerus brasiliensis* (Dana, 1853)

分布：南海；夏威夷群岛，印度，斯里兰卡，南非。

(2) 角地钩虾 *Podocerus cornutus* Ren, 2012

分布：南海。

(3) 泥地钩虾 *Podocerus inconspicuus* (Stebbing, 1888)

同物异名：*Platophium inconspicuum* Stebbing, 1888; *Podocerus palinuri* K. H. Barnard, 1916

分布：南海；澳大利亚，日本，新西兰，印度洋，南非。

(4) 马达加斯加地钩虾 *Podocerus madagascarensis* Ledoyer, 1986

分布：南海；马达加斯加。

(5) 瘤突地钩虾 *Podocerus tuberculosus* Ren, 1992

分布：黄海。

微原足钩虾总科 Microprotopoidea Myers & Lowry, 2003

盾钩虾科 Priscomilitaridae Hirayama, 1988

1. 拟亮钩虾属 *Paraphotis* Ren, 1997

(1) 中华拟亮钩虾 *Paraphotis sinensis* Ren, 1997

分布：渤海，黄海，南海。

亮钩虾总科 Photoidea Boeck, 1871

壮角钩虾科 Ischyroceridae Stebbing, 1899

1. 管居蜚属 *Cerapus* Say, 1817

(1) 长额管居蜚 *Cerapus longirostris* Shen, 1936

分布：黄海，东海；日本。

(2) 细管居蜚 *Cerapus tubularis* Say, 1817

分布：渤海，东海；美国，日本，印度，斯里兰卡，马来西亚，印度尼西亚，澳大利亚，地中海，马达加斯加，南非，北太平洋，大西洋沿岸。

2. 安碧蜚属 *Ambicholestes* Just, 1998

(1) 南沙安碧蜚 *Ambicholestes nanshaensis* (Ren, 2006)

分布：南海。

3. 埃蜚属 *Ericthonius* H. Milne Edward, 1830

(1) 巴西埃蜚 *Ericthonius brasiliensis* (Dana, 1853)

同物异名：*Cerapus brasiliensis* (Dana, 1853); *Cerapus rapax* (Stimpson, 1857); *Erichthonius brasiliensis* (Dana, 1853); *Ericthonius bidens* Costa, 1853; *Ericthonius difformis* Spence Bate, 1857; *Ericthonius disjunctus* Stout, 1913; *Ericthonius latimanus* Grube, 1864; *Ericthonius minax* S. I. Smith, 1873; *Ericthonius rapax* Stimpson, 1857

分布：黄海，东海，南海；黑海，日本，夏威夷群岛，太平洋，印度洋，大西洋，欧洲海域，地中海，西印度洋。

(2) 好斗埃蜚 *Ericthonius pugnax* (Dana, 1852)

同物异名：*Ericthonius macrodactylus* Dana, 1852

分布：东海，南海；阿拉伯海，澳大利亚，日本，马达加斯加，新西兰，印度尼西亚，毛里求斯，萨武海，斯里兰卡。

4. 叶钩虾属 *Jassa* Leach, 1814

(1) 镰形叶钩虾 *Jassa falcata* (Montagu, 1808)

同物异名：*Cancer* (*Gammarus*) *falcatus* Montagu, 1808; *Cerapus falcata* Montagu; *Jassa pulchella* Leach, 1814; *Podocerus falcatus* (Montagu, 1808)
分布：黄海；黑海。

(2) 理石叶钩虾 *Jassa marmorata* Holmes, 1905

同物异名：*Jassa falcate* Chevreux & Fage, 1925
分布：渤海，黄海，南海；黑海，澳大利亚，新西兰，阿根廷，智利，美国阿拉斯加东南部，加拿大大不列颠哥伦比亚沿岸。

5. 微叶钩虾属 *Microjassa* Stebbing, 1899

(1) 昆布兰微叶钩虾 *Microjassa cumbrensis* (Stebbing & Robertson, 1891)

同物异名：*Microjassa constantinopolitanus* Sowinsky, 1897; *Microjassa falcatiformis* Sowinsky, 1897; *Podoceropsis cumbrensis* (Stebbing & Robertson, 1891)
分布：南海；日本，地中海，英国，法国。

6. 喙管栖蜚属 *Rhinoecetes* Just, 1983

(1) 强壮喙管栖蜚 *Rhinoecetes robustus* Just, 1983

分布：黄海；澳大利亚。

7. 老叶钩虾属 *Ventojassa* J. L. Barnard, 1970

(1) 风老叶钩虾 *Ventojassa ventosa* (J. L. Barnard, 1962)

分布：南海；墨西哥，斐济，马达加斯加，地中海。

卡马钩虾科 Kamakidae Myers & Lowry, 2003

1. 阿洛钩虾属 *Aloiloi* J. L. Barnard, 1970

(1) 新阿洛钩虾 *Aloiloi nenue* (J. L. Barnard, 1970)

分布：南海；夏威夷群岛，马达加斯加。

2. 卡马钩虾属 *Kamaka* Derzhavin, 1923

(1) 齿掌卡马钩虾 *Kamaka biwae* Uéno, 1943

分布：渤海，黄海；日本。

(2) 潮间卡马钩虾 *Kamaka littoralis* Ren, 2006

分布：南海。

3. 莱氏钩虾属 *Ledoyerella* Myers, 1973

(1) 刺莱氏钩虾 *Ledoyerella spinosa* Ren, 2006

分布：东海，南海。

亮钩虾科 Photidae Boeck, 1871

1. 多亮钩虾属 *Dodophotis* G. Karaman, 1985

(1) 指多亮钩虾 *Dodophotis digitata* (K. H. Barnard, 1935)

同物异名：*Photis digitata* K. H. Barnard, 1935
分布：东海，南海；印度，大西洋。

2. 拟钩虾属 *Gammaropsis* Lilljeborg, 1855

(1) 指拟钩虾 *Gammaropsis digitata* (Schellenberg, 1938)

同物异名：*Eurystheus digitatus* Schellenberg, 1938
分布：南海，南沙群岛；夏威夷群岛，斐济，马来西亚，印度尼西亚，印度。

(2) 日本拟钩虾 *Gammaropsis japonica* (Nagata, 1961)

同物异名：*Eurystheus japonicus* Nagata, 1961
分布：中国海域；日本。

(3) 平掌拟钩虾 *Gammaropsis laevipalmata* Ren, 1992

分布：黄海。

(4) 刘氏拟钩虾 *Gammaropsis liuruiyui* Ren, 1992

分布：黄海，东海。

(5) 三刺拟钩虾 *Gammaropsis trispinosus* (Ren, 2006)

分布：黄海，东海。

3. 异板钩虾属 *Megamphopus* Norman, 1869

(1) 海南异板钩虾 *Megamphopus hainanensis* **Ren, 2006**

分布：南海。

4. 亮钩虾属 *Photis* Kroyer, 1842

(1) 窄掌亮钩虾 *Photis angustimanus* **Ren, 2006**

分布：南海。

(2) 夏威夷亮钩虾 *Photis hawaiensis* (Barnard, 1955)

分布：黄海，东海，南海；夏威夷群岛。

(3) 方齿亮钩虾 *Photis kapapa* **J. L. Barnard, 1970**

分布：东海，南海；夏威夷群岛，地中海，南非。

(4) 长尾亮钩虾 *Photis longicaudata* (Spence **Bate & Westwood, 1862**)

同物异名：*Eiscladus longicaudatus* Spence Bate & Westwood, 1862
分布：中国海域；日本，马来西亚，印度尼西亚，印度洋，红海，西南非洲，大西洋。

(5) 寒亮钩虾 *Photis reinhardi* Krøyer, 1842

分布：东海；白令海，东北太平洋，北大西洋。

(6) 中国亮钩虾 *Photis sinensis* **Ren, 2006**

分布：渤海，黄海，东海。

(7) 珠江亮钩虾 *Photis zhujiangensis* **Ren, 2006**

分布：南海。

哈德钩虾下目 Hadziida

哈德钩虾小目 Hadziidira

卡利钩虾总科 Calliopioidea Sars, 1895

强螯钩虾科 Cheirocratidae d'Udekem d'Acoz, 2010

1. 强螯钩虾属 *Cheirocarpochela* Ren & Andres, 2006

(1) 中华强螯钩虾 *Cheirocarpochela sinica* **Ren & Andres, 2006**

分布：南海。

拟角钩虾科 Hornelliidae d'Udekem d'Acoz, 2010

1. 拟角钩虾属 *Hornellia* Walker, 1904

(1) 疑拟角钩虾 *Hornellia* (*Hornellia*) *incerta* **Walker, 1904**

分布：南海；印度洋，印度，马达加斯加。

(2) 海南拟角钩虾 *Hornellia* (*Metaceradocus*) *hainanensis* **Ren & Andres, 2006**

分布：南海。

大尾钩虾科 Megaluropidae Thomas & Barnard, 1986

1. 大尾钩虾属 *Megaluropus* Hoek, 1889

(1) 敏捷大尾钩虾 *Megaluropus agilis* **Hoek, 1889**

分布：南海。

海钩虾科 Pontogeneiidae Stebbing, 1906

1. 双佳钩虾属 *Eusiroides* Stebbing, 1888

(1) 双佳钩虾 *Eusiroides diplonyx* **Walker, 1909**

分布：南海；夏威夷群岛，马来西亚，印度尼西亚，马达加斯加，南非。

2. 海钩虾属 *Pontogeneia* Boeck, 1871

(1) 潮间海钩虾 *Pontogeneia littorea* Ren, 1992

分布：黄海。

(2) 寡毛海钩虾 *Pontogeneia oligoseta* Ren, 2012

分布：南海。

(3) 吻突海钩虾 *Pontogeneia rostrata* Gurjanova, 1938

分布：南海；日本，白令海，俄罗斯远东海域，美国南加利福尼亚。

哈德钩虾总科 Hadzioidea S. Karaman, 1943 (Bousfield, 1983)

毛钩虾科 Eriopisidae Lowry & Myers, 2013

1. 毛钩虾属 *Eriopisa* Stebbing, 1890

(1) 长毛钩虾 *Eriopisa elongata* (Bruzelius, 1859)

分布：南海；北冰洋，北大西洋，北海，地中海。

(2) 刘张长毛钩虾 *Eriopisa liuzhangi* Ren in Ren & Sha, 2016

同物异名：*Eriopisa incisa* Liu, Zhang & Ren, 2012 in Ren, 2012
分布：南海。

2. 泥钩虾属 *Eriopisella* Chevreux, 1920

(1) 塞切尔泥钩虾 *Eriopisella sechellensis* (Chevreux, 1901)

同物异名：*Eriopisa sechellensis* Chevreux, 1901
分布：渤海，黄海，东海；日本，马来西亚，印度尼西亚，印度，马达加斯加。

(2) 下泥钩虾 *Eriopisella upolu* J.L. Barnard, 1970

分布：东海，南海；夏威夷群岛，澳大利亚。

3. 胜利钩虾属 *Victoriopisa* Karaman & Barnard, 1979

(1) 长尾胜利钩虾 *Victoriopisa chilkensis* (Chilton, 1921)

分布：南海；印度，马达加斯加。

细身钩虾科 Maeridae Krapp-Schickel, 2008

1. 角钩虾属 *Ceradocus* Costa, 1853

(1) 夏威夷角钩虾 *Ceradocus* (*Denticeradocus*) *hawaiensis* J. L. Barnard, 1955

分布：南海；夏威夷群岛，澳大利亚，马达加斯加，毛里求斯。

(2) 光滑角钩虾 *Ceradocus* (*Ceradocus*) *laevis* Oleröd, 1970

分布：南海；马来西亚，印度尼西亚。

(3) 南海角钩虾 *Ceradocus nanhaiensis* Ren, 2012

分布：南海。

(4) 红斑角钩虾 *Ceradocus* (*Denticeradocus*) *rubromaculatus* (Stimpson, 1855)

同物异名：*Ceradocus rubromaculatus* (Stimpson, 1855)
分布：南海；南非，斐济，中太平洋，马来西亚，印度尼西亚，澳大利亚，新西兰，印度洋，红海。

(5) 锯齿角钩虾 *Ceradocus* (*Denticeradocus*) *serratus* (Spence Bate, 1862)

分布：南海；菲律宾，澳大利亚。

2. 似角钩虾属 *Ceradomaera* Ledoyer, 1973

(1) 毛似角钩虾 *Ceradomaera plumosa* Ledoyer, 1973

同物异名：*Maera multispinosa* Ledoyer, 1982; *Maera*

othonides Walker, 1904

分布：南海；印度，马达加斯加，斯里兰卡。

3. 片钩虾属 *Elasmopus* Costa, 1853

(1) 宽齿片钩虾 *Elasmopus hooheno* J. L. Barnard, 1970

分布：东海，南海；夏威夷群岛，马来西亚，印度尼西亚，美国加利福尼亚。

(2) 南沙片钩虾 *Elasmopus nanshaensis* Ren, 1998

分布：南海。

(3) 梳齿片钩虾 *Elasmopus pectenicrus* (Spence Bate, 1862)

同物异名：*Elasmopus serrula* Walker, 1904
分布：东海，南海；澳大利亚，巴西，埃及，印度洋，印度尼西亚，马达加斯加，加勒比海，以色列，地中海，巴布亚新几内亚，毛里求斯，南非，斯里兰卡，美国，北大西洋。

(4) 杯掌片钩虾 *Elasmopus pocillimanus* (Spence Bate, 1862)

同物异名：*Elasmopus brevicaudata* Heller, 1867; *Maera pocillimanus* Spence Bate, 1862
分布：南海；澳大利亚，马达加斯加，北大西洋，毛里求斯，美国，墨西哥，百慕大群岛，地中海，非洲西南部。

(5) 假死片钩虾 *Elasmopus pseudaffinis* Schellenberg, 1938

分布：南海；澳大利亚，马达加斯加，北太平洋，毛里求斯。

(6) 凶猛片钩虾 *Elasmopus rapax* Costa, 1853

同物异名：*Elasmopus affinis* Della Valle, 1893; *Elasmopus congoensis* Shoemaker, 1920; *Gammarus brevicaudatus* Milne-Edwards, 1830; *Maera brevicaudata* (Spence Bate, 1862); *Megamoera brevicaudata* Spence Bate, 1862
分布：南海；那不勒斯湾，意大利，澳大利亚，北

大西洋，红海，地中海，马来西亚，印度尼西亚，美国加利福尼亚。

(7) 刺腕片钩虾 *Elasmopus spinicarpus* Berents, 1983

分布：南海；澳大利亚。

(8) 刺指片钩虾 *Elasmopus spinidactylus* Chevreux, 1907

分布：南海；夏威夷群岛，马达加斯加，斐济，加勒比海。

(9) 刺掌片钩虾 *Elasmopus spinimanus* Walker, 1904

分布：南海；马达加斯加，斐济，马来西亚，印度尼西亚。

4. 细身钩虾属 *Maera* Leach, 1814

(1) 达纳细身钩虾 *Maera danae* (Stimpson, 1853)

同物异名：*Maera dubia* Calman, 1898; *Maera prionochira* Bruggen, 1907
分布：渤海，黄海；俄罗斯远东海域，北美洲，东欧。

(2) 赫氏细身钩虾 *Maera hirondellei* Chevreux, 1900

分布：黄海，东海，南海；地中海，大西洋。

(3) 刺掌细身钩虾 *Maera spinimana* Ren, 2012

分布：南海，东海。

5. 细小钩虾属 *Mallacoota* Barnard, 1972

(1) 唯细小钩虾 *Mallacoota insignis* (Chevreux, 1901)

同物异名：*Elasmopus insignis* Chevreux, 1901; *Maera insignis* Chevreux, 1901
分布：南海；斐济，夏威夷群岛，马来西亚，印度尼西亚，马达加斯加，毛里求斯。

(2) 亚峰细小钩虾 *Mallacoota subcarinata* (Haswell, 1879)

同物异名：*Elasmopus subcarinatus* (Haswell, 1879);

Maera subcarinata Haswell, 1880; *Megamoera subcarinata* Haswell, 1879

分布：南海；斐济，夏威夷群岛，马来西亚，印度尼西亚，马达加斯加，毛里求斯。

(3) 单齿细小钩虾 *Mallacoota unidentata* Ren, 1998

分布：南海。

6. 近片钩虾属 *Parelasmopus* Stebbing, 1888

(1) 琴近片钩虾 *Parelasmopus echo* J. L. Barnard, 1972

分布：南海；澳大利亚。

(2) 毛近片钩虾 *Parelasmopus setiger* Chevreux, 1901

分布：南海；澳大利亚，菲律宾。

7. 四眼钩虾属 *Quadrivisio* Stebbing, 1907

(1) 本格拉四眼钩虾 *Quadrivisio bengalensis* Stebbing, 1907

分布：南海；斐济，印度，肯尼亚，斯里兰卡，泰国。

马耳他钩虾科 Melitidae Bousfield, 1973

1. 阿马钩虾属 *Abludomelita* Karaman, 1981

(1) 短节阿马钩虾 *Abludomelita breviarticulata* (Ren, 2012)

同物异名：*Melita breviarticulata* Ren, 2012
分布：黄海。

(2) 黄海阿马钩虾 *Abludomelita huanghaiensis* (Ren, 2012)

同物异名：*Melita huanghaiensis* Ren, 2012
分布：黄海。

(3) 圆指阿马钩虾 *Abludomelita rotundactyla* (Ren, 2012)

同物异名：*Megamoera aequidentatum* Labay, 2013;
Melita rotundactyla Ren, 2012
分布：黄海。

2. 长螯钩虾属 *Dulichiella* Stout, 1912

(1) 悬生长螯钩虾 *Dulichiella appendiculata* (Say, 1818)

同物异名：*Gammarus appendiculatus* Say, 1818 (basionym); *Melita appendiculata* (Say, 1818); *Melita dentata* (Kroyer, 1842)
分布：东海，南海；夏威夷群岛，日本，马来西亚，印度尼西亚，菲律宾，斯里兰卡，印度，墨西哥，南非。

3. 马耳他钩虾属 *Melita* Leach, 1814

(1) 阿氏马耳他钩虾 *Melita alluaudi* Ledoyer, 1982

分布：南海；马达加斯加。

(2) 东海马耳他钩虾 *Melita donghaiensis* Ren, 2012

分布：东海。

(3) 海南马耳他钩虾 *Melita hainanensis* Ren & Andres, 2012 in Ren, 2012

分布：南海。

(4) 霍氏马耳他钩虾 *Melita hoshinoi* Yamato, 1990

分布：东海；日本。

(5) 朝鲜马耳他钩虾 *Melita koreana* Stephensen, 1944

分布：渤海，黄海，东海，南海；朝鲜半岛，日本。

(6) 宽鞭马耳他钩虾 *Melita latiflagella* Ren & Andres, 2012 in Ren, 2012

分布：南海。

(7) 长指马耳他钩虾 *Melita longidactyla* Hirayama, 1987

分布：渤海，黄海，东海；日本。

(8) 胖马耳他钩虾 *Melita orgasmos* K. H. Barnard, 1940

分布：南海；印度，东非。

(9) 卢氏马耳他钩虾 *Melita rylovae* Bulyčeva, 1955

分布：渤海，黄海；日本。

(10) 毛鞭马耳他钩虾 *Melita setiflagella* Yamato, 1988

分布：南海；日本。

钩虾下目 Gammarida

钩虾小目 Gammaridira

钩虾总科 Gammaroidea Latreille, 1802 (Bousfield, 1977)

异钩虾科 Anisogammaridae Bousfield, 1977

1. 原钩虾属 *Eogammarus* Birstein, 1933

(1) 胖掌原钩虾 *Eogammarus turgimanus* (Shen, 1955)

同物异名：*Anisogammarus* (*Eogammarus*) *turgimanus* Shen, 1955
分布：东海。

矛钩虾亚目 Amphilochidea

矛钩虾下目 Amphilochida

颚足钩虾小目 Maxillipiidira

颚足钩虾总科 Maxillipioidea Ledoyer, 1973

颚足钩虾科 Maxillipiidae Ledoyer, 1973

1. 颚足钩虾属 *Maxillipius* Ledoyer, 1973

(1) 直尾颚足钩虾 *Maxillipius rectitelson* Ledoyer, 1973

分布：南海；澳大利亚，马达加斯加。

合眼钩虾小目 Oedicerotidira

合眼钩虾总科 Oedicerotoidea Lilljeborg, 1865

合眼钩虾科 Oedicerotidae Lilljeborg, 1865

1. 周眼钩虾属 *Perioculodes* Sars, 1895

(1) 东海周眼钩虾 *Perioculodes donghaiensis* Ren, 2012

分布：东海。

(2) 长指周眼钩虾 *Perioculodes longidactyla* Ren, 2012

分布：南海。

2. 蚤钩虾属 *Pontocrates* Boeck, 1871

(1) 极地蚤钩虾 *Pontocrates altamarinus* (Spence Bate & Westwood, 1862)

同物异名：*Kroyera altamarina* Spence Bate & Westwood, 1862
分布：渤海，黄海；日本，欧洲海域。

3. 华眼钩虾属 *Sinoediceros* Shen, 1955

(1) 同掌华眼钩虾 *Sinoediceros homopalmatus* Shen, 1955

分布：渤海，黄海，东海。

仿美钩虾科 Paracalliopiidae Barnard & Karaman, 1982

1. 仿美钩虾属 *Paracalliope* Stebbing, 1899

(1) 洞仿美钩虾 *Paracalliope karitane* J. L. Barnard, 1972

分布：南海；新西兰。

美钩虾小目 Eusiridira

美钩虾总科 Eusiroidea Stebbing, 1888

美钩虾科 Eusiridae Stebbing, 1888

1. 美钩虾属 *Eusirus* Krøyer, 1845

(1) 长肢美钩虾 *Eusirus longipes* Boeck, 1861

分布：黄海；日本南部，东大西洋，欧洲海岸。

利尔钩虾总科 Liljeborgioidea Stebbing, 1899

利尔钩虾科 Liljeborgiidae Stebbing, 1899

1. 伊氏钩虾属 *Idunella* G. O. Sars, 1894

(1) 齿掌伊氏钩虾 *Idunella chilkensis* Chilton, 1921

同物异名：*Listriella chilkensis* (Chilton, 1921)
分布：渤海，黄海，东海。

(2) 弯指伊氏钩虾 *Idunella curvidactyla* Nagata, 1965

同物异名：*Listriella curvidactyla* (Nagata, 1965)
分布：渤海，黄海，东海。

(3) 畸伊氏钩虾 *Idunella janisae* (Imbach, 1967)

同物异名：*Listriella janisae* Imbach, 1967
分布：渤海，南海。

(4) 息伊氏钩虾 *Idunella pauli* (Imbach, 1967)

同物异名：*Listriella pauli* Imbach, 1967
分布：南海。

(5) 锯齿伊氏钩虾 *Idunella serra* (Imbach, 1967)

同物异名：*Listriella serra* Imbach, 1967
分布：中国海域。

2. 利尔钩虾属 *Liljeborgia* Spence Bate, 1862

(1) 厚掌利尔钩虾 *Liljeborgia crasspalmata* Ren, 2012

分布：南海。

(2) 日本利尔钩虾 *Liljeborgia japonica* Nagata, 1965

分布：东海，南海；日本。

(3) 瘦掌利尔钩虾 *Liljeborgia laniloa* J. L. Barnard, 1970

分布：南海；夏威夷群岛。

(4) 长指利尔钩虾 *Liljeborgia longidactyla* Ren, 2012

分布：南海。

(5) 足脊利尔钩虾 *Liljeborgia podocristata* Ren, 2012

分布：南海。

(6) 锯齿利尔钩虾 *Liljeborgia serrata* Nagata, 1965

分布：渤海，黄海，东海，南海；日本。

(7) 中华利尔钩虾 *Liljeborgia sinica* Ren, 1992

分布：黄海，东海。

(8) 单齿利尔钩虾 *Liljeborgia unidentata* Ren, 2012

分布：南海。

矛钩虾小目 Amphilochidira

矛钩虾总科 Amphilochoidea Boeck, 1871

矛钩虾科 Amphilochidae Boeck, 1871

1. 离钩虾属 Apolochus Hoover & Bousfield, 2001

(1) 欢乐离钩虾 Apolochus likelike (J. L. Barnard, 1970)

分布：南海；夏威夷群岛。

(2) 短板离钩虾 Apolochus menehune (J. L. Barnard, 1970)

分布：南海；夏威夷群岛，斐济。

(3) 棘离钩虾 Apolochus spencebatei (Stebbing, 1876)

同物异名：Probolium spencebatei Stebbing, 1876
分布：南海。

西普钩虾科 Cyproideidae J. L. Barnard, 1974

1. 西普钩虾属 Cyproidea Haswell, 1880

(1) 强壮西普钩虾 Cyproidea robusta Ren, 2006

分布：南海。

板钩虾科 Stenothoidae Boeck, 1871

1. 板钩虾属 Stenothoe Dana, 1852

(1) 加尔板钩虾 Stenothoe gallensis Walker, 1904

同物异名：Stenothoe irakiensis Salman, 1985
分布：南海；日本，印度，美国，夏威夷群岛，南非，红海，加勒比海，地中海，斯里兰卡。

(2) 齿板钩虾 Stenothoe kaia Myers, 1985

分布：南海；帕劳，斐济。

(3) 强壮板钩虾 Stenothoe haleloke J. L. Barnard, 1970

分布：渤海，黄海。

白钩虾总科 Leucothoidea Dana, 1852

白钩虾科 Leucothoidae Dana, 1852

1. 白钩虾属 Leucothoe Leach, 1814

(1) 翼白钩虾 Leucothoe alata J. L. Barnard, 1959

同物异名：Leucothoe minima Barnard, 1952
分布：南海；日本，美国加利福尼亚。

(2) 鱼狗白钩虾 Leucothoe alcyone Imbach, 1967

分布：南海。

(3) 巴氏白钩虾 Leucothoe bannwarthi (Schellenberg, 1928)

同物异名：Leucothoella bannwarthi Schellenberg, 1928
分布：南海；斐济，马达加斯加，菲律宾，马来西亚，印度尼西亚，印度洋。

(4) 暴白钩虾 Leucothoe furina (Savigny, 1816)

同物异名：Leucothoe hornelli (Walker, 1904)
分布：南海；澳大利亚，红海，地中海，印度洋，西非。

(5) 海南白钩虾 Leucothoe hainanensis Ren, 2012

分布：南海。

(6) 大掌白钩虾 Leucothoe hyhelia J. L. Barnard, 1965

分布：南海；夏威夷群岛，印度尼西亚，马达加斯加，北太平洋，毛里求斯，汤加。

(7) 刺腕白钩虾 Leucothoe spinicarpa (Abildgaard, 1789)

同物异名：Gammarus spinicarpa Abildgaard, 1789

分布：黄海，南海；世界广布。

壮体钩虾总科 Iphimedioidea Boeck, 1871

壮体钩虾科 Iphimediidae Boeck, 1871

1. 圆齿钩虾属 *Coboldus* Krapp-Schickel, 1974

(1) 东方圆齿钩虾 *Coboldus orientalis* Ren, 2012

分布：南海。

2. 壮体钩虾属 *Iphimedia* Rathke, 1843

(1) 小壮体钩虾 *Iphimedia minuta* G. O. Sars, 1883

同物异名：*Panoploea minuta* Stebbing, 1906
分布：黄海，南海；地中海，西非，大西洋。

(2) 南沙壮体钩虾 *Iphimedia nanshaensis* Ren, 2012

分布：南海。

光洁钩虾下目 Lysianassida

辛诺钩虾小目 Synopiidira

长足钩虾总科 Dexaminoidea Leach, 1814

鼻钩虾科 Atylidae Lilljeborg, 1865

1. 鼻钩虾属 *Atylus* Leach, 1815

(1) 东海鼻钩虾 *Atylus donghaiensis* Ren, 2006
分布：东海。

长足钩虾科 Dexaminidae Leach, 1814

1. 微钩虾属 *Guernea* Chevreux, 1887

(1) 长指微钩虾 *Guernea (Prinassus) longidactyla* Hirayama, 1986

分布：南海。

(2) 麦氏微钩虾 *Guernea (Prinassus) mackiei* Hirayama, 1986

分布：东海，南海。

(3) 华微钩虾 *Guernea (Guernea) sinica* Ren, 2006

分布：南海。

(4) 壮微钩虾 *Guernea sombati* Hirayama, 1986

分布：南海。

2. 近长足钩虾属 *Paradexamine* Stebbing, 1899

(1) 侧叶近长足钩虾 *Paradexamine latifolia* Ren, 2006

分布：南海。

(2) 莫桑比克近长足钩虾 *Paradexamine mozambica* Ledoyer, 1979

分布：南海；马达加斯加。

(3) 太平洋近长足钩虾 *Paradexamine pacifica* (Thomson, 1879)

同物异名：*Dexamine pacifica* Thomson, 1879
分布：南海；太平洋，新西兰，澳大利亚。

(4) 小近长足钩虾 *Paradexamine rewa* Myers, 1985

分布：南海；斐济。

(5) 刚毛近长足钩虾 *Paradexamine setigera* Hirayama, 1984

分布：南海。

颚肢钩虾科 Melphidippidae Stebbing, 1899

1. 颚肢钩虾属 *Melphidippa* Boeck, 1871

(1) 弯曲颚肢钩虾 *Melphidippa sinuata* (Nagata, 1965)

分布：东海；日本。

豹钩虾科 Pardaliscidae Boeck, 1871

1. 蜂钩虾属 *Halicoides* Walker, 1896

(1) 宽叶蜂钩虾 *Halicoides latilobata* Ren, 2012

分布：东海，南海。

2. 冷钩虾属 *Nicippe* Bruzelius, 1859

(1) 齿冷钩虾 *Nicippe tumida* Bruzelius, 1859

分布：东海；北大西洋，北冰洋。

辛诺钩虾总科 Synopioidea Dana, 1852

双眼钩虾科 Ampeliscidae Krøyer, 1842

1. 双眼钩虾属 *Ampelisca* Krøyer, 1842

(1) 尖额双眼钩虾 *Ampelisca acutifortata* Ren, 2006

分布：南海。

(2) 翼柄双眼钩虾 *Ampelisca alatopedunculata* Ren, 2006

分布：南海。

(3) 窄叶双眼钩虾 *Ampelisca birulai* Brugeen, 1909

同物异名：*Ampelisca derjugini* Bulyčeva, 1936
分布：黄海，东海；日本。

(4) 博氏双眼钩虾 *Ampelisca bocki* Dahl, 1944

分布：中国海域；日本。

(5) 短角双眼钩虾 *Ampelisca brevicornis* (Costa, 1853)

同物异名：*Araneops brevicornis* Costa, 1853; *Ampelisca bellianus* Spence Bate, 1856
分布：中国海域；太平洋，印度洋，地中海，东北大西洋。

(6) 角眼双眼钩虾 *Ampelisca ceratophoculata* Ren, 2006

分布：南海。

(7) 华双眼钩虾 *Ampelisca chinensis* Imbach, 1969

分布：南海。

(8) 轮双眼钩虾 *Ampelisca cyclops* Walker, 1904

同物异名：*Ampelisca iyoensis* Nagata, 1959
分布：中国海域；日本，印度洋。

(9) 叉刺双眼钩虾 *Ampelisca furcigera* Bulyčeva, 1936

分布：中国海域；俄罗斯远东海域，西北太平洋。

(10) 海南双眼钩虾 *Ampelisca hainanensis* Ren & Andres, 2006

分布：南海。

(11) 河内双眼钩虾 *Ampelisca honmungensis* Imbach, 1969

分布：南海。

(12) 等肢双眼钩虾 *Ampelisca hupferi* Schellenberg, 1925

分布：南海。

(13) 宽额双眼钩虾 *Ampelisca latifrons* Schellenberg, 1925

分布：南海；西非，地中海。

(14) 蟹双眼钩虾 *Ampelisca maia* Imbach, 1969

分布：南海。

(15) 美原双眼钩虾 *Ampelisca miharaensis* Nagata, 1959

分布：中国海域；日本。

(16) 中型双眼钩虾 *Ampelisca miops* K. H. Barnard, 1916

同物异名：*Ampelisca orops* Imbach, 1967
分布：中国海域；马达加斯加，南非。

(17) 三崎双眼钩虾 *Ampelisca misakiensis* Dahl, 1944

分布：中国海域；日本。

(18) 那贺双眼钩虾 *Ampelisca naikaiensis* Nagata, 1959

分布：南海；日本。

(19) 南海双眼钩虾 *Ampelisca nanhaiensis* Ren, 2006

分布：南海。

(20) 南沙双眼钩虾 *Ampelisca nanshaensis* Ren, 1991

分布：南海。

(21) 侏儒双眼钩虾 *Ampelisca pygmaea* Schellenberg, 1938

分布：南沙群岛；斐济，南非。

(22) 窄肢双眼钩虾 *Ampelisca stenopa* Schellenberg, 1925

分布：南海；西非。

(23) 坦氏双眼钩虾 *Ampelisca tansani* Hirayama, 1991

分布：香港，南海。

(24) 盲双眼钩虾 *Ampelisca typlota* Ren, 2006

分布：东海，南海。

2. 沙钩虾属 *Byblis* Boeck, 1871

(1) 窄额沙钩虾 *Byblis angustifrons* Ren, 2006

分布：黄海。

(2) 带毛沙钩虾 *Byblis bandasetus* Ren, 2006

分布：南海。

(3) 双齿沙钩虾 *Byblis bidentatus* Ren, 1998

分布：南海。

(4) 短尾沙钩虾 *Byblis brachyura* Margulis, 1968

分布：东海，南海。

(5) 短节沙钩虾 *Byblis breviarticulate* Ren, 2006

分布：东海，长江口。

(6) 宽板沙钩虾 *Byblis calisto* Imbach, 1969

分布：南海。

(7) 热沙钩虾 *Byblis febris* Imbach, 1969

分布：东海，南海。

(8) 黄海沙钩虾 *Byblis huanghaiensis* Ren, 2006

分布：黄海。

(9) 河神沙钩虾 *Byblis io* Imbach, 1969

分布：南海。

(10) 日本沙钩虾 *Byblis japonicus* Dahl, 1944

分布：渤海，黄海，东海；日本，俄罗斯远东海域。

(11) 长腕沙钩虾 *Byblis kallarthra* Stebbing, 1886

分布：南海；马来西亚，印度尼西亚，新西兰。

(12) 侧脊沙钩虾 *Byblis laterocostatus* Ren, 2006

分布：东海，南海。

(13) 长鞭沙钩虾 *Byblis longiflagelis* Dickinson, 1983

分布：东海，南海。

(14) 泥沙钩虾 *Byblis limus* Ren, 2006

分布：南海。

(15) 微小沙钩虾 *Byblis minuitus* Ren, 2006

分布：南海。

(16) 尖沙钩虾 *Byblis mucronata* pirlot, 1936

分布：南海。

(17) 南沙沙钩虾 *Byblis nanshaensis* Ren, 1998

分布：南海。

(18) 东方沙钩虾 *Byblis orientalis* J. L. Barnard, 1967

分布：黄海，东海，南海；日本。

(19) 圆角沙钩虾 *Byblis ovatocornutus* Ren, 2006

分布：南海。

(20) 羽毛沙钩虾 *Byblis pilosa* Imbach, 1969

分布：黄海，东海，南海。

(21) 皮氏沙钩虾 *Byblis pirloti* Margulis, 1968

分布：南海。

(22) 毛沙钩虾 *Byblis plumosa* Margulis, 1968

分布：南海。

(23) 鼻沙钩虾 *Byblis rhinoceros* Pirlot, 1936

分布：南海；马来西亚，印度尼西亚，地中海。

(24) 锯齿沙钩虾 *Byblis serrata* S. I. Smith, 1873

分布：南海。

(25) 相似沙钩虾 *Byblis similis* Ren, 2006

分布：南海。

(26) 尾刺沙钩虾 *Byblis spinicaudatus* Ren, 2006

分布：南海。

(27) 盲沙钩虾 *Byblis typhlotes* Ren, 2006

分布：南海。

(28) 真沙钩虾 *Byblis verae* Margulis, 1968

分布：南海。

辛诺钩虾科 Synopiidae Dana, 1853

1. 辛诺钩虾属 *Synopia* Dana, 1852

(1) 外海辛诺钩虾 *Synopia ultramarina* Dana, 1853

分布：东海，南海；澳大利亚，巴西，日本，印度洋，马达加斯加，帕劳，红海，印度尼西亚，加勒比海。

平额钩虾小目 Haustoriidira

平额钩虾总科 Haustorioidea

平额钩虾科 Haustoriidae Stebbing, 1906

1. 始根钩虾属 *Eohaustorius* J. L. Barnard, 1957

(1) 爪始根钩虾 *Eohaustorius cheliferus* (Bulyčeva, 1952)

同物异名：*Haustorius cheliferus* Bulyčeva, 1952
分布：黄海，东海，北部湾；日本。

(2) 锥状始根钩虾 *Eohaustorius subulicola* Hirayama, 1985

分布：黄海。

尖头钩虾科 Phoxocephalidae G. O. Sars, 1891

1. 毕茹钩虾属 *Birubius* Barnard & Drummond, 1976

(1) 双齿毕茹钩虾 *Birubius budentatus* Ren, 2012

分布：南海。

2. 艾族钩虾属 *Eyakia* J. L. Barnard, 1979

(1) 矩艾族钩虾 *Eyakia calcarata* (Gurjanova, 1938)

同物异名：*Parharpinia calcarata* Gurjanova, 1938
分布：东海；日本，美国加利福尼亚。

3. 大狐钩虾属 *Grandifoxus* J. L. Barnard, 1979

(1) 尖顶大狐钩虾 *Grandifoxus aciculata* Coyle, 1982

分布：东海；白令海。

4. 拟猛钩虾属 *Harpiniopsis* Stephensen, 1925

(1) 海氏拟猛钩虾 *Harpiniopsis hayashisanae* Hirayama, 1992

分布：南海。

5. 富尖钩虾属 *Kulgaphoxus* Barnard & Drummond, 1978

(1) 海南富尖钩虾 *Kulgaphoxus hainanensis* Ren, 2012

分布：南海。

6. 湿尖头钩虾属 *Mandibulophoxus* Barnard, 1957

(1) 沟额湿尖头钩虾 *Mandibulophoxus uncirostratus* (Giles, 1890)

分布：黄海，东海，南海；印度，斯里兰卡。

7. 中尖头钩虾属 *Metaphoxus* Bonnier, 1896

(1) 简中尖头钩虾 *Metaphoxus simplex* (Spence Bate, 1857)

同物异名：*Metaphoxus pectinatus* (Walker, 1896); *Metaphoxus typicus* Bonnier, 1896; *Phoxocephalus pectinatus* Walker, 1896; *Phoxocephalus simplex* (Spence Bate, 1857); *Phoxus simplex* Spence Bate, 1857
分布：南海；地中海，东北大西洋。

8. 仿尖头钩虾属 *Paraphoxus* Sars, 1891

(1) 眼仿尖头钩虾 *Paraphoxus oculatus* (G. O. Sars, 1879)

同物异名：*Paraphoxus maculatus* Chevreux, 1888;

Phoxus oculatus G. O. Sars, 1879
分布：香港；日本，北太平洋东岸，马达加斯加，地中海，斯里兰卡。

锥头钩虾科 Platyischnopidae Barnard & Drummond, 1979

1. 印度锥头钩虾属 *Indischnopus* Barnard & Drummond, 1979

(1) 羊印度锥头钩虾 *Indischnopus capensis* (K. H. Barnard, 1926)

分布：东海；南非。

华尾钩虾科 Sinurothoidae Ren, 1999

1. 华尾钩虾属 *Sinurothoe* Ren, 1999

(1) 武装华尾钩虾 *Sinurothoe armatus* Ren, 2012

分布：黄海，东海，北部湾。

尾钩虾科 Urothoidae Bousfield, 1978

1. 尾钩虾属 *Urothoe* Dana, 1852

(1) 轴尾钩虾 *Urothoe carda* Imbach, 1969

分布：南海。

(2) 尖尾钩虾 *Urothoe cuspis* Imbach, 1969

分布：南海。

(3) 硬尾钩虾 *Urothoe gelasina* Imbach, 1969

分布：东海，南海。

(4) 黄海尾钩虾 *Urothoe huanghaiensis* Ren, 2012

分布：黄海。

(5) 海尾钩虾 *Urothoe marina* (Spence Bate, 1857)

同物异名：*Urothoe pectina* Grube, 1868; *Urothoe pectinatus* Grube, 1868

分布：东海，南海；北美洲，欧洲海域，北冰洋。

(6) 东方尾钩虾 *Urothoe orientalis* **Gurjanova, 1938**

分布：东海，南海；日本。

(7) 刺指尾钩虾 *Urothoe spinidigitata* **Walker, 1904**

分布：渤海，黄海，南海；印度。

光洁钩虾小目 Lysianassidira

爱丽钩虾总科 Alicelloidea Lowry & De Broyer, 2008

拟强钩虾科 Valettiopsidae Lowry & De Broyer, 2008

1. 拟强钩虾属 *Valettiopsis* **Holmes, 1908**

(1) 齿拟强钩虾 *Valettiopsis dentata* **Holmes, 1908**

分布：南海；北太平洋，美国加利福尼亚。

隐首钩虾总科 Stegocephaloidea Dana, 1855

隐首钩虾科 Stegocephalidae Dana, 1852

1. 华拟安钩虾属 *Sinoandaniopsis* **Ren, 2012**

(1) 东海华拟安钩虾 *Sinoandaniopsis donghaiensis* **Ren, 2012**

分布：东海。

光洁钩虾总科 Lysianassoidea Dana, 1849

光洁钩虾科 Lysianassidae Dana, 1849

1. 夏氏钩虾属 *Charcotia* **Chevreux, 1906**

(1) 澳洲夏氏钩虾 *Charcotia australiensis* **(Haswell, 1879)**

分布：南海；澳大利亚。

(2) 短头夏氏钩虾 *Charcotia brachycephala* **(Ren, 1998)**

分布：南海。

2. 英雄钩虾属 *Hippomedon* **Boeck, 1871**

(1) 渤海英雄钩虾 *Hippomedon bohaiensis* **Ren, 2012**

分布：渤海。

(2) 太平英雄钩虾 *Hippomedon pacificus* **Gurjanova, 1962**

分布：黄海，东海；日本，白令海。

(3) 强壮英雄钩虾 *Hippomedon robustus* **G. O. Sars, 1895**

分布：渤海；挪威海，北冰洋。

(4) 刺掌英雄钩虾 *Hippomedon spinimana* **Ren, 2012**

分布：南海。

3. 光洁钩虾属 *Lysianassa* **H. Milne Edward, 1830**

(1) 环海光洁钩虾 *Lysianassa cinghalensis* **(Stebbing, 1897)**

同物异名：*Lysianassa urodus* Walker & Scott, 1903
分布：南海；印度，斯里兰卡，印度洋，地中海，红海。

4. 近肉钩虾属 *Socarnella* **Walker, 1904**

(1) 凹掌近肉钩虾 *Socarnella cavipalmata* **Ren, 2012**

分布：南海。

5. 拟肉钩虾属 *Socarnopsis* **Chevreux, 1911**

(1) 双混拟肉钩虾 *Socarnopsis dissimulantia* **Imbach, 1967**

分布：南海。

乌里斯钩虾科 Uristidae Hurley, 1963

1. 平钩虾属 *Anonyx* Krøyer, 1838

(1) 东海平钩虾 *Anonyx donghaiensis* **Ren, 2012**

分布：渤海。

(2) 利尔平钩虾 *Anonyx lilljeborgi* **Boeck, 1871**

同物异名：*Anonyx carinatus* (Holmes, 1908); *Anonyx lilljeborgii* Boeck, 1871
分布：渤海，黄海；北冰洋，北太平洋，北大西洋。

(3) 简平钩虾 *Anonyx simplex* **Hirayama, 1985**

分布：黄海，南海；日本。

2. 真钳钩虾属 *Euonyx* Norman, 1867

(1) 螯真钳钩虾 *Euonyx chelatus* **Norman, 1867**

分布：东海；北太平洋，东北大西洋。

3. 辙钩虾属 *Ichnopus* Costa, 1853

(1) 南海辙钩虾 *Ichnopus nanhaiensis* **Ren, 2012**

分布：南海。

(2) 沃氏辙钩虾 *Ichnopus wardi* **Lowry & Stoddart, 1992**

分布：南海；马来西亚，印度尼西亚，印度-西太平洋，澳大利亚。

阿里钩虾总科 Aristioidea Lowry & Stoddart, 1997

奋钩虾科 Endevouridae Lowry & Stoddart, 1997

1. 奋钩虾属 *Endevoura* Chilton, 1921

(1) 中华奋钩虾 *Endevoura sinica* **Ren, 2012**

分布：南海。

厚壳钩虾科 Pakynidae Lowry & Myers, 2017

1. 厚皮钩虾属 *Prachynella* J. L. Barnard, 1964

(1) 洛多厚皮钩虾 *Prachynella lodo* **J. L. Barnard, 1964**

分布：黄海；加拿大，墨西哥，日本，美国加利福尼亚。

等足目 Isopoda

拟背尾水虱科 Paranthuridae Menzies & Glynn, 1968

1. 拟背尾水虱属 *Paranthura* Bate & Westwood, 1866

(1) 日本拟背尾水虱 *Paranthura japonica* **Richardson, 1909**

分布：渤海，黄海，东海；日本，比斯开湾。

鳃虱科 Bopyridae Rafinesque, 1815

1. 原蝼蛄虾鳃虱属 *Progebiophilus* Codreanu & Codreanu, 1963

(1) 中华原蝼蛄虾鳃虱 *Progebiophilus sinicus* **Markham, 1982**

分布：福建，香港，海南岛。

2. 圆对虾鳃虱属 *Orbione* Bonnier, 1900

(1) 齐蔓圆对虾鳃虱 *Orbione thielemanni* **Nierstrasz & Brender à Brandis, 1931**

分布：南海；泰国。

纺锤水虱科 Aegidae White, 1850

1. 纺锤水虱属 *Aega* Leach, 1815

(1) 南海纺锤水虱 *Aega nanhaiensis* **H. Yu, 2007**

分布：南海。

(2) 沈氏纺锤水虱 *Aega sheni* H. Yu & Bruce, 2006

分布：南海；太平洋。

浪漂水虱科 Cirolanidae Dana, 1852

1. 浪漂水虱属 *Cirolana* Leach, 1818

(1) 哈氏浪漂水虱 *Cirolana harfordi* (Lockington, 1877)

同物异名：*Aega harfordi* Lockington, 1877
分布：黄海，东海；日本，澳大利亚，太平洋，俄罗斯远东海域，美国。

2. 外浪飘水虱属 *Excirolana* Richardson, 1912

(1) 企氏外浪飘水虱 *Excirolana chiltoni* (Richardson, 1905)

同物异名：*Cirolana chiltoni* Richardson, 1905
分布：中国沿海；北太平洋，日本，美国。

(2) 东方外浪飘水虱 *Excirolana orientalis* (Dana, 1853)

同物异名：*Cirolana orientalis* Dana, 1853
分布：渤海，南海；澳大利亚，马来西亚，马达加斯加，印度洋，红海，印度-西太平洋。

3. 游泳水虱属 *Natatolana* Bruce, 1981

(1) 日本游泳水虱 *Natatolana japonensis* (Richardson, 1904)

同物异名：*Cirolana japonensis* Richardson, 1904
分布：中国沿海；日本，朝鲜半岛。

珊瑚水虱科 Corallanidae Hansen, 1890

1. 急游水虱属 *Tachaea* Schioedte & Meinert, 1879

(1) 中国急游水虱 *Tachaea chinensis* Thielemann, 1910

分布：东海，南海。

缩头水虱科 Cymothoidae Leach, 1818

1. 尖甲水虱属 *Nerocila* Leach, 1818

(1) 东海尖甲水虱 *Nerocila donghaiensis* H. Yu & Li, 2002

分布：东海。

团水虱科 Sphaeromatidae Latreille, 1825

1. 著名团水虱属 *Gnorimosphaeroma* Menzies, 1954

(1) 雷伊著名团水虱 *Gnorimosphaeroma rayi* Hoestlandt, 1969

分布：渤海，黄海；西北太平洋。

2. 拟尖水虱属 *Paracerceis* Hansen, 1905

(1) 雕刻拟尖水虱 *Paracerceis sculpta* (Holmes, 1904)

同物异名：*Dynamene sculpta* Holmes, 1904; *Paracerceis angra* (Pires, 1980); *Sergiella angra* Pires, 1980
分布：南海；太平洋。

3. 团水虱属 *Sphaeroma* Bosc, 1801

(1) 光背团水虱 *Sphaeroma retrolaeve* Richardson, 1904

分布：东海；日本。

(2) 中华团水虱 *Sphaeroma sinensis* H. Yu & Li, 2002

分布：南海。

(3) 有孔团水虱 *Sphaeroma terebrans* Bate, 1866

同物异名：*Sphaeroma destructor* Richardson, 1897
分布：东海，南海；印度-太平洋。

(4) 瓦氏团水虱 *Sphaeroma walkeri* Stebbing, 1905

分布：广西，海南岛；世界广布。

盖鳃水虱科 Idoteidae Samouelle, 1819

1. 拟棒鞭水虱属 Cleantiella Richardson, 1912

(1) 近似拟棒鞭水虱 Cleantiella isopus (Miers, 1881)

同物异名：Cleantis isopus Miers, 1881
分布：渤海，黄海，东海，南海；南美洲。

2. 节鞭水虱属 Synidotea Harger, 1878

(1) 光背节鞭水虱 Synidotea laevidorsalis (Miers, 1881)

分布：中国海域；日本。

全颚水虱科 Holognathidae Thomson, 1904

1. 似棒鞭水虱属 Cleantioides Kensley & Kaufman, 1978

(1) 平尾似棒鞭水虱 Cleantioides planicauda (Benedict, 1899)

同物异名：Cleantis planicauda Benedict, 1899
分布：渤海，黄海，东海，南海；古巴，热带大西洋。

海蟑螂科 Ligiidae Leach, 1814

1. 海蟑螂属 Ligia Fabricius, 1798

(1) 海蟑螂 Ligia (Megaligia) exotica Roux, 1828

同物异名：Ligia exotica Roux, 1828; Ligia gaudichaudii Milne Edwards, 1840; Ligia grandis Perty, 1834; Ligia olfersii Brandt, 1833
分布：渤海，黄海，东海，南海；世界广布。

蛀木水虱科 Limnoriidae White, 1850

1. 蛀木水虱属 Limnoria Leach, 1814

(1) 日本蛀木水虱 Limnoria japonica Richardson, 1909

分布：黄海，东海；日本。

(2) 蛀木水虱 Limnoria lignorum (Rathke, 1799)

同物异名：Cymothoa lignora Rathke, 1799
分布：黄海；世界广布。

原足目 Tanaidacea

长尾虫科 Apseudidae Leach, 1814

1. 长尾虫属 Apseudes Leach, 1814

(1) 日本长尾虫 Apseudes nipponicus Shiino, 1937

分布：黄海，东海，南海；日本。

涟虫目 Cumacea

涟虫科 Bodotriidae T. scott, 1901

1. 圆涟虫属 Bodotria Goodsir, 1843

(1) 卵圆涟虫 Bodotria ovalis Gamo, 1965

分布：渤海，黄海，东海；日本，北太平洋。

2. 突圆涟虫属 Cyclaspis Sars, 1865

(1) 舌突圆涟虫 Cyclaspis linguiloba Liu & Liu, 1990

分布：黄海。

3. 涟虫属 Eocuma Marcusen, 1894

(1) 古涟虫 Eocuma hilgendorfi Marcusen, 1894

分布：黄海；日本，印度，北太平洋。

4. 异涟虫属 Heterocuma Miers, 1879

(1) 萨氏异涟虫 Heterocuma sarsi Miers, 1879

分布：黄海；日本，印度，科威特。

5. 长涟虫属 Iphinoe Bate, 1856

(1) 古氏长涟虫 Iphinoe gurjanovae Lomakina, 1960

分布：黄海，南海。

(2) 细长涟虫 *Iphinoe tenera* Lomakina, 1960

分布：渤海，黄海，东海，南海。

针尾涟虫科 Diastylidae Bate, 1856

1. 针尾涟虫属 *Diastylis* Say, 1818

(1) 三叶针尾涟虫 *Diastylis tricincta* (Zimmer, 1903)

分布：渤海，黄海，东海；日本。

2. 异针涟虫属 *Dimorphostylis* Zimmer, 1921

(1) 亚洲异针涟虫 *Dimorphostylis asiatica* Zimmer, 1908

分布：中国沿海，台湾岛；鄂霍次克海，日本。

美丽涟虫科 Lampropidae Sars, 1878

1. 半涟虫属 *Hemilamprops* G. O. Sars, 1883

(1) 栉尾半涟虫 *Hemilamprops pectinatus* Lomakina, 1955

分布：东海；鄂霍次克海。

尖额涟虫科 Leuconidae Sars, 1878

1. 方甲涟虫属 *Eudorella* Norman, 1867

(1) 太平洋方甲涟虫 *Eudorella pacifica* Hart, 1930

分布：渤海，黄海，东海；加拿大，北太平洋。

2. 半尖额涟虫属 *Hemileucon* Calman, 1907

(1) 二齿半尖额涟虫 *Hemileucon bidentatus* Liu & Liu, 1990

分布：渤海，黄海。

3. 尖额涟虫属 *Leucon* Krøyer, 1846

(1) 分叉尖额涟虫 *Leucon (Leucon) varians* Gamo, 1962

分布：南海；日本，北太平洋。

小涟虫科 Nannastacidae Bate, 1866

1. 驼背涟虫属 *Campylaspis* G. O. Sars, 1865

(1) 笨驼背涟虫 *Campylaspis amblyoda* Gamo, 1960

分布：东海；日本。

(2) 梭形驼背涟虫 *Campylaspis fusiformis* Gamo, 1960

分布：渤海，黄海，东海；日本。

2. 拟涟虫属 *Cumella (Cumella)* Sars, 1865

(1) 光亮拟涟虫 *Cumella (Cumella) arguta* Gamo, 1962

分布：渤海，东海；日本，菲律宾。

真虾总目 Eucarida

磷虾目 Euphausiacea

磷虾科 Euphausiidae Dana, 1852

1. 磷虾属 *Euphausia* Dana, 1850

(1) 短磷虾 *Euphausia brevis* Hansen, 1905

分布：黄海，东海，南海；太平洋，大西洋，印度洋。

(2) 长额磷虾 *Euphausia diomedeae* Ortmann, 1894

分布：黄海，东海，南海；太平洋，印度洋。

(3) 太平洋磷虾 *Euphausia pacifica* Hansen, 1911

分布：黄海，东海；北太平洋。

（4）拟磷虾 *Euphausia similis* **G. O. Sars, 1883**

分布：黄海，东海，南海；太平洋，大西洋，印度洋。

（5）柔巧磷虾 *Euphausia tenera* **Hansen, 1905**

分布：黄海，东海，南海；太平洋，大西洋，印度洋。

2. 细臂磷虾属 *Nematobrachion* **Calman, 1905**

（1）弯细臂磷虾 *Nematobrachion flexipes* **(Ortmann, 1893)**

分布：黄海，东海，南海；太平洋，大西洋，印度洋。

3. 细足磷虾属 *Nematoscelis* **G. O. Sars, 1883**

（1）长细足磷虾 *Nematoscelis atlantica* **Hansen, 1916**

分布：黄海，东海，南海；太平洋，大西洋，印度洋。

4. 长螯磷虾属 *Stylocheiron* **G. O. Sars, 1883**

（1）简长螯磷虾 *Stylocheiron abbreviatum* **G. O. Sars, 1883**

分布：黄海，东海，南海；太平洋，大西洋，印度洋。

十足目 Decapoda

枝鳃亚目 Dendrobranchiata

须虾科 Aristeidae Wood-Mason in Wood-Mason & Alcock, 1891

1. 拟须虾属 *Aristaeomorpha* **Wood-Mason, 1891**

（1）拟须虾 *Aristaeomorpha foliacea* **(Risso, 1827）**

同物异名：*Aristaeomorpha mediterranea* Adensamer, 1898; *Aristaeomorpha rostridentata* (Spence Bate,

1888); *Penaeus meridionalis* Hope, 1851

分布：东海，台湾岛，南海；大西洋，地中海，印度-西太平洋，南非东岸，莫桑比克，东非，马达加斯加，留尼汪岛，马尔代夫群岛，斯里兰卡，印度尼西亚，菲律宾，日本，澳大利亚，新喀里多尼亚，新西兰，斐济。

2. 须虾属 *Aristeus* **Duvernoy, 1840**

（1）密毛须虾 *Aristeus virilis* **(Spence Bate, 1881)**

同物异名：*Hemipenaeus virilis* Spence Bate, 1881
分布：东海，台湾岛，南海北部；南非东岸，莫桑比克，马达加斯加，印度-西太平洋，留尼汪岛，安达曼群岛，印度尼西亚，菲律宾，日本，澳大利亚新南威尔士，斐济，新喀里多尼亚，新赫布里底群岛。

对虾科 Penaeidae Rafinesque, 1815

1. 异对虾属 *Atypopenaeus* **Alcock, 1905**

（1）细指异对虾 *Atypopenaeus stenodactylus* **(Stimpson, 1860)**

同物异名：*Penaeus stenodactylus* Stimpson, 1860
分布：南海。

2. 贝特对虾属 *Batepenaeopsis* **K. Sakai & Shinomiya, 2011**

（1）细巧贝特对虾 *Batepenaeopsis tenella* **(Spence Bate, 1888)**

同物异名：*Parapenaeopsis tenella* (Spence Bate, 1888); *Penaeus tenellus* Spence Bate, 1888; *Penaeus crucifer* Ortmann, 1890
分布：黄海，东海，南海；澳大利亚，西北太平洋。

3. 赤虾属 *Metapenaeopsis* **Bouvier, 1905**

（1）须赤虾 *Metapenaeopsis barbata* **(De Haan, 1844)**

同物异名：*Penaeus barbatus* De Haan, 1844 [in De Haan, 1833-1850]
分布：东海，南海；东南亚，西太平洋，波斯湾，孟加拉湾，马来西亚，印度尼西亚，日本。

(2) 戴氏赤虾 *Metapenaeopsis dalei* **(Rathbun, 1902)**

同物异名：*Parapenaeus dalei* Rathbun, 1902
分布：东海，南海；日本，朝鲜半岛。

(3) 硬壳赤虾 *Metapenaeopsis dura* **Kubo, 1949**

分布：东海，台湾岛；日本。

(4) 圆板赤虾 *Metapenaeopsis kyushuensis* **(Yokoya, 1933)**

同物异名：*Metapenaeopsis lata* Kubo, 1949
分布：南海；日本。

(5) 高脊赤虾 *Metapenaeopsis lamellata* **(De Haan, 1844)**

同物异名：*Penaeus lamellatus* De Haan, 1844
分布：东海，南海；印度-西太平洋。

(6) 门司赤虾 *Metapenaeopsis mogiensis* **Rathbun, 1902**

分布：南海；印度-西太平洋，南非纳塔尔，吉布提，东非，红海，亚丁湾，马达加斯加，塞舌尔群岛，波斯湾，印度，斯里兰卡，印度尼西亚。

(7) 波罗门赤虾 *Metapenaeopsis palmensis* **(Haswell, 1879)**

同物异名：*Penaeus palmensis* Haswell, 1879; *Metapenaeopsis barbeensis* Hall, 1962
分布：南海；新加坡，马来西亚，泰国，越南，印度尼西亚，菲律宾，日本，新几内亚岛，澳大利亚新南威尔士。

(8) 音响赤虾 *Metapenaeopsis stridulans* **(Alcock, 1905)**

同物异名：*Metapenaeopsis tchekunovae* Starobogatov, 1972
分布：南海；印度-西太平洋，亚丁湾，波斯湾，阿曼湾，阿拉伯海，印度，马尔代夫群岛，斯里兰卡，孟加拉湾，马来西亚，新加坡，泰国，越南，菲律宾，印度尼西亚，新喀里多尼亚。

(9) 方板赤虾 *Metapenaeopsis tenella* **Liu & Zhong, 1988**

分布：台湾岛，南海；日本，印度-西太平洋。

4. 新对虾属 *Metapenaeus* Wood-Mason, 1891

(1) 近缘新对虾 *Metapenaeus affinis* **(H. Milne Edwards, 1837)**

同物异名：*Penaeus mutatis* Lanchester, 1902
分布：东海，台湾岛，南海；爱琴海，印度洋，日本，波斯湾，阿拉伯海，南印度，斯里兰卡，阿曼湾，马来西亚，新加坡，加里曼丹岛，泰国，菲律宾，新几内亚岛，夏威夷群岛。

(2) 刀额新对虾 *Metapenaeus ensis* **(De Haan, 1844)**

同物异名：*Penoeus ensis* De Haan, 1844
分布：东海，台湾岛，南海；澳大利亚，印度洋，日本，印度尼西亚，菲律宾，泰国，越南，孟加拉国，斯里兰卡，孟加拉湾，马六甲海峡，马来西亚，加里曼丹岛，新几内亚岛，澳大利亚。

(3) 中型新对虾 *Metapenaeus intermedius* **(Kisihinouye, 1900)**

同物异名：*Penaeus intermedius* Kishinouye, 1900; *Penaeopsis intermedia* (Kishinouye, 1900)
分布：东海，南海；安达曼群岛，新加坡，马来西亚，加里曼丹岛，日本。

(4) 周氏新对虾 *Metapenaeus joyneri* **(Miers, 1880)**

分布：黄海，东海，南海；日本，朝鲜半岛。

(5) 沙栖新对虾 *Metapenaeus moyebi* **(Kishinouye, 1896)**

同物异名：*Penaeus moyebi* Kishinouye, 1896; *Metapenaeus burkenroadi* Kubo, 1954
分布：东海，南海；印度-西太平洋。

5. 米氏对虾属 *Mierspenaeopsis* K. Sakai & Shinomiya, 2011

(1) 哈氏米氏对虾 *Mierspenaeopsis hardwickii* (Miers, 1878)

同物异名：*Parapenaeopsis cultirostris* Alcock, 1906; *Parapenaeopsis hardwickii* (Miers, 1878); *Penaeus hardwickii* Miers, 1878

分布：东海，台湾岛，南海；日本，马来西亚，印度尼西亚，新加坡，巴基斯坦。

6. 拟对虾属 *Parapenaeus* Smith, 1885

(1) 假长缝拟对虾 *Parapenaeus fissuroides* Crosnier, 1986

分布：东海，南海；印度尼西亚，菲律宾，日本，朝鲜半岛。

(2) 长足拟对虾 *Parapenaeus longipes* Alcock, 1905

分布：东海，南海；非洲东岸，坦桑尼亚，索马里，马达加斯加，巴基斯坦，印度，斯里兰卡，印度尼西亚，菲律宾，日本，新几内亚岛。

7. 对虾属 *Penaeus* Fabricius, 1798

(1) 中国对虾 *Penaeus chinensis* (Osbeck, 1765)

同物异名：*Cancer chinensis* Osbeck, 1765
分布：渤海，黄海，东海，南海；朝鲜半岛，日本，越南。

(2) 印度对虾 *Penaeus indicus* H. Milne Edwards, 1837

分布：东海，南海；马来西亚，印度尼西亚，澳大利亚，南太平洋，南非，红海，马达加斯加，也门，菲律宾，日本，新几内亚岛。

(3) 日本对虾 *Penaeus japonicus* Spence Bate, 1888

分布：黄海，东海，南海；日本，地中海，红海，印度洋，南非，南大洋。

(4) 宽沟对虾 *Penaeus latisulcatus* Kishinouye, 1896

分布：东海，南海；东南亚，西太平洋，新加坡，

马来西亚，泰国，印度尼西亚，菲律宾，日本，朝鲜半岛，新几内亚岛，澳大利亚新南威尔士。

(5) 墨吉对虾 *Penaeus merguiensis* De Man, 1888

分布：东海，南海；地中海。

(6) 斑节对虾 *Penaeus monodon* Fabricius, 1798

分布：东海，南海；澳大利亚，巴西，日本，印度，红海，墨西哥湾，北大西洋，太平洋，朝鲜半岛，澳大利亚昆士兰，斐济，新几内亚岛，毛里求斯，马达加斯加，留尼汪岛，巴基斯坦，斯里兰卡，马来西亚，红海。

(7) 长毛对虾 *Penaeus penicillatus* Alcock, 1905

分布：东海，南海。

(8) 短沟对虾 *Penaeus semisulcatus* De Haan, 1844

分布：东海，南海；日本，印度洋，地中海，红海，南非，南太平洋，马达加斯加，波斯湾，巴基斯坦，印度，斯里兰卡，马来西亚，印度尼西亚，菲律宾，日本，朝鲜半岛，新几内亚岛，澳大利亚，新南威尔士、昆士兰，斐济。

(9) 凡纳滨对虾 *Penaeus vannamei* Boone, 1931

分布：渤海，黄海，东海，南海；巴西，墨西哥湾，美国，北大西洋，泰国，印度，秘鲁。

8. 鹰爪虾属 *Trachysalambria* Burkenroad, 1934

(1) 鹰爪虾 *Trachysalambria curvirostris* (Stimpson, 1860)

同物异名：*Penaeus curvirostris* Stimpson, 1860
分布：黄海，东海，南海；日本，澳大利亚，印度洋，地中海，红海，南非，南太平洋。

(2) 长足鹰爪虾 *Trachysalambria longipes* (Paulson, 1875)

同物异名：*Penaeus longipes* Paulson, 1875; *Trachypenaeus*

villaluzi Muthu & Motoh, 1979; *Trachysalambria villaluzi* (Muthu & Motoh, 1979)

分布：台湾岛，南海，北部湾；红海，日本。

(3) 马来鹰爪虾 *Trachysalambria malaiana* (Balss, 1933)

同物异名：*Trachypenaeus curvirostris malaiana* Balss, 1933

分布：南海；马来西亚，印度尼西亚，菲律宾，加里曼丹岛，新几内亚岛。

单肢虾科 Sicyoniidae Ortmann, 1898

1. 单肢虾属 *Sicyonia* H. Milne Edwards, 1830

(1) 脊单肢虾 *Sicyonia lancifer* (Olivier, 1811)

同物异名：*Palaemon lancifer* Olivier, 1811
分布：东海，南海；日本，澳大利亚。

管鞭虾科 Solenoceridae Wood-Mason in Wood-Mason & Alcock, 1891

1. 管鞭虾属 *Solenocera* Lucas, 1849

(1) 高脊管鞭虾 *Solenocera alticarinata* Kubo, 1949

分布：东海，南海；菲律宾，日本。

(2) 短足管鞭虾 *Solenocera comata* Stebbing, 1915

分布：东海，南海；南非，马达加斯加，留尼汪岛，菲律宾，印度尼西亚，日本，西南印度洋。

(3) 中华管鞭虾 *Solenocera crassicornis* (H. Milne Edwards, 1837)

同物异名：*Penaeus crassicornis* H. Milne Edwards, 1837
分布：黄海，东海，南海；日本，地中海，印度-西太平洋，波斯湾，巴基斯坦，新加坡，马来西亚，加里曼丹岛。

(4) 凹陷管鞭虾 *Solenocera koelbeli* de Man, 1911

分布：东海，南海；阿拉伯海，日本，印度尼西亚，

菲律宾，朝鲜半岛。

(5) 大管鞭虾 *Solenocera melantho* de Man, 1907

分布：东海，台湾岛；日本，印度尼西亚，菲律宾，朝鲜半岛。

(6) 拟栉管鞭虾 *Solenocera pectinulata* Kubo, 1949

分布：南海；印度，肯尼亚，毛里求斯，印度，印度尼西亚，马达加斯加，菲律宾，日本。

(7) 多突管鞭虾 *Solenocera rathbuni* Ramadan, 1938

分布：南海；南太平洋，亚丁湾，桑给巴尔岛，马达加斯加，菲律宾，澳大利亚新南威尔士，马六甲海峡，菲律宾。

樱虾科 Sergestidae Dana, 1852

1. 毛虾属 *Acetes* H. Milne Edwards, 1830

(1) 中国毛虾 *Acetes chinensis* Hansen, 1919

分布：渤海，黄海；日本，朝鲜半岛。

(2) 日本毛虾 *Acetes japonicus* Kishinouye, 1905

分布：黄海，东海，南海；日本，马来西亚，印度尼西亚，泰国，越南，缅甸，菲律宾，印度，马六甲海峡，爪哇岛，朝鲜半岛。

腹胚亚目 Pleocyemata

真虾下目 Caridea

鼓虾科 Alpheidae Rafinesque, 1815

1. 鼓虾属 *Alpheus* Fabricius, 1798

(1) 锐脊鼓虾 *Alpheus acutocarinatus* de Man, 1909

分布：南海，北部湾；马达加斯加，泰国湾，越南，菲律宾，印度尼西亚，澳大利亚。

(2) 敏捷鼓虾 *Alpheus agilis* Anker, Hurt & Knowlton, 2009

分布：南海；大西洋东部，佛得角。

(3) 双凹鼓虾 *Alpheus bisincisus* De Haan, 1849

分布：中国沿海；印度，西太平洋，南非，印度尼西亚，越南，日本。

(4) 短脊鼓虾 *Alpheus brevicristatus* De Haan, 1844

分布：中国沿海；日本，澳大利亚。

(5) 脆甲鼓虾 *Alpheus chiragricus* H. Milne Edwards, 1837

分布：南海，海南岛，西沙群岛；东非，马达加斯加，墨吉群岛，印度尼西亚，澳大利亚。

(6) 扁螯鼓虾 *Alpheus compressus* Banner & Banner, 1981

分布：台湾岛，南海；安达曼群岛，留尼旺岛，菲律宾，印度尼西亚。

(7) 长指鼓虾 *Alpheus digitalis* De Haan, 1844

同物异名：*Alpheus distinguendus* de Man, 1909
分布：中国沿海；越南，泰国，日本，朝鲜半岛。

(8) 艾德华鼓虾 *Alpheus edwardsii* (Audouin, 1826)

同物异名：*Alpheus audouini* Coutière, 1905; *Athanas edwarsii* Audouin, 1826
分布：南海，台湾岛；红海，澳大利亚，泰国，菲律宾。

(9) 艾勒鼓虾 *Alpheus ehlersii* de Man, 1909

分布：南海；以色列，雅加达湾，菲律宾，泰国，汤加，萨摩亚群岛，马绍尔群岛，菲尼克斯群岛，红海，东非，马达加斯加，印度尼西亚，越南，澳大利亚，加罗林群岛。

(10) 优美鼓虾 *Alpheus euphrosyne* de Man, 1897

分布：台湾岛，南海；肯尼亚，泰国，菲律宾，印

度尼西亚，北澳大利亚。

(11) 纤细鼓虾 *Alpheus gracilis* Heller, 1861

分布：南海，台湾岛；红海，东南非，越南，日本，泰国，菲律宾，印度尼西亚，澳大利亚，夏威夷群岛，社会群岛。

(12) 刺螯鼓虾 *Alpheus hoplocheles* Coutière, 1897

分布：中国沿海；日本。

(13) 快马鼓虾 *Alpheus hippothoe* De Man, 1888

分布：南海；红海，马来西亚，印度尼西亚，缅甸，菲律宾，斐济，汤加，南非，印度洋，马达加斯加，塞舌尔群岛，马来西亚，日本。

(14) 日本鼓虾 *Alpheus japonicus* Miers, 1879

分布：中国沿海；日本，朝鲜半岛，俄罗斯远东海域。

(15) 美丽鼓虾 *Alpheus lepidus* de Man, 1908

分布：南海；印度尼西亚。

(16) 叶齿鼓虾 *Alpheus lobidens* De Haan, 1849

同物异名：*Alpheus crassimanus* Heller, 1865
分布：渤海，台湾岛，南海；日本，从红海到夏威夷群岛的印度-西太平洋地区。

(17) 珊瑚鼓虾 *Alpheus lottini* Guérin, 1830

同物异名：*Alpheus laevis* Randall, 1840; *Alpheus rouxii* Guérin-Méneville, 1857; *Alpheus sublucanus* (Forsskål, 1775); *Alpheus thetis* White, 1847; *Alpheus ventrosus* H. Milne Edwards, 1837; *Crangon latipes* Banner, 1953
分布：台湾岛，南海；印度-西太平洋区。

(18) 马拉巴鼓虾 *Alpheus malabaricus* (J. C. Fabricius, 1775)

同物异名：*Alpheus dolichodactylus* Ortmann, 1890; *Astacus malabaricus* J. C. Fabricius, 1775; *Alpheus*

dolichodactylus var. *leptopus* de Man, 1910
分布：南海；东非至墨西哥。

(19) 摩顿鼓虾 *Alpheus moretensis* Banner & Banner, 1982

分布：南海；澳大利亚。

(20) 太平鼓虾 *Alpheus pacificus* Dana, 1852

同物异名：*Alpheus gracilidigitus* Miers, 1884
分布：南海；从红海、马达加斯加岛到克利伯顿岛，横穿印度-西太平洋区。

(21) 副百合鼓虾 *Alpheus paracrinitus* Miers, 1881

同物异名：*Alpheus ascensionis* Ortmann, 1893; *Alpheus paracrinitus* var. *bengalensis* Coutière, 1905; *Crangon togatus* Armstrong, 1940
分布：台湾岛，南海；泛热带分布。

(22) 细角鼓虾 *Alpheus parvirostris* Dana, 1852

同物异名：*Alpheus braschi* Boone, 1935; *Alpheus euchiroides* Nobili, 1906; *Alpheus lineifer* Miers, 1875; *Alpheus parvirostris* Dana, 1852
分布：台湾岛，南海；从红海和南非向东横穿太平洋到达社会群岛。

(23) 贪食鼓虾 *Alpheus rapacida* de Man, 1908

分布：南海；越南，印度尼西亚。

(24) 蓝螯鼓虾 *Alpheus serenei* Tiwari, 1964

分布：南海；印度尼西亚，新加坡，泰国湾，越南，菲律宾，澳大利亚，红海。

2. 角鼓虾属 *Athanas* Leach, 1814

(1) 日本角鼓虾 *Athanas japonicus* Kubo, 1936

分布：中国沿海；西太平洋，澳大利亚。

(2) 大岛角鼓虾 *Athanas ohsimai* Yokoya, 1936

分布：中国沿海；日本。

3. 奥托虾属 *Automate* de Man, 1888

(1) 长颚奥托虾 *Automate dolichognatha* de Man, 1888

同物异名：*Automate gardineri* Coutière, 1902; *Automate haightae* Boone, 1931; *Automate johnsoni* Chace, 1955; *Automate kingsleyi* Hay, 1917
分布：台湾岛，香港，南海，北部湾；泛热带（除东大西洋）。

4. 合鼓虾属 *Synalpheus* Spence Bate, 1888

(1) 幂河合鼓虾 *Synalpheus charon* (Heller, 1861)

同物异名：*Alpheus charon* Heller, 1861; *Alpheus prolificus* Spence Bate, 1888; *Synalpheus charon obscurus* Banner, 1956; *Synalpheus helleri* de Man, 1911
分布：台湾岛，南海；从非洲到澳大利亚，以及太平洋诸岛（不含日本，夏威夷群岛，社会群岛）。

(2) 冠掌合鼓虾 *Synalpheus lophodactylus* Coutière, 1908

分布：南海；马尔代夫群岛，澳大利亚。

(3) 次新合鼓虾 *Synalpheus paraneomeris* Coutière, 1905

同物异名：*Synalpheus sluiteri* de Man, 1920
分布：南海；马尔代夫群岛，日本，印度尼西亚，菲律宾，澳大利亚，斐济，夏威夷群岛。

(4) 扭指合鼓虾 *Synalpheus streptodactylus* Coutière, 1905

同物异名：*Synalpheus metaneomeris* Coutière, 1921; *Synalpheus neomeris* var. *streptodactylus* Coutière, 1905; *Synalpheus streptodactyloides* de Man, 1909; *Synalpheus streptodactylus hadrungus* Banner & Banner, 1966
分布：东海，浙江，香港，南海，北部湾；印度-西太平洋，澳大利亚。

(5) 瘤掌合鼓虾 *Synalpheus tumidomanus* (Paulson, 1875)

同物异名：*Alpheus tumidomanus* Paulson, 1875; *Synalpheus anisocheir* Stebbing, 1915; *Synalpheus hululensis* Coutière, 1908; *Synalpheus japonicus* Yokoya, 1936; *Synalpheus maccullochi* Coutière, 1908; *Synalpheus theophane* de Man, 1910

分布：南海；从地中海，红海，南非到日本，印度尼西亚，菲律宾，从澳大利亚到菲尼克斯群岛。

藻虾科 Hippolytidae Spence Bate, 1888

1. 海后虾属 *Alope* White, 1847

(1) 东方海后虾 *Alope orientalis* (De Man, 1890)

同物异名：*Hetairocaris orientalis* de Man, 1890
分布：南海；南非，印度洋，澳大利亚，日本，加罗林群岛。

2. 憨虾属 *Gelastocaris* Kemp, 1914

(1) 巴荣憨虾 *Gelastocaris paronai* (Nobili, 1905)

同物异名：*Latreutes paronae* Nobili, 1905
分布：南海；印度洋，莫桑比克。

3. 藻虾属 *Hippolyte* Leach, 1814

(1) 蔡斯藻虾 *Hippolyte chacei* Gan & Li, 2019

分布：南海。

(2) 南海藻虾 *Hippolyte nanhaiensis* Gan & Li, 2019

分布：南海。

(3) 恩格藻虾 *Hippolyte ngi* Gan & Li, 2017

分布：南海。

(4) 褐藻虾 *Hippolyte ventricosa* H. Milne Edwards, 1837

分布：南海；印度-太平洋，日本。

4. 深额虾属 *Latreutes* Stimpson, 1860

(1) 水母深额虾 *Latreutes anoplonyx* Kemp, 1914

分布：中国沿海；日本，印度-西太平洋。

(2) 刀形深额虾 *Latreutes laminirostris* Ortmann, 1890

分布：渤海，黄海；日本。

(3) 铲形深额虾 *Latreutes mucronatus* (Stimpson, 1860)

同物异名：*Rhynchocyclus mucronatus* Stimpson, 1860
分布：南海；印度-西太平洋，日本。

(4) 疣背深额虾 *Latreutes planirostris* (De Haan, 1844)

同物异名：*Hippolyte planirostris* De Haan, 1844
分布：渤海，黄海，东海；日本。

(5) 矮小深额虾 *Latreutes pymoeus* Nobili, 1904

分布：南海；红海，日本。

5. 深藻虾属 *Merhippolyte* Spence Bate, 1888

(1) 卡氏深藻虾 *Merhippolyte calmani* Kemp & Sewell, 1912

分布：南海；印度。

6. 藻片虾属 *Phycocaris* Kemp, 1916

(1) 拟藻片虾 *Phycocaris simulans* Kemp, 1916

分布：南海。

7. 扫帚虾属 *Saron* Thallwitz, 1891

(1) 无刺扫帚虾 *Saron inermis* Hayashi, 1983

分布：南海；日本，印度尼西亚。

(2) 乳斑扫帚虾 *Saron marmoratus* (Olivier, 1811)

同物异名：*Palaemon marmoratus* Olivier, 1811

分布：南海；印度-太平洋，日本，澳大利亚，东非，红海。

(3) 隐密扫帚虾 *Saron neglectus* de Man, 1902

分布：南海；红海，西印度洋，西太平洋。

8. 船形虾属 *Tozeuma* Stimpson, 1860

(1) 刺背船形虾 *Tozeuma armatum* Paulson, 1875

分布：南海；红海，西印度洋，日本，印度尼西亚，新喀里多尼亚。

(2) 多齿船形虾 *Tozeuma lanceolatum* Stimpson, 1860

分布：东海，南海；菲律宾，新加坡。

(3) 密毛船形虾 *Tozeuma tomentosum* (Baker, 1904)

同物异名：*Angasia tomentosa* Baker, 1904
分布：东海，南海；日本。

鞭腕虾科 Lysmatidae Dana, 1852

1. 拟鞭腕虾属 *Exhippolysmata* Stebbing, 1915

(1) 长额拟鞭腕虾 *Exhippolysmata ensirostris* (Kemp, 1914)

分布：东海，南海；印度，斯里兰卡。

2. 仿鞭腕虾属 *Lysmarella* Borradaile, 1915

(1) 主仿鞭腕虾 *Lysmatella prima* (Borradaile, 1915)

分布：南海；安达曼群岛，马来西亚，印度尼西亚，日本。

3. 鞭腕虾属 *Lysmata* Risso, 1816

(1) 安波鞭腕虾 *Lysmata amboinensis* (De Man, 1888)

同物异名：*Hippolysmata vittata* var. *amboinensis* De Man, 1888
分布：台湾岛，南海；印度-西太平洋。

(2) 锯齿鞭腕虾 *Lysmata debelius* Bruce, 1983

分布：南海；印度洋，太平洋，日本，菲律宾，印度尼西亚，马尔代夫群岛，社会群岛。

(3) 克氏鞭腕虾 *Lysmata kempi* Chace, 1997

同物异名：*Hippolysmata dentata* Kemp, 1914
分布：南海；印度-西太平洋，地中海。

(4) 曲根鞭腕虾 *Lysmata kuekenthali* (de Man, 1902)

同物异名：*Hippolyte kükenthali* de Man, 1902
分布：南海；塞舌尔群岛，日本，印度尼西亚。

(5) 细指鞭腕虾 *Lysmata leptodactylus* Gan & Li, 2016

分布：南海。

(6) 利普克鞭腕虾 *Lysmata lipkei* Okuno & Fiedler, 2010

分布：南海；日本。

(7) 特纳鞭腕虾 *Lysmata ternatensis* de Man, 1902

同物异名：*Palaemon dentatus* De Haan, 1844
分布：黄海，东海，南海；塞舌尔群岛，拉克沙群岛，日本，印度尼西亚。

(8) 红条鞭腕虾 *Lysmata vittata* (Stimpson, 1860)

同物异名：*Hippolysmata vittata* Stimpson, 1860; *Hippolysmata durbanensis* Stebbing, 1921
分布：渤海，黄海，东海，南海；日本，菲律宾，印度尼西亚，澳大利亚。

托虾科 Thoridae Kingsley, 1879

1. 毕如虾属 *Birulia* Bražnikov, 1903

(1) 岸上毕如虾 *Birulia kishinouyei* (Yokoya, 1930)

分布：黄海；日本，朝鲜。

2. 安乐虾属 *Eualus* Thallwitz, 1891

(1) 细额安乐虾 *Eualus gracilirostris* (Stimpson, 1860)

分布：黄海；日本，俄罗斯远东海域。

(2) 异指安乐虾 *Eualus heterodactylus* Xu & Li, 2014

分布：黄海。

(3) 克氏安乐虾 *Eualus kikuchii* Miyake & Hayashi, 1967

分布：黄海；日本。

(4) 狭颚安乐虾 *Eualus leptognathus* (Stimpson, 1860)

分布：渤海，黄海；日本，俄罗斯远东海域，萨哈林岛（库页岛）。

(5) 中华安乐虾 *Eualus sinensis* (Yu, 1931)

分布：黄海；日本。

(6) 匙额安乐虾 *Eualus spathulirostris* (Yokoya, 1933)

分布：黄海，东海；日本。

3. 七腕虾属 *Heptacarpus* Holmes, 1900

(1) 利刃七腕虾 *Heptacarpus acuticarinatus* Komai & Ivanov, 2008

分布：黄海，东海；堪察加半岛，千岛群岛，颚霍次克海，日本。

(2) 细小七腕虾 *Heptacarpus commensalis* Hayashi, 1979

分布：黄海；日本。

(3) 长足七腕虾 *Heptacarpus futilirostris* (Spence Bate, 1888)

分布：渤海，黄海，东海；日本。

(4) 屈腹七腕虾 *Heptacarpus geniculatus* (Stimpson, 1860)

分布：渤海，黄海；日本。

(5) 短额七腕虾 *Heptacarpus igarashii* Hayashi & Chiba, 1989

分布：黄海；日本。

(6) 长额七腕虾 *Heptacarpus pandaloides* (Stimpson, 1860)

分布：渤海，黄海；日本。

(7) 直额七腕虾 *Heptacarpus rectirostris* (Stimpson, 1860)

分布：渤海，黄海；日本。

4. 莱伯虾属 *Lebbeus* White, 1847

(1) 东海莱伯虾 *Lebbeus balssi* Hayashi, 1992

分布：东海。

(2) 直额莱伯虾 *Lebbeus speciosus* (Urita, 1942)

分布：黄海；日本。

5. 弯虾属 *Spirontocaris* Spence Bate, 1888

(1) 栉弯虾 *Spirontocaris pectinifera* (Stimpson, 1860)

同物异名：*Spirontocaris crassirostris* Kubo, 1951
分布：黄海，东海；日本。

6. 拟托虾属 *Thinora* Bruce, 1998

(1) 马岛拟托虾 *Thinora maldivensis* Borradaile, 1915

同物异名：*Thor maldivensis* Borradaile, 1915
分布：台湾岛，南海；印度洋。

7. 托虾属 *Thor* Kingsley, 1878

(1) 安波托虾 *Thor amboinensis* (De Man, 1888)

同物异名：*Hippolyte amboinensis* De Man, 1888
分布：台湾岛，南海，海南岛；印度-西太平洋，印度尼西亚，日本，东太平洋。

(2) 海南托虾 *Thor hainanensis* Xu & Li, 2014

分布：南海，海南岛。

(3) 细螯托虾 *Thor leptochelus* (Xu & Li, 2015)

分布：南海。

(4) 复活托虾 *Thor paschalis* (Heller, 1862)

同物异名：*Hippolyte paschalis* Heller, 1861
分布：香港，南海；红海，印度洋，西太平洋，日本。

(5) 刺托虾 *Thor spinosus* Boone, 1935

分布：南海；印度尼西亚。

长眼虾科 Ogyrididae Holthuis, 1955

1. 长眼虾属 *Ogyrides* Stebbing, 1914

(1) 东方长眼虾 *Ogyrides orientalis* (Stimpson, 1860)

同物异名：*Ogyris orientalis* Stimpson, 1860
分布：中国沿海。

(2) 脊尾长眼虾 *Ogyrides striaticauda* Kemp, 1915

分布：东海，南海。

褐虾科 Crangonidae Haworth, 1825

1. 爱琴褐虾属 *Aegaeon* Agassiz, 1846

(1) 拉卡爱琴褐虾 *Aegaeon lacazei* (Gourret, 1887)

同物异名：*Crangon lacazei* Gourret, 1887
分布：东海，南海；地中海，南非，南大西洋，马达加斯加，印度，日本，菲律宾，印度尼西亚，澳大利亚，新喀里多尼亚，新西兰，夏威夷群岛，除西大西洋外世界分布。

(2) 东方爱琴褐虾 *Aegaeon orientalis* Henderson, 1893

分布：东海，南海；印度-西太平洋，安达曼群岛，新喀里多尼亚。

(3) 拉氏爱琴褐虾 *Aegaeon rathbuni* de Man, 1918

分布：东海；印度-西太平洋，夏威夷群岛，印度尼

西亚，澳大利亚，新喀里多尼亚，马达加斯加。

2. 褐虾属 *Crangon* Fabricius, 1798

(1) 脊腹褐虾 *Crangon affinis* De Haan, 1849

分布：黄海，东海；日本，朝鲜半岛。

(2) 圆腹褐虾 *Crangon cassiope* de Man, 1906

分布：黄海，东海；日本，朝鲜半岛，俄罗斯远东海域。

(3) 日本褐虾 *Crangon hakodatei* Rathbun, 1902

分布：渤海，黄海，东海；朝鲜半岛，日本。

(4) 黄海褐虾 *Crangon uritai* Hayashi & Kim, 1999

分布：黄海，东海；日本，朝鲜半岛，俄罗斯远东海域。

镰虾科 Glyphocrangonidae Smith, 1884

1. 镰虾属 *Glyphocrangon* A. Milne-Edwards, 1881

(1) 疏毛镰虾 *Glyphocrangon fimbriata* Komai & Takeuchi, 1994

分布：东海；中太平洋。

(2) 粗镰虾 *Glyphocrangon regalis* Spence Bate, 1888

分布：东海，南海；印度尼西亚。

线足虾科 Nematocarcinidae Smith, 1884

1. 线足虾属 *Nematocarcinus* A. Milne-Edwards, 1881

(1) 波足线足虾 *Nematocarcinus undulatipes* Spence Bate, 1888

分布：东海，南海；西印度洋，菲律宾，印度尼西亚。

活额虾科 Rhynchocinetidae Ortmann, 1890

1. 活额虾属 *Rhynchocinetes* H. Milne Edwards, 1837

(1) 黑斑活额虾 *Rhynchocinetes conspiciocellus* Okuno & Takeda, 1992

分布：海南岛；日本。

(2) 红斑活额虾 *Rhynchocinetes uritai* Kubo, 1942

分布：海南岛；韩国，日本，菲律宾。

刺虾科 Oplophoridae Dana, 1852

1. 刺虾属 *Oplophorus* H. Milne Edwards, 1837

(1) 典型刺虾 *Oplophorus typus* H. Milne Edwards, 1837

分布：南海；印度-西太平洋。

棘虾科 Acanthephyridae Spence Bate, 1888

1. 棘虾属 *Acanthephyra* A. Milne-Edwards, 1881

(1) 长角棘虾 *Acanthephyra armata* A. Milne-Edwards, 1881

分布：东海，南海；印度洋，菲律宾，印度尼西亚，墨西哥湾，西印度群岛。

长臂虾科 Palaemonidae Rafinesque, 1815

1. 海葵岩虾属 *Actinimenes* Ďuriš & Horká, 2017

(1) 无刺海葵岩虾 *Actinimenes inornatus* (Kemp, 1922)

同物异名：*Periclimenes inornatus* Kemp, 1922;

Periclimenes paraornatus Bruce, 1979
分布：南海；澳大利亚，科摩罗群岛，印度洋，肯尼亚，马尔代夫群岛，塞舌尔群岛，红海，莫桑比克海峡，南太平洋，坦桑尼亚，美拉尼西亚，新喀里多尼亚。

(2) 锦装海葵岩虾 *Actinimenes ornatus* (Bruce, 1969)

同物异名：*Periclimenes ornatus* Bruce, 1969
分布：南海；澳大利亚，科摩罗群岛，印度洋，肯尼亚，马尔代夫群岛，红海，美拉尼西亚。

2. 异隐虾属 *Anapontonia* Bruce, 1966

(1) 锯齿异隐虾 *Anapontonia denticauda* Bruce, 1966

分布：南海；澳大利亚，印度洋，红海。

3. 拟贝隐虾属 *Anchistioides* Paulson, 1875

(1) 维勒拟贝隐虾 *Anchistioides willeyi* (Borradaile, 1900)

同物异名：*Amphipalaemon australiensis* Balss, 1921
分布：西沙群岛；马达加斯加至菲律宾，西印度洋，西太平洋。

(2) 侧扁拟贝隐虾 *Anchistioides compressus* Paulson, 1875

同物异名：*Amphipalaemon seurati* Nobili, 1906
分布：南海；日本，红海，南太平洋，安达曼群岛。

4. 贝隐虾属 *Anchistus* Borradaile, 1898

(1) 澳洲贝隐虾 *Anchistus australis* Bruce, 1977

同物异名：*Anchistus australis* f. *typica* Bruce, 1977; *Anchistus australis* f. *dendricauda* Bruce, 1977
分布：南海；澳大利亚。

(2) 拟葫芦贝隐虾 *Anchistus custoides* Bruce, 1977

分布：南海；澳大利亚。

(3) 葫芦贝隐虾 *Anchistus custos* (Forskål, 1775)

同物异名：*Anchistia aurantiaca* Dana, 1852; *Cancer custos* Forskål, 1775; *Harpilius inermis* Miers, 1884; *Pontonia pinnae* Ortmann, 1894; *Pontonia spinax* Dawydoff, 1952

分布：南海；澳大利亚，西印度洋，马尔代夫群岛，非洲东部沿海。

(4) 德曼贝隐虾 *Anchistus demani* Kemp, 1922

分布：南海；澳大利亚，红海，马尔代夫群岛，南太平洋，印度洋，印度-西太平洋。

(5) 米尔斯贝隐虾 *Anchistus miersi* (de Man, 1888)

同物异名：*Harpilius miersi* de Man, 1888
分布：南海；红海，非洲东部沿海，马尔代夫群岛，印度洋，印度-西太平洋。

5. 弯隐虾属 *Ancylocaris* Schenkel, 1902

(1) 短腕弯隐虾 *Ancylocaris brevicarpalis* Schenkel, 1902

同物异名：*Periclimenes potina* Nobili, 1905; *Periclimenes hermitensis* Rathbun, 1914; *Palaemonella amboinensis* Zehntner, 1894; *Harpilius latirostris* Lenz, 1905
分布：南海；澳大利亚，珊瑚海，印度洋，肯尼亚，马达加斯加，马尔代夫群岛，莫桑比克海峡，红海，塞舌尔群岛，坦桑尼亚，美拉尼西亚，新喀里多尼亚。

6. 曲岩虾属 *Ancylomenes* Okuno & Bruce, 2010

(1) 霍氏曲岩虾 *Ancylomenes holthuisi* (Bruce, 1969)

同物异名：*Periclimenes holthuisi* Bruce, 1969
分布：南海；澳大利亚，珊瑚海，马尔代夫群岛，红海，塞舌尔群岛，坦桑尼亚。

(2) 海葵曲岩虾 *Ancylomenes magnificus* (Bruce, 1979)

同物异名：*Periclimenes magnificus* Bruce, 1979

分布：南海；澳大利亚。

(3) 土佐曲岩虾 *Ancylomenes tosaensis* (Kubo, 1951)

同物异名：*Periclimenes tosaensis* Kubo, 1951; *Periclimenes (Ancylocaris) tosaensis* Kubo, 1951
分布：东海，南海；印度洋，马尔代夫群岛，红海，塞舌尔群岛。

7. 深岩虾属 *Bathymenes* Kou, Li & Bruce, 2016

(1) 奥巴焯斯深岩虾 *Bathymenes albatrossae* (Chace & Bruce, 1993)

同物异名：*Periclimenes albatrossae* Chace & Bruce, 1993
分布：南海。

8. 布鲁斯岩虾属 *Brucecaris* Marin & Chan, 2006

(1) 海百合布鲁斯岩虾 *Brucecaris tenuis* (Bruce, 1969)

同物异名：*Periclimenes tenuis* Bruce, 1969
分布：南海；日本，澳大利亚，马尔代夫群岛，红海，坦桑尼亚，印度洋。

9. 江瑶虾属 *Conchodytes* Peters, 1852

(1) 双爪江瑶虾 *Conchodytes biunguiculatus* (Paulson, 1875)

同物异名：*Pontonia biunguiculata* Paulson, 1875; *Conchodytes kempi* Bruce, 1989
分布：南海；印度洋，肯尼亚，马尔代夫群岛，莫桑比克，红海，塞舌尔群岛，坦桑尼亚，越南，菲律宾，印度尼西亚，马绍尔群岛。

(2) 斑点江瑶虾 *Conchodytes meleagrinae* Peters, 1852

分布：南海；印度-西太平洋，澳大利亚，印度洋，肯尼亚，马尔代夫群岛，莫桑比克，红海，塞舌尔群岛，南太平洋。

(3) 单指江瑶虾 *Conchodytes monodactylus* **Holthuis, 1952**

分布：南海；澳大利亚，印度尼西亚，新加坡，日本，巴布亚新几内亚。

(4) 日本江瑶虾 *Conchodytes nipponensis* **(De Haan, 1844 [in De Haan, 1833-1850])**

同物异名：*Pontonia nipponensis* De Haan, 1849 [in De Haan, 1833-1850]; *Hymenocera niponensis* De Haan, 1844 [in De Haan, 1833-1850]
分布：南海；日本，菲律宾，澳大利亚。

(5) 蝎江瑶虾 *Conchodytes placunae* **(D. J. Johnson, 1967)**

同物异名：*Chernocaris placunae* D. S. Johnson, 1967
分布：南海；澳大利亚。

(6) 砗磲江瑶虾 *Conchodytes tridacnae* **Peters, 1852**

分布：南海；澳大利亚，印度洋，肯尼亚，马尔代夫群岛，莫桑比克，红海，塞舌尔群岛，坦桑尼亚，南太平洋。

10. 珊瑚虾属 *Coralliocaris* **Stimpson, 1860**

(1) 短额珊瑚虾 *Coralliocaris brevirostris* **Borradaile, 1898**

分布：南海；澳大利亚，美拉尼西亚，西太平洋。

(2) 翠条珊瑚虾 *Coralliocaris graminea* **(Dana, 1852)**

同物异名：*Oedipus gramineus* Dana, 1852; *Coralliocaris inaequalis* Ortmann, 1890
分布：南海；澳大利亚，印度洋，肯尼亚，马尔代夫群岛，红海，塞舌尔群岛，南太平洋，坦桑尼亚，印度-太平洋。

(3) 女神珊瑚虾 *Coralliocaris nudirostris* **(Heller, 1861)**

同物异名：*Coralliocaris venusta* Kemp, 1922; *Oedipus nudirostris* Heller, 1861

分布：南海；澳大利亚，肯尼亚，马尔代夫群岛，红海，塞舌尔群岛，坦桑尼亚，印度-太平洋。

(4) 褐点珊瑚虾 *Coralliocaris superba* **(Dana, 1852)**

同物异名：*Oedipus superbus* Dana, 1852; *Oedipus dentirostris* Paulson, 1875
分布：南海；澳大利亚，印度洋，肯尼亚，马达加斯加，马尔代夫群岛，塞舌尔群岛，红海，南太平洋，坦桑尼亚，印度-太平洋。

(5) 台湾珊瑚虾 *Coralliocaris taiwanensis* **Fujino & Miyake, 1972**

同物异名：*Coralliocaris pavonae* Bruce, 1972
分布：南海；印度洋，红海，斐济。

(6) 绿珊瑚虾 *Coralliocaris viridis* **Bruce, 1974**

分布：南海；澳大利亚，印度洋，肯尼亚，马尔代夫群岛，红海，塞舌尔群岛，莫桑比克海峡，红海，南太平洋。

11. 冠岩虾属 *Cristimenes* **Duris & Horka, 2017**

(1) 共栖冠岩虾 *Cristimenes commensalis* **(Borradaile, 1915)**

同物异名：*Periclimenes commensalis* Borradaile, 1915
分布：南海；澳大利亚，印度洋，肯尼亚，马尔代夫群岛，莫桑比克，红海，坦桑尼亚。

(2) 珠掌冠岩虾 *Cristimenes cristimanus* **(Bruce, 1965)**

同物异名：*Periclimenes cristimanus* Bruce, 1965
分布：南海；澳大利亚，新加坡，马来西亚。

12. 凯氏岩虾属 *Cuapetes* **A. H. Clark, 1919**

(1) 无暇凯氏岩虾 *Cuapetes amymone* **(de Man, 1902)**

同物异名：*Periclimenes amymone* de Man, 1902
分布：南海；澳大利亚。

(2) 安达曼凯氏岩虾 *Cuapetes andamanensis* (Kemp, 1922)

同物异名：*Periclimenes (Ancylocaris) andamanensis* Kemp, 1922

分布：南海；澳大利亚，印度洋，马尔代夫群岛，红海。

(3) 德曼凯氏岩虾 *Cuapetes demani* (Kemp, 1915)

同物异名：*Periclimenes demani* Kemp, 1915

分布：南海；印度洋，莫桑比克，红海。

(4) 秀丽凯氏岩虾 *Cuapetes elegans* (Paulson, 1875)

同物异名：*Anchistia elegans* Paulson, 1875; *Periclimenes elegans* (Paulson, 1875)

分布：南海；澳大利亚，印度洋，肯尼亚，马尔代夫群岛，红海，塞舌尔群岛，坦桑尼亚，南太平洋。

(5) 刀额凯氏岩虾 *Cuapetes ensifrons* (Dana, 1852)

同物异名：*Anchistia ensifrons* Dana, 1852; *Periclimenes ensifrons* (Dana, 1952)

分布：南海；印度洋，马尔代夫群岛，莫桑比克海峡，红海，塞舌尔群岛，坦桑尼亚，南太平洋。

(6) 大凯氏岩虾 *Cuapetes grandis* (Stimpson, 1860)

同物异名：*Anchistia grandis* Stimpson, 1860; *Periclimenes grandis* (Stimpson, 1860)

分布：南海；澳大利亚，印度洋，肯尼亚，马尔代夫群岛，莫桑比克海峡，红海，塞舌尔群岛，坦桑尼亚，南太平洋。

(7) 约翰逊凯氏岩虾 *Cuapetes johnsoni* (Bruce, 1987)

同物异名：*Periclimenes johnsoni* Bruce, 1987

分布：南海。

(8) 尼兰凯氏岩虾 *Cuapetes nilandensis* (Borradaile, 1915)

同物异名：*Periclimenes (Falciger) nilandensis* Borradaile, 1915

分布：南海；澳大利亚，印度洋，肯尼亚，马尔代夫群岛，莫桑比克，坦桑尼亚。

(9) 扁螯凯氏岩虾 *Cuapetes platycheles* (Holthuis, 1952)

同物异名：*Periclimenes platycheles* Holthuis, 1952

分布：南海；澳大利亚。

(10) 塞舌尔凯氏岩虾 *Cuapetes seychellensis* (Borradaile, 1915)

同物异名：*Periclimenes (Falciger) seychellensis* Borradaile, 1915

分布：南海；澳大利亚，印度洋，肯尼亚，马达加斯加，马尔代夫群岛，红海，塞舌尔群岛，坦桑尼亚。

(11) 细足凯氏岩虾 *Cuapetes tenuipes* (Borradaile, 1898)

同物异名：*Periclimenes tenuipes* Borradaile, 1898

分布：南海；澳大利亚，印度洋，肯尼亚，马尔代夫群岛，莫桑比克海峡，红海，塞舌尔群岛，南太平洋，坦桑尼亚。

13. 指隐虾属 *Dactylonia* Fransen, 2002

(1) 敖氏指隐虾 *Dactylonia okai* (Kemp, 1922)

同物异名：*Pontonia okai* Kemp, 1922

分布：南海；澳大利亚，印度洋，肯尼亚，马尔代夫群岛，红海。

14. 尖腹虾属 *Dasycaris* Kemp, 1922

(1) 角尖腹虾 *Dasycaris ceratops* Holthuis, 1952

分布：南海；澳大利亚，印度洋，马尔代夫群岛，红海，坦桑尼亚，印度尼西亚。

(2) 共生尖腹虾 *Dasycaris symbiotes* Kemp, 1922

分布：南海；印度-太平洋，新喀里多尼亚，缅甸，印度，丹老群岛，印度尼西亚。

(3) 桑给巴尔尖腹虾 *Dasycaris zanzibarica* Bruce, 1973

分布：南海；澳大利亚，印度洋，马尔代夫群岛，红海，坦桑尼亚，新喀里多尼亚，巴布亚新几内亚。

15. 表隐虾属 *Epipontonia* Bruce, 1977

(1) 海南表隐虾 *Epipontonia hainanensis* Li, 1999

分布：南海。

16. 真隐虾属 *Eupontonia* Bruce, 1971

(1) 夜真隐虾 *Eupontonia noctalbata* Bruce, 1971

分布：南海；印度洋，红海，塞舌尔群岛。

17. 外岩虾属 *Exoclimenella* Bruce, 1995

(1) 齿外岩虾 *Exoclimenella denticulata* (Nobili, 1906)

同物异名：*Periclimenes petitthouarsi* var. *denticulata* Nobili, 1906

分布：南海；南太平洋，法属波利尼西亚，美拉尼西亚，新喀里多尼亚。

18. 拟叶颚虾属 *Gnathophylloides* Schmitt, 1933

(1) 小拟叶颚虾 *Gnathophylloides mineri* Schmitt, 1933

分布：南海；南太平洋，墨西哥湾，塞舌尔群岛。

19. 叶颚虾属 *Gnathophyllum* Latreille, 1819

(1) 美洲叶颚虾 *Gnathophyllum americanum* Guérin-Méneville, 1855

同物异名：*Gnathophyllum zebra* Richters, 1880; *Gnathophyllum tridens* Nobili, 1906; *Gnathophyllum pallidum* Ortmann, 1890; *Gnathophyllum minuscularium* Armstrong, 1940; *Gnathophyllum fasciolatum* Stimpson, 1860

分布：莫桑比克，南非，墨西哥，印度洋，马达加斯加，北大西洋，红海，毛里求斯，塞舌尔群岛，南太平洋。

20. 钩指虾属 *Hamodactylus* Holthuis, 1952

(1) 波氏钩指虾 *Hamodactylus boschmai* Holthuis, 1952

分布：南海；澳大利亚，印度洋，肯尼亚，马尔代夫群岛，红海，塞舌尔群岛，坦桑尼亚，新喀里多尼亚，印度-西太平洋。

21. 钩隐虾属 *Hamopontonia* Bruce, 1970

(1) 珊瑚钩隐虾 *Hamopontonia corallicola* Bruce, 1970

分布：南海；日本，印度尼西亚，巴布亚新几内亚，澳大利亚，美拉尼西亚。

22. 拟钩岩虾属 *Harpiliopsis* Borradaile, 1917

(1) 包氏拟钩岩虾 *Harpiliopsis beaupresii* (Audouin, 1826)

同物异名：*Palaemon beaupressi* Audouin, 1826

分布：南海；澳大利亚，印度洋，肯尼亚，马达加斯加，马尔代夫群岛，红海，塞舌尔群岛，南太平洋，美拉尼西亚，法属玻利尼西亚，新喀里多尼亚，印度-西太平洋。

(2) 平扁拟钩岩虾 *Harpiliopsis depressa* (Stimpson, 1860)

同物异名：*Anchistia gracilis* Dana, 1852; *Anchistia notata* Heller, 1865; *Harpilius depressus* Stimpson, 1860; *Pelias notatus* Heller, 1862; *Periclimenes pusillus* Rathbun, 1906

分布：南海；印度洋，肯尼亚，马达加斯加，莫桑比克，北太平洋，红海，塞舌尔群岛，南太平洋，坦桑尼亚，新喀里多尼亚，印度-西太平洋。

(3) 刺拟钩岩虾 *Harpiliopsis spinigera* (Ortmann, 1890)

同物异名：*Anchistia spinigera* Ortmann, 1890; *Harpilius depressus* var. *gracilis* Kemp, 1922

分布：南海；澳大利亚，印度洋，肯尼亚，马尔代夫群岛，莫桑比克海峡，北太平洋，红海，塞舌尔群岛，坦桑尼亚，法属玻利尼西亚，美拉尼西亚，新喀里多尼亚，印度-太平洋。

23. 钩岩虾属 *Harpilius* Dana, 1852

(1) 杯形珊瑚钩岩虾 *Harpilius consobrinus* de Man, 1902

分布：南海；澳大利亚，科摩罗群岛，印度洋，肯尼亚，莫桑比克海峡，红海，坦桑尼亚，印度尼西亚，泰国。

(2) 土黄钩岩虾 *Harpilius lutescens* Dana, 1852

同物异名：*Periclimenes* (*Ancylocaris*) *amamiensis* Kubo, 1940

分布：南海；澳大利亚，科摩罗群岛，印度洋，肯尼亚，马达加斯加，马尔代夫群岛，莫桑比克海峡，红海，坦桑尼亚，塞舌尔群岛，南太平洋，美拉尼西亚，印度-太平洋。

24. 扁隐虾属 *Ischnopontonia* Bruce, 1966

(1) 扁隐虾 *Ischnopontonia lophos* (Barnard, 1962)

同物异名：*Philarius lophos* Barnard, 1962

分布：南海；莫桑比克海峡，莫桑比克，科摩罗群岛，印度洋，肯尼亚，马达加斯加，坦桑尼亚，塞舌尔群岛，印度-太平洋。

25. 尤卡虾属 *Jocaste* Holthuis, 1952

(1) 日本尤卡虾 *Jocaste japonica* (Ortmann, 1890)

同物异名：*Cavicheles kempi* Holthuis, 1952; *Coralliocaris superba* var. *japonica* Ortmann, 1890

分布：南海；科摩罗群岛，印度洋，肯尼亚，马达加斯加，莫桑比克海峡，红海，塞舌尔群岛，南太平洋，坦桑尼亚，印度-太平洋。

(2) 红条尤卡虾 *Jocaste lucina* (Nobili, 1901)

同物异名：*Coralliocaris lucina* Nobili, 1901; *Coralliocaris lamellirostris* Stimpson, 1860

分布：南海；澳大利亚，科摩罗群岛，厄立特里亚，肯尼亚，马达加斯加，莫桑比克海峡，红海，塞舌尔群岛，南太平洋，坦桑尼亚，印度-太平洋。

26. 劳岩虾属 *Laomenes* A. H. Clark, 1919

(1) 安波劳岩虾 *Laomenes amboinensis* (De Man, 1888)

同物异名：*Anchistia amboinensis* de Man, 1888; *Periclimenes amboinensis* (de Man, 1888)

分布：南海；澳大利亚，美拉尼西亚，新喀里多尼亚。

27. 瘦虾属 *Leander* Desmarest, 1849

(1) 细角瘦虾 *Leander tenuicornis* (Say, 1818)

同物异名：*Astacus locusta* J. C. Fabricius, 1781; *Palaemon tenuicornis* Say, 1818; *Palaemon torensis* Paulson, 1875; *Penaeus punctatissimus* Bosc, 1801

分布：南海；地中海，南非，墨西哥湾，印度洋，莫桑比克，红海，塞舌尔群岛，南太平洋，新喀里多尼亚，印度-西太平洋，大西洋。

28. 拟瘦虾属 *Leandrites* Holthuis, 1950

(1) 宽额拟瘦虾 *Leandrites deschampsi* (Nobili, 1903)

同物异名：*Leander deschampsi* Nobili, 1903

分布：南海；新加坡。

(2) 细足拟瘦虾 *Leandrites stenopus* Holthuis, 1950

分布：南海；印度尼西亚，澳大利亚。

29. 细腕虾属 *Leptocarpus* Holthuis, 1950

(1) 淡水细腕虾 *Leptocarpus potamiscus* (Kemp, 1917)

同物异名：*Leander potamiscus* Kemp, 1917

分布：南海；印度，安达曼群岛，泰国，马来西亚，印度尼西亚。

30. 光滑虾属 *Levicaris* Bruce, 1973

(1) 海胆光滑虾 *Levicaris mammillata* (Edmondson, 1931)

同物异名：*Coralliocaris mammilatus* Edmondson, 1931
分布：南海；夏威夷群岛，马绍尔群岛。

31. 利普克岩虾属 *Lipkemenes* Bruce & Okuno, 2010

(1) 片足利普克岩虾 *Lipkemenes lanipes* (Kemp, 1922)

同物异名：*Periclimenes lanipes* Kemp, 1922
分布：南海；澳大利亚，印度洋，肯尼亚，马尔代夫群岛，红海，坦桑尼亚，莫桑比克，新喀里多尼亚。

32. 沼虾属 *Macrobrachium* Spence Bate, 1868

(1) 澳洲沼虾 *Macrobrachium australe* (Guérin-Méneville, 1838)

同物异名：*Palaemon australis* Guérin-Méneville, 1838; *Palaemon danae* Heller, 1865; *Palaemon dispar* von Martens, 1868; *Palaemon malliardi* Richters, 1880; *Palaemon parvus* Hoffman, 1874; *Leander lepidus* de Man, 1915
分布：南海；印度-西太平洋，莫桑比克海峡，南太平洋。

(2) 等齿沼虾 *Macrobrachium equidens* (Dana, 1852)

同物异名：*Palaemon equidens* Dana, 1852; *Urocaridella borradailei* Stebbing, 1923; *Palaemon delagoae* Stebbing, 1915
分布：东海，南海；印度洋，马达加斯加，莫桑比克，新喀里多尼亚，印度-西太平洋。

(3) 绒掌沼虾 *Macrobrachium esculentum* (Thallwitz, 1891)

同物异名：*Palaemon esculentus* Thallwitz, 1891; *Palaemon dulcis* Thallwitz, 1891
分布：东海；印度尼西亚，菲律宾，泰国。

(4) 台湾沼虾 *Macrobrachium formosense* Spence Bate, 1868

同物异名：*Palaemon riukiuensis* Kubo, 1940; *Palaemon similis* Yu, 1931; *Palemon longipes* De Haan, 1849 [in De Haan, 1833-1850]
分布：东海，南海；日本。

(5) 海南沼虾 *Macrobrachium hainanense* (Parisi, 1919)

同物异名：*Palaemon (Parapalaemon) hainanense* Parisi, 1919
分布：南海；越南，爪哇岛。

(6) 贪食沼虾 *Macrobrachium lar* (Fabricius, 1798)

同物异名：*Palaemon lar* Fabricius, 1798; *Macrobrachium ornatus* Jayachandran & Raji, 2004; *Leander dionyx* Nobili, 1905; *Palaemon longimanus* Fabricius, 1798; *Palaemon spectabilis* Heller, 1862
分布：东海；澳大利亚，印度-西太平洋。

(7) 乳指沼虾 *Macrobrachium mammillodactylus* (Thallwitz, 1891)

同物异名：*Palaemon idae* var. *mammillodactylus* Thallwitz, 1891; *Palaemon philippinensis* Cowles, 1914; *Palaemon talavarae* Blanco, 1939
分布：南海；菲律宾至苏拉威西岛，新几内亚岛，澳大利亚。

33. 细额隐虾属 *Manipontonia* Bruce, Okuno & Li, 2005

(1) 细额隐虾 *Manipontonia psamathe* (De Man, 1902)

同物异名：*Urocaris psamathe* de Man, 1902; *Periclimenes psamathe* (de Man, 1902)
分布：南海；澳大利亚，印度洋，肯尼亚，马尔代夫群岛，红海，坦桑尼亚，塞舌尔群岛，印度-西太平洋。

34. 中隐虾属 *Mesopontonia* Bruce, 1967

(1) 柳珊瑚中隐虾 *Mesopontonia gorgoniophila* Bruce, 1967

分布：南海；新喀里多尼亚。

35. 异指双爪虾属 *Onycocaridites* Bruce, 1987

(1) 异指双爪虾 *Onycocaridites anomodactylus* Bruce, 1987

分布：南海；澳大利亚，印度-西太平洋，阿拉弗拉海。

36. 双爪虾属 *Onycocaris* Nobili, 1904

(1) 双爪虾 *Onycocaris aualitica* (Nobili, 1904)

同物异名：*Coralliocaris (Onycocaris) aualitica* Nobili, 1904
分布：南海；印度洋，马尔代夫群岛，红海，塞舌尔群岛，留尼汪岛，马达加斯加，吉布提。

(2) 寡齿双爪虾 *Onycocaris oligodentata* Fujino & Miyake, 1969

分布：南海；澳大利亚，日本，印度-西太平洋。

(3) 方形双爪虾 *Onycocaris quadratophthalma* (Balss, 1921)

同物异名：*Pontonia quadratophthalma* Balss, 1921
分布：南海；澳大利亚，南太平洋，夏威夷群岛，美拉尼西亚，马绍尔群岛，日本。

37. 长臂虾属 *Palaemon* Weber, 1795

(1) 安氏长臂虾 *Palaemon annandalei* (Kemp, 1917)

同物异名：*Leander annandalei* Kemp, 1917; *Exopalaemon annandalei* (Kemp, 1917)
分布：渤海，黄海，东海；朝鲜半岛西海岸。

(2) 脊尾长臂虾 *Palaemon carinicauda* Holthuis, 1950

同物异名：*Palaemon (Exopalaemon) carinicauda* Holthuis, 1950; *Exopalaemon carinicauda* (Holthuis, 1950)
分布：渤海，黄海，东海；朝鲜半岛西岸。

(3) 洁白长臂虾 *Palaemon concinnus* Dana, 1852

同物异名：*Leander longicarpus* Stimpson, 1860; *Palaemon exilimanus* Dana, 1852; *Palaemon lagdao-*

ensis Blanco, 1939
分布：东海，南海；印度洋，马达加斯加，莫桑比克，塞舌尔群岛，南太平洋，新喀里多尼亚，印度-西太平洋。

(4) 长角长臂虾 *Palaemon debilis* Dana, 1852

同物异名：*Leander beauforti* J. Roux, 1923; *Leander gardineri* Borradaile, 1901; *Palaemonetes pacificus* Gurney, 1939
分布：东海，南海；印度洋，莫桑比克海峡，塞舌尔群岛，南太平洋，新喀里多尼亚，印度-西太平洋。

(5) 葛氏长臂虾 *Palaemon gravieri* (Yu, 1930)

同物异名：*Leander gravieri* Yu, 1930
分布：渤海，黄海，东海；红海，菲律宾，印度尼西亚，澳大利亚，朝鲜半岛。

(6) 广东长臂虾 *Palaemon guangdongensis* Liu, Liang & Yan, 1990

分布：南海。

(7) 海南长臂虾 *Palaemon hainanensis* (Liang, 2000)

同物异名：*Exopalaemon hainanensis* Liang, 2000
分布：南海。

(8) 巨指长臂虾 *Palaemon macrodactylus* Rathbun, 1902

分布：渤海，黄海，东海；日本，朝鲜半岛。

(9) 秀丽长臂虾 *Palaemon modestus* (Heller, 1862)

同物异名：*Exopalaemon modestus* (Heller, 1862); *Leander modestus* Heller, 1862
分布：东海杭州湾。

(10) 东方长臂虾 *Palaemon orientis* Holthuis, 1950

同物异名：*Palaemon (Exopalaemon) orientis* Holthuis, 1950; *Exopalaemon orientis* (Holthuis, 1950)
分布：黄海，东海，南海；日本，朝鲜半岛南岸。

(11) 敖氏长臂虾 *Palaemon ortmanni* **Rathbun, 1902**

分布：渤海，黄海，东海；日本，朝鲜半岛南岸。

(12) 太平长臂虾 *Palaemon pacificus* **(Stimpson, 1860)**

同物异名：*Leander pacificus* Stimpson, 1860; *Leander okiensis* Kamita, 1950
分布：南海；印度-太平洋，安哥拉，南非西海岸，东南大西洋。

(13) 锯齿长臂虾 *Palaemon serrifer* **(Stimpson, 1860)**

同物异名：*Leander serrifer* Stimpson, 1860; *Leander fagei* Yu, 1930
分布：渤海，黄海，东海，南海；印度，缅甸，泰国，印度尼西亚，北澳大利亚，朝鲜半岛，日本至西伯利亚。

(14) 白背长臂虾 *Palaemon sewelli* **(Kemp, 1925)**

同物异名：*Leander sewelli* Kemp, 1925
分布：渤海，黄海，东海，南海；印度，孟加拉国。

(15) 细指长臂虾 *Palaemon tenuidactylus* **Liu, Liang & Yan, 1990**

分布：渤海，黄海，东海；朝鲜半岛西岸。

(16) 越南长臂虾 *Palaemon tonkinensis* **(Sollaud, 1914)**

同物异名：*Palaemonetes tonkinensis guangdongensis* Liu, Liang & Yan, 1990; *Coutierella tonkinensis tonkinensis* Sollaud, 1914; *Coutierella tonkinensis guangdongensis* (Liu, Liang & Yan, 1990); *Coutierella tonkinensis* Sollaud, 1914
分布：南海；越南。

(17) 低角长臂虾 *Palaemon yamashitai* **Fujino & Miyake, 1970**

同物异名：*Palaemon* (*Palaemon*) *yamashitai* Fujino & Miyake, 1970
分布：东海。

38. 拟长臂虾属 *Palaemonella* **Dana, 1852**

(1) 博氏拟长臂虾 *Palaemonella pottsi* **(Borradaile, 1915)**

同物异名：*Periclimenes* (*Falciger*) *pottsi* Borradaile, 1915
分布：南海；澳大利亚，印度洋，肯尼亚，马尔代夫群岛，红海，坦桑尼亚，美拉尼西亚，新喀里多尼亚，印度-西太平洋。

(2) 圆掌拟长臂虾 *Palaemonella rotumana* **(Borradaile, 1898)**

同物异名：*Periclimenes rotumanus* Borradaile, 1898; *Palaemonella vestigialis* Kemp, 1922
分布：南海；地中海，印度尼西亚，夏威夷群岛，印度-太平洋。

(3) 有刺拟长臂虾 *Palaemonella spinulata* **Yokoya, 1936**

分布：南海；日本。

(4) 细足拟长臂虾 *Palaemonella tenuipes* **Dana, 1852**

同物异名：*Palaemonella elegans* Borradaile, 1915; *Palaemonella tridentata* Borradaile, 1899
分布：南海；科摩罗群岛，印度洋，莫桑比克海峡，红海，塞舌尔群岛，南太平洋，夏威夷群岛，美拉尼西亚，新喀里多尼亚。

39. 副岩虾属 *Paraclimenes* **Bruce, 1995**

(1) 柳珊瑚副岩虾 *Paraclimenes gorgonicola* **(Bruce, 1969)**

同物异名：*Periclimenes gorgonicola* Bruce, 1969; *Periclimenes franklini* Bruce, 1990
分布：南海。

40. 副贝隐虾属 *Paranchistus* **Holthuis, 1952**

(1) 刘氏副贝隐虾 *Paranchistus liui* **Li, Bruce & R. B. Manning, 2004**

分布：南海。

(2) 海菊蛤副贝隐虾 *Paranchistus spondylis* **Suzuki, 1971**

分布：南海；日本。

41. 小岩虾属 *Periclimenaeus* Borradaile, 1915

(1) 阿拉伯小岩虾 *Periclimenaeus arabicus* **(Calman, 1939)**

同物异名：*Periclimenes* (*Periclimenaeus*) *arabicus* Calman, 1939; *Periclimenaeus ohshimai* Miyake & Fujino, 1967

分布：南海；澳大利亚，印度洋，肯尼亚，马尔代夫群岛，红海，坦桑尼亚，新喀里多尼亚。

(2) 海克特小岩虾 *Periclimenaeus hecate* **(Nobili, 1904)**

同物异名：*Coralliocaris hecate* Nobili, 1904

分布：南海；澳大利亚，印度洋，肯尼亚，马尔代夫群岛，红海，塞舌尔群岛，莫桑比克海峡，南太平洋，印度-西太平洋。

(3) 小小岩虾 *Periclimenaeus minutus* **Holthuis, 1952**

分布：南海；印度洋，马尔代夫群岛，红海，坦桑尼亚。

(4) 耙形小岩虾 *Periclimenaeus rastrifer* **Bruce, 1980**

分布：南海；澳大利亚，新喀里多尼亚。

(5) 壮螯小岩虾 *Periclimenaeus rhodope* **(Nobili, 1904)**

同物异名：*Coralliocaris* (*Onycocaris*) *rhodope* Nobili, 1904

分布：南海；澳大利亚，印度洋，肯尼亚，塞舌尔群岛，坦桑尼亚，马来群岛，吉布提，波斯湾。

(6) 刺尾小岩虾 *Paraclimenaeus spinicauda* **(Bruce, 1969)**

同物异名：*Periclimenaeus spinicauda* Bruce, 1969; *Apopontonia dubia* Bruce, 1981

分布：南海；澳大利亚，新喀里多尼亚。

(7) 海绵小岩虾 *Periclimenaeus spongicola* **Holthuis, 1952**

分布：南海；爪哇岛。

(8) 细角小岩虾 *Periclimenaeus stylirostris* **Bruce, 1969**

分布：南海；澳大利亚，新喀里多尼亚，斐济。

(9) 三齿小岩虾 *Periclimenaeus tridentatus* **(Miers, 1884)**

同物异名：*Coralliocaris tridentata* Miers, 1884

分布：南海；澳大利亚，印度洋，马尔代夫群岛，红海，莫桑比克，法属玻利尼西亚，夏威夷群岛，新加坡，菲律宾。

42. 近岩虾属 *Periclimenella* Bruce, 1995

(1) 刺近岩虾 *Periclimenella spinifera* **(De Man, 1902)**

同物异名：*Periclimenes spiniferus* de Man, 1902

分布：南海；澳大利亚，印度洋，肯尼亚，马尔代夫群岛，莫桑比克海峡，红海，塞舌尔群岛，坦桑尼亚，美拉尼西亚，新喀里多尼亚，印度-西太平洋。

43. 岩虾属 *Periclimenes* O. G. Costa, 1844

(1) 近缘岩虾 *Periclimenes affinis* **(Zehntner, 1894)**

同物异名：*Palaemonella affinis* Zehntner, 1894; *Periclimenes brocketti* Borradaile, 1915

分布：南海；澳大利亚，马尔代夫群岛，美拉尼西亚，新喀里多尼亚，印度-西太平洋。

(2) 切斯岩虾 *Periclimenes chacei* **Li, Bruce & R. B. Manning, 2004**

分布：南海。

(3) 细指岩虾 *Periclimenes digitalis* **Kemp, 1922**

同物异名：*Periclimenes* (*Ancylocaris*) *digitalis* Kemp, 1922

分布：南海；新加坡，马来西亚，澳大利亚，印度尼西亚，安达曼群岛，桑给巴尔岛。

(4) 异足岩虾 *Periclimenes diversipes* Kemp, 1922

同物异名：*Periclimenes (Ancylocaris) diversipes* Kemp, 1922
分布：南海；红海，马达加斯加至新加坡，泰国，澳大利亚，印度-西太平洋。

(5) 香港岩虾 *Periclimenes hongkongensis* Bruce, 1969

分布：南海。

(6) 可疑岩虾 *Periclimenes incertus* Borradaile, 1915

同物异名：*Periclimenes (Cristiger) incertus* Borradaile, 1915
分布：南海；澳大利亚，印度洋，肯尼亚，马尔代夫群岛，红海，坦桑尼亚，美拉尼西亚，新喀里多尼亚。

(7) 混乱岩虾 *Periclimenes perturbans* Bruce, 1978

分布：南海；印度洋，马尔代夫群岛，红海，马达加斯加。

(8) 中华岩虾 *Periclimenes sinensis* Bruce, 1969

同物异名：*Periclimenes (Periclimenes) setoensis* Fujino & Miyake, 1969
分布：南海；日本，菲律宾，澳大利亚，苏禄群岛。

(9) 托罗岩虾 *Periclimenes toloensis* Bruce, 1969

分布：南海；澳大利亚，印度洋，马尔代夫群岛，红海，坦桑尼亚，菲律宾。

44. 拟岩虾属 *Periclimenoides* Bruce, 1990

(1) 齿指拟岩虾 *Periclimenoides odontodactylus* (Fujino & Miyake, 1968)

同物异名：*Periclimenaeus odontodactylus* Fujino & Miyake, 1968

分布：南海；澳大利亚，日本，菲律宾。

45. 近钩岩虾属 *Philarius* Holthuis, 1952

(1) 葛莱克近钩岩虾 *Philarius gerlachei* (Nobili, 1905)

同物异名：*Harpilius gerlachei* Nobili, 1905
分布：南海；澳大利亚，印度洋，肯尼亚，马达加斯加，马尔代夫群岛，红海，莫桑比克海峡，塞舌尔群岛，坦桑尼亚，美拉尼西亚，印度-太平洋。

(2) 帝近钩岩虾 *Philarius imperialis* (Kubo, 1940)

同物异名：*Harpilius imperialis* Kubo, 1940
分布：南海；澳大利亚，印度洋，肯尼亚，马尔代夫群岛，红海，塞舌尔群岛，坦桑尼亚，美拉尼西亚，新喀里多尼亚，印度-太平洋。

46. 藻岩虾属 *Phycomenes* Bruce, 2008

(1) 印度藻岩虾 *Phycomenes indicus* (Kemp, 1915)

同物异名：*Urocaris indica* Kemp, 1915; *Periclimenes indicus* (Kemp, 1915)
分布：南海；澳大利亚。

47. 片隐虾属 *Platycaris* Holthuis, 1952

(1) 阔额片隐虾 *Platycaris latirostris* Holthuis, 1952

分布：南海；西印度洋，澳大利亚，印度洋，肯尼亚，马尔代夫群岛，莫桑比克海峡，红海，塞舌尔群岛，坦桑尼亚，美拉尼西亚。

48. 多刺隐虾属 *Plesiopontonia* Bruce, 1985

(1) 摩那得多刺隐虾 *Plesiopontonia monodi* Bruce, 1985

分布：南海。

49. 拟隐虾属 *Pontonides* Borradaile, 1917

(1) 钩指拟隐虾 *Pontonides unciger* Calman, 1939

分布：南海；肯尼亚，红海，塞舌尔群岛。

50. 布氏岩虾属 *Sandimenes* Li, 2009

(1) 多毛布氏岩虾 *Sandimenes hirsutus* (Bruce, 1971)

同物异名：*Periclimenes hirsutus* Bruce, 1971

分布：南海；印度洋，红海，塞舌尔群岛，坦桑尼亚，美拉尼西亚，新喀里多尼亚。

51. 盖隐虾属 *Stegopontonia* Nobili, 1906

(1) 共栖盖隐虾 *Stegopontonia commensalis* Nobili, 1906

分布：南海；西印度洋，澳大利亚，肯尼亚，马尔代夫群岛，红海，塞舌尔群岛，毛里求斯，美拉尼西亚，新喀里多尼亚。

52. 尾瘦虾属 *Urocaridella* Borradaile, 1915

(1) 美丽尾瘦虾 *Urocaridella antonbruunii* (Bruce, 1967)

同物异名：*Periclimenes antonbruunii* Bruce, 1967; *Leandrites longipes* Liu, Liang & Yan, 1990;

分布：南海；印度洋，黎凡特海，科摩罗群岛，印度洋，肯尼亚，红海，塞舌尔群岛，莫桑比克海峡，新喀里多尼亚。

(2) 纤尾瘦虾 *Urocaridella urocaridella* (Holthuis, 1950)

同物异名：*Leander urocaridella* Holthuis, 1950; *Urocaridella gracilis* Borradaile, 1915

分布：南海；印度尼西亚，新喀里多尼亚。

53. 曼隐虾属 *Vir* Holthuis, 1952

(1) 东方曼隐虾 *Vir orientalis* (Dana, 1852)

同物异名：*Palaemonella orientalis* Dana, 1852

分布：南海；澳大利亚，印度洋，马尔代夫群岛，红海。

54. 宙斯隐虾属 *Zenopontonia* Bruce, 1975

(1) 象鼻宙斯隐虾 *Zenopontonia rex* (Kemp, 1922)

同物异名：*Periclimenes* (*Periclimenes*) *rex* Kemp, 1922; *Periclimenes imperator* Bruce, 1967; *Periclimenes rex* Kemp, 1922

分布：南海；印度-太平洋，澳大利亚，马达加斯加，肯尼亚，红海，马尔代夫群岛。

(2) 姊妹宙斯隐虾 *Zenopontonia soror* (Nobili, 1904)

同物异名：*Periclimenes* (*Cristiger*) *frater* Borradaile, 1915; *Periclimenes bicolor* Edmondson, 1935; *Periclimenes frater* Borradaile; *Periclimenes parasiticus* Borradaile, 1898; *Periclimenes soror* Nobili, 1904

分布：南海；印度，印度-太平洋，肯尼亚，吉布提，红海，塞舌尔群岛。

绿点虾科 Chlorotocellidae Komai, Chan & De Grave, 2019

1. 绿点虾属 *Chlorotocella* Balss, 1914

(1) 纤细绿点虾 *Chlorotocella gracilis* Balss, 1914

分布：东海，南海；安达曼群岛，尼科巴群岛，新加坡，印度尼阿亚，菲律宾，日本，澳大利亚。

2. 近绿虾属 *Chlorocurtis* Kemp, 1925

(1) 透明近绿虾 *Chlorocurtis jactans* (Nobili, 1904)

同物异名：*Virbius jactans* Nobili, 1904; *Chlorocurtis miser* Kemp, 1925

分布：南海；红海，印度-西太平洋。

长额虾科 Pandalidae Haworth, 1825

1. 绿虾属 *Chlorotocus* A. Milne-Edwards, 1882

(1) 厚角绿虾 *Chlorotocus crassicornis* (A. Costa, 1871)

同物异名：*Pandalus crassicornis* A. Costa, 1871

分布：东海，南海；非洲，安达曼群岛，印度尼西亚，菲律宾，朝鲜半岛，东大西洋，地中海。

2. 异腕虾属 *Heterocarpus* A. Milne-Edwards, 1881

(1) 林氏异腕虾 *Heterocarpus hayashii* Crosnier, 1988

分布：东海，南海；日本，菲律宾，新喀里多尼亚，萨摩亚群岛，澳大利亚。

(2) 东方异腕虾 *Heterocarpus sibogae* de Man, 1917

分布：东海，南海；印度-太平洋。

3. 长额虾属 *Pandalus* Leach, 1814

(1) 纤细长额虾 *Pandalus gracilis* Stimpson, 1860

分布：渤海，黄海，东海；日本，朝鲜半岛。

4. 红虾属 *Plesionika* Spence Bate, 1888

(1) 大红虾 *Plesionika grandis* Doflein, 1902

分布：东海，台湾岛，南海；印度-西太平洋。

(2) 东海红虾 *Plesionika izumiae* Omori, 1971

分布：黄海，东海，南海；菲律宾，日本，朝鲜半岛。

(3) 东方红虾 *Plesionika orientalis* Chace, 1985

分布：东海，台湾岛；菲律宾，印度尼西亚。

5. 等腕虾属 *Procletes* Spence Bate, 1888

(1) 滑脊等腕虾 *Procletes levicarina* (Spence Bate, 1888)

同物异名：*Dorodotes levicarina* Spence Bate, 1888
分布：黄海，东海，南海，南沙群岛；红海，印度洋，印度尼西亚，菲律宾，日本。

玻璃虾科 Pasiphaeidae Dana, 1852

1. 细螯虾属 *Leptochela* Stimpson, 1860

(1) 细螯虾 *Leptochela gracilis* Stimpson, 1860

分布：渤海，黄海，东海，海南岛，南海；朝鲜，日本，新加坡。

(2) 悉尼细螯虾 *Leptochela sydniensis* Dakin & Colefax, 1940

分布：渤海，黄海，东海，南海；朝鲜，日本，新加坡。

异指虾科 Processidae Ortmann, 1896

1. 林异指虾属 *Hayashidonus* Chace, 1997

(1) 日本林异指虾 *Hayashidonus japonicus* (De Haan, 1844)

同物异名：*Nika japonica* de Haan, 1844
分布：东海，南海；日本，印度尼西亚。

2. 拟异指虾属 *Nikoides* Paulson, 1875

(1) 东方拟异指虾 *Nikoides sibogae* de Man, 1918

分布：东海，南海；印度-西太平洋。

猬虾下目 Stenopodidea

俪虾科 Spongicolidae Schram, 1986

1. 微肢猬虾属 *Microprosthema* Stimpson, 1860

(1) 强壮微肢猬虾 *Microprosthema validum* Stimpson, 1860

同物异名：*Microprosthema valida* Stimpson, 1860; *Stenopus robustus* Borradaile, 1910; *Stenopusculus crassimanus* Richters, 1880
分布：南海；印度-西太平洋。

2. 俪虾属 *Spongicola* de Haan, 1844

(1) 俪虾 *Spongicola venusta* de Haan, 1844

分布：东海，南海；日本，菲律宾。

猬虾科 Stenopodidae Claus, 1872

1. 猬虾属 *Stenopus* Latreille, 1819

(1) 多刺猬虾 *Stenopus hispidus* (Olivier, 1811)

同物异名：*Palaemon hispidus* Olivier, 1811
分布：香港，海南岛，南海；印度-太平洋，大西洋。

螯虾下目 Astacidea

礁螯虾科 Enoplometopidae de Saint Laurent, 1988

1. 礁螯虾属 *Enoplometopus* A. Milne-Edwards, 1862

(1) 柯氏礁螯虾 *Enoplometopus crosnieri* TY Chan & Yu, 1998

分布：台湾岛；太平洋西部及南部，菲律宾，澳大利亚北部，波利尼西亚。

海螯虾科 Nephropidae Dana, 1852

1. 后海螯虾属 *Metanephrops* Jenkins, 1972

(1) 安达曼后海螯虾 *Metanephrops andamanicus* (Wood-Mason, 1892)

同物异名：*Nephrops andamanicus* Wood-Mason, 1892
分布：南海；东非，安达曼群岛，印度尼西亚，新几内亚岛。

(2) 红斑后海螯虾 *Metanephrops thomsoni* (Spence Bate, 1888)

同物异名：*Nephrops thomsoni* Spence Bate, 1888
分布：黄海，东海，南海；日本，菲律宾。

蝼蛄虾下目 Gebiidea

泥虾科 Laomediidae Borradaile, 1903

1. 泥虾属 *Laomedia* De Haan, 1841

(1) 泥虾 *Laomedia astacina* De Haan, 1841

分布：黄海，东海，台湾西岸，南海；越南，朝鲜半岛，日本。

海蛄虾科 Thalassinidae Latreille, 1831

1. 海蛄虾属 *Thalassina* Latreille, 1806

(1) 海蛄虾 *Thafassina anomala* (Herbst, 1804)

同物异名：*Cancer* (*Astacus*) *anomalus* Herbst, 1804;

Thalassina scorpionides Latreille, 1806; *Thalassina maxima* Hess, 1865
分布：中国海域；印度-西太平洋，澳大利亚北部。

蝼蛄虾科 Upogebiidae Borradaile, 1903

1. 奥蝼蛄虾属 *Austinogebia* Ngoc-Ho, 2001

(1) 单刺奥蝼蛄虾 *Austinogebia monospina* Liu & Liu, 2012

分布：渤海，黄海，北部湾。

(2) 伍氏奥蝼蛄虾 *Austinogebia wuhsienweni* (Yu, 1931)

同物异名：*Upogebia wuhsienweni* Yu, 1931
分布：渤海，黄海，东海，台湾岛，香港，南海；日本。

2. 原蝼蛄虾属 *Gebicula* Alcock, 1901

(1) 依洛瓦底原蝼蛄虾 *Gebicula irawadyensis* K. Sakai, 2006

分布：南海，海南岛，北部湾；缅甸，雅加达。

3. 蝼蛄虾属 *Upogebia* Leach, 1841

(1) 大蝼蛄虾 *Upogebia major* (de Haan, 1841)

同物异名：*Upogebia trispinosa* K. Sakai & Mukai, 1991; *Gebia major* De Haan, 1841
分布：渤海，黄海；日本，朝鲜，俄罗斯。

阿蛄虾下目 Axiidea

美人虾科 Callianassidae Dana, 1852

1. 美人虾属 *Callianassa* Leach, 1814

(1) 蛛美人虾 *Callianassa joculatrix* De Man, 1905

分布：南海，台湾岛；菲律宾，越南，印度尼西亚，澳大利亚。

(2) 长尾美人虾 *Callianassa longicauda* K. Sakai, 1967

分布：东海。

(3) 洁白美人虾 *Callianassa modesta* De Man, 1905

分布：南海；菲律宾，印度尼西亚。

2. 穴美人虾属 *Caviallianassa* Poore, Dworschak, Robles, Mantelatto & Felder, 2019

(1) 泰穴美人虾 *Caviallianassa thailandica* (K. Sakai, 2005)

同物异名：*Callianassa thailandica* K. Sakai, 2005; *Trypaea thailandica* (K. Sakai, 2005)

分布：南海北部，北部湾；泰国湾。

3. 米美虾属 *Michaelcallianassa* K. Sakai, 2002

(1) 中华米美虾 *Michaelcallianassa sinica* Liu & Liu, 2009

分布：南海北部（海南岛东侧），北部湾。

4. 和美虾属 *Neotrypaea* R. B. Manning & Felder, 1991

(1) 日本和美虾 *Neotrypaea japonica* (Ortmann, 1891)

同物异名：*Callianassa subterranea* var. *japonica* Ortmann, 1891

分布：渤海，黄海；日本。

玉虾科 Callianideidae Kossman, 1880

1. 玉虾属 *Callianidea* H. Milne Edwards, 1837

(1) 玉虾 *Callianidea typa* H. Milne Edwards, 1837

分布：南海；印度-西太平洋，埃塞俄比亚，坦桑尼亚，日本。

无螯下目 Achelata

龙虾科 Palinuridae Latreille, 1802

1. 龙虾属 *Panulirus* White, 1847

(1) 波纹龙虾 *Panulirus homarus* (Linnaeus, 1758)

分布：东海，台湾岛，南海；印度-西太平洋。

(2) 锦绣龙虾 *Panulirus ornatus* (Fabricius, 1798)

同物异名：*Palinurus ornatus* Fabricius, 1798;

分布：东海，台湾岛，南海；印度-西太平洋，夏威夷群岛。

(3) 密毛龙虾 *Panulirus penicillatus* (Olivier, 1791)

同物异名：*Astacus penicillatus* Olivier, 1791; *Palinurus penicillatus* (Olivier, 1791)

分布：东海，台湾岛，南海，西沙群岛；印度-西太平洋，东太平洋，美洲。

(4) 黄斑龙虾 *Panulirus polyphagus* (Herbst, 1793)

同物异名：*Cancer* (*Astacus*) *polyphagus* Herbst, 1793; *Palinurus fasciatus* Fabricius, 1798; *Panulirus orientalis* Doflein, 1900

分布：东海，南海；巴基斯坦，印度，西太平洋，印度尼西亚-新几内亚岛。

(5) 中国龙虾 *Panulirus stimpsoni* Holthuis, 1963

分布：东海，台湾岛，南海。

(6) 杂色龙虾 *Panulirus versicolor* (Latreille, 1804)

同物异名：*Palinurus versicolor* Latreille, 1804; *Panulirus demani* Borradaile, 1900; *Puer spiniger* Ortmann, 1894

分布：东海，台湾岛，南海；印度-西太平洋，东非，红海，日本，澳大利亚，美拉尼西亚，波利尼西亚。

2. 游龙虾属 *Puerulus* Ortmann, 1897

(1) 脊腹游龙虾 *Puerulus angulatus* (Spence Bate, 1888)

分布：东海，台湾岛，南海；印度-西太平洋。

蝉虾科 Scyllaridae Latreille, 1825

1. 双齿蝉虾属 *Biarctus* Holthuis, 2002

(1) 斐济双齿蝉虾 *Biarctus vitiensis* (Dana, 1852)

同物异名：*Arctus vitiensis* Dana, 1852; *Scyllarus amabilis* Holthuis, 1963; *Scyllarus longidactylus* Harada, 1962; *Scyllarus vitiensis* (Dana, 1852)
分布：台湾岛，南海；印度-西太平洋，澳大利亚，斐济。

2. 扇虾属 *Ibacus* Leach, 1815

(1) 毛缘扇虾 *Ibacus ciliatus* (von Siebold, 1824)

同物异名：*Scyllarus ciliatus* von Siebold, 1824
分布：东海，台湾岛，南海；菲律宾，泰国，澳大利亚，朝鲜半岛，日本。

(2) 九齿扇虾 *Ibacus novemdentatus* Gibbes, 1850

分布：东海，台湾岛，南海；东非-澳大利亚西，泰国，菲律宾，朝鲜半岛，日本，肯尼亚，莫桑比克，坦桑尼亚，南太平洋。

3. 硬甲蝉虾属 *Petrarctus* Holthuis, 2002

(1) 粗糙硬甲蝉虾 *Petrarctus rugosus* (H. Milne Edwards, 1837)

同物异名：*Arctus tuberculatus* Spence Bate, 1888; *Scyllarus ragosus* (H. Milne Edwards, 1837); *Scyllarus rugosus* H. Milne Edwards, 1837; *Scyllarus tuberculatus* (Bate, 1888)
分布：东海，台湾岛，南海；肯尼亚，坦桑尼亚，马达加斯加，印度，缅甸，泰国，菲律宾，马来西亚，印度尼西亚，澳大利亚，新喀里多尼亚，瓦努阿图，斐济群岛。

4. 桨蝉虾属 *Remiarctus* Holthuis, 2002

(1) 双斑桨蝉虾 *Remiarctus bertholdii* (Paulson, 1875)

同物异名：*Scyllarus bertholdii* Paulson, 1875
分布：东海，台湾岛，南海；印度-西太平洋。

5. 扁虾属 *Thenus* Leach, 1816

(1) 东方扁虾 *Thenus orientalis* (Lund, 1793)

同物异名：*Scyllarus orientalis* Lund, 1793
分布：东海，台湾岛，南海；印度-西太平洋。

异尾下目 Anomura

柱螯虾科 Chirostylidae Ortmann, 1892

1. 似折尾虾属 *Uroptychodes* Baba, 2004

(1) 马场似折尾虾 *Uroptychodes babai* Dong & Li, 2010

分布：东海。

(2) 巴乌拉似折尾虾 *Uroptychodes barunae* Baba, 2004

分布：东海。

2. 折尾虾属 *Uroptychus* Henderson, 1888

(1) 南方折尾虾 *Uroptychus australis* (Henderson, 1885)

同物异名：*Diptychus australis* Henderson, 1885
分布：东海；新西兰。

(2) 纤手折尾虾 *Uroptychus gracilimanus* (Henderson, 1885)

同物异名：*Diptychus gracilimanus* Henderson, 1885
分布：东海，南海；印度-太平洋，新西兰。

(3) 倾斜折尾虾 *Uroptychus inclinis* Baba, 2005

分布：南海；印度-西太平洋。

(4) 和乐折尾虾 *Uroptychus joloensis* Van Dam, 1939

同物异名：*Uroptychus kudayagi* Miyake, 1961

分布：南海。

(5) 乌毛折尾虾 *Uroptychus nigricapillis* Alcock, 1901

分布：东海，南海。

(6) 攀附折尾虾 *Uroptychus scandens* Benedict, 1902

分布：东海，南海；西太平洋。

铠甲虾科 Galatheidae Samouelle, 1819

1. 异铠虾属 *Allogalathea* Baba, 1969

(1) 美丽异铠虾 *Allogalathea elegans* (Adams & White, 1848)

同物异名：*Galathea deflexifrons* Haswell, 1882; *Galathea elegans* Adams & White, 1848; *Galathea grandirostris* Stimpson, 1858; *Galathea longirostris* Dana, 1852

分布：东海；印度洋，马达加斯加，莫桑比克，新西兰，红海，毛里求斯，塞舌尔群岛，印度-西太平洋，新喀里多尼亚，南太平洋。

2. 珊瑚铠虾属 *Coralliogalathea* Baba & Javed, 1974

(1) 小珊瑚铠虾 *Coralliogalathea humilis* (Nobili, 1906)

同物异名：*Galathea humilis* Nobili, 1906
分布：南海；印度洋，红海，南大洋。

3. 费铠虾属 *Fennerogalathea* Baba, 1988

(1) 蔡氏费铠虾 *Fennerogalathea chacei* Baba, 1988

分布：东海，南海。

4. 铠甲虾属 *Galathea* Fabricius, 1793

(1) 埃及铠甲虾 *Galathea aegyptiaca* Paulson, 1875

分布：东海，南海；莫桑比克海峡，红海。

(2) 安丕铠甲虾 *Galathea anepipoda* Baba, 1990

分布：东海；印度-太平洋，马达加斯加。

(3) 马场铠甲虾 *Galathea babai* C Dong & X Li, 2010

分布：南海。

(4) 东海铠甲虾 *Galathea balssi* Miyake & Baba, 1964

分布：东海，南海；西太平洋。

(5) 相关铠甲虾 *Galathea consobrina* De Man, 1902

分布：南海；印度-太平洋。

(6) 珊瑚铠甲虾 *Galathea coralliophilus* Baba & Oh, 1990

分布：台湾岛，南海；印度-西太平洋。

(7) 斑点铠甲虾 *Galathea guttata* Osawa, 2004

分布：南海；伊豆群岛，印度-太平洋。

(8) 平常铠甲虾 *Galathea inconspicua* Henderson, 1885

分布：南海；印度-太平洋。

(9) 模里西斯铠甲虾 *Galathea mauritiana* Bouvier, 1914

分布：东海，南海；印度洋，莫桑比克海峡，毛里求斯，新喀里多尼亚，南太平洋。

(10) 东方铠甲虾 *Galathea orientalis* Stimpson, 1858

分布：东海，南海；日本，朝鲜半岛。

(11) 毛茸铠甲虾 *Galathea pilosa* De Man, 1888

分布：南海；南太平洋，法属玻利尼西亚。

(12) 柔毛铠甲虾 *Galathea pubescens* Stimpson, 1858

分布：东海，台湾岛，南海；印度-西太平洋。

(13) 中华铠甲虾 *Galathea sinensis* Dong & Li, 2010

分布：南海；印度-太平洋。

(14) 刺额铠甲虾 *Galathea spinosorostris* Dana, 1852

同物异名：*Galathea spinosirostris* Dana, 1852; *Galathea spinosorostris* Dana, 1852
分布：南海；印度洋，莫桑比克海峡，南太平洋。

(15) 种子岛铠甲虾 *Galathea tanegashimae* Baba, 1969

分布：东海，南海；莫桑比克海峡，印度-太平洋。

(16) 三刺铠甲虾 *Galathea ternatensis* De Man, 1902

同物异名：*Galathea orientalis* var. *ternatensis* de Man, 1902
分布：南海；新喀里多尼亚，印度-太平洋。

(17) 白足铠甲虾 *Galathea whiteleggii* Grant & McCulloch, 1906

同物异名：*Galathea whiteleggei* Grant & McCulloch, 1906
分布：南海；新西兰，印度-太平洋。

(18) 山下铠甲虾 *Galathea yamashitai* Miyake & Baba, 1967

分布：东海，南海。

5. 劳铠虾属 *Lauriea* Baba, 1971

(1) 加氏劳铠虾 *Lauriea gardineri* (Laurie, 1926)

同物异名：*Galathea biunguiculata* Miyake, 1953
分布：马达加斯加，印度洋，新喀里多尼亚。

6. 叶额铠虾属 *Phylladiorhynchus* Baba, 1969

(1) 池田叶额铠虾 *Phylladiorhynchus ikedai* (Miyake & Baba, 1965)

同物异名：*Galathea ikedai* Miyake & Baba, 1965

分布：南海；新喀里多尼亚。

(2) 整额叶额铠虾 *Phylladiorhynchus integrirostris* (Dana, 1852)

同物异名：*Galathea integrirostris* Dana, 1852; *Galathea serrirostris* Melin, 1939; *Phylladiorhynchus serrirostris* (Melin, 1939)
分布：南海；印度洋，新西兰，南太平洋，法属玻利尼西亚。

刺铠虾科 Munididae Ahyong, Baba, Macpherson & Poore, 2010

1. 宦虾属 *Agononida* Baba & de Saint Laurent, 1996

(1) 近似宦虾 *Agononida analoga* (Macpherson, 1993)

同物异名：*Munida analoga* Macpherson, 1993
分布：东海，南海；菲律宾，印度尼西亚。

(2) 不定宦虾 *Agononida incerta* (Henderson, 1888)

同物异名：*Munida incerta* Henderson, 1888
分布：东海，南海；南非，莫桑比克，新西兰，南太平洋。

(3) 多鳞宦虾 *Agononida squamosa* (Henderson, 1885)

同物异名：*Munida squamosa* Henderson, 1885
分布：南海；新西兰，南太平洋。

2. 马场刺铠虾属 *Babamunida* Cabezas, Macpherson & Machordom, 2008

(1) 布氏马场刺铠虾 *Babamunida brucei* (Baba, 1974)

同物异名：*Munida brucei* Baba, 1974
分布：南海；肯尼亚。

3. 深海刺铠虾属 *Bathymunida* Balss, 1914

(1) 短额深海刺铠虾 *Bathymunida brevirostris* (Yokoya, 1933)

同物异名：*Munida brevirostris* Yokoya, 1933
分布：东海；日本。

4. 颈刺铠虾属 *Cervimunida* Benedict, 1902

(1) 首颈刺铠虾 *Cervimunida princeps* Benedict, 1902

分布：东海，台湾岛；西北太平洋。

5. 柯铠虾属 *Crosnierita* Macpherson, 1998

(1) 致力柯铠虾 *Crosnierita dicata* Macpherson, 1998

分布：南海；西太平洋。

6. 恩铠虾属 *Enriquea* Baba, 2005

(1) 滑触恩铠虾 *Enriquea leviantennata* (Baba, 1988)

同物异名：*Munida leviantennata* Baba, 1988
分布：南海；南太平洋，瓦利斯群岛和富图纳群岛，新喀里多尼亚。

7. 刺铠虾属 *Munida* Leach, 1820

(1) 阿盖芙刺铠虾 *Munida agave* Macpherson & Baba, 1993

分布：东海。

(2) 致密刺铠虾 *Munida compacta* Macpherson, 1997

分布：南海。

(3) 紧凑刺凯虾 *Munida compressa* Baba, 1988

分布：东海，台湾岛，南海，东沙群岛；西太平洋。

(4) 森林刺铠虾 *Munida foresti* Macpherson & de Saint Laurent, 2002

分布：南海；印度洋。

(5) 嘉氏刺铠虾 *Munida gilii* Macpherson, 1993

分布：东海，南海；新喀里多尼亚。

(6) 异刺刺铠虾 *Munida heteracantha* Ortmann, 1892

分布：南海；新喀里多尼亚。

(7) 珍妮特刺铠虾 *Munida janetae* Tirmizi & Javaid, 1992

分布：南海；索马里，印度洋。

(8) 日本刺铠虾 *Munida japonica* Stimpson, 1858

分布：东海，台湾岛，南海；西太平洋。

(9) 川本刺铠虾 *Munida kawamotoi* Osawa & Okuno, 2002

分布：小笠原群岛。

(10) 久保刺铠虾 *Munida kuboi* Yanagita, 1943

分布：东海，台湾岛，南海；印度-西太平洋。

(11) 宽板刺铠虾 *Munida latior* Baba, 2005

分布：东海，南海；印度-西太平洋。

(12) 龙女刺铠虾 *Munida nesaea* Macpherson & Baba, 1993

分布：南海。

(13) 奥卫娣刺铠虾 *Munida oritea* Macpherson & Baba, 1993

同物异名：*Munida heteracantha* non Ortmann, 1892
分布：东海，南海。

(14) 斐乌沙刺铠虾 *Munida pherusa* Macpherson & Baba, 1993

分布：东海。

(15) 菲律宾刺铠虾 *Munida philippinensis* Macpherson & Baba, 1993

分布：南海。

(16) 针孔刺铠虾 *Munida punctata* Macpherson, 1997

分布：东海，南海。

(17) 威廉斯刺铠虾 *Munida williamsi* Hendrickx, 2000

分布：南海；热带太平洋东部。

8. 仿刺铠虾属 *Paramunida* Baba, 1988

(1) 澳大利亚仿刺铠虾 *Paramunida antipodes* Ahyong & Poore, 2004

分布：南海；澳大利亚南部，新西兰。

(2) 针刺仿刺铠虾 *Paramunida belone* Macpherson, 1993

分布：南海；南太平洋。

(3) 近缘仿刺铠虾 *Paramunida proxima* (Henderson, 1885)

同物异名：*Munida proxima* Henderson, 1885
分布：台湾岛，南海；西太平洋。

(4) 粗糙仿刺铠虾 *Paramunida scabra* (Henderson, 1885)

同物异名：*Munida scabra* Henderson, 1885
分布：东海，台湾岛，香港，南海；西太平洋。

(5) 刚毛仿刺铠虾 *Paramunida setigera* Baba, 1988

分布：南海；菲律宾，南太平洋，新喀里多尼亚。

(6) 三脊仿刺铠虾 *Paramunida tricarinata* (Alcock, 1894)

同物异名：*Munida tricarinata* Alcock, 1894; *Paramunida scabra* (non Henderson, 1885)
分布：东海，南海。

9. 卫铠虾属 *Raymunida* Macpherson & Machordom, 2000

(1) 美丽卫铠虾 *Raymunida elegantissima* (de Man, 1902)

同物异名：*Munida elegantissima* de Man, 1902
分布：南海；南太平洋，瓦利斯群岛和富图纳群岛，新喀里多尼亚。

10. 贞铠虾属 *Sadayoshia* Baba, 1969

(1) 珊瑚贞铠虾 *Sadayoshia acroporae* Baba, 1972

分布：南海。

(2) 爱德华贞铠虾 *Sadayoshia edwardsii* (Miers, 1884)

同物异名：*Munida edwardsii* Miers, 1884
分布：南海；印度-太平洋。

拟刺凯虾科 Munidopsidae Ortmann, 1898

1. 拟刺铠虾属 *Munidopsis* Whiteaves, 1874

(1) 柱眼拟刺铠虾 *Munidopsis cylindrophthalma* (Alcock, 1894)

同物异名：*Elasmonotus cylindrophthalmus* Alcock, 1894; *Munidopsis* (*Elasmonotus*) *cylindrophthalma* (Alcock, 1894); *Munidopsis* (*Orophorhynchus*) *cylindrophthalmus* (Alcock, 1894); *Munidopsis okadai* Yanagita, 1942
分布：东海，台湾岛，南海；印度-西太平洋，新喀里多尼亚。

(2) 优雅拟刺铠虾 *Munidopsis nitida* (A. Milne Edwards, 1880)

同物异名：*Munidopsis* (*Orophorhynchus*) *ciliata* Wood-Mason, 1891; *Orophorhynchus spinosus* A. Milne Edwards, 1880
分布：东海，南海；墨西哥湾，印度洋，新喀里多尼亚。

(3) 毛茸拟刺铠虾 *Munidopsis pilosa* Henderson, 1885

分布：东海。

(4) 先氏拟刺铠虾 *Munidopsis sinclairi* McArdle, 1901

同物异名：*Munidopsis (Elasmonotus) sinclairi* McArdle, 1901

分布：东海，南海；新喀里多尼亚。

瓷蟹科 Porcellanidae Haworth, 1825

1. 异瓷蟹属 *Aliaporcellana* Nakasone & Miyake, 1969

(1) 卡氏异瓷蟹 *Aliaporcellana kikuchii* Nakasone & Miyake, 1969

分布：东海，台湾岛，南海；日本。

(2) 苏禄异瓷蟹 *Aliaporcellana suluensis* (Dana, 1852)

同物异名：*Polyonyx denticulatus* Paulson, 1875; *Polyonyx hexagonalis* Zehntner, 1894; *Polyonyx suluensis* (Dana, 1852)

分布：台湾岛，香港，广西；印度-西太平洋，红海，毛里求斯，塞舌尔群岛，新喀里多尼亚。

(3) 台湾异瓷蟹 *Aliaporcellana taiwanensis* Dong, Li & Chan, 2011

分布：东海，台湾岛。

(4) 孔石异瓷蟹 *Aliaporcellana telestophila* (D. S. Johnson, 1958)

同物异名：*Polyonyx telestophilus* D. S. Johnson, 1958
分布：南海，南沙群岛；马来西亚，印度尼西亚。

2. 拟豆瓷蟹属 *Enosteoides* D. S. Johnson, 1970

(1) 装饰拟豆瓷蟹 *Enosteoides ornatus* (Stimpson, 1858)

同物异名：*Porcellana ornata* Stimpson, 1858; *Porcellana corallicola* Haswell, 1882

分布：东海，福建，台湾岛，香港，南海；印度-西太平洋。

(2) 帕劳拟豆瓷蟹 *Enosteoides palauensis* (Nakasone & Miyake, 1968)

同物异名：*Enosteoides hainanensis* Yang & Sun, 2005

分布：南海，海南岛；新喀里多尼亚。

3. 光滑瓷蟹属 *Lissoporcellana* Haig, 1978

(1) 德曼光滑瓷蟹 *Lissoporcellana demani* Dong & Li, 2014

分布：东海，南海，北部湾。

(2) 三宅光滑瓷蟹 *Lissoporcellana miyakei* Haig, 1981

分布：南海；新喀里多尼亚。

(3) 四叶光滑瓷蟹 *Lissoporcellana quadrilobata* (Miers, 1884)

同物异名：*Lissoporcellana paraquadrilobata* Yang & Sun, 1992; *Porcellana gaekwari* Southwell, 1909; *Porcellana quadrilobata* Miers, 1884; *Porcellana streptochirus* Miers, 1884; *Porcellanella quadrilobata* (Miers, 1884)

分布：台湾岛，南海，南沙群岛；印度-西太平洋，马达加斯加，新喀里多尼亚。

(4) 刺额光滑瓷蟹 *Lissoporcellana spinuligera* (Dana, 1853)

同物异名：*Porcellana armata* Dana, 1852; *Porcellana latifrons* Stimpson, 1858

分布：台湾岛，香港，南海，广西；西太平洋。

4. 新岩瓷蟹属 *Neopetrolisthes* Miyake, 1937

(1) 红斑新岩瓷蟹 *Neopetrolisthes maculatus* (H. Milne Edwards, 1837)

分布：南海，海南岛，西沙群岛；印度-西太平洋，南太平洋，印度洋，马达加斯加，莫桑比克海峡，红海，新喀里多尼亚。

5. 厚螯瓷蟹属 *Pachycheles* Stimpson, 1858

(1) 羽毛厚螯瓷蟹 *Pachycheles garciaensis* (Ward, 1942)

同物异名：*Pisisoma garciaensis* Ward, 1942
分布：台湾岛，南海；印度-西太平洋。

(2) 花瓣厚螯瓷蟹 *Pachycheles johnsoni* Haig, 1965

分布：南海，西沙群岛，南沙群岛；西太平洋。

(3) 栉腕厚螯瓷蟹 *Pachycheles pectinicarpus* Stimpson, 1858

分布：台湾岛，香港，南海。

(4) 雕刻厚螯瓷蟹 *Pachycheles sculptus* (H. Milne Edwards, 1837)

同物异名：*Porcellana sculpta* H. Milne Edwards, 1837; *Porcellana pisum* H. Milne Edwards, 1837; *Porcellana pulchella* Haswell, 1882; *Pachycheles sculptus* var. *tuberculatus* Borradaile, 1900
分布：台湾岛，香港，南海，广西；印度-西太平洋，莫桑比克海峡，南太平洋，新喀里多尼亚。

(5) 刚毛厚螯瓷蟹 *Pachycheles setiferous* Yang, 1996

分布：南海，南沙群岛。

(6) 刺足厚螯瓷蟹 *Pachycheles spinipes* (A. Milne-Edwards, 1873)

同物异名：*Porcellana spinipes* A. Milne-Edwards, 1873; *Porcellana sollasi* Whitelegge, 1897
分布：南海，西沙群岛，南沙群岛；西太平洋。

(7) 司氏厚螯瓷蟹 *Pachycheles stevensii* Stimpson, 1858

分布：渤海，黄海，东海；西北太平洋。

6. 岩瓷蟹属 *Petrolisthes* Stimpson, 1858

(1) 双刺岩瓷蟹 *Petrolisthes bispinosus* Borradaile, 1900

分布：南海；南太平洋，新喀里多尼亚。

(2) 鳞鸭岩瓷蟹 *Petrolisthes boscii* (Audouin, 1826)

同物异名：*Petrolisthes amakusensis* Miyake & Nakasone, 1966; *Petrolisthes rugosus* Miers, 1884; *Porcellana rugosa* White, 1847; *Porcellana boscii* Audouin, 1826; *Porcellana (Petrolisthes) boscii*, De Man, 1888
分布：东海，浙江，广东，南海，广西；印度-西太平洋，科威特，阿拉伯海，红海。

(3) 脊足岩瓷蟹 *Petrolisthes carinipes* (Heller, 1861)

同物异名：*Porcellana carinipes* Heller, 1861; *Petrolisthes melini* Miyake & Nakasone, 1966
分布：台湾岛，南海，南沙群岛；印度-西太平洋，红海，毛里求斯，南太平洋，法属玻利尼西亚，新喀里多尼亚。

(4) 西里伯斯岩瓷蟹 *Petrolisthes celebesensis* Haig, 1981

分布：南海。

(5) 红褐岩瓷蟹 *Petrolisthes coccineus* (Owen, 1839)

同物异名：*Porcellana coccinea* Owen, 1839; *Petrolisthes barbatus*, De Man, 1893; *Petrolisthes nipponensis* Miyake, 1937
分布：东海，福建，台湾岛，香港，南海；印度-西太平洋，夏威夷群岛，莫桑比克，塞舌尔群岛，南太平洋，法属玻利尼西亚。

(6) 流苏岩瓷蟹 *Petrolisthes fimbriatus* Borradaile, 1898

同物异名：*Petrolisthes lamarckii* var. *fimbriatus* Borradaile, 1898
分布：南海，西沙群岛，南沙群岛；西太平洋，南太平洋，瓦利斯群岛和富图纳群岛，法属玻利尼西亚。

(7) 哈氏岩瓷蟹 *Petrolisthes haswelli* **Miers, 1884**

分布：东海，台湾岛，南海，广西；西太平洋，南太平洋，瓦利斯群岛和富图纳群岛，法属玻利尼西亚。

(8) 异色岩瓷蟹 *Petrolisthes heterochrous* **Kropp, 1986**

分布：南海；新喀里多尼亚。

(9) 日本岩瓷蟹 *Petrolisthes japonicus* **(De Haan, 1849)**

同物异名：*Porcellana japonica* de Haan, 1849
分布：黄海，东海，浙江，福建，台湾岛，广东，南海，广西；印度-西太平洋。

(10) 拉氏岩瓷蟹 *Petrolisthes lamarckii* **(Leach, 1820)**

同物异名：*Pisidia lamarckii* Leach, 1820; *Porcellana dentata* H. Milne-Edwards, 1837; *Porcellana pulch-ripes* White, 1847; *Porcellana speciosa* Dana, 1852; *Porcellana bellis* Heller, 1865; *Petrolisthes dentatus* Rathbun, 1910
分布：东海，台湾岛，广东，南海，海南岛，西沙群岛；印度-西太平洋，科摩罗群岛，索马里，日本，科威特，南非，南太平洋，坦桑尼亚，阿拉伯海，印度洋，肯尼亚，马达加斯加，莫桑比克，莫桑比克海峡，新西兰，毛里求斯，圣卢西亚，塞舌尔群岛，南太平洋，瓦利斯群岛和富图纳群岛，法属玻利尼西亚，新喀里多尼亚，土阿莫土群岛。

(11) 正木岩瓷蟹 *Petrolisthes masakii* **Miyake, 1943**

分布：南海。

(12) 好斗岩瓷蟹 *Petrolisthes militaris* **(Heller, 1862)**

同物异名：*Porcellana militaris* Heller, 1862; *Petrol-isthes annulipes* Miers, 1884; *Porcellana annulipes* White, 1847
分布：台湾岛，南海；印度-西太平洋，马达加斯加，莫桑比克，毛里求斯，塞舌尔群岛，南太平洋，新

喀里多尼亚。

(13) 三宅岩瓷蟹 *Petrolisthes miyakei* **Kropp, 1984**

分布：南海，台湾岛；关岛。

(14) 马鲁古岩瓷蟹 *Petrolisthes moluccensis* **(De Man, 1888)**

同物异名：*Porcellana* (*Petrolisthes*) *moluccensis* De Man, 1888
分布：台湾岛，南海；印度-西太平洋，亚丁湾，南太平洋，索马里，红海，毛里求斯，新喀里多尼亚。

(15) 披毛岩瓷蟹 *Petrolisthes polychaetus* **Dong, Li & Osawa, 2010**

分布：南海，海南岛。

(16) 粗糙岩瓷蟹 *Petrolisthes scabriculus* **(Dana, 1852)**

同物异名：*Porcellana scabricula* Dana, 1852
分布：台湾岛，南海；西太平洋，南太平洋，新喀里多尼亚。

(17) 鳞螯岩瓷蟹 *Petrolisthes squamanus* **Osawa, 1996**

分布：南海。

(18) 密毛岩瓷蟹 *Petrolisthes tomentosus* **(Dana, 1852)**

同物异名：*Porcellana tomentosus* Dana, 1852; *Porc-ellana penicillata* Heller, 1862; *Porcellana villosa* Richters, 1880; *Petrolisthes penicillatus* (Heller, 1862); *Petrolisthes villosus* (Richters, 1880)
分布：东海，台湾岛，南海；印度-西太平洋，斐济，印度洋，巴基斯坦，南太平洋，科摩罗群岛，索马里，马达加斯加，莫桑比克海峡，红海，毛里求斯，塞舌尔群岛，南太平洋，新喀里多尼亚。

(19) 三叶岩瓷蟹 *Petrolisthes trilobatus* **Osawa, 1996**

分布：南海，海南岛；西太平洋，新喀里多尼亚。

7. 豆瓷蟹属 *Pisidia* Leach, 1820

(1) 异形豆瓷蟹 *Pisidia dispar* (Stimpson, 1858)

同物异名：*Porcellana dispar* Stimpson, 1858
分布：台湾岛，南海；西太平洋，新喀里多尼亚。

(2) 戈氏豆瓷蟹 *Pisidia gordoni* (D. S. Johnson, 1970)

同物异名：*Porcellana (Pisidia) gordoni* D. S. Johnson, 1970
分布：东海，南海；印度-西太平洋。

(3) 锯额豆瓷蟹 *Pisidia serratifrons* (Stimpson, 1858)

同物异名：*Porcellana serratifrons* Stimpson, 1858; *Porcellana spinulifrons* Miers, 1879
分布：渤海，黄海，东海，南海；印度-西太平洋，莫桑比克，红海。

(4) 线纹豆瓷蟹 *Pisidia striata* Yang & Sun, 1990

分布：东海。

8. 多指瓷蟹属 *Polyonyx* Stimpson, 1858

(1) 双爪多指瓷蟹 *Polyonyx biunguiculatus* (Dana, 1852)

同物异名：*Porcellana biunguiculata* Dana, 1852
分布：台湾岛，南海；印度-西太平洋，印度洋，马达加斯加，莫桑比克海峡，红海，塞舌尔群岛，新喀里多尼亚。

(2) 肥胖多指瓷蟹 *Polyonyx obesulus* Miers, 1884

同物异名：*Porcellana (Polyonyx) tuberculosa* de Man, 1888; *Polyonyx parvidens* Nobili, 1905; *Polyonyx paucidens* Nobili, 1905
分布：南海；印度-西太平洋，新喀里多尼亚。

(3) 棘足多指瓷蟹 *Polyonyx pedalis* Nobili, 1906

分布：南海；莫桑比克海峡，红海，新喀里多尼亚。

(4) 似真多指瓷蟹 *Polyonyx similis* Osawa, 2015

分布：南海；菲律宾。

(5) 中华多指瓷蟹 *Polyonyx sinensis* Stimpson, 1858

同物异名：*Polyonyx asiaticus* Shen, 1936; *Polyonyx bella* Hsueh & Huang, 1998
分布：渤海，黄海，南海；日本。

(6) 泰国多指瓷蟹 *Polyonyx thai* Werding, 2001

分布：南海；印度-西太平洋。

(7) 三爪多指瓷蟹 *Polyonyx triunguiculatus* Zehntner, 1894

同物异名：*Polyonyx acutifrons* de Man, 1896
分布：南海；印度-西太平洋，科摩罗群岛，印度洋，马达加斯加，莫桑比克海峡，红海，毛里求斯，塞舌尔群岛，坦桑尼亚，新喀里多尼亚。

(8) 内海多指瓷蟹 *Polyonyx utinomii* Miyake, 1943

分布：南海。

9. 瓷蟹属 *Porcellana* Lamarck, 1801

(1) 哈比瓷蟹 *Porcellana habei* Miyake, 1961

分布：南海；印度-西太平洋，新喀里多尼亚。

(2) 桃形瓷蟹 *Porcellana persica* Haig, 1966

分布：东海，南海。

(3) 美丽瓷蟹 *Porcellana pulchra* Stimpson, 1858

分布：渤海，黄海，东海，南海；日本，朝鲜半岛。

10. 小瓷蟹属 *Porcellanella* White, 1851

(1) 赫氏小瓷蟹 *Porcellanella haigae* Sankarankutty, 1963

分布：南海；印度-西太平洋，新喀里多尼亚。

(2) 三叶小瓷蟹 *Porcellanella triloba* White, 1851

同物异名：*Porcellanella picta* Stimpson, 1858
分布：东海，南海；印度-西太平洋，莫桑比克，坦桑尼亚，新喀里多尼亚。

11. 细足蟹属 *Raphidopus* Stimpson, 1858

(1) 绒毛细足蟹 *Raphidopus ciliatus* Stimpson, 1858

分布：渤海，黄海，东海，台湾岛，南海；西太平洋。

管须蟹科 Albuneidae Stimpson, 1858

1. 管须蟹属 *Albunea* Weber, 1795

(1) 隐匿管须蟹 *Albunea occulta* Boyko, 2002

同物异名：*Albunea occultus* Boyko, 2002
分布：南海；印度-西太平洋。

(2) 东方管须蟹 *Albunea symmysta* (Linnaeus, 1758)

同物异名：*Cancer symmysta* Linnaeus, 1758; *Albunea edsoni* Calado, 1997
分布：东海，南海；印度-西太平洋。

眉足蟹科 Blepharipodidae Boyko, 2002

1. 眉足蟹属 *Blepharipoda* Randall, 1840

(1) 解放眉足蟹 *Blepharipoda liberata* Shen, 1949

分布：黄海；朝鲜半岛，日本。

蝉蟹科 Hippidae Latreille, 1825

1. 蝉蟹属 *Hippa* Fabricius, 1787

(1) 侧指蝉蟹 *Hippa adactyla* J. C. Fabricius, 1787

同物异名：*Remipes testudinarius* Latreille, 1806; *Remipes testudinarius* var. *denticulatifrons* Miers, 1878; *Remipes denticulatifrons* White, 1847
分布：南海；印度-西太平洋。

石蟹科 Lithodidae Samouelle, 1819

1. 仿石蟹属 *Paralomis* White, 1856

(1) 栗突仿石蟹 *Paralomis hystrix* (De Haan, 1846)

分布：东海。

活额寄居蟹科 Diogenidae Ortmann, 1892

1. 硬壳寄居蟹属 *Calcinus* Dana, 1851

(1) 精致硬壳寄居蟹 *Calcinus gaimardii* (H. Milne Edwards, 1848)

同物异名：*Pagurus gaimardii* H. Milne Edwards, 1848
分布：南海；印度-西太平洋，南太平洋。

(2) 光螯硬壳寄居蟹 *Calcinus laevimanus* (Randall, 1840)

同物异名：*Pagurus lividus* H. Milne Edwards, 1848; *Pagurus tibicen* H. Milne Edwards, 1836
分布：南海；印度-西太平洋，南太平洋。

(3) 隐白硬壳寄居蟹 *Calcinus latens* (Randall, 1840)

同物异名：*Calcinus abrolhensis* Morgan, 1988; *Calcinus cristimanus* (H. Milne Edwards, 1848); *Calcinus intermedius* de Man, 1881; *Calcinus terraereginae* Haswell, 1882; *Pagurus cristimanus* H. Milne Edwards, 1848; *Pagurus latens* Randall, 1840
分布：南海；印度-西太平洋，南太平洋。

(4) 美丽硬壳寄居蟹 *Calcinus pulcher* Forest, 1958

分布：南海；印度-西太平洋。

(5) 瓦氏硬壳寄居蟹 *Calcinus vachoni* Forest, 1958

分布：南海；西太平洋，南太平洋。

2. 细螯寄居蟹属 *Clibanarius* Dana, 1852

(1) 下齿细螯寄居蟹 *Clibanarius infraspinatus* (Hilgendorf, 1869)

同物异名：*Pagurus* (*Clibanarius*) *infraspinatus* Hilgendorf, 1869
分布：东海，南海；印度-西太平洋。

(2) 扁长细螯寄居蟹 *Clibanarius longitarsus* (De Haan, 1849)

同物异名：*Pagurus longitarsus* De Haan, 1849; *Pagurus asper* H. Milne Edwards, 1848; *Clibanarius longitarsus* var. *unicolor* Buitendijk, 1937; *Clibanarius longitarsus* var. *trivittata* Lanchester, 1902
分布：台湾岛，海南岛，北部湾；印度-西太平洋。

(3) 兰绿细螯寄居蟹 *Clibanarius virescens* (Krauss, 1843)

同物异名：*Clibanarius philippinensis* Yap-Chiongco, 1937; *Pagurus virescens* Krauss, 1843
分布：东海，南海；印度-西太平洋。

3. 真寄居蟹属 *Dardanus* Paulson, 1875

(1) 鳞纹真寄居蟹 *Dardanus arrosor* (Herbst, 1796)

同物异名：*Aniculus chiltoni* E. F. Thompson, 1930; *Cancer arrosor* Herbst, 1796; *Dardanus arrosor divergens* Zariquiey, 1952; *Eupagurus striatus* Cuenot, 1892; *Pagurus arrosor* (Herbst, 1796); *Pagurus incisus* Olivier, 1812; *Pagurus striatus* Latreille, 1802; *Pagurus strigosus* Bosc, 1801; *Petrochirus arrosor* (Herbst, 1796)
分布：黄海，东海，台湾岛，南海；印度-西太平洋，地中海，日本，菲律宾，南非，南大西洋，美洲东岸，东大西洋，爱奥尼亚海，马尔马拉海，第勒尼安海，巴利阿里海，阿尔沃兰海，黎凡特海，马达加斯加，莫桑比克，新西兰，北大西洋，比斯开湾。

(2) 兔足真寄居蟹 *Dardanus lagopodes* (Forskål, 1775)

同物异名：*Cancer lagopodes* Forskål, 1775; *Dardanus helleri* Paulson, 1875; *Pagurus affinis* H. Milne Edwards, 1836; *Pagurus depressus* Heller, 1861;

Pagurus euopsis Dana, 1852
分布：南海；印度-西太平洋，南太平洋。

4. 活额寄居蟹属 *Diogenes* Dana, 1851

(1) 长螯活额寄居蟹 *Diogenes avarus* Heller, 1865

分布：台湾岛，南海；印度-西太平洋。

(2) 弯螯活额寄居蟹 *Diogenes deflectomanus* Wang & Tung, 1980

分布：渤海，黄海，东海，南海。

(3) 艾氏活额寄居蟹 *Diogenes edwardsii* (De Haan, 1849)

同物异名：*Pagurus edwardsii* De Haan, 1849
分布：渤海，黄海，东海，南海；印度洋，马来西亚，日本。

(4) 宽带活额寄居蟹 *Diogenes fasciatus* Rahayu & Forest, 1995

分布：渤海，南海；马来西亚。

(5) 拟脊活额寄居蟹 *Diogenes paracristimanus* Wang & Dong, 1977

分布：渤海，黄海，东海。

(6) 毛掌活额寄居蟹 *Diogenes penicillatus* Stimpson, 1858

分布：渤海，黄海，东海，台湾岛；西北太平洋。

(7) 直螯活额寄居蟹 *Diogenes rectimanus* Miers, 1884

分布：黄海，东海，南海；印度-西太平洋。

寄居蟹科 Paguridae Latreille, 1802

1. 线寄居蟹属 *Nematopagurus* A. Milne-Edwards & Bouvier, 1892

(1) 爱氏线寄居蟹 *Nematopagurus alcocki* McLaughlin, 1997

分布：东海，南海；印度尼西亚，南太平洋，新喀里多尼亚。

2. 寄居蟹属 *Pagurus* J. C. Fabricius, 1775

(1) 窄小寄居蟹 *Pagurus angustus* (Stimpson, 1858)

同物异名：*Eupagurus angustus* Stimpson, 1858
分布：南海；日本。

(2) 日本寄居蟹 *Pagurus japonicus* (Stimpson, 1858)

同物异名：*Eupagurus barbatus* Ortmann, 1892; *Eupagurus japonicus* Stimpson, 1858; *Pagurus barbatus* (Ortmann, 1892)
分布：渤海，黄海，台湾岛；朝鲜，日本。

(3) 同形寄居蟹 *Pagurus conformis* De Haan, 1849

同物异名：*Eupagurus megalops* Stimpson, 1858; *Pagurus megalops* (Stimpson, 1858)
分布：东海，南海；日本。

(4) 库氏寄居蟹 *Pagurus kulkarnii* Sankolli, 1961

分布：南海；印度-西太平洋。

(5) 小形寄居蟹 *Pagurus minutus* Hess, 1865

同物异名：*Eupagurus dubius* Ortmann, 1892; *Pagurus dubius* (Ortmann, 1892)
分布：东海，南海；西北太平洋。

(6) 大寄居蟹 *Pagurus ochotensis* Brandt, 1851

同物异名：*Eupagurus* (*Eupagurus*) *alaskensis* Benedict, 1892; *Eupagurus ortmanni* Balss, 1911; *Pagurus alaskensis* (Benedict, 1892); *Pagurus bernhardus* var. *granulodenticulata* J. F. Brandt in von Middendorf, 1851; *Pagurus bernhardus* var. *spinimana* J. F. Brandt in von Middendorf, 1851
分布：黄海，东海；西北太平洋至北美洲太平洋沿岸。

(7) 海绵寄居蟹 *Pagurus pectinatus* (Stimpson, 1858)

同物异名：*Clibanarius japonicus* Rathbun, 1902;
Eupagurus pectinatus Stimpson, 1858; *Eupagurus seriespinosus* Thallwitz, 1891
分布：渤海，黄海，东海；西北太平洋。

短尾下目 Brachyura

圆关公蟹总科 Cyclodorippoidea Ortmann, 1892

圆关公蟹科 Cyclodorippidae Ortmann, 1892

1. 鬼蟹属 *Tymolus* Stimpson, 1858

(1) 布鲁斯鬼蟹 *Tymolus brucei* Tavares, 1991

分布：东海，南海；澳大利亚。

(2) 毛足鬼蟹 *Tymolus hirtipes* S. H. Tan & J.F. Huang, 2000

分布：东海。

(3) 日本鬼蟹 *Tymolus japonicus* Stimpson, 1858

分布：黄海；朝鲜半岛，日本。

2. 圆额蟹属 *Xeinostoma* Stebbing, 1920

(1) 酒井圆额蟹 *Xeinostoma sakaii* Tavares, 1993

分布：东海；日本，南非。

绵蟹总科 Dromioidea De Haan, 1833

绵蟹科 Dromiidae De Haan, 1833

1. 平壳蟹属 *Conchoecetes* Stimpson, 1858

(1) 干练平壳蟹 *Conchoecetes artificiosus* (Fabricius, 1798)

同物异名：*Conchoedromia alcocki* Chopra, 1934; *Dromia artificiosus* Fabricius, 1798
分布：东海，南海；印度-西太平洋，马达加斯加，莫桑比克，东非。

(2) 中型平壳蟹 *Conchoecetes intermedius* Lewinsohn, 1984

同物异名：*Conchoecetes canaliculatus* S. L. Yang &

Dai, 1994

分布：东海，南海，台湾岛；马达加斯加。

2. 隐绵蟹属 *Cryptodromia* Stimpson, 1858

(1) 安汶隐绵蟹 *Cryptodromia amboinensis* De Man, 1888

同物异名：*Dromia (Cryptodromia) de manii* Alcock, 1900
分布：南海；印度-西太平洋，新喀里多尼亚。

(2) 王冠隐绵蟹 *Cryptodromia coronata* Stimpson, 1858

分布：南海；西太平洋，南太平洋，新喀里多尼亚。

(3) 拟态隐绵蟹 *Cryptodromia fallax* (Latreille in Milbert, 1812)

同物异名：*Cryptodromia canaliculata* Stimpson, 1858; *Cryptodromia canaliculata* var. *obtusifrons* Ihle, 1913; *Cryptodromia canaliculata* var. *sibogae* Ihle, 1913; *Cryptodromia hirsuta* Borradaile, 1903; *Cryptodromia oktahedros* Stebbing, 1923; *Cryptodromia tomentosa* (Heller, 1861); *Dromia fallax* Latreille in Milbert, 1812; *Dromia tomentosa* Heller, 1861
分布：东海，南海；印度-西太平洋。

(4) 希氏隐绵蟹 *Cryptodromia hilgendorfi* De Man, 1888

分布：南海；印度-西太平洋。

(5) 齿突隐绵蟹 *Cryptodromia protubera* Dai, Yang, Song & Chen, 1981

分布：南海。

3. 仿隐绵蟹属 *Cryptodromiopsis* Borradaile, 1903

(1) 模糊仿隐绵蟹 *Cryptodromiopsis dubia* (Dai, Yang, Song & Chen, 1981)

分布：南海。

(2) 平坦仿隐绵蟹 *Cryptodromiopsis planaria* (Dai, Yang, Song & Chen, 1981)

分布：南海。

4. 瘤绵蟹属 *Tumidodromia* McLay, 2009

(1) 真瘤绵蟹 *Tumidodromia dormia* (Linnaeus, 1763)

同物异名：*Cancer dormia* Linnaeus, 1763; *Dromia dormia* (Linnaeus, 1763)
分布：东海，南海；印度-西太平洋。

5. 仿绵蟹属 *Dromidiopsis* Borradaile, 1900

(1) 裸颊鲷仿绵蟹 *Dromidiopsis lethrinusae* (Takeda & Kurata, 1976)

同物异名：*Sphaerodromia lethrinusae* Takeda & Kurata, 1976
分布：东海，南海；西太平洋。

6. 上绵蟹属 *Epigodromia* McLay, 1993

(1) 小区上绵蟹 *Epigodromia areolata* (Ihle, 1913)

同物异名：*Cryptodromia areolata* Ihle, 1913; *Cryptodromia ihlei* Balss, 1921
分布：东海，南海；西太平洋。

7. 劳绵蟹属 *Lauridromia* McLay, 1993

(1) 德汉劳绵蟹 *Lauridromia dehaani* (Rathbun, 1923)

同物异名：*Dromia dehaani* Rathbun, 1923
分布：东海，南海；印度-西太平洋。

(2) 中型劳绵蟹 *Lauridromia intermedia* (Laurie, 1906)

同物异名：*Dromia intermedia* Laurie, 1906
分布：东海，南海；印度-西太平洋。

8. 莱绵蟹属 *Lewindromia* Guinot & Tavares, 2003

(1) 单齿莱绵蟹 *Lewindromia unidentata* (Rüppell, 1830)

分布：南海；印度-西太平洋。

9. 中绵蟹属 *Metadromia* McLay, 2009

(1) 威尔逊中绵蟹 *Metadromia wilsoni* (Fulton & Grant, 1902)

分布：东海；西太平洋。

10. 拟绵蟹属 *Paradromia* Balss, 1921

(1) 日本拟绵蟹 *Paradromia japonica* (Henderson, 1888)

同物异名：*Cryptodromia asiatica* Parisi, 1915; *Cryptodromia canaliculata* var. *ophryoessa* Ortmann, 1892; *Cryptodromia japonica* Henderson, 1888; *Cryptodromia stearnsii* Ives, 1891
分布：东海；日本。

(2) 沈氏拟绵蟹 *Paradromia sheni* (Dai, Yang, Song & Chen, 1981)

同物异名：*Petalomera sheni* Dai, Yang, Song & Chen, 1981
分布：渤海，黄海。

11. 板蟹属 *Petalomera* Stimpson, 1858

(1) 颗粒板蟹 *Petalomera granulata* Stimpson, 1858

同物异名：*Petalomera indica* Alcock, 1900
分布：南海；日本，印度洋。

12. 圆绵蟹属 *Sphaerodromia* Alcock, 1899

(1) 肯德尔圆绵蟹 *Sphaerodromia kendalli* (Alcock & Anderson, 1894)

分布：东海；印度-西太平洋。

13. 斯绵蟹属 *Stimdromia* McLay, 1993

(1) 长足斯绵蟹 *Stimdromia longipedalis* (Dai, Yang, Song & Chen, 1986)

同物异名：*Petalomera longipedalis* Dai, Yang, Song & Chen, 1986
分布：南海。

14. 武田绵蟹属 *Takedromia* McLay, 1993

(1) 冠毛肢武田绵蟹 *Takedromia cristatipes* (T. Sakai, 1969)

同物异名：*Cryptodromia cristatipes* T. Sakai, 1969
分布：东海，南海；西太平洋。

贝绵蟹科 Dynomenidae Ortmann, 1892

1. 贝绵蟹属 *Dynomene* Desmarest, 1823

(1) 硬毛贝绵蟹 *Dynomene hispida* (Latreille in Milbert, 1812)

同物异名：*Cancer hispidus* Latreille in Milbert, 1812; *Dynomena latreillii* Eydoux & Souleyet, 1842; *Dynomene granulobata* Dai, Yang & Lan, 1981
分布：东海，南海；印度-西太平洋。

(2) 捕食贝绵蟹 *Dynomene praedator* A. Milne-Edwards, 1878

同物异名：*Dynomene huangluensis* Dai, Cai & Yang, 1996; *Dynomene sinense* Chen, 1979; *Dynomene tenuilobata* Dai, Yang & Lan, 1981
分布：南海；新喀里多尼亚。

2. 粗毛贝绵蟹属 *Hirsutodynomene* McLay, 1999

(1) 多刺粗毛贝绵蟹 *Hirsutodynomene spinosa* (Rathbun, 1911)

同物异名：*Dynomene spinosa* Rathbun, 1911
分布：南海；西太平洋。

人面蟹总科 Homolodromioidea Alcock, 1899

人面蟹科 Homolidae De Haan, 1839

1. 人面蟹属 *Homola* Leach, 1815

(1) 东方人面蟹 *Homola orientalis* Henderson, 1888

分布：东海，南海；印度-西太平洋。

2. 近人面蟹属 *Homolochunia* Doflein, 1904

(1) 钳足近人面蟹 *Homolochunia gadaletae* Guinot & Richer de Forges, 1995

分布：东海；日本，非洲东岸。

3. 似人面蟹属 *Homologenus* A. Milne-Edwards in Henderson, 1888

(1) 东海似人面蟹 *Homologenus donghaiensis* Chen, 1986

分布：东海。

4. 类人面蟹属 *Homolomannia* Ihle, 1912

(1) 封口类人面蟹 *Homolomannia occlusa* Guinot & Richer de Forges, 1981

分布：东海；马达加斯加。

(2) 西伯嘎类人面蟹 *Homolomannia sibogae* Ihle, 1912

分布：东海；日本，印度尼西亚。

5. 厚人面蟹属 *Lamoha* P.K.L. Ng, 1998

(1) 长额厚人面蟹 *Lamoha longirostris* (Chen, 1986)

同物异名：*Hypsophrys futuna* Guinot & Richer de Forges, 1995; *Hypsophrys longirostris* Chen, 1986
分布：东海，南海；太平洋。

(2) 室户厚人面蟹 *Lamoha murotoensis* (T. Sakai, 1979)

同物异名：*Hypsophrys murotoensis* T. Sakai, 1979
分布：东海；印度-西太平洋。

6. 仿蛛形蟹属 *Latreillopsis* Henderson, 1888

(1) 双刺仿蛛形蟹 *Latreillopsis bispinosa* Henderson, 1888

分布：东海，南海；印度-西太平洋。

(2) 四刺仿蛛形蟹 *Latreillopsis tetraspinosa* Dai & Chen, 1980

分布：东海，南海；越南。

7. 摩罗人面蟹属 *Moloha* Barnard, 1947

(1) 大摩罗人面蟹 *Moloha major* (Kubo, 1936)

分布：东海；日本。

8. 拟人面蟹属 *Paromola* Wood-Mason in Wood-Mason & Alcock, 1891

(1) 日本拟人面蟹 *Paromola japonica* Parisi, 1915

同物异名：*Latreillopsis hawaiiensis* Edmondson, 1932; *Parhomola japonica* Parisi, 1915
分布：东海；日本，夏威夷群岛。

(2) 巨螯拟人面蟹 *Paromola macrochira* T. Sakai, 1961

分布：东海；日本。

人面绵蟹科 Homolodromiidae Alcock, 1899

1. 双齿绵蟹属 *Dicranodromia* A. Milne-Edwards, 1880

(1) 道氏双齿绵蟹 *Dicranodromia doederleini* Ortmann, 1892

分布：东海；日本。

2. 人面绵蟹属 *Homolodromia* A. Milne-Edwards, 1880

(1) 凯岛人面绵蟹 *Homolodromia kai* Guinot, 1993

分布：南海；太平洋。

蛛形蟹科 Latreilliidae Stimpson, 1858

1. 无毛蛛蟹属 *Eplumula* Williams, 1982

(1) 长踦无毛蛛蟹 *Eplumula phalangium* (De Haan, 1839)

同物异名：*Latreillia phalangium* De Haan, 1839

分布：东海，南海；朝鲜半岛，日本。

2. 蛛形蟹属 *Latreillia* Roux, 1830

(1) 强壮蛛形蟹 *Latreillia valida* De Haan, 1839

分布：东海，南海；印度-西太平洋。

蛙蟹总科 Raninoidea De Haan, 1839

蛙蟹科 Raninidae De Haan, 1839

1. 六角蟹属 *Cosmonotus* White, 1848

(1) 葛氏六角蟹 *Cosmonotus grayii* Adams in Belcher, 1848

分布：东海，南海；印度-西太平洋。

2. 琵琶蟹属 *Lyreidus* De Haan, 1841

(1) 短额琵琶蟹 *Lyreidus brevifrons* T. Sakai, 1937

分布：南海；日本。

(2) 窄额琵琶蟹 *Lyreidus stenops* Wood-Mason, 1887

同物异名：*Lyreidus integra* Terazaki, 1902; *Lyreidus politus* Parisi, 1914
分布：东海，南海；朝鲜半岛，日本，菲律宾。

(3) 三齿琵琶蟹 *Lyreidus tridentatus* De Haan, 1841

同物异名：*Lyreidus elongatus* Miers, 1879; *Lyreidus australiensis* Ward, 1933; *Lyreidus fossor* Bennett, 1964
分布：东海，南海；印度-西太平洋。

3. 仿琵琶蟹属 *Lysirude* Goeke, 1985

(1) 张氏仿琵琶蟹 *Lysirude channeri* (Wood-Mason, 1885)

同物异名：*Lyreidus gracilis* Wood-Mason, 1888
分布：南海；印度洋。

4. 背足蛙蟹属 *Notopus* De Haan, 1841

(1) 背足蛙蟹 *Notopus dorsipes* (Linnaeus, 1758)

同物异名：*Cancer dorsipes* Linnaeus, 1758; *Ranilia dorsipes* (Linnaeus, 1758)
分布：东海；印度-西太平洋。

5. 背脚蟹属 *Notosceles* Bourne, 1922

(1) 锯额背脚蟹 *Notosceles serratifrons* (Henderson, 1893)

分布：东海，南海；日本，印度，斯里兰卡。

6. 蛙蟹属 *Ranina* Lamarck, 1801

(1) 蛙蟹 *Ranina ranina* (Linnaeus, 1758)

同物异名：*Cancer ranina* Linnaeus, 1758; *Ranina serrata* Lamarck, 1801; *Ranina dentata* Latreille, 1825; *Ranina cristata* Desjardins, 1835; *Ranina scabra* Fabricius
分布：东海，南海；印度-西太平洋。

7. 仿蛙蟹属 *Raninoides* H. Milne Edwards, 1837

(1) 巴氏仿蛙蟹 *Raninoides barnardi* Sakai, 1974

分布：南海；日本，南非。

(2) 韩氏仿蛙蟹 *Raninoides hendersoni* Chopra, 1933

分布：南海；越南，日本，印度，斯里兰卡。

(3) 中型仿蛙蟹 *Raninoides intermedius* Dai & Xu, 1991

分布：南海。

(4) 长额仿蛙蟹 *Raninoides longifrons* Chen & Türkay, 2001

分布：南海；印度-西太平洋。

8. 小蛙蟹属 *Umalia* Guinot, 1993

(1) 中国小蛙蟹 *Umalia chinensis* (Chen & Sun, 2002)

同物异名：*Ranilia chinensis* Chen & Sun, 2002
分布：南海。

(2) 东方小蛙蟹 *Umalia orientalis* (Sakai, 1963)

同物异名：*Ranilia orientalis* Sakai, 1963
分布：东海，南海；日本。

奇净蟹总科 Aethroidea Dana, 1851

奇净蟹科 Aethridae Dana, 1851

1. 桑葚蟹属 *Drachiella* Guinot in Serène & Soh, 1976

(1) 桑葚蟹 *Drachiella morum* (Alcock, 1896)

同物异名：*Actaeomorpha morum* Alcock, 1896
分布：东海，南海；印度-西太平洋。

馒头蟹总科 Calappoidea De Haan, 1833

馒头蟹科 Calappidae De Haan, 1833

1. 馒头蟹属 *Calappa* Weber, 1795

(1) 馒头蟹 *Calappa calappa* (Linnaeus, 1758)

同物异名：*Cancer cerratonis* Curtiss, 1944; *Cancer calappa* Linnaeus, 1758
分布：南海；印度-西太平洋。

(2) 山羊馒头蟹 *Calappa capellonis* Laurie, 1906

分布：东海，南海；印度-西太平洋。

(3) 盾形馒头蟹 *Calappa clypeata* Borradaile, 1903

同物异名：*Calappa terrareginae* Ward, 1936
分布：南海；印度-西太平洋。

(4) 公鸡馒头蟹 *Calappa gallus* (Herbst, 1803)

同物异名：*Cancer gallus* Herbst, 1803

分布：南海；印度-西太平洋。

(5) 肝叶馒头蟹 *Calappa hepatica* (Linnaeus, 1758)

同物异名：*Calappa spinosissima* H. Milne Edwards, 1837; *Calappa tuberculosa* Guérin, 1832; *Cancer afata* Curtiss, 1938; *Cancer hepatica* Linnaeus, 1758; *Cancer tuberculatus* Herbst, 1785
分布：东海，南海；印度-西太平洋。

(6) 日本馒头蟹 *Calappa japonica* Ortmann, 1892

分布：东海；日本，澳大利亚，印度洋。

(7) 卷折馒头蟹 *Calappa lophos* (Herbst, 1782)

同物异名：*Cancer lophos* Herbst, 1782
分布：东海，南海；印度-西太平洋。

(8) 逍遥馒头蟹 *Calappa philargius* (Linnaeus, 1758)

同物异名：*Calappa cristata* Fabricius, 1798; *Cancer inconspectus* Herbst, 1794; *Cancer philargius* Linnaeus, 1758
分布：东海，南海；印度-西太平洋。

(9) 泡突馒头蟹 *Calappa pustulosa* Alcock, 1896

分布：南海；印度-西太平洋。

(10) 四斑馒头蟹 *Calappa quadrimaculata* Takeda & Shikatani, 1990

分布：东海；日本。

(11) 波纹馒头蟹 *Calappa undulata* Dai & Yang, 1991

分布：南海；泰国。

2. 圆壳蟹属 *Cycloes* De Haan, 1837

(1) 颗粒圆壳蟹 *Cycloes granulosa* De Haan, 1837

分布：南海；日本，夏威夷群岛，印度洋。

3. 筐形蟹属 *Mursia* Desmarest, 1823

(1) 武装筐形蟹 *Mursia armata* De Haan, 1837

同物异名：*Mursia armata typica* Doflein, 1904; *Thealia acanthophora* H. Lucas, 1839
分布：东海，南海；日本，朝鲜半岛，新喀里多尼亚。

(2) 短刺筐形蟹 *Mursia curtispina* Miers, 1886

分布：东海，南海；西太平洋。

(3) 达氏筐形蟹 *Mursia danigoi* Galil, 1993

分布：东海；菲律宾。

(4) 微刺筐形蟹 *Mursia microspina* Davie & Short, 1989

分布：东海；日本，澳大利亚。

(5) 三刺筐形蟹 *Mursia trispinosa* Parisi, 1914

分布：东海，南海；日本，朝鲜半岛，菲律宾，新喀里多尼亚。

4. 拟圆壳蟹属 *Paracyclois* Miers, 1886

(1) 米氏拟圆壳蟹 *Paracyclois milneedwardsii* Miers, 1886

同物异名：*Paracycloïs milneedwardsi* Miers, 1885
分布：南海；西太平洋。

黎明蟹科 Matutidae De Haan, 1835

1. 月神蟹属 *Ashtoret* Galil & Clark, 1994

(1) 颗粒月神蟹 *Ashtoret granulosa* (Miers, 1877)

同物异名：*Matuta granulosa* Miers, 1877
分布：南海；西太平洋。

(2) 红点月神蟹 *Ashtoret lunaris* (Forskål, 1775)

同物异名：*Cancer lunaris* Forskål, 1775; *Matuta banksii* Leach, 1817

分布：南海；印度-西太平洋。

(3) 红斑月神蟹 *Ashtoret maculata* (Miers, 1877)

同物异名：*Matuta maculata* Miers, 1877
分布：东海；西太平洋。

2. 伊神蟹属 *Izanami* Galil & Clark, 1994

(1) 短刺伊神蟹 *Izanami curtispina* (Sakai, 1961)

同物异名：*Matuta curtispina* Sakai, 1961
分布：东海，南海；日本，印度洋。

3. 黎明蟹属 *Matuta* Weber, 1795

(1) 红线黎明蟹 *Matuta planipes* Fabricius, 1798

同物异名：*Matuta appendiculata* Bosc & Desmarest, 1830; *Matuta flagra* Shen, 1936; *Matuta laevidactyla* Miers, 1880; *Matuta lineifera* Miers, 1877; *Matuta rubrolineata* Miers, 1877
分布：渤海，黄海，东海，南海；印度-西太平洋。

(2) 胜利黎明蟹 *Matuta victor* (Fabricius, 1781)

同物异名：*Cancer victor* Fabricius, 1781; *Matuta lesueurii* Leach, 1817; *Matuta peronii* Leach, 1817; *Matuta victrix* var. *crebrepunctata* Miers, 1877
分布：东海，南海；印度-西太平洋。

黄道蟹总科 Cancroidea Latreille, 1802

黄道蟹科 Cancridae Latreille, 1802

1. 土块蟹属 *Glebocarcinus* Nations, 1975

(1) 两栖土块蟹 *Glebocarcinus amphioetus* (Rathbun, 1898)

同物异名：*Cancer amphioetus* Rathbun, 1898; *Cancer bullatus* Balss, 1922; *Cancer pygmaeus* Ortmann, 1893; *Trichocarcinus dentatus* Miers, 1879
分布：渤海；北太平洋。

2. 体壮蟹属 *Romaleon* Gistel, 1848

(1) 隆背体壮蟹 *Romaleon gibbosulum* (De Haan, 1835)

同物异名：*Corystes* (*Trichocera*) *gibbosulum* De Haan, 1833; *Trichocarcinus affinis* Miers, 1879
分布：黄海，东海；日本，朝鲜半岛。

盔蟹总科 Corystoidea Samouelle, 1819

盔蟹科 Corystidae Samouelle, 1819

1. 卵蟹属 *Gomeza* Gray, 1831

(1) 双角卵蟹 *Gomeza bicornis* Gray, 1831

同物异名：*Corystes* (*Oeidea*) *vigintispinosa* De Haan, 1835
分布：东海，南海；印度-西太平洋。

2. 琼娜蟹属 *Jonas* Hombron & Jacquinot, 1846

(1) 显著琼娜蟹 *Jonas distinctus* (De Haan, 1835)

同物异名：*Corystes distinctus* De Haan, 1835
分布：黄海，东海，南海；日本。

(2) 台湾琼娜蟹 *Jonas formosae* (Balss, 1922)

同物异名：*Gomeza distincta* var. *formosae* Balss, 1922
分布：东海，南海；新加坡，泰国，越南。

关公蟹总科 Dorippoidea MacLeay, 1838

关公蟹科 Dorippidae MacLeay, 1838

1. 关公蟹属 *Dorippe* Weber, 1795

(1) 四齿关公蟹 *Dorippe quadridens* (Fabricius, 1793)

同物异名：*Cancer quadridens* Fabricius, 1793; *Dorippe atropos* Lamarck, 1818; *Dorippe nodosa* Desmarest, 1817; *Dorippe rissoana* Desmarest, 1817
分布：东海，南海；印度-西太平洋。

(2) 中华关公蟹 *Dorippe sinica* Chen, 1980

分布：东海，南海；日本。

(3) 细足关公蟹 *Dorippe tenuipes* Chen, 1980

同物异名：*Dorippe miersi* Serène, 1982
分布：东海，南海；越南，菲律宾，印度尼西亚。

2. 仿关公蟹属 *Dorippoides* Serène & Romimohtarto, 1969

(1) 伪装仿关公蟹 *Dorippoides facchino* (Herbst, 1785)

同物异名：*Cancer facchino* Herbst, 1785; *Dorippe astuta* Fabricius, 1798; *Dorippe facchino* var. *alcocki* Nobili, 1903; *Dorippe sima* H. Milne Edwards, 1837
分布：东海，南海；印度-西太平洋。

3. 拟平家蟹属 *Heikeopsis* P. K. L. Ng, Guinot & Davie, 2008

(1) 蜘蛛拟平家蟹 *Heikeopsis arachnoides* (Manning & Holthuis, 1986)

同物异名：*Nobilum arachnoides* Manning & Holthuis, 1986
分布：东海；日本。

(2) 日本拟平家蟹 *Heikeopsis japonica* (von Siebold, 1824)

同物异名：*Doripe japonica* von Siebold, 1824; *Neodorippe* (*Neodorippe*) *japonicum* var. *taiwanensis* Serène & Romimohtarto, 1969; *Heikea japonica* (von Siebold, 1824); *Neodorippe* (*Neodorippe*) *japonicum* (de Siebold, 1824)
分布：北部湾；越南，日本，朝鲜半岛。

4. 新关公蟹属 *Neodorippe* Serène & Romimohtarto, 1969

(1) 熟练新关公蟹 *Neodorippe callida* (Fabricius, 1798)

同物异名：*Dorippe callida* Fabricius, 1798
分布：东海，南海；印度-西太平洋。

5. 诺关公蟹属 *Nobilum* Serène & Romimohtarto, 1969

(1) 三叶诺关公蟹 *Nobilum histrio* (Nobili, 1903)

同物异名：*Dorippe histrio* Nobili, 1903
分布：东海；越南，马来西亚，新加坡。

6. 拟关公蟹属 *Paradorippe* Serène & Romimohtarto, 1969

(1) 中国拟关公蟹 *Paradorippe cathayana* Manning & Holthuis, 1986

分布：渤海，黄海，东海，南海；越南。

(2) 颗粒拟关公蟹 *Paradorippe granulata* (De Haan, 1841)

同物异名：*Dorippe granulata* De Haan, 1841
分布：渤海，黄海，东海，南海；俄罗斯远东海域，日本，朝鲜半岛。

(3) 端正拟关公蟹 *Paradorippe polita* (Alcock & Anderson, 1894)

同物异名：*Dorippe polita* Alcock & Anderson, 1894
分布：黄海，东海，南海。

7. 菲岛关公蟹属 *Philippidorippe* Chen, 1986

(1) 菲岛关公蟹 *Philippidorippe philippinensis* Chen, 1986

分布：南海；菲律宾。

四额齿蟹科 Ethusidae Guinot, 1977

1. 四额齿蟹属 *Ethusa* Roux, 1830

(1) 印度四额齿蟹 *Ethusa indica* Alcock, 1894

同物异名：*Ethusa serenei* Sakai, 1983
分布：东海，南海；印度-西太平洋。

(2) 伊豆四额齿蟹 *Ethusa izuensis* Sakai, 1937

分布：东海，南海；日本，菲律宾。

(3) 扁指四额齿蟹 *Ethusa latidactylus* Parisi, 1914

同物异名：*Ethusina latidactylus* (Parisi, 1914)
分布：东海，南海；日本，印度尼西亚。

(4) 小型四额齿蟹 *Ethusa minuta* Sakai, 1937

分布：东海，南海；日本。

(5) 方形四额齿蟹 *Ethusa quadrata* Sakai, 1937

分布：东海，南海；日本。

(6) 六齿四额齿蟹 *Ethusa sexdentata* (Stimpson, 1858)

同物异名：*Dorippe sexdentatus* Stimpson, 1858
分布：东海，南海；日本，印度洋。

2. 仿四额齿蟹属 *Ethusina* Smith, 1884

(1) 深水仿四额齿蟹 *Ethusina desciscens* Alcock, 1896

分布：东海；印度-西太平洋。

(2) 强壮仿四额齿蟹 *Ethusina robusta* (Miers, 1886)

同物异名：*Ethusa (Ethusina) investigatoris* Alcock, 1896; *Ethusa (Ethusina) robusta* Miers, 1886; *Ethusina alcocki* Ng & Ho, 2003; *Ethusina investigatoris* Alcock, 1896
分布：东海；印度-西太平洋。

酋妇蟹总科 Eriphioidea MacLeay, 1838

酋蟹科 Eriphiidae MacLeay, 1838

1. 酋蟹属 *Eriphia* Latreille, 1817

(1) 司氏酋妇蟹 *Eriphia smithii* MacLeay, 1838

分布：福建，海南岛；印度-西太平洋。

哲扇蟹科 Menippidae Ortmann, 1893

1. 圆扇蟹属 *Sphaerozius* Stimpson, 1858

(1) 光辉圆扇蟹 *Sphaerozius nitidus* Stimpson, 1858

同物异名：*Actumnus nudus* A. Milne-Edwards, 1867;

Menippe convexa Rathbun, 1894; *Menippe ortmanni* de Man, 1899; *Sphaerozius oeschi* Ward, 1941
分布：黄海，东海，南海；印度-西太平洋。

团扇蟹科 Oziidae Dana, 1851

1. 石扇蟹属 *Epixanthus* Heller, 1861

(1) 平额石扇蟹 *Epixanthus frontalis* (H. Milne Edwards, 1834)

同物异名：*Epixanthus kotschii* Heller, 1861; *Ozius frontalis* H. Milne Edwards, 1834
分布：南海；印度-西太平洋。

2. 金沙蟹属 *Lydia* Gistel, 1848

(1) 环纹金沙蟹 *Lydia annulipes* (H. Milne Edwards, 1834)

同物异名：*Euruppellia annulipes* (H. Milne-Edwards, 1834); *Euxanthus rugulosus* Heller, 1865; *Lydia danae* Ward, 1939; *Ruppellia annulipes* H. Milne Edwards, 1834
分布：南海；印度-西太平洋。

长脚蟹总科 Goneplacoidea MacLeay, 1838

宽甲蟹科 Chasmocarcinidae Serène, 1964

1. 相机蟹属 *Camatopsis* Alcock & Anderson, 1899

(1) 红色相机蟹 *Camatopsis rubida* Alcock & Anderson, 1899

分布：东海，南海；印度-西太平洋。

2. 宽甲蟹属 *Chasmocarcinops* Alcock, 1900

(1) 似招潮宽甲蟹 *Chasmocarcinops gelasimoides* Alcock, 1900

分布：南海；菲律宾，越南，泰国湾，印度。

宽背蟹科 Euryplacidae Stimpson, 1871

1. 强蟹属 *Eucrate* De Haan, 1835

(1) 阿氏强蟹 *Eucrate alcocki* Serène in Serène & Lohavanijaya, 1973

同物异名：*Eucrate maculata* Yang & Sun, 1979
分布：黄海，东海，南海；日本，越南。

(2) 隆线强蟹 *Eucrate crenata* (De Haan, 1835)

同物异名：*Cancer (Eucrate) crenata* De Haan, 1835
分布：渤海，黄海，东海，南海；朝鲜海峡，日本，泰国，印度，红海。

(3) 太阳强蟹 *Eucrate solaris* Yang & Sun, 1979

分布：东海，南海。

2. 异背蟹属 *Heteroplax* Stimpson, 1858

(1) 横异背蟹 *Heteroplax transversa* Stimpson, 1858

同物异名：*Heteroplax nagasakiensis* T. Sakai, 1934
分布：南海。

3. 三齿背蟹属 *Trissoplax* Castro & Ng, 2010

(1) 三齿背蟹 *Trissoplax dentata* (Stimpson, 1858)

同物异名：*Eucrate affinis* Haswell, 1881; *Eucrate costata* Yang & Sun, 1979; *Eucrate haswelli* Campbell, 1969; *Pseudorhombila sulcatifrons* var. *australiensis* Miers, 1884
分布：南海。

长脚蟹科 Goneplacidae MacLeay, 1838

1. 隆背蟹属 *Carcinoplax* H. Milne Edwards, 1852

(1) 长手隆背蟹 *Carcinoplax longimanus* (De Haan, 1833)

分布：东海，南海。

(2) 紫隆背蟹 *Carcinoplax purpurea* **Rathbun, 1914**

分布：东海，南海；日本，菲律宾，红海。

(3) 中华隆背蟹 *Carcinoplax sinica* **Chen, 1984**

分布：南海；印度-西太平洋。

2. 毛隆背蟹属 *Entricoplax* **Castro, 2007**

(1) 泥脚毛隆背蟹 *Entricoplax vestita* **(De Haan, 1835)**

同物异名：*Cancer* (*Curtonotus*) *vestita* De Haan, 1835; *Carcinoplax vestita* (De Haan, 1835)
分布：渤海，黄海，东海，南海；日本。

3. 新长脚蟹属 *Neogoneplax* **Castro, 2007**

(1) 肾眼新长脚蟹 *Neogoneplax renoculis* **(Rathbun, 1914)**

同物异名：*Goneplax renoculis* Rathbun, 1914
分布：东海，南海；日本，朝鲜半岛，菲律宾。

4. 长眼柄蟹属 *Ommatocarcinus* **White, 1851**

(1) 麦克长眼柄蟹 *Ommatocarcinus macgillivrayi* **White, 1851**

分布：东海，南海；日本，澳大利亚，新西兰。

(2) 美丽长眼柄蟹 *Ommatocarcinus pulcher* **Barnard, 1950**

分布：南海；南非。

5. 粗肢隆背蟹属 *Pycnoplax* **Castro, 2007**

(1) 骏河粗肢隆背蟹 *Pycnoplax surugensis* **(Rathbun, 1932)**

同物异名：*Carcinoplax surugensis* Rathbun, 1932
分布：东海，南海；日本。

掘沙蟹科 Scalopidiidae Stevcic, 2005

1. 掘沙蟹属 *Scalopidia* **Stimpson, 1858**

(1) 刺足掘沙蟹 *Scalopidia spinosipes* **Stimpson, 1858**

同物异名：*Hypophthalmus leuchochirus* Richters, 1881; *Scalopidia leuchochirus* (Richters, 1881)
分布：黄海，东海，南海；印度尼西亚，安达曼群岛。

六足蟹总科 Hexapodoidea Miers, 1886

六足蟹科 Hexapodidae Miers, 1886

1. 玛丽蟹属 *Mariaplax* **Rahayu & Ng, 2014**

(1) 弯玛丽蟹 *Mariaplax anfracta* **(Rathbun, 1909)**

同物异名：*Hexapus anfractus* (Rathbun, 1909); *Lambdophallus anfractus* Rathbun, 1909
分布：黄海，东海，北部湾；泰国。

(2) 颗粒玛丽蟹 *Mariaplax granulifera* **(Campbell & Stephenson, 1970)**

同物异名：*Hexapinus granuliferus* (Campbell & Stephenson, 1970); *Hexapus granuliferus* Campbell & Stephenson, 1970
分布：黄海，东海，北部湾；澳大利亚。

玉蟹科 Leucosiidae Samouelle, 1819

精干蟹亚科 Iphiculidae Alcock, 1896

1. 精干蟹属 *Iphiculus* **Adams & White, 1849**

(1) 海绵精干蟹 *Iphiculus spongiosus* **Adams & White, 1849**

分布：东海，南海；印度-西太平洋。

2. 拟精干蟹属 *Pariphiculus* **Alcock, 1896**

(1) 伞菌拟精干蟹 *Pariphiculus agariciferus* **Ihle, 1918**

分布：东海，南海；日本，菲律宾，印度尼西亚。

(2) 冠状拟精干蟹 *Pariphiculus coronatus* (Alcock & Anderson, 1894)

同物异名：*Randallia coronata* Alcock & Anderson, 1894
分布：东海，南海；印度-西太平洋。

(3) 海洋拟精干蟹 *Pariphiculus mariannae* (Herklots, 1852)

同物异名：*Ilia mariannae* Herklots, 1852; *Pariphiculus rostratus* Alcock, 1896
分布：南海；印度-西太平洋。

美妙蟹亚科 Cryptocneminae Stimpson, 1907

1. 美妙蟹属 *Cryptocnemus* Stimpson, 1858

(1) 中国美妙蟹 *Cryptocnemus chinensis* Chen, 1995

分布：南海。

(2) 货币美妙蟹 *Cryptocnemus obolus* Ortmann, 1892

分布：东海，南海；日本，菲律宾。

(3) 五角美妙蟹 *Cryptocnemus pentagonus* Stimpson, 1858

分布：东海；日本。

2. 爪形蟹属 *Onychomorpha* Stimpson, 1858

(1) 薄片爪形蟹 *Onychomorpha lamelligera* Stimpson, 1858

分布：东海，南海；东南亚。

坚壳蟹亚科 Ebaliinae Stimpson, 1871

1. 沟甲蟹属 *Alox* C. G. S. Tan & P. K. L. Ng, 1996

(1) 海绵沟甲蟹 *Alox somphos* C. G. S. Tan & P. K. L. Ng, 1996
分布：南海；西太平洋。

2. 栗壳蟹属 *Arcania* Leach, 1817

(1) 角栗壳蟹 *Arcania cornuta* (MacGilchrist, 1905)

分布：东海，南海；印度-西太平洋。

(2) 长刺栗壳蟹 *Arcania elongata* Yokoya, 1933

分布：东海，南海；日本，澳大利亚。

(3) 刺猬栗壳蟹 *Arcania erinacea* (Fabricius, 1787)

同物异名：*Cancer erinaceus* Fabricius, 1787
分布：东海，南海；印度-西太平洋。

(4) 球形栗壳蟹 *Arcania globata* Stimpson, 1858

分布：黄海，东海，南海；朝鲜半岛，日本。

(5) 纤细栗壳蟹 *Arcania gracilis* Henderson, 1893

同物异名：*Arcania quinquespinosa* Alcock & Anderson, 1894
分布：东海，南海；日本，澳大利亚。

(6) 七刺栗壳蟹 *Arcania heptacantha* de Man, 1907

同物异名：*Iphis heptacantha* Herklots, 1861
分布：东海，南海；日本，新加坡，泰国。

(7) 圆十一刺栗壳蟹 *Arcania novemspinosa* (Lichtenstein, 1815)

同物异名：*Iphis novemspinosa* Adams & White, 1849; *Leucosia novemspinosa* Lichtenstein, 1815
分布：黄海，东海，南海；菲律宾，澳大利亚，印度。

(8) 相模栗壳蟹 *Arcania sagamiensis* T. Sakai, 1969

分布：南海；日本。

(9) 脊七刺栗壳蟹 *Arcania septemspinosa* (Fabricius, 1787)

同物异名：*Arcania siamensis* Rathbun, 1909; *Cancer*

hystrix Fabricius, 1793; *Cancer septemspinosus* Fabricius, 1787; *Iphis longipes* Dana, 1852
分布：东海，南海；印度-西太平洋。

(10) 十一刺栗壳蟹 *Arcania undecimspinosa* De Haan, 1841

同物异名：*Arcania granulosa* Miers, 1877
分布：渤海，黄海，东海，南海；印度-西太平洋。

3. 坚壳蟹属 *Ebalia* Leach, 1817

(1) 珠粒坚壳蟹 *Ebalia glans* (Alcock, 1896)

同物异名：*Randallia glans* Alcock, 1896
分布：东海，南海；印度-西太平洋。

(2) 长手坚壳蟹 *Ebalia longimana* Ortmann, 1892

同物异名：*Ebalia gotoensis* Rathbun, 1932
分布：东海；日本，澳大利亚。

(3) 粗糙坚壳蟹 *Ebalia scabriuscula* Ortmann, 1892

分布：东海，南海；日本，菲律宾。

(4) 土佐坚壳蟹 *Ebalia tosaensis* Sakai, 1963

分布：南海；日本。

4. 异核果蟹属 *Heteronucia* Alcock, 1896

(1) 秀丽异核果蟹 *Heteronucia elegans* Chen & Türkay, 2001

分布：南海。

(2) 薄片异核果蟹 *Heteronucia laminata* (Doflein, 1904)

同物异名：*Philyra laminata* Doflein, 1904
分布：南海；日本，菲律宾，印度尼西亚。

(3) 泰国异核果蟹 *Heteronucia mesanensis* Rathbun, 1909

分布：南海；泰国。

(4) 小异核果蟹 *Heteronucia minuta* Chen, 1996

分布：南海。

(5) 倒帚形异核果蟹 *Heteronucia obfastigiatus* Chen & Sun, 2002

分布：东海。

(6) 珠粒异核果蟹 *Heteronucia perlata* (Sakai, 1963)

同物异名：*Nucia perlata* Sakai, 1963
分布：东海，南海；日本。

(7) 疣异核果蟹 *Heteronucia tuberculata* Chen & Türkay, 2001

分布：南海。

(8) 新村异核果蟹 *Heteronucia xincunensis* Chen & Türkay, 2001

分布：南海。

5. 飞轮蟹属 *Ixa* Leach, 1816

(1) 筒状飞轮蟹 *Ixa cylindrus* (Fabricius, 1777)

同物异名：*Cancer cylindrus* J. C. Fabricius, 1777; *Ixa canaliculata* Leach, 1817; *Ixa megaspis* Adams & White, 1849
分布：东海，南海；太平洋。

(2) 艾氏飞轮蟹 *Ixa edwardsii* Lucas, 1858

分布：南海；印度-西太平洋。

6. 利拳蟹属 *Lyphira* Galil, 2009

(1) 杂粒利拳蟹 *Lyphira heterograna* (Ortmann, 1892)

同物异名：*Philyra acutidens* Chen, 1987; *Philyra peitaihoensis* Shen, 1932
分布：中国海域；朝鲜半岛，日本。

7. 裂隐蟹属 *Merocryptus* A. Milne-Edwards, 1873

(1) 裂隐蟹 *Merocryptus lambriformis* A. Milne-Edwards, 1873

分布：东海；日本，朝鲜半岛，澳大利亚。

8. 长臂蟹属 *Myra* Leach, 1817

(1) 双锥长臂蟹 *Myra biconica* Ihle, 1918

分布：南海；菲律宾，印度尼西亚。

(2) 秀丽长臂蟹 *Myra elegans* Bell, 1855

分布：南海；印度-西太平洋。

(3) 遁行长臂蟹 *Myra fugax* (Fabricius, 1798)

同物异名：*Cancer punctatus* Herbst, 1783; *Leucosia fugax* Weber, 1795; *Myra carinata* White, 1847; *Myra longimerus* Chen & Türkay, 2001; *Myra pentacantha* Alcock, 1896
分布：东海，南海；印度-西太平洋。

(4) 海南长臂蟹 *Myra hainanica* Chen &Türkay, 2001

分布：南海。

(5) 似颗粒长臂蟹 *Myra subgranulata* Kossmann, 1877

同物异名：*Myra coalita* Hilgendorf, 1879; *Myra cyrenae* Ward, 1942; *Myra dubia* Miers, 1879
分布：南海；日本，东非。

9. 似臂蟹属 *Myrine* Galil, 2001

(1) 凯氏似臂蟹 *Myrine kesslerii* (Paulson, 1875)

同物异名：*Callidactylus kesslerii* Paulson, 1875; *Myra darnleyensis* Haswell, 1879
分布：南海；印度-西太平洋。

10. 核果蟹属 *Nucia* Dana, 1852

(1) 美丽核果蟹 *Nucia speciosa* Dana, 1852

同物异名：*Ebalia pfefferi* de Man, 1888
分布：南海；印度-西太平洋。

11. 仿核果蟹属 *Nuciops* Serène & Soh, 1976

(1) 和顺仿核果蟹 *Nuciops modestus* (Ihle, 1918)

同物异名：*Nucia modesta* Ihle, 1918
分布：南海；菲律宾，印度尼西亚。

12. 五角蟹属 *Nursia* Leach, 1817

(1) 钩肢五角蟹 *Nursia hamipleopoda* Chen & Fang, 1998

分布：东海。

(2) 精美五角蟹 *Nursia lar* (Fabricius, 1798)

同物异名：*Nursia hardwickii* Leach, 1817; *Parthenope lar* Fabricius, 1798; *Parthenope lar* Weber, 1795
分布：东海，南海。

(3) 小五角蟹 *Nursia minor* (Miers, 1879)

同物异名：*Ebalia minor* Miers, 1879; *Nursia sinica* Shen, 1937
分布：东海，南海。

(4) 斜方五角蟹 *Nursia rhomboidalis* (Miers, 1879)

分布：渤海，黄海，东海，南海。

(5) 三叶五角蟹 *Nursia trilobata* Chen & Sun, 2002

分布：南海。

13. 仿五角蟹属 *Nursilia* Bell, 1855

(1) 钝齿仿五角蟹 *Nursilia dentata* Bell, 1855

分布：南海；印度-西太平洋。

(2) 中华仿五角蟹 *Nursilia sinica* Chen, 1982

分布：东海，南海。

(3) 修容仿五角蟹 *Nursilia tonsor* Alcock, 1896

分布：南海；印度-西太平洋。

14. 孔蚀蟹属 *Oreophorus* Rüppell, 1830

(1) 网纹孔蚀蟹 *Oreophorus reticulatus* Adams &White, 1849

分布：南海；印度-西太平洋。

15. 宽边蟹属 *Oreotlos* Ihle, 1918

(1) 扁平宽边蟹 *Oreotlos latus* (Borradaile, 1903)

同物异名：*Tlos latus* Borradaile, 1903
分布：西沙群岛，南沙群岛；日本，马尔代夫群岛。

16. 拟五角蟹属 *Paranursia* Serène & Soh, 1976

(1) 短小拟五角蟹 *Paranursia abbreviata* (Bell, 1855)

同物异名：*Nursia abbreviata* Bell, 1855
分布：东海，南海。

17. 等螯蟹属 *Parilia* Wood-Mason in Wood-Mason & Alcock, 1891

(1) 大等螯蟹 *Parilia major* Sakai, 1961

分布：东海；日本，菲律宾。

(2) 卵形等螯蟹 *Parilia ovata* Chen, 1984

同物异名：*Myra anomala* Zarenkov, 1990
分布：南海；印度-西太平洋。

18. 豆形拳蟹属 *Pyrhila* Galil, 2009

(1) 双疣豆形拳蟹 *Pyrhila biprotubera* (Dai & Guan, 1986)

分布：广东。

(2) 隆线豆形拳蟹 *Pyrhila carinata* (Bell, 1855)

分布：中国海域；西太平洋。

(3) 豆形拳蟹 *Pyrhila pisum* (De Haan, 1841)

同物异名：*Philyra pisum* De Haan, 1841
分布：中国海域；太平洋。

19. 拳蟹属 *Philyra* Leach, 1817

(1) 亚当斯拳蟹 *Philyra adamsii* Bell, 1855

分布：东海，南海；印度-西太平洋。

(2) 球形拳蟹 *Philyra globus* (Fabricius, 1775)

同物异名：*Cancer globosus* Fabricius, 1793; *Cancer globus* Fabricius, 1775; *Leucosia globulosa* Bosc, 1801; *Philyra globulosa* H. Milne Edwards, 1837; *Philyra polita* Henderson, 1893
分布：南海；泰国，印度洋。

(3) 果拳蟹 *Philyra malefactrix* (Kemp, 1915)

同物异名：*Philyra minuta* Chen & Türkay, 2001
分布：北部湾，海南岛；印度。

(4) 橄榄拳蟹 *Philyra olivacea* Rathbun, 1909

分布：东海，南海；泰国。

(5) 箭形拳蟹 *Philyra sagittifera* (Alcock, 1896)

分布：福建；巴基斯坦。

(6) 疖痂拳蟹 *Philyra scabra* (Dai, 1986)

同物异名：*Ebalia scabra* Dai, Yang, Song & Chen, 1984
分布：海南岛。

(7) 舟山拳蟹 *Philyra zhoushanensis* Chen & Sun, 2002

分布：浙江。

20. 拟坚壳蟹属 *Praebebalia* Rathbun, 1911

(1) 福建拟坚壳蟹 *Praebebalia fujianensis* Chen & Fang, 2000

分布：福建。

(2) 南海拟坚壳蟹 *Praebebalia nanhaiensis* Chen & Sun, 2002

分布：南海；日本。

21. 假拳蟹属 *Pseudophilyra* Miers, 1879

(1) 白斑假拳蟹 *Pseudophilyra albimaculata* Chen & Sun, 2002

分布：广东。

(2) 墨吉假拳蟹 *Pseudophilyra melita* (de Man, 1888)

分布：南海；印度洋。

(3) 南沙假拳蟹 *Pseudophilyra nanshaensis* Chen, 1995

分布：南沙群岛。

(4) 伍氏假拳蟹 *Pseudophilyra woodmasoni* Alcock, 1896

分布：南海；印度洋。

22. 雷百合蟹属 *Raylilia* Galil, 2001

(1) 奇异雷百合蟹 *Raylilia mirabilis* (Zarenkov, 1969)

分布：南海；日本，西太平洋。

23. 伸长蟹属 *Tanaoa* Galil, 2003

(1) 泡粒伸长蟹 *Tanaoa pustulosus* (Wood-Mason, 1891)

同物异名：*Randallia pustulosa* Wood-Mason in Wood-Mason & Alcock, 1891; *Randallia vitjazi* Zarenkov, 1994
分布：台湾岛；印度-西太平洋。

24. 常氏蟹属 *Tokoyo* Galil, 2003

(1) 象牙常氏蟹 *Tokoyo eburnea* (Alcock, 1896)

同物异名：*Randallia eburnea* Alcock, 1896; *Randallia japonica* Yokoya, 1933; *Tokoyo trilobata* Komatsu, Manuel & Takeda, 2005
分布：东海，南海；印度-西太平洋。

25. 东流蟹属 *Toru* Galil, 2003

(1) 三疣东流蟹 *Toru trituberculatus* (Sakai, 1961)

同物异名：*Randallia trituberculata* Sakai, 1961
分布：南海；日本，菲律宾。

26. 乌拉西蟹属 *Urashima* Galil, 2003

(1) 仿泡粒乌拉西蟹 *Urashima pustuloides* (Sakai, 1961)

同物异名：*Randallia pustuloides* Sakai, 1961
分布：南海；日本，菲律宾。

玉蟹亚科 Leucosiinae Samouelle, 1819

1. 易玉蟹属 *Coleusia* Galil, 2006

(1) 弓背易玉蟹 *Coleusia urania* (Herbst, 1801)

同物异名：*Cancer urania* Herbst, 1801; *Leucosia urania* Herbst, 1801
分布：南海；新加坡，印度，泰国。

2. 岐玉蟹属 *Euclosiana* Galil & P.K.L. Ng, 2010

(1) 钝额岐玉蟹 *Euclosiana obtusifrons* (De Haan, 1841)

同物异名：*Euclosia obtusifrons* (De Haan, 1841); *Leucosia mimasensis* Sakai, 1969; *Leucosia obtusifrons* De Haan, 1841
分布：东海，南海；日本，朝鲜半岛，印度洋。

(2) 单齿岐玉蟹 *Euclosiana unidentata* (De Haan, 1841)

同物异名：*Euclosia unidentata* (De Haan, 1841); *Leucosia unidentata* De Haan, 1841
分布：东海，南海；日本。

3. 玉蟹属 *Leucosia* Weber, 1795

(1) 鸭额玉蟹 *Leucosia anatum* (Herbst, 1783)

同物异名：*Cancer anatum* Herbst, 1783; *Leucosia*

australiensis Miers, 1886; *Leucosia longifrons* De Haan, 1841; *Leucosia neocaledonica* A. Milne-Edwards, 1874; *Leucosia ornata* Miers, 1877; *Leucosia polita* Hess, 1865; *Leucosia pulcherrima* Miers, 1877; *Leucosia splendida* Haswell, 1879

分布：福建，南海；印度-西太平洋。

(2) 扁掌玉蟹 *Leucosia compressa* Shen & Chen, 1978

分布：海南岛；斯里兰卡。

(3) 头盖玉蟹 *Leucosia craniolaris* (Linnaeus, 1758)

同物异名：*Cancer craniolaris* Linnaeus, 1758; *Leucosia obscura* White, 1847; *Leucosia pallida* Bell, 1855; *Leucosia parvimana* Stimpson, 1858; *Leucosia perlata* De Haan, 1841

分布：福建，台湾岛，广东，北部湾；印度-西太平洋。

(4) 台湾玉蟹 *Leucosia formosensis* T. Sakai, 1937

分布：台湾岛，广西，海南岛。

(5) 长臂玉蟹 *Leucosia longibrachia* Shen & Chen, 1978

分布：南海；越南。

(6) 长斑玉蟹 *Leucosia longimaculata* Chen & Fang, 1991

分布：台湾海峡。

4. 化玉蟹属 *Seulocia* Galil, 2005

(1) 美丽化玉蟹 *Seulocia pulchra* (Shen & Chen, 1978)

同物异名：*Leucosia pulchra* Shen & Chen, 1978
分布：广西，海南岛。

(2) 斜方化玉蟹 *Seulocia rhomboidalis* (De Haan, 1841)

同物异名：*Leucosia maculata* Stimpson, 1858; *Leucosia rhomboidalis* De Haan, 1841

分布：东海，南海；日本，印度洋。

(3) 带纹化玉蟹 *Seulocia vittata* (Stimpson, 1858)

同物异名：*Leucosia sinica* Shen & Chen, 1978; *Leucosia vittata* Stimpson, 1858
分布：东海，南海；印度-西太平洋。

5. 坛形蟹属 *Urnalana* Galil, 2005

(1) 红点坛形蟹 *Urnalana haematosticta* (Adams in Belcher, 1848)

同物异名：*Leucosia haematosticta* Adams in Belcher, 1848; *Leucosia hoematosticta* Adams & White, 1849
分布：东海，南海；印度-西太平洋。

(2) 玛格丽塔坛形蟹 *Urnalana margaritata* (A. Milne-Edwards, 1874)

同物异名：*Leucosia biminentis* Dai & Xu, 1991; *Leucosia margaritata* A. Milne-Edwards, 1874
分布：南沙群岛；南太平洋。

(3) 小坛形蟹 *Urnalana minuta* (Chen & Xu, 1991)

同物异名：*Leucosia minuta* Chen & Xu, 1991
分布：南沙群岛。

(4) 秀丽坛形蟹 *Urnalana pulchella* (Bell, 1855)

同物异名：*Leucosia alcocki* Ovaere, 1987; *Leucosia parapulchella* Dai & Z. Xu, 1991; *Leucosia pseudomargaritata* Chen, 1987; *Leucosia pulchella* Bell, 1855
分布：南沙群岛；印度-西太平洋。

(5) 白氏坛形蟹 *Urnalana whitei* (Bell, 1855)

同物异名：*Leucosia whitei* Bell, 1855
分布：东海，南海；印度-西太平洋。

蜘蛛蟹总科 Majoidea Samouelle, 1819

卧蜘蛛蟹科 Epialtidae MacLeay, 1838

卧蜘蛛蟹亚科 Epialtinae MacLeay, 1838

1. 矶蟹属 *Pugettia* Dana, 1851

(1) 长矶蟹 *Pugettia elongata* Yokoya, 1933

分布：渤海，黄海，东海；日本，朝鲜半岛。

(2) 缺刻矶蟹 *Pugettia incisa* (De Haan, 1839)

同物异名：*Pisa (Menoethius) incisa* De Haan, 1839; *Pugettia cristata* Gordon, 1930
分布：东海；日本，朝鲜半岛。

(3) 小型矶蟹 *Pugettia minor* Ortmann, 1893

分布：黄海，东海；日本。

(4) 日本矶蟹 *Pugettia nipponensis* Rathbun, 1932

分布：东海；日本。

(5) 四齿矶蟹 *Pugettia quadridens* (De Haan, 1839)

同物异名：*Pisa (Menoethius) quadridens* De Haan, 1839
分布：渤海，黄海，东海；日本，朝鲜半岛。

豆眼蟹亚科 Pisinae Dana, 1851

1. 绒球蟹属 *Doclea* Leach, 1815

(1) 羊毛绒球蟹 *Doclea ovis* (Fabricius, 1787)

同物异名：*Cancer ovis* Fabricius, 1787
分布：东海，南海；印度-西太平洋。

(2) 里氏绒球蟹 *Doclea rissoni* Leach, 1815

同物异名：*Doclea andersoni* de Man, 1887; *Doclea gracilipes* Stimpson, 1857; *Doclea sebae* Bleeker, 1856; *Doclea sinensis* Dai, 1981
分布：东海，南海；印度-西太平洋。

2. 互敬蟹属 *Hyastenus* White, 1847

(1) 慈母互敬蟹 *Hyastenus pleione* (Herbst, 1803)

同物异名：*Cancer pleione* Herbst, 1803
分布：黄海，东海，南海；印度。

3. 长崎蟹属 *Phalangipus* Latreille, 1828

(1) 锐刺长崎蟹 *Phalangipus hystrix* (Miers, 1886)

同物异名：*Egeria investigatoris* Alcock, 1895; *Naxia hystrix* Miers, 1886
分布：台湾岛，海南岛；印度-西太平洋。

(2) 钝刺长崎蟹 *Phalangipus retusus* Rathbun, 1916

分布：东海，南海；印度-西太平洋。

膜壳蟹总科 Hymenosomatoidea MacLeay, 1838

膜壳蟹科 Hymenosomatidae MacLeay, 1838

1. 辛普森蟹属 *Stimpsoplax* Poore, Guinot, Komai & Naruse, 2016

(1) 毛额辛普森蟹 *Stimpsoplax setirostris* (Stimpson, 1858)

同物异名：*Rhynchoplax setirostris* Stimpson, 1858; *Halicarcinus yangi* Shen, 1932; *Halicarcinus setirostris* (Stimpson, 1858)
分布：黄海，东海，南海。

尖头蟹科 Inachidae MacLeay, 1838

1. 英雄蟹属 *Achaeus* Leach, 1817

(1) 日本英雄蟹 *Achaeus japonicus* (De Haan, 1839)

同物异名：*Inachus (Achaeus) japonicus* De Haan, 1839
分布：东海，广东；日本。

(2) 强壮英雄蟹 *Achaeus lacertosus* **Stimpson, 1857**

同物异名：*Achaeus breviceps* Haswell, 1880; *Achaeus spinifrons* Sakai, 1938
分布：台湾岛，广东；印度-西太平洋。

(3) 好斗英雄蟹 *Achaeus pugnax* **(De Man, 1928)**

同物异名：*Achaeopsis pugnax* de Man, 1928; *Achaeus stenorhynchus* Rathbun, 1932
分布：东海；日本，澳大利亚。

(4) 粗壮英雄蟹 *Achaeus robustus* **Yokoya, 1933**

分布：东海；日本，印度尼西亚，澳大利亚。

(5) 有疣英雄蟹 *Achaeus tuberculatus* **Miers, 1879**

分布：渤海，黄海，东海；日本，朝鲜半岛。

(6) 变化英雄蟹 *Achaeus varians* **Takeda & Miyake, 1969**

分布：东海；日本。

2. 巨螯蟹属 *Macrocheira* **De Haan, 1839**

(1) 巨螯蟹 *Macrocheira kaempferi* **(Temminck, 1836)**

分布：东海；日本。

蜘蛛蟹科 Majidae Samouelle, 1819

1. 牛角蟹属 *Leptomithrax* **Miers, 1876**

(1) 艾氏牛角蟹 *Leptomithrax edwardsii* **(De Haan, 1835)**

同物异名：*Maja* (*Paramithrax*) *edwardsii* De Haan, 1835
分布：东海；日本。

2. 酒井蜘蛛蟹属 *Sakaija* **Ng & Richer de Forges, 2015**

(1) 酒井蜘蛛蟹 *Sakaija sakaii* **(Takeda & Miyake, 1969)**

同物异名：*Maja sakaii* Takeda & Miyake, 1969
分布：东海；日本。

(2) 日本酒井蜘蛛蟹 *Sakaija japonica* **(Rathbun, 1932)**

同物异名：*Maja japonica* Rathbun, 1932; *Maja nipponensis* Sakai, 1934
分布：台湾岛，南海；日本。

突眼蟹科 Oregoniidae Garth, 1958

1. 突眼蟹属 *Oregonia* **Dana, 1851**

(1) 枯瘦突眼蟹 *Oregonia gracilis* **Dana, 1851**

同物异名：*Oregonia hirta* Dana, 1851; *Oregonia longimana* Spence Bate, 1865; *Oregonia mutsuensis* Yokoya, 1928
分布：渤海，黄海；北太平洋。

虎头蟹总科 Orithyioidea Dana, 1852

虎头蟹科 Orithyiidae Dana, 1852

1. 虎头蟹属 *Orithyia* **Fabricius, 1798**

(1) 中华虎头蟹 *Orithyia sinica* **(Linnaeus, 1771)**

同物异名：*Cancer sinica* Linnaeus, 1771
分布：黄海，东海。

扁蟹总科 Palicoidea Bouvier, 1898

扁蟹科 Palicidae Bouvier, 1898

1. 小扁蟹属 *Paliculus* **Castro, 2000**

(1) 九州小扁蟹 *Paliculus kyusyuensis* **(Yokoya, 1933)**

同物异名：*Palicus hatusimaensis* Sakai, 1963; *Palicus kyusyuensis* Yokoya, 1933
分布：东海；日本。

2. 拟扁蟹属 *Parapalicus* **Moosa & Serène, 1981**

(1) 南沙拟扁蟹 *Parapalicus nanshaensis* **Dai & Xu, 1991**

分布：南沙群岛。

菱蟹总科 Parthenopoidea MacLeay, 1838

菱蟹科 Parthenopidae Macleay, 1838

1. 隐足蟹属 Cryptopodia H. Milne Edwards, 1834

(1) 环状隐足蟹 Cryptopodia fornicata (Fabricius, 1781)

同物异名：Calappa albicans Bosc, 1801; Cancer fornicatus Fabricius, 1781; Cryptopodia pentagona Flipse, 1930
分布：东海，南海；印度-西太平洋。

2. 武装紧握蟹属 Enoplolambrus A. Milne-Edwards, 1878

(1) 强壮武装紧握蟹 Enoplolambrus validus (De Haan, 1837)

同物异名：Parthenope (Lambrus) validus De Haan, 1837
分布：中国海域；西太平洋。

3. 菱蟹属 Parthenope Weber, 1795

(1) 长手菱蟹 Parthenope longimanus (Linnaeus, 1758)

同物异名：Cancer longimanus Linnaeus, 1758; Lambrus (Lambrus) ornatus Flipse, 1930; Lambrus laevicarpus Miers, 1879; Parthenope longimana (Linnaeus, 1764)
分布：东海，南海；印度-西太平洋。

菱蟹总科 Pilumnoidea Samouelle, 1819

静蟹科 Galenidae Alcock, 1898

1. 暴蟹属 Halimede De Haan, 1835

(1) 五角暴蟹 Halimede ochtodes (Herbst, 1783)

同物异名：Cancer ochtodes Herbst, 1783; Polycremnus verrucifer Stimpson, 1858

分布：南海；印度-西太平洋。

2. 静蟹属 Galene De Haan, 1833

(1) 双刺静蟹 Galene bispinosa (Herbst, 1783)

同物异名：Cancer bispinosus Herbst, 1783; Galene granulata Miers, 1884; Gecarcinus trispinosus Desmarest, 1822; Podopilumnus fittoni M'Coy, 1849
分布：南海；印度-西太平洋。

3. 精武蟹属 Parapanope de Man, 1895

(1) 贪精武蟹 Parapanope euagora de Man, 1895

同物异名：Hoploxanthus hextii Alcock, 1898; Parapanope singaporensis Ng & Guinot in Guinot, 1985
分布：胶州湾，东海，南海；印度-西太平洋。

毛刺蟹科 Pilumnidae Samouelle, 1819

毛刺蟹亚科 Pilumninae Samouelle, 1819

1. 杨梅蟹属 Actumnus Dana, 1851

(1) 疏毛杨梅蟹 Actumnus setifer (De Haan, 1835)

同物异名：Actumnus setifer setifer (De Haan, 1835); Actumnus tomentosus Dana, 1852; Cancer (Pilumnus) setifer De Haan, 1835
分布：南海；印度-西太平洋。

2. 海神蟹属 Benthopanope Davie, 1989

(1) 真壮海神蟹 Benthopanope eucratoides (Stimpson, 1858)

同物异名：Pilumnopeus eucratoides Stimpson, 1858
分布：福建，广东，北部湾。

3. 异装蟹属 Heteropanope Stimpson, 1858

(1) 光滑异装蟹 Heteropanope glabra Stimpson, 1858

同物异名：Pilumnopeus maculatus A. Milne-Edwards, 1867
分布：南海；印度-西太平洋。

4. 异毛蟹属 *Heteropilumnus* de Man, 1895

(1) 披发异毛蟹 *Heteropilumnus ciliatus* (Stimpson, 1858)

同物异名：*Pilumnoplax ciliatus* Stimpson, 1858; *Heteropilumnus cristadentatus* Shen, 1936
分布：山东半岛，东海；日本，朝鲜半岛。

5. 毛粒蟹属 *Pilumnopeus* A. Milne-Edwards, 1867

(1) 马氏毛粒蟹 *Pilumnopeus makianus* (Rathbun, 1931)

同物异名：*Heteropanope makiana* Rathbun, 1931
分布：渤海，黄海，东海；日本。

6. 毛刺蟹属 *Pilumnus* Leach, 1816

(1) 小型毛刺蟹 *Pilumnus spinulus* Shen, 1932

分布：山东半岛，台湾岛。

(2) 团岛毛刺蟹 *Pilumnus tuantaoensis* Shen, 1948

分布：山东半岛。

7. 静毛刺蟹属 *Serenepilumnus* Türkay & Schuhmacher, 1985

(1) 中华静毛刺蟹 *Serenepilumnus sinensis* (Balss, 1933)

同物异名：*Pilumnopeus sinensis* Balss, 1933
分布：中国海域。

根足蟹亚科 Rhizopinae Stimpson, 1858

1. 拟盲蟹属 *Typhlocarcinops* Rathbun, 1909

(1) 沟纹拟盲蟹 *Typhlocarcinops canaliculatus* Rathbun, 1909

同物异名：t*yphlocarcinops canaliculata* Rathbun, 1909; *Typhlocarcinops gallardoi* Serène, 1964
分布：山东，福建；日本，泰国湾。

(2) 齿腕拟盲蟹 *Typhlocarcinops denticarpes* Dai, Yang, Song & Chen, 1986

分布：广东，北部湾。

2. 盲蟹属 *Typhlocarcinus* Stimpson, 1858

(1) 裸盲蟹 *Typhlocarcinus nudus* Stimpson, 1858

分布：胶州湾，广东；日本，新加坡，泰国，印度。

(2) 毛盲蟹 *Typhlocarcinus villosus* Stimpson, 1858

分布：南海；日本，东南亚，印度。

梭子蟹总科 Portunoidea Rafinesque, 1815

圆趾蟹科 Ovalipidae Spiridonov, Neretina & Schepetov, 2014

1. 圆趾蟹属 *Ovalipes* Rathbun, 1898

(1) 细点圆趾蟹 *Ovalipes punctatus* (De Haan, 1833)

同物异名：*Corystes* (*Anisopus*) *punctatus* De Haan, 1833; *Platyonichus bipustulatus* H. Milne Edwards, 1834
分布：黄海，东海；印度-西太平洋。

梭子蟹科 Portunidae Rafinesque, 1815

尖指蟹亚科 Caphyrinae Paulson, 1875

1. 光背蟹属 *Lissocarcinus* Adams & White, 1849

(1) 光滑光背蟹 *Lissocarcinus laevis* Miers, 1886

分布：东海，南海；印度-西太平洋，南非，南太平洋。

(2) 多域光背蟹 *Lissocarcinus polybiodes* Adams & White, 1849

同物异名：*Lissocarcinus polybioides* Adams & White, 1849

分布：东海，南海；印度-西太平洋，南非，南太平洋，红海，坦桑尼亚。

钝额蟹亚科 Carupinae Paulson, 1875

1. 突额蟹属 *Libystes* A. Milne-Edwards, 1867

(1) 艾氏突额蟹 *Libystes edwardsi* Alcock, 1900

分布：东海，南海；印度-西太平洋。

梭子蟹亚科 Portuninae Rafinesque, 1815

1. 狼梭蟹属 *Lupocycloporus* Alcock, 1899

(1) 纤手狼梭蟹 *Lupocycloporus gracilimanus* (Stimpson, 1858)

同物异名：*Achelous whitei* A. Milne-Edwards, 1861; *Amphitrite gracilimanus* Stimpson, 1858; *Portunus (Lupocycloporus) gracilimanus* (Stimpson, 1858)

分布：东海，南海；澳大利亚，新西兰，菲律宾，马来西亚，安达曼群岛。

2. 单梭蟹属 *Monomia* Gistel, 1848

(1) 银光单梭蟹 *Monomia argentata* (A. Milne Edwards, 1861)

同物异名：*Portunus (Monomia) argentatus* (A. Milne-Edwards, 1861); *Neptunus argentatus* A. Milne-Edwards, 1861; *Amphitrite argentata* White, 1847

分布：东海，南海；印度-西太平洋，马达加斯加，红海，莫桑比克，坦桑尼亚。

(2) 拥剑单梭蟹 *Monomia gladiator* (Fabricius, 1798)

同物异名：*Portunus (Monomia) gladiator* Fabricius, 1798

分布：东海，南海；印度-西太平洋，马达加斯加，莫桑比克。

3. 梭子蟹属 *Portunus* Weber, 1795

(1) 远海梭子蟹 *Portunus pelagicus* (Linnaeus, 1758)

同物异名：*Cancer pelagicus* Linnaeus, 1758; Forskål, 1775; *Cancer cedonulli* Herbst, 1794; *Portunus denticulatus* Marion de Procé, 1822; *Portunus (Portunus) pelagicus* var. *sinensis* Shen, 1932

分布：东海，南海；印度-西太平洋，地中海，南太平洋。

(2) 红星梭子蟹 *Portunus sanguinolentus* (Herbst, 1783)

同物异名：*Cancer raihoae* Curtiss, 1938; *Lupa sanguinolentus* (Herbst, 1783)

分布：东海，南海；印度-西太平洋，莫桑比克，南非。

(3) 三疣梭子蟹 *Portunus trituberculatus* (Miers, 1876)

同物异名：*Neptunus trituberculatus* Miers, 1876

分布：中国海域；日本，朝鲜半岛，印度-西太平洋。

4. 青蟹属 *Scylla* De Haan, 1833

(1) 锯缘青蟹 *Scylla serrata* (Forskål, 1775)

同物异名：*Achelous crassimanus* MacLeay, 1838; *Cancer serratus* Forskål, 1775; *Lupa lobifrons* H. Milne Edwards, 1834; *Scylla tranquebarica* var. *oceanica* Dana, 1852

分布：东海南部，南海；印度-西太平洋，巴西，莫桑比克，南非，南太平洋。

(2) 拟穴青蟹 *Scylla paramamosain* Estampador, 1950

分布：东海，南海。

5. 剑梭蟹属 *Xiphonectes* A. Milne-Edwards, 1873

(1) 矛形剑梭蟹 *Xiphonectes hastatoides* (Fabricius, 1798)

同物异名：*Neptunus (Hellenus) hastatoides* var. *unidens* Laurie, 1906; *Neptunus (Hellenus) hastatoides* (Fabricius, 1798); *Portunus (Xiphonectes) hastatoides*

Fabricius, 1798

分布：黄海南部，东海，南海；印度-西太平洋，南非，马达加斯加。

(2) 假矛形剑梭蟹 *Xiphonectes pseudohastatoides* (S.-L. Yang & B.-P. Tang, 2006)

同物异名：*Portunus* (*Xiphonectes*) *pseudohastatoides* S.-L.Yang & B.-P. Tang, 2006; *Portunus pseudo-astatoides* S.-L. Yang & B.-P. Tang, 2006

分布：东海，南海。

(3) 丽纹剑梭蟹 *Xiphonectes pulchricristatus* (Gordon, 1931)

同物异名：*Neptunus* (*Hellenus*) *alcocki* Gordon, 1930; *Neptunus* (*Hellenus*) *pulchricristatus* Gordon, 1931; *Portunus* (*Xiphonectes*) *pulchricristatus* (Gordon, 1931)

分布：东海，南海；印度-西太平洋。

短桨蟹亚科 Thalamitinae Paulson, 1875

1. 蟳属 *Charybdis* De Haan, 1833

(1) 锐齿蟳 *Charybdis* (*Charybdis*) *acuta* (A. Milne-Edwards, 1869)

同物异名：*Goniosoma acutum* A. Milne-Edwards, 1869

分布：东海，南海；日本，朝鲜半岛。

(2) 近亲蟳 *Charybdis* (*Charybdis*) *affinis* Dana, 1852

同物异名：*Charybdis barneyi* Gordon, 1930

分布：东海，南海；印度-西太平洋。

(3) 异齿蟳 *Charybdis* (*Charybdis*) *anisodon* (de Haan, 1835)

同物异名：*Portunus* (*Thalamita*) *anisodon* De Haan, 1850

分布：东海南部，南海；印度-西太平洋，马达加斯加，莫桑比克海峡，红海。

(4) 环纹蟳 *Charybdis* (*Charybdis*) *annulata* (Fabricius, 1798)

同物异名：*Portunus annulata* Fabricius, 1798;

分布：东海南部，南海；印度-西太平洋，马达加斯加，莫桑比克，红海，南非。

(5) 美人蟳 *Charybdis* (*Charybdis*) *callianassa* (Herbst, 1789)

同物异名：*Cancer callianassa* Herbst, 1789

分布：东海，南海；印度-西太平洋。

(6) 锈斑蟳 *Charybdis* (*Charybdis*) *feriata* (Linnaeus, 1758)

同物异名：*Cancer cruciata* Herbst, 1794; *Cancer crucifer* Fabricius, 1792; *Cancer feriata* Linnaeus, 1758; *Cancer sexdentatus* Herbst, 1783; *Charybdis cruciata* (Herbst, 1794); *Portunus crucifer* Fabricius, 1798

分布：东海，南海；印度-西太平洋，地中海西部海盆。

(7) 颗粒蟳 *Charybdis* (*Charybdis*) *granulata* de Haan, 1835

同物异名：*Charybdis* (*Charybdis*) *moretonensis* Rees & Stephenson, 1966; *Portunus* (*Charybdis*) *granulata* De Haan, 1833

分布：东海，南海；印度-西太平洋。

(8) 钝齿蟳 *Charybdis* (*Charybdis*) *hellerii* (A. Milne-Edwards, 1867)

同物异名：*Charybdis vannamei* Ward, 1941; *Charybdis merguiensis* de Man, 1887; *Goniosoma hellerii* A. Milne-Edwards, 1867

分布：黄海，东海，南海；印度-西太平洋，地中海，墨西哥湾，加勒比海，北大西洋，红海，北太平洋。

(9) 日本蟳 *Charybdis* (*Charybdis*) *japonica* (A. Milne-Edwards, 1861)

同物异名：*Charybdis* (*Goniohellenus*) *peichihliensis* Shen, 1932; *Charybdis sowerbyi* Rathbun, 1931; *Goniosoma japonicum* A. Milne-Edwards, 1861

分布：中国海域；日本，朝鲜半岛，红海，新西兰，澳大利亚。

(10) 晶莹蟳 *Charybdis (Charybdis) lucifera* (Fabricius, 1798)

同物异名：*Goniosoma quadrimaculatum* A. Milne-Edwards, 1861; *Portunus lucifera* Fabricius, 1798
分布：南海；印度-西太平洋。

(11) 武士蟳 *Charybdis (Charybdis) miles* (de Haan, 1835)

同物异名：*Charybdis (Gioneptunus) investigatoris* Alcock, 1899; *Portunus (Charybdis) miles* De Haan, 1835
分布：东海，南海；印度-西太平洋。

(12) 善泳蟳 *Charybdis (Charybdis) natator* (Herbst, 1794)

同物异名：*Cancer natator* Herbst, 1794
分布：东海，南海；印度-西太平洋。

(13) 东方蟳 *Charybdis (Charybdis) orientalis* Dana, 1852

同物异名：*Goniosoma dubium* Hoffman, 1874
分布：东海，南海。

(14) 光掌蟳 *Charybdis (Charybdis) riversandersoni* Alcock, 1899

分布：东海；日本，印度。

(15) 变态蟳 *Charybdis (Charybdis) variegata* (Fabricius, 1798)

同物异名：*Portunus variegata* Fabricius, 1798
分布：黄海，东海，南海；印度-西太平洋。

(16) 双斑蟳 *Charybdis (Gonioneptunus) bimaculata* (Miers, 1886)

同物异名：*Gonioneptunus whiteleggei* Ward, 1933; *Goniosoma bimaculata* Miers, 1886
分布：黄海，东海，南海；印度-西太平洋。

(17) 直额蟳 *Charybdis (Goniohellenus) truncata* (Fabricius, 1798)

同物异名：*Portunus truncata* Fabricius, 1798
分布：东海，南海；印度-西太平洋。

2. 短桨蟹属 *Thalamita* Latreille, 1829

(1) 整洁短桨蟹 *Thalamita integra* Dana, 1852

分布：台湾岛，南海；印度-西太平洋，红海，莫桑比克，坦桑尼亚，南太平洋。

(2) 双额短桨蟹 *Thalamita sima* H. Milne Edwards, 1834

同物异名：*Portunus (Thalamita) arcuatus* De Haan, 1833
分布：东海，南海；印度-西太平洋，红海，莫桑比克，马达加斯加。

(3) 刺短桨蟹 *Thalamita spinifera* Borradaile, 1902

分布：南沙群岛；印度-西太平洋，莫桑比克，马达加斯加，南太平洋。

3. 上桨蟹属 *Thranita* Evans, 2018

(1) 钝齿上桨蟹 *Thranita crenata* (Rüppell, 1830)

同物异名：*Thalamita kotoensis* Tien, 1969; *Thalamita prymna* var. *crenata* Rüppell, 1830; *Thalamita crenata* Rüppell, 1830
分布：东海，南海；印度-西太平洋，红海，莫桑比克，南非，南太平洋。

4. 长桨蟹属 *Trierarchus* Evans, 2018

(1) 三线长桨蟹 *Trierarchus demani* (Nobili, 1905)

同物异名：*Thalamita trilineata* Stephenson & Hudson, 1957; *Thalamita demani* Nobili, 1906
分布：西沙群岛；印度-西太平洋，坦桑尼亚，南非，南太平洋。

反羽蟹总科 Retroplumoidea Gill, 1894

反羽蟹科 Retroplumidae Gill, 1894

1. 反羽蟹属 *Retropluma* Gill, 1894

(1) 锯齿反羽蟹 *Retropluma denticulata* Rathbun, 1932

分布：海南岛，南沙群岛；日本。

梯形蟹总科 Trapezioidea Miers, 1886

圆顶蟹科 Domeciidae Ortmann, 1893

1. 圆顶蟹属 *Domecia* Eydoux & Souleyet, 1842

(1) 光洁圆顶蟹 *Domecia glabra* Alcock, 1899

分布：海南岛，西沙群岛；印度-西太平洋，莫桑比克，马达加斯加，南太平洋。

梯形蟹科 Trapeziidae Miers, 1886

1. 梯形蟹属 *Trapezia* Latreille, 1828

(1) 双齿梯形蟹 *Trapezia bidentata* (Forskål, 1775)

同物异名：*Cancer bidentatus* Forskål, 1775; *Grapsillus subinteger* MacLeay, 1838; *Trapezia cymodoce* var. *edentula* Laurie, 1906; *Trapezia ferruginea* Latreille, 1828; *Trapezia ferruginea* var. *typica* Borradaile, 1900; *Trapezia miniata* Hombron & Jacquinot, 1846; *Trapezia subdentata* Gerstaecker, 1856
分布：海南岛，西沙群岛；印度-西太平洋。

(2) 指梯形蟹 *Trapezia digitalis* Latreille, 1828

同物异名：*Trapezia fusca* Hombron & Jacquinot, 1846; *Trapezia leucodactyla* Rüppell, 1830; *Trapezia nigrofusca* Stimpson, 1860
分布：南海；印度-西太平洋。

(3) 红点梯形蟹 *Trapezia guttata* Ruppell, 1830

同物异名：*Trapezia davaoensis* Ward, 1941; *Trapezia ferruginea* var. *ceylonica* P. S. Chen, 1933; *Trapezia*

miersi Ward, 1941
分布：台湾岛，海南岛，西沙群岛；印度-西太平洋，红海，塞舌尔群岛，莫桑比克，马达加斯加，南太平洋。

(4) 幽暗梯形蟹 *Trapezia septata* Dana, 1852

同物异名：*Trapezia areolata inermis* A. Milne-Edwards, 1873; *Trapezia reticulata* Stimpson, 1858
分布：南海；印度-西太平洋。

扇蟹总科 Xanthoidea MacLeay, 1838

扇蟹科 Xanthidae MacLeay, 1838

银杏蟹亚科 Actaeinae Alcock, 1898

1. 银杏蟹属 *Actaea* De Haan, 1833

(1) 菜花银杏蟹 *Actaea savignii* (H. Milne Edwards, 1834)

同物异名：*Actaea savignyi* (H. Milne Edwards, 1834); *Cancer granulatus* Audouin, 1826; *Cancer savignii* H. Milne Edwards, 1834
分布：东海，台湾岛，广东；印度-西太平洋，红海，莫桑比克，坦桑尼亚，塞舌尔群岛。

2. 仿银杏蟹属 *Actaeodes* Dana, 1851

(1) 绒毛仿银杏蟹 *Actaeodes tomentosus* (H. Milne Edwards, 1834)

同物异名：*Actaea tomentosa* (H. Milne Edwards, 1834); *Zozymus tomentosus* H. Milne Edwards, 1834
分布：东海，南海；印度-西太平洋，红海，塞舌尔群岛，莫桑比克，坦桑尼亚，南非，南太平洋。

3. 盖氏蟹属 *Gaillardiellus* Guinot, 1976

(1) 东方盖氏蟹 *Gaillardiellus orientalis* (Odhner, 1925)

分布：东海。

(2) 高睑盖氏蟹 *Gaillardiellus superciliaris* (Odhner, 1925)

同物异名：*Actaea superciliaris* Odhner, 1925

分布：南海；西太平洋。

4. 普氏蟹属 *Psaumis* Kossmann, 1877

(1) 凹足普氏蟹 *Psaumis cavipes* (Dana, 1852)

分布：东海，南海。

绿蟹亚科 Chlorodiellinae Ng & Holthuis, 2007

1. 绿蟹属 *Chlorodiella* Rathbun, 1897

(1) 黑指绿蟹 *Chlorodiella nigra* (Forskål, 1775)

同物异名：*Cancer clymene* Herbst, 1801; *Cancer niger* Forskål, 1775; *Chlorodius depressus* Heller, 1861; *Chlorodius hirtipes* White, 1848; *Chlorodius niger* (Forskål, 1775); *Chorodius (Chorodius) nebulosus* Dana, 1852
分布：南海；西太平洋。

波纹蟹亚科 Cymoinae Alcock, 1898

1. 波纹蟹属 *Cymo* De Haan, 1833

(1) 黑指波纹蟹 *Cymo melanodactylus* Dana, 1852

同物异名：*Cymo melanodactylus savaiiensis* Ward, 1939
分布：南海；印度-西太平洋。

花瓣蟹亚科 Liomerinae, Sakai, 1976

1. 花瓣蟹属 *Liomera* Dana, 1851

(1) 脉花瓣蟹 *Liomera venosa* (H. Milne Edwards, 1834)

同物异名：*Cancer obtusus* De Haan, 1835; *Cancer venosa* H. Milne Edwards, 1834; *Carpilodes granulosus* Haswell, 1882; *Carpilodes socius* Lanchester, 1900
分布：南海；西太平洋。

扇蟹亚科 Xanthinae MacLeay, 1838

1. 鳞斑蟹属 *Demania* Laurie, 1906

(1) 圆形鳞斑蟹 *Demania rotundata* (Seréne, 1969)

分布：东海，南海；日本。

(2) 粗糙鳞斑蟹 *Demania scaberrima* (Walker, 1887)

同物异名：*Xantho scaberrimus* Walker, 1887
分布：东海，南海；印度-西太平洋。

(3) 单刺鳞斑蟹 *Demania unispinosa* Chen & Ng, 1999

分布：东海，南海。

2. 皱蟹属 *Leptodius* A. Milne-Edwards, 1863

(1) 火红皱蟹 *Leptodius exaratus* (H. Milne Edwards, 1834)

同物异名：*Cancer inaequalis* Audouin, 1826; *Chlorodius exaratus* H. Milne Edwards, 1834; *Leptodius lividus* Paulson, 1875; *Xantho exaratus* (H. Milne Edwards, 1834)
分布：东海，南海；印度-西太平洋。

3. 斗蟹属 *Liagore* De Haan, 1833

(1) 红斑斗蟹 *Liagore rubromaculata* (De Haan, 1835)

同物异名：*Cancer (Liagore) rubromaculata* De Haan, 1835
分布：福建，台湾岛，北部湾，海南岛；印度-西太平洋。

4. 大权蟹属 *Macromedaeus* Ward, 1942

(1) 特异大权蟹 *Macromedaeus distinguendus* (De Haan, 1835)

同物异名：*Cancer (Xantho) distinguendus* De Haan, 1835
分布：中国海域；印度-西太平洋，南太平洋。

5. 拟扇蟹属 *Paraxanthias* Odhner, 1925

(1) 显赫拟扇蟹 *Paraxanthias notatus* (Dana, 1852)

同物异名：*Xantho (Xanthodes) notatus* Dana, 1852; *Xanthodes notatus* Dana, 1852

分布：南海；印度-西太平洋。

(2) 华美拟扇蟹 *Paraxanthias elegans* **(Stimpson, 1858)**

同物异名：*Xantho hirtipes* H. Milne Edwards, 1834; *Xanthodes atromanus* Haswell, 1881; *Xanthodes elegans* Stimpson, 1858
分布：南海；日本，澳大利亚。

6. 近扇蟹属 *Xanthias* Rathbun, 1897

(1) 中华近扇蟹 *Xanthias sinensis* **(A. Milne-Edwards, 1867)**

同物异名：*Lioxantho asperatus* Alcock, 1898; *Pseudozius sinensis* A. Milne-Edwards, 1867
分布：中国海域；红海，索马里。

熟若蟹亚科 Zosiminae Alcock, 1898

1. 爱洁蟹属 *Atergatis* De Haan, 1833

(1) 花纹爱洁蟹 *Atergatis floridus* **(Linnaeus, 1767)**

同物异名：*Cancer floridus* Linnaeus, 1767
分布：南海；印度-西太平洋。

(2) 正直爱洁蟹 *Atergatis integerrimus* **(Lamarck, 1818)**

同物异名：*Atergatis subdivisus* White, 1848; *Cancer integerrimus* Lamarck, 1818; *Cancer laevis latipes* Seba, 1761
分布：南海；印度-西太平洋。

隐螯蟹总科 Cryptochiroidae Paulson, 1875

隐螯蟹科 Cryptochiridae Paulson, 1875

1. 珊隐蟹属 *Hapalocarcinus* Stimpson, 1859

(1) 袋腹珊隐蟹 *Hapalocarcinus marsupialis* **Stimpson, 1859**

分布：南海；印度-西太平洋。

豆蟹总科 Pinnotheroidea De Haan, 1833

豆蟹科 Pinnotheridae De Haan, 1833

巴豆蟹亚科 Pinnotherelinae Alcock, 1900

1. 巴豆蟹属 *Pinnixa* White, 1846

(1) 宽腿巴豆蟹 *Pinnixa penultipedalis* **Stimpson, 1858**

分布：胶州湾，广东；日本，东非。

(2) 肥壮巴豆蟹 *Pinnixa tumida* **Stimpson, 1858**

分布：渤海，山东半岛；日本。

豆蟹亚科 Pinnotherinae De Haan, 1833

1. 蚶豆蟹属 *Arcotheres* Manning, 1993

(1) 中华蚶豆蟹 *Arcotheres sinensis* **(Shen, 1932)**

同物异名：*Pinnotheres sinensis* Shen, 1932
分布：渤海，黄海，东海；朝鲜半岛，日本。

2. 拟豆蟹属 *Pinnaxodes* Heller, 1865

(1) 大拟豆蟹 *Pinnaxodes major* **Ortmann, 1894**

分布：黄海，东海。

3. 豆蟹属 *Pinnotheres* Bosc, 1801

(1) 宽豆蟹 *Pinnotheres dilatatus* **Shen, 1932**

分布：山东。

(2) 戈氏豆蟹 *Pinnotheres gordoni* **Shen, 1932**

分布：辽东半岛，山东半岛。

(3) 海阳豆蟹 *Pinnotheres haiyangensis* **Shen, 1932**

分布：山东。

(4) 青岛豆蟹 *Pinnotheres tsingtaoensis* **Shen, 1932**

分布：山东。

沙蟹总科 Ocypodoidea Rafinesque, 1815

猴面蟹科 Camptandriidae Stimpson, 1858

1. 巴隆蟹属 *Baruna* Stebbing, 1904

(1) 三突巴隆蟹 *Baruna trigranulum* (Dai & Song, 1986)

同物异名：*Baruna mangromurphia* Harminto & Ng, 1991; *Leipocten trigranulum* Dai & Song, 1986
分布：海南岛，北部湾。

2. 猴面蟹属 *Camptandrium* Stimpson, 1858

(1) 六齿猴面蟹 *Camptandrium sexdentatum* Stimpson, 1858

分布：中国海域；印度-西太平洋。

3. 闭口蟹属 *Cleistostoma* De Haan, 1833

(1) 宽身闭口蟹 *Cleistostoma dilatatum* (De Haan, 1833)

同物异名：*Ocypode* (*Cleistostoma*) *dilatatum* De Haan, 1833
分布：中国海域；日本，朝鲜半岛。

4. 背脊蟹属 *Deiratonotus* R. B. Manning & Holthuis, 1981

(1) 隆线背脊蟹 *Deiratonotus cristatum* (de Man, 1895)

分布：渤海，黄海，东海，北部湾；日本，朝鲜半岛西岸。

5. 仿倒颚蟹属 *Mortensenella* Rathbun, 1909

(1) 仿倒颚蟹 *Mortensenella forceps* Rathbun, 1909

分布：香港，海南岛，北部湾；泰国。

6. 拟闭口蟹属 *Paracleistostoma* de Man, 1895

(1) 浓毛拟闭口蟹 *Paracleistostoma crassipilum* Dai, Yang, Song & Chen, 1986

分布：海南岛，北部湾。

(2) 扁平拟闭口蟹 *Paracleistostoma depressum* de Man, 1895

分布：福建，台湾岛，海南岛，北部湾；东南亚。

毛带蟹科 Dotillidae Stimpson, 1858

1. 泥蟹属 *Ilyoplax* Stimpson, 1858

(1) 锯脚泥蟹 *Ilyoplax dentimerosa* Shen, 1932

分布：渤海，黄海，东海；朝鲜半岛。

(2) 谭氏泥蟹 *Ilyoplax deschampsi* (Rathbun, 1913)

同物异名：*Tympanomerus deschampsi* Rathbun, 1913
分布：渤海，黄海，东海；朝鲜半岛，日本。

(3) 宁波泥蟹 *Ilyoplax ningpoensis* Shen, 1940

分布：东海，南海北部。

(4) 秉氏泥蟹 *Ilyoplax pingi* Shen, 1932

分布：渤海，黄海，东海。

(5) 锯眼泥蟹 *Ilyoplax serrata* Shen, 1931

分布：东海，南海。

(6) 淡水泥蟹 *Ilyoplax tansuiensis* T. Sakai, 1939

分布：东海，南海。

2. 股窗蟹属 *Scopimera* De Haan, 1833

(1) 双扇鼓窗蟹 *Scopimera bitympana* Shen, 1930

分布：中国海域；朝鲜半岛西岸。

(2) 短尾股窗蟹 *Scopimera curtelsona* Shen, 1936

分布：海南岛，北部湾。

(3) 圆球股窗蟹 *Scopimera globosa* **(De Haan, 1835)**

同物异名：*Scopimera tuberculata* Stimpson, 1858
分布：中国海域；朝鲜半岛西岸，日本。

(4) 中型股窗蟹 *Scopimera intermedia* **Balss, 1934**

同物异名：*Sphaerapoeia collingwoodii* Collingwood, 1868
分布：南海。

(5) 长趾股窗蟹 *Scopimera longidactyla* **Shen, 1932**

分布：中国海域；朝鲜半岛西岸。

大眼蟹科 Macrophthalmidae Dana, 1851

大眼蟹亚科 Macrophthalminae Dana, 1851

1. 大眼蟹属 *Macrophthalmus* **Latreille, 1829**

(1) 短身大眼蟹 *Macrophthalmus* **(*Macrophthalmus*) *abbreviatus* Manning & Holthuis, 1981**

同物异名：*Macrophthalmus dilatatus* De Haan, 1835; *Ocypode* (*Macrophthalmus*) *dilatata* De Haan, 1835
分布：中国海域；朝鲜半岛，日本。

(2) 强壮大眼蟹 *Macrophthalmus* **(*Macropht-halmus*) *crassipes* H. Milne Edwards, 1852**

分布：海南岛，北部湾；西太平洋。

(3) 明秀大眼蟹 *Macrophthalmus* **(*Mareotis*) *definitus* Adams & White, 1849**

同物异名：*Macrophthalmus guamensis* Kesling, 1958
分布：福建，南海；菲律宾，印度尼西亚。

(4) 日本大眼蟹 *Macrophthalmus* **(*Mareotis*) *japonicus* (de Haan, 1835)**

分布：中国海域；日本，朝鲜半岛，新加坡，澳大

利亚。

(5) 太平大眼蟹 *Macrophthalmus* **(*Mareotis*) *pacificus* Dana, 1851**

同物异名：*Macrophthalmus bicarinatus* Heller, 1862
分布：南海；印度，西太平洋。

(6) 绒毛大眼蟹 *Macrophthalmus* **(*Mareotis*) *tomentosus* Eydoux & Souleyet, 1842**

分布：福建，南海；西太平洋。

(7) 悦目大眼蟹 *Macrophthalmus* **(*Paramareotis*) *erato* de Man, 1887**

分布：黄海，东海，南海。

2. 原大眼蟹属 *Venitus* **Barnes, 1967**

(1) 拉氏原大眼蟹 *Venitus latreillei* **(Desmarest, 1822)**

同物异名：*Gonoplax latreillei* Desmarest, 1822; *Macrophthalmus* (*Venitus*) *latreillei* (Desmarest, 1822); *Macrophthalmus desmaresti* Lucas, 1839; *Macrophthalmus granulosus* de Man, 1904; *Macrophthalmus laniger* Ortmann, 1894; *Macrophthalmus polleni* Hoffmann, 1874
分布：南海；印度-西太平洋。

三强蟹亚科 Tritodynamiinae Stevcic, 2005

1. 三强蟹属 *Tritodynamia* **Ortmann, 1894**

(1) 霍氏三强蟹 *Tritodynamia horvathi* **Nobili, 1905**

同物异名：*Tritodynamia fani* Shen, 1932
分布：山东半岛；朝鲜半岛。

(2) 中型三强蟹 *Tritodynamia intermedia* **Shen, 1935**

分布：渤海，黄海，东海。

(3) 兰氏三强蟹 *Tritodynamia rathbuni* **Shen, 1932**

分布：渤海，黄海，东海；日本，朝鲜半岛。

和尚蟹科 Mictyridae Dana, 1851

1. 和尚蟹属 *Mictyris* Latreille, 1806

(1) 短指和尚蟹 *Mictyris brevidactylus* Stimpson, 1858

分布：南海；印度-西太平洋。

沙蟹科 Ocypodidae Rafinesque, 1815

沙蟹亚科 Ocypodinae Rafinesque, 1815

1. 沙蟹属 *Ocypode* Weber, 1795

(1) 角眼沙蟹 *Ocypode ceratophthalmus* (Pallas, 1772)

同物异名：*Ocypoda Macleayana* Hess, 1865; *Ocypode longicornuta* Dana, 1852; *Ocypode urvillii* Guérin, 1830; *Ocypode brevicornis* var. *longicornuta* Dana, 1852
分布：福建，台湾岛，南海；西太平洋。

(2) 中国沙蟹 *Ocypode sinensis* (Dai, Song & Yang, 1985)

分布：东海，南海；日本，菲律宾，印度。

(3) 痕掌沙蟹 *Ocypode stimpsoni* Ortmann, 1897

分布：中国海域；朝鲜半岛东岸，日本。

招潮亚科 Ucinae Dana, 1851

1. 澳招潮属 *Austruca* Bott, 1973

(1) 清白澳招潮 *Austruca lactea* (De Haan, 1835)

同物异名：*Uca orientalis* Nobili, 1901; *Uca (Paraleptuca) lactea* (De Haan, 1835); *Uca (Austruca) lactea* (De Haan, 1835); *Ocypode (Gelasimus) lactea* De Haan, 1835; *Gelasimus forceps* H. Milne Edwards, 1837
分布：东海，南海北部；日本。

2. 丑招潮属 *Gelasimus* Latreille, 1817

(1) 北方丑招潮 *Gelasimus borealis* (Crane, 1975)

同物异名：*Uca (Thalassuca) vocans borealis* Crane,

1975
分布：福建，台湾岛，南海北部。

3. 管招潮属 *Tubuca* Bott, 1973

(1) 弧边管招潮 *Tubuca arcuata* (De Haan, 1835)

同物异名：*Ocypode (Gelasimus) arcuata* De Haan, 1835; *Uca (Tubuca) arcuata* (De Haan, 1835); *Gelasimus brevipes* H. Milne Edwards, 1852
分布：东海，南海；日本。

(2) 锐刺招潮 *Tubuca acuta* (Stimpson, 1858)

同物异名：*Gelasimus acutus* Stimpson, 1858; *Uca (Tubuca) acuta* (Stimpson, 1858)
分布：东海，南海；新加坡，印度尼西亚。

短眼蟹科 Xenophthalmidae Stimpson, 1858

1. 新短眼蟹属 *Neoxenophthalmus* Serene & Umali, 1972

(1) 模糊新短眼蟹 *Neoxenophthalmus obscurus* (Henderson, 1893)

分布：东海，南海；印度。

2. 短眼蟹属 *Xenophthalmus* White, 1846

(1) 豆形短眼蟹 *Xenophthalmus pinnotheroides* White, 1846

分布：中国海域；印度-西太平洋。

方蟹总科 Grapsoidea MacLeay, 1838

方蟹科 Grapsidae MacLeay, 1838

1. 方蟹属 *Grapsus* Lamarck, 1801

(1) 白纹方蟹 *Grapsus albolineatus* Latreille in Milbert, 1812

同物异名：*Cancer strigosus* Herbst, 1799; *Grapsus strigosus* Herbst, 1799; *Goniopsis flavipes* MacLeay, 1838; *Grapsus longipes* Stimpson, 1858; *Grapsus peroni* H. Milne Edwards, 1853

分布：台湾岛，南海；印度-西太平洋。

(2) 长趾方蟹 *Grapsus longitarsis* Dana, 1851

同物异名：*Grapsus longitarsis* var. *somalicus* Macc-agno, 1930; *Grapsus longitarsus* Dana, 1851; *Grapsus subquadratus* Stimpson, 1858

分布：台湾岛，西沙群岛；索马里，南太平洋。

2. 大额蟹属 *Metopograpsus* H. Milne Edwards, 1853

(1) 宽额大额蟹 *Metopograpsus frontalis* Miers, 1880

同物异名：*Metopograpsus messor gracilipes* de Man, 1891; *Metopograpsus messor* var. *frontalis* Miers, 1880

分布：南海；东印度洋，西太平洋。

(2) 大额蟹 *Metopograpsus latifrons* (White, 1847)

同物异名：*Grapsus* (*Grapsus*) *dilatatus* Herklots, 1861; *Grapsus dilatatus* de Man, 1879; *Grapsus latifrons* White, 1847; *Metopograpsus maculatus* H. Milne Edwards, 1853; *Metopograpsus pictus* A. Milne-Edwards, 1867

分布：南海；西太平洋。

(3) 四齿大额蟹 *Metopograpsus quadridentatus* Stimpson, 1858

同物异名：*Grapsus* (*Grapsus*) *plicatus* Herklots, 1861; *Pachygrapsus quadratus* Tweedie, 1936

分布：黄海，东海，南海；印度-西太平洋。

3. 厚纹蟹属 *Pachygrapsus* Randall, 1840

(1) 粗腿厚纹蟹 *Pachygrapsus crassipes* Randall, 1840

同物异名：*Grapsus eydouxi* H. Milne Edwards, 1853; *Leptograpsus gonagrus* H. Milne Edwards, 1853

分布：东海，南海。

斜纹蟹科 Plagusiidae Dana, 1851

1. 盾牌蟹属 *Percnon* Gistel, 1848

(1) 中华盾牌蟹 *Percnon sinense* Chen, 1977

分布：南海。

2. 斜纹蟹属 *Plagusia* Latreille, 1804

(1) 鳞突斜纹蟹 *Plagusia squamosa* (Herbst, 1790)

同物异名：*Cancer squamosa* Herbst, 1790; *Grapse tuberculatus* Latreille in Milbert, 1812; *Plagusia depressa tuberculata* Lamarck, 1818; *Plagusia orientalis* Stimpson, 1858; *Plagusia tuberculata* Lamarck, 1818

分布：东海，南海；印度-西太平洋。

相手蟹科 Sesarmidae Dana, 1851

1. 螳臂相手蟹属 *Chiromantes* Gistel, 1848

(1) 红螯螳臂相手蟹 *Chiromantes haematocheir* (De Haan, 1833)

同物异名：*Grapsus* (*Pachysoma*) *haematocheir* De Haan, 1833; *Holometopus serenei* Soh, 1978

分布：黄海，东海，南海；朝鲜半岛，日本，新加坡。

2. 泥毛蟹属 *Clistocoeloma* A. Milne-Edwards, 1873

(1) 墨吉泥毛蟹 *Clistocoeloma merguiense* de Man, 1888

分布：浙江，台湾岛；印度-西太平洋。

(2) 中华泥毛蟹 *Clistocoeloma sinense* Shen, 1933

分布：浙江，北部湾。

3. 小相手蟹属 *Nanosesarma* Tweedie, 1951

(1) 小相手蟹 *Nanosesarma minutum* (de Man, 1887)

同物异名：*Nanosesarma gordoni* De Man, 1887; *Sesarma* (*Sesarma*) *gordoni* Shen, 1935; *Sesarma barbimana* Cano, 1889; *Sesarma minuta* de Man, 1887

分布：东海，南海；印度-西太平洋。

(2) 刺指小相手蟹 *Nanosesarma pontianacense* (de Man, 1895)

同物异名：*Sesarma (Episesarma) pontianacensis* de Man, 1895
分布：南海；西太平洋。

(3) 印尼小相手蟹 *Nanosesarma batavicum* (Moreira, 1903)

同物异名：*Sesarma batavica* Moreira, 1903; *Sesarma barbimana* de Man, 1890
分布：广西，海南岛；印度尼西亚，马来半岛，印度东岸。

4. 东方相手蟹属 *Orisarma* Schubart & P.K.L. Ng, 2020

(1) 无齿东方相手蟹 *Orisarma dehaani* (H. Milne Edwards, 1853)

同物异名：*Chiromantes dehaani* (H. Milne Edwards, 1853); *Sesarma (Holometopus) hanseni* Rathbun, 1897; *Sesarma dehaani* H. Milne Edwards, 1853
分布：中国海域；朝鲜半岛，日本。

(2) 中华东方相手蟹 *Orisarma sinense* (H. Milne Edwards, 1853)

同物异名：*Sesarma sinensis* H. Milne Edwards, 1853; *Sesarmops sinensis* (H. Milne Edwards, 1853)
分布：黄海，东海，南海；日本。

5. 拟相手蟹属 *Parasesarma* De Man, 1895

(1) 近亲拟相手蟹 *Parasesarma affine* De Haan, 1837

同物异名：*Grapsus (Pachysoma) affine* De Haan, 1837 [in De Haan, 1833-1850]
分布：黄海，东海，南海；印度-西太平洋。

(2) 双齿拟相手蟹 *Parasesarma bidens* (De Haan, 1835 [in De Haan, 1833-1850])

同物异名：*Perisesarma bidens* (De Haan, 1835); *Sesarma bidens* (De Haan, 1835)。

分布：东海，南海；印度-西太平洋。

(3) 精巧拟相手蟹 *Parasesarma exquisitum* (Dai & Song, 1986)

同物异名：*Sesarma (Parasesarma) exquisitum* Dai & Song, 1986
分布：广西。

(4) 斑点拟相手蟹 *Parasesarma pictum* (De Haan, 1835)

同物异名：*Grapsus (Pachysoma) pictum* De Haan, 1835; *Sesarma rupicola* Stimpson, 1858
分布：中国海域；朝鲜半岛，日本，印度尼西亚。

弓蟹科 Varunidae H. Milne Edwards, 1853

倒颚蟹亚科 Asthenognathinae Stimpson, 1858

1. 倒颚蟹属 *Asthenognathus* Stimpson, 1858

(1) 六角倒颚蟹 *Asthenognathus hexagonum* Rathbun, 1909

分布：广东，北部湾；泰国湾，菲律宾马尼拉湾，西太平洋。

(2) 异足倒额蟹 *Asthenognathus inaequipes* Stimpson, 1858

分布：渤海，黄海，东海；日本。

圆方蟹亚科 Cyclograpsinae H. Milne Edwards, 1853

1. 拟厚蟹属 *Helicana* Sakai & Yatsuzuka, 1980

(1) 伍氏拟厚蟹 *Helicana wuana* (Rathbun, 1931)

同物异名：*Helice tridens sheni* Sakai, 1939
分布：渤海湾，黄海；朝鲜半岛。

2. 厚蟹属 *Helice* De Haan, 1835

(1) 侧足厚蟹 *Helice latimera* Parisi, 1918

同物异名：*Helice tridens pingi* Rathbun, 1931; *Helice tridens* var. *latimera* Parisi, 1918
分布：东海，南海。

(2) 天津厚蟹 *Helice tientsinensis* Rathbun, 1931

分布：渤海，黄海，东海；朝鲜半岛。

3. 长方蟹属 *Metaplax* H. Milne Edwards, 1852

(1) 长足长方蟹 *Metaplax longipes* Stimpson, 1858

分布：黄海，东海。

蝑亚科 Gaeticinae Davie & N.K. Ng, 2007

1. 蝑属 *Gaetice* Gistel, 1848

(1) 平背蝑 *Gaetice depressus* (de Haan, 1833)

同物异名：*Grapsus* (*Platynotus*) *depressus* De Haan, 1833; *Platygrapsus convexiusculus* Stimpson, 1858
分布：黄海，东海，南海；朝鲜半岛，日本。

弓蟹亚科 Varuninae H. Milne Edwards, 1853

1. 绒螯蟹属 *Eriocheir* de Haan, 1835

(1) 中华绒螯蟹 *Eriocheir sinensis* H. Milne Edwards, 1853

分布：中国北纬 24°以北沿海；朝鲜半岛西岸，

欧洲海域，美洲北部沿海。

2. 近方蟹属 *Hemigrapsus* Dana, 1851

(1) 长指近方蟹 *Hemigrapsus longitarsis* (Miers, 1879)

同物异名：*Eriocheir misakiensis* Rathbun, 1919
分布：辽东半岛，山东半岛；朝鲜半岛，日本。

(2) 绒螯近方蟹 *Hemigrapsus penicillatus* (de Haan, 1835)

同物异名：*Brachynotus brevidigitatus* Yokoya, 1928; *Grapsus* (*Eriocheir*) *penicillatus* De Haan, 1835
分布：中国海域；朝鲜半岛，日本。

(3) 肉球近方蟹 *Hemigrapsus sanguineus* (de Haan, 1835)

同物异名：*Heterograpsus maculatus* H. Milne Edwards, 1853; *Grapsus* (*Grapsus*) *sanguineus* De Haan, 1835
分布：中国海域；朝鲜半岛，日本，俄罗斯远东海域。

(4) 中华近方蟹 *Hemigrapsus sinensis* Rathbun, 1931

分布：渤海，黄海，东海南部；朝鲜半岛。

3. 新绒螯蟹属 *Neoeriocheir* Sakai, 1983

(1) 狭颚新绒螯蟹 *Neoeriocheir leptognathus* (Rathbun, 1913)

同物异名：*Utica sinensis* Parisi, 1918; *Eriocheir leptognathus* Rathbun, 1913
分布：渤海湾，黄海，东海；朝鲜半岛西岸，日本。

参 考 文 献

安建梅. 2006. 中国海鳃虱科(甲壳动物亚门: 等足目)的分类学及动物地理学研究. 北京: 中国科学院研究生院博士学位论文.

崔冬玲. 2015. 中国海鼓虾属(*Alpheus* Fabricius, 1798) 的分类学研究. 北京: 中国科学院大学硕士学位论文.

戴爱云, 宋玉枝, 杨思谅. 1985. 中国沙蟹属的研究(甲壳纲: 十足且). 动物分类学报, 4: 370-378.

戴爱云, 杨思谅, 宋玉枝, 等. 1986. 中国海洋蟹类. 北京: 海洋出版社.

董栋. 2011. 中国海域瓷蟹科(Porcellanidae)的系统分类学和动物地理学研究. 北京: 中国科学院研究生院博士学位论文.

董栋, 李新正, 王洪法, 等. 2015. 海南岛三亚珊瑚礁大型底栖生物的群落特点. 海洋科学, 39(3): 83-91.

甘志彬. 2016. 中国海域真虾类部分小科系统分类学研究. 青岛: 中国科学院海洋研究所博士后研究工作报告.

甘志彬, 李新正, 王洪法, 等. 2012. 宁津近岸海域大型底栖动物生态学特征和季节变化. 应用生态学报, 23(11): 3123-3132.

甘志彬, 李新正, 王洪法, 等. 2016. 山东半岛宁津沿岸潮间带大型底栖动物生态学研究. 海洋科学, 40(6): 41-48.

甘志彬, 李新正. 2016. 中国海域托虾科 Thoridae Kingsley，1879(十足目, 真虾下目)新记录及 Thorleptochelus 记述. 广西科学, 23(4): 312-316.

甘志彬, 王亚琴, 李新正. 2016. 玻璃虾总科系统分类学研究概况及我国玻璃虾总科研究展望. 海洋科学, 40(4): 156-161.

韩庆喜. 2009. 中国及相关海域褐虾总科系统分类学和动物地理学研究. 北京: 中国科学院研究生院博士学位论文.

姜启吴. 2014. 中国海域猬虾下目的系统分类学和动物地理学研究. 北京: 中国科学院大学硕士学位论文.

蒋维. 2009. 中国海长脚蟹总科 (甲壳动物亚门: 十足目) 分类和地理分布特点. 北京: 中国科学院研究生院博士学位论文.

蒋维, 陈惠莲, 刘瑞玉. 2007. 中国海倒颚蟹属(甲壳动物亚门: 十足目: 豆蟹科)两新记录种. 海洋与湖沼, 38(1): 78-83.

李荣冠. 2003. 中国海陆架及邻近海域大型底栖生物. 北京: 海洋出版社.

李荣冠. 2010. 福建海岸带与台湾海峡西部海域大型底栖生物. 北京: 海洋出版社.

刘瑞玉. 2008. 中国海洋生物名录. 北京: 科学出版社.

刘文亮. 2010. 中国海域螯虾类和海蛄虾类分类及地理分布特点. 北京: 中国科学院研究生院博士学位论文.

马林. 2011. 中国海底栖桡足类的分类学研究. 北京: 中国科学院研究生院博士学位论文.

马林, 李新正. 2015. 我国海洋底栖猛水蚤目两个新记录种. 海洋与湖沼, 46(6): 1321-1325.

马林, 李新正. 2017. 胶州湾海域 5 种粗毛猛水蚤的形态记述. 海洋科学集刊, 52: 11-21.

慕芳红, 张志南, 郭玉清. 2001. 渤海底栖桡足类群落结构的研究. 海洋学报, 23(6): 120-127.

王亚琴. 2017. 中国海域玻璃虾总科(Pasiphaeoidea)的系统分类学和动物地理学研究. 北京: 中国科学院大学硕士学位论文.

王艳荣. 2017. 中国海鼓虾科(Alpheidae Rafinesque, 1815) 分类学研究. 北京: 中国科学院大学硕士学位论文.

肖丽婵. 2013. 中国海活额寄居蟹科 (Diogenidae) 系统分类学研究. 北京: 中国科学院大学硕士学位论文.

许鹏. 2014. 中国海域藻虾科系统分类学和动物地理学研究. 北京: 中国科学院大学硕士学位论文.

杨思谅, 陈惠莲, 戴爱云. 2012. 中国动物志 无脊椎动物 第四十九卷 甲壳动物亚门 十足目 梭子蟹科. 北京: 科学出版社.

于海燕, 李新正. 2001. 中国全部海区浪飘水虱科(甲壳动物: 等足目)种类记述. 海洋科学集刊, 43: 240-271.

于海燕, 李新正. 2003a. 中国全部海区缩头水虱科的研究. 海洋科学集刊, 45: 236-259.

于海燕, 李新正. 2003b. 海南岛扇肢亚目(甲壳动物: 等足类)的补充记述. 海洋科学集刊, 45: 260-271.

于海燕, 李新正. 2003c. 中国全部海区团水虱科的研究. 海洋科学集刊, 45: 221-235.

张崇洲, 李志英. 1976. 我国西沙群岛的猛水蚤. 动物学报, 22(1): 66-70.

张武昌, 赵楠, 陶振铖, 等. 2010. 中国海浮游桡足类图谱. 北京: 科学出版社.

Adams A, White A. 1848. Crustacea. *In*: Adams A. The Zoology of the Voyage of the HMS "Samarang" Under the Command of Captain Sir Edward Belcher C.B., During the Years 1843-1846. London: Benham and Leeve: 66.

Ahyong S T, Poore G C. 2004. The Chirostylidae of southern Australia (Crustacea, Decapoda, Anomura). Zootaxa, 436: 1-88.

Alcock A. 1901. A descriptive catalogue of the Indian deep-sea Crustacea Decapoda Macrura and Anomala, in the Indian Museum. Being a revised account of the deep-sea species collected by the Royal indian marine survey ship Investigator, i-iv. Calcutta: Indian Museum: 286.

Baba K. 1969. Four new genera with their representatives and six new species of the Galatheidae in the collection of the Zoological Laboratory, Kyushu University, with redefinition of the *Galathea*. Ohmu, 2: 1-32.

Baba K. 1972. A new species of galatheidean Crustacea from the Ryukyu Islands (Decapoda, Anomura). Memoirs of the Faculty of Education, Kumamoto University, Section 1 (Natural Science), 20: 43-48.

Baba K. 1974. *Munida brucei* sp. nov., A New Galatheid (Decapoda, Anomura) from the East Coast of Africa. Zoological Society of Japan, 47(1): 55-60.

Baba K. 1988. Chirostylid and galatheid crustaceans (Decapoda: Anomura) of the"Albatross"Philippine Expedition, 1907-1910. Researches on Crustacea, Special Number 2: 1-203.

Baba K. 1990. Chirostylid and galatheid crustaceans of Madagascar (Decapoda, Anomura). Bulletin du Muséum national d'Histoire naturelle, 11: 921-975.

Baba K. 2004. *Uroptychodes*, new of Chirostylidae (Crustacea: Decapoda: Anomura), with description of three new species. Scientia Marina, 68: 97-116.

Baba K. 2005. Deep-sea chirostylid and galatheid crustaceans (Decapoda: Anomura) from the Indo-West Pacific, with a list of species. Galathea Reports, 20: 1-317.

Baba K, Macpherson E, Poore G, et al. 2008. Catalogue of squat lobsters of the world (Crustacea: Decapoda: Anomura-families Chirostylidae, Galatheidae and Kiwaidae). Zootaxa, 1905: 1-220.

Bachelet G, Dauvin J C, Sorbe J C. 2003. An updated checklist of marine and brackish water Amphipoda (Crustacea: Peracarida) of the southern Bay of Biscay (NE Atlantic). Cahiers de Biologie Marine, 44(2): 121-151.

Bamber R N. 1992. Some Pycnogonids from the South China Sea. Asian Marine Biology, 9: 193-203.

Bamber R N. 2004. Pycnogonids (Arthropoda : Pycnogonida) from Taiwan, with description of three new species. Zootaxa, 458(458): 1-12.

Bamber R N. 2008. A new species of *Pycnogonum* (Arthropoda: Pycnogonida: Pycnogonidae) from Hong Kong. Journal of Natural History, 42(9-12): 815-819.

Bamber R N, Bird G J. 1997. Peracarid crustaceans from Cape d'Aguilar and Hong Kong, II. Tanaidacea: Apseudomorpha. The Marine Flora and Fauna of Hong Kong and Southern China IV, Hong Kong: Hong Kong University Press: 87-102.

Barnard J L. 1952. Some Amphipoda from Central California. The Wasmann Journal of Biology, 10: 9-36.

Barnard J L. 1960. The amphipod family Phoxocephalidae in the eastern Pacific Ocean with analyses of other species and notes for a revision of the family Allan Hancock Pacific Expeditions, 18(3): 175-368.

Barnard J L. 1964. Los anfípodos bentónicos marinos de la costa occidental de Baja California. Revista de la Sociedad Mexicana de Historia Natural, 24: 205-273.

Barnard J L. 1967. New species and records of Pacific Ampeliscidae (Crustacea: Amphipoda). Proceedings of the United States National Museum, 3576: 1-20.

Barnard J L. 1970. Sublittoral Gammaridea (Amphipoda) of the Hawaiian Islands. Smithsonian Contributions to Zoology, 34: 1-286.

Barnard K H. 1950. Descriptive catalogue of South African decapod Crustacea (crabs and shrimps). Annals of the South African Museum, 38: 1-837.

Barnard K H. 1955. Additions to the faunalist of South African Crustacea and Pycnogonida. Annals of the South

African Museum, 43: 1-107.

Bate C S. 1857. British Edriophthalma. Annals and Magazine of Natural History, 20: 524-525.

Blackmore G, Rainbow P S. 2000. Epibenthic crab (Malacostraca: Brachyura) assemblages of the southeastern waters of Hong Kong: the 2002 trawl programme. *In*: Morton B. Proceedings of the Tenth International Marine Biological Workshop: The Marineauna of Hong Kong and Southern China. Hong Kong: Hong Kong University Press: 517-533.

Borges P A V, Costa A, Cunha R, et al. 2010. A list of the terrestrial and marine biota from the Azores. Oeiras: Principia: 432.

Borradaile L A. 1915. Notes on Carides. The Annals and Magazine of Natural History, (8)15: 205-213.

Bouvier E L. 1914. Les Crustacés de profondeur et les Pycnogonides recueillis par le Pourquoi-Pas sous au cours de la campagne estrale de 1913. Bulletin Mensuel de la Société Linnéenne de Lyon, 20: 215-221.

Branch G M, Griffiths C L, Branch M L, et al. 1994. A guide to the marine life of Southern Africa. Cape Town: David Philip: 360.

Brunel P, Bosse L, Lamarche G. 1998. Catalogue of the Marine Invertebrates of the Estuary and Gulf of St. Lawrence. Ottawa: Canadian Special Publication of Fisheries and Aquatic Sciences: 405.

Bulyčeva A I. 1936. New species of Amphipoda from the Japan Sea. Annals and Magazine of Natural History, 10: 242-256.

Calman W T. 1896. On species of *Phoxocephalus* & *Apherusa*. Transactions of the Royal Irish Academy, 743-754.

Child C A. 1994a. Antarctic and Subantarctic Pycnogonida. 1. The family Ammotheidae. Biology of the Antarctic Seas, 23: 1-48.

Child C A. 1994b. Antarctic and Subantarctic Pycnogonida. 2. The family Austrodecidae. Biology of the Antarctic Seas, 23: 49-99.

Chilton C. 1921. Fauna of the Chilka Lake. Amphipoda. Memoirs of the Indian Museum, 8: 519-557.

Costello MJ, Emblow C, White RJ. 2001. European register of marine species: a check-list of the marine species in Europe and a bibliography of guides to their indentification. Paris: Muséum National d'Histoire Naturelle: 463.

Davie P J F. 1992. A new species and new records of intertidal crabs (Malacostraca: Brachyura) from Hong Kong. *In*: Morton B. Proceedings of the Fourth International Marine Biological Workshop: The Marine Flora and Fauna of Hong Kong and Southern China. Hong Kong: Hong Kong University Press: 345-359.

De Man J G. 1887. Bericht über die von Herrn Dr. J. Brock im indischen Archipel gesammelten Decapoden und Stomatopoden. Archiv für Naturgeschichte, 53 (2): 215-288.

Dong C, Li X. 2010. Reports of *Galathea* Fabricius, 1793 (Crustacea: Decapoda: Anomura: Galatheidae) from Chinese waters, with descriptions of two new species. Zootaxa, 2687: 1-28.

Dong D, Li X. 2014. Revision of *Lissoporcellana streptochiroides* (Johnson, 1970) (Crustacea: Decapoda: Anomura: Porcellanidae), with description of a new species of *Lissoporcellana* Haig, 1978 from Beibu Bay, South China Sea. Zootaxa, 3860(5): 419-434.

Dong D, Li X, Chan T Y. 2011. A new species of *Aliaporcellana* Nakasone and Miyake, 1969 (Crustacea: Decapoda: Anomura: Porcellanidae) from Taiwan, with redescription of *Aliaporcellana suluensis* (Dana, 1852). Bulletin of Marine Science, 87(3), 485-499.

Dong D, Li X, Osawa M. 2010. *Petrolisthes polychaetus* n. sp., a new species of Porcellanidae (Decapoda, Anomura) from Hainan Island, China. Crustaceana, 83(12): 1507-1517.

Galil B. 2007. Seeing Red: Alien species along the Mediterranean coast of Israel. Aquatic Invasions, 2(4): 281-312.

Gan Z B, Li X Z. 2016. *Lysmata leptodactylus*, a new species of lysmatid shrimp (Crustacea: Decapoda: Caridea) from China. Zootaxa, 4138(1): 181-188.

Gan Z B, Li X Z. 2017a. A new species of the genus *Hippolyte* (Decapoda: Caridea: Hippolytidae) from South China Sea and Singaporea. Zootaxa, 4258 (1): 034-042.

Gan Z B, Li X Z. 2017b. New record of the genus *Phycocaris* Kemp, 1916 (Decapoda: Caridea: Hippolytidae) from Hainan Island, China. Chinese Journal of Oceanology and Limnology, 35(3): 664-667.

Gan Z B, Li X Z. 2017c. A new species of the genus *Hippolyte* (Decapoda: Caridea: Hippolytidae) from Singapore. The Raffles Bulletin of Zoology, 65: 207-212.

Gan Z B, Li X Z. 2018. Four new records of caridean shrimp (Crustacea: Decapoda: Caridea) from the East China Sea and South China Sea. Acta Oceanologica Sinica, 37(10): 212-217.

Gan Z B, Li X Z. 2019a. Recognizing two new *Hippolyte* species (Decapoda, Caridea, Hippolytidae) from the South China Sea based on integrative taxonomy. PeerJ, 7: e6605.

Gan Z B, Li X Z. 2019b. Report on four deep-water barnacles (Cirripedia, Thoracica) from the north west Pacific, with remarks on *Trianguloscalpellum regium* (Wyville-Thomson, 1873). Zootaxa, 4565 (2): 201-212.

Gan Z B, Xu P, Li X Z, et al. 2020. Integrative taxonomy reveals two new species of stalked barnacle (Cirripedia, Thoracica) from seamounts of the Western Pacific with a review of barnacles distributed in seamounts worldwide. Frontiers in Marine Science, 7: 582225.

Gee J M. 1994. Towards a revision of *Enhydrosoma* Boeck, 1872 (Harpacticoida: Cletodidae sensu Por); a re-examination of the type-species, *E. curticaudata* Boeck, 1872, and the establishment of *Kollerua* gen. nov. Sarsia, 79: 83-107.

Gee J M, Mu F H. 2000. A new species of Cletodidae (Copepoda; Harpacticoida) from the Bohai Sea, China. Journal of Natural History, 34(6): 809-822.

Giles G M. 1888. Natural history notes from H.M.'s Indian marine survey steamer "Investigator", commander Alfred Carpenter, R.N. commanding on the structure and habits of Cyrtophium calamicola, a new tubicolous amphipod from the Bay of Bengal. Journal of the Asiatic Society of Bengal, 57: 220-255.

Gouillieux B, Lavesque N, Leclerc J C, et al. 2015. Three non-indigenous species of *Aoroides* (Crustacea: Amphipoda: Aoridae) from the French Atlantic coast. Journal of the Marine Biological Association of the United Kingdom: 1-9.

Grant F E, McCulloch A R. 1906. On a collection of Crustacea from the Port Curtis district, Queensland. Proceedings of the Linnean Society of New South Wales: 2-53.

Griffiths C L. 1973. The amphipoda of Southern Africa. I.The Gammaridea and Caprellidea of southern Moçambique Annals of the South African Museum, 60(10): 265-306.

Griffiths C L. 1974. The Amphipoda of Southern Africa. 3. The Gammaridea and Caprellidea of Natal. Annals of the South African Museum, 62(7): 209-264.

Grube A E. 1861. Ein Ausflug nach Triest und dem Quarnero. Beitrage zur Kenntniss der Thierwelt dieses Gebietes. Berlin: Nicolaische Verlagsbuchhandlung: 175.

Haig J. 1966. Sur une collection de Crustaces Porcellanes (Anomura: porcellanidae) de Madagascar et des Comores. Orstom Ocean, 3: 39-50.

Hayashi K I. 1979. Studies on hippolytid shrimps from Japan VII. The *Heptacarpus*. Journal of Shimonoseki University of Fisheries, 28: 11-32.

Hayashi K I, Chiba T. 1989. *Heptacarpus igarashii* sp. nov. from Northern Japan (Decapoda, Caridea, Hippolytidae). Bulletin of the Biogeographical Society of Japan, 44: 71-76.

Hayward P J, Ryland J S. 1990. The marine fauna of the British Isles and North-West Europe: 1. Introduction and protozoans to arthropods. Oxford: Clarendon Press: 627.

Henderson J R. 1885. Diagnoses of new species of Galatheidae collected during the "Challenger" expedition.

Annals and Magazine of Natural History, 16: 407-421.

Henderson J R. 1888. Report on the Anomura collected by H.M.S. Challenger during the years 1873-76. Report on the Scientific Results of the Voyage of H.M.S. Challenger during the years 1873-76. Zoology, 27: 1-221.

Hendrickx M E. 2000. The Munida Leach (Crustacea, Decapoda, Galatheidae) in the eastern tropical Pacific, with description of two new species. Bulletin de l'Institut Royal des Sciences Naturelles de Belgique, 70: 163-192.

Hirayama A. 1985. Taxonomic studies on the shallow water Gammaridean Amphipoda of West Kyushu, Japan. V. Leucothoidae, Liljeborgiidae, Lysianassidae (*Prachynella*, *Aristias*, *Waldeckia*, *Ensayara*, *Lepidepecreum*, *Hippomedon and Anonyx*). Publications of the Seto Marine Biological Laboratory, 30: 167-212.

Hirayama A. 1986. Taxonomic Studies on the Shallow Water Gammaridean Amphipoda of West Kyushu, Japan. VI. Lysianassidae (*Orchomene*), Megaluropus family group, Melitides (*Cottesloe*, *Jerbarnia*, *Maera*, *Ceradocus*, *Eriopisella*, *Dulichiella*). Publications of the Seto Marine Biological Laboratory, 31: 1-35.

Hirayama A. 1988. Taxonomic studies on the shallow water gammaridean Amphipoda of West Kyushu, Japan. VIII. Pleustidae, Podoceridae, Priscomilitaridae, Stenothoidae, Synopiidae, and Urothoidae. Publications of the Seto Marine Biological Laboratory, 33(1-3): 39-77.

Hirayama A. 1991. Marine Ampeliscidae (Malacostraca: Amphipoda) from Hong Kong. Asian Marine Biology, 8: 77-93.

Hoek P P C. 1889. Crustacea Neerlandica. Nieue lijst van tot de fauna van Nederland behoorende schaaldiernen, met bijvoerging can enkele iin de Doordszee verder van de just waargenomen soorten. Tijdschrift der Nederlandsche Dierkundige Vereeniging: 170-234.

Holmes S J. 1908. The Amphipoda collected by the U.S. Bureau of Fisheries Steamer "Albatross" off the West Coast of North America, in 1903 and 1904, with descriptions of a new family and several new genera and species. Proceedings of the United States National Museum, 1654: 489-543.

Holthuis L B, Gottlieb E. 1958. An annotated list of the decapod Crustacea of the Mediterranean coast of Israel with an appendix listing the Decapoda of the eastern Mediterranean. Bulletin of the Research Council of Israel: 1-126.

Huang Z G, Lin S. 1993. Biofouling of Deep Bay buoys. *In*: Morton B. Proceedings of the First Internationl Conference on the Marine Biology of Hong Kong and the South China Sea. Hong Kong: Hong Kong University Press: 153-165.

Imbach MC. 1967. Gammaridean Amphipoda from the South China Sea. Naga Report, 4: 39-167.

Itô T. 1980. Two species of the *Longipedia* Claus from Japan, with reference to the taxonomic status of *L. weberi* previously recorded from Amakusa, southern Japan (Copepoda: Harpacticoida). Journal of Natural History, 14: 17-32.

Jones D S, Hewitt M A, Sampey A. 2004. A checklist of the Cirripedia of the south china sea. The Raffles Bulleten of Zoology, 8: 233-307.

Komai T, Ivanov B G. 2008. Identities of three taxa of the hippolytid shrimp *Heptacarpus* (Crustacea: Decapoda: Caridea), with description of a new species from east Asian waters. Zootaxa, 1684: 1-34.

Komai T, Okuno J, Minemizu R. 2015. New records of two species of the coral reef shrimp Thor Kingsley, 1878 (Crustacea: Decapoda: Thoridae) from the Ryukyu Islands, Japan. Zootaxa, 4013(3): 399-412.

Labay V S. 2013. Review of amphipods of the Melita group (Amphipoda: Melitidae) from the costal waters of Sakhalin Island (Far East of Russia). I. Genera *Megamoera* Bate, 1862 and *Armatomelita* gen. nov. Zootaxa, 3700(1): 65.

Labay V S. 2016. Review of amphipods of the Melita group (Amphipoda: Melitidae) from the coastal waters of Sakhalin Island (Far East of Russia). III. Genera *Abludomelita* Karaman, 1981 and *Melita* Leach, 1814. Zootaxa, 4156(1): 1-73.

LeCroy S E, Gasca R, Winfield I, et al. 2009. Amphipoda (Crustacea) of the Gulf of Mexico. *In*: Felder D L, Camp D K. Gulf of Mexico–Origins, Waters, and Biota: Biodiversity. College: Texas A & M Press: 941-972.

Lowry J K, Myers A A. 2013. A Phylogeny and Classification of the Senticaudata subord. nov. (Crustacea: Amphipoda). Zootaxa, 3610(1): 1-80.

Lowry J K, Stoddart H E. 1992. A Revision of the *Ichnopus* (Crustacea: Amphipoda: Lysianassoidea: Uristidae). Records of the Australian Museum, 44: 185-245.

Lowry J K, Stoddart H E. 2012. The Pachynidae fam. nov. (Crustacea: Amphipoda: Lysianassoidea). Zootaxa, 3246: 1-69.

Ma L, Li X Z. 2011. *Delavalia qingdaoensis* sp. nov. (Harpacticoida, Miraciidae), a new copepod species from Jiaozhou Bay, Yellow Sea. Crustaceana, 84(9): 1085-1097.

Ma L, Li X Z. 2017a. Benthic harpacticoid copepods of Jiaozhou Bay, Qingdao. Chinese Journal of Oceanology and Limnology, 35(5): 1127-1133.

Ma L, Li X Z. 2017b. A new species of the genus *Typhlamphiascus* (copepoda, harpacticoida, miraciidae) from the South China Sea. Crustaceana, 90 (7-10): 989-1004.

Ma L, Li X Z. 2018a. First report of the genus *Rhyncholagena* Lang, 1944 from the South China Sea, with the description of a new species (Crustacea, Copepoda, Harpacticoida, Miraciidae). Zookeys, 805: 15-31.

Ma L, Li X Z. 2018b. The first report of the genus *Willenstenhelia* (Copepoda: Harpacticoida: Miraciidae) from the China seas, with description of a new species. Acta Oceanologica Sinica, 37(10): 195-201.

MacPherson E. 1993a. Crustacea Decapoda: Species of the Munida Leach, 1820 (Galatheidae) collected during the MUSORSTOM and CORINDON cruises in the Philippines and Indonesia. Mémoires du Muséum national d'Histoire naturelle. Série A, Zoologie, 156: 421-442.

MacPherson E. 1993b. Crustacea Decapoda: Species of the Paramunida Baba, 1988 (Galatheidae) from the Philippines, Indonesia and New Caledonia. Mémoires du Muséum national d'Histoire naturelle. Série A, Zoologie. 156: 443-473.

MacPherson E. 1998. A new of Galatheidae (Crustacea, Anomura) from the western Pacific Ocean. Zoosystema, 20: 351-355.

MacPherson E, Laurent M. 2002. On the *Munida* Leach, 1820 (Decapoda, Galatheidae) from the western and southern Indian Ocean, with the description of four new species. Crustaceana, 75: 465-484.

MacPherson E, Robainas-Barcia A. 2015. Species of the *Galathea* Fabricius, 1793 (Crustacea, Decapoda, Galatheidae) from the Indian and Pacific Oceans, with descriptions of 92 new species. Zootaxa, 3913(1): 1-335.

McArdle A F. 1901. Natural history notes from the R.I.M.S. Ship Investigator. Series III, No. 5. An account of the trawling operations during the surveying-season of 1900-1901. Annals and Magazine of Natural History, 8: 517-526.

Miyake S, Baba K. 1965. Some galatheids obtained from the Bonin Islands (Crustacea, Anomura). Journal of the Faculty of Agriculture, Kyushu University, 13: 585-593.

Mu F H, Gee J M. 2000. Two new species of *Bulbamphiascus* (Copepoda: Harpacticoida: Diosaccidae) and a related new genus, from the Bohai Sea, China. Cahiers de Biologie Marine, 41(2): 103-135.

Mu F H, Huys R. 2002. New species of *Stenhelia* (Copepoda, Harpacticoida, Diosaccidae) from the Bohai Sea (China) with notes on subgeneric division and phylogenetic relationships. Cahiers de Biologie Marine, 43(2): 179-206.

Mu F H, Huys R. 2004. Canuellidae (Copepoda, Harpacticoida) from the Bohai Sea, China. Journal of Natural History, 38(1): 1-36.

Mu F H, Zhang Z N, Guo Y Q. 2001. The study on the community structure of benthic copepods in the Bohai Sea.

Acta Oceanologica Sinica, 23(6): 120-127.

Myers A A. 1975. Studies on the *Lembos* Bate. III. Indo-Pacific species: *L. kidoli* sp. nov., *L. ruffoi* sp. nov., *L. excavatus* sp. nov., *L. leptocheirus* Walker. Bolletino del Museo Civico di Storia Naturale di Verona, 2: 13-50.

Myers A A. 1985. Shallow-water, coral reef and mangrove Amphipoda (Gammaridea) of Fiji. Records of the Australian Museum 5: 1-143.

Myers A A, Mc Grath D. 1981. Taxonomic studies on British and Irish Amphipoda. The Photis with the re-establishment of *Photis pollex* (= *P. macrocoxa*). Journal of the Marine Biological Association of the United Kingdom, 3: 759-768.

Nagata K. 1961. Two new amphipods of the Eurystheus from Japan. Publications of the Seto Marine Biological Laboratory, 9: 31-36.

Nakamura K, Child C A. 1991. Pycnogonida from waters adjacent to Japan. Smithsonian Contributions to Zoology, 512: 1-74.

Naser M D, White K N, Ali M H. 2010. *Grandidierella macronyx* Barnard, 1935 (Amphipoda, Aoridae): A new record from shatt Al-basrah, Basrah, Iraq. Crustaceana, 83(11): 1401-1407.

Ng P, De Forges B. 2015. Revision of the spider crabs of the *Maja* Lamarck, 1801 (Crustacea: Brachyura: Majoidea: Majidae), with descriptions of seven new genera and 17 new species from the Atlantic and Indo-West Pacific. Raffles Bulletin of Zoology, 63: 110-225.

Ng P, Guinot D, Davie P. 2008. Systema Brachyurorum: Part I. An annotated checklist of the extant Brachyuran crabs of the world. The Raffles Bulletin of Zoology, 17: 1-286.

Ng P, Lai J. 2012. *Calappa karenae*, a new species of box crab from Guam (Crustacea: Decapoda: Brachyura: Calappidae). Zootaxa, 3393: 57-65.

Ng P, De Forges B. 2015. Revision of the spider crabs of the *Maja* Lamarck, 1801 (Crustacea: Brachyura: Majoidea: Majidae), with descriptions of seven new genera and 17 new species from the Atlantic and Indo-West Pacific. Raffles Bulletin of Zoology, 63: 110-225.

Nobili G. 1905. Diagnoses préliminaires de 34 espèces et variétés nouvelles, et de 2 genres nouveaux de Décapodes de la Mer Rouge. Bulletin du Muséum d'Histoire Naturelle, 6: 393-411.

Norman A M. 1867. Report on the Crustacea. Natural History Transactions of Northumberland and Durham: 12-29.

Norman A M. 1900. British Amphipoda: Families Pontoporeidae to Ampeliscidae. Annals and Magazine of Natural History, 5: 326-346.

Occhipinti-Ambrogi A, Marchini A, Cantone G, et al. 2010. Alien species along the Italian coasts: an overview. Biological Invasions, 13(1): 215-237.

Osawa M, Okuno J. 2002. Shallow-water species of the *Munida* (Crustacea, Decapoda, Anomura, Galatheidae) from the Ryukyu and Ogasawara Islands, southern Japan. Bulletin of the National Science Museum, Tokyo, Series A (Zoology), 28: 129-141.

Osawa M. 2004. A new shallow-water species of the *Galathea* (Decapoda: Anomura: Galatheidae) from the Ryukyu and Izu Islands, Japan. Crustacean Research, 33: 92-102.

Osawa M. 2015. A new species of *Polyonyx* Stimpson, 1858 (Crustacea: Decapoda: Anomura: Porcellanidae) from the PANGLAO 2004 Marine Biodiversity Project in the Philippines. Raffles Bulletin of Zoology, 63: 536-545.

Petryashev V V, Daneliya M E. 2014. The taxonomic status of Western Pacific mysid species of *Neomysis awatschensis* (Brandt, 1851) group. Russian Journal of Marine Biology, 40(3): 165-176.

Poore G C B, Andreakis N. 2012. The Agonondida incerta species complex unravelled (Crustacea: Decapoda: Anomura: Munididae). Zootaxa, (3492): 1-29.

Ross A, Pitombo F B. 2002. Notes on the coral-inhabiting Megatrematinae and the description of a new tribe, new and three new species(Cirripedia: Sessilia: Pyrgomatidae). Sessile Organisms, 19(2): 57-68.

Schellenberg A. 1928. Report on Amphipoda. Zoological results of the Cambridge Expedition to the Suez Canal. Transactions of the Zoological Society of London, 22: 633-692.

Shen C J. 1955. On some marine crustaceans from the coastal water of Fenghsien, Kiangsu Province. Acta Zoologica Sinica, 7: 75-100.

Shiino S M. 1937. On *Apseudes nipponicus* n. sp. (Crustacea, Tanaidacea). Annotationes Zoologicae Japonenses, 16: 53-62.

Takahashi Y, Kajihara H, Mawatari S F. 2012. Sea spiders of the *Nymphon* (Arthropoda: Pycnogonida) from waters around the Nansei Islands, Japan. Journal of Natural History, 46: 1337-1358.

Tirmizi N M, Javaid W. 1992. Two new species of *Munida* Leach, 1820 (Decapoda, Anomura, Galatheidae) from the Indian Ocean.Crustaceana, 62(2): 312-318.

Van Dam A J. 1992. Ueber einige Uroptychus-Arten des Museums zu Kopenhagen. Bijdragen tot de Dierkunde, 27: 392-407.

Walker A O. 1896. On two new species of Amphipoda Gammarina. Annals and Magazine of Natural History, 6: 343-346.

Wang Y, Gan Z, Li X. 2017a. Two new records of species of *Leptochela* Stimpson, 1860 (Decapoda, Caridea, Pasiphaeidae) from China. Crustaceana, 90(5): 601-610.

Wang Y, Gan Z, Li X. 2017b. A new species of the genus *Leptochela* (Decapoda, Caridea, Pasiphaeidae) from the Yellow Sea. Crustaceana, 90(7-10): 1267-1277.

Wells J B. 1980. A revision of the *Longipedia* Claus (Crustacea, Copepoda, Harpacticoida). Zoological Journal of the Linnean Society of London, 70: 103-189.

Werding B. 2001. Description of two new species of *Polyonyx* Stimpson, 1858 from the Indo-West Pacific, with a key to the species of the *Polyonyx sinensis* group (Crustacea: Decapoda: Porcellanidae). Proceedings of the Biological Society of Washington, 114(1): 109-119.

Xu P, Li X. 2014. A new species of the hippolytid shrimp *Thor* Kingsley, 1878 (Crustacea: Decapoda: Caridea) from Hainan Island, China. Zootaxa, 3795(3): 394-400.

Xu P, Li X. 2015. Report on the Hippolytidae Bate (*sensu lato*) from China seas. Zoological Systematics, 40(2): 107-165.

Yamato S. 1990. Two new species of the Melita (Crustacea: Amphipoda) from Shallow Waters of the Seto Inland Sea of Japan. Publications of the Seto Marine Biological Laboratory, 34: 149-165.

Yu H Y, Li X Z. 2001a. *Cirolana carinata* and *Cirolana pilosa*, two new species of Cirolanidae (Crustacea, Isopoda) from South China Sea. National Science Museum Monographs, 21: 53-58.

Yu H Y, Li X Z. 2001b. Marine Isopoda from Hainan Island in China. National Science Museum Monographs, 21: 45-51.

Yu H Y, Li X Z. 2001c. *Parilcirolana setosa*, a new and a new species of Cirolanidae (Crustacea, Isopoda) from South China Sea. National Science Museum Monographs, 21: 59-64.

Yu H Y, Li X Z. 2002a. A new species of the *Nerocila* from the East China Sea. Chinese Journal of Oceanology and Limnology, 20(2): 60-66.

Yu H Y, Li X Z. 2002b. A new species of the *Sphaeroma* from the South China Sea. Acta Zootaxonomica Sinica, 27(4): 685-689.

苔藓动物门 Bryozoa

狭唇纲 Stenolaemata

环口目 Cyclostomatida

克神苔虫科 Crisiidae Johnston, 1838

1. 克神苔虫属 *Crisia* Lamouroux, 1812

(1) 龙牙(象牙)克神苔虫 *Crisia eburneodenticulata* Smitt ms in Busk, 1875

分布：黄海，东海，南海；北太平洋。

管孔苔虫科 Tubuliporidae Johnston, 1837

1. 管孔苔虫属 *Tubulipora* Lamarck, 1816

(1) 扇形管孔苔虫 *Tubulipora flabellaris* (O. Fabricius, 1780)

分布：渤海，黄海，东海；北大西洋，北太平洋。

裸唇纲 Gymnolaemata

栉口目 Ctenostomatida

软苔虫科 Alcyonidiidae Johnston, 1837

1. 似软苔虫属 *Alcyonidioides* d'Hondt, 2001

(1) 迈氏似软苔虫 *Alcyonidioides mytili* (Dalyell, 1848)

同物异名：*Alcyonidium mytili* Dalyell, 1848
分布：渤海，黄海，东海，南海。

袋胞苔虫科 Vesiculariidae Hincks, 1880

1. 愚苔虫属 *Amathia* Lamouroux, 1812

(1) 覆瓦愚苔虫 *Amathia imbricata* (Adams, 1800)

同物异名：*Bowerbankia imbricata* (Adams, 1798)
分布：渤海，南海。

(2) 分离愚苔虫 *Amathia distans* Busk, 1886

分布：黄海，南海。

唇口目 Cheilostomatida

膜孔苔虫科 Membraniporidae Busk, 1852

1. 别藻苔虫属 *Biflustra* d'Orbigny, 1852

(1) 大室别藻苔虫 *Biflustra grandicella* (Canu & Bassler, 1929)

同物异名：*Acanthodesia grandicella* Canu & Bassler, 1929; *Membranipora grandicella* (Canu & Bassler, 1929)
分布：渤海，黄海，东海，南海；新西兰。

胞苔虫科 Cellariidae Fleming, 1828

1. 胞苔虫属 *Cellaria* Ellis & Solander, 1786

(1) 斑胞苔虫 *Cellaria punctata* (Busk, 1852)

分布：黄海，东海，南海；印度-西太平洋。

格苔虫科 Beaniidae Canu & Bassler, 1927

1. 格苔虫属 *Beania* Johnston, 1840

(1) 奇异格苔虫 *Beania mirabilis* Johnston, 1840

分布：渤海，黄海，东海，南海；太平洋，印度洋，大西洋。

草苔虫科 Bugulidae Gray, 1848

1. 草苔虫属 *Bugula* Oken, 1815

(1) 多室草苔虫 *Bugula neritina* (Linnaeus, 1758)

分布：黄海，东海，南海。

环管苔虫科 Candidae d'Orbigny, 1851

1. 三胞苔虫属 *Tricellaria* Fleming, 1828

(1) 西方三胞苔虫 *Tricellaria occidentalis* (Trask, 1857)

分布：渤海，黄海，东海，南海；太平洋，印度洋，大西洋。

血苔虫科 Watersiporidae Vigneaux, 1949

1. 血苔虫属 *Watersipora* Neviani, 1896

(1) 颈链血苔虫 *Watersipora subtorquata* (d'Orbigny, 1852)

同物异名：*Watersipora edmondsoni* Soule & Soule,

1968; *Escharina torquata* d'Orbigny, 1842; *Cellepora subtorquata* d'Orbigny, 1852

分布：渤海，黄海，东海，南海；西太平洋，大西洋。

隐槽苔虫科 Cryptosulidae Vigneaux, 1949

1. 隐槽苔虫属 *Cryptosula* Canu & Bassler, 1925

(1) 阔口隐槽苔虫 *Cryptosula pallasiana* (Moll, 1803)

同物异名：*Eschara pallasiana* Moll, 1803; *Cribrilina pallasiana* Moll, 1803; *Lepralia pallasiana* (Moll, 1803)

分布：渤海，黄海。

参 考 文 献

黄宗国，陈小银. 2012. 苔藓动物门 Bryozoa. 见：黄宗国，林茂. 2012. 中国海洋物种和图集(上卷)：中国海洋物种多样性. 北京：海洋出版社: 861-881.

刘锡兴，刘会莲. 2008. 苔藓动物门 Bryozoa. 见：刘瑞玉. 中国海洋生物名录. 北京：科学出版社: 812-840.

刘锡兴，尹学明，马江虎. 2001. 中国海洋污损苔虫生物学. 北京：科学出版社.

杨德渐，王永良，等. 1996. 中国北部海洋无脊椎动物. 北京：高等教育出版社.

腕足动物门 Brachiopoda

海豆芽纲 Lingulata

海豆芽目 Lingulida

海豆芽科 Lingulidae Menke, 1828

1. 海豆芽属 *Lingula* Bruguière, 1791

(1) 鸭嘴海豆芽 *Lingula anatina* Lamarck, 1801

分布：渤海，黄海，东海，南海；印度-西太平洋，非洲。

(2) 亚氏海豆芽 *Lingula adamsi* Dall, 1873

分布：黄海，东海，南海；西太平洋。

盘壳贝科 Discinidae Gray, 1840

1. 辐盘壳贝属 *Discradisca* Stenzel, 1964

(1) 星斑辐盘壳贝 *Discradisca stella* (Gould, 1862)

同物异名：*Discina stella* Gould, 1862; *Discinisca stella* (Gould, 1862)

分布：中国海域；印度洋，太平洋，大西洋。

小吻贝纲 Rhynchonellata

钻孔贝目 Terebratulida

贯壳贝科 Terebrataliidae Richardson, 1975

1. 贯壳贝属 *Terebratalia* Beecher, 1893

(1) 酸浆贯壳贝 *Terebratalia coreanica* (Adams & Reeve, 1850)

同物异名：*Terebratula coreanica* Adams & Reeve, 1850

分布：渤海，黄海；日本，朝鲜半岛。

参 考 文 献

刘会莲, 刘锡兴. 2008. 腕足动物门 Brachiopoda. 见: 刘瑞玉. 中国海洋生物名录. 北京: 科学出版社: 840-841.

赵汝翼, 李东波, 暴学祥, 等. 1982. 辽宁兴城沿海无脊椎动物名录. 东北师大学报(自然科学版), 3: 97-107.

Emig C C. 1982. Taxonomie du genre *Lingula* (Brachiopodes, Inarticulés). Bulletin du Museum National d'Histoire Naturelle. Section A. Zoologie, Biologie et Ecologie Animales, 43: 337-367.

Richardson J R, Stewart I R, Liu X X. 1989. Brachiopods from China Seas. Chinese Journal of Oceanology and Limnology, 7(3): 211-224.

帚形动物门 Phoronida

帚虫科 Phoronidae Hatschek, 1880

1. 帚虫属 *Phoronis* Wright, 1856

(1) 澳洲帚虫 *Phoronis australis* Haswell, 1883

同物异名：*Actinotrocha australis* (Haswell, 1883); *Actinotrocha buskii* (Haswell, 1883); *Phoronella australis* (Haswell, 1883)。

分布：南海；世界广布。

(2) 饭岛帚虫 *Phoronis ijimai* Oka, 1897

同物异名：*Actinotrocha vancouverensis* Zimmer, 1964; *Phoronis svetlanae* Temereva & Malakhov, 1999; *Phoronis vancouverensis* Pixell, 1912

分布：渤海，黄海；日本，加拿大。

参 考 文 献

杨德渐, 王永良, 等. 1996. 中国北部海洋无脊椎动物. 北京: 高等教育出版社.

棘皮动物门 Echinodermata

海百合亚门 Crinozoa

海百合纲 Crinoidea

栉羽枝目 Comatulida

栉羽枝科 Comasteridae A.H. Clark, 1908

1. 栉羽球属 *Comatella* A.H. Clark, 1908

(1) 星栉羽球 *Comatella stelligera* (Carpenter, 1888)

同物异名：*Actinometra maculata* Carpenter, 1888; *Actinometra notata* Bell, 1888; *Actinometra stelligera* Carpenter, 1888; *Actinometra tenax* Carpenter, 1879;

Antedon bassettsmithi Bell, 1894; *Comatella maculata* (Carpenter, 1888)

分布：台湾岛，海南南部，中沙群岛，西沙群岛，南沙群岛。

(2) 黑栉羽球 *Comatella nigra* (Carpenter, 1888)

同物异名：*Actinometra nigra* Carpenter, 1888 (basionym)
分布：台湾岛。

2. 毛细星属 *Capillaster* A.H. Clark, 1909

(1) 多辐毛细星 *Capillaster multiradiatus* (Linnaeus, 1758)

同物异名：*Actinometra borneensis* Bell, 1882; *Actinometra coccodistoma* Carpenter, 1882; *Actinometra coppingeri* Bell, 1882; *Actinometra fimbriata* (Lamarck, 1816); *Actinometra multiradiata* (Linnaeus, 1758); *Alecto fimbriata* (Lamarck, 1816); *Asterias multiradiata* Linnaeus, 1758; *Capillaster clarki* Reichensperger, 1913; *Capillaster coccodistoma* (Carpenter, 1882); *Capillaster multiradiata* (Linnaeus, 1758); *Comatula fimbriata* Lamarck, 1816
分布：台湾岛，北部湾，南沙群岛。

(2) 刺毛细星 *Capillaster sentosus* (Carpenter, 1888)

同物异名：*Actinometra sentosa* Carpenter, 1888; *Capillaster sentosa* (Carpenter, 1888)
分布：北部湾，海南东部，南沙群岛。

3. 毛头星属 *Comatula* Lamarck, 1816

(1) 栉毛头星 *Comatula (Comatula) pectinata* (Linnaeus, 1758)

同物异名：*Actinometra affinis* Carpenter, 1882; *Actinometra pectinata* (Linnaeus, 1758); *Asterias pectinata* Linnaeus, 1758; *Comatula cumingii* Müller, 1847
分布：广东，台湾海峡，海南岛，北部湾，南沙群岛。

(2) 日轮毛头星 *Comatula (Comatula) solaris* Lamarck, 1816

同物异名：*Actinometra albonotata* Bell, 1882; *Actinometra imperialis* Müller, 1841; *Actinometra intermedia* Bell, 1884; *Actinometra robusta* Carpenter, 1879; *Actinometra solaris* (Lamarck, 1816); *Actinometra strota* Carpenter, 1884
分布：台湾岛，香港，南沙群岛。

4. 栉羽星属 *Comaster* L. Agassiz, 1836

(1) 多歧栉羽星 *Comaster multifidus* (Müller, 1841)

同物异名：*Actinometra belli* Carpenter, 1888; *Actinometra multifida* (Müller, 1841); *Actinometra variabilis* Bell, 1882; *Alecto multifida* Müller, 1841; *Comanthina belli* (Carpenter, 1888); *Comanthina variabilis* (Bell, 1882); *Comaster belli* (Carpenter, 1888); *Comaster carpenteri* A.H. Clark, 1908; *Comaster multifida* (Müller, 1841); *Comaster multiradiatus* (Lamarck, 1816); *Comatula multifida* (Müller, 1841); *Comatula multiradiata* Lamarck, 1816; *Phanogenia variabilis* (Bell, 1882)
分布：台湾岛。

(2) 许氏栉羽星 *Comaster schlegelii* (Carpenter, 1881)

同物异名：*Actinometra duplex* Carpenter, 1888; *Actinometra regalis* Carpenter, 1888; *Actinometra schlegelii* Carpenter, 1881; *Comanthina schlegelii* (Carpenter, 1881); *Comanthus callipeplum* H.L. Clark, 1915
分布：台湾岛，海南岛。

5. 卷海齿花属 *Anneissia* Summers, Messing & Rouse, 2014

(1) 巨萼尖海齿花 *Anneissia grandicalyx* (Carpenter, 1882)

同物异名：*Actinometra grandicalyx* Carpenter, 1882; *Comantheria grandicalyx* (Carpenter, 1882); *Oxycomanthus grandicalyx* (Carpenter, 1882)
分布：福建，广东。

(2) 日本尖海齿花 *Anneissia japonica* (Müller, 1841)

同物异名：*Actinometra japonica* (Müller, 1841); *Alecto japonica* Müller, 1841; *Comanthus japonica* (Müller, 1841); *Cenolia (Cenolia) japonica* (Müller, 1841); *Comatula japonica* (Müller, 1841); *Oxycomanthus japonica* (Müller, 1841); *Oxycomanthus japonicus* (Müller, 1841)

分布：福建，台湾海峡。

(3) 粗壮尖海齿花 *Anneissia pinguis* (A.H. Clark, 1909)

同物异名：*Cenolia (Cenolia) pinguis* (A.H. Clark, 1909); *Comanthus pinguis* A.H. Clark, 1909; *Oxycomanthus pinguis* (A.H. Clark, 1909)

分布：东海。

(4) 秉氏尖海齿花 *Anneissia bennetti* (Müller, 1841)

同物异名：*Actinometra bennetti* (Müller, 1841); *Actinometra brachymera* Schmeltz, 1877; *Actinometra peronii* Carpenter, 1881; *Alecto bennetti* Müller, 1841; *Cenolia bennetti* (Müller, 1841); *Cenolia (Cenolia) bennetti* (Müller, 1841); *Comanthus (Comanthus) bennetti* (Müller, 1841); *Comanthus bennetti* (Müller, 1841); *Oxycomanthus bennetti* (Müller, 1841)

分布：中沙群岛，西沙群岛，台湾岛。

(5) 阳星尖海齿花 *Anneissia solaster* (A.H. Clark, 1907)

同物异名：*Cenolia (Cenolia) solaster* (A.H. Clark, 1907); *Comanthus solaster* (A.H. Clark, 1907); *Comatula solaster* A.H. Clark, 1907; *Oxycomanthus solaster* (A.H. Clark, 1907)

分布：广东汕头，台湾海峡。

6. 海齿花属 *Comanthus* A.H. Clark, 1908

(1) 小卷海齿花 *Comanthus parvicirrus* (Müller, 1841)

同物异名：*Actinometra annulata* Bell, 1882; *Actinometra elongata* Carpenter, 1888; *Actinometra parvicirra*

(Müller, 1841); *Actinometra polymorpha* Carpenter, 1879; *Actinometra quadrata* Carpenter, 1888; *Actinometra rotalaria* Carpenter, 1888; *Actinometra valida* Carpenter, 1888; *Alecto parvicirra* Müller, 1841; *Alecto timorensis* Müller, 1841; *Comanthus annulata* (Bell, 1882); *Comanthus intricata* A.H. Clark, 1908; *Comanthus parvicirra* (Müller, 1841); *Comanthus parvicirra comasteripinna* Gislén, 1922; *Comanthus rotalaria* (Carpenter, 1888); *Comanthus timorensis* (Müller, 1841); *Comaster tenella* A.H. Clark, 1931; *Comaster tenellus* (A.H. Clark, 1931); *Comatula (Alecto) parvicirra* Müller, 1841; *Comatula mertensi* Grube, 1875; *Comatula parvicirra* Müller, 1841; *Comatula Timorensis* Müller, 1841

分布：福建，台湾海峡，广东，西沙群岛，南沙群岛。

(2) 细栉海齿花 *Comanthus delicata* (A.H. Clark, 1909)

同物异名：*Comantheria delicata* (A.H. Clark, 1909); *Comaster delicata* (A.H. Clark, 1909); *Phanogenia delicata* A.H. Clark, 1909

分布：南海。

五腕羽枝科 Eudiocrinidae A.H. Clark, 1907

1. 五腕羽枝属 *Eudiocrinus* Carpenter, 1882

(1) 五腕羽枝 *Eudiocrinus indivisus* (Semper, 1868)

同物异名：*Eudiocrinus granulatus* Bell, 1894; *Ophiocrinus indivisus* Semper, 1868

分布：中沙群岛，西沙群岛，海南南部。

(2) 仙女五腕羽枝 *Eudiocrinus venustulus* A.H. Clark, 1912

分布：南沙群岛，广东。

美羽枝科 Himerometridae A.H. Clark, 1907

1. 羽枝属 Amphimetra A.H. Clark, 1909

(1) 滑圆羽枝 Amphimetra laevipinna (Carpenter, 1882)

同物异名：*Antedon laevipinna* Carpenter, 1882 (basionym)
分布：福建南部，台湾海峡，广东，海南南部，南沙群岛。

2. 美羽枝属 Himerometra A.H. Clark, 1907

(1) 巨翅美羽枝 Himerometra robustipinna (Carpenter, 1881)

同物异名：*Actinometra robustipinna* Carpenter, 1881; *Antedon crassipinna* Hartlaub, 1890; *Antedon inopinata* Bell, 1894; *Antedon kraepelini* Hartlaub, 1890; *Himerometra kraepelini* A.H. Clark, 1907; *Himerometra magnipinna* A.H. Clark, 1908; *Himerometra pulcher* A.H. Clark, 1912
分布：台湾岛。

玛丽羽枝科 Mariametridae A.H. Clark, 1909

1. 双列羽枝属 Dichrometra A.H. Clark, 1909

(1) 杜氏双列羽枝 Dichrometra doederleini (Loriol, 1900)

同物异名：*Antedon doederleini* Loriol, 1900; *Dichrometra dofleini* A.H. Clark, 1916; *Dichrometra gotoi* A.H. Clark, 1918; *Himerometra doederleini* (Loriol, 1900)
分布：台湾海峡中部，北部湾。

2. 丽羽枝属 Lamprometra A.H. Clark, 1913

(1) 掌丽羽枝 Lamprometra palmata (Müller, 1841)

同物异名：*Alecto palmata* Müller, 1841; *Antedon aequipinna* Carpenter, 1882; *Antedon amboinensis* Hartlaub, 1890; *Antedon brevicuneata* Carpenter, 1881; *Antedon conjungens* Carpenter, 1888; *Antedon gyges* Bell, 1884; *Antedon imparipinna* Carpenter, 1882; *Antedon klunzingeri* Hartlaub, 1890; *Antedon laevicirra* Carpenter, 1881; *Antedon lepida* Hartlaub, 1890; *Antedon moorei* Bell, 1894; *Antedon occulta* Carpenter, 1888; *Antedon okelli* Chadwick, 1904; *Antedon palmata* (Müller, 1841); *Antedon similis* Carpenter, 1888; *Antedon subtilis* Hartlaub, 1895; *Antedon tenera* Hartlaub, 1890; *Comatula* (*Alecto*) *palmata* (Müller, 1841); *Dichrometra klunzingeri* (Hartlaub, 1890); *Dichrometra palmata* (Müller, 1841); *Dichrometra protectus* (Carpenter, 1879); *Dichrometra tenera* (Hartlaub, 1890); *Lamprometra klunzingeri* (Hartlaub, 1890); *Lamprometra palmata gyges* (Bell, 1884); *Lamprometra palmata palmata* (Müller, 1841); *Lamprometra palmata parmata* (Müller, 1841); *Lamprometra protecta* (Carpenter, 1879); *Lamprometra protectus* (Carpenter, 1879)
分布：台湾岛，广东南部，香港，海南南部，中沙群岛。

3. 玛丽羽枝属 Mariametra A.H. Clark, 1909

(1) 代玛丽羽枝 Mariametra vicaria (Bell, 1894)

同物异名：*Antedon vicaria* Bell, 1894; *Mariametra margaritifera* A.H. Clark, 1909
分布：中沙群岛，海南岛；印度-西太平洋。

4. 冠羽枝属 Stephanometra A.H. Clark, 1909

(1) 印度冠羽枝 Stephanometra indica (Smith, 1876)

同物异名：*Antedon flavomaculata* Bell, 1894; *Antedon indica* (Smith, 1876); *Antedon marginata* Chadwick, 1908; *Antedon monacantha* Hartlaub, 1890; *Antedon oxyacantha* Hartlaub, 1890; *Antedon protecta* Carpenter, 1879; *Antedon protectus* Carpenter, 1879; *Antedon spicata* Carpenter, 1881; *Antedon spinipinna*

Hartlaub, 1890; *Antedon tuberculata* Hartlaub, 1891; *Comatula indica* Smith, 1876; *Stephanometra indica indica* (Smith, 1876); *Stephanometra indica protecta* (Carpenter, 1879); *Stephanometra indica protectus* (Carpenter, 1879); *Stephanometra marginata* A.H. Clark, 1909; *Stephanometra monacantha* (Hartlaub, 1890); *Stephanometra oxyacantha* (Hartlaub, 1890); *Stephanometra protecta* (Carpenter, 1879); *Stephan-ometra spicata* (Carpenter, 1881); *Stephanometra spinipinna* (Hartlaub, 1890); *Stephanometra stypacantha* H. L. Clark, 1915; *Stephanometra tuberculata* (Hartlaub, 1891)

分布：台湾岛。

短羽枝科 Colobometridae A.H. Clark, 1909

1. 残羽枝属 *Cyllometra* A.H. Clark, 1907

(1) 小残羽枝 *Cyllometra manca* (Carpenter, 1888)

同物异名：*Antedon disciformis* Carpenter, 1888; *Antedon manca* Carpenter, 1888; *Cyllometra albopur-purea* A.H. Clark, 1908; *Cyllometra anomala* A.H. Clark, 1908; *Cyllometra disciformis* (Carpenter, 1888); *Cyllometra pulchella* Gislén, 1922; *Cyllometra soluta* A.H. Clark, 1909

分布：香港，北部湾，海南岛，广东西部。

2. 十腕羽枝属 *Decametra* A.H. Clark, 1911

(1) 细十腕羽枝 *Decametra mylitta* A.H. Clark, 1912

分布：北部湾，海南岛；印度-西太平洋。

3. 寡羽枝属 *Oligometra* A.H. Clark, 1908

(1) 锯羽寡羽枝 *Oligometra serripinna* (Carpenter, 1881)

同物异名：*Antedon serripinna* Carpenter, 1881; *Olig-ometra caledoniae* A.H. Clark, 1911; *Oligometra chinensis* A.H. Clark, 1918; *Oligometra concinna* A.H. Clark, 1912; *Oligometra erinacea* (A.H. Clark, 1912);

Oligometra imbricata A.H. Clark, 1908; *Oligometra occidentalis* (A.H. Clark, 1911); *Oligometra pulchella* A.H. Clark, 1908; *Oligometra serripinna caledoniae* (A.H. Clark, 1911); *Oligometra serripinna chinensis* (A.H. Clark, 1918); *Oligometra serripinna erinacea* A.H. Clark, 1912; *Oligometra serripinna imbricata* (A.H. Clark, 1908); *Oligometra serripinna macrobr-achius* A.H. Clark, 1936; *Oligometra serripinna occidentalis* A.H. Clark, 1911; *Oligometra serripinna serripinna* (Carpenter, 1881)

分布：福建中部、南部，台湾岛，广东东部，海南岛。

脊羽枝科 Tropiometridae A.H. Clark, 1908

1. 脊羽枝属 *Tropiometra* A.H. Clark, 1907

(1) 脊羽枝 *Tropiometra afra* (Hartlaub, 1890)

同物异名：*Antedon afra* Hartlaub, 1890; *Tropiometra afra afra* (Hartlaub, 1890)

分布：福建，广东，北部湾；印度-西太平洋。

海羊齿科 Antedonidae Norman, 1865

1. 海羊齿属 *Antedon* de Fréminville, 1811

(1) 小花海羊齿 *Antedon parviflora* (A.H. Clark, 1912)

同物异名：*Compsometra parviflora* A.H. Clark, 1912
分布：海南岛；印度-西太平洋。

(2) 锯羽丽海羊齿 *Antedon serrata* A.H. Clark, 1908

同物异名：*Compsometra serrata* (A.H. Clark, 1908)
分布：胶州湾，福建，台湾海峡。

2. 皮羽枝属 *Dorometra* Clark, 1917

(1) 须羽皮羽枝 *Dorometra aphrodite* (A.H. Clark, 1912)

同物异名：*Eumetra aphrodite* (A.H. Clark, 1912);

Iridometra aphrodite A.H. Clark, 1912
分布：广东沿岸，北部湾；印度-西太平洋。

海星亚门 Asterozoa

海星纲 Asteroidea

柱体目 Paxillosida

砂海星科 Luidiidae Sladen, 1889

1. 砂海星属 *Luidia* Forbes, 1839

(1) 哈氏砂海星 *Luidia hardwicki* (Gray, 1840)

同物异名：*Luidia forficifer* Sladen, 1889; *Petalaster hardwicki* Gray, 1840
分布：浙江，台湾海峡，香港，北部湾，海南岛，南沙群岛；印度-西太平洋。

(2) 长棘砂海星 *Luidia longispina* Sladen, 1889

分布：香港，北部湾；印度-西太平洋。

(3) 斑砂海星 *Luidia maculata* Müller & Troschel, 1842

同物异名：*Luidia maculata* var. *ceylonica* Döderlein, 1920; *Luidia varia* Mortensen, 1925
分布：福建，台湾岛，台湾海峡，广东，海南岛；印度-西太平洋。

(4) 砂海星 *Luidia quinaria* von Martens, 1865

同物异名：*Luidia limbata* Sladen, 1889; *Luidia maculata* var. *quinaria* von Martens, 1865; *Luidia singapurensis* Sladen, 1889
分布：中国沿海。

槭海星科 Astropectinidae Gray, 1840

1. 槭海星属 *Astropecten* Gray, 1840

(1) 单棘槭海星 *Astropecten monacanthus* Sladen, 1883

同物异名：*Astropecten notograptus* Sladen, 1888; *Astropecten squamosus* Sluiter, 1889

分布：广东西部，福建，香港，海南岛，南沙群岛；印度-西太平洋。

(2) 多棘槭海星 *Astropecten polyacanthus* Müller & Troschel, 1842

同物异名：*Astropecten chinensis* Grube, 1866; *Astropecten edwardsi* Verrill, 1867; *Astropecten ensifer* Grube, 1866; *Astropecten hystrix* Müller & Troschel, 1842; *Astropecten samoensis* Perrier, 1869
分布：福建，台湾岛，广东，海南岛，南沙群岛；印度-西太平洋。

(3) 华普槭海星 *Astropecten vappa* Müller & Troschel, 1843

同物异名：*Astropecten coppingeri* Bell, 1884; *Astropecten hartmeyeri* Döderlein, 1917; *Astropecten rosea* Sladen, 1883; *Astropecten siamensis* Döderlein, 1926; *Astropecten sibogae* Döderlein, 1917; *Astropecten zebra* Sladen, 1883; *Astropecten zebra* var. *rosea* Sladen, 1883; *Astropecten zebra* var. *sibogae* Döderlein, 1917
分布：福建，台湾海峡，香港，海南岛；印度-西太平洋。

(4) 怒棘槭海星 *Astropecten velitaris* von Martens, 1865

分布：台湾海峡，广东，南沙群岛，北部湾；印度-西太平洋。

2. 镶边海星属 *Craspidaster* Sladen, 1889

(1) 镶边海星 *Craspidaster hesperus* (Müller & Troschel, 1840)

同物异名：*Archaster hesperus* Müller & Troschel, 1840; *Astropecten gracilis* Giebel, 1862; *Astropecten macer* Sluiter, 1889; *Craspidaster crassus* Döderlein, 1921; *Craspidaster hesperus* f. *crassus* Döderlein, 1921; *Nauricia pulchella* Gray, 1840; *Pseudarchaster spatuliger* Mortensen, 1934; *Stellaster sulcatus* Möbius, 1859
分布：福建，台湾岛，广东，南沙群岛；印度-西太平洋。

瓣棘目 Valvatida

飞白枫海星科 Archasteridae Viguier, 1879

1. 飞白枫海星属 *Archaster* Müller & Troschel, 1840

(1) 飞白枫海星 *Archaster typicus* Müller & Troschel, 1840

同物异名：*Archaster nicobaricus* Behn in Möbius, 1859; *Astropecten stellaris* Gray, 1840

分布：台湾岛，广东西部、大亚湾，香港，海南岛。

角海星科 Goniasteridae Forbes, 1841

1. 花海星属 *Anthenoides* Perrier, 1881

(1) 光滑花海星 *Anthenoides laevigatus* Liao & A. M. Clark, 1989

分布：台湾岛，海南岛以东。

(2) 窄花海星 *Anthenoides tenuis* Liao & A. M. Clark, 1989

分布：台湾岛，海南岛，南沙群岛。

2. 美丽海星属 *Calliaster* Gray, 1840

(1) 柴氏美丽海星 *Calliaster childreni* Gray, 1840

同物异名：*Pentagonaster childreni* (Gray, 1840)
分布：台湾岛，广东，南沙群岛。

(2) 四棘美丽海星 *Calliaster quadrispinus* Liao, 1989

分布：南海。

3. 章海星属 *Stellaster* Gray, 1840

(1) 骑士章海星 *Stellaster childreni* Gray, 1840

同物异名：*Asterias equestris* Bruzelius, 1805; *Goniaster belcheri* Lutken, 1865; *Goniaster equestris* von Martens, 1865; *Goniaster incei* (Gray, 1847); *Goniaster muelleri* von Martens, 1865; *Goniaster tuberculosus* von Martens, 1865; *Pentagonaster belcheri* Perrier, 1878; *Pentagonaster equestris* (Bruzelius, 1805); *Pentagonaster incei* (Gray, 1847); *Stellaster bandana* Döderlein, 1935; *Stellaster belcheri* Gray, 1847; *Stellaster childreni* f. *bandanna* Doderlein, 1935; *Stellaster childreni* f. *crassa* Doderlein, 1935; *Stellaster crassa* Döderlein, 1935; *Stellaster elongata* Döderlein, 1935; *Stellaster equestris* (Bruzelius, 1805); *Stellaster gracilis* Möbius, 1859; *Stellaster incei* Gray, 1847; *Stellaster incei* f. *elongata* Döderlein, 1935; *Stellaster incei* f. *gracilis* (Möbius, 1835); *Stellaster incei* f. *indica* Döderlein, 1935; *Stellaster incei* f. *latior* Döderlein, 1935; *Stellaster incei* f. *semoni* Döderlein, 1935; *Stellaster indica* Döderlein, 1935; *Stellaster indica* f. *tenuispina* Döderlein, 1935; *Stellaster latior* Döderlein, 1935; *Stellaster semoni* Döderlein, 1935; *Stellaster tenuispina* Döderlein, 1935

分布：东海，南海，台湾海峡，南沙群岛。

4. 鼠李角海星属 *Stellasteropsis* Dollfus, 1936

(1) 鼠李角海星 *Stellasteropsis colubrinus* Macan, 1938

分布：台湾岛。

5. 单鳃海星属 *Fromia* Gray, 1840

(1) 多孔单鳃海星 *Fromia milleporella* (Lamarck, 1816)

同物异名：*Asterias milleporella* Lamarck, 1816; *Fromia pistoria* (Müller & Troschel, 1842); *Linckia pistoria* (Müller & Troschel, 1842); *Scytaster milleporellus* (Lamarck, 1816); *Scytaster pistorius* Müller & Troschel, 1842

分布：西沙群岛（永兴岛）；印度尼西亚，菲律宾，印度-西太平洋。

6. 飞地海星属 *Neoferdina* Livingstone, 1931

(1) 新飞地海星 *Neoferdina cumingi* (Gray, 1840)

同物异名：*Ferdina cancellata* (Grube, 1857); *Ferdina*

cancellata tylota Fisher, 1925; *Ferdina cumingi* Gray, 1840; *Ferdina ocellata* H. L. Clark, 1921; *Neoferdina cancellata* (Grube, 1857); *Neoferdina cancellata tylota* Fisher, 1925; *Neoferdina ocellata* (H. L. Clark, 1921); *Neoferdina tylota* Fisher, 1925; *Scytaster cancellatus* Grube, 1857

分布：西沙群岛（永兴岛）；澳大利亚，菲律宾，印度-西太平洋。

瘤海星科 Oreasteridae Fisher, 1908

1. 五角海星属 *Anthenea* Gray, 1840

(1) 糙五角海星 *Anthenea aspera* Döderlein, 1915

分布：南海；澳大利亚。

(2) 中华五角海星 *Anthenea pentagonula* (Lamarck, 1816)

同物异名：*Asterias pentagonula* Lamarck, 1816; *Astrogonium articulatum* Valenciennes (MS) in Perrier, 1869; *Goniaster articulatus* (L. Agassiz, MS) Gray, 1866; *Goniodiscus articulatus* Perrier, 1869; *Goniodiscus pentagonulus* Müller & Troschel, 1842

分布：福建至北部湾，0-60 m。

(3) 异五角海星 *Anthenea difficilis* Liao in Liao & Clark, 1995

分布：福建，广东。

2. 粒皮海星属 *Choriaster* Lütken, 1869

(1) 粒皮海星 *Choriaster granulatus* Lütken, 1869

同物异名：*Choriaster niassensis* (Sluiter, 1895); *Culcita niassensis* Sluiter, 1895

分布：台湾岛，西沙群岛；印度-西太平洋。

3. 面包海星属 *Culcita* Agassiz, 1836

(1) 面包海星 *Culcita novaeguineae* Müller & Troschel, 1842

同物异名：*Anthenea spinulosa* (Gray, 1847); *Culcita acutispinosa* Bell, 1883 (original combination); *Culcita arenosa* Valenciennes (MS) in Perrier, 1869; *Culcita grex* Müller & Troschel, 1842; *Culcita novaeguineae* f. *nesiotis* Fisher, 1925; *Culcita novaeguineae* f. *novaeguineae* Müller & Troschel, 1842; *Culcita novaeguineae* var. *acutispinosa* Bell, 1883; *Culcita novaeguineae* var. *arenosa* Valenciennes (MS) in Perrier, 1869; *Culcita novaeguineae* var. *leopoldi* Engel, 1938; *Culcita novaeguineae* var. *plana* Hartlaub, 1892; *Culcita novaeguineae* var. *typica* Doderlein, 1896; *Culcita pentangularis* Gray, 1847; *Culcita plana* Hartlaub, 1892; *Culcita pulverulenta* Valenciennes (MS) in Perrier, 1869; *Goniaster multiporum* Hoffman in Rowe, 1974; *Goniaster sebae* (Müller & Troschel, 1842); *Goniodiscides sebae* (Müller & Troschel, 1842); *Goniodiscus sebae* Müller & Troschel, 1842; *Hippasteria philippinensis* Domantay & Roxas, 1938; *Hosia spinulosa* Gray, 1847; *Pentagonaster spinulosus* (Gray, 1847); *Randasia granulata* Gray, 1847; *Randasia spinulosa* Gray, 1847

分布：台湾岛，海南南部，西沙群岛；印度-西太平洋。

4. 角盘海星属 *Goniodiscaster* H. L. Clark, 1909

(1) 铗角盘海星 *Goniodiscaster forficulatus* (Perrier, 1875)

同物异名：*Goniodiscus forficulatus* Perrier, 1875

分布：台湾岛，南海。

5. 疣海星属 *Pentaceraster* Döderlein, 1916

(1) 中华疣海星 *Pentaceraster chinensis* (Gray, 1840)

同物异名：*Oreaster orientalis* Müller & Troschel, 1842; *Pentaceraster orientalis* (Muller & Troschel, 1842); *Pentaceros chinensis* Gray, 1840; *Pentaceros orientalis* Sladen, 1889

分布：台湾岛，广东西部，海南岛，南沙群岛。

(2) 巨疣海星 *Pentaceraster magnificus* (Goto, 1914)

分布：香港。

(3) 锡博疣海星 *Pentaceraster sibogae* **Döderlein, 1916**

分布：海南（新村）。

(4) 棘疣海星 *Pentaceraster westermanni* **(Lutken, 1871)**

同物异名：*Oreaster westermanni* Lutken, 1871; *Pentaceros westermanni* (Lutken, 1871)
分布：台湾岛。

6. 原瘤海星属 *Protoreaster* Döderlein, 1916

(1) 原瘤海星 *Protoreaster nodosus* **(Linnaeus, 1758)**

同物异名：*Asterias dorsatus* Linnaeus, 1753; *Asterias nodosa* Linnaeus, 1758; *Oreaster clouei* Perrier, 1869; *Oreaster franklini* (Gray, 1840); *Oreaster hiulcus* (Gray, 1840); *Oreaster hondurae* Domantay & Roxas, 1938; *Oreaster intermedia* von Martens, 1866; *Oreaster mammosus* Valenciennes (MS) in Perrier, 1869; *Oreaster modestus* Goto, 1914; *Oreaster mutica* von Martens, 1866; *Oreaster nahensis* Goto, 1914; *Oreaster nodosus* (Linnaeus, 1758); *Oreaster nodosus* var. *hondurae* Domantay & Roxas, 1938; *Oreaster turritus* (Gray, 1840); *Pentaceros clouei* (Perrier, 1869); *Pentaceros franklini* Gray, 1840; *Pentaceros hiulcus* Gray, 1840; *Pentaceros modestus* Gray, 1866; *Pentaceros nodosus* (Linnaeus, 1758); *Pentaceros turritus* Gray, 1840
分布：海南（新村），西沙群岛；印度尼西亚，菲律宾，日本，印度-西太平洋。

蛇海星科 Ophidiasteridae Verrill, 1870

1. 石嵌海星属 *Bunaster* Döderlein, 1896

(1) 卵石嵌海星 *Bunaster lithodes* **Fisher, 1917**

分布：西沙群岛；印度尼西亚，菲律宾，印度-西太平洋。

(2) 俞氏石嵌海星 *Bunaster ritteri* **Döderlein, 1896**

分布：西沙群岛；印度尼西亚，印度-西太平洋。

2. 盒星属 *Cistina* Gray, 1840

(1) 哥伦比亚盒星 *Cistina columbiae* **Gray, 1840**

同物异名：*Echinaster sladeni* de Loriol, 1893; *Ophidiaster columbiae* Müller & Troschel, 1842
分布：台湾岛。

3. 筒海星属 *Dactylosaster* Gray, 1840

(1) 圆腕筒海星 *Dactylosaster cylindricus* **(Lamarck, 1816)**

同物异名：*Asterias cylindricus* Lamarck, 1816; *Linckia cylindrica* von Martens, 1866; *Ophidiaster asperulus* Lutken, 1871; *Ophidiaster cylindricus* (Lamarck, 1816)
分布：西沙群岛（永兴岛、赵述岛）；毛里求斯，印度尼西亚，夏威夷群岛，印度-西太平洋。

4. 乳头海星属 *Gomophia* Gray, 1840

(1) 埃及乳头海星 *Gomophia egeriae* **A. M. Clark, 1967**

同物异名：*Gomophia egyptiaca egeriae* A. M. Clark, 1967
分布：中沙群岛；印度-西太平洋。

5. 滑皮海星属 *Leiaster* Peters, 1852

(1) 红滑皮海星 *Leiaster speciosus* **von Martens, 1866**

分布：台湾岛，西沙群岛；菲律宾，印度尼西亚，日本，印度-西太平洋。

6. 指海星属 *Linckia* Nardo, 1834

(1) 蓝指海星 *Linckia laevigata* **(Linnaeus, 1758)**

同物异名：*Asterias laevigata* Linnaeus, 1758; *Linckia browni* Gray, 1840; *Linckia crassa* Gray, 1840; *Linckia hondurae* Domantay & Roxas, 1938; *Linckia laevigata* f. *hondurae* Domantay & Roxas, 1938; *Linckia miliaris* (Muller & Troschel, 1840); *Linckia rosenbergi* von Martens, 1866; *Linckia suturalis* von Martens,

1866; *Linckia typus* Nardo, 1834; *Ophidiaster clathratus* Grube, 1865; *Ophidiaster crassa* (Gray, 1840); *Ophidiaster laevigatus* (Linnaeus, 1758); *Ophidiaster miliaris* Müller & Troschel, 1842; *Ophidiaster propinquus* Livingstone, 1932

分布：台湾岛，海南南部，西沙群岛，南沙群岛；印度-西太平洋。

(2) 多筛指海星 *Linckia multifora* (Lamarck, 1816)

同物异名：*Asterias multifora* Lamarck, 1816; *Linckia costae* Russo, 1893; *Linckia leachi* Gray, 1840; *Linckia typus* Gray, 1840; *Ophidiaster multiforis* (Lamarck, 1816)

分布：台湾岛，西沙群岛，南沙群岛；印度-西太平洋。

7. 纳多海星属 *Nardoa* Gray, 1840

(1) 费氏纳多海星 *Nardoa frianti* Koehler, 1910

分布：台湾岛，西沙群岛（永兴岛）；菲律宾，日本，澳大利亚，印度-西太平洋。

(2) 瘤纳多海星 *Nardoa tumulosa* Fisher, 1917

分布：台湾岛。

8. 蛇海星属 *Ophidiaster* L. Agassiz, 1836

(1) 中华蛇海星 *Ophidiaster chinensis* Perrier, 1875

分布：广州。

(2) 颗粒蛇海星 *Ophidiaster granifer* Lütken, 1871

同物异名：*Ophidiaster trychnus* Fisher, 1913
分布：台湾岛，西沙群岛（永兴岛）、琛航岛、北礁、金银岛；菲律宾，日本，澳大利亚，红海，印度-西太平洋。

(3) 曙红蛇海星 *Ophidiaster hemprichi* Müller & Troschel, 1842

同物异名：*Linckia hemprichi* von Martens, 1866;

Linckia pustulata von Martens, 1866; *Ophidiaster purpureus* Perrier, 1869; *Ophidiaster pustulatus* von Martens, 1866; *Ophidiaster pustulatus* (von Martens, 1866); *Ophidiaster squameus* Fisher, 1906

分布：台湾岛，海南岛，西沙群岛（永兴岛），南沙群岛；菲律宾，日本，澳大利亚，印度-西太平洋。

(4) 多棘蛇海星 *Ophidiaster multispinus* Liao & A. M. Clark, 1996

分布：福建，香港，北部湾，海南岛。

(5) 饰物蛇海星 *Ophidiaster armatus* Koehler, 1910

分布：福建，台湾岛，香港。

棒棘海星科 Mithrodiidae Viguier, 1878

1. 棒棘海星属 *Mithrodia* Gray, 1840

(1) 棒棘海星 *Mithrodia clavigera* (Lamarck, 1816)

同物异名：*Asterias clavigera* Lamarck, 1816; *Echinaster echinulatus* (Muller & Troschel, 1842); *Heresaster papillosus* Michelin, 1844; *Mithrodia echinulatus* (Müller & Troschel, 1842); *Mithrodia spinulosa* Gray, 1840; *Mithrodia victoriae* Bell, 1882; *Ophidiaster echinulatus* Müller & Troschel, 1842
分布：海南岛，西沙群岛；印度-西太平洋。

长棘海星科 Acanthasteridae Sladen, 1889

1. 长棘海星属 *Acanthaster* Gervais, 1841

(1) 长棘海星 *Acanthaster planci* (Linnaeus, 1758)

同物异名：*Acanthaster echinites* (Ellis & Solander, 1786); *Acanthaster echinus* Gervais, 1841; *Acanthaster ellisi* (Gray, 1840); *Acanthaster ellisi pseudoplanci* Caso, 1962; *Acanthaster mauritiensis* de Loriol, 1885; *Acanthaster pseudoplanci* Caso, 1962; *Asterias echinites* Ellis & Solander, 1786; *Asterias echinus* Gervais, 1841; *Asterias planci* Linnaeus, 1758;

Echinaster ellisi Gray, 1840; *Stellonia echinites* L. Agassiz, 1836

分布：台湾岛，海南南部海区，西沙群岛，南沙群岛；印度-西太平洋。

锯腕海星科 Asteropseidae Hotchkiss & Clark, 1976

1. 锯腕海星属 *Asteropsis* Müller & Troschel, 1840

(1) 脊锯腕海星 *Asteropsis carinifera* (Lamarck, 1816)

同物异名：*Asterias carinifera* Lamarck, 1816; *Asterope carinifera* Müller & Troschel, 1842; *Gymnasteria biserrata* von Martens, 1866; *Gymnasteria carinifera* (Lamarck, 1816); *Gymnasteria spinosa* Gray, 1840; *Gymnasteria valvulata* Perrier, 1875; *Gymnasterias carinifera* Bell, 1893

分布：台湾岛，海南岛，西沙群岛（永兴岛）；印度-西太平洋。

海燕科 Asterinidae Gray, 1840

1. 北方海星属 *Aquilonastra* O'Loughlin in O'Loughlin & Waters, 2004

(1) 神北方海星 *Aquilonastra cepheus* (Müller & Troschel, 1842)

同物异名：*Asterina burtoni cepheus* (Müller & Troschel, 1842); *Asterina cepheus* (Müller & Troschel, 1842); *Asterina iranica* Mortensen, 1940; *Asteriscus cepheus* Müller & Troschel, 1842

分布：西沙群岛，中沙群岛。

(2) 林氏北方海星 *Aquilonastra limboonkengi* (Smith, 1927)

同物异名：*Asterina limboonkengi* G.A. Smith, 1927

分布：福建，台湾海峡，广东。

(3) 花冠北方海星 *Aquilonastra coronata* (von Martens, 1866)

同物异名：*Aquilonastra coronata cristata* Fisher, 1916;

Aquilonastra coronata euerces Fisher, 1917; *Asterina coronata* von Martens, 1866; *Asterina coronata coronata* von Martens, 1866; *Asterina coronata cristata* Fisher, 1916; *Asterina coronata euerces* Fisher, 1917; *Asterina coronata fascicularis* Fisher, 1918; *Asterina cristata* Fisher, 1916; *Asterina cristata euerces* Fisher, 1917; *Asterina spinigera* Koehler, 1911

分布：台湾岛。

2. 皮海燕属 *Disasterina* Perrier, 1875

(1) 齿棘皮海燕 *Disasterina odontacantha* Liao, 1980

分布：台湾岛，西沙群岛。

3. 尼斑海星属 *Nepanthia* Gray, 1840

(1) 贝氏尼斑海星 *Nepanthia belcheri* (Perrier, 1875)

同物异名：*Asterina (Nepanthia) belcheri* Perrier, 1875; *Asterina (Nepanthia) brevis* (Perrier, 1875); *Asterina brevis* Perrier, 1875; *Echinaster heteractis* (H. L. Clark, 1909); *Henricia heteractis* H. L. Clark, 1909; *Henricides heteractis* (H. L. Clark, 1909); *Nepanthia brevis* (Perrier, 1875); *Nepanthia joubini* Koehler, 1908; *Nepanthia magnispina* H. L. Clark, 1938; *Nepanthia polyplax* Döderlein, 1926; *Nepanthia suffarcinata* Sladen, 1888; *Nepanthia variabilis* H. L. Clark, 1938

分布：台湾岛，广东；澳大利亚，印度尼西亚，越南，印度-西太平洋。

4. 海燕属 *Patiria* Gray, 1840

(1) 海燕 *Patiria pectinifera* (Muller & Troschel, 1842)

同物异名：*Asteriscus pectinifera* Müller & Troschel, 1842

分布：北方沿海。

太阳海星科 Solasteridae Viguier, 1878

1. 太阳海星属 *Solaster* Forbes, 1839

(1) 陶氏太阳海星 *Solaster dawsoni* Verrill, 1880

分布：黄海；日本。

2. 轮海星属 *Crossaster* Müller & Troschel, 1840

(1) 轮海星 *Crossaster papposus* (Linnaeus, 1767)

同物异名：*Asterias affinis* Brandt, 1835; *Asterias helianthemoides* Pennant, 1777; *Asterias papposus* Linnaeus, 1767; *Crossaster aboverrucosus* (Brandt, 1835); *Crossaster affinis* (Brandt, 1835); *Crossaster koreni* Verrill, 1914; *Crossaster neptuni* Bell, 1881; *Solaster affinis* (Brandt, 1835); *Solaster papposus* (Linnaeus, 1767); *Stellonia papposa* (Linnaeus, 1767)
分布：黄海。

有棘目 Spinulosida

棘海星科 Echinasteridae Verrill, 1867

1. 旋圆海星属 *Metrodira* Gray, 1840

(1) 旋圆海星 *Metrodira subulata* Gray, 1840

同物异名：*Fromia* (*Metrodira*) *subulata* (Gray, 1840); *Linckia subulata* (Gray, 1840); *Scaphaster humberti* de Loriol, 1899; *Scytaster subulatus* Müller & Troschel, 1842
分布：台湾海峡，海南岛，南沙群岛；菲律宾，印度尼西亚，印度-西太平洋。

2. 棘海星属 *Echinaster* Müller & Troschel, 1840

(1) 吕宋棘海星 *Echinaster luzonicus* (Gray, 1840)

同物异名：*Echinaster affinis* Perrier, 1869; *Echinaster eridanella* Muller & Troschel, 1842; *Echinaster multipapillatus* Hoffman in Rowe, 1974; *Henricia multipapillata* (Hoffman, 1874); *Othilia eridanella* (Muller & Troschel, 1942); *Othilia luzonica* Gray, 1840
分布：福建东山，台湾岛，海南南部，西沙群岛，南沙群岛；菲律宾，印度尼西亚，澳大利亚，印度-西太平洋。

(2) 赤丽棘海星 *Echinaster callosus* Marenzeller, 1895

分布：台湾岛。

(3) 坚棘海星 *Echinaster stereosomus* Fisher, 1913

同物异名：*Echinaster acanthodes* H. L. Clark, 1916
分布：海南岛；菲律宾，泰国，澳大利亚，印度-西太平洋。

3. 鸡爪海星属 *Henricia* Gray, 1840

(1) 粗鸡爪海星 *Henricia aspera robusta* Djakonov, 1949

分布：山东石岛；北太平洋，日本。

(2) 刺鸡爪海星 *Henricia leviuscula spiculifera* (H. L. Clark, 1901)

同物异名：*Cribrella spiculifera* H. L. Clark, 1901; *Henricia leviuscula multispina* Fisher, 1910; *Henricia multispina* Fisher, 1910; *Henricia spiculifera* (H. L. Clark, 1901)
分布：黄海北部；北太平洋，日本。

(3) 鸡爪海星 *Henricia leviuscula* (Stimpson, 1857)

同物异名：*Chaetaster californicus* Grube, 1865; *Cribrella laeviuscula* (Stimpson, 1857); *Henricia attenuata* H. L. Clark, 1901; *Henricia inequalis* Verrill, 1914; *Henricia leviuscula attenuata* Clark H. L., 1901; *Henricia leviuscula* var. *inaequalis* Verrill, 1914; *Henricia spatulifera* Verrill, 1909; *Linckia leviuscula* Stimpson, 1857
分布：辽宁大连，山东烟台、荣城、青岛。

帆海星目 Velatida

翅海星科 Pterasteridae Perrier, 1875

1. 真网海星属 *Euretaster* Fisher, 1940

(1) 奇异真网海星 *Euretaster insignis* (Sladen, 1882)

同物异名：*Retaster insignis* Sladen, 1882
分布：台湾岛，广东，北部湾，海南南部，南沙群岛；印度-西太平洋，菲律宾，印度尼西亚，澳大利亚。

钳棘目 Forcipulatida

海盘车科 Asteriidae Gray, 1840

1. 海盘车属 *Asterias* Linnaeus, 1758

(1) 多棘海盘车 *Asterias amurensis* Lutken, 1871

同物异名：*Allasterias migrata* Sladen, 1879; *Allasterias rathbuni* var. *nortonensis* Verrill, 1909; *Asteracanthion rubens* var. *migratum* Doderlein, 1879; *Asterias acervispinis* Djakonov, 1950; *Asterias amurensis* f. *acervispinis* Djakonov, 1950; *Asterias amurensis* f. *flabellifera* Djakonov, 1950; *Asterias amurensis* f. *gracilispinis* Djakonov, 1950; *Asterias amurensis* f. *latissima* Djakonov, 1950; *Asterias flabellifera* Djakonov, 1950; *Asterias gracilispinis* Djakonov, 1950; *Asterias latissima* Djakonov, 1950; *Asterias pectinata* Brandt, 1835; *Asterias rubens* var. *migratum* Sladen, 1879; *Parasterias albertensis* Verrill, 1914
分布：辽宁，山东。

(2) 异色海盘车 *Asterias versicolor* Sladen, 1889

分布：渤海，黄海北部，福建，台湾海峡，广东，香港。

(3) 罗氏海盘车 *Asterias rollestoni* Bell, 1881

分布：渤海，黄海。

2. 冠海星属 *Coronaster* Perrier, 1885

(1) 樱花冠海星 *Coronaster sakuranus* (Döderlein, 1902)

同物异名：*Asterias volsellata* var. *sakurana* Doderlein, 1902
分布：台湾岛。

蛇尾纲 Ophiuroidea

蔓蛇尾目 Euryalida

衣笠蔓蛇尾科 Asteronychidae Ljungman, 1867

1. 衣笠蔓蛇尾属 *Asteronyx* Müller & Troschel, 1842

(1) 衣笠蔓蛇尾 *Asteronyx loveni* Müller & Troschel, 1842

分布：东海，南海。

蔓蛇尾科 Euryalidae Gray, 1840

1. 角蛇尾属 *Astroceras* Lyman, 1879

(1) 皮角蛇尾 *Astroceras pergamenum* Lyman, 1879

分布：东海，南海东部海区。

2. 蔓蛇尾属 *Euryale* Lamarck, 1816

(1) 糙蔓蛇尾 *Euryale aspera* Lamarck, 1816

同物异名：*Astrophyton aspera* Lamarck, 1816; *Euryale euopla* H. L. Clark, 1938; *Euryale studeri* de Loriol, 1900
分布：福建，北部湾，琼州海峡，海南南部，南沙群岛；印度-西太平洋。

(2) 紫蔓蛇尾 *Euryale purpurea* Mortensen, 1934

同物异名：*Astrophyton purpurea* (Mortensen, 1934)
分布：广东，香港，海南西南部，北部湾。

3. 枝蛇尾属 *Trichaster* L. Agassiz, 1836

(1) 棘枝蛇尾 *Trichaster acanthifer* Döderlein, 1927

分布：福建，台湾海峡，北部湾。

(2) 鞭枝蛇尾 *Trichaster flagellifer* von Martens, 1866

同物异名：*Trichaster elegans* Ludwig, 1878

分布：福建，台湾海峡，广东，南沙群岛；孟加拉湾，日本，菲律宾。

(3) 掌枝蛇尾 *Trichaster palmiferus* (Lamarck, 1816)

同物异名：*Euryale palmiferum* Lamarck, 1816
分布：福建，台湾海峡，广东；斯里兰卡，新加坡，日本，马来西亚。

筐蛇尾科 Gorgonocephalidae Ljungman, 1867

1. 水蛇尾属 *Astroboa* Döderlein, 1911

(1) 秀丽水蛇尾 *Astroboa nuda* (Lyman, 1874)

同物异名：*Astroboa nigra* Döderlein, 1911; *Astrophyton elegans* Koehler, 1905; *Astrophyton nudum* Lyman, 1874; *Astroraphis nudum* (Lyman, 1874)
分布：海南南部；印度-西太平洋。

2. 星蔓蛇尾属 *Astrocladus* Verrill, 1899

(1) 锥疣星蔓蛇尾 *Astrocladus coniferus* (Döderlein, 1902)

同物异名：*Astrophyton coniferum* Döderlein, 1902; *Astrophyton cornutum* (Koehler, 1898)
分布：台湾岛。

(2) 小星蔓蛇尾 *Astrocladus exiguus* (Lamarck, 1816)

同物异名：*Astrocladus verrucosum* (Lamarck, 1816); *Astrophyton exiguus* (Lamarck, 1816); *Astrophyton verrucosum* (Lamarck, 1816); *Euryale exiguum* Lamarck, 1816; *Euryale exiguus* Lamarck, 1816; *Euryale verrucosum* Lamarck, 1816; *Gorgonocephalus cornutum* Koehler, 1898; *Gorgonocephalus cornutus* Koehler, 1897
分布：福建沿海，台湾海峡，广东南澳，海南东部。

3. 海盘属 *Astrodendrum* Döderlein, 1911

(1) 海盘 *Astrodendrum sagaminum* (Döderlein, 1902)

同物异名：*Gorgonocephalus sagaminum* Döderlein, 1902; *Gorgonocephalus sagaminus* Döderlein, 1902
分布：黄海，东海。

4. 腕蔓蛇尾属 *Astroglymma* Döderlein, 1927

(1) 刻腕蔓蛇尾 *Astroglymma sculptum* (Döderlein, 1896)

同物异名：*Astrodactylus robillardi* (de Loriol, 1899); *Astrodactylus sculptus* (Döderlein, 1896); *Astroglymma robillardi* (De Loriol, 1899); *Astroglymna sculptum* (Döderlein, 1896); *Astrophyton gracile* Koehler, 1905; *Astrophyton sculptum* Döderlein, 1896; *Gorgonocephalus robillardi* de Loriol, 1899
分布：台湾岛，香港，海南西南部；日本，印度尼西亚。

真蛇尾目 Ophiurida

棘蛇尾科 Ophiacanthidae Ljungman, 1867

1. 棘蛇尾属 *Ophiacantha* Müller & Troschel, 1842

(1) 戴氏棘蛇尾 *Ophiacantha dallasii* Duncan, 1879

同物异名：*Ophiacantha amelata* H. L. Clark, 1938; *Ophiacantha ameleta* H. L. Clark, 1938; *Ophiacantha gracilis* (Studer, 1882); *Ophiothamnus gracilis* Studer, 1882
分布：南海；日本，朝鲜半岛，印度尼西亚，菲律宾。

阳遂足科 Amphiuridae Ljungman, 1867

1. 三齿蛇尾属 *Amphiodia* Verrill, 1899

(1) 克氏三齿蛇尾 *Amphiodia (Amphispina) obtecta* Mortensen, 1940

同物异名：*Amphiodia (Amphispina) clarki* Liao, 2004; *Amphiodia clarki* Liao, 2004; *Amphiodia obtecta* Mortensen, 1940
分布：福建至北部湾。

(2) 细板三齿蛇尾 *Amphiodia* (*Amphispina*) *microplax* Burfield, 1924

同物异名：*Amphiodia microplax* Burfield, 1924
分布：台湾岛，北部湾，海南岛；红海，澳大利亚。

(3) 东方三齿蛇尾 *Amphiodia* (*Amphiodia*) *orientalis* Liao, 2004

同物异名：*Amphiodia orientalis* Liao, 2004
分布：广东硇州岛潮间带，北部湾。

(4) 独三齿蛇尾 *Amphiodia* (*Amphispina*) *loripes* (Koehler, 1922)

同物异名：*Amphiphdis loripes* Koehler, 1922
分布：南沙群岛；菲律宾，马达加斯加。

2. 倍棘蛇尾属 *Amphioplus* Verrill, 1899

(1) 钩倍棘蛇尾 *Amphioplus* (*Amphioplus*) *ancistrotus* Clark, 1911

同物异名：*Amphiodia ancistrota* H. L. Clark, 1911; *Amphioplus ancistrotus* (H.L. Clark, 1911); *Amphioplus lobatodes* H. L. Clark, 1915
分布：黄海南部，福建北部，台湾海峡；日本，朝鲜半岛。

(2) 弯刺倍棘蛇尾 *Amphioplus cyrtacanthus* H. L. Clark, 1915

同物异名：*Amphioplus* (*Amphioplus*) *cyrtacanthus* H. L. Clark, 1915
分布：广东东部，南海；菲律宾，马达加斯加。

(3) 洼颚倍棘蛇尾 *Amphioplus* (*Lymanella*) *depressus* (Ljungman, 1867)

同物异名：*Amphioplus depressa* (Ljungman, 1867); *Amphioplus depressus* (Ljungman, 1867); *Amphioplus relictus* (Koehler, 1898); *Amphipholis depressa* Ljungman, 1867; *Amphiura relicta* Koehler, 1898; *Ophiophragmus affinis* Duncan, 1887
分布：东海，台湾海峡，北部湾；印度-西太平洋。

(4) 广东倍棘蛇尾 *Amphioplus* (*Amphioplus*) *guangdongensis* Liao, 2004

同物异名：*Amphioplus guangdongensis* Liao, 2004
分布：南海。

(5) 印痕倍棘蛇尾 *Amphioplus* (*Amphichilus*) *impressus* (Ljungman, 1867)

同物异名：*Amphioplus* (*Amphichilus*) *cesareus* (Koehler, 1905); *Amphioplus* (*Amphioplus*) *impressa* (Ljungman, 1867); *Amphioplus* (*Amphioplus*) *impressus* (Ljungman, 1867); *Amphioplus impressus* (Ljungman, 1867); *Amphipholis impressa* Ljungman, 1867; *Amphiura cesarea* Koehler, 1905
分布：东海，台湾海峡，南海，南沙群岛。

(6) 中间倍棘蛇尾 *Amphioplus* (*Amphioplus*) *intermedius* (Koehler, 1905)

同物异名：*Amphioplus* (*Amphichilus*) *intermedius* (Koehler, 1905); *Amphioplus intermedius* (Koehler, 1905); *Amphiura intermedia* Koehler, 1905
分布：北部湾至广东东部。

(7) 日本倍棘蛇尾 *Amphioplus* (*Lymanella*) *japonicus* (Matsumoto, 1915)

同物异名：*Ophiophragmus japonicus* Matsumoto, 1915
分布：辽宁，山东，东海。

(8) 光滑倍棘蛇尾 *Amphioplus* (*Lymanella*) *laevis* (Lyman, 1874)

同物异名：*Amphioplus* (*Lymanella*) *megapomus* H. L. Clark, 1911; *Amphioplus bocki* Koehler, 1927; *Amphioplus laevis* (Lyman, 1874); *Amphioplus megapomus* H. L. Clark, 1911; *Amphioplus miyadii* Murakami, 1943; *Amphiura* (*Amphioplus*) *praestans* Koehler, 1905; *Amphiura laevis* Lyman, 1874; *Amphiura praestans* Koehler, 1905; *Ophiophragmus praestans* (Koehler, 1905)
分布：东海，台湾海峡，南海，南沙群岛。

(9) 光亮倍棘蛇尾 *Amphioplus (Amphioplus)* *lucidus* **Koehler, 1922**

同物异名：*Amphioplus lucidus* Koehler, 1922
分布：福建，台湾海峡，广东沿海，南沙群岛。

(10) 青岛倍棘蛇尾 *Amphioplus qingdaoensis* **Liao, 2004**

分布：山东青岛，江苏潮间带。

(11) 细腕倍棘蛇尾 *Amphioplus (Amphioplus)* *rhadinobrachius* **Clark, 1911**

同物异名：*Amphioplus rhadinobrachius* H. L. Clark, 1911
分布：东海。

(12) 中华倍棘蛇尾 *Amphioplus sinicus* **Liao, 2004**

分布：渤海，黄海，东海，南海。

(13) 三分倍棘蛇尾 *Amphioplus (Amphichilus)* *trichoides* **Matsumoto, 1917**

分布：浙江。

3. 双鳞蛇尾属 *Amphipholis* Ljungman, 1866

(1) 柯氏双鳞蛇尾 *Amphipholis kochii* **Lütken, 1872**

分布：辽宁大连，山东庙岛群岛；俄罗斯远东海域，日本，朝鲜半岛。

(2) 狭盾双鳞蛇尾 *Amphipholis procidens* **Koehler, 1930**

分布：广西北海；印度尼西亚。

(3) 清晰双鳞蛇尾 *Amphipholis sobrina* **Matsumoto, 1917**

分布：南海；日本。

(4) 小双鳞蛇尾 *Amphipholis squamata* **(Delle Chiaje, 1828)**

同物异名：*Amphioplus squamata* (Delle Chiaje, 1828); *Amphipholis appressa* Ljungman, 1872; *Amphipholis australiana* H. L. Clark, 1909; *Amphipholis elegans* (Farquhar, 1897); *Amphipholis japonica* Matsumoto, 1915; *Amphipholis kinbergi* Ljungman, 1872; *Amphipholis lineata* Ljungman, 1872; *Amphipholis minor* (Döderlein, 1910); *Amphipholis patagonica* Ljungman, 1872; *Amphipholis squamata tenuispina* (Ljungman, 1865); *Amphipholis tenera* (Lütken, 1856); *Amphipholis tenuispina* (Ljungman, 1865); *Amphipholis tissieri* Reys, 1961; *Amphiura elegans* (Leach, 1815); *Amphiura neglecta* Forbes, 1843; *Amphiura parva* Hutton, 1878; *Amphiura squamata* (Delle Chiaje, 1828); *Amphiura tenera* Lütken, 1856; *Amphiura tenuispina* Ljungman, 1865; *Asterias noctiluca* Viviani, 1805; *Asterias squamata* Delle Chiaje, 1828; *Axiognathus squamata* (Delle Chiaje, 1829); *Ophiactis minor* Döderlein, 1910; *Ophiolepis tenuis* Ayres, 1852; *Ophiura elegans* Leach, 1815
分布：中国沿海。

4. 阳遂足属 *Amphiura* Forbes, 1843

(1) 小指阳遂足 *Amphiura (Amphiura) digitula* **(H. L. Clark, 1911)**

同物异名：*Amphiodia digitula* H. L. Clark, 1911; *Amphiura digitula* (H. L. Clark, 1911); *Amphiura leptopholida* H. L. Clark, 1915; *Diamphiodia digitula* (H. L. Clark, 1911)
分布：东海，台湾海峡，南海东北部。

(2) 分歧阳遂足 *Amphiura divaricata* **Ljungman, 1867**

同物异名：*Amphiura (Amphiura) divaricata* Ljungman, 1867
分布：台湾海峡中部，北部湾。

(3) 奇异阳遂足 *Amphiura (Fellaria)* *ecnomiotata* **H. L. Clark, 1911**

同物异名：*Amphiura ecnomiotata* H. L. Clark, 1911; *Ophionephthys ecnomiotata* (H. L. Clark, 1911)
分布：北部湾。

(4) 朝鲜阳遂足 *Amphiura koreae* **Duncan, 1879**

同物异名：*Amphiura (Amphiura) koreae* Duncan, 1879
分布：黄海南部，东海；济州岛，日本。

(5) 刘氏阳遂足 *Amphiura (Fellaria) liui* **Liao, 2004**

分布：东海，南海。

(6) 邓氏阳遂足 *Amphiura (Amphiura) duncani* **Lyman, 1882**

同物异名：*Amphiura (Amphiura) luetkeni* Duncan, 1879; *Amphiura duncani* Lyman, 1882; *Amphiura leptolepis* Murakami, 1943; *Amphiura luetkeni* Duncan, 1879
分布：海南（三亚）；朝鲜半岛，日本，印度尼西亚，菲律宾，澳大利亚。

(7) 小盾阳遂足 *Amphiura (Amphiura) micraspis* **H. L. Clark, 1911**

同物异名：*Amphiura micraspis* H. L. Clark, 1911
分布：东海；日本。

(8) 细腕阳遂足 *Amphiura (Ophiopeltis) tenuis* **(H. L. Clark, 1938)**

同物异名：*Amphiura tenuis* (H. L. Clark, 1938); *Ophionephthys iranica* Mortensen, 1940; *Ophionephthys tenuis* H. L. Clark, 1938
分布：广东（湛江），海南（海口），广西；澳大利亚，马达加斯加。

(9) 滩栖阳遂足 *Amphiura (Fellaria) vadicola* **Matsumoto, 1915**

同物异名：*Amphiura vadicola* Matsumoto, 1915; *Ophionephthys vadicola* (Matsumoto, 1915)
分布：中国海域。

(10) 六腕阳遂足 *Amphiura (Amphiura) velox* **Koehler, 1910**

同物异名：*Amphioplus velox* Koehler, 1910; *Amphiura sexradiata* Koehler, 1930; *Amphiura velox* Koehler, 1910

分布：南海；印度尼西亚，菲律宾，澳大利亚，印度洋。

5. 道格拉蛇尾属 *Dougaloplus* A. M. Clark, 1970

(1) 道格拉蛇尾 *Dougaloplus echinatus* **(Ljungman, 1867)**

同物异名：*Amphioplus luctator* Koehler, 1922; *Ophiocnida echinata* (Ljungman, 1867); *Ophiophragmus echinatus* Ljungman, 1867; *Ophiostigma formosa* Lütken, 1872
分布：福建，台湾海峡，海南岛，中沙群岛；印度尼西亚，菲律宾，澳大利亚，红海。

6. 盘棘蛇尾属 *Ophiocentrus* Ljungman, 1867

(1) 异常盘棘蛇尾 *Ophiocentrus anomalus* **Liao, 1983**

分布：福建，台湾海峡，北部湾，南沙群岛。

(2) 不等盘棘蛇尾 *Ophiocentrus inaequalis* **(H. L. Clark, 1915)**

同物异名：*Amphiocnida inaequalis* H. L. Clark, 1915; *Amphiocnida inequalis* H. L. Clark, 1915; *Ophiocentrus inequalis* (H. L. Clark, 1915)
分布：香港，海南岛，中沙群岛。

(3) 克氏盘棘蛇尾 *Ophiocentrus koehleri* **Gislén, 1926**

分布：香港，北部湾；菲律宾，印度尼西亚。

(4) 蒲氏盘棘蛇尾 *Ophiocentrus putnami* **(Lyman, 1871)**

同物异名：*Amphiocnida putnami* (Lyman, 1871); *Ophiocnida putnami* Lyman, 1871
分布：香港。

7. 女神蛇尾属 *Ophionephthys* Lütken, 1869

(1) 女神蛇尾 *Ophionephthys difficilis* **(Duncan, 1887)**

同物异名：*Amphiodia (Amphiodia) picardi* Cherbonnier

& Guille, 1978; *Amphiodia picardi* Cherbonnier & Guille, 1978; *Amphioplus difficilis* (Duncan, 1887); *Ophiophragmus difficilis* Duncan, 1887

分布：浙江，福建，台湾海峡，广东大亚湾，北部湾。

8. 四齿蛇尾属 *Paramphichondrius* Guille & Wolff, 1984

(1) 四齿蛇尾 *Paramphichondrius tetradontus* Guille & Wolff, 1984

分布：东海，台湾海峡中部，北部湾。

辐蛇尾科 Ophiactidae Matsumoto, 1915

1. 辐蛇尾属 *Ophiactis* Lütken, 1856

(1) 近辐蛇尾 *Ophiactis affinis* Duncan, 1879

分布：黄海，东海，台湾海峡，南海；朝鲜半岛，日本，菲律宾。

(2) 棕线辐蛇尾 *Ophiactis fuscolineata* H. L. Clark, 1938

分布：台湾岛。

(3) 六棘辐蛇尾 *Ophiactis hexacantha* H. L. Clark, 1939

分布：西沙群岛，南沙群岛；马尔代夫群岛，红海。

(4) 大鳞辐蛇尾 *Ophiactis macrolepidota* Marktanner-Turneretscher, 1887

同物异名：*Ophiactis acosmeta* H. L. Clark, 1938; *Ophiactis delicata* H. L. Clark, 1915; *Ophiactis parva* Mortensen, 1926
分布：东海至北部湾；西印度洋，西太平洋。

(5) 平辐蛇尾 *Ophiactis modesta* Brock, 1888

分布：福建南部，台湾海峡，海南南部，西沙群岛，南沙群岛。

(6) 皮氏辐蛇尾 *Ophiactis picteti* (de Loriol, 1893)

同物异名：*Amphiactis picteti* (de Loriol, 1893); *Ophiactis*

sinensis Mortensen, 1934; *Ophiocnida picteti* de Loriol, 1893
分布：香港；马达加斯加，西印度洋。

(7) 辐蛇尾 *Ophiactis savignyi* (Müller & Troschel, 1842)

同物异名：*Ophiactis brocki* de Loriol, 1893; *Ophiactis conferta* Koehler, 1905; *Ophiactis incisa* v. Martens, 1870; *Ophiactis krebsii* Lütken, 1856; *Ophiactis maculosa* von Martens, 1870; *Ophiactis reinhardti* Lütken, 1859; *Ophiactis reinhardtii* Lütken, 1859; *Ophiactis savignyi* var. *lutea* H. L. Clark, 1938; *Ophiactis sexradia* (Grube, 1857); *Ophiactis versicolor* H. L. Clark, 1939; *Ophiactis virescens* Lütken, 1856; *Ophiolepis savignyi* Müller & Troschel, 1842; *Ophiolepis sexradia* Grube, 1857
分布：福建，台湾海峡，广东，海南岛，西沙群岛，南沙群岛。

2. 紫蛇尾属 *Ophiopholis* Müller & Troschel, 1842

(1) 短腕紫蛇尾 *Ophiopholis brachyactis* H. L. Clark, 1911

分布：东海；日本，朝鲜半岛。

(2) 紫蛇尾 *Ophiopholis mirabilis* (Duncan, 1879)

同物异名：*Ophiolepis mirabilis* Duncan, 1879
分布：黄海北部；日本，朝鲜半岛。

刺蛇尾科 Ophiotrichidae Ljungman, 1867

1. 裸刺蛇尾属 *Gymnolophus* Brock, 1888

(1) 隐板裸刺蛇尾 *Gymnolophus obscura* (Ljungman, 1867)

同物异名：*Gymnolophus holdsworthi* (E. A. Smith, 1887); *Ophioaethiops unicolor* Brock, 1888; *Ophiocnemis obscura* Ljungman, 1867; *Ophiohelix elegans* Koehler, 1895; *Ophiolophus complanatus* Koehler, 1930;

Ophiothela holdsworthii E. A. Smith, 1878
分布：海南（三亚）；斯里兰卡，马尔代夫群岛，印度尼西亚，菲律宾，澳大利亚。

2. 大刺蛇尾属 *Macrophiothrix* H. L. Clark, 1938

(1) 毛大刺蛇尾 *Macrophiothrix capillaris* (Lyman, 1879)

同物异名：*Ophiothrix capillaris* Lyman, 1879
分布：海南东部，南沙群岛；菲律宾，印度尼西亚，澳大利亚。

(2) 中大刺蛇尾 *Macrophiothrix demessa* (Lyman, 1861)

同物异名：*Amphiophiothrix demessa* (Lyman, 1861); *Macrophiothrix coronata* (Koehler, 1905); *Macrophiothrix mossambica* J. B Balinsky, 1957; *Ophiothrix coronata* Koehler, 1905; *Ophiothrix demessa* Lyman, 1861; *Ophiothrix mauritiensis* de Loriol, 1893
分布：西沙群岛，南沙群岛；印度-西太平洋。

(3) 铠大刺蛇尾 *Macrophiothrix galatheae* (Lütken, 1872)

同物异名：*Ophiothrix galatheae* Lütken, 1872
分布：西沙群岛。

(4) 长大刺蛇尾 *Macrophiothrix longipeda* (Lamarck, 1816)

同物异名：*Macrophiothrix picturata* (de Loriol, 1893); *Ophiothrix longipeda* (Lamarck, 1816); *Ophiothrix microplax* Bell, 1884; *Ophiothrix picturatus* de Loriol, 1893; *Ophiothrix punctolimbata* von Martens, 1870; *Ophiura longipeda* Lamarck, 1816
分布：广东，海南南部，西沙群岛，南沙群岛；印度-西太平洋。

(5) 细大刺蛇尾 *Macrophiothrix lorioli* A. M. Clark, 1968

分布：西沙群岛，南沙群岛；印度-西太平洋。

(6) 亲近大刺蛇尾 *Macrophiothrix propinqua* (Lyman, 1861)

同物异名：*Macrophiothrix bedoti* (de Loriol, 1893); *Acrophiothrix schmidti* (Djakonov, 1930); *Ophiothrichoides propinqua* (Lyman, 1861); *Ophiothrix* (*Keystonea*) *propinqua* Lyman, 1861; *Ophiothrix* (*Placophiothrix*) *westwardi* Devaney, 1974; *Ophiothrix bedoti* de Loriol, 1893; *Ophiothrix propinqua* Lyman, 1861; *Ophiothrix schmidti* Djakonov, 1930; *Ophiothrix triloba* von Martens, 1870; *Ophiotrichoides propinqua* (Lyman, 1861)
分布：海南岛，西沙群岛；印度-西太平洋。

(7) 罗氏大刺蛇尾 *Macrophiothrix robillardi* (de Loriol, 1893)

同物异名：*Macrophiothrix rugosa* H. L. Clark, 1938; *Ophiothrix robillardi* de Loriol, 1893
分布：西沙群岛，南沙群岛；印度-西太平洋。

(8) 单色大刺蛇尾 *Macrophiothrix coerulea* (Djakonov, 1930)

同物异名：*Macrophiothrix longimana* (Djakonov, 1930); *Macrophiothrix unicolor* Liao, 1978; *Ophiothrix coerulea* Djakonov, 1930; *Ophiothrix longimana* Djakonov, 1930
分布：西沙群岛（永兴岛）。

(9) 变异大刺蛇尾 *Macrophiothrix variabilis* (Duncan, 1887)

同物异名：*Ophiothrix variabilis* Duncan, 1887
分布：台湾海峡，香港，北部湾；印度，菲律宾，澳大利亚。

(10) 混血大刺蛇尾 *Macrophiothrix hybrida* (H. L. Clark, 1915)

同物异名：*Ophiothrix* (*Placophiothrix*) *hybrida* H. L. Clark, 1915; *Ophiothrix hybrida* H. L. Clark, 1915
分布：台湾岛，香港，西沙群岛，南沙群岛。

(11) 美妙大刺蛇尾 *Macrophiothrix nereidina* (Lamarck, 1816)

同物异名：*Ophiothrix* (*Keystonea*) *nereidina* (Lamarck,

1816); *Ophiothrix andersoni* Duncan, 1887; *Ophiothrix cataphracta* Martens, 1870; *Ophiothrix nereidina* (Lamarck, 1816); *Ophiotrichoides nereidina* (Lamarck, 1816); *Ophiura nereidina* Lamarck, 1816
分布：西沙群岛。

(12) 条纹大刺蛇尾 *Macrophiothrix striolata* (Grube, 1868)

同物异名：*Ophiopteron punctocaeruleum* Koehler, 1905; *Ophiopteron punctocoeruleum* Koehler, 1905; *Ophiothrix (Placophiothrix) striolata* Grube, 1868; *Ophiothrix striolata* Grube, 1868; *Placophiothrix striolata* (Grube, 1868)
分布：福建，台湾岛，广东，南沙群岛。

3. 瘤蛇尾属 *Ophiocnemis* Müller & Troschel, 1842

(1) 斑瘤蛇尾 *Ophiocnemis marmorata* (Lamarck, 1816)

同物异名：*Ophiothrix clypeata* Ljungman, 1866; *Ophiura marmorata* Lamarck, 1816
分布：东海，南海。

4. 裸蛇尾属 *Ophiogymna* Ljungman, 1866

(1) 美丽裸蛇尾 *Ophiogymna elegans* Ljungman, 1866

同物异名：*Ophiocampsis inermis* Koehler, 1905
分布：广东，南海，北部湾，海南岛。

(2) 美点裸蛇尾 *Ophiogymna pulchella* (Koehler, 1905)

同物异名：*Ophiothrix pulchella* Koehler, 1905
分布：海南岛至广东东部，北部湾。

(3) 盖皮裸蛇尾 *Ophiogymna pellicula* (Duncan, 1887)

同物异名：*Ophiocampsis pellicula* Duncan, 1887; *Ophiogymna fulgens* (Koehler, 1905); *Ophiothrix fulgens* Koehler, 1905; *Ophiothrix macrobrachia* H.L. Clark, 1911; *Placophiothrix phrixa* H.L. Clark, 1939

分布：东海，南海；印度-西太平洋。

5. 板蛇尾属 *Ophiomaza* Lyman, 1871

(1) 棕板蛇尾 *Ophiomaza cacaotica* Lyman, 1871

同物异名：*Ophiomaza cacaotica picta* Koehler, 1895; *Ophiomaza kanekoi* Matsumoto, 1917
分布：福建，台湾海峡，广东，海南岛，北部湾，西沙群岛，南沙群岛。

6. 鳍棘蛇尾属 *Ophiopteron* Ludwig, 1888

(1) 美鳍棘蛇尾 *Ophiopteron elegans* Ludwig, 1888

分布：广东，海南岛，北部湾，南沙群岛，中沙群岛。

7. 疣蛇尾属 *Ophiothela* Verrill, 1867

(1) 锦疣蛇尾 *Ophiothela mirabilis* Verrill, 1867

同物异名：*Ophiothela caerulea* H. L. Clark, 1915; *Ophiothela coerulea* H. L. Clark, 1915; *Ophiothela danae involuta* Koehler, 1898; *Ophiothela dividua* von Martens, 1879; *Ophiothela hadra* H. L. Clark, 1915; *Ophiothela involuta* Koehler, 1898; *Ophiothela isidicola* Lütken, 1872; *Ophiothela verrilli* Duncan, 1879; *Ophiothrix danae* (Koehler, 1898)
分布：福建，台湾海峡，广东，海南岛，西沙群岛，南沙群岛。

8. 刺蛇尾属 *Ophiothrix* Müller & Troschel, 1840

(1) 黑棘刺蛇尾 *Ophiothrix (Acanthophiothrix) scotiosa* Murakami, 1943

同物异名：*Ophiothrix scotiosa* Murakami, 1943
分布：西沙群岛。

(2) 星刺蛇尾 *Ophiothrix (Ophiothrix) ciliaris* (Lamarck, 1816)

同物异名：*Ophiothrix acestra* H. L. Clark, 1909; *Ophiothrix carinata* von Martens, 1870; *Ophiothrix*

ciliaris Müller & Troschel, 1842; *Ophiothrix melanogramma* Bell, 1884; *Ophiothrix stabilis* Koehler, 1904; *Ophiothrix stelligera* Lyman, 1874
分布：福建南部，台湾海峡，广东，海南岛，北部湾。

(3) 小刺蛇尾 *Ophiothrix* (*Ophiothrix*) *exigua* Lyman, 1874

同物异名：*Ophiothrix* (*Ophiothrix*) *marenzelleri* Koehler, 1904; *Ophiothrix exigua* Lyman, 1874; *Ophiothrix hylodes* H. L. Clark, 1911; *Ophiothrix marenzelleri* Koehler, 1904; *Ophiothrix stelligera* Lyman, 1874 sensu Marktanner-Turneretscher, 1887
分布：福建，台湾海峡，广东，海南岛，南沙群岛，曾母暗沙。

(4) 朝鲜刺蛇尾 *Ophiothrix* (*Ophiothrix*) *koreana* Duncan, 1879

同物异名：*Ophiothrix eusteira* H. L. Clark, 1911; *Ophiothrix koreana* Duncan, 1879
分布：东海，南海。

(5) 平板刺蛇尾 *Ophiothrix* (*Ophiothrix*) *plana* Lyman, 1874

同物异名：*Ophiothrix plana* Lyman, 1874
分布：福建，台湾岛，广东，海南岛，南沙群岛。

(6) 海神刺蛇尾 *Ophiothrix* (*Acanthophiothrix*) *proteus* Koehler, 1905

同物异名：*Ophiothrix proteus* Koehler, 1905; *Placophiothrix proteus* (Koehler, 1905)
分布：东海，南海。

(7) 紫刺蛇尾 *Ophiothrix* (*Acanthophiothrix*) *purpurea* von Martens, 1867

同物异名：*Ophiothrix fallax* de Loriol, 1893; *Ophiothrix lorioli* Döderlein, 1896; *Ophiothrix purpurea* von Martens, 1867; *Placophiothrix purpurea* (von Martens, 1867)
分布：中沙群岛，南沙群岛。

(8) 小泰阿刺蛇尾 *Ophiothrix* (*Theophrix*) *pusilla* Lyman, 1874

同物异名：*Ophiothrix pusilla* Lyman, 1874
分布：中沙群岛，菲律宾，印度尼西亚，澳大利亚。

(9) 三带刺蛇尾 *Ophiothrix* (*Ophiothrix*) *trilineata* Lütken, 1869

同物异名：*Ophiothrix trilineata* Lütken, 1869; *Ophiothrix tristis* de Loriol, 1893; *Placophiothrix trilineata* (Lütken, 1869)
分布：台湾岛，南沙群岛，西沙群岛。

(10) 绿条刺蛇尾 *Ophiothrix* (*Acanthophiothrix*) *viridialba* von Martens, 1867

同物异名：*Ophiothrix viridialba* von Martens, 1867
分布：东海。

栉蛇尾科 Ophiocomidae Ljungman, 1867

1. 腕栉蛇尾属 *Breviturma* Stöhr, Boissin & Hoareau, 2013

(1) 短腕栉蛇尾 *Breviturma brevipes* (Peters, 1851)

同物异名：*Ophiocoma* (*Breviturma*) *brevipes* Peters, 1851; *Ophiocoma brevipes* Peters, 1851; *Ophiocoma brevispinosa* Smith, 1876; *Ophiopeza danbyi* Farquhar, 1897
分布：台湾岛，海南岛，西沙群岛。

(2) 齿腕栉蛇尾 *Breviturma dentata* (Müller & Troschel, 1842)

同物异名：*Ophiocoma* (*Breviturma*) *dentata* Müller & Troschel, 1842; *Ophiocoma brevipes dentata* (H. L. Clark, 1921); *Ophiocoma brevipes doederleini* (H. L. Clark, 1921); *Ophiocoma brevipes* var. *insularia* Lyman, 1862; *Ophiocoma brevipes* var. *variegata* Smith, 1876; *Ophiocoma dentata* Müller & Troschel, 1842; *Ophiocoma insularia* Lyman, 1861; *Ophiocoma ternispina* von Martens, 1870; *Ophiocoma variegata* E.

A. Smith, 1876

分布：台湾岛，海南岛，西沙群岛。

(3) 杜氏腕栉蛇尾 *Breviturma doederleini* (de Loriol, 1899)

同物异名：*Ophiocoma* (*Breviturma*) *doederleini* de Loriol, 1899; *Ophiocoma doederleini* de Loriol, 1899

分布：西沙群岛。

(4) 画腕栉蛇尾 *Breviturma pica* (Müller & Troschel, 1842)

同物异名：*Ophiocoma lineolata* Müller & Troschel, 1842; *Ophiocoma sannio* Lyman, 1861

分布：台湾岛，海南岛，西沙群岛；印度-西太平洋。

(5) 细腕栉蛇尾 *Breviturma pusilla* (Brock, 1888)

同物异名：*Ophiocoma latilanxa* Murakami, 1943; *Ophiomastix pusilla* Brock, 1888

分布：海南岛，西沙群岛。

2. 栉蛇尾属 *Ophiocoma* L. Agassiz, 1836

(1) 黑栉蛇尾 *Ophiocoma erinaceus* Müller & Troschel, 1842

同物异名：*Ophiocoma similanensis* Bussarawit & Rowe, 1985; *Ophiocoma tartarea* Lyman, 1861

分布：台湾岛，海南南部地区，西沙群岛。

(2) 蜈蚣栉蛇尾 *Ophiocoma scolopendrina* (Lamarck, 1816)

同物异名：*Ophiocoma alternans* von Martens, 1870; *Ophiocoma lubrica* Koehler, 1898; *Ophiocoma molaris* Lyman, 1861; *Ophiocoma variabilis* Grube, 1857; *Ophiura scolopendrina* Lamarck, 1816

分布：台湾岛，海南南部海区，西沙群岛。

3. 小栉蛇尾属 *Ophiocomella* A. H. Clark, 1939

(1) 小栉蛇尾 *Ophiocomella sexradia* (Duncan, 1887)

同物异名：*Amphiacantha dividua* Matsumoto, 1917;

Amphilimna sexradia (Duncan, 1887); *Dougaloplus dividua* (Matsumoto, 1917); *Dougaloplus sexradia* (Duncan, 1887); *Ophiocnida sexradia* Duncan, 1887; *Ophiocoma parva* H. L. Clark, 1915; *Ophiocomella clippertoni* A. H. Clark, 1939; *Ophiocomella parva* (H. L. Clark, 1915); *Ophiocomella schultzi* A. H. Clark, 1941; *Ophiomastix sexradiata* A. H. Clark, 1952

分布：海南岛，西沙群岛，南沙群岛；印度-西太平洋。

4. 鞭蛇尾属 *Ophiomastix* Müller & Troschel, 1842

(1) 环棘鞭蛇尾 *Ophiomastix annulosa* (Lamarck, 1816)

同物异名：*Ophiura annulosa* Lamarck, 1816

分布：台湾岛，海南岛，西沙群岛。

(2) 混棘鞭蛇尾 *Ophiomastix mixta* Lütken, 1869

分布：香港，海南岛，西沙群岛。

(3) 变异鞭蛇尾 *Ophiomastix variabilis* Koehler, 1905

同物异名：*Ophiomastix bispinosa* H. L. Clark, 1917; *Ophiomastix notabilis* H. L. Clark, 1938

分布：海南岛，中沙群岛。

(4) 秀丽鞭蛇尾 *Ophiomastix elegans* (Peters, 1851)

同物异名：*Ophiarthrum elegans unicolor* H. L. Clark, 1932; *Ophiarthrum elegans* var. *unicolor* H. L. Clark, 1932

分布：海南南部海区，西沙群岛；印度-西太平洋。

(5) 彩鞭蛇尾 *Ophiomastix pictum* (Müller & Troschel, 1842)

同物异名：*Ophiocoma picta* Müller & Troschel, 1842

分布：台湾岛，西沙群岛；印度-西太平洋。

5. 棒鳞蛇尾属 *Ophiopsila* Forbes, 1843

(1) 脆棒鳞蛇尾 *Ophiopsila abscissa* Liao, 1982

分布：广东，北部湾。

(2) 豹斑棒鳞蛇尾 *Ophiopsila pantherina* Koehler, 1898

同物异名：*Ophiopsila gilletti* Kingston, 1980
分布：台湾岛，北部湾；印度-西太平洋。

(3) 多棘棒鳞蛇尾 *Ophiopsila polyacantha* H. L. Clark, 1915

分布：台湾岛。

蜒蛇尾科 Ophionereididae Ljungman, 1867

1. 铠蛇尾属 *Ophiochiton* Lyman, 1878

(1) 脊铠蛇尾 *Ophiochiton fastigatus* Lyman, 1878

同物异名：*Ophiochiton carinatus* Lütken & Mortensen, 1899; *Ophiochiton solutum* Koehler, 1906
分布：东海，南海，海南东部海区；日本，菲律宾。

2. 蜒蛇尾属 *Ophionereis* Lütken, 1859

(1) 花蜒蛇尾 *Ophionereis variegata* Duncan, 1879

分布：海南南部海区；红海，日本，朝鲜半岛，印度尼西亚。

(2) 厦门蜒蛇尾 *Ophionereis dubia amoyensis* A. M. Clark, 1953

同物异名：*Ophionereis amoyensis* A. M. Clark, 1953
分布：福建，广东，香港，海南岛。

(3) 蜒蛇尾 *Ophionereis dubia dubia* (Müller & Troschel, 1842)

同物异名：*Ophiocrasis dictydisca* H. L. Clark, 1911; *Ophiocrasis marktanneri* Matsumoto, 1915; *Ophiolepis dubia* Müller & Troschel, 1842; *Ophionereis dictydisca* (H. L. Clark, 1911); *Ophionereis dubia* (Müller & Troschel, 1842); *Ophionereis dubia dubai* (Müller & Troschel, 1842); *Ophionereis dubia sinensis* Duncan, 1879; *Ophionereis dubia* var. *sinensis* Duncan, 1879; *Ophionereis stigma* H. L. Clark, 1938
分布：福建，广东，西沙群岛。

(4) 宽腕蜒蛇尾 *Ophionereis eurybrachiplax* H. L. Clark, 1911

分布：东海；北太平洋。

(5) 广蜒蛇尾 *Ophionereis porrecta* Lyman, 1860

同物异名：*Ophionereis aplacophora* Murakami, 1943; *Ophionereis crassipinna* Ljungman, 1867; *Ophionereis crassispina* Ljungman, 1867; *Ophionereis sophiae* Brock, 1888; *Ophionereis squamata* Ljungman, 1867
分布：台湾岛，西沙群岛，南沙群岛。

黏蛇尾科 Ophiomyxidae Ljungman, 1867

1. 蜘蛇尾属 *Ophiarachna* Müller & Troschel, 1842

(1) 厚蜘蛇尾 *Ophiarachna incrassata* (Lamarck, 1816)

同物异名：*Ophiocoma ocellata* Martens, 1867; *Ophiura incrassata* Lamarck, 1816
分布：台湾岛，南沙群岛；印度-西太平洋。

(2) 大岛蜘蛇尾 *Ophiarachna ohshimai* Murakami, 1943

分布：西沙群岛，南沙群岛；日本。

2. 锥粒蛇尾属 *Ophioconis* Lütken, 1869

(1) 环带锥粒蛇尾 *Ophioconis cincta* Brock, 1888

同物异名：*Ophiurodon cinctum* (Brock, 1888)
分布：广东，海南岛。

皮蛇尾科 Ophiodermatidae Ljungman, 1867

1. 蛛蛇尾属 *Ophiarachnella* Ljungman, 1872

(1) 绿蛛蛇尾 *Ophiarachnella gorgonia* (Müller & Troschel, 1842)

同物异名：*Ophiarachna gorgonia* Müller & Troschel, 1842; *Pectinura gorgonia* (Müller & Troschel, 1842); *Pectinura intermedia* Bell, 1888; *Pectinura marmorata* Lyman, 1874; *Pectinura megaloplax* Bell, 1884; *Pectinura venusta* de Loriol, 1893
分布：台湾岛，香港，广东，西沙群岛，海南岛。

(2) 亚蛛蛇尾 *Ophiarachnella infernalis* (Müller & Troschel, 1842)

同物异名：*Ophiarachna infernalis* Müller & Troschel, 1842; *Pectinura infernalis* Koehler, 1905
分布：香港，海南南部，南沙群岛。

(3) 寡棘蛛蛇尾 *Ophiarachnella paucispina* (Koehler, 1905)

同物异名：*Pectinura paucispina* Koehler, 1905
分布：海南岛，中沙群岛；印度尼西亚。

(4) 扁棘蛛蛇尾 *Ophiarachnella planispina* Liao, 2004

分布：南海。

2. 分盾蛇尾属 *Ophiochasma* Grube, 1866

(1) 星形分盾蛇尾 *Ophiochasma stellata* (Ljungman, 1867)

同物异名：*Ophiarachna stellata* Ljungman, 1867; *Ophiarachnella nitens* (Koehler, 1905); *Ophiochasma adspersa* Grube, 1868; *Ophiochasma stellatum* (Ljungman, 1867); *Ophiopinax stellatus* Bell, 1884; *Pectinura nitens* Koehler, 1905; *Pectinura stellata* (Ljungman, 1867)
分布：南沙群岛；印度尼西亚，菲律宾，澳大利亚。

3. 疹蛇尾属 *Ophiopsammus* Lütken, 1869

(1) 亲近疹蛇尾 *Ophiopsammus anchista* (H. L. Clark, 1911)

同物异名：*Ophiopeza anchista* (H. L. Clark, 1911); *Pectinura anchista* H. L. Clark, 1911
分布：东海；日本。

(2) 约氏疹蛇尾 *Ophiopsammus yoldii* (Lütken, 1856)

同物异名：*Ophiopeza conjugens* Bell, 1884; *Ophiopeza yoldii* Lütken, 1856; *Ophiopsammus yoldi* (Lütken, 1856); *Pectinura yoldii* (Lütken, 1856)
分布：南沙群岛；孟加拉湾，澳大利亚，菲律宾，印度尼西亚。

4. 泡板蛇尾属 *Ophiocypris* Koehler, 1930

(1) 疣泡板蛇尾 *Ophiocypris tuberculosus* Koehler, 1930

分布：东海；印度尼西亚。

鳞蛇尾科 Ophiolepididae Ljungman, 1867

1. 鳞蛇尾属 *Ophiolepis* Müller & Troschel, 1840

(1) 围带鳞蛇尾 *Ophiolepis cincta cincta* Müller & Troschel, 1842

同物异名：*Ophioelegans cincta* (Müller & Troschel, 1842); *Ophiolepis cincta* Müller & Troschel, 1842; *Ophiolepis garretti* Lyman, 1861
分布：海南岛，西沙群岛；印度-西太平洋。

(2) 黄鳞蛇尾 *Ophiolepis superba* H. L. Clark, 1915

同物异名：*Ophiolepis annulosa* (de Blainville, 1834); *Ophiura annulosa* de Blainville, 1834
分布：海南南部海区，西沙群岛；印度-西太平洋。

半蔓蛇尾科 Hemieuyalidae

1. 片蛇尾属 *Ophioplocus* Lyman, 1861

(1) 迭鳞片蛇尾 *Ophioplocus imbricatus* (Müller & Troschel, 1842)

同物异名：*Ophiolepis imbricata* Müller & Troschel, 1842; *Ophiolepis imbricatus* Müller & Troschel, 1842; *Ophioplocus imbricata* (Müller & Troschel, 1842); *Ophioplocus tessellatus* Lyman, 1861
分布：台湾岛，海南南部海区，广西涠洲岛。

(2) 日本片蛇尾 *Ophioplocus japonicus* H. L. Clark, 1911

分布：福建，台湾海峡，广东。

2. 仿带蛇尾属 *Ophiozonoida* H. L. Clark, 1915

(1) 短腕仿带蛇尾 *Ophiozonoida brevipes* (Liao, 1978)

同物异名：*Ophiotylos brevipes* Liao, 1978
分布：西沙珊瑚礁。

苍蛇尾科 Ophioleucidae Matsumoto, 1915

1. 苍蛇尾属 *Ophioleuce* Koehler, 1904

(1) 半裸苍蛇尾 *Ophioleuce seminudum* Koehler, 1904

同物异名：*Ophiocirce inutilis* Koehler, 1904; *Ophiocirce inutilis spinosa* Guille & Jangoux, 1978; *Ophiocirce mabahithae* Mortensen, 1939; *Ophiocircus inutilis* Koehler, 1904; *Ophiocten charischema* H. L. Clark, 1911; *Ophioleuce charischema* (Clark, 1911)
分布：东海，海南东部、南部海区，南沙群岛。

真蛇尾科 Ophiuridae Müller & Troschel, 1840

1. 真蛇尾属 *Ophiura* Lamarck, 1801

(1) 金氏真蛇尾 *Ophiura kinbergi* Ljungman, 1866

同物异名：*Ophioglypha ferruginea* Lyman, 1878; *Ophioglypha kinbergi* Ljungman, 1866; *Ophioglypha sinensis* Lyman, 1871; *Ophiolepis kinbergi* (Ljungman, 1866); *Ophiura* (*Dictenophiura*) *kinbergi* (Ljungman, 1866); *Ophiura* (*Ophiuroglypha*) *kinbergi* Ljungman, 1866
分布：中国各海区；印度-西太平洋。

(2) 翼棘真蛇尾 *Ophiura lanceolata* H. L. Clark, 1939

分布：南海东北部；马尔代夫群岛。

(3) 小棘真蛇尾 *Ophiura micracantha* H. L. Clark, 1911

同物异名：*Gymnophiura micracantha* (H. L. Clark, 1911)
分布：东海，南海。

(4) 翅棘真蛇尾 *Ophiura pteracantha* Liao, 1982

分布：广东大亚湾，北部湾，南沙群岛。

(5) 浅水萨氏真蛇尾 *Ophiura sarsii vadicola* Djakonov, 1954

同物异名：*Ophiura vadicola* Djakonov, 1954
分布：黄海北部、中部。

2. 盖蛇尾属 *Stegophiura* Matsumoto, 1915

(1) 司氏盖蛇尾 *Stegophiura sladeni* (Duncan, 1879)

同物异名：*Ophioglypha sladeni* Duncan, 1879; *Ophiura stiphra* H. L. Clark, 1911
分布：黄海；俄罗斯远东海域，日本，朝鲜半岛。

(2) 胎生盖蛇尾 *Stegophiura vivipara*
Matsumoto, 1915

分布：东海，南海；日本。

海胆亚门 Echinozoa

海胆纲 Echinoidea

头帕目 Cidaroida

头帕科 Cidaridae Gray, 1825

1. 真头帕属　*Eucidaris* Pomel, 1883

(1) 冠棘真头帕 *Eucidaris metularia* **(Lamarck, 1816)**

同物异名：*Cidaris (Dorocidaris) metularia* (Lamarck, 1816); *Cidaris (Eucidaris) metularia* (Lamarck, 1816); *Cidaris (Gymnocidaris) metularia* (Lamarck, 1816); *Cidaris mauri* Lambert & Thiéry, 1910; *Cidaris metularia* (Lamarck, 1816); *Cidarites metularia* Lamarck, 1816; *Gymnocidaris metularia* (Lamarck, 1816); *Gymnocidaris minor* A. Agassiz, 1863

分布：台湾岛，海南南部，西沙群岛，南沙群岛；印度-西太平洋。

2. 锯头帕属　*Prionocidaris* A. Agassiz, 1863

(1) 棒棘锯头帕 *Prionocidaris baculosa* **(Lamarck, 1816)**

同物异名：*Cidaris (Cidaris) baculosa* (Lamarck, 1816); *Cidaris (Leiocidaris) baculosa* (Lamarck, 1816); *Cidaris (Rhabdocidaris) baculosa* (Lamarck, 1816); *Cidaris baculosa* (Lamarck, 1816); *Cidaris krohnii* L. Agassiz in L. Agassiz & Desor, 1846; *Cidaris lima* Valenciennes, 1847; *Cidaris ornata* Gray, 1855; *Cidarites baculosa* Lamarck, 1816; *Leiocidaris baculosa* (Lamarck, 1816); *Leiocidaris cidaris* Lambert & Thiéry, 1910; *Phyllacanthus baculosa* (Lamarck, 1816); *Phyllacanthus baculosus* (Lamarck, 1816); *Rhabdocidaris baculosa* (Lamarck, 1816); *Schleinitzia crenularis* Studer, 1876

分布：台湾岛，海南岛，南沙群岛；印度-西太平洋。

3. 链头帕属　*Plococidaris* Mortensen, 1909

(1) 轮棘链头帕 *Plococidaris verticillata* **(Lamarck, 1816)**

同物异名：*Cidaris (Cidaris) verticillata* (Lamarck, 1816); *Cidaris (Leiocidaris) verticillata* (Lamarck, 1816); *Cidaris (Stephanocidaris) verticillata* (Lamarck, 1816); *Cidaris verticillata* (Lamarck, 1816); *Cidarites verticillata* Lamarck, 1816; *Leiocidaris verticillata* (Lamarck, 1816); *Lhyllacanthus verticillata* (Lamarck, 1816); *Peiocidaris verticillata* (Lamarck, 1816); *Phyllacanthus verticillata* (Lamarck, 1816); *Phyllacanthus verticillatus* (Lamarck, 1816); *Prionocidaris verticillata* (Lamarck, 1816); *Rhabdocidaris verticillata* (Lamarck, 1816)

分布：台湾岛，南沙群岛。

4. 柄头帕属　*Stylocidaris* Mortensen, 1909

(1) 环棘柄头帕 *Stylocidaris annulosa* **Mortensen, 1927**

分布：海南东部，南沙群岛；菲律宾。

(2) 歧刺柄头帕 *Stylocidaris reini* **(Döderlein, 1887)**

同物异名：*Cidaris (Dorocidaris) reini* Döderlein, 1887; *Cidaris reini* Döderlein, 1887; *Discocidaris reini* (Döderlein, 1887); *Tretocidaris reini* (Döderlein, 1887)

分布：台湾岛，南海东北部，南沙群岛；菲律宾，印度尼西亚，澳大利亚，日本。

5. 角头帕属　*Goniocidaris* Desor in Agassiz & Desor, 1846

(1) 双列角头帕 *Goniocidaris (Petalocidaris) biserialis* **(Döderlein, 1885)**

同物异名：*Cidaris (Goniocidaris) biserialis* (Döderlein, 1885); *Goniocidaris biserialis* (Döderlein, 1885); *Stephanocidaris biserialis* Döderlein, 1885

分布：东海大陆架，台湾岛；朝鲜半岛，日本。

柔海胆目 Echinothurioida

柔海胆科 Echinothuriidae Thomson, 1872

1. 软海胆属 *Araeosoma* Mortensen, 1903

(1) 裸软海胆 *Araeosoma owstoni* Mortensen, 1904

同物异名：*Araeosoma owsteni* Mortensen, 1904
分布：东海大陆架，台湾岛，海南清澜港东南区，南沙群岛；朝鲜半岛，日本，菲律宾。

2. 囊海胆属 *Asthenosoma* Grube, 1868

(1) 饭岛囊海胆 *Asthenosoma ijimai* Yoshiwara, 1897

分布：东海；日本，印度尼西亚。

(2) 变异囊海胆 *Asthenosoma varium* Grube, 1868

同物异名：*Asthenosoma grubei* A. Agassiz, 1879; *Asthenosoma heteractis* Bedford, 1900; *Asthenosoma urens* (Sarens, 1886); *Cyanosoma urens* Sarasin, 1886
分布：南海，南沙群岛；红海，斯里兰卡，菲律宾，印度尼西亚。

管齿目 Aulodonta

冠海胆科 Diadematidae Gray, 1855

1. 星肛海胆属 *Astropyga* Gray, 1825

(1) 辐星肛海胆 *Astropyga radiata* (Leske, 1778)

同物异名：*Astropyga elastica* Bell, 1876; *Astropyga freudenbergi* Sarasin, 1887; *Astropyga major* (Seba, 1734); *Astropyga mossambica* Peters, 1853; *Cidaris radiata* Leske, 1778; *Cidarites radiata* (Leske, 1778); *Diadema radiatum* (Leske, 1778); *Echinus radiatus* (Leske, 1778); *Echionanthus major* Seba, 1734
分布：台湾岛，北部湾，海南岛，南沙群岛；印度-西太平洋。

2. 毛冠海胆属 *Chaetodiadema* Mortensen, 1903

(1) 粒毛冠海胆 *Chaetodiadema granulatum* Mortensen, 1903

同物异名：*Chaetodiadema sundararaji* Devanesen, 1930
分布：台湾海峡中部，广东，北部湾；印度-西太平洋。

(2) 日本毛冠海胆 *Chaetodiadema japonicum* Mortensen, 1904

同物异名：*Astropyga japonica* (Mortensen, 1904)
分布：东海大陆架，南海；日本。

3. 冠海胆属 *Diadema* Gray, 1825

(1) 蓝环冠海胆 *Diadema savignyi* (Audouin, 1809)

同物异名：*Centrechinus savignyi* (Audouin, 1809); *Centrostephanus savignyi* (Audouin, 1809); *Cidarites savignyi* Audouin, 1809; *Diadema globulosum* A. Agassiz, 1863
分布：台湾岛，香港，海南（新村），西沙群岛；印度-西太平洋。

(2) 刺冠海胆 *Diadema setosum* (Leske, 1778)

同物异名：*Centrechinus* (*Diadema*) *setosus* (Leske, 1778); *Centrechinus setosus* (Leske, 1778); *Cidarites diadema* (Gmelin, 1791); *Diadema lamarcki* (Gmelin, 1791); *Diadema nudum* A. Agassiz, 1864; *Diadema saxatile* (Linnaeus, 1758)
分布：台湾岛，广东，海南岛，西沙群岛，南沙群岛；印度-西太平洋。

4. 刺棘海胆属 *Echinothrix* Peters, 1853

(1) 环刺棘海胆 *Echinothrix calamaris* (Pallas, 1774)

同物异名：*Astropyga calamaria* (Pallas, 1774); *Astropyga desorii* L. Agassiz in L. Agassiz & Desor, 1846; *Cidaris calamaria* (Pallas, 1774); *Cidaris calamaris* (Pallas, 1774); *Cidarites calamaria* (Pallas, 1774); *Diadema calamare* (Pallas, 1774); *Diadema calamaria*

(Pallas, 1774); *Diadema calamarium* (Pallas, 1774); *Diadema desori* (L. Agassiz in L. Agassiz & Desor, 1846); *Diadema frappieri* (Michelin, 1862); *Echinothrix aequalis* (Gray, 1855); *Echinothrix annellata* Peters, 1853; *Echinothrix aperta* A. Agassiz, 1863; *Echinothrix clavata* (Gray, 1855); *Echinothrix desori* (L. Agassiz in L. Agassiz & Desor, 1846); *Echinothrix desorii* (L. Agassiz in L. Agassiz & Desor, 1846); *Echinothrix scutata* A. Agassiz, 1863; *Echinotrix calamaris* (Pallas, 1774); *Echinus calamaris* Pallas, 1774; *Echinus calamarus* Pallas, 1774; *Garelia aequalis* Gray, 1855; *Garelia clavata* Gray, 1855; *Savignya frappieri* Michelin, 1862

分布：台湾岛，香港，海南南部，西沙群岛，南沙群岛；印度-西太平洋。

(2) 冠刺棘海胆 *Echinothrix diadema* (Linnaeus, 1758)

同物异名：*Astropyga spinosissima* (Lamarck, 1816); *Astropyga subularis* (Lamarck, 1816); *Centrostephanus subularis* (Lamarck, 1816); *Cidaris araneiformis* Leske, 1778; *Cidaris coronalis* Leske, 1778; *Cidarites spinosissima* Lamarck, 1816; *Cidarites subularis* Lamarck, 1816; *Diadema desjardinsii* Michelin, 1845; *Diadema spinosissimum* (Lamarck, 1816); *Diadema subulare* (Lamarck, 1816); *Echinothrix cincta* (A. Agassiz, 1863); *Echinothrix petersii* Bölsche, 1865; *Echinothrix spinosissima* (Lamarck, 1816); *Echinothrix spinosissimum* (Lamarck, 1816); *Echinothrix subularis* (Lamarck, 1816); *Echinothrix turcarum* Peters, 1853; *Echinus coronalis* (Leske, 1778); *Echinus diadema* Linnaeus, 1758; *Garelia cincta* A. Agassiz, 1863; *Garelia subularis* (Lamarck, 1816)

分布：台湾岛，海南南部，西沙群岛；印度-西太平洋。

拱齿目 Camarodonta

刻肋海胆科 Temnopleuridae A. Agassiz, 1872

1. 高腰海胆属 *Mespilia* Desor in Agassiz & Desor, 1846

(1) 高腰海胆 *Mespilia globulus* (Linnaeus, 1758)

同物异名：*Cidaris granulata* Leske, 1778; *Echinus*

atternatus Bory de Saint Vincent in Bruguière, 1827; *Echinus globulus* Linnaeus, 1758; *Echinus punctiferus* Bory de Saint Vincent in Bruguière, 1827; *Mespilia globula* (Linnaeus, 1758); *Mespilia globulus albida* H. L. Clark, 1925; *Mespilia globulus pellocrica* H. L. Clark, 1912; *Mespilia globulus* var. *albida* H. L. Clark, 1925; *Mespilia globulus* var. *whitmaei* Bell, 1881; *Mespilia globulus whitmaei* Bell, 1881; *Mespilia levituberculatus* Yoshiwara, 1898; *Mespilia microtuberculata* Lambert & Thiéry, 1910; *Mespilia whitmaei* Bell, 1881; *Salmacopsis pulchellimus* Yoshiwara, 1898

分布：海南岛，西沙群岛；日本，孟加拉湾，菲律宾，印度尼西亚。

2. 洞海胆属 *Paratrema* Koehler, 1927

(1) 杜氏洞海胆 *Paratrema doederleini* (Mortensen, 1904)

同物异名：*Dicoptella döderleini* (Mortensen, 1904); *Dicoptella doederleini* (Mortensen, 1904); *Paratrema döderleini* (Mortensen, 1904); *Pleurechinus döderleini* Mortensen, 1904; *Pleurechinus doederleini* Mortensen, 1904

分布：香港，北部湾，南海；泰国，安达曼群岛。

3. 洼角海胆属 *Salmaciella* (L. Agassiz in L. Agassiz & Desor, 1846)

(1) 杜氏洼角海胆 *Salmaciella dussumieri* (L. Agassiz in L. Agassiz & Desor, 1846)

同物异名：*Salmaciella dussumieri dussumieri* (L. Agassiz in L. Agassiz & Desor, 1846); *Salmacis desmoulinsii* Dujardin & Hupé, 1862; *Salmacis dussumieri* L. Agassiz in L. Agassiz & Desor, 1846; *Salmacis lactea* Döderlein, 1885; *Toreumatica concava* Gray, 1855

分布：海南（新盈），北部湾内，南沙群岛；日本，菲律宾，印度尼西亚，澳大利亚。

4. 角孔海胆属 *Salmacis* L. Agassiz, 1841

(1) 二色角孔海胆 *Salmacis bicolor* Agassiz, 1846

同物异名：*Salmacis bicolor* f. *typica* Mortensen, 1904

分布：台湾岛，广东，海南（新村），北部湾，南沙群岛；日本，菲律宾，印度尼西亚。

(2) 球形角孔海胆 *Salmacis sphaeroides* (Linnaeus, 1758)

同物异名：*Echinus sphaeroides* Linnaeus, 1758; *Echinus Sphæroides* Linnaeus, 1758; *Salmacis festivus* Grube, 1868; *Salmacis globator* L. Agassiz in L. Agassiz & Desor, 1846; *Salmacis pyramidata* Troschel, 1866; *Salmacis sulcata* L. Agassiz in L. Agassiz & Desor, 1846; *Salmacis sulcatus* L. Agassiz in L. Agassiz & Desor, 1846

分布：广东，香港；菲律宾，印度尼西亚，澳大利亚。

(3) 条纹角孔海胆 *Salmacis virgulata* L. Agassiz in L. Agassiz & Desor, 1846

同物异名：*Salmacis virgulata typica* Döderlein, 1902; *Salmacis virgulatus* L. Agassiz in L. Agassiz & Desor, 1846

分布：广西北部湾涠洲岛附近海区；斯里兰卡，孟加拉湾，菲律宾，印度尼西亚，澳大利亚。

5. 刻肋海胆属 *Temnopleurus* L. Agassiz, 1841

(1) 哈氏刻肋海胆 *Temnopleurus hardwickii* (Gray, 1855)

同物异名：*Temnopleurus japonicus* von Martens, 1866; *Toreumatica hardwickii* Gray, 1855

分布：渤海，黄海，东海大陆架，舟山群岛，台湾海峡；朝鲜半岛，日本。

(2) 芮氏刻肋海胆 *Temnopleurus reevesii* (Gray, 1855)

同物异名：*Coptopleura sema* Ikeda, 1940; *Temnopleurus* (*Toreumatica*) *reevesii* (Gray, 1855); *Toreumatica reevesii* Gray, 1855

分布：浙江，福建，台湾海峡，广东；印度-西太平洋。

(3) 细雕刻肋海胆 *Temnopleurus toreumaticus* (Leske, 1778)

同物异名：*Cidaris toreumatica* Klein, 1734; *Echinus sculptus* Lamarck, 1816; *Echinus toreumaticus* (Leske, 1778); *Temnopleurus aerolatus* Herklots, 1854; *Temnopleurus caelatus* Herklots, 1854; *Temnopleurus depressus* D'Archiac & Haime, 1853; *Temnopleurus mortenseni* Djakonov, 1923; *Temnopleurus perezi* Koehler, 1903; *Temnopleurus reynaudi* L. Agassiz in L. Agassiz & Desor, 1846; *Toreumatica granulosa* Gray, 1855

分布：中国海域。

6. 刻孔海胆属 *Temnotrema* A. Agassiz, 1864

(1) 网刻孔海胆 *Temnotrema reticulatum* (Mortensen in de Meijere, 1904)

同物异名：*Pleurechinus reticulatus* Mortensen in de Meijere, 1904; *Pleurechinus scillae* (Mazzeti, 1894) sensu Mortensen, 1904

分布：东海，广东，北部湾，海南岛；菲律宾，印度尼西亚。

(2) 刻孔海胆 *Temnotrema sculptum* A. Agassiz, 1864

同物异名：*Dicoptella agassizi* Lambert & Thiéry, 1910; *Dicoptella variegata* (Mortensen, 1904); *Pleurechinus variegatus* Mortensen, 1904; *Temnopleurus sculptum* (A. Agassiz, 1864); *Temnotrema sculpta* A. Agassiz, 1864

分布：黄海，东海，台湾海峡；日本。

(3) 西沙刻孔海胆 *Temnotrema xishaensis* Liao, 1978

分布：西沙群岛（永兴岛）。

毒棘海胆科 Toxopneustidae

1. 裸海胆属 *Nudechinus* H. L. Clark, 1912

(1) 疣裸海胆 *Nudechinus verruculatus* (Lütken, 1864)

同物异名：*Cyrtechinus verruculatus* (Lütken, 1864); *Echinus* (*Psammechinus*) *verruculatus* Lütken, 1864;

Echinus angulosus A. Agassiz, 1872; *Echinus verruculatus* (Lütken, 1864); *Lytechinus verruculatus* (Lütken, 1864); *Psammechinus verruculatus* (Lütken, 1864)

分布：海南岛，西沙群岛赵述岛；毛里求斯，菲律宾，印度尼西亚，澳大利亚，夏威夷群岛。

(2) 多色裸海胆 *Nudechinus multicolor* (Yoshiwara, 1898)

同物异名：*Echinus multicolor* Yoshiwara, 1898
分布：海南岛；日本。

2. 蘑海胆属 *Pseudoboletia* Troschel, 1869

(1) 印度蘑海胆 *Pseudoboletia indiana* (Michelin, 1862)

同物异名：*Boletia granulata* A. Agassiz, 1863; *Psammechinus paucispinus* A. Agassiz & H. L. Clark, 1907; *Pseudoboletia granulata* (A. Agassiz, 1862); *Pseudoboletia stenostoma* Troschel, 1869; *Sphærechinus indianus* (Michelin, 1862); *Toxopneustes indianus* Michelin, 1862
分布：中沙群岛，海南岛，西沙群岛（赵述岛）；印度-西太平洋。

3. 毒棘海胆属 *Toxopneustes* L. Agassiz, 1841

(1) 秀丽毒棘海胆 *Toxopneustes elegans* Döderlein, 1885

分布：海南岛；日本。

(2) 喇叭毒棘海胆 *Toxopneustes pileolus* (Lamarck, 1816)

同物异名：*Boletia heteropora* Desor in L. Agassiz & Desor, 1846; *Boletia pileolus* (Lamarck, 1816); *Boletia polyzonalis* (Lamarck, 1816); *Echinus pileolus* Lamarck, 1816; *Echinus polyzonalis* Lamarck, 1816; *Toxopneustes* (*Boletia*) *pileolus* (Lamarck, 1816); *Toxopneustes chloracanthus* H. L. Clark, 1912
分布：台湾岛，海南南部，西沙群岛；印度-西太平洋。

4. 三列海胆属 *Tripneustes* L. Agassiz, 1841

(1) 白棘三列海胆 *Tripneustes gratilla* (Linnaeus, 1758)

同物异名：*Cidaris angulosa* Leske, 1778; *Cidaris variegata* Leske, 1778; *Echinus fasciatus* Lamarck, 1816; *Echinus gratilla* Linnaeus, 1758; *Echinus inflatus* Blainville, 1825; *Echinus pentagonus* Lamarck, 1816; *Echinus peronii* Blainville, 1825; *Echinus subcaeruleus* Lamarck, 1816; *Echinus variegatus* (Leske, 1778); *Echinus virgatus* Des Moulins, 1837; *Evechinus australiae* Tenison-Woods, 1878; *Hipponoe nigricans* A. Agassiz, 1863; *Hipponoe sardica* (L. Agassiz in L. Agassiz & Desor, 1846); *Hipponoe variegata* (Leske, 1778); *Hipponoe variegata* var. *alba* Tenison-Woods, 1883; *Hipponoe violacea* A. Agassiz, 1863; *Tripneustes* (*Hipponoe*) *variegasta* (Klein, 1734); *Tripneustes angulosus* (Leske, 1778); *Tripneustes bicolor* Perrier, 1869; *Tripneustes fuscus* Michelin, 1862; *Tripneustes lorioli* Lambert & Thiéry, 1914; *Tripneustes pentagonus* (Lamarck, 1816); *Tripneustes sardicus* L. Agassiz in L. Agassiz & Desor, 1846; *Tripneustes subcaeruleus* (Lamarck, 1816); *Tripneustes variegatus* (Leske, 1778); *Tripneustes zigzag* Michelin, 1862
分布：台湾岛，广东，海南岛，西沙群岛；印度-西太平洋。

偏海胆科 Parasaleniidae Mortensen, 1903

1. 偏海胆属 *Parasalenia* A. Agassiz, 1863

(1) 偏海胆 *Parasalenia gratiosa* A. Agassiz, 1863

同物异名：*Echinometra arabacia* Lütken, 1864
分布：香港，海南岛，西沙群岛；印度-西太平洋。

(2) 环棘偏海胆 *Parasalenia poehlii* Pfeffer, 1887

同物异名：*Parasalenia Pöhlii* Pfeffer, 1887
分布：中沙群岛，西沙群岛，南沙群岛；印度-西太平洋。

长海胆科 Echinometridae Gray, 1855

1. 紫海胆属 *Heliocidaris* L. Agassiz & Desor, 1846

(1) 紫海胆 *Heliocidaris crassispina* (A. Agassiz, 1864)

同物异名：*Anthocidaris crassispina* (A. Agassiz, 1864); *Anthocidaris purpurea* (von Martens, 1886); *Strongylocentrotus globulosus* (A. Agassiz, 1864); *Strongylocentrotus purpureus* (von Martens, 1886); *Toxocidaris crassispina* A. Agassiz, 1864; *Toxocidaris globulosa* A. Agassiz, 1864; *Toxocidaris purpurea* von Martens, 1886

分布：浙江，福建，台湾岛，广东，海南岛；日本。

2. 笠海胆属 *Colobocentrotus* Brandt, 1835

(1) 默氏笠海胆 *Colobocentrotus (Colobocentrotus) mertensii* (Brandt, 1835)

同物异名：*Colobocentrotus leskei* (Brandt, 1835); *Colobocentrotus mertensii* (Brandt, 1835); *Colobocentrotus stimpsoni* A. Agassiz, 1908; *Echinometra mertensii* (Brandt, 1835); *Echinus (Colobocentrotus) leskii* Brandt, 1835; *Echinus (Colobocentrotus) mertensii* Brandt, 1835; *Podophora quadriseriata* Troschel, 1869

分布：台湾岛。

3. 长海胆属 *Echinometra* Gray, 1825

(1) 梅氏长海胆 *Echinometra mathaei mathaei* (Blainville, 1825)

分布：台湾岛，香港，海南岛，西沙群岛；印度-西太平洋。

4. 丛海胆属 *Echinostrephus* A. Agassiz, 1863

(1) 紫丛海胆 *Echinostrephus molaris* (Blainville, 1825)

同物异名：*Echinostrephus molare* (Blainville, 1825); *Echinostrephus pentagonus* Yoshiwara, 1898; *Echinus laganoides* Desor in L. Agassiz & Desor, 1846; *Echinus lezaroides* Perrier, 1869; *Echinus mola* Blainville, 1825; *Echinus molaris* Blainville, 1825; *Psammechinus laganoides* (Desor in L. Agassiz & Desor, 1846)

分布：台湾岛，海南（新村潮间带）；印度-西太平洋。

(2) 白尖紫丛海胆 *Echinostrephus aciculatus* A. Agassiz, 1863

同物异名：*Echinostrephus aciculatum* A. Agassiz, 1863; *Echinostrephus formosus* Mortensen, 1940

分布：台湾岛。

5. 石笔海胆属 *Heterocentrotus* Brandt, 1835

(1) 石笔海胆 *Heterocentrotus mamillatus* (Linnaeus, 1758)

同物异名：*Acrocladia blainvillei* (Des Moulins, 1837); *Acrocladia blainvillii* (Des Moulins, 1837); *Acrocladia hastifera* L. Agassiz in L. Agassiz & Desor, 1846; *Acrocladia mammillata* (Linnaeus, 1758); *Acrocladia planispina* von Martens, 1886; *Acrocladia serialis* Perrier, 1869; *Cidaris mammillata* (Linnaeus, 1758); *Echinometra (Acrocladia) planispina* von Martens, 1886; *Echinometra (Acrocladia) planissima* von Martens, 1886; *Echinometra blainvillii* Des Moulins, 1837; *Echinometra carinata* (Blainville, 1825); *Echinometra hastifera* (L. Agassiz in L. Agassiz & Desor, 1846); *Echinometra mammillata* (Linnaeus, 1758); *Echinus (Heterocentrotus) postelsii* Brandt, 1835; *Echinus carinatus* Blainville, 1825; *Echinus castaneus* Perry, 1810; *Echinus mamillatus* Linnaeus, 1758; *Echinus mammillatus* Linnaeus, 1758; *Heterocentrotus carinatus* (Blainville, 1825); *Heterocentrotus mammillatus* (Linnaeus, 1758); *Heterocentrotus postelsii* (Brandt, 1835)

分布：海南南部，西沙群岛，南沙群岛；印度-西太平洋。

球海胆科 Strongylocentrotidae Gregory, 1900

1. 棘球海胆属 *Mesocentrotus* Tatarenko & Poltaraus, 1993

(1) 光棘球海胆 *Mesocentrotus nudus* (A. Agassiz, 1864)

同物异名：*Strongylocentrotus nudus* (A. Agassiz, 1864); *Toxocidaris nuda* A. Agassiz, 1864

分布：辽东半岛，山东半岛北部。

2. 马粪海胆属 *Hemicentrotus* Mortensen, 1942

(1) 马粪海胆 *Hemicentrotus pulcherrimus* (A. Agassiz, 1864)

同物异名：*Discaster bernardi* Michelin, M.S.; *Holopneustes complanatus* Herklots, M.S.; *Psammechinus pulcherrimus* A. Agassiz, 1864; *Strongylocentrotus pulcherrimus* (A. Agassiz, 1864)

分布：渤海，黄海，浙江，福建；日本。

斜海胆目 Echinoneoida

斜海胆科 Echinoneidae L. Agassiz & Desor, 1847

1. 斜海胆属 *Echinoneus* Leske, 1778

(1) 卵圆斜海胆 *Echinoneus cyclostomus* Leske, 1778

同物异名：*Echinoconus ovalis* Breynius, 1732; *Echinoneus abruptus* H. L. Clark, 1925; *Echinoneus conformis* Desor, 1842; *Echinoneus crassus* L. Agassiz in L. Agassiz & Desor, 1847a; *Echinoneus cruciatus* L. Agassiz in Desor, 1842; *Echinoneus elegans* Desor, 1842; *Echinoneus gibbosus* Lamarck, 1816; *Echinoneus minor* Leske, 1778; *Echinoneus orbicularis* Desor in L. Agassiz & Desor, 1847a; *Echinoneus semilunaris* Gmelin, 1778; *Echinoneus serialis* Desor, 1842; *Echinoneus ventricosus* L. Agassiz in L. Agassiz & Desor, 1847a; *Galerites echinonea* Des Moulins, 1837

分布：台湾岛，海南岛，西沙群岛；印度-西太平洋。

盾形目 Clypeasteroida

饼干海胆科 Laganidae Desor, 1857

1. 杰饼干海胆属 *Jacksonaster* Lambert in Lambert & Thiéry, 1914

(1) 薄杰饼干海胆 *Jacksonaster depressum* (L. Agassiz, 1841)

同物异名：*Laganum depressum* L. Agassiz, 1841; *Jacksonaster conchatus* (M'Clelland, 1840); *Laganum attenuatum* L. Agassiz in L. Agassiz & Desor, 1847a; *Laganum conchatum* (Lambert & Thiéry, 1914); *Laganum depressum sinaitica* Fraas, 1867; *Laganum dyscritum* H. L. Clark, 1932; *Laganum ellipticum* L. Agassiz, 1841; *Laganum sinaiticum* Fraas, 1867; *Laganum tumidum* Duncan & Sladen, 1886

分布：南海；印度-西太平洋。

2. 饼干海胆属 *Laganum* Link, 1807

(1) 十角饼干海胆 *Laganum decagonale* (Blainville, 1827)

同物异名：*Jacksonaster decagonalis* (Blainville, 1827); *Jacksonaster decagonus* (Blainville, 1827); *Lagana decagona* (Blainville, 1827); *Laganum* (*Peronella*) *decagonale* (Blainville, 1827); *Laganum decagonalis* (Blainville, 1827); *Laganum decagonum* (Blainville, 1827); *Peronella decagonalis* (Blainville, 1827); *Scutella decagona* Blainville, 1827; *Scutella decagonalis* Blainville, 1827

分布：台湾海峡，广东，香港，北部湾，海南岛，南沙群岛；孟加拉湾，菲律宾，印度尼西亚，澳大利亚。

(2) 富士饼干海胆 *Laganum fudsiyama* Döderlein, 1885

同物异名：*Jacksonaster conicus* (de Meijere, 1904); *Jacksonaster diploporum* (A. Agassiz & H. L. Clark, 1907); *Jacksonaster fudsiyama* (Döderlein, 1885); *Jacksonaster solidus* (de Meijere, 1904); *Laganum conicum* de Meijere, 1904; *Laganum diploporum* A. Agassiz & H. L. Clark, 1907; *Laganum solidum* de Meijere, 1904

分布：广东；印度-西太平洋。

3. 饼海胆属 *Peronella* Gray, 1855

(1) 雷氏饼海胆 *Peronella lesueuri* (L. Agassiz, 1841)

同物异名：*Echinodiscus lesueuri* (L. Agassiz, 1841); *Echinodiscus meijerei* Lambert & Thiéry, 1914; *Laganum elongatum* L. Agassiz, 1841; *Laganum lesueuri* L. Agassiz, 1841; *Michelinia elegans* (Michelin, 1859); *Polyaster elegans* Michelin, 1859; *Rumphia elongata* (L. Agassiz, 1841); *Rumphia lesueuri* (L. Agassiz, 1841)

分布：福建，台湾岛，广东，海南岛，北部湾；菲律宾，印度尼西亚，日本，澳大利亚。

(2) 透明饼海胆 *Peronella pellucida* Döderlein, 1885

同物异名：*Laganum pellucidum* (Döderlein, 1885); *Peronella* (*Laganum*) *pellucida* Döderlein, 1885; *Rumphia pellucida* (Döderlein, 1885)

分布：东海大陆架。

盾海胆科 Clypeasteridae L. Agassiz, 1835

1. 蛛网海胆属 *Arachnoides* Leske, 1778

(1) 扁平蛛网海胆 *Arachnoides placenta* (Linnaeus, 1758)

同物异名：*Echinarachnius placenta* (Linnaeus, 1758); *Echinus placenta* Linnaeus, 1758; *Scutella placenta* (Linnaeus, 1758); *Scutella rumphii* Blainville, 1827

分布：福建，南海；孟加拉湾，菲律宾，印度尼西亚，澳大利亚。

孔盾海胆科 Astriclypeidae Stefanini, 1912

1. 孔盾海胆属 *Astriclypeus* Verrill, 1867

(1) 曼氏孔盾海胆 *Astriclypeus mannii* Verrill, 1867

同物异名：*Crustulum gratulans* Troschel, 1868

分布：福建，台湾海峡，广东；日本。

豆海胆科 Fibulariidae Gray, 1855

1. 豆海胆属 *Fibularia* Lamarck, 1816

(1) 卵豆海胆 *Fibularia ovulum* Lamarck, 1816

同物异名：*Echinocyamus craniolaris* (van Phelsum, 1774); *Echinocyamus ovulum* (Lamarck, 1816); *Fibularia craniolaris* van Phelsum, 1774

分布：台湾岛，西沙群岛金银岛；红海，菲律宾，印度尼西亚，马尔代夫群岛。

罗海胆科 Rotulidae Gray, 1855

1. 小豆海胆属 *Fibulariella* Mortensen, 1948

(1) 滚小豆海胆 *Fibulariella volva* (L. Agassiz in L. Agassiz & Desor, 1847a)

同物异名：*Echinocyamus volva* (L. Agassiz in L. Agassiz & Desor, 1847a); *Fibularia volva* L. Agassiz in L. Agassiz & Desor, 1847a

分布：南海东北部；红海，印度，澳大利亚，印度尼西亚。

(2) 角孔小豆海胆 *Fibulariella angulipora* (Mortensen, 1948)

同物异名：*Fibularia* (*Fibulariella*) *angulipora* Mortensen, 1948

分布：北部湾，海南岛；泰国。

猬团目 Spatangoida

仙壶海胆科 Maretiidae Lambert, 1905

1. 裸心海胆属 *Gymnopatagus* Döderlein, 1901

(1) 大裸心海胆 *Gymnopatagus magnus* A. Agassiz & H. L. Clark, 1907

同物异名：*Brissoides* (*Gymnopatagus*) *magnus* (A. Agassiz & H. L. Clark, 1907); *Brissoides* (*Gymnopatagus*)

sewelli (Koehler, 1914); *Gymnopatagus sewelli* Koehler, 1914

分布：东海，台湾岛，南海。

2. 仙壶海胆属 *Maretia* Gray, 1855

(1) 扁仙壶海胆 *Maretia planulata* (Lamarck, 1816)

同物异名：*Hemipatagus mascareignarum* Michelin, 1862; *Hemipatagus planulatus* (Lamarck, 1816); *Lovenia quadrimaculata* Perrier, 1869; *Maretia fasciata* Lambert & Thiery, 1924; *Maretia ovata* H. L. Clark, 1917; *Spatangus affinis* Herklots, 1854; *Spatangus planulatus* Lamarck, 1816; *Spatangus praelongus* Herklots, 1854

分布：珠江口外海，西沙群岛，中沙群岛，南沙群岛；印度-西太平洋。

3. 海蝉属 *Nacospatangus* A. Agassiz, 1873

(1) 海蝉 *Nacospatangus altus* (A. Agassiz, 1864)

同物异名：*Maretia alta* A. Agassiz, 1864; *Pseudomaretia alta* (A. Agassiz, 1863)

分布：台湾海峡，福建南部，广东海门附近浅海，海南岛。

拉文海胆科 Loveniidae Lambert, 1905

1. 拉文海胆属 *Lovenia* Desor in Agassiz & Desor, 1847

(1) 长拉文海胆 *Lovenia elongata* (Gray, 1845)

同物异名：*Lovenia hystrix* Desor in L. Agassiz & Desor, 1847; *Spatangus elongata* Gray, 1845; *Spatangus elongatus* Gray, 1845

分布：福建，广东，海南岛，南沙群岛；红海，菲律宾，印度尼西亚，澳大利亚。

(2) 扁拉文海胆 *Lovenia subcarinata* Gray, 1851

同物异名：*Spatangus subcarinatus* (Gray, 1851)

分布：广东，香港，北部湾；菲律宾，印度尼西亚，孟加拉湾。

2. 心形海胆属 *Echinocardium* Gray, 1825

(1) 心形海胆 *Echinocardium cordatum* (Pennant, 1777)

同物异名：*Amphidetus cordatus* (Pennant, 1777); *Amphidetus kurtzii* Girard, 1852; *Amphidetus kürtzii* Girard, 1852; *Amphidetus novaezelandiae* Perrier, 1869; *Amphidetus zealandicus* (Gray, 1851); *Echinocardium australe* Gray, 1851; *Echinocardium cordatus* (Pennant, 1777); *Echinocardium kurtzii* (Girard, 1852); *Echinocardium sebae* Gray, 1825; *Echinocardium stimpsonii* A. Agassiz, 1864; *Echinocardium zealandicum* Gray, 1851; *Echinus cordatum* Pennant, 1777; *Echinus cordatus* Pennant, 1777; *Spatangus arcuarius* Lamarck, 1816; *Spatangus cordatus* (Pennant, 1777)

分布：渤海，黄海；世界广布。

3. 布莱海胆属 *Breynia* Desor in Agassiz & Desor, 1847

(1) 秀丽布莱海胆 *Breynia elegans* Mortensen, 1948

分布：台湾岛。

4. 拟拉文海胆属 *Pseudolovenia* A. Agassiz & H. L. Clark, 1907

(1) 拟拉文海胆 *Pseudolovenia hirsuta* A. Agassiz & H. L. Clark, 1907

分布：台湾岛。

裂星海胆科 Schizasteridae Lambert, 1905

1. 神海胆属 *Moira* A. Agassiz, 1872

(1) 命运神海胆 *Moira lachesinella* Mortensen, 1930

同物异名：*Moira lachesis* Mortensen, 1930

分布：深圳盐田，香港；日本。

2. 裂星海胆属 *Schizaster* L. Agassiz, 1835

(1) 凹裂星海胆 *Schizaster lacunosus* (Linnaeus, 1758)

同物异名：*Brisaster lacunosus* (Lamarck, 1816); *Echinus lacunosus* Linnaeus, 1758; *Echinus lacunofus* Linnaeus, 1758; *Micraster lacunosus* (Lamarck, 1816); *Ova lacunosa* (Linnaeus, 1758); *Schizaster japonicus* A. Agassiz, 1879; *Schizaster ventricosus* Gray, 1851
分布：东海，台湾海峡，香港，南海；日本，菲律宾，澳大利亚。

壶海胆科 Brissidae Gray, 1855

1. 壶海胆属 *Brissus* Gray, 1825

(1) 脊背壶海胆 *Brissus latecarinatus* (Leske, 1778)

同物异名：*Brissus carinatus* (Lamarck, 1816); *Brissus maculosus* Klein, 1734; *Spatangus* (*Brissus*) *latecarinatus* Leske, 1778; *Spatangus* (*Brissus*) *maculosus* Leske, 1778; *Spatangus carinatus* Lamarck, 1816; *Spatangus vulgaris* Lamarck, 1801
分布：西沙群岛；印度-西太平洋。

2. 吻壶海胆属 *Rhynobrissus* A. Agassiz, 1872

(1) 吻壶海胆 *Rhynobrissus pyramidalis* A. Agassiz, 1872

同物异名：*Rhinobrissus pyramidalis* A. Agassiz, 1872
分布：海南南部；泰国。

3. 海壶属 *Metalia* Gray, 1855

(1) 心形海壶 *Metalia spatagus* (Linnaeus, 1758)

同物异名：*Brissus compressus* (Lamarck, 1816); *Echinus maculosus* Gmelin, 1791; *Echinus spatagus* Linnaeus, 1758; *Echinus Spatagus* Linnaeus, 1758; *Metalia maculosa* (Gmelin, 1791); *Prometalia spatagus*

(Linnaeus, 1758); *Prometalia ventricosa* Lambert & Thiery, 1924; *Spatangus compressus* Lamarck, 1816
分布：西沙群岛；印度-西太平洋。

(2) 双角海壶 *Metalia dicrana* H. L. Clark, 1917

同物异名：*Prometalia dicrana* (H. L. Clark, 1917)
分布：西沙群岛；日本，菲律宾，印度尼西亚。

(3) 胸板海壶 *Metalia sternalis* (Lamarck, 1816)

同物异名：*Brissus areolatus* L. Agassiz & Desor, 1847b; *Brissus bicinctus* L. Agassiz & Desor, 1847b; *Brissus sternalis* (Lamarck, 1816); *Metalia garretti* (A. Agassiz, 1863); *Metalia sternalis* var. *jousseaumei* Dollfus & Roman, 1981; *Metalia sternalis* var. *lata* Dollfus & Roman, 1981; *Spatangus sternalis* Lamarck, 1816; *Xanthobrissus garretti* A. Agassiz, 1863
分布：台湾岛。

4. 亚纳海壶属 *Anametalia* Mortensen, 1950

(1) 亚纳海壶 *Anametalia sternaloides* (Bolau, 1874)

同物异名：*Brissus mediator* Lovén, 1883; *Brissus sternaloides* Bolau, 1874
分布：香港，北部湾；泰国，印度尼西亚。

5. 沐海壶属 *Brissopsis* L. Agassiz, 1840

(1) 吕宋沐海壶 *Brissopsis luzonica* (Gray, 1851)

同物异名：*Brissopsis circosemita* A. Agassiz & H. L. Clark, 1907; *Brissopsis duplex* Koehler, 1914; *Brissopsis lemonnieri* Koehler, 1913; *Brissopsis luzonicus* (Gray, 1851); *Kleinia luzonica* Gray, 1851
分布：广东，北部湾，海南岛，南沙群岛；日本，澳大利亚，红海。

汽海胆科 Aeropsidae Lambert, 1896

1. 汽海胆属 *Aeropsis* Mortensen, 1907

(1) 褐黄汽海胆 *Aeropsis fulva* (A. Agassiz, 1898)

同物异名：*Aerope fulva* A. Agassiz, 1898; *Aeropsis sibogae* Koehler, 1914; *Aeropsis weberi*
分布：台湾岛。

海参纲 Holothuroidea

楯手目 Aspidochirotida

海参科 Holothuriidae Burmeister, 1837

1. 辐肛参属 *Actinopyga* Bronn, 1860

(1) 棘辐肛参 *Actinopyga echinites* (Jaeger, 1833)

同物异名：*Actinopyga caroliniana* Tan Tiu, 1981; *Actinopyga plebeja* (Selenka, 1867); *Holothuria (Holothuria) echinites* Jaeger, 1833; *Mülleria echinites* Jaeger, 1833; *Mülleria plebeja* Selenka, 1867
分布：台湾岛，广东，海南岛（三亚），西沙群岛。

(2) 子安辐肛参 *Actinopyga lecanora* (Jaeger, 1833)

同物异名：*Holothuria (Holothuria) lecanora* Jaeger, 1833; *Holothuria (Microthele) dubia* Brandt, 1835; *Holothuria lineolata* Quoy & Gaimard, 1834; *Mülleria lecanora* Jaeger, 1833
分布：西沙群岛，南沙群岛。

(3) 白底辐肛参 *Actinopyga mauritiana* (Quoy & Gaimard, 1834)

同物异名：*Holothuria mauritiana* Quoy & Gaimard, 1834; *Mülleria mauritiana* (Quoy & Gaimard)
分布：台湾岛，海南南部，西沙群岛，南沙群岛。

(4) 乌皱辐肛参 *Actinopyga miliaris* (Quoy & Gaimard, 1834)

同物异名：*Actinopyga miliaris* var. *zamboanganensis* Domantay, 1953; *Actinopyga polymorpha* Saville-Kent, 1890; *Holothuria miliaris* Quoy & Gaimard, 1834;

Mülleria miliaris (Quoy & Gaimard)
分布：西沙群岛；印度-西太平洋。

2. 白尼参属 *Bohadschia* Jaeger, 1833

(1) 蛇目白尼参 *Bohadschia argus* Jaeger, 1833

同物异名：*Holothuria (Holothuria) argus* Jaeger, 1833
分布：台湾岛，海南岛，西沙群岛，南沙群岛。

(2) 图纹白尼参 *Bohadschia marmorata* Jaeger, 1833

同物异名：*Holothuria (Holothuria) marmorata* Jaeger, 1833; *Sporadipus (Colpochirota) ualanensis* Brandt, 1835
分布：台湾岛，海南大洲岛，西沙群岛，南沙群岛。

3. 海参属 *Holothuria* Linnaeus, 1767

(1) 米氏海参 *Holothuria (Selenkothuria) moebii* Ludwig, 1883

同物异名：*Holothuria lucifuga* Quoy & Gaimard, 1834; *Holothuria Moebii* Ludwig, 1883
分布：福建南部，台湾岛，广东，香港，海南岛，西沙群岛。

(2) 中华海参 *Holothuria (Selenkothuria) sinica* Liao, 1980

分布：台湾岛，广东中部、南部，香港，海南南部。

(3) 白腹海参 *Holothuria (Metriatyla) albiventer* Semper, 1868

同物异名：*Holothuria albiventer* Semper, 1868
分布：海南南部；印度-西太平洋。

(4) 沙海参 *Holothuria (Thymiosycia) arenicola* Semper, 1868

同物异名：*Holothuria arenicola* Semper, 1868; *Holothuria brandtii* Selenka, 1867; *Holothuria humilis* Selenka, 1867; *Holothuria monsuni* Heding, 1939; *Sporadipus (Acolpos) maculatus* Brandt, 1835; *Thymiosycia arenicola* Semper
分布：台湾岛，海南岛，西沙群岛；印度-西太平洋。

(5) 黑海参 *Holothuria (Halodeima) atra* Jaeger, 1833

同物异名：*Halodeima atra* (Jaeger, 1933); *Holothuria (Halodeima) atra amboinensis* Théel; *Holothuria (Holothuria) atra* Jaeger, 1833; *Holothuria (Microthele) affinis* Brandt, 1835; *Holothuria amboinensis* Semper, 1868; *Holothuria radackensis* Chamisso & Eysenhardt, 1821; *Holothuria sanguinolenta* Saville-Kent, 1893

分布：台湾岛，海南岛，西沙群岛，南沙群岛；印度-西太平洋。

(6) 奇乳海参 *Holothuria (Microthele) fuscopunctata* Jaeger, 1833

同物异名：*Holothuria (Holothuria) fuscopunctata* Jaeger, 1833; *Holothuria axiologa* Clark, 1921

分布：海南岛，西沙群岛；印度-西太平洋。

(7) 黑赤星海参 *Holothuria (Semperothuria) cinerascens* (Brandt, 1835)

同物异名：*Holothuria pulchella* Selenka, 1867; *Holothuria willeyi* Bedford, 1899; *Stichopus (Gymnochirota) cinerascens* Brandt, 1835

分布：台湾岛，广东，海南岛，西沙群岛（永兴岛）；印度-西太平洋。

(8) 扣环海参 *Holothuria (Platyperona) difficilis* Semper, 1868

同物异名：*Actinopyga bedfordi* Deichmann, 1922; *Actinopyga parvula* Clark, 1920; *Holothuria altimensis* Clark, 1921; *Holothuria difficilis* Semper, 1868; *Holothuria frequentamentis* Clark, 1902; *Microthele difficilis* (Semper, 1868); *Mülleria lubrica* Sluiter, 1894

分布：台湾岛，广东，海南南部，西沙群岛，南沙群岛。

(9) 异手海参 *Holothuria (Stauropora) discrepans* Semper, 1868

同物异名：*Holothuria discrepans* Semper, 1868; *Stauropora discrepans* Semper

分布：西沙群岛（永兴岛）；印度-西太平洋，马尔代夫群岛。

(10) 红腹海参 *Holothuria (Halodeima) edulis* Lesson, 1830

同物异名：*Halodeima edulis* (Lesson); *Holothuria (Thyone) edulis* Lesson, 1830; *Holothuria albida* Bell, 1887

分布：海南南部，西沙群岛；印度-西太平洋。

(11) 黄斑海参 *Holothuria (Semperothuria) flavomaculata* Semper, 1868

同物异名：*Holothuria flavomaculata* Semper, 1868; *Holothuria fuscocoerulea* Théel, 1886; *Halodeima flavomaculata* (Semper, 1868)

分布：海南三亚；印度-西太平洋。

(12) 福氏海参 *Holothuria (Theelothuria) foresti* Cherbonnier & Féral, 1981

分布：南沙群岛；菲律宾。

(13) 棕环海参 *Holothuria (Stauropora) fuscocinerea* Jaeger, 1833

同物异名：*Holothuria (Holothuria) fuscocinerea* Jaeger, 1833; *Holothuria curiosa* Ludwig, 1875

分布：台湾岛，广东大亚湾、宝安，海南岛，西沙群岛；印度-西太平洋。

(14) 黄乳海参 *Holothuria (Microthele) fuscogilva* Cherbonnier, 1980

同物异名：*Holothuria fuscogilva* Cherbonnier, 1980

分布：西沙群岛；印度-西太平洋。

(15) 细海参 *Holothuria (Thymiosycia) gracilis* Semper, 1868

同物异名：*Holothuria gracilis* Semper, 1868

分布：海南南部；印度-西太平洋。

(16) 黄疣海参 *Holothuria (Mertensiothuria) hilla* Lesson, 1830

同物异名：*Holothuria (Fistularia) hilla* Lesson, 1830; *Holothuria (Psolus) monacaria* Lesson, 1830; *Holothuria (Thymiosycia) decorata* von Marenzeller, 1882; *Holothuria decorata* von Marenzeller, 1882;

Holothuria fasciola Quoy & Gaimard, 1834; *Holothuria fuscopunctata* Quoy & Gaimard, 1834; *Holothuria macleari* Bell, 1884; *Holothuria patagonica* Perrier R., 1904; *Labidodemas leucopus* Haacke, 1880; *Labidodemas neglectum* Haacke, 1880; *Stichopus gyrifer* Selenka, 1867

分布：台湾岛，海南岛，西沙群岛，南沙群岛。

(17) 丑海参 *Holothuria* (*Thymiosycia*) *impatiens* (Forsskål, 1775)

同物异名：*Fistularia impatiens* Forsskål, 1775; *Holothuria* (*Thymiosycia*) *impatiens bicolor* Clark, 1938; *Holothuria* (*Thymiosycia*) *impatiens concolor* Clark, 1921; *Holothuria* (*Thymiosycia*) *impatiens lutea* Clark, 1921; *Holothuria* (*Thymiosycia*) *impatiens pulchra* Clark, 1921; *Holothuria* (*Thymiosycia*) *impatiens* var. *bicolor* Clark, 1938; *Holothuria* (*Thymiosycia*) *impatiens* var. *concolor* Clark, 1921; *Holothuria* (*Thymiosycia*) *impatiens* var. *lutea* Clark, 1921; *Holothuria* (*Thymiosycia*) *impatiens* var. *pulchra* Clark, 1921; *Holothuria botellus* Selenka, 1867; *Holothuria fulva* Quoy & Gaimard, 1834; *Holothuria impatiens* (Forskål, 1775); *Holothuria impatiens* var. *bicolor* Clark, 1938; *Holothuria impatiens* var. *concolor* Clark, 1921; *Holothuria impatiens* var. *lutea* Clark, 1921; *Holothuria impatiens* var. *pulchra* Clark, 1921; *Holothuria ophidiana* Quoy & Gaimard, 1834

分布：台湾岛，海南岛，西沙群岛，南沙群岛；印度-西太平洋。

(18) 穴居海参 *Holothuria* (*Cystipus*) *inhabilis* Selenka, 1867

同物异名：*Holothuria hypamma* Clark, 1921; *Holothuria inhabilis* Selenka, 1867; *Holothuria parinhabilis* Cherbonnier, 1951

分布：西沙群岛；印度-西太平洋。

(19) 独特海参 *Holothuria* (*Lessonothuria*) *insignis* Ludwig, 1875

同物异名：*Holothuria insignis* Ludwig, 1875

分布：福建，广东。

(20) 多柱海参 *Holothuria* (*Lessonothuria*) *multipilula* Liao, 1975

分布：西沙群岛。

(21) 黑乳海参 *Holothuria* (*Microthele*) *nobilis* (Selenka, 1867)

同物异名：*Microthele nobilis* (Selenka, 1867); *Mülleria nobilis* Selenka, 1867

分布：台湾岛，海南南部，西沙群岛。

(22) 褐绿海参 *Holothuria* (*Stauropora*) *olivacea* Ludwig, 1888

同物异名：*Holothuria fuscoolivacea* Fisher, 1907; *Holothuria ludwigi* Lampert, 1889; *Holothuria olivacea* Ludwig, 1888·

分布：海南岛，西沙群岛（永兴岛）；印度-西太平洋。

(23) 豹斑海参 *Holothuria* (*Lessonothuria*) *pardalis* Selenka, 1867

同物异名：*Holothuria pardalis* Selenka, 1867; *Holothuria peregrina* Ludwig, 1875; *Holothuria tenuicornis* Helfer, 1913; *Lessonothuria pardalis* (Selenka, 1867)

分布：海南岛，西沙群岛。

(24) 虎纹海参 *Holothuria* (*Stauropora*) *pervicax* Selenka, 1867

同物异名：*Holothuria depressa* Ludwig, 1875; *Holothuria mammiculata* Haacke, 1880; *Holothuria pervicax* Selenka, 1867

分布：台湾岛，海南南部，西沙群岛；印度-西太平洋。

(25) 僵硬海参 *Holothuria* (*Cystipus*) *rigida* (Selenka, 1867)

同物异名：*Cystipus pleuripus* Haacke, 1880; *Holothuria aegyptiana* (Helfer, 1912); *Mülleria aegyptiana* Helfer, 1912; *Stichopus rigidus* Selenka, 1867

分布：海南岛，广西，西沙群岛（永兴岛）。

(26) 玉足海参 *Holothuria* (*Mertensiothuria*) *leucospilota* (Brandt, 1835)

同物异名：*Halodeima dicorona* Heding, 1934; *Holothuria* (*Halodeima*) *dicorona* (Heding, 1934);

Holothuria gelatinosa Heding, 1939; *Holothuria homoea* Clark, 1938; *Holothuria infesta* Sluiter, 1901; *Holothuria lagoena* Haacke, 1880; *Holothuria lamperti* Ludwig, 1887; *Holothuria oxurropa* Sluiter, 1887; *Holothuria vagabunda* Selenka, 1867; *Stichopus (Gymnochirota) leucospilota* Brandt, 1835

分布：福建，台湾岛，广东，北部湾，海南岛，西沙群岛。

(27) 糙海参 *Holothuria (Metriatyla) scabra* Jaeger, 1833

同物异名：*Holothuria (Holothuria) scabra* Jaeger, 1833; *Holothuria (Metriatyla) fuligina* Cherbonnier, 1988; *Holothuria (Microthele) tigris* Brandt, 1835; *Holothuria albida* Savigny in Selenka, 1867; *Holothuria gallensis* Pearson, 1903; *Holothuria saecularis* Bell, 1887

分布：广东西部，广西，海南岛，西沙群岛。

(28) 马氏海参 *Holothuria (Metriatyla) martensii* Semper, 1868

同物异名：*Holothuria bowensis* Ludwig, 1875; *Holothuria Martensii* Semper, 1868; *Holothuria subverta* Clark, 1921

分布：北部湾；菲律宾，印度尼西亚，澳大利亚，红海。

(29) 尖塔海参 *Holothuria (Theelothuria) spinifera* Théel, 1886

同物异名：*Holothuria spinifera* Théel, 1886

分布：广东，海南岛，西沙群岛。

(30) 多瘤海参 *Holothuria (Lessonothuria) verrucosa* Selenka, 1867

同物异名：*Holothuria caesarea* Ludwig, 1875; *Holothuria collaris* Haacke, 1880; *Holothuria verrucosa* Selenka, 1867

分布：西沙群岛；印度-西太平洋。

4. 柄体参属 *Labidodemas* Selenka, 1867

(1) 明柄体参 *Labidodemas pertinax* (Ludwig, 1875)

同物异名：*Holothuria pertinax* Ludwig, 1875

分布：海南岛，西沙群岛（永兴岛），南沙群岛；印度-西太平洋。

5. 皮氏海参属 *Pearsonothuria* Levin in Levin, Kalinin & Stonik, 1984

(1) 格皮氏海参 *Pearsonothuria graeffei* (Semper, 1868)

同物异名：*Bohadschia drachi* Cherbonnier, 1954; *Bohadschia graeffei* (Semper, 1868); *Holothuria Gräffei* Semper, 1868; *Stichopus troschelii* Müller, 1854

分布：台湾岛，南沙群岛；印度-西太平洋。

刺参科 Stichopodidae Haeckel, 1896

1. 仿刺参属 *Apostichopus* Liao, 1980

(1) 仿刺参 *Apostichopus japonicus* (Selenka, 1867)

同物异名：*Holothuria armata* Selenka, 1867; *Stichopus japonicus* Selenka, 1867; *Stichopus japonicus* var. *typicus* Théel, 1886; *Stichopus roseus* Augustin, 1908

分布：渤海，黄海。

2. 刺参属 *Stichopus* Brandt, 1835

(1) 绿刺参 *Stichopus chloronotus* Brandt, 1835

同物异名：*Holothuria viridis* Quoy & Gaimard in Cherbonnier, 1952; *Stichopus (Perideris) chloronotos* Brandt, 1835; *Stichopus chloronotus fuscus* Pearson, 1903; *Stichopus cylindricus* Haacke, 1880; *Stichopus hirotai* Mitsukuri, 1912

分布：海南南部，西沙群岛；印度-西太平洋。

(2) 夜行刺参 *Stichopus noctivagus* Cherbonnier, 1980

分布：台湾岛。

(3) 糙刺参 *Stichopus horrens* Selenka, 1867

同物异名：*Holothuria lutea* Quoy & Gaimard, 1834; *Stichopus godeffroyi* Semper, 1868; *Stichopus godeffroyi* var. *pygmaeus* Semper, 1868; *Stichopus Godefroyi* Semper, 1868; *Stichopus tropicalis* Fisher, 1907; *Stichopus variegatus* Semper, 1868

分布：台湾岛，海南岛，西沙群岛，南沙群岛；印度-西太平洋。

3. 梅花参属　*Thelenota* Brandt, 1835

(1) 梅花参　*Thelenota ananas* (Jaeger, 1833)

同物异名：*Actinopyga formosa* (Selenka, 1867); *Holothuria* (*Holothuria*) *ananas* Jaeger, 1833; *Holothuria* (*Thelenota*) *grandis* Brandt, 1835; *Holothuria ananas* Quoy & Gaimard, 1834; *Holothuria hystrix* Saville-Kent, 1890; *Mülleria formosa* Selenka, 1867; *Trepang ananas* Jaeger, 1833

分布：台湾岛，西沙珊瑚礁区；印度-西太平洋。

(2) 巨梅花参　*Thelenota anax* Clark, 1921

分布：西沙群岛；印度-西太平洋。

枝手目 Dendrochirotida

瓜参科 Cucumariidae Ludwig, 1894

1. 裸五角瓜参属　*Plesiocolochirus* Cherbonnier, 1946

(1) 裸五角瓜参　*Plesiocolochirus inornatus* (von Marenzeller, 1882)

同物异名：*Colochirus inornatus* von Marenzeller, 1882; *Pentacta inornatus* (von Marenzeller, 1882)

分布：山东青岛，浙江舟山嵊泗列岛，福建厦门、东山。

2. 尾翼手参属　*Cercodemas* Selenka, 1867

(1) 可疑尾翼手参　*Cercodemas anceps* Selenka, 1867

同物异名：*Colochirus anceps* Semper, 1867; *Colochirus cucumis* Semper, 1867

分布：福建，台湾海峡，广东，广西，南沙群岛。

3. 翼手参属　*Colochirus* Troschel, 1846

(1) 方柱翼手参　*Colochirus quadrangularis* Troschel, 1846

同物异名：*Colochirus coeruleus* Semper, 1867; *Colochirus jagorii* Semper, 1867; *Colochirus tristis* Ludwig, 1875; *Pentacta coerulea* (Semper, 1868); *Pentacta coerulea* var. *rubra* Clark, 1938; *Pentacta jagorii* (Semper, 1867); *Pentacta tristis* (Ludwig, 1875)

分布：福建，广东，广西，北部湾；印度-西太平洋。

4. 细五角瓜参属　*Leptopentacta* Clark, 1938

(1) 细五角瓜参　*Leptopentacta imbricata* (Semper, 1867)

同物异名：*Ocnus imbricatus* Semper, 1867; *Ocnus javanicus* Sluiter, 1880; *Ocnus typicus* Théel, 1886

分布：浙江以南至北部湾，海南岛，南沙群岛（曾母暗沙）。

5. 五角瓜参属　*Pentacta* Goldfuss, 1820

(1) 日本五角瓜参　*Pentacta nipponensis* Clark, 1938

分布：浙江，福建；日本。

6. 刺瓜参属　*Pseudocnus* Panning, 1949

(1) 棘刺瓜参　*Pseudocnus echinatus* (von Marenzeller, 1882)

同物异名：*Cucumaria echinata* von Marenzeller, 1882

分布：福建，广东。

7. 伪翼手参属　*Pseudocolochirus* Pearson, 1910

(1) 紫伪翼手参　*Pseudocolochirus violaceus* (Théel, 1886)

同物异名：*Colochirus violaceus* Théel, 1886; *Cucumaria tricolor* Sluiter, 1901; *Pentacta arae* Boone, 1938; *Pseudocolochirus bicolor* Cherbonnier, 1970

分布：香港，北部湾；印度-西太平洋。

8. 辐瓜参属 *Actinocucumis* Ludwig, 1875

(1) 中华辐瓜参 *Actinocucumis chinensis* Liao & Pawson, 2001

分布：海南岛。

(2) 模式辐瓜参 *Actinocucumis typica* Ludwig, 1875

分布：浙江，福建，广东；印度-西太平洋。

9. 桌片参属 *Mensamaria* Clark, 1946

(1) 二色桌片参 *Mensamaria intercedens* (Lampert, 1885)

同物异名：*Cucumaria bicolor* Bell, 1887; *Cucumaria striata* Joshua & Creed, 1915; *Pseudocucumis eurystichus* Clark, 1921; *Pseudocucumis intercedens* Lampert, 1885; *Pseudocucumis niger* Sluiter, 1914
分布：福建，广东，北部湾。

硬瓜参科 Sclerodactylidae Panning, 1949

1. 哈威参属 *Havelockia* Pearson, 1903

(1) 异色哈威参 *Havelockia versicolor* (Semper, 1867)

同物异名：*Cucumaria areolata* Ekman, 1918; *Cucumaria versicolor* Semper, 1867; *Havelockia herdmani* Pearson, 1903; *Havelockia mirabilis* (Ludwig); *Thyone (Stolus) mirabilis* Ludwig, 1875; *Thyone calcarea* Pearson, 1903
分布：广东，广西，北部湾；印度-西太平洋。

2. 硬瓜参属 *Sclerodactyla* Ayres, 1851

(1) 丛足硬瓜参 *Sclerodactyla multipes* (Théel, 1886)

同物异名：*Cucumaria multipes* Théel, 1886
分布：山东烟台、青岛。

3. 异瓜参属 *Afrocucumis* Deichmann, 1944

(1) 非洲异瓜参 *Afrocucumis africana* (Semper, 1867)

同物异名：*Cucumaria africana* Semper, 1867; *Cucumaria assimilis* Bell, 1886; *Orcula cucumiformis* Semper, 1868; *Phyllophorus transvectus* Sluiter, 1914; *Pseudocucumis africana*; *Pseudocucumis theeli* Ludwig, 1887
分布：台湾岛，海南岛，西沙群岛；印度-西太平洋。

4. 枝柄参属 *Cladolabes* Brandt, 1835

(1) 针枝柄参 *Cladolabes aciculus* (Semper, 1867)

同物异名：*Cucumaria acicula* Semper, 1867; *Urodemas aciculum* (Semper)
分布：西沙群岛（永兴岛）；印度-西太平洋。

(2) 粗枝柄参 *Cladolabes crassus* (H. L. Clark, 1938)

同物异名：*Urodemas crassum* H. L. Clark, 1938
分布：香港。

(3) 许氏枝柄参 *Cladolabes schmeltzii* (Ludwig, 1875)

同物异名：*Thyonidium schmeltzii* Ludwig, 1875
分布：海南岛；印度-西太平洋。

5. 真赛瓜参属 *Euthyonidiella* Heding & Panning, 1954

(1) 东山真赛瓜参 *Euthyonidiella tungshanensis* (Yang, 1937)

同物异名：*Phyllophorus tungshanensis* Yang, 1937
分布：福建。

6. 杆瓜参属 *Ohshimella* Heding & Panning, 1954

(1) 棘杆瓜参 *Ohshimella ehrenbergii* (Selenka, 1868)

同物异名：*Orcula torense* Helfer, 1913; *Phyllophorus*

ehrenbergi Selenka; *Phyllophorus frauenfeldi* Ludwig, 1875; *Urodemas ehrenbergii* Selenka, 1868; *Urodemas gracile* Selenka, 1868; *Urodemella ehrenbergii* (Selenka, 1868)

分布：海南岛，西沙群岛；印度-西太平洋。

沙鸡子科 Phyllophoridae Östergren, 1907

1. 异赛瓜参属 *Allothyone* Panning, 1949

(1) 长尾异赛瓜参 *Allothyone longicauda* (Östergren, 1898)

同物异名：*Cucumaria longicauda* Östergren, 1898
分布：辽宁大连。

(2) 尖细异赛瓜参 *Allothyone mucronata* (Sluiter, 1901)

同物异名：*Cucumaria mucronata* Sluiter, 1901
分布：广东，北部湾，海南岛。

2. 五部参属 *Pentamera* Ayres, 1852

(1) 收缩五部参 *Pentamera constricta* (Ohshima, 1915)

同物异名：*Cucumaria constricta* Ohshima, 1915
分布：东海。

3. 囊皮参属 *Stolus* Selenka, 1867

(1) 白囊皮参 *Stolus albescens* Liao in Liao & Clark, 1995

分布：广东，北部湾，海南岛。

(2) 黑囊皮参 *Stolus buccalis* (Stimpson, 1855)

同物异名：*Stereoderma murrayi* Bell, 1883; *Stolus sacellus* Selenka, 1867; *Thyone (Stolus) rigida* Semper, 1867; *Thyone buccalis* Stimpson, 1855; *Thyone buccalis bourdesae* Domantay, 1962; *Thyone buccalis* var. *pallida* Clark, 1938; *Thyone sacellus* (Selenka)
分布：福建，广东，北部湾。

(3) 灰褐囊皮参 *Stolus canescens* (Semper, 1867)

同物异名：*Cucumaria canescens* Semper, 1867
分布：广东，南海。

(4) 粗壮囊皮参 *Stolus crassus* Liao & Pawson, 2001

分布：香港。

(5) 细疣囊皮参 *Stolus micronodosus* Liao & Pawson, 2001

分布：南海。

4. 陶圣参属 *Thorsonia* Heding, 1940

(1) 双尖陶圣参 *Thorsonia adversaria* (Semper, 1867)

同物异名：*Echinocucumis adversaria* Semper, 1867
分布：浙江，广西；菲律宾，印度尼西亚。

5. 赛瓜参属 *Thyone* Oken, 1815

(1) 异常赛瓜参 *Thyone anomala* Östergren, 1898

同物异名：*Thyone anomula* Massin, 1987
分布：浙江，福建，广东，广西。

(2) 二角赛瓜参 *Thyone bicornis* Ohshima, 1915

分布：黄海，广东，北部湾，海南岛。

(3) 密足赛瓜参 *Thyone crebrapodia* Cherbonnier, 1988

分布：东海，广东，香港。

(4) 梭赛瓜参 *Thyone fusus* (O. F. Müller, 1776)

同物异名：*Cucumaria villosa* Grube, 1871; *Holothuria fusus* O. F. Müller, 1776; *Holothuria gaertneri* de Blainville, 1821; *Holothuria papillosa* Abildgaard in Müller, 1789; *Holothuria penicillus* O. F. Müller, 1776; *Holothuria scotica* Dalyell, 1851; *Semperia barroisi*

Lampert, 1885; *Thyone flexus* Hodge, 1865; *Thyone subvillosa* Hérouard, 1889
分布：福建。

(5) 巴布赛瓜参 *Thyone papuensis* Théel, 1886

同物异名：*Holothuria dietrichii* Ludwig, 1875; *Thyone castanea* Lampert, 1889; *Thyone fusus* var. *papuensis* Théel, 1886
分布：黄海，香港，北部湾。

(6) 足赛瓜参 *Thyone pedata* Semper, 1867

分布：北部湾。

(7) 渤海赛瓜参 *Thyone pohaiensis* Liao, 1986

分布：渤海。

(8) 紫斑赛瓜参 *Thyone purpureopunctata* Liao & Pawson, 2001

分布：北部湾，海南岛。

(9) 中华赛瓜参 *Thyone sinensis* Liao & Pawson, 2001

分布：福建，广东。

(10) 尖塔赛瓜参 *Thyone spinifera* Liao in Liao & Clark, 1995

分布：广东，北部湾，海南岛。

(11) 绒毛赛瓜参 *Thyone villosa* Semper, 1867

分布：浙江，广东，北部湾；菲律宾。

6. 花海参属 *Anthochirus* Chang, 1948

(1) 陆氏花海参 *Anthochirus loui* Chang, 1948
分布：黄海。

7. 沙鸡子属 *Phyllophorus* (*Phyllothuria*) Heding & Panning, 1954

(1) 宿务沙鸡子 *Phyllophorus* (*Phyllothuria*) cebuensis (Semper, 1867)

同物异名：*Thyonidium cebuensis* Semper, 1867
分布：广东，海南岛。

(2) 东海沙鸡子 *Phyllophorus* (*Phyllothuria*) donghaiensis Liao & Pawson, 2001

分布：东海。

(3) 高骨沙鸡子 *Phyllophorus* (*Phyllothuria*) hypsipyrga (von Marenzeller, 1882)

同物异名：*Orcula hypsipyrga* von Marenzeller, 1882
分布：黄海，东海。

(4) 斑纹沙鸡子 *Phyllophorus* (*Phyllophorus*) maculatus Liao, Pawson & Liu, 2007

分布：黄海。

(5) 正环沙鸡子 *Phyllophorus* (*Phyllothuria*) ordinata Chang, 1935

同物异名：*Phyllophorus ordinatus* Chang, 1935
分布：辽宁大连，山东青岛。

(6) 东方沙鸡子 *Phyllophorus* (*Isophyllophorus*) orientalis Liao & Pawson, 2001

分布：黄海。

8. 拟沙鸡子属 *Phyllophorella* Heding & Panning, 1954

(1) 可疑拟沙鸡子 *Phyllophorella dubius* (Cherbonnier, 1961)

同物异名：*Phyllophorus* (*Phyllophorella*) *dubius* Cherbonnier, 1961
分布：北部湾，海南岛。

(2) 可古拟沙鸡子 *Phyllophorella kohkutiensis* (Heding & Panning, 1954)

同物异名：*Phyllophorus* (*Phyllophorella*) *kohkutiensis* Heding & Panning, 1954; *Phyllophorus kohkutiensis* Heding & Panning, 1954
分布：北部湾。

(3) 刘五店拟沙鸡子 *Phyllophorella liuwutiensis* (Yang, 1937)

同物异名：*Phyllophorus* (*Phyllophorella*) *liuwutiensis* Yang, 1937; *Phyllophorus liuwutiensis* Yang, 1937

分布：厦门湾，广东。

(4) 针骨拟沙鸡子 *Phyllophorella spiculata* (Chang, 1935)

同物异名：*Phyllophorus* (*Phyllophorella*) *spiculata* Chang, 1935; *Phyllophorus parvipedes* Clark, 1938; *Phyllophorus spiculatus* Chang, 1935

分布：福建厦门、东山，北部湾，海南岛。

9. 新赛参属 *Neothyonidium* Deichmann, 1938

(1) 膨胀新赛参 *Neothyonidium inflatum* (Sluiter, 1901)

同物异名：*Phyllophorus inflatus* Sluiter, 1901

分布：广东；印度尼西亚。

(2) 细小新赛参 *Neothyonidium minutum* (Ohshima, 1915)

同物异名：*Phyllophorus minutus* Ohshima, 1915

分布：东海；朝鲜半岛。

(3) 棘新赛参 *Neothyonidium spiniferum* Liao & Pawson, 2001

分布：北部湾，南沙群岛。

10. 怀玉参属 *Phyrella* Heding & Panning, 1954

(1) 脆怀玉参 *Phyrella fragilis* (Mitsukuri & Ohshima in Ohshima, 1912)

同物异名：*Phyllophorus fragilis* Mitsukuri & Ohshima in Ohshima, 1912

分布：台湾岛，海南岛，西沙群岛。

板海参科 Placothuriidae Pawson & Fell, 1965

1. 板海参属 *Placothuria* Pawson & Fell, 1965

(1) 芋形板海参 *Placothuria molpadioides* (Semper, 1867)

同物异名：*Ocnus molpadioides* Semper, 1867

分布：广东，北部湾，海南岛。

芋参目 Molpadida

芋参科 Molpadiidae J. Müller, 1850

1. 芋参属 *Molpadia* Cuvier, 1817

(1) 张氏芋参 *Molpadia changi* Pawson & Liao, 1992

分布：黄海，东海，南海。

(2) 广东芋参 *Molpadia guangdongensis* Pawson & Liao, 1992

分布：广东，海南岛。

(3) 紫纹芋参 *Molpadia roretzii* (von Marenzeller, 1877)

同物异名：*Ankyroderma roretzii* von Marenzeller, 1882; *Ankyroderma simile* Théel, 1886; *Haplodactyla roretzii* von Marenzeller, 1877; *Molpadia chinensis* Chang, 1934; *Molpadia roretzi* (von Marenzeller, 1877)

分布：黄海，东海，南海。

尻参科 Caudinidae Heding, 1931

1. 尻参属 *Caudina* Stimpson, 1853

(1) 多变尻参 *Caudina atacta* Pawson & Liao, 1992

分布：北部湾。

(2) 中间尻参 *Caudina intermedia* Liao & Pawson, 1993

分布：广东东部。

(3) 相似尻参 *Caudina similis* (Augustin, 1908)

同物异名：*Trochostoma simile* Augustin, 1908

分布：黄海；日本。

(4) 浙江尻参 *Caudina zhejiangensis* Pawson & Liao, 1992

分布：浙江至台湾岛。

2. 海地瓜属 *Acaudina* Clark, 1908

(1) 白肛海地瓜 *Acaudina leucoprocta* (H. L. Clark, 1938)

同物异名：*Aphelodactyla irania* Heding, 1940; *Aphelodactyla leucoprocta* Clark, 1938
分布：浙江南部，福建，广东，海南岛，南沙群岛。

(2) 海地瓜 *Acaudina molpadioides* (Semper, 1867)

同物异名：*Acaudina hualoeides* (Sluiter, 1880); *Aphelodactyla delicata* H. L. Clark, 1938; *Haplodactyla andamanensis* Bell, 1887; *Haplodactyla australis* Semper, 1868; *Haplodactyla ecalcarea* Sluiter, 1901; *Haplodactyla hualoeides* Sluiter, 1880; *Haplodactyla molpadioides* Semper, 1867; *Haplodactyla molpadioides* var. *jagorii* Semper, 1868; *Haplodactyla molpadioides* var. *sinensis* Semper, 1867
分布：中国广布。

3. 海棒槌属 *Paracaudina* Heding, 1932

(1) 海棒槌 *Paracaudina chilensis* (J. Müller, 1850)

同物异名：*Caudina caudata* (Sluiter, 1880); *Caudina chilensis* Müller, 1850; *Caudina contractacauda* Clark, 1908; *Caudina coriacea* var. *brevicauda* Perrier R., 1905; *Caudina pigmentosa* Perrier R., 1904; *Caudina ransonnetti* von Marenzeller, 1882; *Caudina rugosa* Perrier R., 1904; *Microdactyla caudata* Sluiter, 1880; *Molpadia chilensis* J. Müller, 1850; *Paracaudina chilensis* chilensis (Müller, 1850)
分布：中国广布。

(2) 纤细海棒槌 *Paracaudina delicata* Pawson & Liao, 1992

分布：厦门，北部湾。

无足目 Apodida

锚参科 Synaptidae Burmeister, 1837

1. 无锚参属 *Anapta* Semper, 1867

(1) 细无锚参 *Anapta gracilis* Semper, 1867

分布：广西北海；菲律宾，印度尼西亚，孟加拉湾。

2. 真锚参属 *Euapta* Östergren, 1898

(1) 高氏真锚参 *Euapta godeffroyi* (Semper, 1868)

同物异名：*Synapta godeffroyi* Semper, 1868
分布：台湾岛，海南南部，西沙群岛（永兴岛、赵述岛、琛航岛）。

3. 柄海参属 *Oestergrenia* Heding, 1931

(1) 不定柄海参 *Oestergrenia incerta* (Ludwig, 1875)

同物异名：*Synapta incerta* Ludwig, 1875
分布：广东，北部湾，海南岛。

(2) 变化柄海参 *Oestergrenia variabilis* (Théel, 1886)

同物异名：*Synapta incerta* var. *variabilis* Théel, 1886
分布：渤海，黄海，东海。

4. 蛇锚参属 *Opheodesoma* Fisher, 1907

(1) 澳洲蛇锚参 *Opheodesoma australiensis* Heding, 1931

同物异名：*Opheodesoma ramispicula* Heding, 1931
分布：西沙群岛（永兴岛、琛航岛）。

(2) 灰蛇锚参 *Opheodesoma grisea* (Semper, 1867)

同物异名：*Opheodesoma africana* Heding, 1931; *Opheodesoma mauritiae* Heding, 1928; *Synapta grisea* Semper, 1867
分布：台湾岛，海南南部（三亚、新村）。

5. 步锚参属 *Patinapta* Heding, 1928

(1) 卵板步锚参 *Patinapta ooplax* (von Marenzeller, 1882)

同物异名：*Synapta ooplax* von Marenzeller, 1882
分布：渤海，黄海，福建沿海，广东。

(2) 台湾步锚参 *Patinapta taiwaniensis* Chao, Rowe & Chang, 1988

分布：台湾岛，海南岛。

6. 细锚参属 *Leptosynapta* Verrill, 1867

(1) 黏细锚参 *Leptosynapta inhaerens* (O. F. Müller, 1776)

同物异名：*Chiridota pinnata* Grube, 1840; *Holothuria* (*Minyas*) *flava* Rathke, 1843; *Holothuria inhaerens* O. F. Müller, 1776; *Synapta bifaria* Semper, 1867; *Synapta duvernaea* Quatrefages, 1842; *Synapta girardii* Pourtalès, 1851; *Synapta henslowana* Gray, 1848; *Synapta pellucida* Ayres, 1852
分布：山东；日本，朝鲜半岛，大西洋。

7. 褶锚参属 *Polyplectana* H. L. Clark, 1908

(1) 褶锚参 *Polyplectana kefersteinii* (Selenka, 1867)

同物异名：*Synapta kefersteinii* Selenka, 1867
分布：台湾岛，西沙群岛；印度-西太平洋。

8. 刺锚参属 *Protankyra* Östergren, 1898

(1) 歪刺锚参 *Protankyra assymmetrica* (Ludwig, 1875)

同物异名：*Protankyra asymmetrica* (Ludwig, 1875); *Synapta assymmetrica* Ludwig, 1875
分布：除渤海外，中国广布。

(2) 棘刺锚参 *Protankyra bidentata* (Woodward & Barrett, 1858)

同物异名：*Synapta bidentata* Woodward & Barrett, 1858; *Synapta distincta* von Marenzeller, 1882;

Synapta molesta Semper, 1867
分布：渤海，黄海，浙江，福建，台湾海峡，广东，北部湾。

(3) 巨钩刺锚参 *Protankyra magnihamula* Heding, 1928

同物异名：*Protankyra magnihamulae* Heding, 1928
分布：福建至北部湾。

(4) 伪指刺锚参 *Protankyra pseudodigitata* (Semper, 1867)

同物异名：*Synapta innominata* Ludwig, 1875; *Synapta pseudodigitata* Semper, 1867
分布：福建，台湾海峡，广东，北部湾；印度-西太平洋。

(5) 苏氏刺锚参 *Protankyra suensoni* Heding, 1928

分布：台湾海峡中部，北部湾；印度-西太平洋。

(6) 魏氏刺锚参 *Protankyra verrilli* (Théel, 1886)

同物异名：*Synapta verrilli* Théel, 1886
分布：福建厦门；澳大利亚。

9. 新锚参属 *Synaptula* Örsted, 1849

(1) 网新锚参 *Synaptula reticulata* (Semper, 1867)

同物异名：*Synapta reticulata* Semper, 1867
分布：海南岛；印度-西太平洋。

指参科 Chiridotidae Östergren, 1898

1. 指参属 *Chiridota* Eschscholtz, 1829

(1) 硬指参 *Chiridota rigida* Semper, 1867

同物异名：*Chiridota eximia* Haacke, 1880; *Chiridota liberata* Sluiter, 1887; *Chirodota amboinensis* Ludwig, 1888
分布：台湾岛，西沙群岛；印度-西太平洋。

(2) 大杆指参 *Chiridota stuhlmanni* Lampert, 1896

分布：西沙群岛；印度-西太平洋。

2. 轮参属 *Polycheira* H. L. Clark, 1908

(1) 紫轮参 *Polycheira rufescens* (Brandt, 1835)

同物异名：*Chiridota dubia* Semper, 1867; *Chiridota incongrua* Semper, 1867; *Chiridota panaensis* Semper, 1867; *Chiridota rufescens* Brandt, 1835; *Chiridota variabilis* Semper, 1867; *Chirodota vitiensis* Gräffe in Semper, 1867; *Fistularia fusca* Quoy & Gaimard, 1834; *Polycheira fusca* (Quoy & Gaimard, 1833); *Polycheira vitiensis* (Semper, 1868)

分布：福建，广东，海南岛，西沙群岛；印度-西太平洋。

参 考 文 献

巴腊诺娃, 吴宝铃. 1962. 黄海的几种海盘车. 海洋科学集刊, 1: 1-13.

陈清潮. 2003. 南沙群岛海区生物多样性名典. 北京: 科学出版社.

福建海洋研究所. 1988. 台湾海峡中, 北部海洋综合调查研究报告. 北京: 科学出版社: 415-416.

黄宗国, 林茂. 2012. 中国海洋物种和图集(上卷): 中国海洋物种多样性. 北京: 海洋出版社.

黎国珍. 1982. 北部湾北部我国沿岸的棘皮动物. 南海海洋科技, 6: 14-18.

黎国珍. 1983. 西沙群岛海胆研究报告. 南海海洋生物研究, 1: 256-273.

黎国珍. 1985. 珠江口的海胆. 珠江口岸带调查. 北京: 科学出版社: 66-82.

黎国珍. 1986. 南海东北部海区棘皮动物分布. 热带海洋, 5(2): 51-58.

黎国珍. 1987a. 南海深海蛇尾类. 南海海洋科学集刊, 8: 143-153.

黎国珍. 1987b. 曾母暗沙 (五) 棘皮动物. 中国南疆综合调查研究报告. 北京: 科学出版社: 212-218.

黎国珍. 1989. 棘皮动物. 南沙群岛及其邻近海区综合调查报告(一), 下卷. 北京: 科学出版社: 766-774.

黎国珍. 1991. 南沙群岛海区棘皮动物的补充报告. 见: 中国科学院南沙综合科学考察队. 南沙群岛及其邻近海区海洋生物研究文集. 北京: 海洋出版社: 189-195.

廖玉麟. 1975. 西沙群岛的棘皮动物, Ⅰ 海参纲. 海洋科学集刊, 10: 199-230.

廖玉麟. 1978a. 西沙群岛的棘皮动物, Ⅱ 蛇尾纲. 海洋科学集刊, 12: 69-102.

廖玉麟. 1978b. 西沙群岛的棘皮动物, Ⅲ 海胆纲. 海洋科学集刊, 12: 108-127.

廖玉麟. 1979a. 黄海盾海胆一新属. 海洋与湖沼, 10: 67-72.

廖玉麟. 1979b. 西沙群岛的棘皮动物, Ⅴ 海百合纲. 海洋科学集刊, 20: 263-269.

廖玉麟. 1980. 西沙群岛的棘皮动物, Ⅳ 海星纲. 海洋科学集刊, 17: 53-169.

廖玉麟. 1981. 广西北部湾上新统望楼港组的一个新海胆. 古生物学报, 20(5): 482-484.

廖玉麟. 1982a. 东海陆架区海星一新属. 海洋科学集刊, 19: 93-97.

廖玉麟. 1982b. 北部湾蛇尾两新种. 海洋与湖沼, 13(6): 562-566.

廖玉麟. 1983. 中国南部阳遂足蛇尾一新种——异常盘棘蛇尾. 海洋与湖沼, 14(4): 407-408.

廖玉麟. 1984a. 中国盾手目海参的研究. 海洋科学集刊, 23: 221-247.

廖玉麟. 1984b. 中国近海海地瓜属(棘皮动物门: 海参纲)的研究. 海洋科学集刊, 23: 249-254.

廖玉麟. 1984c. 东海角海星科一新种——短细腕蔷薇海星. 海洋与湖沼, 15(5): 478-480.

廖玉麟. 1989. 中国南部角海星科一新种——短四棘美丽海星. 海洋与湖沼, 20(1): 23-27.

廖玉麟. 2008. 棘皮动物门. 见: 刘瑞玉. 中国海洋生物名录. 北京: 科学出版社: 845-878.

廖玉麟. 黎国珍. 1985. 广东胆类补充报告. 海洋科学集刊, 7: 143-161.

刘伟. 2006. 中国海砂海星科(棘皮动物门: 海星纲)系统分类学研究. 北京: 中国科学院研究生院硕士学位论文.

吕小梅. 1991. 台湾海峡中、北部棘皮动物的分布特点. 台湾海峡, 10(2): 127-132.

肖宁. 2012. 中国海域角海星科和棘海星科分类及地理分布特点. 北京: 中国科学院研究生院硕士学位论文.

徐惠州. 1989. 大亚湾棘皮动物的种类组成与数量分布. 见: 国家海洋局第三海洋研究所. 大亚湾海洋生态文集(I). 北京: 海洋出版社: 148-151.

张凤瀛. 1932. 中国沿岸之几种海胆. 北平研究院动物学研究所丛刑, 1(2): 1-10.

张凤瀛. 1934. 中国沿岸之海参类. 北平研究院院务汇报, 5(6): 1-35.

张凤瀛. 1935a. 胶洲湾及其附近棘皮动物分布概况. 北平研究院动物学研究所中文报告汇刊, 12: 1-12.

张凤瀛. 1935b. 中国沿岸海参类续志. 北平研究院动物学研究所丛刊, 2(3): 1-18.

张凤瀛. 1948. 青岛棘皮动物志. 北平研究院动物研究所丛刊, 4(2): 33-104.

张凤瀛. 1956. 我国的海星. 生物学通报, 6: 19-21.

张凤瀛. 1958. 我国的蛇尾. 生物学通报, 11: 22.

张凤瀛. 1962. 中国的蔓蛇尾类. 动物学报(增刊), 14: 53-68.

张凤瀛. 1963a. 中国现代柄海百合类. 动物学报, 12(2): 282-287.

张凤瀛. 1963b. 中国经济动物志: 棘皮动物门. 北京: 科学出版社: 49-115.

张凤瀛. 廖玉麟. 1957. 广东的海胆类. 中国科学院海洋生物研究所丛刊, 1(1): 1-76.

张凤瀛. 吴宝铃. 1954. 大连及其附近的棘皮动物. 动物学报, 6(2): 123-145.

张凤瀛. 吴宝铃. 1957. 中国的海胆. 生物学报, 18-25.

张凤瀛, 吴宝铃, 程丽仁. 1964. 中国动物图谱　棘皮动物门. 北京: 科学出版社: 1-142.

赵世民, 李坤瑄. 2010. 台湾棘皮动物门. 台北: 台湾林务局出版社: 767-773.

Conand C. 1998. Holothurians (Class Holothuroidea). The Living Marine Resources of the Western Central Pacific, 2: 1158-1190.

Liao Y L. 1980. The aspidochirote holothurians of China, with erection of a new genus. *In*: Jangoux M. Echinoderms: present and past. Proceedings of the European Colloqium on Echinoderms, Brussels 3-8 September 1979. Rotterdam: Balkema: 115-120.

Liao Y L. 1983a. A new species of Goniasterid sea star from the Huanghai Sea. Chinese Journal of Oceanology and Limnology, 1(3): 367-369.

Liao Y L. 1983b. On *Amphilimna polyacantha* sp. nov. and the systematic position of *Amphilimna multispina* Koehler (Ophiuroidae). Chinese Journal of Oceanology and Limnology, 1(2): 177-182.

Liao Y L. 1984. On the family Asterometridae of China, with a description of *Sinometera acuficirra* gen. et sp. nov. Chinese Journal of Oceanology and Limnology, 2(1): 109-116.

Liao Y L. 1985. Two new species of ophidiasterd sea stars from the vicinity of Diaoyudao, East China Sea. Chinese Journal of Oceanology and Limnology, 3(1): 30-34.

Liao Y L. 1986. *Thyone pohaiensis*, a new sea cucumber from the Pohai Sea, China. Chinese Journal of Oceanology and Limnology, 4(3): 313-316.

Liao Y L. 1989. Two new species of the genus *Amphilimna* from Southern China. Chinese Journal of Oceanology and Limnology, 7(4): 339-344.

Liao Y L. 1996. On a new species of *Ophidiaster* from southern China. Bulletin of the Natural History Museum, 62(1): 37-39.

Liao Y L, Clark A M. 1989. Two new species of the genus *Authenoides* from Southern China. Chinese Journal of Oceanology and Limnology, 7(1): 37-42.

Liao Y L, Clark A M. 1995. The Echinoderms of Southern China. Beijing: Science Press, 614.

Liao Y L, Pawson D L. 1993. *Caudina intermedia*, a new species of sea cucumber from the South China Sea. Proceedings of the Biological Society of Washington, 106(2): 366-368.

Liao Y L, Sun S. 1989. A new species of aslropectinid sea star from East China Sea. Chinese Journal of Oceanology and Limnology, 7(3): 225-229.

Pawson D L, Liao Y L. 1992. Molpadiid sea cucumbers of China , with a description of five new species. Proceedings of the Biological Society of Washington, 105(2): 373-388.

Yang P F. 1937. Report on the *Holothurians* from the Fukien coast. Theamoy Marine Biological Bulletin Ⅱ, 1-2: 1-40.

半索动物门 Hemichordata

肠鳃纲 Enteropneusta

玉钩虫科 Harrimaniidae van der Horst, 1935

1. 长吻虫属 *Saccoglossus* Schimkewitch, 1892

(1) 黄岛长吻虫 *Saccoglossus hwangtauensis* (Tchang & Koo, 1935)

同物异名：*Dolichoglossus hwangtauensis* Tchang & Koo, 1935

分布：山东青岛。

殖翼柱头虫科 Ptychoderidae Spengel, 1893

1. 柱头虫属 *Balanoglossus* Delle Chiaje, 1829

(1) 三崎柱头虫 *Balanoglossus misakiensis* Kuwano, 1902

分布：渤海，黄海，东海，南海；日本。

史氏柱头虫科 Spengelidae Willey, 1899

1. 橡头虫属 *Glandiceps* Spengel, 1891

(1)青岛橡头虫 *Glandiceps qingdaoensis* An & Li, 2005

分布：山东青岛。

参 考 文 献

徐凤山, 2008. 半索动物门 Hemichordata. 见: 刘瑞玉. 中国海洋生物名录. 北京: 科学出版社.

杨德渐, 王永良, 等. 1996. 中国北部海洋无脊椎动物. 北京: 高等教育出版社.

赵汝翼, 李东波, 暴学祥, 等. 1982. 辽宁兴城沿海无脊椎动物名录. 东北师大学报(自然科学版), (3): 97-107.

An J, Li X. 2005. First record of the family Spengeliidae (Hemichordata: Enteropneusta) from Chinese waters, with description of a new species. Journal of Natural History, 39(22): 1995-2004.

Tchang S, Koo G. 1935. Two enteropneusts in Jiaozhou Bay. Publication of the Beijing Institute of Zoology, 13: 1-12.

脊索动物门 Chordata

被囊动物亚门 Tunicata

海鞘纲 Ascidiacea

简鳃目 Aplousobranchia

星骨海鞘科 Didemnidae Giard, 1872

1. 星骨海鞘属 *Didemnum* Savigny, 1816

(1) 莫氏星骨海鞘 *Didemnum moseleyi* (Herdman, 1886)

同物异名：*Leptoclinum album* Oka, 1927; *Leptoclinum moseleyi* Herdman, 1886

分布：黄海，南海；日本，东南亚，澳大利亚。

扁鳃目 Phlebobranchia

玻璃海鞘科 Cionidae Lahille, 1887

1. 玻璃海鞘属 *Ciona* Fleming, 1822

(1) 玻璃海鞘 *Ciona intestinalis* (Linnaeus, 1767)

同物异名：*Ascidia canina* Mueller, 1776; *Ascidia corrugata* Mueller, 1776; *Ascidia diaphanea* Quoy & Gaimard, 1834; *Ascidia membranosa* Renier, 1807; *Ascidia ocellata* Agassiz, 1850; *Ascidia pulchella* Alder, 1863; *Ascidia tenella* Stimpson, 1852; *Ascidia virens* Fabricius, 1779; *Ascidia virescens* Pennant, 1812; *Ascidia viridiscens* Brugière, 1792

分布：渤海，黄海，东海，南海；日本，新加坡，北冰洋，北欧，英国，地中海，澳大利亚，北美洲。

(2) 萨氏玻璃海鞘 *Ciona savignyi* Herdman, 1882

同物异名：*Ciona aspera* Herdman, 1886

分布：黄海；日本。

海鞘科 Ascidiidae Herdman, 1882

1. 海鞘属 *Ascidia* Linnaeus, 1767

(1) 粗肌海鞘 *Ascidia armata* Hartmeyer, 1906

分布：黄海，东海，南海；日本。

复鳃目 Stolidobranchia

柄海鞘科 Styelidae Sluiter, 1895

1. 菊海鞘属 *Botryllus* Gaertner, 1774

(1) 史氏菊海鞘 *Botryllus schlosseri* (Pallas, 1766)

同物异名：*Alcyonium borlasii* Turton, 1807; *Alcyonium schlosseri* Pallas, 1766; *Aplidium verrucosum* Dalyell, 1839; *Botryllus aurolineatus* Giard, 1872; *Botryllus badius* Alder & Hancock, 1912; *Botryllus bivittatus* Milne Edwards, 1841; *Botryllus calendula* Giard, 1872; *Botryllus calyculatus* Alder & Hancock, 1907; *Botryllus castaneus* Alder & Hancock, 1848; *Botryllus gascoi* Della Valle, 1877; *Botryllus gemmeus* Savigny, 1816; *Botryllus gouldii* Verrill, 1871; *Botryllus marionis* Giard, 1872; *Botryllus miniatus* Alder & Hancock, 1912; *Botryllus minutus* Savigny, 1816; *Botryllus morio* Giard, 1872; *Botryllus polycyclus* Savigny, 1816; *Botryllus pruinosus* Giard, 1872; *Botryllus rubens* Alder & Hancock, 1848; *Botryllus rubigo* Giard, 1872; *Botryllus smaragdus* Milne Edwards, 1841; *Botryllus stellatus* Gaertner, 1774; *Botryllus violaceus* Milne Edwards, 1841; *Botryllus violatinctus* Hartmeyer, 1909; *Botryllus virescens* Alder & Hancock, 1848

分布：黄海，东海，南海；日本，澳大利亚，新西兰，挪威，英国，法国，地中海，非洲。

2. 拟菊海鞘属 *Botrylloides* Milne Edwards, 1841

(1) 紫拟菊海鞘 *Botrylloides violaceus* Oka, 1927

分布：辽宁，山东，江苏；日本。

3. 柄海鞘属 *Styela* Fleming, 1822

(1) 柄海鞘 *Styela clava* Herdman, 1881

同物异名：*Styela barnharti* Ritter & Forsyth, 1917; *Styela mammiculata* Carlisle, 1954

分布：渤海，黄海；西北太平洋。

(2) 瘤柄海鞘 *Styela canopus* (Savigny, 1816)

同物异名：*Ascidia rugosa* Agassiz, 1850; *Cynthia partita* Stimpson, 1852; *Cynthia stellifera* Verrill, 1871; *Styela barbaris* Kott, 1952; *Styela bermudensis* Van Name, 1902; *Styela bicolor* (Sluiter, 1887); *Styela canopoides* Heller, 1877; *Styela marquesana* Michaelsen, 1918; *Styela orbicularis* Sluiter, 1904; *Styela pupa* Heller, 1878; *Styela rectangularis* Kott, 1952; *Styela stephensoni* Michaelsen, 1934; *Styela variabilis* Hancock, 1868

分布：渤海，黄海，东海，南海；日本，地中海，西北非洲，北美洲。

皮海鞘科 Molgulidae Lacaze-Duthiers, 1877

1. 皮海鞘属 *Molgula* Forbes, 1848

(1) 曼哈顿皮海鞘 *Molgula manhattensis* (De Kay, 1843)

同物异名：*Ascidia amphora* Agassiz, 1850; *Ascidia ampulloides* Beneden, 1846; *Ascidia tubifera* Örstedt, 1844; *Caesira ampulloides* (Beneden, 1846); *Molgula caepiformis* Herdman & Sorby, 1882; *Molgula dentifera* Damas, 1904; *Molgula lutkeniana* Traustedt, 1893; *Molgula sordida* Stimpson, 1852

分布：渤海，黄海，东海，南海；日本，北海，英国，法国，北美洲。

头索动物亚门 Cephalochordata

狭心纲 Leptocardii

文昌鱼科 Branchiostomatidae Bonaparte, 1846

1. 文昌鱼属 *Branchiostoma* Costa, 1834

(1) 日本文昌鱼 *Branchiostoma japonicum* (Willey, 1897)

同物异名：*Branchiostoma belcheri tsingtauense* Tchang & Koo, 1936

分布：渤海，黄海，东海，南海；日本。

(2) 白氏文昌鱼 *Branchiostoma belcheri* (Gray, 1847)

同物异名：*Branchiostoma lanceolatum belcheri* Tattersall, 1903; *Branchiostoma minucauda* Whitley, 1932

分布：东海，南海；印度-西太平洋。

2. 侧殖文昌鱼属 *Epigonichthys* Peters, 1876

(1) 短刀侧殖文昌鱼 *Epigonichthys cultellus* Peters, 1877

分布：台湾海峡，广东汕头，北部湾。

脊椎动物亚门 Vertebrata

软骨鱼纲 Chondrichthyes

真鲨目 Carcharhiniformes

猫鲨科 Scyliorhinidae Gill, 1862

1. 绒毛鲨属 *Cephaloscyllium* Gill, 1862

(1) 阴影绒毛鲨 *Cephaloscyllium umbratile* Jordan & Fowler, 1903

同物异名：*Cephaloscyllium formosanum* Teng, 1962

分布：东海，南海；西太平洋。

板鳃纲 Elasmobranchii

电鳐目 Torpediniformes

双鳍电鳐科 Narcinidae Gill, 1862

1. 双鳍电鳐属 *Narcine* Henle, 1834

(1) 舌形双鳍电鳐 *Narcine lingula* Richardson, 1846

分布：台湾海峡，南海；印度洋，西太平洋。

单鳍电鳐科 Narkidae Fowler, 1934

1. 单鳍电鳐属 *Narke* Kaup, 1826

(1) 日本单鳍电鳐 *Narke japonica* (Temminck & Schlegel, 1850)

同物异名：*Torpedo japonica* Temminck & Schlegel, 1850
分布：黄海，东海，台湾岛，南海；日本，朝鲜。

鳐形目 Rajiformes

犁头鳐科 Rhinobatidae Bonaparte, 1835

1. 圆犁头鳐属 *Rhina* Bloch & Schneider, 1801

(1) 圆犁头鳐 *Rhina ancylostoma* Bloch & Schneider, 1801

同物异名：*Rhina anclyostoma* Bloch & Schneider, 1801; *Rhina cyclostomus* Swainson, 1839; *Squatina ancyclostoma* (Bloch & Schneider, 1801)
分布：东海，台湾沿海，南海；红海，东非，印度洋，印度尼西亚，大洋洲，菲律宾，日本。

2. 犁头鳐属 *Rhinobatos* Linck, 1790

(1) 台湾犁头鳐 *Rhinobatos formosensis* Norman, 1926

分布：东海，台湾岛，南海。

(2) 斑纹犁头鳐 *Rhinobatos hynnicephalus* Richardson, 1846

同物异名：*Rhinobatus hynnicephalus* Richardson, 1846; *Rhynchobatis hynnicephalus* (Richardson, 1846); *Rhyinobatos polyophthalmus* Garman, 1913
分布：中国沿海；朝鲜，日本。

(3) 许氏犁头鳐 *Rhinobatos schlegelii* Müller & Henle, 1841

分布：中国沿海；朝鲜，韩国西南海域，日本。

3. 团扇鳐属 *Platyrhina* Müller & Henle, 1838

(1) 中国团扇鳐 *Platyrhina sinensis* (Bloch & Schneider, 1801)

同物异名：*Rhina sinensis* Bloch & Schneider, 1801
分布：中国沿海；越南，朝鲜，日本。

(2) 林氏团扇鳐 *Platyrhina limboonkengi* Tang, 1933

同物异名：*Platyrhina tangi* Iwatsuki, Zhang & Nakaya, 2011
分布：黄海，东海，台湾海峡，南海；西北太平洋。

鳐科 Rajidae de Blainville, 1816

1. 鳐属 *Raja* Linnaeus, 1758

(1) 美鳐 *Raja pulchra* Liu, 1932

分布：黄海，东海；鄂霍次克海，日本，朝鲜。

2. 瓮鳐属 *Okamejei* Ishiyama, 1958

(1) 何氏瓮鳐 *Okamejei hollandi* (Jordan & Richardson, 1909)

同物异名：*Raja hollandi* Jordan & Richardson, 1909
分布：东海，台湾岛，南海；日本南部。

(2) 斑瓮鳐 *Okamejei kenojei* (Müller & Henle, 1841)

同物异名：*Raja kenojei* Müller & Henle, 1841; *Raja*

fusca Garman, 1885; *Dipturus kenojei* (Müller & Henle, 1841); *Raja tobae* Tanaka, 1916; *Raja porosa* Günther, 1874

分布：黄海，东海北部，台湾岛；日本。

(3) 尖棘瓮鳐 *Okamejei acutispina* (Ishiyama, 1958)

同物异名：*Raja acutispina* Ishiyama, 1958

分布：东海；日本，西太平洋。

(4) 麦氏瓮鳐 *Okamejei meerdervoortii* (Bleeker, 1860)

同物异名：*Raja meerdervoortii* Bleeker, 1860; *Raja macrophthalma* Ishiyama, 1950

分布：东海，台湾岛，南海；日本静冈以南海域。

3. 长吻鳐属 *Dipturus* Rafinesque, 1810

(1) 广东长吻鳐 *Dipturus kwangtungensis* (Chu, 1960)

同物异名：*Raja kwangtungensis* Chu, 1960

分布：台湾海峡，南海；日本。

鲼目 Myliobatiformes

魟科 Dasyatidae Jordan & Gilbert, 1879

1. 魟属 *Hemitrygon* Müller & Henle, 1838

(1) 赤魟 *Hemitrygon akajei* (Müller & Henle, 1841)

同物异名：*Trygon akajei* Müller & Henle, 1841; *Dasyatis akajei* (Müller & Henle, 1841)

分布：东海，台湾岛，南海；日本南部，朝鲜西南部。

(2) 光魟 *Hemitrygon laevigata* (Chu, 1960)

同物异名：*Dasyatis laevigatus* Chu, 1960; *Dasyatis laevigata* Chu, 1960

分布：黄海，东海，台湾岛。

(3) 中国魟 *Hemitrygon sinensis* (Steindachner, 1892)

同物异名：*Dasyatis sinensis* (Steindachner, 1892); *Trygon sinensis* Steindachner, 1892; *Dasybatus sinensis* (Steindachner, 1892)

分布：渤海，黄海，东海。

燕魟科 Gymnuridae Fowler, 1934

1. 燕魟属 *Gymnura* van Hasselt, 1823

(1) 日本燕魟 *Gymnura japonica* (Temminck & Schlegel, 1850)

同物异名：*Gymmura japonica* (Temminck & Schlegel, 1850); *Pteroplatea japonica* Temminck & schlegel, 1850

分布：中国沿海；日本，朝鲜。

扁魟科 Urolophidae Müller & Henle, 1841

1. 扁魟属 *Urolophus* Müller & Henle, 1837

(1) 褐黄扁魟 *Urolophus aurantiacus* Müller & Henle, 1841

分布：东海；日本，朝鲜。

辐鳍鱼纲 Actinopterygii

鳗鲡目 Anguilliformes

海鳝科 Muraenidae Rafinesque, 1815

1. 裸胸鳝属 *Gymnothorax* Bloch, 1795

(1) 雪花斑裸胸鳝 *Gymnothorax niphostigmus* Chen, Shao & Chen, 1996

分布：南海。

(2) 小裸胸鳝 *Gymnothorax minor* (Temminck & Schlegel, 1846)

同物异名：*Muraena minor* Temminck & Schlegel, 1846

分布：南海。

蛇鳗科 Ophichthidae Günther, 1870

1. 蛇鳗属 *Ophichthus* Ahl, 1789

(1) 斑纹蛇鳗 *Ophichthus erabo* (Jordan & Snyder, 1901)

同物异名：*Microdonophis erabo* Jordan & Snyder, 1901; *Ophichthus retifer* Fowler, 1935
分布：中国沿海；印度-太平洋。

鼬鳚目　Ophidiiformes

鼬鳚科 Ophidiidae Rafinesque, 1810

1. 鳞鼬鳚属 *Ophidion* Linnaeus, 1758

(1) 席鳞鼬鳚 *Ophidion asiro* (Jordan & Fowler, 1902)

同物异名：*Otophidium asiro* Jordan & Fowler, 1902
分布：南海；西北太平洋。

2. 仙鼬鳚属 *Sirembo* Bleeker, 1857

(1) 仙鼬鳚 *Sirembo imberbis* (Temminck & Schlegel, 1846)

同物异名：*Brotella maculata* Kaup, 1858; *Brotula imberbis* Temminck & Schlegel, 1846; *Sirembo everriculi* Whitley, 1936; *Sirembo maculata* (Kaup, 1858)。
分布：东海，南海；印度-西太平洋。

鳕形目　Gadiformes

深海鳕科 Moridae Moreau, 1881

1. 小褐鳕属 *Physiculus* Kaup, 1858

(1) 灰小褐鳕 *Physiculus nigrescens* Smith & Radcliffe, 1912

分布：南海；西太平洋。

长尾鳕科 Macrouridae Bonaparte, 1831

1. 腔吻鳕属 *Coelorinchus* Giorna, 1809

(1) 多棘腔吻鳕 *Coelorinchus multispinulosus* Katayama, 1942

同物异名：*Caelorinchus multispinulosus* Katayama, 1942; *Coelorhynchus multispinulosus* Katayama, 1942; *Coelorhynchus vermicularis* Matsubara, 1943
分布：东海，南海；西北太平洋。

鮟鱇目　Lophiiformes

鮟鱇科 Lophiidae Rafinesque, 1810

1. 黄鮟鱇属 *Lophius* Linnaeus, 1758

(1) 黄鮟鱇 *Lophius litulon* (Jordan, 1902)

分布：中国沿海；日本，朝鲜半岛。

2. 黑鮟鱇属 *Lophiomus* Gill, 1883

(1) 黑鮟鱇 *Lophiomus setigerus* (Vahl, 1797)

分布：东海，台湾岛，南海；印度洋，西太平洋。

躄鱼科 Antennariidae Jarocki, 1822

1. 躄鱼属 *Antennarius* Daudin, 1816

(1) 带纹躄鱼 *Antennarius striatus* (Shaw, 1794)

分布：东海，南海；印度洋，太平洋，大西洋。

蝙蝠鱼科 Ogcocephalidae Gill, 1893

1. 棘茄鱼属 *Halieutaea* Valenciennes, 1837

(1) 费氏棘茄鱼 *Halieutaea fitzsimonsi* (Gilchrist & Thompson, 1916)

同物异名：*Halieutaea liogaster* Regan, 1921; *Halieutichthys fitzsimonsi* Gilchrist & Thompson, 1916
分布：台湾岛。

鲉形目 Scorpaeniformes

绒皮鲉科 Aploactinidae Jordan & Starks, 1904

1. 虻鲉属 *Erisphex* Jordan & Starks, 1904

(1) 虻鲉 *Erisphex pottii* (Steindachner, 1896)

同物异名：*Cocotropus pottii* Steindachner, 1896; *Eisphex achrurus* Regan, 1905
分布：中国沿海；印度-西太平洋。

鲉科 Sebastidae Kaup, 1873

1. 短鳍蓑鲉属 *Dendrochirus* Swainson, 1839

(1) 美丽短鳍蓑鲉 *Dendrochirus bellus* (Jordan & Hubbs, 1925)

同物异名：*Brachirus bellus* Jordan & Hubbs, 1925
分布：东海，南海；西北太平洋。

2. 拟蓑鲉属 *Parapterois* Bleeker, 1876

(1) 拟蓑鲉 *Parapterois heterura* (Bleeker, 1856)

同物异名：*Pterois heterurus* Bleeker, 1856
分布：中国沿海；印度-太平洋。

3. 平鲉属 *Sebastes* Cuvier, 1829

(1) 许氏平鲉 *Sebastes schlegelii* Hilgendorf, 1880

同物异名：*Sebastes* (*Sebastocles*) *schlegelii* Hilgendorf, 1880
分布：渤海，黄海，东海；日本，朝鲜半岛，太平洋中部、北部。

4. 菖鲉属 *Sebastiscus* Jordan & Starks, 1904

(1) 褐菖鲉 *Sebastiscus marmoratus* (Cuvier, 1829)

同物异名：*Sebastes marmoratus* Cuvier, 1829

分布：中国沿海；西太平洋。

毒鲉科 Synanceiidae Gill, 1904

1. 虎鲉属 *Minous* Cuvier, 1829

(1) 单指虎鲉 *Minous monodactylus* (Bloch & Schneider, 1801)

同物异名：*Scorpaena monodactyla* Bloch & Schneider, 1801
分布：中国沿海；印度洋和西太平洋中部、北部，大洋洲，印度，菲律宾，日本。

六线鱼科 Hexagrammidae Jordan, 1888

1. 六线鱼属 *Hexagrammos* Tilesius, 1810

(1) 大泷六线鱼 *Hexagrammos otakii* Jordan & Starks, 1895

同物异名：*Hexagrammos aburaco* Jordan & Starks, 1903
分布：渤海，黄海，东海；日本，朝鲜半岛，西北太平洋。

鲂鮄科 Triglidae Rafinesque, 1815

1. 绿鳍鱼属 *Chelidonichthys* Kaup, 1873

(1) 棘绿鳍鱼 *Chelidonichthys spinosus* (McClelland, 1844)

同物异名：*Trigla spinosa* McClelland, 1844
分布：黄海，东海，台湾岛；印度-西太平洋海域。

杜父鱼科 Cottidae Bonaparte, 1831

1. 角杜父鱼属 *Enophrys* Swainson, 1839

(1) 角杜父鱼 *Enophrys diceraus* (Pallas, 1787)

同物异名：*Ceratocottus diceraus* (Pallas, 1787)
分布：中国北部海域；日本。

2. 松江鲈属 *Trachidermus* Heckel, 1839

(1) 松江鲈 *Trachidermus fasciatus* Heckel, 1837

同物异名：*Trachydermus fasciatus* Heckel, 1837

分布：渤海，黄海，东海；朝鲜半岛，日本。

绒杜父鱼科 Hemitripteridae Gill, 1865

1. 绒杜父鱼属 *Hemitripterus* Cuvier, 1829

(1) 绒杜父鱼 *Hemitripterus villosus* (Pallas, 1814)

同物异名：*Cottus villosus* Pallas, 1814
分布：渤海，黄海；北太平洋西北部，白令海，鄂霍次克海，朝鲜半岛，日本。

鲬科 Platycephalidae Swainson, 1839

1. 鳄鲬属 *Cociella* Whitley, 1940

(1) 鳄鲬 *Cociella crocodilus* (Cuvier, 1829)

同物异名：*Platycephalus crocodilus* Cuvier, 1829
分布：中国沿海；印度-太平洋。

2. 凹鳍鲬属 *Kumococius* Matsubara & Ochiai, 1955

(1) 凹鳍鲬 *Kumococius rodericensis* (Cuvier, 1829)

同物异名：*Insidiator detrusus* Jordan & Seale, 1905; *Kumococius detrusus* (Jordan & Seale, 1905); *Platycephalus bengalensis* Rao, 1966; *Platycephalus rodericensis* Cuvier, 1829; *Platycephalus sculptus* Günther, 1880; *Platycephalus timoriensis* Cuvier, 1829; *Suggrundus bengalensis* (Rao, 1966); *Suggrundus rodericensis* (Cuvier, 1829); *Suggrundus sculptus* (Günther, 1880)
分布：中国沿海；西太平洋。

3. 鲬属 *Platycephalus* Bloch, 1795

(1) 鲬 *Platycephalus indicus* (Linnaeus, 1758)

同物异名：*Callionymus indicus* Linnaeus, 1758
分布：中国沿海；印度洋，中太平洋，北太平洋西北部。

黄鲂鮄科 Peristediidae Jordan & Gilbert, 1883

1. 红鲂鮄属 *Satyrichthys* Kaup, 1873

(1) 瑞氏红鲂鮄 *Satyrichthys rieffeli* (Kaup, 1859)

同物异名 *Peristethus rieffeli* Kaup, 1859
分布：东海，南海；西太平洋。

海龙目 Syngnathiformes

海龙科 Syngnathidae Bonaparte, 1831

1. 海龙属 *Syngnathus* Linnaeus, 1758

(1) 舒氏海龙 *Syngnathus schlegeli* Kaup, 1856

同物异名：*Sygnathoides schlegeli* (Kaup, 1856); *Syngnathus acusimilis* Günther, 1873
分布：黄海，东海，台湾岛；韩国，日本，西北太平洋。

2. 海马属 *Hippocampus* Rafinesque, 1810

(1) 日本海马 *Hippocampus mohnikei* Bleeker, 1853

同物异名：*Hippocampus japonicus* Kaup, 1856
分布：渤海，黄海，东海，南海；日本，越南。

鲈形目 Perciformes

线鳚科 Stichaeidae Gill, 1864

1. 眉鳚属 *Chirolophis* Swainson, 1839

(1) 日本眉鳚 *Chirolophis japonicus* Herzenstein, 1890

同物异名：*Azuma emmnion* Jordan & Snyder, 1902
分布：渤海，黄海；日本海。

2. 线鳚属 *Ernogrammus* Jordan & Evermann, 1898

(1) 六线鳚 *Ernogrammus hexagrammus* (Schlegel, 1845)

同物异名：*Stichaeus hexagrammus* Schlegel, 1845

分布：渤海，黄海；日本。

3. 网鳚属 *Dictyosoma* Temminck & Schlegel, 1845

(1) 网鳚 *Dictyosoma burgeri* Van der Hoeven, 1855

分布：渤海，黄海；日本。

鳚科 Blenniidae Rafinesque, 1810

1. 鳚属 *Parablennius* Miranda Ribeiro, 1915

(1) 矶鳚 *Parablennius yatabei* (Jordan & Snyder, 1900)

同物异名：*Blennius yatabei* Jordan & Snyder, 1900
分布：黄海，东海；日本。

䲢科 Uranoscopidae Bonaparte, 1831

1. 䲢属 *Uranoscopus* Linnaeus, 1758

(1) 项鳞䲢 *Uranoscopus tosae* (Jordan & Hubbs, 1925)

同物异名：*Zalescopus tosae* Jordan & Hubbs, 1925
分布：东海，台湾海峡，南海；西太平洋区。

2. 披肩䲢属 *Ichthyscopus* Swainson, 1839

(1) 披肩䲢 *Ichthyscopus sannio* Whitley, 1936

同物异名：*Ichthyscopus lebeck sannio* Whitley, 1936
分布：东海，台湾海峡，南海；印度-西太平洋区。

玉筋鱼科 Ammodytidae Bonaparte, 1835

1. 玉筋鱼属 *Ammodytes* Linnaeus, 1758

(1) 玉筋鱼 *Ammodytes personatus* Girard, 1856

分布：渤海，黄海；印度-西太平洋。

䲗科 Callionymidae Bonaparte, 1831

1. 䲗属 *Callionymus* Linnaeus, 1758

(1) 绯䲗 *Callionymus beniteguri* Jordan & Snyder, 1900

同物异名：*Callionymus kanekonis* Tanaka, 1917; *Repomucenus beniteguri* (Jordan & Snyder, 1900)
分布：中国沿海；朝鲜半岛，日本。

(2) 斑鳍䲗 *Callionymus octostigmatus* Fricke, 1981

同物异名：*Repomucenus octostigmatus* (Fricke, 1981)
分布：中国东海，台湾岛，南海；印度-西太平洋。

(3) 海南䲗 *Callionymus hainanensis* Li, 1966

分布：台湾岛，南海；泰国，越南。

(4) 朝鲜䲗 *Callionymus koreanus* (Nakabo, Jeon & Li, 1987)

同物异名：*Repomucenus koreanus* Nakabo, Jeon & Li, 1987
分布：黄海；西北太平洋。

虾虎鱼科 Gobiidae Cuvier, 1816

1. 刺虾虎鱼属 *Acanthogobius* Gill, 1859

(1) 黄鳍刺虾虎鱼 *Acanthogobius flavimanus* (Temminck & Schlegel, 1845)

同物异名：*Gobius flavimanus* Temminck & Schlegel, 1845
分布：渤海，黄海，东海；朝鲜半岛，日本。

(2) 矛尾刺虾虎鱼 *Acanthogobius hasta* (Temminck & Schlegel, 1845)

同物异名：*Acanthogobius ommaturus* (Richardson, 1845); *Gobius hasta* Temminck & Schlegel, 1845; *Synechogobius hasta* (Temminck & Schlegel, 1845); *Synechogobius hastus* (Temminck & Schlegel, 1845)
分布：中国沿海；朝鲜半岛，日本。

2. 钝尾虾虎鱼属 *Amblychaeturichthys* Bleeker, 1874

(1) 六丝钝尾虾虎鱼 *Amblychaeturichthys hexanema* (Bleeker, 1853)

同物异名：*Chaeturichthys hexanema* Bleeker, 1853
分布：中国沿海；朝鲜半岛，日本。

3. 细棘虾虎鱼属 *Acentrogobius* Bleeker, 1874

(1) 绿斑细棘虾虎鱼 *Acentrogobius chlorostigmatoides* (Bleeker, 1849)

同物异名：*Creisson chlorostigmatoides* (Bleeker, 1849); *Gobius chlorostigmatoides* Bleeker, 1849
分布：台湾岛，南海；泰国，印度尼西亚。

(2) 普氏细棘虾虎鱼 *Acentrogobius pflaumii* (Bleeker, 1853)

同物异名：*Acanthogobius pflaumi* (Bleeker, 1853); *Amoya pflaumi* (Bleeker, 1853); *Gobius pflaumii* Bleeker, 1853
分布：黄海，东海，南海；朝鲜半岛，日本，印度洋，尼科巴群岛。

(3) 黑带细棘虾虎鱼 *Acentrogobius moloanus* (Herre, 1927)

同物异名：*Aparrius moloanus* Herre, 1927; *Amoya moloanus* (Herre, 1927)
分布：台湾岛；日本，菲律宾。

4. 矛尾虾虎鱼属 *Chaeturichthys* Richardson, 1844

(1) 矛尾虾虎鱼 *Chaeturichthys stigmatias* Richardson, 1844

同物异名：*Gobius stigmatias* Günther, 1861
分布：中国沿海；朝鲜半岛，日本。

5. 丝虾虎鱼属 *Cryptocentrus* Valenciennes, 1837

(1) 丝虾虎鱼 *Cryptocentrus cryptocentrus* (Valenciennes, 1837)

同物异名：*Cryptocentrus fasciatus* Ehrenberg, 1871;

Cryptocentrus meleagris Ehrenberg, 1837; *Gobius cryptocentrus* Valenciennes, 1837
分布：台湾岛；红海。

6. 犁突虾虎鱼属 *Myersina* Herre, 1934

(1) 长犁突虾虎鱼 *Myersina filifer* (Valenciennes, 1837)

同物异名：*Cryptocentrus filifer* (Valenciennes, 1837); *Gobius filifer* Valenciennes, 1837
分布：中国沿海；朝鲜半岛，日本，印度尼西亚，印度。

7. 砂虾虎鱼属 *Psammogobius* Smith, 1935

(1) 双眼斑砂虾虎鱼 *Psammogobius biocellatus* (Valenciennes, 1837)

同物异名：*Glossogobius biocellatus* (Valenciennes, 1837); *Gobius biocellatus* Valenciennes, 1837; *Gobius sumatranus* Bleeker, 1854
分布：东海，台湾岛，南海；印度洋北部至太平洋中部各岛屿，北至日本，南至印度尼西亚。

8. 舌虾虎鱼属 *Glossogobius* Gill, 1859

(1) 钝吻舌虾虎鱼 *Glossogobius circumspectus* (Macleay, 1883)

同物异名：*Gobius circumspectus* Macleay, 1883
分布：台湾岛；日本，巴布亚新几内亚。

(2) 舌虾虎鱼 *Glossogobius giuris* (Hamilton, 1822)

同物异名：*Gobius giuris* Hamilton, 1822
分布：东海，台湾岛，南海；印度洋非洲东岸至太平洋中部各岛屿，北至菲律宾，南至印度尼西亚。

9. 竿虾虎鱼属 *Luciogobius* Gill, 1859

(1) 竿虾虎鱼 *Luciogobius guttatus* Gill, 1859

同物异名：*Luciogobius martellii* Di Caporiacco, 1948
分布：中国沿海；朝鲜半岛，日本。

(2) 平头竿虾虎鱼 *Luciogobius platycephalus* **Shiogaki & Dotsu, 1976**

分布：香港；日本。

(3) 西海竿虾虎鱼 *Luciogobius saikaiensis* **Dôtu, 1957**

分布：台湾岛；日本。

10. 高鳍虾虎鱼属 *Pterogobius* Gill, 1863

(1) 蛇首高鳍虾虎鱼 *Pterogobius elapoides* **(Günther, 1872)**

同物异名：*Gobius elapoides* Günther, 1872
分布：黄海，东海；朝鲜半岛南岸，日本。

(2) 五带高鳍虾虎鱼 *Pterogobius zacalles* **Jordan & Snyder, 1901**

分布：黄海；日本北海道至九州。

11. 缟虾虎鱼属 *Tridentiger* Gill, 1859

(1) 髭缟虾虎鱼 *Tridentiger barbatus* **(Günther, 1861)**

同物异名：*Triaenophorichthys barbatus* Günther, 1861
分布：中国沿海；朝鲜半岛，日本，菲律宾。

(2) 双带缟虾虎鱼 *Tridentiger bifasciatus* **Steindachner, 1881**

同物异名：*Tridentiger bucco* Wang, 1933
分布：中国沿海；朝鲜半岛，日本。

(3) 短棘缟虾虎鱼 *Tridentiger brevispinis* **Katsuyama, Arai & Nakamura, 1972**

同物异名：*Tridentiger kuroiwae brevispinis* Katsuyama, Arai & Nakamura, 1972; *Tridentiger obscurus brevispinis* Katsuyama, Arai & Nakamura, 1972
分布：中国沿海；朝鲜半岛，日本。

(4) 裸项缟虾虎鱼 *Tridentiger nudicervicus* **Tomiyama, 1934**

分布：东海，台湾岛，南海；朝鲜半岛，日本。

(5) 纹缟虾虎鱼 *Tridentiger trigonocephalus* **(Gill, 1859)**

同物异名：*Triaenophorus trigonocephalus* Gill, 1859; *Traenophorichthys trigonocephalus* Günther, 1861
分布：中国沿海；朝鲜半岛，日本。

12. 大弹涂鱼属 *Boleophthalmus* Valenciennes, 1837

(1)大弹涂鱼 *Boleophthalmus pectinirostris* **(Linnaeus, 1758)**

同物异名：*Gobius pectinirostris* Linnaeus, 1758
分布：中国沿海；朝鲜半岛，日本。

13. 弹涂鱼属 *Periophthalmus* Bloch & Schneider, 1801

(1) 银线弹涂鱼 *Periophthalmus argentilineatus* **Valenciennes, 1837**

同物异名：*Periophthalmus argentilineatus striopunctatus* Eggert, 1935; *Euchoristopus kalolo regius* Whitley, 1931; *Periophthalmus dipus* Bleeker, 1854; *Periophthalmus vulgaris vulgaris* Eggert, 1935
分布：南海，海南岛东南部；印度洋非洲东岸，红海至太平洋中部萨摩亚群岛，南至澳大利亚北部。

(2) 大鳍弹涂鱼 *Periophthalmus magnuspinnatus* **Lee, Choi & Ryu, 1995**

分布：中国沿海；朝鲜半岛，日本。

(3) 弹涂鱼 *Periophthalmus modestus* **Cantor, 1842**

同物异名：*Apocryptes cantonensis* Osbeck, 1757; *Cyprinus cantonensis* Osbeck, 1765; *Periophthalmus cantonensis* (Osbeck, 1765)
分布：香港，南海；西北太平洋，北至朝鲜半岛，日本南部。

14. 青弹涂鱼属 *Scartelaos* Swainson, 1839

(1) 青弹涂鱼 *Scartelaos histophorus* (Valenciennes, 1837)

同物异名：*Gobius viridis* Hamilton, 1822
分布：东海，南海；印度洋北部沿岸，东至澳大利亚，北至日本。

15. 栉孔虾虎鱼属 *Ctenotrypauchen* Steindachner, 1867

(1) 中华栉孔虾虎鱼 *Ctenotrypauchen chinensis* Steindachner, 1867

同物异名：*Trypauchen taenia* Koumans, 1953; *Trypauchen chinensis* Günther, 1880
分布：中国沿海。

16. 副孔虾虎鱼属 *Paratrypauchen* Murdy, 2008

(1) 小头副孔虾虎鱼 *Paratrypauchen microcephalus* (Bleeker, 1860)

同物异名：*Ctenotrypauchen microcephalus* (Bleeker, 1860); *Trypauchen microcephalus* Bleeker, 1860
分布：中国沿海；朝鲜半岛，日本，菲律宾，印度尼西亚，泰国，印度。

17. 狼牙虾虎鱼属 *Odontamblyopus* Bleeker, 1874

(1) 拉氏狼牙虾虎鱼 *Odontamblyopus lacepedii* (Temminck & Schlegel, 1845)

同物异名：*Amblyopus lacepedii* Temminck & Schlegel, 1845
分布：中国沿海；朝鲜半岛，日本，马来西亚，印度尼西亚，印度。

18. 孔虾虎鱼属 *Trypauchen* Valenciennes, 1837

(1) 孔虾虎鱼 *Trypauchen vagina* (Bloch & Schneider, 1801)

同物异名：*Gobius vagina* Bloch & Schneider, 1801

分布：东海，台湾岛，南海；印度洋北部沿岸，印度尼西亚，新加坡。

19. 蜂巢虾虎鱼属 *Favonigobius* Whitley, 1930

(1) 裸项蜂巢虾虎鱼 *Favonigobius gymnauchen* (Bleeker, 1860)

同物异名：*Gobius gymnauchen* Bleeker, 1860
分布：中国沿海；日本，朝鲜半岛。

鲽形目 Pleuronectiformes

棘鲆科 Citharidae de Buen, 1935

1. 拟棘鲆属 *Citharoides* Hubbs, 1915

(1) 大鳞拟棘鲆 *Citharoides macrolepidotus* Hubbs, 1915

同物异名：*Brachypleurops axillaris* Fowler, 1934
分布：东海，南海；西太平洋。

牙鲆科 Paralichthyidae Regan, 1910

1. 牙鲆属 *Paralichthys* Girard, 1858

(1) 褐牙鲆 *Paralichthys olivaceus* (Temminck & Schlegel, 1846)

同物异名：*Hippoglossus olivaceus* Temminck & Schlegel, 1846
分布：中国除台湾以外的沿海；朝鲜半岛，日本，北至萨哈林岛（库页岛）。

2. 斑鲆属 *Pseudorhombus* Bleeker, 1862

(1) 圆鳞斑鲆 *Pseudorhombus levisquamis* (Oshima, 1927)

同物异名：*Spinirhombus levisquamis* Oshima, 1927
分布：台湾岛，南海；日本南部。

(2) 大牙斑鲆 *Pseudorhombus arsius* (Hamilton, 1822)

同物异名：*Pleuronectes arsius* Hamilton, 1822
分布：东海，台湾岛，南海；西至波斯湾及南非德班, 南达澳大利亚新南威尔士, 北到日本南部。

(3) 桂皮斑鲆 *Pseudorhombus cinnamoneus* (Temminck & Schlegel, 1846)

同物异名: *Rhombus cinnamoneus* Temminck & Schlegel, 1846
分布: 中国沿海; 朝鲜半岛, 日本。

(4) 高体斑鲆 *Pseudorhombus elevatus* Ogilby, 1912

同物异名: *Pseudorhombus affinis* Weber, 1913
分布: 台湾岛, 广东, 广西, 海南岛沿海; 印度-太平洋。

3. 大鳞鲆属 *Tarphops* Jordan & Thompson, 1914

(1) 高体大鳞鲆 *Tarphops oligolepis* (Bleeker, 1858)

同物异名: *Rhombus oligolepis* Bleeker, 1858
分布: 黄海, 东海, 台湾岛, 南海西侧; 日本东南部。

鲆科 Bothidae Smitt, 1892

1. 鲆属 *Bothus* Rafinesque, 1810

(1) 凹吻鲆 *Bothus mancus* (Broussonet, 1782)

同物异名: *Pleuronectes mancus* Broussonet, 1782
分布: 台湾岛, 南海, 西沙群岛; 印度-太平洋热带海区。

2. 左鲆属 *Laeops* Günther, 1880

(1) 小头左鲆 *Laeops parviceps* Günther, 1880

分布: 东海, 台湾岛, 南海; 南达澳大利亚, 北到日本南部。

鲽科 Pleuronectidae Rafinesque, 1815

1. 高眼鲽属 *Cleisthenes* Jordan & Starks, 1904

(1) 高眼鲽 *Cleisthenes herzensteini* (Schmidt, 1904)

同物异名: *Hippoglossoides herzensteini* Schmidt, 1904

分布: 渤海, 黄海, 东海; 朝鲜半岛, 日本, 北至萨哈林岛 (库页岛)。

2. 虫鲽属 *Eopsetta* Jordan & Goss, 1885

(1) 虫鲽 *Eopsetta grigorjewi* (Herzenstein, 1890)

同物异名: *Hippoglossus grigorjewi* Herzenstein, 1890
分布: 渤海, 黄海, 东海, 台湾岛; 朝鲜半岛, 日本。

3. 星鲽属 *Verasper* Jordan & Gilbert, 1898

(1) 圆斑星鲽 *Verasper variegatus* (Temminck & Schlegel, 1846)

同物异名: *Platessa variegata* Temminck & Schlegel, 1846
分布: 渤海, 黄海, 东海; 朝鲜半岛, 日本中部。

(2) 条斑星鲽 *Verasper moseri* Jordan & Gilbert, 1898

分布: 渤海, 黄海; 鄂霍次克海。

4. 木叶鲽属 *Pleuronichthys* Girard, 1854

(1) 角木叶鲽 *Pleuronichthys cornutus* (Temminck & Schlegel, 1846)

同物异名: *Platessa cornuta* Temminck & Schlegel, 1846
分布: 渤海, 黄海, 东海, 南海北部; 朝鲜半岛, 日本北海道及其南侧。

5. 黄盖鲽属 *Pseudopleuronectes* Bleeker, 1862

(1) 钝吻黄盖鲽 *Pseudopleuronectes yokohamae* (Günther, 1877)

同物异名: *Pleuronectes yokohamae* Günther, 1877
分布: 渤海, 黄海, 东海北部; 朝鲜半岛, 俄罗斯涅维尔斯科依海峡, 日本北海道南部。

(2) 尖吻黄盖鲽 *Pseudopleuronectes herzensteini* (Jordan & Snyder, 1901)

同物异名: *Limanda herzensteini* Jordan & Snyder,

1901

分布：渤海，黄海，东海；朝鲜半岛，日本，萨哈林岛（库页岛），千岛群岛。

6. 粒鲽属 *Clidoderma* Bleeker, 1862

(1) 粒鲽 *Clidoderma asperrimum* (Temminck & Schlegel, 1846)

同物异名：*Platessa asperrima* Temminck & Schlegel, 1846

分布：渤海，黄海，东海；朝鲜半岛，日本，萨哈林岛（库页岛），千岛群岛。

7. 江鲽属 *Platichthys* Girard, 1854

(1) 星突江鲽 *Platichthys stellatus* (Pallas, 1787)

同物异名：*Pleuronectes stellatus* Pallas, 1787

分布：中国图们江流域；日本，俄罗斯，加拿大及美国太平洋沿岸。

8. 石鲽属 *Kareius* Jordan & Snyder, 1900

(1) 石鲽 *Kareius bicoloratus* (Basilewsky, 1855)

同物异名：*Platessa bicolorata* Basilewsky, 1855

分布：渤海，黄海，东海西北部；朝鲜半岛，日本，萨哈林岛（库页岛），千岛群岛以南。

9. 长鲽属 *Tanakius* Hubbs, 1918

(1) 长鲽 *Tanakius kitaharae* (Jordan & Starks, 1904)

同物异名：*Microstomus kitaharae* Jordan & Starks, 1904

分布：渤海，黄海，东海北部；朝鲜半岛，日本北海道南侧。

10. 油鲽属 *Microstomus* Gottsche, 1835

(1) 亚洲油鲽 *Microstomus achne* (Jordan & Starks, 1904)

同物异名：*Veraequa achne* Jordan & Starks, 1904

分布：渤海，黄海，东海西北部；朝鲜半岛，日本，萨哈林岛（库页岛），千岛群岛以南。

11. 瓦鲽属 *Poecilopsetta* Günther, 1880

(1) 双斑瓦鲽 *Poecilopsetta plinthus* (Jordan & Starks, 1904)

同物异名：*Alaeops plinthus* Jordan & Starks, 1904

分布：黄海南部，东海，台湾岛，南海；东南达菲律宾，北达日本。

冠鲽科 Samaridae Jordan & Goss, 1889

1. 沙鲽属 *Samariscus* Gilbert, 1905

(1) 长臂沙鲽 *Samariscus longimanus* Norman, 1927

分布：南海。

鳎科 Soleidae Bonaparte, 1833

1. 圆鳞鳎属 *Liachirus* Günther, 1862

(1) 黑点圆鳞鳎 *Liachirus melanospilos* (Bleeker, 1854)

同物异名：*Achirus melanospilos* Bleeker, 1854; *Aseraggodes melanospilus* (Bleeker, 1854)

分布：台湾岛，广东，北部湾，海南岛；泰国，印度尼西亚，菲律宾，北至日本。

2. 鳎属 *Solea* Quensel, 1806

(1) 卵鳎 *Solea ovata* Richardson, 1846

同物异名：*Solea humilis* Cantor, 1849

分布：东海，南海；印度，马来半岛，印度尼西亚，菲律宾。

3. 豹鳎属 *Pardachirus* Günther, 1862

(1) 眼斑豹鳎 *Pardachirus pavoninus* (Lacepède, 1802)

同物异名：*Achirus pavoninus* Lacepède, 1802

分布：东海，台湾岛，南海；西达红海，南达澳大利亚昆士兰，东到萨摩亚群岛，北到日本南部。

4. 条鳎属 *Zebrias* Jordan & Snyder, 1900

(1) 峨眉条鳎 *Zebrias quagga* (Kaup, 1858)

同物异名：*Aesopia quagga* Kaup, 1858; *Synaptura*

quagga (Kaup, 1858)

分布：台湾海峡，广东，北部湾，海南岛；西起波斯湾，南达印度尼西亚。

(2) 带纹条鳎 *Zebrias zebra* (Bloch, 1787)

同物异名：*Pleuronectes zebra* Bloch, 1787

分布：中国沿海；朝鲜半岛，日本，印度尼西亚，印度。

5. 拟鳎属 *Pseudaesopia* Chabanaud, 1934

(1) 日本拟鳎 *Pseudaesopia japonica* (Bleeker, 1860)

同物异名：*Aesopia japonica* Bleeker, 1860; *Zebrias japonica* (Bleeker, 1860)

分布：浙江舟山，台湾岛；朝鲜半岛，日本。

舌鳎科 Cynoglossidae Jordan, 1888

1. 须鳎属 *Paraplagusia* Bleeker, 1865

(1) 日本须鳎 *Paraplagusia japonica* (Temminck & Schlegel, 1846)

同物异名：*Plagusia japonica* Temminck & Schlegel, 1846

分布：东海，台湾岛，南海；北达朝鲜半岛，日本北海道南部。

(2) 短钩须鳎 *Paraplagusia blochii* (Bleeker, 1851)

同物异名：*Plagusia blochi* Bleeker, 1851

分布：东海，台湾岛，南海；日本，印度尼西亚，菲律宾，印度，东非。

2. 舌鳎属 *Cynoglossus* Hamilton, 1822

(1) 宽体舌鳎 *Cynoglossus robustus* Günther, 1873

同物异名：*Cynoglossus inusita* Jordan, Tanaka & Snyder, 1913

分布：渤海，黄海，东海，广东东部；日本本州中部以南。

(2) 少鳞舌鳎 *Cynoglossus oligolepis* (Bleeker, 1855)

同物异名：*Plagusia oligolepis* Bleeker, 1855

分布：东海，台湾岛，南海；印度，斯里兰卡，印度尼西亚。

(3) 大鳞舌鳎 *Cynoglossus macrolepidotus* (Bleeker, 1851)

同物异名：*Plagusia macrolepidota* Bleeker, 1851

分布：台湾岛，南海；波斯湾，印度尼西亚，菲律宾。

(4) 黑尾舌鳎 *Cynoglossus melampetalus* (Richardson, 1846)

同物异名：*Plagiusa melampetala* Richardson, 1846; *Plagusia melampetalus* Richardson, 1846

分布：浙江宁波，广东，广西，海南岛，为中国特有种。

(5) 斑头舌鳎 *Cynoglossus puncticeps* (Richardson, 1846)

同物异名：*Plagusia puncticeps* Richardson, 1846

分布：福建，台湾岛，广东，广西，海南岛；巴基斯坦，印度尼西亚，菲律宾。

(6) 中华舌鳎 *Cynoglossus sinicus* Wu, 1932

分布：浙江舟山到广东。

(7) 双线舌鳎 *Cynoglossus bilineatus* (Lacepède, 1802)

同物异名：*Achirus bilineatus* Lacepède, 1802

分布：福建，台湾岛，广东，广西，海南岛；西达红海及桑给巴尔岛，南达澳大利亚昆士兰及美拉尼西亚，北到日本南部。

(8) 短吻红舌鳎 *Cynoglossus joyneri* Günther, 1878

分布：渤海，黄海，东海到珠江口；朝鲜半岛，日本。

(9) 长吻红舌鳎 *Cynoglossus lighti* Norman, 1925

分布：渤海，黄海，东海到珠江口；朝鲜半岛，日本。

(10) 线纹舌鳎 *Cynoglossus lineolatus* Steindachner, 1867

分布：广西，广东，海南岛，为中国特有种。

(11) 半滑舌鳎 *Cynoglossus semilaevis* Günther, 1873

同物异名：*Areliscus semilaevis* (Günther, 1873); *Areliscus rhomaleus* Jordan & Starks, 1906; *Trulla semilaevis* (Günther, 1873)

分布：渤海，黄海，东海；朝鲜半岛，日本。

(12) 黑鳃舌鳎 *Cynoglossus roulei* Wu, 1932

分布：浙江舟山，广东，广西，海南岛。

(13) 窄体舌鳎 *Cynoglossus gracilis* Günther, 1873

同物异名：*Areliscus gracilis* (Günther, 1873); *Areliscus hollandi* Jordan & Metz, 1913; *Cynoglossus*

microps Steindachner, 1897; *Trulla gracilis* (Günther, 1873)

分布：辽宁，河北到广东珠江口；韩国釜山。

(14) 短吻三线舌鳎 *Cynoglossus abbreviatus* (Gray, 1834)

同物异名：*Plagusia abbreviata* Gray, 1834

分布：渤海，黄海，东海到珠江口。

(15) 紫斑舌鳎 *Cynoglossus purpureomaculatus* Regan, 1905

同物异名：*Areliscus purpureomaculatus* (Regan, 1905); *Cynoglossus pellegrini* Wu, 1932

分布：渤海，黄海，东海，南海；朝鲜半岛，日本。

参 考 文 献

陈大刚, 张美昭. 2015a. 中国海洋鱼类(上卷). 青岛: 中国海洋大学出版社: 111-740.

陈大刚, 张美昭. 2015b. 中国海洋鱼类(中卷). 青岛: 中国海洋大学出版社: 745-845.

陈大刚, 张美昭. 2015c. 中国海洋鱼类(下卷). 青岛: 中国海洋大学出版社: 1543-2010.

黄修明. 2008. 海鞘纲 Ascidiacea. 见: 刘瑞玉. 中国海洋生物名录. 北京: 科学出版社: 882-885.

金鑫波. 2006. 中国动物志硬骨鱼纲　鲉形目. 北京: 科学出版社: 438-617.

李思忠, 王惠民. 1995. 中国动物志硬骨鱼纲　鲽形目. 北京: 科学出版社: 99-377.

刘静. 2008a. 软骨鱼纲 Chondrichthyes. 见: 刘瑞玉. 中国海洋生物名录. 北京: 科学出版社: 898-900.

刘静. 2008b. 硬骨鱼纲 Osteichthyes. 见: 刘瑞玉. 中国海洋生物名录. 北京: 科学出版社: 949-1057.

刘敏, 陈骁, 杨圣云. 2013. 中国福建南部海洋鱼类图鉴. 北京: 海洋出版社: 40-68.

马洪明, 张俊丽, 姚子昂, 等. 2010. 中国玻璃海鞘属一新纪录种——萨氏海鞘 *Ciona savignyi*. 水生生物学报, 34(5): 1056-1059.

孟庆闻, 苏锦祥, 缪学祖. 1995. 鱼类分类学. 北京: 中国农业出版社: 519-530.

王义权, 单锦城, 黄宗国. 2012. 头索动物亚门 Cephalochordata. 见: 黄宗国, 林茂. 中国海洋物种和图集(上卷): 中国海洋物种多样性. 北京: 海洋出版社.

伍汉霖, 钟俊生. 2008. 中国动物志硬骨鱼纲　鲈形目(五)　虾虎鱼亚目. 北京: 科学出版社: 196-751.

伍汉霖, 邵广昭, 赖春福, 等. 2017. 拉汉世界鱼类系统名典. 青岛: 中国海洋大学出版社: 10-319.

徐凤山. 2008. 头索动物亚门 Cephalochordata. 见: 刘瑞玉. 中国海洋生物名录. 北京: 科学出版社: 886.

郑成兴. 1995. 中国沿海海鞘的物种多样性. 生物多样性, 3(4): 201-205.

郑成兴. 2012. 海鞘纲 Ascidiacea. 见: 黄宗国, 林茂. 中国海洋物种和图集(上卷): 中国海洋物种多样性. 北京: 海洋出版社: 914-917.

朱元鼎, 孟庆闻. 2001. 中国动物志圆口纲　软骨鱼纲. 北京: 科学出版社: 329-439.

中 名 索 引

学 名 索 引

Glycera tesselata　107

Glycera tridactyla　107

Glycera unicornis　107

Glyceridae　106

Glycinde　108

Glycinde bonhourei　108

Glycinde kameruniana　108

Glycinde multidens　108

Glycinde oligodon　108

Glycymerididae　182

Glycymeris　182

Glycymeris rotunda　182

Glycymeris tenuicostata　182

Glycymeris yessoensis　182

Glyphocrangon　275

Glyphocrangon fimbriata　275

Glyphocrangon regalis　275

Glyphocrangonidae　275

Glyptelasma　225

Glyptelasma annandalei　225

Glyptelasma carinatum　225

Glyptelasma hamatum　225

Gnathophylloides　280

Gnathophylloides mineri　280

Gnathophyllum　280

Gnathophyllum americanum　280

Gnorimosphaeroma　263

Gnorimosphaeroma rayi　263

Gobiidae　401

Golfingia　136

Golfingia elongata　136

Golfingiida　136

Golfingiidae　136

Gomeza　309

Gomeza bicornis　309

Gomophia　353

Gomophia egeriae　353

Goneplacidae　311

Goneplacoidea　311

Goniada　108

Goniada annulata　108

Goniada emerita　108

Goniada japonica　108

Goniada maculata　108

Goniadidae　108

Goniasteridae　351

Goniobranchus　175

Goniobranchus aureopurpureus　175

Goniocidaris　370

Goniocidaris (Petalocidaris) biserialis

370

Goniodiscaster　352

Goniodiscaster forficulatus　352

Goniodorididae　175

Goniopora　29

Goniopora gracilis　29

Goniopora planulata　29

Gonodactylaceus　239

Gonodactylaceus ternatensis　239

Gonodactylidae　239

Gonodactylus　239

Gonodactylus chiragra　239

Gorgonocephalidae　358

Grandidierella　245

Grandidierella gilesi　245

Grandidierella japonica　245

Grandidierella macronyx　245

Grandidierella megnae　245

Grandifoxus　260

Grandifoxus aciculata　260

Grania　127

Grania hongkongensis　127

Grania inermis　127

Grania stilifera　127

Grantia　8

Grantia nipponica　8

Grantiidae　8

Granulifusus　163

Granulifusus niponicus　163

Graphonema　45

Graphonema amokurae　45

Grapsidae　331

Grapsoidea　331

Grapsus　331

Grapsus albolineatus　331

Grapsus longitarsis　332

Graptacme　139

Graptacme lactea　139

Gregariella　184

Gregariella barbata　184

Gryphaeidae　185

Guernea　256

Guernea (Guernea) sinica　256

Guernea (Prinassus) longidactyla　256

Guernea (Prinassus) mackiei　256

Guernea sombati　256

Guildfordia　168

Guildfordia triumphans　168

Gymnolaemata　343

Gymnolophus　364

Gymnolophus obscura　364

Gymnopatagus　377

Gymnopatagus magnus　377

Gymnothorax　397

Gymnothorax minor　397

Gymnothorax niphostigmus　397

Gymnura　397

Gymnura japonica　397

Gymnuridae　397

Gyptis　109

Gyptis lobata　109

Gyptis pacificus　109

Gyrineum　154

Gyrineum natator　154

Gyroscala　145

Gyroscala commutata　145

H

Hadziida　249

Hadziidira　249

Hadzioidea　250

Halalaimus　39

Halalaimus alatus　39

Halalaimus gracilis　39

Halalaimus isaitshikovi　39

Halalaimus longamphidus　39

Halalaimus longicaudatus　40

Halalaimus lutarus　40

Halalaimus turbidus　40

Halalaimus wodjanizkii　40

Halcampactinidae　15

Halcampella　15

Halcampella maxima　15

Halcampoididae　15

Halichoanolaimus　48

Halichoanolaimus dolichurus　48

Halichoanolaimus duodecimpapillatus　48

Halichoanolaimus robustus　48

Haliclona　10

Haliclona (Gellius) cymaeformis　10

Halicoides　257

Halicoides latilobata　257

Halieutaea　398

Halieutaea fitzsimonsi　398

Halimede　321

Halimede ochtodes　321

Haliotidae　167

Haliotis　167

Haliotis discus　167

Haliotis diversicolor　167